WILEY

数　学　史

第三版

A HISTORY OF MATHEMATICS
THIRD EDITION

〔美〕尤塔・C. 默茨巴赫（Uta C. Merzbach）
〔美〕卡尔・B. 博耶（Carl B. Boyer） ◎著

李文林　潘丽云　赵振江　程钊　周畅　武修文 ◎译

北京大学出版社
PEKING UNIVERSITY PRESS

著作权合同登记号　　01-2017-0765

图书在版编目(CIP)数据

数学史：第三版 /(美) 尤塔·C.默茨巴赫,
(美)卡尔·B.博耶著；李文林等译. — 北京：北京大
学出版社, 2024. 7. — ISBN 978-7-301-35125-3

Ⅰ. O11

中国国家版本馆 CIP 数据核字第 2024PE3975 号

书　　　　名	数学史（第三版） SHUXUESHI (DI-SAN BAN)
著作责任者	〔美〕尤塔·C.默茨巴赫 (Uta C. Merzbach) 〔美〕卡尔·B.博耶 (Carl B. Boyer) 著 李文林　潘丽云　赵振江　程　钊　周　畅　武修文 译
责 任 编 辑	潘丽娜
标 准 书 号	ISBN 978-7-301-35125-3
出 版 发 行	北京大学出版社
地　　　　址	北京市海淀区成府路 205 号　100871
网　　　　址	http://www.pup.cn　新浪微博: @北京大学出版社
电 子 邮 箱	zpup@pup.cn
电　　　　话	邮购部 010-62752015　发行部 010-62750672　编辑部 010-62752021
印 刷 者	北京市科星印刷有限责任公司
经 销 者	新华书店
	787 毫米 × 1092 毫米　A4　40 印张　763 千字 2024 年 7 月第 1 版　2024 年 7 月第 1 次印刷
定　　　　价	158.00 元

第三版前言

自本书第二版出版以来的二十年间,数学研究和对其历史的处理都发生了实质性的变化。在数学内部,通过融合原先不同专业领域的方法和概念取得了杰出的成果。而数学史,正如第二版序言中所指出的那样,也继续蓬勃发展。在这里,通过克服内史与外史的争论,以及将对数学原始文献的新探索与适当的语言学、社会学和经济学工具相结合,同样产生了许多重要的研究。

在第三版中,我再次努力坚持博耶(Boyer)的数学史方法。虽然这次的修订覆盖了整部作品,但更多的是在于强调而不是改变原始的内容。明显的例外是增添了自第一版出版以来新发现的内容。例如读者会发现,我们更加重视古代史料短缺的问题,这也是把前三章希腊时期的内容压缩成一章的原因之一。另一方面,由于内容的需要,关于中国和印度的一章被分成了两部分。如第十四章所示,本版更强调纯粹数学和应用数学之间的相互作用。有些内容的重新组织是为了强调机构和个人观念传播的作用,这影响到19世纪以前的大部分章节。关于19世纪的章节则改动最少,因为我在第二版中已对其中的一些内容做了实质性的修改。20世纪的内容篇幅翻了一倍。新的最后一章涉及最近的发展趋势,包括一些长期未决问题的解决情况,以及计算机对证明的本质的影响。

对于我们所知曾影响过本书的人士,我永远心存感激。我非常感谢雪莉·苏雷特·达菲(Shirley Surrette Duffy)恰当地答复了我关于文体的无数问题,即使是在其手头有更紧急的事情要处理的时候。佩吉·奥尔德里奇·基德韦尔(Peggy Aldrich Kidwell)对我提出的有关美国国家历史博物馆某些照片的询问做了十分准确的回答。珍妮·拉杜克(Jeanne LaDuke)愉快而迅速地回应了我的求助,特别是在原始资料的确认方面。朱迪(Judy)和保罗·格林(Paul Green)可能没有意识到去年的一次随意交谈,促使我重新思考了最近的一些材料。我从最近

1

的一些出版物中获得了特别的乐趣和知识，其中包括 2009 年克洛弗（Klopfer）的著作和 2007 年更为轻松的施皮罗（Szpiro）的著作。非常感谢约翰·威立父子出版公司的编辑和制作团队，是他们和我一起工作使这个版本成为可能：资深编辑斯蒂芬·鲍尔（Stephen Power）始终慷慨地提供成熟的建议；编辑助理艾伦·赖特（Ellen Wright）帮助完成了手稿制作的主要步骤；高级制作经理玛西娅·塞缪尔斯（Marcia Samuels）向我提供了清晰而简明的指示、提醒和示例；高级制作编辑金伯利·门罗-希尔（Kimberly Monroe-Hill）和约翰·辛科（John Simko）以及复制编辑帕特里夏·瓦尔迪戈（Patricia Waldygo）对手稿进行了一丝不苟的审阅。所有各位非常专业的协助在困难的时刻给了我特殊的鼓励。

我要向两位学者致敬，他们的影响是令人难以忘怀的。文艺复兴史学家玛乔里·N.博耶（Marjorie N. Boyer）（卡尔·B.博耶的夫人）在 1966 年莱布尼茨（Leibniz）会议上的一次讲演中，善意而睿智地称赞了一位刚刚开始自己的研究生涯的年轻学者。与一个完全陌生的人的简短交谈，则对我思考数学和历史之间的选择产生了极大的影响。

最近，已故数学史家威尔伯·诺尔（Wilbur Knorr）为一代年轻学者树立了一个重要的榜样。他拒绝接受这样一种观点，即认为古代作者都已被他人研究过了。抛开那一套"子曰师说"，他向我们展示了通过寻找原始文本而涌现的知识财富。

尤塔·C.默茨巴赫（Uta C. Merzbach）
2010 年 3 月

（李文林　译）

第二版序

艾萨克·阿西莫夫(Isaac Asimov)

数学是人类思想的一个独特的方面,其历史在本质上不同于其他所有领域的历史。

随着时间的推移,人类努力的几乎每一个领域都在变化,这些变化可以被认为是纠正和(或)扩展。政治和军事事件的历史演变总是混乱无序的,例如无法预言成吉思汗的崛起,也无法预测短暂的蒙古帝国的命运。其他一些变化是时尚和主观认识的问题。25000 年前的洞穴壁画被公认为是伟大的艺术,虽然艺术在随后的千万年里不断地甚至是混乱地变化着,但在所有的时尚中都有伟大的元素。同样每一个社会都觉得自己的方式是自然而合理的,而认为其他的社会方式是古怪可笑甚至令人厌恶的。

只有在科学领域才有真正的进步,这里只有不断地向更高的高度前进的记录。

不过在科学的大多数分支中,进步的过程是纠正和扩展的过程。亚里士多德(Aristotle)是研究物理定律的最伟大的思想家之一,他关于落体的观点却是完全错误的,伽利略(Galileo)在 16 世纪 90 年代纠正了他的观点。盖伦(Galen)是古代最伟大的医生,他被禁止研究人类尸体,他的解剖学和生理学结论是十分错误的。他的理论必须接受 1543 年维萨里(Vesalius)和 1628 年哈维(Harvey)的纠正。即使是牛顿(Newton),所有科学家中最伟大的一位,他对光的本质和透镜的消色差性的看法也有错误,且忽略了谱线的存在。他关于运动定律与万有引力理论的巨著于 1916 年被爱因斯坦(Einstein)修改。

现在我们可以看到是什么让数学独一无二了。在数学中,也只有在数学中,从来没有重大的纠正,而只有扩展。一旦希腊人发明了演绎方法,他们所做的一切都是正确的,而且永远是正确的。欧几里得(Euclid)是不完美的,他的著作得

1

到了极大的扩展，但并没有被纠正。他的每一个定理，直到今天仍然有效。

托勒密（Ptolemy）对行星系统的认识可能是错误的，但他为帮助自己计算而建立的三角学系统却永远是正确的。

每一位伟大的数学家都在原有的基础上添枝加叶，但没有什么需要被连根拔起。因此当我们读一本像《数学史》（A History of Mathematics）这样的书时，我们看到了这样一座正在长高的建筑的图像：它越来越高、越来越宏伟壮丽，但其基础，在今天与约 26 个世纪前泰勒斯（Thales）建立第一条几何定理时一样纯净而实用。

对于人类来说，没有什么比数学更适合我们了。在这里，也只有在这里，我们才能触及人类才智的巅峰。

（李文林　译）

第二版前言

　　该书的第一版自 1968 年面世后已成为数学史领域的标准,而这一版将面向新一代和更广泛的读者。那以后的几年是数学史兴趣重燃、活动踊跃的几年——大量新的数学史著述的发表、越来越多数学史课程的开设以及多年来数学史大众图书数量的稳步增长,都可以证明这一点。最近人们对数学史兴趣的日益增长,也反映在其他分支的大众刊物和电子媒体上。博耶对数学史的贡献,在所有这些努力中都留下了印记。

　　当约翰·威立父子公司的一位编辑第一次与我联系,讨论博耶这部标准著作的修订工作时,我们很快达成一致意见,认为文本修改应保持在最低限度,修改和添加应该尽可能地遵循博耶原来的方法。因此,前 22 章基本上没有修改。19 世纪的章节则进行了修改,最后一章被扩充了并分成两章。我在整个过程中试图保持全书在方法上的一致,并坚持博耶的既定目标,即比同类著作更加强调历史元素。

　　我对参考文献和一般文献进行了大幅度修改。由于本书的对象主要是讲英语的读者,他们中的许多人无法利用博耶为各章所列的其他语言参考文献,所以它们已被最近的英文文献所取代。读者也请参阅一般文献。紧接书末各章参考文献之后的,是附加著作和进一步的参考书目,但对语言关注较少。对于一般文献的介绍提供了对进一步轻松阅读和问题解答的全面指导。

　　最初的修订版出现于两年前,是为课堂使用而设计的。在那里以及原版中找到的练习,在这一版中被删除了。这一版针对的是课堂以外的读者,对补充练习感兴趣的本书使用者可以参阅一般文献中的建议。

　　对朱迪思·V. 格拉比纳(Judith V. Grabiner)和艾伯特·刘易斯(Albert Lewis)提出的许多有益的批评和建议,我谨表示我的谢意。我十分高兴

1

地感谢威立公司几位编辑的良好合作与协助。我非常感谢弗吉尼娅·比茨（Virginia Beets）在准备这份手稿的关键阶段提供了她的见解。最后，我感谢众多的同事和学生与我分享他们对第一版的想法，我希望他们能在这个修订版中收获有益的结果。

尤塔·C. 默茨巴赫
乔治城，得克萨斯
1991 年 3 月

（李文林　译）

第一版前言

　　本世纪出现了不少数学史著作,其中许多是用英文写成的,有些是最近出版的,例如斯科特(J. F. Scott)的《数学史》①(*A History of Mathematics*),因此这一领域的新作品应该具有已有著作所没有的特点。实际上现有的数学史书很少是教科书,至少不是美国意义上的教科书,斯科特的《数学史》就不属于教科书。因此似乎尚有写一本新书的余地,一本更能满足我自己的爱好,也可能满足别人的爱好的书。

　　戴维·尤金·史密斯(David Eugene Smith)的两卷本《数学史》②(*History of Mathematics*)的确是以"为教师和学生提供一部可用的初等数学史教科书"为目的,但它的涵盖面太广,相对于大多数现代大学课程而言数学水平过低,同时缺乏不同类型的问题。弗洛里安·卡乔里(Florian Cajori)的《数学史》③(*History of Mathematics*)至今仍是一部非常有益的参考书,但不适合课堂使用。贝尔(E. T. Bell)令人钦佩的《数学发展史》④(*The Development of Mathematics*)也不适合用作教科书。迄今最成功而适当的教科书似乎是霍华德·伊夫斯(Howard Eves)的《数学史引论》⑤(*An Introduction to the History of Mathematics*)。自其1953年首次出版以来,我曾经在十多个班级的教学中使用过它,效果相当令人满意。为了加强历史感,我偶尔会偏离该书中的题材安排,同时我还通过进一步引用18世纪和19世纪的贡献,特别是通过使用斯特罗伊克(D. J. Struik)的《数

---

① 伦敦:Taylor and Francis,1958。
② 波士顿:Ginn and Company,1923—1925。
③ 纽约:Macmillan,1931,第二版。
④ 纽约:McGraw-Hill,1945,第二版。
⑤ 纽约:Holt,Rinehart and Winston,1964,修订版。

学简史》①(*A Concise History of Mathematics*)来充实教学内容。

本书的读者，无论是门外汉还是数学史课程的学生和老师，会发现所需要的数学背景相当于大学三四年级的水平，但具有或高或低数学准备的读者也可以通过认真阅读本书的内容而获益。每章后都附有一套练习题，这些练习大致分为三类。首先列出的是一些简单的问题，旨在考核读者组织材料并用自己的话来陈述本章内容的能力。接下来是相对容易的练习，要求对本章中提到的一些定理进行证明，或将其应用于各种不同的场合。最后安排了一些带星号的练习，这些练习要么难度较大，要么需要并不是所有的学生和读者都熟悉的专门方法。最后这部分练习在任何方面都不构成一般论述的一部分，读者可以忽略它们而不会失去阅读的连续性。

书中不时会加有脚注，一般是关于参考文献的。每一章后面都有一份阅读建议，其中包括了该领域大量期刊文献的参考资料，因为对于这一层次的学生来说，接触优秀图书馆中可以利用的丰富资料并不算早。较小的大学图书馆可能无法提供所有这些资源。但对学生来说，了解自己校园范围之外的更广阔的学术领域是件好事。也有关于外语著述的参考资料，尽管有些学生（希望人数不会很多）不能阅读这些著述。纳入其他语种的参考文献，除了能为那些有外语阅读能力的读者提供更多的资料来源外，还有助于打破语言的地方主义，这种地方主义像鸵鸟一样无视现实，错误地认为一切有价值的东西都是用英文出版或者是已经被翻译成英文的。

本书与现有最成功的教科书的不同之处在于：更严格地遵循时间安排，更强调历史元素。在数学史课上总有一种诱惑，认为这门课的根本目的是教数学，偏离数学标准是不可饶恕的罪过，而历史方面的错误则是可原谅的。我一直努力避免这样的态度。本书的目的是要忠实呈现数学的历史，不仅是对数学结构的准确呈现，同时也是对历史视角和细节的忠实呈现。在一本这样规模的书里，指望每一个日期和每一个小数点都正确，那是愚蠢的。然而我们希望这种可能逃过清样校读而存在的疏误不会对宽泛意义上的历史感和对数学概念的可靠观点造成伤害。对这样单独的一卷书而言，刻画数学史的全貌将是不可企求的目标，这一点不管怎么说都不过分。这样的事业需要一个类似于在 1908 年完成了断代至 1799 年的康托尔（Cantor）的《数学史讲义》(*Vorlesungen iiber Geschichte der Mathematik*)的第四卷的那些人组成的团队的共同努力。而在一部篇幅不大的

---

① 纽约：Dover Publications，1967，第三版。

著作中,作者必须对材料的取舍做出判断,不情愿地克制自己,不去引用每一位卓有成就的数学家的著作,很少会有读者不注意他认为是违心省略的地方。特别是最后的一章仅仅试图指出 20 世纪数学的一些显著特征。在数学史的领域里,也许没有什么比出现一位当代的费利克斯·克莱因(Felix Klein),为我们这个世纪完成克莱因对 19 世纪数学所做但生前未能完成的任务更令人期待的了。

已发表的著作在某种程度上就像是一座冰山,能看到的只是整体的一小部分。除非作者不辞劳苦投入大量的时间,除非他得到无数难以一一提名的人的鼓励和支持,否则任何一本书都难以问世。在我的情形,我首先要感谢许多热心的学生,我曾为他们讲授数学史,主要是在布鲁克林学院,但也在叶史瓦大学、密歇根大学、加州大学伯克利分校和堪萨斯大学。在密歇根大学主要是得到菲利普·S. 琼斯(Phillip S. Jones)教授的支持,在布鲁克林学院则得到沃尔特·H. 梅斯(Walter H. Mais)院长、萨米尔·鲍罗夫斯基(Samual Borofsky)教授和詹姆斯·辛格(James Singer)教授的帮助。我有时喜欢减少一些教学工作量,以便完成这本书的手稿。数学史领域的朋友和同事,包括麻省理工学院的德克·J. 斯特罗伊克(Dirk J. Struik)教授、多伦多大学的肯尼思·O. 梅(Kenneth O. May)教授、缅因大学的霍华德·伊夫斯(Howard Eves)教授、纽约大学的莫里斯·克兰(Morris Kline)教授,他们在本书的编写过程中提出了许多有益的建议,我对此深表感谢。我在书中随意引用他人著作和文章中的材料,而除了冷冰冰的参考书目外,几乎没有做过其他任何表示,我愿借此机会向这些作者表达我最热烈的感谢。许多图书馆和出版商在提供书中需要的信息和插图方面提供了很大的帮助。特别是与约翰·威立父子公司的员工一起工作,使我感到非常愉快。最后的手稿和很困难的初稿都是由堪萨斯州劳伦斯的黑兹尔·斯坦利(Hazel Stanley)夫人细心打出来的。最后我要对一位通情达理的妻子——玛乔里·N. 博耶博士,表示深深的谢意,感谢她对家里又一部书的撰写带来的干扰所表现出来的耐心。

卡尔·B. 博耶

布鲁克林,纽约

1968 年 1 月

(李文林　译)

目录 /contents

第一章
溯源

你能找到一个不会数自己手指的人吗？

——引自《埃及死者书》(*The Egyptian Book of the Dead*)[①]

概念与关系

当代数学家们致力于证明关于抽象概念的命题。许多世纪以来，数学被认为是关于数、量和形的科学。因此，那些寻找早期数学活动事例的人会关注考古遗迹，这些遗迹反映了人类对数、计数以及"几何"图案与图形的认识。即使这些遗迹反映了数学活动，它们也很少具有重大的历史意义。然而，当这些遗迹揭示出世界上不同地区的人们，都在从事某种涉及"数学"概念的活动时，它们就会变得饶有兴味。不过，要使这样的活动具有历史意义，我们需要寻找相关的联系来表明这种活动同时也为其他的个人或群体所知。一旦建立起这种联系，通向更具体的历史研究的大门就被打开了，比如那些关于传播、传统与概念变化的研究。

数学遗迹常常在非文字形式的文化中发现，这就使对其重要性的评估变得更为复杂。运算规则可能作为口头传统的一部分而存在，通常以音乐或诗歌的形式，甚至混杂于魔法或宗教仪式的语言中流传。它们有时也会在历史学家研究范围之外的动物行为观察中被发现。犬类的算术或禽类的几何是动物学家的研究对象；脑损伤对数觉的影响属于神经学家的研究范围；数字治疗符咒则是人类学

[①] 《埃及死者书》：古埃及人为死者奉献的一种符箓，通常写在纸草卷上，放入墓中，为研究古埃及宗教、历史的材料。——译者注

家的兴趣所在。所有这些研究对数学史家来说可能被证明是有用的，却未必是相应的那段历史的内容。

开始的时候，原始的数、量、形概念也许是与对照而不是类比相联系的——一只狼与许多狼数量的差异，小鱼与巨鲸大小的不同，圆圆的月亮与笔直的松树形状的区别。渐渐地，人们从杂乱无章的经验中认识到了共性的存在，而正是通过这种对事物在数和形方面相似性的认识，科学与数学二者都诞生了。差异本身似乎指出了相似性，通过一只狼与许多狼、一只羊与整群羊、一棵树与整座森林的比较，就可以看到一只狼、一只羊与一棵树之间有着共通的东西——这就是它们的单位性。同样，人们还会注意到其他特定的物群，例如成双的事物，相互间也可构成一对一的对应。一双手可以跟一双脚、一对眼睛、一对耳朵或一对鼻孔相对应。这种为一定物群所共有的抽象性质，就是我们所说的数。对于数的认识标志着向现在的数学迈进了一大步。数的发现不可能只归功于任何个人或单个的部落，而更可能是一种逐渐的认识。在人类文明进程中，这种认识的发展也许跟火的使用一样古老，就是说在大约三十万年以前。

数概念的发展是一种漫长的、渐进的过程，还可由下列事实得到佐证，即在包括希腊语在内的某些语言的语法中一直区分单数、双数与多数三种情形，但在现在的大多数语言中，名词却仅有单、复数之别。我们的远古祖先当初显然只能数到二，而任何多于二个元素组成的集合都被笼统称为"多"。直到今天，许多原始部落居民还仍然两个一堆两个一堆地来计数事物呢。

对数的认识终于变得充分、广泛和鲜明，人们于是感到有必要以某种方式来表达事物的这一属性，而开始可能只是使用符号式的语言。一只手上的五个指头可以被现成地用来表示有二、三、四或五个事物的集合，数 1 则一般并不首先被看作一个真正的"数"。两只手上的指头合起来，不超过十个元素的集合就有办法表示；而将手指与脚趾组合，又使人们能进一步计数到二十。当指头不敷运用时，石子堆或绳结就派上了用场，来表示同更多的集合元素的对应。在原始人采用这样一套表示系统时，他们常常把石子摆作五个一堆，因为通过对手脚的观察，他们早已熟悉了五分法。正如亚里士多德（Aristotle）早就指出的那样，今天十进制的广泛采用，只不过是这样一个解剖学事实的偶然结果：我们绝大多数人生来具有十个手指和十个脚趾。

石子堆很难长久保存信息，因此史前人类有时便在木棍或骨尾上刻痕划道来记数。这样的记录流传至今的寥寥无几，但在捷克摩拉维亚曾发现过一片幼狼的骨头,上面刻有 55 道深痕。这些刻痕分成两组,第一组 25 道痕,第二组 30 道痕;每一组内刻痕又按五个一群排列。这块狼骨的年代被断定为大约 30000 年前。在非洲还发现了另外两件史前记数的人工制作物:一件是大约 35000 年前一只狒狒的腓骨,其上有 29 道刻痕;另一件是伊尚戈骨①,上面有明显的乘法值表的例子,其年代起初定在约 8000 年前,但最终断定也是约 30000 年前的遗物。这类考古学的发现为我们提供了物证,说明数概念的产生远比人们以往所认为的要早。

早期的数基

虽然在历史上手指计数即用五和十的计数实践看来比用二和三的计数出现要晚,但五进制和十进制却几乎一律地取代了二、三进制。例如对数百个美国印第安部落的调查表明,其中大约三分之一的部落是采用十进制,另有三分之一采用五进制或五-十进制;采用二进制的少于三分之一,而采用三进制的还不到百分之一。以 20 为数基的二十进制则仅在百分之十左右的部落中出现。

一个有趣的二十进制的例子是尤卡坦半岛和中美洲玛雅人使用的数系。这种数系早在其他玛雅语言被破译之前就已获解读。玛雅人在他们的历法中使用一种位值记数法来表示日期间隔,这种位值记数法一般以 20 作为主数基,以 5 作为辅助数基(见下图)。单位用点表示,5 则用短横线表示。这样,例如 17 就表示为 (即:3(5)+2)。这里采用的是竖式位值记数,较大的数记在上面,于是 就表示 352(即:17(20)+12)。由于这种位值制主要是用以记录一种一年有 360 天的历法中的天数,所以第三位的一个单位并不像纯二十进制那样表示乘积 (20)(20),而是表示(18)(20)。不过除此之外,20 是占主导地位的数基。在该位值制数系中,玛雅人用一个有点像半睁的眼睛但有时会有变形的记号来表示空位。这样,按他们的格式,记号 就表示 17(20·18·20)+0(18·20)+13(20)+0。

---

① 伊尚戈骨:1960 年在非洲刚果(金)与乌干达交界地区伊尚戈古村出土的带有表示数字的刻痕的动物遗骨。 ——译者注

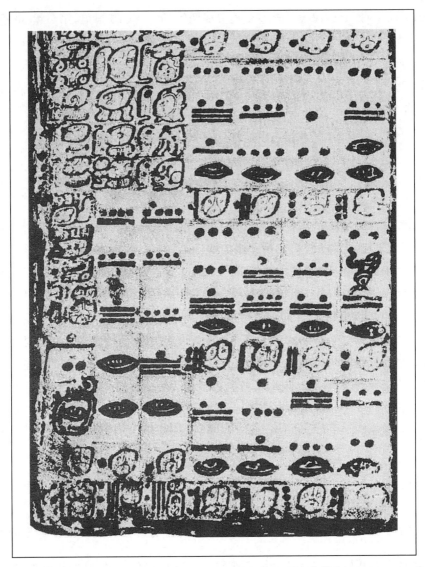

　　显示数字的玛雅文献的德累斯顿抄本。左 2 列自上而下读出数字：9,9,16,0,0,表示数 $9 \times 144000 + 9 \times 7200 + 16 \times 360 + 0 + 0 = 1366560$。 第 3 列数字 9,9,9,16,0 表示数 1364360。原图为黑、红两色。（采自 Morley,1915,p.266。）

数语言与计数

　　一般认为,语言的发展对抽象数学思维的产生至关重要,然而表示数目概念的词出现却比较晚。数符可能要先于数词,因为在木棍上刻痕比制定一个等价于某数的适当措辞更容易。要不是语言问题这样困难,十进制的竞争对象就会取得较大的进展了。例如,5 是最先留下文字形迹的数基之一,但到语言正式形成的时候,10 却占了上风。在现代语言中数词几乎没有例外是以 10 为数基来构造的,因此比如 13 就不是被表示成 3 加 5 再加 5,而是 3 加 10。适于概括像数这样抽象观念的语言,其发展之缓慢还可通过下述事实来了解:早先表示数目的词语总是同特殊的具体集合有关——如"两条鱼"或"两根棒",后来这些词中有的便被沿袭来表示一切有两个元素的集合。语言发展从具体到抽象的这种倾向,在今天的长度度量中也经常见到。人们用"hands"① 来量马高,而词"foot"和"ell(elbow)"② 也都是由人体的一部分转意而来。

　　从重复的具体事例概括出抽象的概念需要几千年的漫长岁月,这证明人类哪怕是为数学建立最原始的基础,也必定经历了巨大的困难。不过,关于数学的起源,还有许多尚未解读的问题。一般认为这门学科是适应人们的实际需要而产生的,但人类学的研究却提出了其他可能的说法。有人认为,计数技术的起源与原始宗教仪式有关,并且在这里对顺序性的认识要先于数量概念的产生,在表现创世神话的典礼中,需要按一定的次序召唤与会者入场,计数术可能是为处理这类问题而发明的。如果关于计数的仪式起源说正确,那么序数概念也许是出现在基数概念之先。不仅如此,这样一种起源论对于说明下述可能性颇有利:计数术起源于某个单独的地域,随后传播到地球的其他部分。这一观点虽然还远未得到公认,但它跟宗教仪式中将整数分成奇数和偶数,前者代表男性、后者代表女性的事实却是一致的。整数的这种划分法为地球上所有地区的文明所熟知,而关于男性数和女性数的神话也一直引人注意地流传着。

　　整数概念是数学中最古老的概念之一,其起源问题还笼罩着史前时代的迷雾。有理分数(小数)概念的发展相对而言要晚些,并且一般与整数系统没有密切联系。原始部落的居民似乎并无对小数的实际需要。为了进行数量化,这些实践家们只要把单位选得足够小,就可以避免小数的使用。因而就没有从二进制小数到五进制小数、十进制小数这样的顺序发展,十进制小数基本上是近代数学而非古代的产品。

---

① 　一手之宽,约 4 寸。——译者注
② 　foot:英尺,原意为脚;ell:旧时量布的单位,英制约合 45 英寸;elbow 原意为肘。——译者注

空间关系

关于数学（无论是算术还是几何）的起源，任何解释都不免带有冒险的成分。因为这门学问的出现比文字还要早。只是在经历了大约几百万年的发展之后，即在最近的五六千年间，人类才终于能够以文字的形式来记录事物和表达思想。关于史前时代的情况，我们只能依赖于以少数残留的人工制品为基础的解释，依赖于目前人类学所提供的证据以及从幸存的文献出发进行的猜测性的推断。新石器时代的人也许没有多少空闲，并且对测量也不那么需要，可是他们的绘画和设计却反映出一种对空间关系的关心，这就为几何学的开拓铺平了道路。那时的陶器、织物和编筐等都显示有全等与对称的例子，它们实质上形成了初等几何的一部分，并出现在世界各地。而且，像图 1.1 那样的图案中的简单序列，就蕴含着某种应用群论，以及一些几何与算术命题。由这些图案立即看出：其中的三角形面积之比等于边长平方之比，通过计算还可知道，从 1 开始相继的奇数之和构成了完全平方数。史前时代没有留下任何文字资料，因此要追溯数学中从某个特殊的图案到一条熟知的定理这样的演变过程是不可能的。但数学思想好比是耐寒的孢子，有时我们设想了某种观念的起源，其实它不过是长期处于蛰眠状态的古代思想的再现罢了。

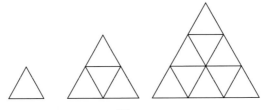

图 1.1

史前人类对空间图案和关系的考虑，也可能是出于审美的意愿和对形式美的欣赏，这往往也是激励当今数学家们的动机。我们可以认为，早期几何学家中至少有一些人，他们的工作纯粹是为着研究数学的乐趣，而不是为测量提供实际的帮助。但也有其他不同的看法，其中之一认为几何学像计数一样也是来源于原始的仪式实践。然而，由仪式实践产生出摆脱了宗教意味的几何学这一理论，完全没有确立。几何学的发展也可能只是受到了建筑与测量等实际需要或者对图案和顺序的审美意愿的刺激。

究竟是什么原因引导石器时代的人类去计数、测量、绘画？对此我们可以做种种猜测。数学的开端显然比最古老的文明还早。然而，如果我们走得太远，硬要在空间和时间上绝对地肯定某一种起源理论，那就会误以猜测为历史，所以我们最好还是把对这一问题的判断留待将来，而转向数学史的更可靠的基础，即我们从流传至今的书面文献中所发现的那些材料。

（李文林　译）

> 塞索斯特利斯①(Sesostris)在埃及居民中进行了一次土地划分
> ……假如河水冲走了一个人所得的任何一部分土地……国王就会派人
> 去调查,并通过测量来确定损失的地段的确切面积……我认为正是由
> 于这类活动,埃及人首先懂得了几何学,后来又把它传给希腊人。
>
> ——希罗多德(Herodotus)

时代与史料

公元前 450 年左右,希腊资深旅行家和历史学家希罗多德访问了埃及。他参观了古代纪念碑,访问了牧师,考察了神圣的尼罗河及沿岸的那些建筑成就。最终的考察报告已成为古埃及历史记述的基础。在涉及数学时,他认为几何学起源于埃及,因为他相信这门学问是出于每年一度尼罗河泛滥后重新丈量土地的实际需要。一个世纪后,哲学家亚里士多德探讨了同一问题并将埃及人的几何学研究归功于一个有闲祭司阶级的存在。数学的进步究竟应归功于社会上的实际工作者(如测量员,或者叫"司绳(rope-strechers)"),还是那些思想者(祭司或哲学家)呢?对此问题的争论超越了埃及的时代而延续至今。正如我们将会看到的那样,数学史显示出这两种贡献间持续的相互作用。

在尝试编纂古埃及数学史时,19 世纪以前的学者们一直面临两大障碍:首先

---

① 埃及第十九朝法老拉美西斯二世(约前 1300 年)。——译者注

是不能识读存世的原始资料,其次是这种原始资料本来就很匮乏。在 35 个世纪之久的时间里,古埃及碑刻使用的是形式不断变化的象形文字,从纯粹的象形字到较易书写的僧侣文再到更为流畅的通俗文。公元 3 世纪以后,古埃及象形文被更替为科普特文,最终又被阿拉伯文所取代,人们逐渐对其失去了解。使近代学者能解读古代文献的突破发生在 19 世纪初,法国学者让-弗朗索瓦·商博良(Jean-François Champollion)通过对刻有几种文字的碑文的研究逐步破译了一批象形文字。这方面的研究被其他学者的工作所补充,其中包括英国物理学家托马斯·杨(Thomas Young),1799 年拿破仑(Napoleon)远征军的士兵们发现的罗塞塔石碑激发了他的兴趣。这块玄武岩石板上刻有古埃及象形文、通俗文和希腊文三种文字。1822 年,商博良在致巴黎科学院的一封著名的信件中宣示了已被他识读的主要文字,到 1832 年他去世时,商博良已出版了一部语法书,并发表了一部词典的开始部分。

虽然这些早期研究使人们对埃及数字能有一些了解,但其中鲜有纯粹数学方面的内容。这种情况在 19 世纪后半叶发生了变化。1858 年,苏格兰古董商亨利·莱因德(Henry Rhind)在卢克索购得一卷纸草书,该纸草书约 1 英尺宽、18 英尺长,现藏于大英博物馆,另有少量碎片保存在美国的布鲁克林博物馆。通常就称这部纸草书为莱因德纸草书,或者也称其为阿默士(Ahmes)纸草书,后者是为了纪念公元前 1650 年左右该纸草书的抄写者。据这位抄写者所说,纸草书的内容是录自公元前 2000—公元前 1800 年间中王国时代的一个范本。这部用僧侣文写成的纸草书已成为我们了解古埃及数学的主要史料。另一部重要的纸草书,史称戈列尼谢夫(Golenishchev)或莫斯科纸草书,1893 年在埃及购得,现藏于莫斯科普希金(Pushkin)造型艺术博物馆。莫斯科纸草书的长度与莱因德纸草书大致相同(约 18 英尺),但只有后者的四分之一宽(约 3 英寸)。这部纸草书出自公元前 1890 年前后一位佚名作者的手笔,写法不如阿默士纸草书细致详密。它包括了 25 个问题,大部分来自现实生活,内容与阿默士问题并无本质区别。但其中有两题例外,我们将在后面做进一步讨论。其他来自第十二朝的纸草书有:卡洪纸草书,现藏于伦敦;柏林纸草书,与卡洪纸草书同时代。此外还有年代更早的资料,包括两块来自艾赫米姆的公元前 2000 年左右的木板文书,以及一卷列有分数表的羊皮书。这些资料大都是在商博良去世后的一百年间被解读的。早期的碑文与我们所知的中王国时期的数学原始文献在某些方面存在着惊人的巧合。

10

数和分数

自从商博良以及他同时代的人释读了墓志铭和其他纪念碑文,埃及象形数字的秘密即已迎刃而解。这个记数系统已经存在了五千余年,至少像金字塔一样古老。正如我们预料的那样,它是以十进制为基础的,用不同的特殊记号分别表示10 的前 6 次幂,再通过简单的重复叠加就可以在石头、木块和其他材料上刻出超过百万的数目。简单的一道竖线表示 1,小门表示 10,形似大写字母 C 的套索表示 100,一朵莲花表示 1000,弯曲的手指表示 10000,一条蝌蚪表示 100000,而跪着的人像(据传是指永恒之神)则表示 1000000。其他的数字是通过这些记号的重复组合来表示,比如,数 12345 被写作

埃及人有时把较小的数字置于较大数字的左边,有时则采用竖式排列。符号本身偶尔也会反向,例如表示 100 的套索就可以朝左右两面突出。

埃及人的文字记载说明他们很早就熟悉了大数。牛津一家博物馆藏有一根五千多年前的国王权杖,上面有俘获 120000 万名犯人和 1422000 只山羊的记录。这些数字可能是夸大的,但从另一方面考虑,却使人能了解埃及人在计数与测量方面所达到的令人称赞的精确程度。埃及太阳历的构造就是早期观测、测量和计数的杰出例子;金字塔则是另一个著名的范例。二者都显示了埃及人在建筑与定向方面的高度精确性,以至于围绕它们产生出许多离奇的传说。

阿默士所使用的草写体僧侣文更适合于用笔和墨水在已加工好的纸莎草叶上书写。记数仍用十进制,但冗长的象形符号的重复使用原理被抛弃。代替的办法是引进一些表示数字 10 的乘幂(数位)的倍数的特殊记号或数码,例如,4 不再用 4 条竖线来表示,而是代之以一条横线,7 也不再写成 7 条竖线,而是用一个镰刀形的符号ㄟ来表示。28 在象形文中被表示为 ∩∩||||,在僧侣文中却被简单地写成 ▪ㄟ。值得注意的是,代表较小数字 8 或两个 4 的符号 ▪ 是被放在左边,而不是右边。四千多年前埃及人所引进的、阿默士纸草书所采用的这种数码化原理是对记数方法的重大贡献,我们今天使用的记数系统之所以能如此有效,是同这一贡献分不开的。

埃及象形文字用一种特殊的记号来表示单位分数,即分子为 1 的分数。在整

数记号上方简单地画一个长椭圆,就表示该整数的倒数。这样 $\frac{1}{8}$ 就被记作 $\overline{\text{III}}$, $\frac{1}{20}$ 则写成 $\overline{\text{品}}$。纸草书中所采用的僧侣文,则用点号来代替长椭圆,这个点号也是放在相应的整数记号上方,在多位数情形则放在最右边的数码上。例如,在阿默士纸草书中 $\frac{1}{8}$ 记作 $\overset{\cdot}{\text{≡}}$, $\frac{1}{20}$ 写成 $\overset{\cdot}{\text{ᚴ}}$。在阿默士时代,这样的单位分数已被广泛使用。

但一般分数对当时的埃及人来说仍是未知事物。他们对分数 $\frac{2}{3}$ 驾轻就熟,并用一个专门的草体字 $\mathbf{2}$ 来表示;他们偶尔也用特殊的符号来记单位分数的余分数,即形如 $\frac{n}{n+1}$ 的分数。$\frac{2}{3}$ 在埃及人的算术运算中扮演着特殊的角色,以致为了求一个分数的 $\frac{1}{3}$,他们竟先求出其 $\frac{2}{3}$ 然后再减半。他们了解并经常运用下列事实:单位分数 $\frac{1}{p}$ 的 $\frac{2}{3}$ 等于两单位分数 $\frac{1}{2p}$ 与 $\frac{1}{6p}$ 之和。他们也知道,单位分数 $\frac{1}{2p}$ 的 2 倍,就是单位分数 $\frac{1}{p}$。然而,除了 $\frac{2}{3}$,埃及人似乎并不把一般的有理真分数 $\frac{m}{n}$ 当作基本的东西,而只是看成未完成的运算的一部分。我们今天认为 $\frac{3}{5}$ 是不可约的简分数,而埃及纸草书的作者却将它分解成为 3 个单位分数 $\frac{1}{3}$,$\frac{1}{5}$ 和 $\frac{1}{15}$ 之和。

为了使这种将混合真分数分解成单位分数之和的过程做起来更容易,阿默士纸草书开宗明义列出了一张将 $\frac{2}{n}$ 表示成单位分数和的表,n 取 5 到 101 的所有奇数值,其中 $\frac{2}{5}$ 等价于 $\frac{1}{3}$ 和 $\frac{1}{15}$ 之和,$\frac{2}{11}$ 被写成 $\frac{1}{6}$ 和 $\frac{1}{66}$ 之和,$\frac{2}{15}$ 则表为 $\frac{1}{10}$ 和 $\frac{1}{30}$ 之和。表中最后一项是将 $\frac{2}{101}$ 分解成 $\frac{1}{101}$,$\frac{1}{202}$,$\frac{1}{303}$ 和 $\frac{1}{606}$ 之和。为什么在无数可能的分解中埃及人唯独要选择某一种形式呢?原因尚不清楚。分解表中的最后一项肯定是一个典型的例子,说明埃及人对于减半及取 $\frac{1}{3}$ 的程序是何等热衷。使我们迷惑不解的是:为什么分解 $\frac{2}{n} = \frac{1}{n} + \frac{1}{2n} + \frac{1}{3n} + \frac{1}{2 \cdot 3 \cdot n}$ 一定比 $\frac{1}{n} +$ $\frac{1}{n}$ 好呢?也许这是因为埃及人分解 $\frac{2}{n}$ 的目的之一,就是要达到小于 $\frac{1}{n}$ 的单位分

12 数吧。纸草书中的某些段落显示出埃及人有时对一般规则和方法比眼前的特例更为重视，这代表了数学发展中的重要一步。

算术运算

阿默士纸草书中紧随 $\frac{2}{n}$ 数表之后的是另一张 $\frac{n}{10}$ 的数表。这张表比较短 $(n=1,\cdots,9)$，其中的分数也是用埃及人所钟爱的单位分数和 $\frac{2}{3}$ 来表示的。例如分数 $\frac{9}{10}$，被分解为 $\frac{1}{30}$，$\frac{1}{5}$ 和 $\frac{2}{3}$。阿默士在纸草书一开始就声明过要向读者提供"透彻研究一切事物和了解一切奥秘的指南"，因此，在列出 $\frac{2}{n}$ 和 $\frac{n}{10}$ 分解表以后，该书的主要部分乃是各种类型的问题，共 84 道。这些题中的前 6 道是问：若分别有 1,2,6,7,8 或 9 个面包，10 人平分，每人几何？作者在解题时利用了他刚刚列出的 $\frac{n}{10}$ 分解表。在第一道题中作者为了证明正确的答案是分给每个人 $\frac{1}{10}$ 个面包而费尽周折！假如每人分得 $\frac{1}{10}$ 个面包，那么 2 个人将分得 $\frac{2}{10}$ 或 $\frac{1}{5}$ 个，4 个人将分得 $\frac{2}{5}$ 或 $\frac{1}{3}+\frac{1}{15}$ 个，8 个人将分得 $\frac{2}{3}+\frac{2}{15}$ 或 $\frac{2}{3}+\frac{1}{10}+\frac{1}{30}$ 个，而 8 个人加 2 个人就将分得 $\frac{2}{3}+\frac{1}{5}+\frac{1}{10}+\frac{1}{30}$ 个即整个面包。阿默士似乎已经掌握了某种等价于最小公倍数的概念，这使他能够最终完成自己的证明。在解 10 个人分 7 个面包的问题时作者本可以选择 $\frac{1}{2}+\frac{1}{5}$ 作为答数，但对 $\frac{2}{3}$ 的偏爱，却使他改取了 $\frac{2}{3}$ 与 $\frac{1}{30}$ 之和这一组合。

埃及人最基本的算术运算是加法。在阿默士时代，乘除运算是通过逐步加倍的程序来实现的，我们今天所用的乘法一词事实上就是受了埃及人这种加倍程序的启发。例如 69 乘以 19 我们可以这样来做，将 69 自身相加得 138，又将这结果自身相加得 276，再加倍得 552，再加倍得 1104，此即 69 之 16 倍；因为 19＝16＋2＋1，69 乘以 19 其答数应为 1104＋138＋69，即 1311。有时也会利用 10 的倍数。因为这是十进制象形数字记号的自然衍生。单位分数组合的乘法也构成埃及算术的部分内容。例如,阿默士纸草书中的第 13 题是求 $\frac{1}{16}+\frac{1}{112}$ 与 $1+\frac{1}{2}+\frac{1}{4}$ 的乘

积,并得出了正确答案 $\frac{1}{8}$。在除法运算中,加倍程序被倒过来执行,即除数取代了

被乘数的地位被拿来逐次加倍。阿默士问题的计算使我们清楚地看到,埃及人在

加倍程序及单位分数概念的应用中发展了高度的技巧。第 70 题是计算 100 除以

$7+\frac{1}{2}+\frac{1}{4}+\frac{1}{8}$ 的商,答数 $12+\frac{2}{3}+\frac{1}{42}+\frac{1}{126}$ 是这样获得的:将除数逐次加倍,

第一步得到 $15+\frac{1}{2}+\frac{1}{4}$,第二步得到 $31+\frac{1}{2}$,最后得 63,此乃除数之 8 倍。另外

已知除数的 $\frac{2}{3}$ 等于 $5+\frac{1}{4}$,除数与 $8+4+\frac{2}{3}$ 相乘得 $99\frac{3}{4}$,比要得到的乘积 100 小

$\frac{1}{4}$。作者此时做了一个巧妙的调整,因为除数的 8 倍是 63,所以它与 $\frac{2}{63}$ 相乘得

$\frac{1}{4}$。由 $\frac{2}{n}$ 数表知 $\frac{2}{63}$ 等于 $\frac{1}{42}+\frac{1}{126}$,于是就得到所求商为 $12+\frac{2}{3}+\frac{1}{42}+\frac{1}{126}$。这

一算法有时要用到乘法可交换性,埃及人对此显然是熟悉的。

许多阿默士问题证明埃及人已掌握相当于"三数法则"的比例算法。第 72 题

是问 100 个"强度"为 10 的面包相当于多少个强度为 45 的面包? 所得答数是 $\frac{100}{10}$

乘 45,即 450 个。在这类面包与啤酒问题中所谓强度(或 pesu)是指粮食密度的倒

数,等于面包数或酒容量除以粮食总量。阿默士纸草书中有许多关于面包和啤酒

的问题。例如第 36 题:将 700 个面包分放于 4 个容器,使每个容器中的面包数成

连比 $\frac{2}{3}:\frac{1}{2}:\frac{1}{3}:\frac{1}{4}$,答数是通过计算 700 与连比诸分数之和的比而求得,在本例

中是将 700 除以 $1\frac{3}{4}$,实际是将 700 与除数的倒数即 $\frac{1}{2}+\frac{1}{14}$ 相乘,得 400,再分别

乘以 $\frac{2}{3}$,$\frac{1}{2}$,$\frac{1}{3}$ 和 $\frac{1}{4}$,即得到各容器中的面包数。

"堆" 问题

到目前为止,我们所介绍的埃及数学问题大都属于算术领域,但还有另外一

些问题,关于它们的分类范畴使用代数这个术语大概没有什么不妥。这些问题既

不涉及像面包与啤酒之类的具体事物，也不要求对已知数的运算，它们相当于求解形如 $x+ax=b$ 或 $x+ax+bx=c$ 的一次方程，这里 a,b 和 c 是已知数，x 是未知数。埃及人称未知数为"堆"（aha），例如第 24 题：已知"堆"与 $\frac{1}{7}$"堆"相加为 19，求"堆"的值。阿默士的解法与今天教科书中的方法不同，其实质就是现在所谓的"假位法"或"假位法则"：先假设一个特殊的数作"堆"的值（多半是假值），将其代入等号左边去运算，然后比较得数与应得之结果，再通过比例方法算出正确的答案。在第 24 题中，取 7 作为未知数的试验值，这样 $x+\frac{1}{7}x=8$，而应得结果是 19。因为 $8\left(2+\frac{1}{4}+\frac{1}{8}\right)=19$，将 7 乘以 $\left(2+\frac{1}{4}+\frac{1}{8}\right)$ 即得正确的"堆"值。阿默士算出的答案是 $16+\frac{1}{2}+\frac{1}{8}$。他接着进行了"检验"，证明若将 $16+\frac{1}{2}+\frac{1}{8}$ 加上其 $\frac{1}{7}$ 即 $(2+\frac{1}{4}+\frac{1}{8})$，确实等于 19。在这里，我们看到了数学前进的又一个重要的步伐，因为检验可以被看作一种简单的证明。假位法是阿默士在著作中普遍使用的方法，但有一题（第 30 题）例外，其中方程 $x+\frac{2}{3}x+\frac{1}{2}x+\frac{1}{7}x=37$ 是通过在左边提取因子，并以 $1+\frac{2}{3}+\frac{1}{2}+\frac{1}{7}$ 除 37 而解出，答数是 $16+\frac{1}{56}+\frac{1}{679}+\frac{1}{776}$。

莱因德（阿默士）纸草书中，许多"堆"计算显然是给青年学生的练习。虽然它们大部分是实用问题，但也有一些似乎是作者构想的数学游戏。例如第 79 题，纸草书上写着："7 座房子，49 只猫，343 只老鼠，2401 穗麦子，16807 份粮食。"有人认为，作者是在这里解一个当时也许家喻户晓的数谜：7 座房子，每座房子里养 7 只猫，每只猫抓 7 只老鼠，每只老鼠吃 7 穗麦子，每穗麦子可生产 7 份粮食。问题显然不是求实用的答数能节省多少粮食，而是问房子、猫、老鼠、麦穗和粮食份数各数之总和。这个和数没有任何实际的意义。阿默士纸草书中这个小小的数学游戏似乎是今天人人会唱的一首儿歌的先声：

> 我赴圣城伊夫斯，
> 途遇一人偕七妇。
> 一妇七袋手中提，
> 一袋七猫数整齐。

一猫七仔紧相依，

妇与口袋猫与仔，

几何一同赴圣地？

几何问题

通常认为古埃及人是熟知毕达哥拉斯(Pythagoras)定理的，但在现存的纸草书中却找不到这种证据。尽管如此，阿默士纸草书仍然包括一些几何问题。在第51题中，阿默士指出，等腰三角形的面积等于我们今天所谓的底边的一半与高相乘。他这样来验证自己的算法：等腰三角形可以被看作由两个直角三角形组成，移动其中之一，而使二者合成一个矩形。第52题对梯形做了类似处理，该题中的梯形下底为6、上底为4，两底距离20。阿默士取两底和的一半，以便做成一矩形，然后乘20，即得梯形之面积。这种将等腰三角形和梯形转化为矩形的图形变换，我们也许能从中看到几何学全等理论与证明概念的萌芽。但埃及人未能继续前进，他们的几何学有一个严重的缺点，就是没有在准确关系与近似关系之间做出明确的区分。

在埃德夫保存有一件契约，大约写于阿默士之后1500年左右，其中给出了三角形、梯形、矩形以及更一般的四边形的例子，一般四边形的面积公式是两组对边长的算术平均数之乘积，这个算法当然是不准确的，但契约的作者却由其得出一个推论：三角形的面积等于两边之和的一半乘以第三边的一半。这是寻求几何图形关系的突出例子。更早一点，埃及人还使用过零的概念来代表某种几何量。

埃及人的圆面积计算公式一向被认为是当时杰出的成就之一。在第50题中，阿默士假设一直径为9的圆形土地，其面积等于边长为8的正方形面积。将此假设与现代公式 $A = \pi r^2$ 相比较，我们发现埃及人的方法相当于给出了 π 值为 $3\frac{1}{6}$。这是一个相当不错的近似值，但这里我们同样找不到任何证据来说明阿默士是否意识到他的圆面积与正方形面积并非精确相等。埃及人是用什么方法得出他们的圆面积公式的呢？第48题很可能为我们提供了一点线索。在此问题中，作者取一边长为9的正方形，3等分其边，然后截去4个角上的等腰三角形 $\left(每块面积为 4\frac{1}{2}\right)$ 而得到一个八边形，该八边形面积是63，与正方形的内切圆面积相差不多，同时与一边长为8的正方形面积近似相等。埃及人确实把 $4\left(\dfrac{8}{9}\right)^2$ 当作

常数 π 来使用,他们计算圆周长的方法似乎也证实了这一点。根据他们的方法,圆面积与周长之比等于其外切正方形的面积与周长之比。这种观察本身代表了更精确的几何关系,与求取更佳的 π 近似值相比,数学上意义更大。

近似计算的精确度本来并不是衡量数学与建筑学成就的最好标准,我们不应过分强调埃及数学的这一方面。对于埃及人贡献于数学的另一方面,即对几何图形相互关系的认识,人们始终不够重视,然而正是在这里,埃及人与他们的希腊后继者之间几乎已近在咫尺了。埃及数学中虽然找不到定理表述和形式证明,但在尼罗河畔进行的某些几何比较,诸如上面提到的圆及其外切正方形之间的周长与面积比的比较却是数学史上最早的关于曲线图形的精确命题。

$\frac{22}{7}$ 是我们今天常用的 π 值,而我们必须记住阿默士使用的 π 值是 $3\frac{1}{6}$ 而不是 $3\frac{1}{7}$。阿默士的 π 值也为其他埃及人所使用,来自第 12 王朝的一卷纸草书（卡洪纸草书）可以证实这一点。该纸草书中有计算圆柱体积的问题,算法是底面积乘高,其中底面积正是用阿默士的法则来计算的。

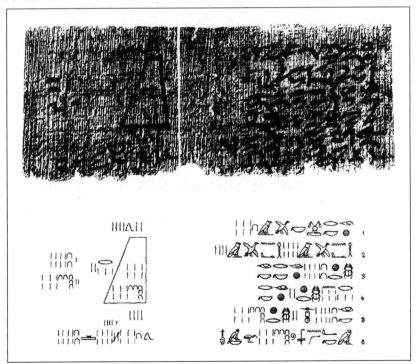

莫斯科纸草书局部复制图(上),展示了其中的正四棱台体积问题,以及象形文说明(下)。

莫斯科纸草书第 14 题有一张附图，看上去像是一等腰梯形（见图 2.1），但相关的计算却说明，这实际上是表示一个正四棱台。图的上下方分别注有数字 2 和
4，图里则标有代表 6 和 56 的僧侣文记号。旁边的说明清楚地告诉我们：问题是要求一正四棱台的体积，其高为 6，上下底边长分别为 2 和 4。作者指示说：先求 2 与 4 的平方和，加上 2 与 4 的乘积得 28，再乘以 6 的三分之一。最后作者用下面的话来结束计算："瞧！这就是 56，准确无误，您已经得到它。"因此，埃及人计算正四棱台体积的方法相当于现代的公式：

$$V = h(a^2 + ab + b^2)/3。$$

此处 h 是高，a，b 是上下底面正方形的边长。纸草书中并没有明确记载这一公式，但实质上埃及人显然是知道这个公式的。如果像在埃德夫契约中那样取 b 等于 0，这公式就化为简单的棱锥体积公式，即三分之一底面积乘高。

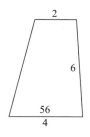

图 2.1

我们不知道埃及人是怎样得出这些公式的。计算棱锥体积的方法来源于经验，但棱台体积公式却不然，后者更可能是以一定的理论为基础而推得。有人认为，在这里，埃及人也可能会采取类似于他们处理等腰三角形和等腰梯形时的做法，在想象中将正四棱台分解成一些平行四面体、棱柱和棱锥。用体积相同的长方块来代替棱柱和棱锥，并将这些长方块适当地组合起来，就可以导出埃及人的公式。例如，我们可以从与正四棱台底面共一个顶点的方底棱锥出发。显而易见的做法是将正四棱台分解成为如图 2.2（左侧）所示的四个部分：一个体积为 b^2h 的长方体，两个体积为 $b(a-b)h/2$ 的三棱柱，以及一个体积为 $(a-b)^2h/3$ 的棱锥。两个棱柱可合成一长宽高各为 b，$a-b$ 和 h 的长方体；棱锥则可被看作长宽高各为 $a-b$，$a-b$ 和 $h/3$ 的长方体；最后把最高的长方体平分成三块（见图 2.2 右侧），每块高 $h/3$，我们就可以很容易地把这些板块拼装成三层，各层高均为 $h/3$，而诸接触面的面积分别为 a^2，ab 和 b^2。

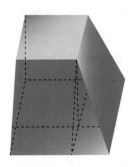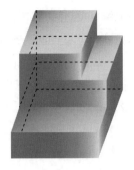

图 2.2

莫斯科纸草书中第 10 题的解释比第 24 题更为困难。作者在这里似乎是要求一个形状像篮子而径长为 $4\frac{1}{2}$ 的曲面面积。其算法好像是利用了相当于 $S = \left(1 - \frac{1}{9}\right)^2 (2x) \cdot x$ 的公式$\left(x = 4\frac{1}{2}\right)$，所得答数则为 32。因为 $\left(1 - \frac{1}{9}\right)^2$ 是埃及人对 $\pi/4$ 的近似值，所以答数 32 可能对应于一直径为 $4\frac{1}{2}$ 的半球表面积。上述解释是在 1930 年提出的，按照这种解释，埃及人的结果比已知最早的半球表面积公式还要早 1500 多年。这确实令人惊奇。事实上，对这项结果渲染过分反倒失诸于真。于是后来有人又提出一种解释，所谓篮子实际上可能是一种半圆柱形房屋的屋顶，此处圆柱直径为 $4\frac{1}{2}$，长亦为 $4\frac{1}{2}$。在这种情形下问题的求解，并不需要知道比半圆周长更多的知识。纸草书原文含糊不清，还可以允许人们提出其他简单的解释，比如认为其中的计算可能只是对穹形谷仓屋顶面积的粗略估计。无论如何，这里我们总归是遇到了某类曲面面积的早期估算。

斜度问题

对于建造金字塔来说，保持斜面坡度的均匀十分重要，也许正是这方面的考虑，促使埃及人引进了相当于角的正切的概念，现代技术中通常以升高与平移之比作为直线倾斜的度量，埃及人却习惯于使用这个比的倒数，他们用一个专门的词"塞克特"（seqt）来表示一条倾斜的直线每升高一个单位时相对于垂直轴线的水平偏离。除了单位不同，塞克特就对应于今天建筑师们用来刻画石墙或扶壁向内倾斜的斜度。度量垂直升高的单位是"肘"，而水平距离的测量单位是"掌"，1 肘等于 7 掌。一金字塔斜面的塞克特乃是平移与升高之比,二者分别以掌和肘为单位。

第 56 题是一高 250 肘、底面正方形边长为 360 肘的金字塔之塞克特。作者首先用 2 除 360,结果再用 250 除。得到 $\frac{1}{2}+\frac{1}{5}+\frac{1}{50}$ 肘,此数乘以 7,即算出塞克特数为 $5\frac{1}{25}$,单位是掌 / 肘。在阿默士纸草书中由其他金字塔问题所得的塞克特数是 $5\frac{1}{4}$,这与基奥普斯大金字塔的数据更为接近,该塔宽 440 肘,高 280 掌,塞克特数为 $5\frac{1}{2}$ 掌 / 肘。

算术之实用性

现存的埃及纸草书,其中的知识大都带有实用的性质,计算是问题的要素。如果说偶尔夹有理论的成分,那多半只是为了提高计算技巧。曾经被夸耀一时的埃及几何现在看来不过是算术的应用分支。如果说它包含有初步的全等关系,那似乎也是为了增进测量手段。计算规则仅仅涉及具体的特例,我们的两个主要信息来源,阿默士和莫斯科纸草书可能是供学生使用的指导手册。不过,它们仍然反映了埃及数学教育的方向。其他的纪念碑文、数学纸草书的断简残篇以及与科学有关的文献所提供的材料也进一步证实了我们对于埃及数学的印象。诚然,两部主要的数学纸草书的完成早在希腊数学兴起之前一千多年,但在其后很长的历史里,埃及数学似乎停滞不前,在各个时期始终是以加法运算为基础,这乃是一大弱点,使埃及人的计算带上了特殊的原始色彩,有时还显得极为繁复。

肥沃的尼罗河谷向来被描绘成"世界最大沙漠中的最大绿洲",受着"最有绅士风度的河流"的灌溉,优越的地理位置大大减除了外来的侵扰。这里是喜爱和平的人民的天堂:生活安定,敬奉神明,恪守传统,对于死亡与冥间生活的迷信,这一切都造成了一种高度凝滞的特性。几何学也许正如希罗多德相信的那样是尼罗河的赠礼,但对这份赠礼,埃及人并没有充分利用。阿默士的数学,一成不变地代代相传。我们的视线现在应该转向两条更湍急的河流。它丰饶的河谷孕育了更先进的数学成就,那里就是举世闻名的美索不达米亚地区。

(李文林　译)

20

第三章
美索不达米亚

一个神比其他诸神高明多少？

——古巴比伦天文文书

时代与史料

21   公元前四千纪是人类文化大发展的时代。文字、轮子和金属的发明接踵而来。在这光辉的千纪之末兴起了埃及第一王朝，而当时的美索不达米亚河谷也产生出高度的文明。在这块土地上，苏美尔人建造起他们的家园和寺庙，并用带几何花纹的陶器与镶嵌艺术来做装饰。一些强有力的统治者，将许多分散的小国统一成庞大的帝国，完成了像运河系统那样浩大的公共工程，用以灌溉土地、控制洪水。底格里斯河与幼发拉底河水系的泛滥不像尼罗河那样可以预告。苏美尔人在公元前四千纪创造的楔形文字，出现得可能比埃及象形文字还要早。

22   美索不达米亚的古代文明常常被称为巴比伦文明，虽然严格说来这种叫法并不确切。巴比伦城最初不是、后来也不总是两河流域文化的中心。但人们习惯于用巴比伦尼亚这个非正式的名称，来代表公元前2000—公元前600年间的两河地区。公元前538年，巴比伦城被波斯王居鲁士(Cyrus)攻陷，征服者虽然赦免了这座城市，巴比伦帝国却从此寿终正寝。不过巴比伦数学仍继续发展，经过叙利亚的塞琉古时代，直到基督教兴起。

当年的两河流域，也像今天一样面临多方入侵，肥沃的新月带变成了争夺霸权的战场。其中最重要的一次是萨尔贡一世(Sargon I，也叫萨尔贡大帝，约前

2276—前 2221)统治下闪米特族阿卡德人的入侵。萨尔贡建立的帝国幅员辽阔，南起波斯湾，北至黑海，东部是干旷的波斯草原，西面则濒临浩瀚的地中海。从萨尔贡时代起，入侵者开始逐步吸收土著的苏美尔文化（包括楔形文字）。以后，一系列入侵与反入侵的斗争，使许多不同的种族，包括阿摩列伊人、加喜特人、伊兰人、赫梯人、亚述人、米底人以及波斯人等相继执掌河谷地区的政权。但两河地区的文化却在动荡中保持着高度的统一，人们因此才能一言蔽之曰美索不达米亚文明。特别是楔形文字的使用，形成了一种强有力的纽带。

　　法律、税单、记事、学校课本和私人信件，所有这一切都用尖杆刻写在软泥版上，然后再将泥版晒干或烘干。幸运的是，这样的文字记录远比埃及纸草书更能经受时间的考验。因此，我们今天拥有的美索不达米亚数学文献比尼罗河数学文献的史料要丰富得多。仅从一处古尼普尔遗址就出土泥版文书 50000 多块。哥伦比亚大学、宾夕法尼亚大学与耶鲁大学等的图书馆里现在收藏着大量来自美索不达米亚的泥版文书，其中一部分是数学文献。尽管有许多资料可以利用，然而在近代首先获得破译的却是埃及象形文字，而不是巴比伦楔形文字。早在 19 世纪，德国语言学家格罗特芬德(F. W. Grotefend) 曾在识读巴比伦文字方面取得一些进展，但对美索不达米亚数学的真正有价值的阐释，直到 20 世纪 30 年代左右才开始在古代史著述中出现。

楔形文字

　　在乌鲁克发现的上百块泥版文书证明美索不达米亚地区很早就开始使用文字。这些泥版大约是 5000 多年前的遗物。当时图形文字已经发展到这样的阶段，人们开始采用一些约定俗成的记号来表示各种事物，≈ 表示水，⌒ 表示眼睛，二者组合则表示流泪。使用的记号个数逐渐减少，到阿卡德人征服时期，最初的 2000 多个苏美尔记号只有三分之一被保留下来。原始的图形让位于楔形记号组合，水变成 ⾅，眼睛则表示成 ⊏⊐。起先文字是自上而下写，排成从右向左的竖行，后来为了方便起见，将书写格式逆时针转了 90 度，变为从左向右写，排成自上而下的横列。尖杆起先是三角棱柱形，后来变成正圆柱，或者更经常的是使用两根半径不同的圆柱形尖杆。在苏美尔文明的早期，人们用较细的尖杆在泥版上垂直压出的印记表示 10，斜压的印记表示 1。类似地，用较粗的尖杆斜压的印记表示 60，垂直压出的印记表示 3600，中间数字则用这些记号的组合来表示。

数和分数：六十进制

当阿卡德人采用苏美尔文字的时候,曾编订了两种语言的对照词典。字形不再千变万化,上千块汉谟拉比时代(约前 1800—前 1600)的泥版文书证明,当时已建立了相当完善的数字系统。古往今来,大多数文明普遍采用十进制,但在美索不达米亚,十进制却销声匿迹,在那里的记数记号中 60 充当了数基的角色。已经有许多著作论及这一变化的原因。有人认为天文学的考虑也许起了关键的作用,或者认为六十进制是十进制和六进制这两种较早出现的进制的自然结合。然而更有可能的似乎是人们由于计量方面的好处而有意识地采用 60 作为数基,并使其取得了合法的地位。因为一个 60 倍单位的量,很容易被分成二分之一、三分之一、四分之一、五分之一、六分之一、十分之一、十二分之一、十五分之一、二十分之一和三十分之一。也就是说,允许 10 种可能的分解。不论来源如何,六十进制却能历久残存。直到今天,尽管我们的社会基本是采用十进记数制,但时间和角的计量单位却仍然保持着六十进制,而这对于统一性来说,本来是不利的。

位值记数制

巴比伦楔形文字表示较小整数的方法与埃及象形文字一样,也是通过 1 和 10 的记号的重复排列。例如,埃及建筑师会在石块上刻出 ⁿⁿⁿ ||| 来表示 59,类似地,美索不达米亚人则在泥版上写出 14 个楔形记号来表示同一个数,其中有 5 个宽口楔形(或"角括号"),每个代表 10,9 个垂直的细长楔形,每个代表 1。所有这些记号被整齐地排成一组,即 ⟨⟨⟨. 然而对大于 59 的数,巴比伦人的表示方法就与埃及人迥然不同了。可能是因为美索不达米亚的硬质书写材料,也可能是借助想象和灵感,巴比伦人意识到他们表示 1 和 10 的两个记号,已足以表示任何大数而无须过多地重复。这种想法由于他们 4000 多年前发明的位值记号而有可能实现。位值原理也是现代记数制成功的法宝。这就是说,古巴比伦人知道,对于每个记号,可以根据其在数字表示中的相对位置而被赋予不同的值。我们今天在表示数 222 时 3 次重复使用同一个记号 2,但每次意义不同。第一次是表示 2 个 1,第二次是 2 个 10,最后一次则表示 2 个 100(即数基 10 的 2 次方)。巴比伦人采取了完全类似的方式,在多种意义上使用像 ⟨⟨ 这样的记号。在写出 ⟨⟨ ⟨⟨ ⟨⟨ 时,他们把楔形

记号明显地分成 3 组,每组 2 个记号。他们知道,右边一组记号表示 2 个单位,中间一组表示数基 60 的 2 倍,而左边一组则表示数基平方的 2 倍。因此这个数字是指 $2(60)^2 + 2(60) + 2$(或者用我们的记号写出来,应该是 7322)。

有关美索不达米亚数学的原始资料非常丰富,但十分奇怪的是,这些资料绝大部分来自两个相隔遥远的时代。有一大批泥版文书是公元前二千纪头几个世纪(古巴比伦时代)的遗物,另外还有许多泥版文书则来自公元前一千纪的最后几个世纪(塞琉古时代)。大多数重要的数学贡献,可以追溯到较早的时期,但有一项成就却迟至公元前 3 世纪才出现。巴比伦人起初似乎并没有表示空位的明确方法,就是说没有采用零符号(虽然他们偶尔也在应该搁零的地方留空)。这意味着他们表示数 122 和 7202 的形式类同。因为记号 ᛏᛏ ᛏᛏ 既可以指 $2(60) + 2$,也可以指 $2(60)^2 + 2$。在多数场合,人们可以通过上下文来消除这种歧义,但缺少能使我们一眼看出 22 和 202 之间区别的零符号。那毕竟是很不方便的。

不过大约到了亚历山大大帝(Alexander the Great)征服时期,出现了一个专门的记号。这记号是由两个斜置的小楔形组成,用来表示没有数字的空位。从那时起,在所有使用楔形文字的文书中,人们就很容易将数 ᛏᛏ ᛀ ᛏᛏ(或 $2(60)^2 + 0(60) + 2$)与 ᛏᛏᛏᛏ(或 $2(60) + 2$)区分开来了。

巴比伦人使用的零符号,显然没能彻底结束混乱,因为他们似乎仅仅用这个零符号来表示中间空位。在现存的泥版文书中,还没有发现零符号出现在尾端的情形。这就是说,巴比伦人从未实现过绝对的位值制,位置只是相对的。因此 ᛏᛏᛏᛏ 这个记号既可以表示 $2(60) + 2$,也可以表示 $2(60)^2 + 2(60)$ 或 $2(60)^3 + 2(60)^2$,或其他无限多个数中的任何一个,这些数都在两个相邻位置取相同数字 2。

六十进制小数

如果美索不达米亚数学也像尼罗河谷数学一样以整数和单位分数的加法为基础,那么位值记数的发明就不会有那样巨大的意义了。用象形记号写 98765 并不比用楔形文字更困难,而用后者写同一数字则肯定比用僧侣文还复杂。巴比伦数学远胜埃及数学一筹,其秘诀在于,两河流域的居民非常巧妙地将位值原理推广应用于整数以外的小数。这就是说,ᛏᛏᛏᛏ不仅表示 $2(60) + 2$,同时也表示 $2 + 2(60)^{-1}$ 或 $2(60)^{-1} + 2(60)^{-2}$,以及其他在两个相邻位置上取相同数字 2 的小数。

这意味着巴比伦人已经掌握了今天十进制小数所赋予我们的那种计算能力。对于巴比伦学者来说，就像对现代工程师一样，将 23.45 与 9.876 相加（或相乘）不会比将整数 2345 与 9876 相加（或相乘）更困难。美索不达米亚人很快就充分利用了他们的这一重要发现。

近似值

耶鲁大学收藏了一块古巴比伦泥版（第7289号），其中载有2的平方根计算准确到六十进制三位小数，答案写成 𒁹𒐘𒐏𒐕𒐊，用近代符号表示出来就是 1;24,51,10（其中分号用来区分整数与小数部分，逗号则用来分隔六十进制的各位数字，在本章中，我们将一律采用这样的形式来表示六十进制的数），转换为十进制形式则是 $1 + 24(60)^{-1} + 51(60)^{-2} + 10(60)^{-3}$。巴比伦人求得的这个 $\sqrt{2}$ 的近似值 1.414222，与真值差约 0.000008。巴比伦人的小数记法，使他们在近似计算中比较容易达到较高的精确度。这种小数记法在文艺复兴以前所有的文明中是最好的。

26　　　巴比伦人长于计算，这不单是靠了他们的记数系统。美索不达米亚的数学家们在发展算法程序方面，也表现出熟练的技巧，平方根计算便是他们创造的算法之一。开方算法常常被归功于后人，有时被说成是希腊学者阿契塔（Archytas，前 428— 前 365）或亚历山大的海伦（Heron of Alexandria，约 100）的贡献，有时又被称为牛顿算法。巴比伦人创造的开方程序既简单又有效。设 $x = \sqrt{a}$ 是所求平方根，并设 a_1 是这根的首次近似。由方程 $b_1 = a/a_1$ 求出第二次近似 b_1，若 a_1 偏小，则 b_1 偏大，反之亦然，从而算术平均 $a_2 = \dfrac{1}{2}(a_1 + b_1)$ 就是下一步可能的近似值。

因为 a_2 总偏大，再下一步近似值 $b_2 = a/a_2$ 必偏小，取算术平均 $a_3 = \dfrac{1}{2}(a_2 + b_2)$ 将得到更好的结果。这程序可以无限继续下去。耶鲁大学第 7289 号泥版中，$\sqrt{2}$ 的值就是近似值 a_3，此处 $a_1 = 1;30$。人们从巴比伦的平方根算法中看到了一种迭代程序，它本可使当时的数学家们接触到无限过程，但巴比伦学者却未能寻根究底去进一步探讨这类问题的含义。

　　　刚才所说的算法，相当于二项式级数的二项逼近。这是巴比伦人十分熟悉的情形。假如我们要求 $\sqrt{a^2 + b}$，由近似值 $a_1 = a$ 可以推得 $b_1 = (a^2 + b)/a$ 和 $a_2 =$

$(a_1+b_1)/2=a+b/(2a)$，这与 $\sqrt{a^2+b}$ 展开式的前两项恰好一致，同时也给出了在古巴比伦文书中发现的近似值。

表格

在已出土的泥版文书中，有相当一部分是表格文书，包括乘法表、倒数表、平方表、立方表、平方根表和立方根表，当然都是用六十进制楔形文字写出的，例如其中有一个表，内容与下表相当：

2	30
3	20
4	15
5	12
6	10
8	7,30
9	6,40
10	6
12	5

表中各行元素之积都等于 60，即巴比伦记数制的数基。这显然是一张倒数表，例如第 6 行表示 8 的倒数等于 $7/60+30/(60)^2$。值得注意的是，表中未列出 7 和 11 的倒数，这是因为这些"不规则"数的倒数是六十进制无穷小数，正如在今天的十进制数系中 3,6,7 和 9 的倒数是无穷小数一样。巴比伦人在这里再次遇到了无限问题，但他们依然没有进行系统研究。不过，一位美索不达米亚泥版文书的作者似乎在一处给出了不规则数 7 的倒数的上下界，即设该数在 0;8,34,16,59 与 0;8,34,18 之间。

十分清楚，巴比伦人的基本算术运算，在方法上与我们今天使用的大同小异，在技巧上也可以媲美。他们做除法不是用埃及人那种笨拙的加倍程序，而是采取了将被除数乘以除数倒数这条捷径，倒数则通过查表而得。例如计算 34 除以 5 之商，正如今天我们只需要将 34 乘以 2，然后移动小数点即可容易地得出结果一样，古巴比伦人也是先求 34 乘以 12 之积，再移动六十进制的数位而获得商数 $6\frac{48}{60}$。

倒数表一般只列出所谓"规则"整数（即那些可以分解为 2,3,5 之积的整数）的倒数,虽然也有少数例外。有一张表中记载着近似数 $\frac{1}{59}=;1,1,1$ 和 $\frac{1}{61}=;0,59,0,$ 59,这里我们遇到了十进制表示 $\frac{1}{9}=.11\bar{1}$ 和 $\frac{1}{11}=.\overline{0909}$ 的六十进制相似物,即分母比数基大 1 或小 1 的单位分数。然而巴比伦人却依然如故,对这种无限循环的表示形式似乎视若无睹,或者至少是没有意识到其重要性。

在古巴比伦泥版文书中,我们看到有一些表格给出了某已知数的逐次幂。这与今天的对数表(或更确切地说是反对数表)类似。已发现的指数和对数表列有底 9 和 16 以及 1,40 和 3,45(均为完全平方数)的前 10 次幂。有一篇解题文书提出了这样一个问题:某数的几次幂等于另一个已知数?这与我们今天求一已知数的以某定数为底的对数相当。除了语言与记号上的不同,这些古代数表与近代对数表的主要区别在于:它们没有固定地使用某个数作为底数。同时,所列数字的间距远比今天的表大。此外,这些古代的对数表并不是以简化计算作为其一般目的,而只是为了解决某些特殊的问题。

尽管巴比伦数学家的指数表间距较大,但他们却能按比例来插入近似的中间值。线性内插在古代美索不达米亚似乎是一种常用的算法。而位值记数制则为三数法则提供了方便。解题文书中,有一个问题是对指数表应用内插法的典型例子。这道题问:若年利率为 20%,使本金翻倍需要多少年时间?答数是 3;47,13, 20。作者显然是根据复利公式 $a=P(1+r)^{n}$ $\left(\text{此处 } r=20\% \text{ 或 } \frac{12}{60}\right)$,同时查阅以 $1;12$ 为底的指数表,然后利用值 $(1;12)^{3}$ 与 $(1;12)^{4}$ 之间的线性内插而得到结果的。

方程

古巴比伦人认为很有用的一种数表在今天的数学手册中却极少见到,这就是 $n^{3}+n^{2}$ 的数字表(其中 n 为整数)。此表对于巴比伦代数有重要的意义。代数学在美索不达米亚比在埃及要发达得多,从许多古巴比伦时期的解题文书可知,完全三项二次方程的求解,对古巴比伦人来说并无困难,因为他们发展了一套灵活的代数运算。他们能通过在等式两边加上相等的量来实现方程的移项;他们也能通过在等式两边乘以相等的量来化掉方程中的分数或消去公因子;他们还能给 $(a-b)^{2}$ 加上 $4ab$ 来得到 $(a+b)^{2}$。这说明他们熟悉许多简单的因式分解公式。

巴比伦人没有使用字母来代替未知数,因为这样的字母当时尚未发明,不过他们却让"长""宽""面积"和"体积"等名词有效地担当起这方面的角色。巴比伦人常常心安理得地将长度与面积或面积与体积相加,而从字面上理解,所涉问题在测量方面本无实践基础。这事实恰好说明巴比伦人是在非常抽象的意义上使用这些名词的。

埃及代数主要讨论线性方程,巴比伦人却认为这类方程过于简单而不屑多顾。有一道题求一块石头的重量 x,已知 $\left(x+\dfrac{x}{7}\right)+\dfrac{1}{11}\left(x+\dfrac{x}{7}\right)=1$ 迈纳(mina)。作者只是简单地给了个答数:48;7,30 金(gin,1 迈纳 = 60 金)。在古巴比伦泥版文书的另一道题中,我们发现有两个联立的二元方程,未知数分别被称为"第一银环"和"第二银环",如果我们用现在的记号 x 和 y 来表示这两个未知量,那么方程就相当于 $x/7+y/11=1$ 和 $6x/7=10y/11$。作者也只是简单地通过下列法则来给出答数:

$$\frac{x}{7}=\frac{11}{7+11}+\frac{1}{72} \quad 和 \quad \frac{y}{11}=\frac{7}{7+11}-\frac{1}{72}。$$

还有一对方程,作者只是在课文中略述了解题方法,这对方程是:$\dfrac{1}{4}$ 宽 + 长 = 7 掌;长 + 宽 = 10 掌。先将单位掌全化为指(1 掌 = 5 指),然后通过观察得知宽 20 指、长 30 指将满足方程。但在这之后,作者又用了相当于组合消元的交错法来求方程的解。若长宽均以掌为单位,分别用 x,y 来表示,方程就变为 $y+4x=28$ 和 $x+y=10$。从第一个方程减去第二个方程即可得结果 $3x=18$,因此 $x=6$ 掌或 30 指,$y=20$ 指。

29

二次方程

三项二次方程的求解似乎已远远超出了埃及人的代数能力。而奥托·诺伊格鲍尔(Otto Neugebauer)在 1930 年指出,巴比伦人在一些非常古老的解题文书中,已能卓有成效地处理这类方程。例如有一道题求一正方形的边长,已知其面积数减去边长数等于 14,30。这个问题相当于求解方程 $x^2-x=870$。泥版文书中给出的解法如下:

取 1 的一半,得 0;30,将 0;30 自乘得 0;15,将 0;15 与 14,30 相加得 14,30;15,即 29;30 之平方,最后将 29;30 与 0;30 相加得 30,即正方形一边之长。

巴比伦人的这个解法与今天中学生熟知的二次方程 $x^2 - px = q$ 的求根公式 $x = \sqrt{(p/2)^2 + q} + p/2$ 完全等价。在另一篇文书中，巴比伦人将方程 $1x^2 + 7x = 6;15$ 化作了标准的形式 $x^2 + px = q$。做法是先用 11 通乘方程两边得 $(11x)^2 + 7(11x) = 1,8;45$，若取 $y = 11x$ 作为未知量，就得到标准型的二次方程，利用熟悉的公式 $y = \sqrt{(p/2)^2 + q} - p/2$，很容易就能解出 y 来，由此又可确定 x 的值。这一解法是运用代数变换的出色例子。

解正系数二次方程 $x^2 + px + q = 0$（这里 p，q 皆为正数）的思想，直到近代才出现，因为这类方程根本没有正根。因此在古代与中世纪，甚至在近代早期，二次方程一直被分成下列三类：

(1) $x^2 + px = q$，

(2) $x^2 = px + q$，

(3) $x^2 + q = px$。

所有这三类方程在 4000 多年前的古巴比伦文书中都可以找到。前二类方程在上述问题中已介绍过。第三类方程在解题文书中也常出现，它们是被作为联立方程 $x + y = p$，$xy = q$ 来处理的，即已知两数之积，以及它们的和或差，求这两个数。

30 在古代数学文献中，有大量这类的问题，以至于无论是对古巴比伦人还是古希腊人来说，它们似乎都构成了二次方程的一种标准型。然后将联立方程 $xy = a$ 和 $x \pm y = b$ 变换成一对线性方程 $x \pm y = b$ 和 $x \mp y = \sqrt{b^2 \mp 4a}$，再通过加减即可求出 x 与 y 的值。例如存于耶鲁的一块泥版文书中，有一道题就是求解方程组 $x + y = 6;30$，$xy = 7;30$。作者的解法基本如下：首先求得

$$\frac{x + y}{2} = 3;15,$$

然后算出

$$\left(\frac{x + y}{2}\right)^2 = 10;33,45,$$

以及

$$\left(\frac{x + y}{2}\right)^2 - xy = 3;3,45$$

和

$$\sqrt{\left(\frac{x + y}{2}\right)^2 - xy} = 1;45。$$

从而，

$$\left(\frac{x+y}{2}\right) + \left(\frac{x-y}{2}\right) = 3;15 + 1;45$$

和

$$\left(\frac{x+y}{2}\right) - \left(\frac{x-y}{2}\right) = 3;15 - 1;45。$$

由最后的两个方程显然可得到 $x = 5$ 和 $y = 1\frac{1}{2}$。因为量 x 与 y 在已给的条件方程中对称地出现,这就有可能将 x 与 y 的值解释为二次方程 $x^2 + 7;30 = 6;30x$ 的两个根。另一篇巴比伦文书中有一道题则求一个与其倒数之和等于 $2;0,0,33,20$ 的数。这道题也导致第三类二次方程,并且也有两个解 $1;0,45$ 和 $0;59,15,33,20$。

三次方程

巴比伦人能够通过代换 $y = ax$ 而将形如 $ax^2 + bx = c$ 的二次方程化为标准型 $y^2 + by = ac$,这说明美索不达米亚代具有高度的灵活性。这种灵活性与计算中的位值制概念相得益彰,颇能反映巴比伦数学的优越性。埃及人没有留下解三次方程的记录,而巴比伦文献中却不乏这方面的例子。

像 $x^3 = 0;7,30$ 这样的纯三次方程,主要是通过查立方表和立方根表来求解,由这些表可以直接读出方程的解 $x = 0;30$。巴比伦人还用线性内插法来计算 31 表中未列出的近似值,形如 $x^3 + x^2 = a$ 的混合三次方程也是借现成的表来求解,表中列出的是 $n^3 + n^2$ 的数值,其中 n 取从 0 到 30 的整数。例如,利用这种数表很容易查知方程 $x^3 + x^2 = 4,12$ 的解等于 6。对于更一般的三次方程,例如 $144x^3 + 12x^2 = 21$,巴比伦数学家则用代换法去解。用 12 乘方程两端并设 $y = 12x$,方程就化为 $y^3 + y^2 = 4,12$,由新方程可以解出 $y = 6$,因此 x 就等于 $\frac{1}{2}$ 或 $0;30$。另一种三次方程 $ax^3 + bx^2 = c$ 也被归结为巴比伦的标准型,做法是两端通乘 a^2/b^3 而得到 $(ax/b)^3 + (ax/b)^2 = ca^2/b^2$,这是关于未知量 ax/b 的标准型三次方程,查表求出这个未知量的值,x 的数值也就被确定。我们不知道巴比伦人是否能将一般的四项三次方程 $ax^3 + bx^2 + ex = d$ 化成他们的标准形式。这当然不是不可能的,因为通过求解一个二次方程就足以将四项方程化成形如 $px^3 + qx^2 = r$ 的三项方程,而正如我们已经看到的那样,由此立即可以得到标准型方程。不过现在还没有证据说明美索不达米亚的数学家确实是用此法来将一般三次方程化作标准型的。

依靠现代的符号,人们不难看出方程 $(ax)^3 + (ax)^2 = b$ 与 $y^3 + y^2 = b$ 本质上

属于同一类型，但在没有现代符号的情况下，能认识到这一点却是了不起的成就，对于数学的发展来说，其意义甚至比算术中的位值原理还重要，后者也是归功于巴比伦文明。巴比伦代数达到了这样一种抽象的程度，其中方程 $ax^4+bx^2=c$ 和 $ax^8+bx^4=c$ 被认为与隐蔽的二次方程，即对 x^2 和 x^4 而言的二次方程等价。

测量：毕达哥拉斯三元数组

巴比伦人的代数成就令人钦佩。但他们做这些工作的动机却不很清楚。通常认为所有前希腊科学包括数学都带有纯粹的实用性质。可是在古巴比伦时代，什么样的实际生活会导致人们去研究诸如求一个数与其倒数之和或面积与长度之差这类的问题呢？如果动机就是实用，也并不像现在那样急功近利，因为巴比伦数学中目的与实践之间的直接联系远不是显而易见的。根据哥伦比亚大学普林顿藏品中的一块泥版文书（第 322 号），我们可以认为以其本身为目的的数学在古巴比伦即使没有受到鼓励，也是得到默认的。这块泥版文书是古巴比伦时期（约前 1900—前 1600）的遗物，其上的数表很可能被误认作商业账目，但分析证明这张数表具有深刻的数论意义，并且可能包含了某种原始的三角学。普林顿 322 泥版文书是原先一块更大的泥版的一部分，这可以从其左边的裂痕看出。现存的这部分包含有 4 列数字，排成 15 行，最右边的一列是数字 1～15，其作用显然只是为标明行序。整个表排列如下：

1,59,0,15	1,59	2,49	1
1,56,56,58,14,50,6,15	56,7	1,20,25	2
1,55,7,41,15,33,45	1,16,41	1,50,49	3
1,53,10,29,32,52,16	3,31,49	5,9,1	4
1,48,54,1,40	1,5	1,37	5
1,47,6,41,40	5,19	8,1	6
1,43,11,56,28,26,40	38,11	59,1	7
1,41,33,59,3,45	13,19	20,49	8
1,38,33,36,36	8,1	12,49	9
1,35,10,2,28,27,24,26,40	1,22,41	2,16,1	10
1,33,45	45,0	1,15,0	11
1,29,21,54,2,15	27,59	48,49	12

1,27,0,3,45	2,41	4,49	13
1,25,48,51,35,6,40	29,31	53,49	14
1,23,13,46,40	56	1,46	15

这块泥版文书保存情况不很理想,有些数字已无法辨识,但数表本身结构清楚可认,因此能根据上下文来确定那些由于细小的裂痕而缺损的数字。为了弄清表中所载各项数字的意义,我们来考察一下一个直角三角形 ABC(图 3.1),若分别将左起第二、第三列数字看作该直角三角形的边 a 与 c ,那么左起第一列数字就恒等于 c 比 b 的平方。因此第一列数就是一张 $\sec^2 A$ 值的简表。不过我们绝不要以为巴比伦人已经知道正割的概念。无论是埃及人还是巴比伦人,都没有引进现代意义下的角度概念。但普林顿 322 泥版文书中的数字并不是任意排列的(尽管乍看起来也许会有那样的印象)。如果在左起第一列中将所有的逗号换成分号,那么显然可以发现其中的数字将自上而下有规律地递减,并且第一个数特别接近$\sec^2 45°$,最后一个数近似等于$\sec^2 31°$,其他中间数值则相当于角 A 从45°逐度减少至31°时,诸$\sec^2 A$ 之值。很明显,这种排列绝非偶成,而是深思熟虑的结果。不仅如此,由表中排列的数字出发,人们还可以按一定的法则推算出直角三角形的边长来。制表人显然是从两个规则的六十进制整数开始(不妨记作 p 与q,且 $p > q$),然后算出数组 $p^2 - q^2$,$2pq$ 和 $p^2 + q^2$。容易看出这样得到的3个整数恰好构成毕达哥拉斯数,即其中最大整数的平方等于其他两数的平方和,因此可以用它们来做直角三角形 ABC 各边的长:$a = p^2 - q^2$,$b = 2pq$,$c = p^2 + q^2$。设 p 小于60,并限制相应的 q 值使 $1 < p/q < 1 + \sqrt{2}$(即限于考虑 $a < b$ 的直角三角形)。巴比伦人可能已发现满足上述条件的 p,q 值一共只有38对,并用它们

33

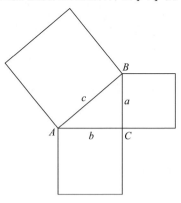

图 3.1

构造了 38 组毕达哥拉斯数。普林顿文书的数表，只涉及这些数中的前 15 组，它们按以比 $p^2 + q^2 / 2pq$ 递减的次序排列。但制表人也许曾在文书的另外一半上将这个数表延续下去。有人则猜测已断落的左半部分原有另外 4 列数字，它们分别表示 $p, q, 2pq$ 以及相当于 $\tan^2 A$ 的数值。

普林顿 322 泥版文书也许会给人以一种数论习题的印象，但数论的内容可能只是以直角三角形三边为边长的正方形面积测量的附属课题。巴比伦人不喜欢同不规则整数的倒数打交道，因为它们不能用有限的六十进制分数准确地表示出来，所以他们只对那些能产生规则整数来作为各种形状直角三角形（从等腰直角三角形到比值 a/b 很小的直角三角形）边长的 p, q 值感兴趣。例如人们发现第一行数是从 $p = 12, q = 5$ 开始，相应的边长 $a = 119, b = 120, c = 169$，这里 a, c 之值均恰好与普林顿泥版文书上第一行左起第二、第三个位置上的数字吻合；比值 $c^2 / b^2 = 28561 / 14400$ 即数 $1; 59, 0, 15$ 则出现在同一行左起第一个位置上，其他的 14 行数字也反映出同样的关系。巴比伦人完成这项工作的精确度很高，第 10 行比值 c^2 / b^2 是用一个 8 位六十进制分数来表示的。这相当于今天 14 位左右的十进制分数。

普林顿 322 泥版

巴比伦数学有相当一部分是建筑在倒数表的基础之上，因此普林顿 322 泥版上的数字与倒数关系有关就不足为奇了。若 $a = 1$，则 $1 = (c + b)(c - b)$，于是 $c + b$ 与 $c - b$ 互为倒数。如果我们从 $c + b = n$ 开始（此处 n 为任意六十进制规则整数），则 $c-b$ 等于 $1/n$，从而 $a=1$，$b=\dfrac{1}{2}(n-1/n)$ 和 $c=\dfrac{1}{2}(n+1/n)$ 构成一组毕达哥拉斯分数，只要分别乘以 $2n$，它们就很容易转化成毕达哥拉斯整数。普林顿泥版文书中所有的三元数组都可以用同样的方法来计算。

以上关于巴比伦代数的说明，只是介绍了其中最有代表性的工作。我们不打算一一列举巴比伦代数的成就。在巴比伦泥版文书中还有许多丰富的结果，虽然内容未必像普林顿 322 泥版那样突出惊人。有一块泥版文书求出了等比数列 $1+2+2^2+\cdots+2^9$ 的和；另外一块泥版文书上则有平方级数 $1^2+2^2+3^2+\cdots+10^2$ 的求和。人们自然会问，巴比伦人是否知道等比数列求和或前 n 项完全平方数求和的一般公式呢？这完全有可能。甚至曾有人猜测巴比伦人已知道前 n 项完全立方数之和等于前 n 个整数和的平方。虽说如此，我们应该记住美索不达米亚的泥版文书与埃及纸草书一样，只包含了特殊的例子，而没有一般的公式。

多边形面积

直到不久以前，人们还普遍认为巴比伦人在代数上比埃及人高出一筹，在几何上却稍逊一等。从上面的介绍可以明了这种看法的前半部分是有道理的，至于后半部分，迄今人们所做的比较始终只限于圆面积或棱台体积的测量。在美索不达米亚河谷地区，圆面积通常被取为半径平方的 3 倍，其精确程度当然远在埃及人之下。不过 π 近似值的十进位计算，很难说是衡量一种文明的几何水平的合适标准。何况由于最近的考古发现，就连对埃及几何有利的这一点微弱论据也变得站不住脚了。

1936 年，在离巴比伦城大约 200 英里的苏萨出土了一批数学泥版文书，其中有许多重要的几何结果。美索不达米亚人确有钟爱列表的习惯。有一块苏萨泥版文书列出了正三、四、五、六和七边形面积与边长平方的比较表。其中正五边形面积与边长平方之比等于 1;40，准确到两位有效数字。对六边形和七边形，表中给出的比值分别为 2;37,30 和 3;41。在同一块泥版文书中，作者还求出正六边形周长与其外接圆周长之比等于 0;57,36。由此我们可以立即得出结论，巴比伦学者采用了 $3;7,30\left(\text{或 } 3\dfrac{1}{8}\right)$ 作为 π 的近似值。这与埃及人使用的值至少是旗鼓相当，况且与埃及的值相比，巴比伦的值具有更成熟的背景。因为上述苏萨泥版文书是对几何图形进行系统比较的出色例子，这很可能会促使人们去从中探寻几何

学的根源。但需要注意的是,巴比伦人真正感兴趣的与其说是其中的几何内容,
不如说是他们在测量中所用的数值近似计算。对他们来说,几何学并不像今天那样
是一门独立的数学分支,而是一种将数字与图形联系起来的应用代数或应用算术。

　　巴比伦人是否懂得相似性概念? 这是相当可能的,不过对此尚有争议。所有
的圆都相似,这一点对美索不达米亚人也像埃及人一样不言而喻。楔形文书中许
多与三角形测量有关的问题,似乎都蕴含相似的概念。巴格达博物馆收藏的一块
泥版文书上有一个直角三角形 ABC(图 3.2),边长分别为 $a=60,b=45,c=75$,这
个三角形被分成 4 个小直角三角形 ACD,CDE,DEF 和 EFB,它们的面积分别等

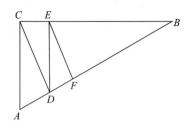

图 3.2

于 8,6、5,11;2,24、3,19;3,56,9,36 和 5,53;53,39,50,24。作者由此算出 AD 之
长为 27,显然这是利用了某种“相似公式”,相当于今天的定理:相似图形的面积
之比等于对应边长的平方之比。作者还求出了 CD 和 BD 之长,分别为 36 和 48,
并将上述相似公式应用于三角形 BCD 和 DCE 而求出 CE 之长为 21;36。这块泥
版文书的文字在叙述 DE 的计算过程时中断了。

几何学与应用算术

　　测量是美索不达米亚代数几何的基本内容。但正如埃及的情形,其一个重大
的缺陷也是在于对准确与近似的测量混淆不分。例如巴比伦人的四边形面积公
式是两组对边边长算术平均之积,他们却不考虑这在大多数情形只能算粗糙的近
似。同样地,圆台和棱台的体积有时是等于上下底面积的算术平均乘以高,而有
时一个上下底面积分别为 a^2 和 b^2 的正四棱台的体积,又通过公式

$$V=\left(\frac{a+b}{2}\right)^2 h$$

来计算。不过对于后一种情形,巴比伦人有时也采用相当于下式的计算法则:

$$V = h\left[\left(\frac{a+b}{2}\right)^2 + \frac{1}{3}\left(\frac{a-b}{2}\right)^2\right]。$$

这是一个准确的公式,并可化为埃及人所知道的形式。我们不知道埃及人与巴比伦人取得的结果是否总是相互独立的发现。不过无论在代数上还是在几何上,后者的贡献无疑要比前者大得多。例如现存的埃及数学文献中,从未出现过任何形式的毕达哥拉斯定理。而即使是古巴比伦时期的泥版文书都说明这条定理当时在美索不达米亚已广泛使用。耶鲁大学收藏的一块楔形文书中,有一张正方形及其对角线的图。正方形一边上标有数字 30,一条对角线上则标有两个数字:42;25,35 和 1;24,51,10。最后的数值显然是对角线与边长之比,这结果相当精确,与 $\sqrt{2}$ 的值相差还不到百万分之一。这样的精确度借助毕达哥拉斯定理是可能达到的。有时经过不很精确的计算,巴比伦人也取 1;25 作为上述比的近似值,虽然不免粗疏,但使用却很方便。然而比精确度更重要的乃是这样一个隐含的事实,即任意正方形的对角线都等于边长与 $\sqrt{2}$ 相乘,因此巴比伦人似乎已有某种对一般法则的认识,虽然它们一无例外都是通过特殊的例子表述出来。

巴比伦人对毕达哥拉斯定理的认识,不只是限于等腰直角三角形情形。一篇古巴比伦人的解题文书中有这样一个问题:倚墙而立的梯子或梁长 0;30,若上端下滑 0;6 单位,问其下端将移离墙壁多远。作者运用毕达哥拉斯定理求出了正确答案。1500 多年以后美索不达米亚河谷地区的居民还在求解同一类型的问题,不过花样略有翻新而已。例如塞琉古时代的一块泥版文书中提出了如下的问题:一边靠墙的芦杆若下端滑离墙壁 9 单位,其上端下滑 3 单位,问杆长几何?作者给出了正确的答案:15 单位。

古巴比伦泥版文书中含有大量这样的练习,我们今天会把它们看成几何问题,但巴比伦人却可能认为是应用算术。有一个典型的遗产分配问题:兄弟 6 人分一块直角三角形的地产,已知该三角形面积为 11,22,30,一直角边长 6,30,所有分割线互相等距且平行于另一条直角边,求各人分得的面积的差数。另一个问题:已知一等腰梯形上下底各为 40 单位和 50 单位,腰长 30 单位,求高和面积(van der Waerden 1963,pp.76-22)。

古巴比伦人还熟悉其他许多重要的几何关系。像埃及人一样,他们知道等腰三角形底边上的高平分底,因此若在半径已知的圆上给出了弦长,他们就能算出弦心距。比埃及人高明,他们知道半圆的圆周角是一直角,此命题通常以泰勒斯(Thales)定理著称,然而早在泰勒斯之前 1000 多年,巴比伦人就已经开始使用这条定理了。著名几何定理这种张冠李戴的现象反映了在评价前希腊数学对后来文化影响方面的困难。巴比伦泥版文书可以永久保存，这一点为其他文明所不及。纸草书和羊皮纸就不那么容易经受住时间的考验，而且楔形文书记载一直延续使用到基督时代的初期。那么，相邻地区的人民，特别是希腊人是否曾读到过这些楔形文书呢？大约公元前 6 世纪左右，数学发展的中心从美索不达米亚转移到希腊世界，然而对早期希腊数学的历史重构困难重重，这是因为根本找不到任何残存的前希腊时期的数学文献。因此有一点十分重要，即应当记住埃及数学与巴比伦数学的一般特征，以便我们至少能对前希腊时期的数学贡献与后人的活动、见解之间可能存在的联系做一些合乎情理的猜测。

古巴比伦数学缺乏一般法则的明确陈述和对准确结果与近似结果的明确区分。他们在数表中总是略去涉及不规则六十进制数的情形，似乎意味着对上述区分多少有所认识。可是无论埃及人还是巴比伦人，他们在计算四边形（或圆）面积的时候，都从来不问什么情况下结果是准确的，什么情况下只能得到近似值。他们也从未考虑过问题究竟是可解还是不可解。对于证明的问题，他们也没有什么研究。当然"证明"（proof）这个词在不同的文化水平与时代可以有不同的含义，我们不可贸然断言，前希腊时代的人们对于证明既没有任何概念，也不曾感到有丝毫的需要。有迹象表明，他们偶尔也懂得某些面积和体积计算法可以通过归结为较简单的面积、体积问题来加以验证。而且前希腊时期的学者常常用乘法来检验或"证明"他们的除法，有时则借检查答案的正确与否来代替对解题方法的验证。尽管如此，前希腊时期的数学文献并没有留下明文的记载，可以说明当时人们已经有证明的想法和关心过逻辑原理问题。美索不达米亚数学问题中的"长"和"宽"也许应当被理解为今天的字母 x 和 y，楔形文书的作者们也许已经迈出了从特殊例子向一般抽象过渡的步伐。否则人们怎样来解释将长度与面积相加呢？同样，埃及人所使用的量词也不是不允许做抽象的解释。另外，有一些埃及和巴比伦数学问题中已暗含着数学游戏的性质。如果能提出诸如猫与粮食相加、长度与面积相加之类的问题，那就不能否认其"始作俑者"要么是轻率不恭，要么已具有抽象的知觉。当然前希腊数学主要是实用的，但绝非全部如此。在延续数千年的计算实践中，纸草书和泥版文书的作者们在学校里使用的大量练习题，其中有不少可能就是地道的数学游戏。

（李文林　译）

第四章
希腊传统

> 对泰勒斯来说 …… 最重要的问题不是"我们知道**什么**",而是"我们**怎样**知道"。

——亚里士多德

时代与史料

埃及与美索不达米亚河谷文明的智力活动,早在公元前就已丧失生命力,但 40
当河谷文明日趋衰微,青铜剑矛让位于铁制武器之时,崭新的文化却在地中海沿岸崛起。为了标识文化中心的这一转移,从大约公元前 800 年到公元 800 年间的这段历史,有时也称为"海洋时代"(thalassic age)。当然,人类文明的牛耳从尼罗河、底格里斯河与幼发拉底河河谷地带转移到地中海沿岸,在时间上并没有明确的分界,在公元前 800 年后的若干世纪里,埃及和巴比伦学者们仍继续创作纸草文书和泥版文书,但同时新文明却以迅猛之势,席卷地中海周围,准备最终夺取主要河谷地区的学术桂冠。为了说明这令人鼓舞的新文明起源,人们又把海洋文明 41
的最初阶段叫作希腊时期,而更早的文化则称为前希腊文化。希腊人至今还称自己为希伦人(Hellene①),这个名字是从他们定居于地中海沿岸的远祖那里承袭而来。希腊人的历史可以追溯到公元前二千纪,当时他们作为未开化的入侵者从北向南挺进。这些希腊移民一无数学知识,二无文学传统,但他们勤奋好学,能迅速

---

① Hellene,即希腊人,亦指古希腊人。Hellen 亦译作"希伦""赫楞",希腊神话人物,相传为希腊人之始祖。——译者注

掌握并改进学来的东西。例如他们从腓尼基人那里接过一套现成的字母系统，这套字母本来只有辅音，他们则加进了元音字母。拼音字母的发源地也许在巴比伦与埃及之间的西奈半岛，它们是楔形文字或僧侣文字经过大量缩减演变而来。这套字母逐渐传到希腊、罗马、伽太基等新的移民地区，主要是通过贸易活动。不久，希腊商人、学者纷纷来到埃及和巴比伦的学术中心，在那里他们接触了前希腊数学。不过他们却不愿一味地因袭传统，而是以彻底创新的精神研究这门学问，并且很快就青出于蓝而胜于蓝了。

公元前776年举行了第一次奥林匹克运动会，此时光辉的希腊文学已日臻繁荣，荷马与希西奥德（Hesiod）① 的作品就是鲜明的标志。关于当时的数学我们一无所知。数学的发展很可能落后于文学，因为后者更便于口头传播。我们所了解的希腊数学，哪怕是间接知识，都是从大约两个世纪以后开始的。公元前6世纪出了两个重要人物：泰勒斯与毕达哥拉斯，人们将确定的数学发现归功于此二人。然而在历史上二者都可以说是扑朔迷离的人物。泰勒斯和毕达哥拉斯都没有任何数学著作传世，我们甚至不知道他们是否写过这样的著作。尽管如此，那些失传的早期希腊数学史仍然将一些非常确定的数学发现归于泰勒斯与毕达哥拉斯名下。本章将概要介绍这些贡献，不过读者应当明白，这里的概述是以流传的传说而不是以任何现存历史文献为基础的。

在某种程度上说，整个公元前5世纪，关于书面数学论著或其他著述的情况依然如故。直到公元前4世纪柏拉图（Plato，前427—前347）的时代，我们才看到有实际传世的数学或科学文献。尽管如此，在公元前5世纪后半期，曾流传过与少数数学家有关的报道，这些数学家所关注的问题，为后来几何学的发展奠定了基础。因此，我们将称这一时期为"数学的英雄时代"，此前或者此后，很少有人能如此心无旁骛地钻研解决具有如此根本意义的数学问题。数学活动已不再集中于希腊世界两端相对的两个地区，而是在整个地中海沿岸发展起来。在现在的意大利南部有塔兰托的阿契塔和梅塔蓬托姆的希帕索斯（Hippasus of Metapontum，活跃于前400年前后）；在色雷斯的阿布德拉，我们发现有德谟克利特（Democritus，约生于前460年）；在靠近希腊世界中心的阿提卡半岛，出现了厄利斯的希庇亚斯（Hippias of Elis，约生于前460年）；公元前5世纪关键的后半世纪，在雅典附近则居住着三位来自其他地区的学者：希俄斯的希波克拉底（Hippocrates of Chios，活跃于前430年前后）、克拉佐梅内的阿那克萨哥拉

---

① Hellene：彼奥提亚诗人。——译者注

（Anaxagoras of Clazomenae，活跃于前 428 年前后）和伊利亚的芝诺（Zeno of
Elea，活跃于前 450 年前后）。通过这七个人的工作，我们来描述公元前 4 世纪之
前在数学中发生的根本性变化。不过我们必须再次记住，尽管希罗多德和修昔底
德（Thucydides）的史书以及埃斯库罗斯（Aeschylus）、欧里庇得斯（Euripides）和
阿里斯托芬（Aristophanes）的戏剧在某种程度上幸存了下来，但当时数学家们所
写的东西却没有留下片言只语。

公元前 4 世纪的数学著作几乎同样也是凤毛麟角，不过这方面的不足在很大
程度上可以由当时精通数学的哲学家的著述得以弥补。我们有大部分柏拉图的
著作和近半数的亚里士多德著作可资利用，凭借这些公元前 4 世纪的知识领袖的
著述的指引，我们可以对他们那个时代所发生的事情给出比英雄时代更可靠的
描述。

泰勒斯和毕达哥拉斯

关于希腊数学起源的记述集中在所谓爱奥尼亚学派和毕达哥拉斯学派及他
们各自的主要代表人物泰勒斯和毕达哥拉斯，尽管如前所说，关于他们的思想的
重构是以其后几个世纪里形成的零星报道和传说为基础的。在许多世纪里，希腊
世界的中心区域是在爱琴海与爱奥尼亚海之间，然而希腊文明却远远超出了这个
范围。公元前 600 年左右，希腊居民散布于黑海和地中海沿岸的大部分地区，正
是在这一带掀起了新数学的浪潮。这是因为，这些海滨移民，特别是爱奥尼亚人
具有两个优势：首先，他们大胆而富于想象，表现出典型的开拓精神；其次，他们身
处与两大河谷毗邻之地，易于吸收那里的知识。米利都的泰勒斯（Thales of
Miletus，约前 624— 前 548）和萨摩斯的毕达哥拉斯（Pythagoras of Samos，约前
580— 前 500）更是得天独厚，能够亲自游历古代学术中心并搜集那里的第一手天
文、数学资料。在埃及，他们学到了几何学；在开明君主尼布甲尼撒（Nebuchadrezzar） 43
统治下的巴比伦，泰勒斯则可能接触了天文表和仪器。据传泰勒斯曾因预报了公
元前 585 年的那次日食而使他的同胞们大为惊讶。然而这传说的历史真实性是
令人怀疑的。

关于泰勒斯的生平与工作，我们知道得很少。他的生卒年代是根据下面的事
实估计而得：公元前 585 年那次日食发生时，泰勒斯正当盛年，即约 40 岁，另据说
他活到 78 岁。由于对那次日食的传说有疑问，上述估计就未必可靠，这动摇了我

们对归功于泰勒斯的那些发现的信念。古代盛传泰勒斯是个智慧超群的人,并且是第一位哲学家——公认的"七贤"之首。他被看作"埃及人和迦勒底人的学生"似乎不无道理。现在称为"泰勒斯定理"的命题(半圆上的圆周角是直角)很可能就是泰勒斯云游巴比伦时的收获。然而有些传说进一步将定理证明的思想归功于泰勒斯,因此他又常被誉为第一位真正的数学家——几何演绎体系的始祖。据说泰勒斯还证明了以下四条定理,这使与他有关的传闻更增辉添色:

(1) 圆的直径将圆分为两个相等部分;

(2) 等腰三角形两底角相等;

(3) 两相交直线形成的对顶角相等;

(4) 如果一个三角形的两个角、一条边分别与另一三角形的对应角、边相等,那么这两个三角形全等。

尽管没有任何古代文献可以证实这些成就来自泰勒斯,但它们却流传下来。在这方面我们可能得到的最可靠的证据是来自泰勒斯之后一千多年的一份资料。亚里士多德的一位学生,罗德岛的欧德莫斯(Eudemus of Rhodes,活跃于前320年左右),曾写过一部数学史,原著已失传,但失传前有人对这部史书的至少一部分做了概述。摘要的原稿亦已失传,不过它们提供的信息在公元 5 世纪时被新柏拉图学派哲学家普罗克洛斯(Proclus,410—485)载入其著作《欧几里得原本第一卷译注》(*Commentary on the First Book of Euclid's Elements*)。

泰勒斯被称为第一位数学家的美誉很大程度上源自普罗克洛斯的评价。普罗克洛斯在《欧几里得原本第一卷译注》其他地方再次援引欧德莫斯而将前述四条定理归功于泰勒斯。关于泰勒斯,古代文献中不乏一些零散的记载,但多数是描写他的具体活动。这些故事还不足以让我们大胆猜测泰勒斯创立了论证几何学,但无论如何,泰勒斯是第一位因专门数学发现而名垂青史的人物。

如今人们事实上已公认希腊人建立了几何学的逻辑结构,但究竟是谁迈出了这关键的一步?是泰勒斯,还是其他后来人(也许在两个世纪后)?这一悬案我们必须等待希腊数学发展研究出现新证据,才能够最终得到结论。

毕达哥拉斯与泰勒斯一样是个有争议的人物,长期以来他一直被神化而围绕在传说的浓雾中。泰勒斯曾做过实务,而毕达哥拉斯则是一个预言家和神秘主义者。他诞生在离泰勒斯的出生地米利都不远的多德卡尼斯群岛之一的萨摩斯岛。尽管有传言说他曾跟随泰勒斯学习过,但鉴于二人年龄约差半个世纪,此说法不足为信。他们兴趣相同这不难解释。毕达哥拉斯也曾游历埃及与巴比伦,可能还到过印度。显然,他在旅行期间不仅学习了数学与天文,而且吸收了大量宗教知识。毕达哥拉斯恰好与释迦牟尼、孔子和老子同时代,他们所生活的时代,在宗教与数学的发展过程中都至关重要。毕达哥拉斯回到希腊之后,定居在当时的玛格纳·格莱西亚,即今意大利东南沿海的克罗托内市,他在那里建立了一个秘密会社。除了探讨数学与哲学基础,这个秘密会社颇像是一群狂热的俄耳浦斯教徒。

　　毕达哥拉斯其人之所以神秘,部分原因也在于没有当时的文献可考。古代曾有人为毕达哥拉斯立过传,其中就包括亚里士多德,但这些传记均已失传。难识毕氏真面目的另一个原因是他所建立的不仅是一个秘密组织,还是一个公共集体,知识与财产均属公有,任何发现都不归功于学派中的个别成员。因此,最好是不谈毕达哥拉斯个人的工作,而来讨论毕达哥拉斯学派的贡献,虽然在古代人们习惯于集全部荣誉于这位大师一身。

　　毕达哥拉斯学派最引人注目的特点也许是:专致于哲学与数学的研究并将这种研究奉为人生行动的道德基础。相传"哲学"(philosophy,或智力爱好)和"数学"(mathematics,或学习的知识)这两个词正是毕达哥拉斯本人的创造,用以描述其智力活动。

　　毕达哥拉斯学派在数学史上无疑是扮演了重要的角色。埃及和美索不达米亚的算术与几何基本上是数字运算对具体问题的应用,这些问题涉及啤酒、金字塔或土地遗产等。他们很少涉及对原理的哲学探讨。虽然一般认为泰勒斯在这方面迈出了第一步,但传统观点则支持欧德莫斯和普罗克洛斯的说法而将数学中这一新方向主要归功于毕达哥拉斯学派。他们使数学更接近于智力爱好而非实践需要。从那时起,数学便始终具有这一倾向。毕达哥拉斯是历史上最有影响的人物之一,这一点实难否认。他的追随者们,不论是被蒙蔽还是受鼓励,已将他们的信念传播到大部分希腊世界。哲学与数学的和谐与神秘是毕达哥拉斯崇拜仪式的重要组成部分。像毕达哥拉斯学派那样赋予数学在日常生活和宗教活动中如此重要的地位,可以说是前无古人、后无来者了。

　　"万物皆数",这是毕达哥拉斯学派流传至今的格言。回想巴比伦人如何将数量与天体运动、奴隶数目等周围事物联系起来,我们可以感受到这条格言带来的强烈的美索不达米亚气息。至今仍以毕达哥拉斯命名的那条定理很可能来源于巴比伦。作为称其为毕达哥拉斯定理的理由,毕达哥拉斯一直被认为是最先给出此定理证明的人,但这一猜想也很难证实。我们有理由相信早期毕达哥拉斯学派熟悉巴比伦的几何知识，但欧德莫斯-普罗克洛斯的摘要认为他们构造了"宇宙形"（即正多面体），就值得怀疑。立方体、八面体与十二面体本可以从黄铁矿（二硫化铁）之类的晶体中观察到，但欧几里得《原本》(*Elements*)卷十三的一条附注记载说，毕达哥拉斯学派只知道三种正多面体：正四面体、正立方体和正十二面体。关于最后一种正多面体，帕多亚附近发现的一块公元前500年以前的依特拉斯坎式石制十二面体提供了佐证。因此，即使毕达哥拉斯学派不知道八面体和二十面体，也完全有可能了解正五边形的某些性质。据说五角星形正是毕达哥拉斯学派的特殊标记（它可以通过画出正十二面体侧面五边形的五条对角线形成）。早期巴比伦艺术中也出现过五角星形，由此也可以发现前希腊数学与毕达哥拉斯数学之间联系的蛛丝马迹。

　　五角星形的作图，是毕达哥拉斯几何中最诱人的问题之一。例如我们从一正五边形 *ABCDE*（见图 4.1）开始，画出五条对角线，它们的交点 A', B', C', D', E' 形成另一个正五边形。注意到例如三角形 *BCD'* 相似于等腰三角形 *BCE*，以及图中许多对全等三角形，不难看出对角线交点 A', B', C', D', E' 是以一种特殊的方式分割这些对角线。每条对角线都被交点分成两条不相等的线段，使该对角线的整体与较长线段之比等于较长线段与较短线段之比。对角线的这种分割法就是众所周知的"黄金分割"，不过黄金分割的名称两千年以后才起用——大约同时约翰内斯·开普勒（Johannes Kepler）曾感慨地写道：

　　　　几何学有两大瑰宝：一个是毕达哥拉斯定理，另一个是将线段分成
　　中末比。前者堪与黄金媲美，后者则可喻为宝石。

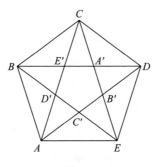

图 4.1

这类分割很快就为古希腊人熟知而无须用专名表示。后来人们就简单地用"分

割"二字来代替"将线段分成中末比"这一冗长的称呼。

"分割"的重要性质之一,就是所谓的"自传递"。若一点 P_1 将线段 RS 分成中末比(图 4.2),RP_1 为长线段,又若在此长线段上取一点 P_2 使 $RP_2 = P_1S$,则 RP_1 本身又将被点 P_2 分成中末比。再在 RP_2 上取一点 P_3 使 $RP_3 = P_2P_1$,则线段 RP_2 又将被点 P_3 分为中末比。这一过程,可以按需要的次数重复进行下去,结果将得到点 P_{n+1} 和被它分成中末比的更小的线段 RP_n。我们不知道早期毕达哥拉斯学派是否已注意到这样的无限过程,或是由它推得了一些重要的结论。我们甚至无法回答更基本的问题,即在大约公元前 5 世纪的时候,毕达哥拉斯学派究竟能否将一条线段分成中末比?虽然答案可能是肯定的。所要求的作图相当于解一个二次方程,为了说明这一点,设图 4.2 中的 $RS = a$,$RP_1 = x$,则按黄金分割的性质应有 $a : x = x : (a-x)$,将中项与末项分别相乘,得方程 $x^2 = a^2 - ax$,这就是第三章中所说的第一类二次方程,毕达哥拉斯有可能从巴比伦人那里学到方程的代数解法。但若 a 是有理数,就找不到满足方程的有理数 x。毕达哥拉斯有没有认识到这一点呢?大概没有。代替巴比伦人的代数解法,毕达哥拉斯学派可能采用了与欧几里得《原本》卷二命题 11 和卷六命题 30 中类似的几何解法。在图 4.3 中为了将线段 AB 分成中末比,欧几里得首先在线段 AB 上作一个正方形 $ABDC$。然后取 AC 的中点 E,作线段 EB,延长 CEA 至 F 使 $EF = EB$。作正方形 $AFGH$,此时 H 即为要求的点,因为容易看出 $AB : AH = AH : HB$。了解早期毕达哥拉斯学派究竟用什么方法求解黄金分割(如果他们能解的话),涉及弄清前苏格拉底(Socrates)数学的水平与特征。如果毕达哥拉斯数学是在巴比伦影响下开始发展而带有强烈的万物皆数的信念,那么这种信念又是怎样(与何时)让位于被古典文献奉为神圣不可动摇的纯粹几何倾向的呢?

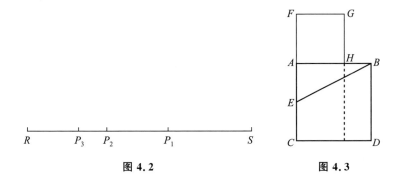

图 4.2   图 4.3

数字神秘主义

48 　　数字神秘主义并不是始于毕达哥拉斯学派。例如，人们对数字"7"有特殊的敬畏之情，这可能是因为得出星期这一说法的 7 颗运行的星体（一周中的每天也因此得名）。也不是只有毕达哥拉斯学派才认为奇数代表阳性，偶数代表阴性，以及与此相关地（不无偏见）想象"奇数有神性"，这种想象晚至莎士比亚（Shakespeare）时代仍见存在。许多早期文明奉行各种各样的数字主义，但毕达哥拉斯学派的数字崇拜则登峰造极，成为他们的哲学与生活方式的基础。他们认为，"1"生成所有的数，是"原因数"（number of reason）；"2"是第一个偶数或阴性数，是"意见数"（number of opinion）；"3"是第一个真正的阳数，是由"一"和"多"组成的"调和数"（number of harmony）；"4"是"正义数"或"报应数"（number of justice or retribution），表示量的平方；"5"是"婚姻数"（number of marriage），是第一个真正的阴数与阳数的结合；"6"是"创造数"（number of creation）。每个数都有它自己特定的属性。一切数中最神圣的是"10"，或者被称为四合数（tetractys），因为它是宇宙万象之数，包含了所有可能的几何维数之和。一个点是一切维数的发端；二点成一线，维数为 1；三点（不共线）成一三角形，面积维数为 2；四点（不共面）成一四面体，体积维数为 3。所有维度的点数之和便是数 10，数 10 崇拜显然不是由人手与人足的解剖特征所决定，而可以说是对毕达哥拉斯数学抽象倾向的一曲赞歌。

算术和宇宙学

　　美索不达米亚几何只不过是应用于空间广延对象的数，对早期毕达哥拉斯学派来说，情况大同但有小异。古埃及数的范围包括自然数与单位分数；巴比伦人将所有有理分数（小数）纳入数的领域。而在古希腊，数这个词仅表示整数。一个分数并不被看成一个整体，而是两个整数之间的比关系。（希腊数学在其早期阶段往往更接近于今天的"现代"数学而非早年的普通算术。）正如欧几里得后来所指出的（《原本》第三卷）："比是与两个同类量的大小有关的一种关系"。这种注重两个数之间的关系的看法，加强了数的概念中理论或理性的成分，同时减弱
49 了数作为计算或测量近似工具的作用，现在可以认为算术是一个智力领域而不只是一种技巧了。这一观点上的飞跃似曾在毕达哥拉斯学派中酝酿。

　　如果传说可信，那么毕达哥拉斯学派不仅使算术成为哲学的一个分支，而且

似乎使它成为周围万千世界的统一体的基础。他们通过点或非延展单元的图案，将数与几何广延对象联系起来，这又把他们引向了天体算术。菲洛劳斯（Philolaus，约卒于前390年），一位信奉数10崇拜的后期毕达哥拉斯学派成员，曾这样写道：数10是"伟大的、全能的、创造一切的本源，是引导祭司以及芸芸众生的指南"。将10看作完满数，是健康与和谐的标志，这种观点似乎刺激了最早的非地心天文系统的提出。菲洛劳斯假设宇宙的中心是一个火团，周围有地球和七大行星（包括太阳与月亮）匀速绕转。这样天体的数目（除了恒星球以外）总共只有九个，于是菲洛劳斯又假设了第十个星体——"反地球"（counterearth）的存在。"反地球"与地球和中心火团共线，其围绕中心火团转动的周期与地球相同。太阳每年绕中心火团转一周，恒星则静止不动。地球在移动过程中总是以无人居住的一面朝着中心火团，因此无论是中心火团还是反地球都不能被人看到。毕达哥拉斯学派这种匀速圆周运动的假设，在长达两千余年的时间里一直主导着人们的天文学思想。大约2000年后，哥白尼（Copernicus）毫无疑惑地接受了这一假设。为了说明自己的地动说并不是什么新东西或革命，哥白尼提到的正是毕达哥拉斯学派的这一说法。

毕达哥拉斯学派对于"形数"（垛积数，figurate numbers）的关注很好地说明了数在他们思想中的完备性。虽然少于3个点不能构成三角形，但用较多的点，如6点、10点或15点来构成三角形却是可能的（见图4.4）。诸如3,6,10,15之类的数，或一般地由公式

$$N = 1 + 2 + 3 + \cdots + n = \frac{n(n+1)}{2}$$

给出的数称为三角形数。在毕达哥拉斯数论中，数10的三角形图形（神圣的四数组）与五边形争雄夺宠。当然还有许多其他受宠的数字。由序列

$$1 + 3 + 5 + 7 + \cdots + (2n - 1)$$

形成一系列正方形数，其中每个奇数又被看成形如日晷（巴比伦的影子钟）的点阵，位于前一正方形点阵的两边（见图4.4）。由此，"日晷"这个词（与词"神秘代码"有关）便同奇数本身联系在一起。

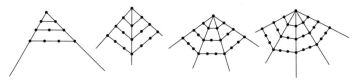

图 4.4

50 偶数序列 $2+4+6+\cdots+2n = n(n+1)$ 则产生希腊人称的"矩形数"(oblong numbers)，每个矩形数都等于某三角形数的两倍。五边形的点式图案说明了由序列

$$N = 1+4+7+\cdots+(3n-2) = \frac{n(3n-1)}{2}$$

给出的五边形数，而六边形数则由序列

$$1+5+9+\cdots+(4n-3) = 2n^2 - n$$

得到。用同样的方式可以定义前面提到的多边形数。当然，这一过程很容易被推广到三维空间去构造多面体数。这样的观点使菲洛劳斯胆气更壮，据说他曾宣称：

> 人们可知道的一切事物都包含数，因此，没有数，就既不可能表达，也不可能理解任何事物。

菲洛劳斯的话似乎就这样成了毕达哥拉斯学派的信条。由此还产生了毕达哥拉斯发现某些简单音乐定律的传说。毕达哥拉斯曾注意到，如果振动弦的长度可表示成简单的整数比，这时发出的将是和谐音，如 2∶3（五度和谐音）或 3∶4（四度和谐音）。换言之，如果一根弦在弹拨时发 C 调音，那么二倍长的弦将发出低八度 C 调音；长度为中间比的弦则发这两个音之间的其他音；16∶9 为 D 调，8∶5 为 E 调，3∶2 为 F 调，4∶3 为 G 调，6∶5 为 A 调，16∶15 为 B 调，依次上升。这或许是最早的定量声学定律，可能也是最早的定量物理学定律。早期毕达哥拉斯学派的成员们想象力丰富，他们立即推断天体在运动中也类似地发出和谐的音调，即所谓"天体和声"。毕达哥拉斯式的科学也像毕达哥拉斯式的数学一样，似乎始终

51 是严肃推理与奇思妙想的结合。地球球状说通常也被归功于毕达哥拉斯，但人们还不清楚这一结论究竟以观察（毕达哥拉斯到南方旅行时可能观察过新的星座）为基础，还是仅依赖想象？而将宇宙看作"Cosmos"（原意为和谐有序的整体），这种思想确是毕达哥拉斯式的贡献——它不是以当时的直接观察为基础，却始终卓有成效地推动着天文学的发展。当我们哂笑古代种种数学的奇想的时候，应该记住它们对于数学与科学二者发展的影响。毕达哥拉斯学派是相信自然现象可以通过数学来理解的先驱。

比例

大概是根据欧德莫斯的著作，普罗克洛斯将两项特殊的数学发现归功于毕达哥拉斯：(1) 正多面体作图；(2) 比例理论。尽管人们对此还有怀疑，但这一说法有可能正确反映了毕达哥拉斯学派思想的方向。比例理论显然符合早期希腊数

学的兴趣模式,并且也不难找到其来源。传说毕达哥拉斯从美索不达米亚学来三种平均值——算术平均值、几何平均值和次反(subcontrary)平均值(后来叫调和平均值),以及与两种平均值有关的"黄金比例":两数中第一数与它们的算术平均值之比等于其调和平均值与第二数之比。这关系实质上就是巴比伦的平方根算法,因此上述传说至少是可信的。不过毕达哥拉斯学派后来又推广了这一工作,他们增加了七种新的平均值而使平均值的种类达到 10 种。如果 b 是 a 和 c 的平均值,此处 $a < c$,那么这三个量通过下列十个等式之一而互相关联:

$$(1)\ \frac{b-a}{c-b}=\frac{a}{a}, \qquad (6)\ \frac{b-a}{c-b}=\frac{c}{b},$$

$$(2)\ \frac{b-a}{c-b}=\frac{a}{b}, \qquad (7)\ \frac{c-a}{b-a}=\frac{c}{a},$$

$$(3)\ \frac{b-a}{c-b}=\frac{a}{c}, \qquad (8)\ \frac{c-a}{c-b}=\frac{c}{a},$$

$$(4)\ \frac{b-a}{c-b}=\frac{c}{a}, \qquad (9)\ \frac{c-a}{b-a}=\frac{b}{a},$$

$$(5)\ \frac{b-a}{c-b}=\frac{b}{a}, \qquad (10)\ \frac{c-a}{c-b}=\frac{b}{a}。$$

当然,前三个方程分别表示算术平均值、几何平均值与调和平均值。

52

很难考定毕达哥拉斯学派研究平均值的具体年代,关于数的分类也有同样的问题。对比例或比的等式的研究最初大概是毕达哥拉斯算术或数论的一部分,后来代入这些比例关系的量 a,b,c 更有可能被看成几何量,但这种变化究竟发生于何时尚不清楚。除了上述的多面体数以及奇、偶数的区别,毕达哥拉斯学派有时还提到奇-奇数和偶-奇数,它们是根据所讨论的数是两个奇数之积还是一个偶数与一个奇数之积来定义的,偶数这个名称有时便只用来指 2 的整数次幂。到菲洛劳斯时代,素数与合数的区分变得重要起来。柏拉图的外甥,继任柏拉图学院院长的斯珀西波斯(Speusippus)认为,10 这个数对毕达哥拉斯学派之所以"完美",首先因为它是使 1 与 n 之间的素数与非素数个数相等的最小整数 n(素数偶尔也被称为线数,因为它们通常只用一维线上的点来表示)。新毕达哥拉斯学派有时则将 2 排除在素数之外,因为 1 和 2 在他们看来不是真正的数,而是奇数与偶数的生成元素。奇数的重要性在于奇数加奇数等于偶数,而偶数加偶数却仍是偶数。

由 $(m^2-1)/2, m, (m^2+1)/2$(m 为奇数)给出毕达哥拉斯三元数组,此法则也被归功于毕达哥拉斯学派,但因该项法则与巴比伦的例子密切相关,它很可能不是独立的发现。据说毕达哥拉斯学派还定义了完满数、盈数和亏数,但在时间上还有疑问。一个数是完满数、盈数或亏数，分别视其因数①之和等于、大于或小于该数本身而定。根据这一定义，6 是最小的完满数，下一个完满数是 28。考虑到早期崇拜的数是 10 而不是 6，上述定义可能是毕达哥拉斯学派后期思想的产物。"亲和数"的概念出现得也较晚。两个整数 a 和 b 被称为亲和数，若 a 是 b 的因数之和，而 b 又是 a 的因数之和，最小的一对亲和数是 220 和 284。

记数

53　　古希腊人以精于商贾著称，肯定还有一种适应广大希腊市民需要的初等算术与计算术。哲学家们对这类数的活动可能不屑一顾，而实用算术的记载似乎也不可能进入学者们的书斋。如果连较成熟的毕达哥拉斯学派的论著都片纸不留，就更不能指望那些商用数学手册幸免于岁月的洗劫了。因此要想说明公元前 2500 年左右的希腊人究竟如何施行普通的算术运算，那是不可能的。我们能做的最好的事情，就是介绍当时所使用的记数系统。

　　古希腊大概存在两种主要的记数系统：其中一种可能产生较早，以雅典记数法（或希罗狄安诺斯（Herodianus）记数法）著称；另一种叫爱奥尼亚记数法（或字母记数法）。这两种记数法对整数而言都遵循十进制。但前者更为原始，是以一种简单的迭加格式为基础的，这种迭加格式在早期埃及象形数字和后期罗马数字中亦可见到。雅典记数法中数字 1～4 用重复的竖线表示。对数字 5 则采用了一个新记号——数词 pente（五）的第一个字为 Π（或 Γ）。（当时的文学与数学著作中都只用大写字母，小写字母乃是晚古或中世纪早期的发明。）对数字 6～9，雅典记数法用符号 Γ 与单位竖线联合表示，如 8 记作 Γⅲ。数基（10）的正整数次幂用相应数词的第一个字母表示——Ρ 表示 deka（10），Ͱ 表示 hekaton（100），Ͳ 表示 khilioi（1000），Ϻ 表示 myrioi（10000）。除了字形，雅典记数法很像罗马记数法，但有一点比后者强。在拉丁语国家，50 和 500 是用不同的符号表示，希腊人却将表示 5，10 和 100 的字母组合起来记这些数；50 记作 Ρ（或 5 乘 10），500 记作 Ͱ（或 5 乘 100）。同样地，5000 记作 Ͳ，50000 记作 Ϻ。例如数 45678 在雅典记数法中记作

$$\text{ΜΜΜΜ} \text{ΓͲͰΗΡΔΔΓⅲ} 。$$

　　雅典记数法（亦称希罗狄安诺斯记数法，因公元 2 世纪一位语法学家希罗狄

---

① 注意毕达哥拉斯学派在这里将 1 看成是一个素因数，而该数本身则不是它的因数。——译者注

安诺斯在一份残稿中介绍了这一记数法而得名）出现在公元前454年至公元前95年不同日期的铭文中。但到了亚历山大时期，大约是托勒密·费拉德尔菲乌斯（Ptolemy Philadelphius）在位时，雅典记数法逐渐被爱奥尼亚记数法（或字母记数法）取代。类似的字母数字有时也被不同的闪米特人（包括希伯来人、叙利亚人、阿拉米人、阿拉伯人等）以及其他民族（如哥特人）的文化所采用，但他们恐怕都借鉴了希腊人的记号。爱奥尼亚记数法可能在公元前5世纪或更早的公元前8世纪即已使用。将这种记数法起源时间推前的一个理由是它需要27个字母——其中9个字母表示10以内的整数，9个字母表示100以内10的倍数，另外9个字母表示1000以内100的倍数。而古典希腊字母表却只含24个字母。因此字母记数法是利用了较早的字母表，其中包括了3个古体字——Ϝ(vau 或 digamma 或 stigma)，ϟ(koppa)，λ(sampi)，并在字母与数字间建立了以下对应关系：

A	B	Γ	Δ	E	F	Z	H	Θ	I	K	Λ	M	N
1	2	3	4	5	6	7	8	9	10	20	30	40	50

Ξ	O	Π	ϟ	P	Σ	T	Υ	Φ	X	Ψ	Ω	λ
60	70	80	90	100	200	300	400	500	600	700	800	900

在希腊人引进小写字母后，字母与数字对应如下：

α	β	γ	δ	ϵ	ς	ξ	η	θ	ι	κ	λ	μ	ν
1	2	3	4	5	6	7	8	9	10	20	30	40	50

ξ	o	π	ϟ	ρ	σ	τ	υ	ϕ	χ	ψ	ω	λ
60	70	80	90	100	200	300	400	500	600	700	800	900

我们在此将采用这种小写形式，因为它们今天更为大家所熟悉。爱奥尼亚记数法中头9个1000的倍数亦用字母表的头9个字母表示，这部分地遵循了位值原理，不过为进一步明确起见，在这些字母前加一短划线或重音号：

,α	,β	,γ	,δ	,ϵ	,ς	,ζ	,η	,θ
1000	2000	3000	4000	5000	6000	7000	8000	9000

在该记数法中，只用4个字母就可以轻而易举地写出任何一个小于10000的数。如8888可写成 $\eta\omega\pi\eta$ 或 $\eta\omega\pi\eta$。只要上下文清楚，重音号有时可以省略。用同一个字母表示个位数与千位数，这使希腊人接近了完善的十进位值制算术，然而他们似乎没有领会到这一步的优越性，他们心目中确实多少知道这样一个位值原理，因为他们不仅重复使用字母 α 到 θ 来表示个位数与千位数，而且按数量大小来排列记号，最小的在右，最大的在左。至于10000，被希腊人看作新的记数起点（就像我们今天用逗号分隔1000的幂和其他低位幂一样），爱奥尼亚记数法对它

采取了一种乘法原则。$1 \sim 9999$ 的某个整数，若在其记数符号前加上字母 M，就表示该整数与 10000 的乘积，另在后面用一点与其他数字分开。于是 88888888 就可记作 $M\prime\eta\omega\pi\eta \cdot \eta\omega\pi\eta$。如需记更大的数字，则可将同样的原则应用于万万 100000000 或 10^8，等等。对于整数来说，早期希腊记号并不显得特别笨拙，而是发挥了有效的作用，只是当应用于分数时，这个记数系统的弱点才暴露出来。

像埃及人一样，希腊人也热衷使用单位分数，并有一种简单的表示单位分数的方法。他们先写下分母，然后在后面加一个分隔号以区别相应的整数。这样，$\frac{1}{34}$ 可记作 $\lambda\delta\prime$。当然这会与数 $30\frac{1}{4}$ 混淆，但可根据上下文或文字说明来加以澄清。在稍后几个世纪里，普通分数与六十进制分数（小数）也得到采用，这将在下面介绍阿基米德（Archimedes）、托勒密和丢番图（Diophantus）的工作时再行讨论，有关文献被保存下来，这些文献虽不属于阿基米德等人的时代，却是他们著作的抄本，与希腊时期的数学家相比，情况完全不同。

算术与计算术

由于文献完全失传，公元前 600 年至公元前 450 年间的希腊数学比之公元前 1700 年后的巴比伦代数与埃及几何情况更不确定。早期希腊甚至没有留下任何数学工具。当时显然已使用了某种形式的算板或算盘，但其原理与操作方法只能通过罗马算盘或一些希腊作者偶尔的论述来推测。希罗多德在公元前 5 世纪初说道，希腊人用石子计算就像写字一样，手是从左向右移动，而埃及人则从右向左计算。有一只年代略晚的花瓶，上面画着一位手执算板的税官，画中的算板不仅能计算德拉克马（drachma）[①] 的十进制整倍数，而且能做非十进制的分数（小数）细分。从最左边开始，各列分别表示万位、千位、百位和十位德拉克马数，用的是希罗狄安诺斯记数法。个位数之后的各列，则依次表示奥波尔（obol，6 奥波尔 = 1 德拉克马）、$\frac{1}{2}$ 奥波尔和 $\frac{1}{4}$ 奥波尔。这里我们可以看到古代文明是如何尽量避免使用分数（小数）的：他们简单地对长度、重量及货币等单位做进一步细分，以便有效地利用细分单位的整倍数进行计算。这无疑是对古代普遍采用十二与六十进制分数（小数）的一种解释，因为十进制在这方面恰好处于不利的地位。在文

---

① drachma：古希腊银币。——译者注

艺复兴以前,无论希腊人还是其他西方人都很少采用十进制分数(小数)。算盘易于适应任何记数系统或不同记数法的组合,它的普及至少部分地说明了为什么对整数与分数(小数)一致适用的位值制记号很晚才发展起来。毕达哥拉斯时代在这方面即使有贡献也微乎其微。

毕达哥拉斯学派的观点中,哲学和抽象的倾向占压倒优势,他们对具体的计算技巧兴趣不大。这种技巧被降格为一门单独的学问,叫计算术(logistic)。计算术主要涉及对事物的计数,而不讨论算术问题中数的本质和属性。这就是说,古希腊人在单纯的计算与当今公认的数论(英国则称之为高等算术)之间做出了明确区分,这种区分对数学发展的历史功过,是一个争论不休的问题。然而,数学作为一个理性、自由的知识领域,对于它的形成与确定,爱奥尼亚和毕达哥拉斯学派的数学家们起了重要的作用,这是不能否定的。显然,传说可能很不准确,但也很少会将人们完全引入迷途。

公元前 5 世纪的雅典

在西方文明史上,公元前 5 世纪是一个关键时期,它始于波斯人的入侵,终于雅典向斯巴达的投降。而介于两者之间的时期,被称为佩里克莱斯(Pericles)时代,以其文学和艺术的伟大成就而著称。在这个时期,雅典的繁荣和学术氛围吸引了来自希腊世界各地的学者,形成了百家争鸣的局面。从爱奥尼亚来的人,如阿那克萨哥拉,信奉的是实用主义;而从意大利南部来的人,如芝诺,则具有更强的形而上学的倾向;阿布德拉的德谟克利特拥护唯物主义的世界观;而意大利的毕达哥拉斯则对科学和哲学怀揣理想主义。在雅典,从宇宙学到伦理学,你都可以找到对于知识的新旧分支的狂热的信徒。雅典盛行大胆的自由调查精神,当然,有时这将导致与既定的传统观念产生冲突。

特别是,阿那克萨哥拉因"大不敬"在雅典被监禁,因为他宣称,太阳不是神,而是一个巨大无比的火红炽热的石头,跟整个伯罗奔尼撒半岛一样大,而月亮是一个有人居住的星球,它的光也借自太阳。他很能代表当时的理性探究精神,因为他认为自己生活的意义就在于研究宇宙的性质,这是他从由泰勒斯创立的爱奥尼亚传统衍生出来的一个目标。阿那克萨哥拉通过第一部科学畅销书(《论自然》(*On Nature*))与他的同胞们分享了自己的学术热情。这本书在雅典只用一个德拉克马就可以买到。阿那克萨哥拉是佩里克莱斯的老师,后者确保了他的老

57

师最终从监狱释放。苏格拉底起初被阿那克萨哥拉的科学思想所吸引,但后来发现崇尚自然主义的爱奥尼亚人的观点不如对道德真理的追寻更令人心满意足。希腊科学植根于对知识高度的好奇心,这往往与前希腊思想中的急功近利形成对比,阿那克萨哥拉显然代表了典型的希腊式动机——渴望求知。对于数学的态度,希腊人与早期河谷文明也大相径庭。这种区别在一些通常被归功于泰勒斯和毕达哥拉斯的数学成就中体现得非常明显,而且在记述英雄时代的雅典人的所作所为的高度可信的记载中也屡见不鲜。阿那克萨哥拉是一个天生的哲学家,而不是数学家,但他的探究精神引导他追寻数学问题的答案,并以此享有数学家的美誉。

三大经典问题

普卢塔赫(Plutarch)告诉我们,尽管阿那克萨哥拉身处牢狱,但他却把所有时间都用于尝试化圆为方。这里,我们第一次提到了一个吸引数学家超过 2000 年的问题。关于这个问题的起源或者操作规则没有更详细的记载。不知从何时开始,它被理解为只借助直尺和圆规画一个正方形,使其面积与给定的圆面积完全相等。这里我们看到一种完全不同于埃及人和巴比伦人的数学,它不是将数字科学用于生活经验方面的实际应用,而是一个涉及近似的精确度和思想的精准性之间的良好区分的理论问题。

阿那克萨哥拉卒于公元前 428 年,那一年阿契塔出生,他比柏拉图早生一年,而佩里克莱斯则在阿契塔出生的前一年就过世了。据说佩里克莱斯死于瘟疫,这场瘟疫可能夺走了雅典四分之一的人口,而这场灾难制造的深刻印象也许是第二个著名数学问题的来源。据记载,一个使团曾被派遣到位于德洛斯的阿波罗祭司面前,询问如何避开瘟疫。祭司回答说,阿波罗神殿那立方体的祭坛必须翻倍。
据说雅典人尽职尽责地加倍了祭坛的尺寸,但这对于遏制瘟疫却徒劳无益。祭坛的体积当然是增加到八倍,而不是两倍。据传说,这就是"倍立方"问题的起源,此后这个问题也经常被称为"提洛问题"——给定立方体的边长,仅用尺规的辅助,求出第二个立方体的边长,使其体积是第一个立方体体积的两倍。

大约在同一时间,在雅典也流传着第三个著名的问题:给定一个任意的角度,仅通过尺规得到给定角度的三分之一。这三个问题——化圆为方、倍立方和三等分角,自此被称为古代"三大著名(或经典)问题"。2200 多年后,人们证明了所有这三个问题都无法单独使用直尺和圆规解决。然而,希腊数学和后世数学思想中

58

更精密的探究却促使人们去考虑证明其不可能性,或者,如果做不到,便修改规则。在英雄时代,虽然在这些规则下未能直接达到目标,但这些努力在其他方面取得了辉煌的成功。

月牙形的面积

希波克拉底比阿那克萨哥拉年轻一些,他们都来自希腊同一地区——希俄斯。我们不要把希俄斯的希波克拉底与同一时代的杰出医生,来自希腊科斯的希波克拉底混淆。科斯和希俄斯都是多德卡尼斯群岛的岛屿,但在公元前 430 年,希俄斯的希波克拉底离开了他的故乡去雅典行商。据亚里士多德记载,希波克拉底没有泰勒斯精明,他在拜占庭被骗,损失了钱财,也有人说,他被海盗打劫。无论如何,突发的变故并没有让这位受害者懊悔,相反,他把这些当作好运,因为它们使得他转向几何学研究,并取得了惊人的成功。这是一个典型的英雄时代的故事。普罗克洛斯写道,希波克拉底撰写了《几何学原本》(*Elements of Geometry*),比著名的欧几里得《原本》提前了一个多世纪。尽管亚里士多德熟知希波克拉底所写的教科书,但是它以及后来柏拉图学派的莱昂(Leon)撰写的另一本教科书,都遗失了。实际上,没有任何一篇公元 5 世纪之前的数学论文留存下来,但是辛普利丘斯(Simplicius,活跃于 520 年左右)声称他逐字逐句地抄录了欧德莫斯的《数学史》(*The History of Mathematics*)(现已丢失),正是从他的抄录本中,我们得到了关于希波克拉底的片段。这份简短的陈述是最接近于当时数学的原始资料,它描述了希波克拉底计算月牙形面积的部分工作。月牙形是由半径不相等的两个圆弧组成的图形。月牙形面积问题无疑会引出化圆为方的问题。欧德莫斯书中的记述将下面的定理归于希波克拉底:

相似弓形的面积之比等于各自底的平方比。

欧德莫斯的文献中记载,希波克拉底首先展示了两个圆的面积比与各自直径的平方比相等,进而证明了上述定理,并采用了在毕达哥拉斯思想中占有重要地位的"比例"这一概念和语言。实际上,有些人认为希波克拉底也是毕达哥拉斯学派的门徒。位于克罗托内的毕达哥拉斯学派曾遭到抵制(有可能是由于它的神秘,也有可能是由于其保守的政治倾向),但是散落在希腊各地的毕达哥拉斯信徒都致力于扩大学派的影响力。毫无疑问,希波克拉底一定会直接或间接地受到影响。

希波克拉底关于圆面积的定理可能是希腊世界关于曲线图形面积最早的精

59

确陈述。欧德莫斯相信希波克拉底给出了定理的证明，但是当时（大约公元前430年）严格的定理几乎不可能存在。那个阶段的比例理论只建立在可公度量的范畴内。欧几里得《原本》卷十二命题 2 中的证明来自欧多克索斯（Eudoxus），他所处时代介于希波克拉底和欧几里得之间。欧几里得《原本》的前两卷中的大部分内容似乎都出自毕达哥拉斯学派，由此我们可以合理地假设，《原本》第三、四卷中的公式，至少大部分应该都取自希波克拉底的研究。此外，如果希波克拉底确实证明了圆面积之比的定理，那么他可能已经将间接证明方法引入了数学，即两个圆的面积之比或者等于、或者不等于直径平方之比，由于两个可能中的第二个可以用归谬法证明是错误的，因此唯一可能性的证明就建立起来了。

从这个圆面积的定理，希波克拉底很容易得到数学史上第一个严格的曲线图形面积的求法。他先构造了一个等腰直角三角形的外接半圆，并在底边（斜边）上画出相似于直角三角形两侧的圆弧的弧线段（图 4.5）。因为弓形面积的比等于它们各自底的比的平方，再根据运用到直角三角形中的毕达哥拉斯定理，两个小弓形面积的总和等于大弓形的面积。因此，半圆 AC 与弓形 ADCE 之间的面积差等于等腰直角三角形 ABC 的面积。所以月牙形 ABCD 的面积恰好等于三角形 ABC 的面积，并且由于等腰直角三角形 ABC 的面积等于底边 AC 一半的平方，因此月牙形的面积就得到了。

欧德莫斯还描述了一种以等腰梯形 ABCD 为内接图形的希波克拉底月牙形面积的计算，该梯形内接于一个半圆中，使最长边（底）AD 的平方等于其他三条短边 AB，BC 和 CD 的平方之和（图4.6）。然后，如果以 AD 为底画一条与其他三边上的圆弧相似的弧线 AEDF，则月牙形 ABCDE 的面积等于梯形 ABCDF 的面积。

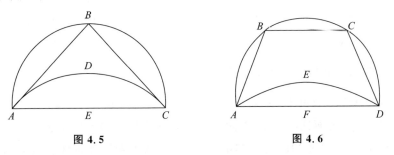

图 4.5　　　　　　　　　图 4.6

从史实严谨性来说，我们介绍希波克拉底的月牙形面积定理相对比较有把握，这是基于下面的事实，除辛普利丘斯之外，还有其他学者引用了这项工作。辛普利丘斯生活在公元 6 世纪，他不仅参考了欧德莫斯的成果，而且参照了阿弗罗狄西亚的亚历山大（Alexander of Aphrodisias，活跃于 200 年左右）的研究，后者是亚里士多德的主要评论家之一。除了上文提到的方法,辛普利丘斯还给出了其他两种求法:(1) 如果在斜边和直角边上构造半圆(图 4.7),则较短边上形成的月牙形的面积之和等于三角形的面积;(2) 如果在一个半圆的直径上构造一个三边相等的等腰梯形(图 4.8),并在三个相等的边上构造半圆,则该等腰梯形的面积等于四个曲边图形面积的和,即三个相等的月牙形面积加上等腰梯形两腰之一上构造的半圆的面积。从第二种面积求法中就可以得到,如果能找到与月牙形面积相等的正方形,那么就可以找到与半圆(继而圆)面积相同的正方形。这个结论似乎鼓舞了希波克拉底,同时也鼓舞了与他同时代的学者和他早期的追随者,相信化圆为方一定是可以实现的。

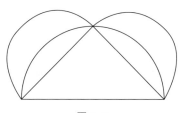 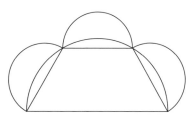

图 4.7   图 4.8

　　希波克拉底求解月牙形面积的重要意义,与其说是化圆为方的探索,不如说是在于其反映了当时的数学水平。这些方法展示了雅典数学家善于处理面积与比例问题的转换。特别是,将边长为 a 和 b 的矩形转换为正方形这样的问题对他们显然没有难度。这需要求 a 和 b 的比例中项或几何平均值。也就是说,如果满足 $a:x=x:b$,当时的几何学家很轻易就能构建出线段 x。几何学家们很自然会试图将问题推广为在两个给定的量 a 和 b 之间插入两个中项的情形。也就是说,对于给定的两条线段 a 和 b,他们希望构造另外两条线段 x 和 y,使得 $a:x=x:y=y:b$。据说希波克拉底已经意识到这个问题等价于倍立方问题,因为如果令 $b=2a$,则在消去 y 后,由连比式就会导出 $x^3=2a^3$。

　　关于希波克拉底从其月牙形面积求解中推导出的结论,一般有三种观点。有人指责他,因为他认为所有月牙形都可以化成方形,因此圆也可以化成方形;其他人则认为他知道其工作的局限性,他注意到了只有部分月牙形能化为方形;至少有一位学者认为希波克拉底知道自己并没有解决化圆为方的问题,但是试图欺骗其同胞,让他们认为他已获得成功。关于希波克拉底所做的贡献,其实还存在其他问题,他一度被认定是第一位用字母表示几何图形的学者,这一点也存在不确定性。有趣的是,尽管他提出了三大著名问题中的两个,但他似乎在三等分角的问题上没有取得任何进展，而这正是后来被厄利斯的希庇亚斯深入研究的问题。

厄利斯的希庇亚斯

公元前 5 世纪末，一批与毕达哥拉斯学派截然不同的职业教师队伍在雅典逐渐发展壮大。毕达哥拉斯立下门规，禁止门徒将知识分享他人而获取报酬。而这群智者学派（Sophists）的学者却公开地通过教授平民来养活自己。他们不仅通过诚实的学术活动，同时也会使用"颠倒黑白"的诡辩术来实现自己的目的。某种程度上，指控智者学派肤浅也是不无道理，但却不应掩盖如下事实：智者学派的成员通常博学多识，其中更有一些人对学术做出了真正的贡献。而这些人中便有希庇亚斯。希庇亚斯是厄利斯本地人，公元前 5 世纪下半叶活跃在雅典。从我们现在掌握的第一手资料看，希庇亚斯是最早的数学家之一，从柏拉图的对话中我们可以了解关于他的许多信息。例如，希庇亚斯曾吹嘘他一个人比其他任意两个智者学派的人加在一起赚的钱都多。据说希庇亚斯一生著述甚丰，范围覆盖从数学到演讲术，但都已失传。他有着非凡的记忆力，自诩学识渊博、手工技艺精湛。我们认为正是这个希庇亚斯（在希腊，许多人都有相同的名字）将除圆和直线以外的第一条曲线引入了数学领域。普罗克洛斯和其他评论家将希庇亚斯三等分角线或割圆曲线的发现归功于他。这条曲线是这样画出来的：在正方形 $ABCD$ 中（图 4.9），使边 AB 从当前位置匀速向下运动直至与边 DC 重合，在该运动开始的同时，使边 DA 从当前位置顺时针旋转直至与边 DC 重合，若 $A'B'$ 和 DA'' 分别表示这两条运动直线的任一时刻的位置，P 为 $A'B'$ 和 DA'' 的交点，那么点 P 的这段运动轨迹就是希庇亚斯的三等分角线，即图中的曲线 APQ。有了这条曲线，三等分一个角就变得容易了。例如，若角 PDC 需要被三等分，首先取点 R, S, T, U

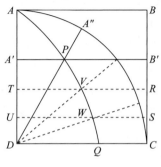

图 4.9

分别将线段 $B'C$ 和线段 $A'D$ 三等分,直线 TR 和直线 US 分别与三等分角线交于点 V 和点 W,则根据三等分角线的性质,直线 VD 和直线 WD 就将角 PDC 等分成三个部分。

希庇亚斯的三等分角线通常也被称为割圆曲线,因为它可以用来解决化圆为方问题。不过希庇亚斯本人是否知道割圆曲线的这项应用尚不明确。有推测称希庇亚斯知道割圆曲线可以用于化圆为方,只是他没能证明这一点。后来狄诺斯特拉图斯(Dinostratus)详细给出了用希庇亚斯割圆曲线解决化圆为方问题的方法,我们将在后面介绍这个成果。

希庇亚斯至少活到了苏格拉底(卒于公元前 399 年)去世的时候。在柏拉图的笔下,我们看到了希庇亚斯的逼真形象,一个典型的智者——虚荣、自夸、贪婪。有传闻说苏格拉底曾形容希庇亚斯英俊、博学,但总爱自吹自擂,还很肤浅。柏拉图对话中关于希庇亚斯的内容讽刺了他卖弄知识;而色诺芬(Xenophon)的《回忆录》(*Memorabilia*)中也有对希庇亚斯的负面描述,称希庇亚斯认为自己通晓一切,无论历史、文学、手工艺还是科学,都是个中翘楚。然而,在判断这些评价时,我们也必须想到柏拉图和色诺芬通常都是坚决站在智者学派的对立面的。同样值得注意的是,"智者学派之父"普罗塔哥拉(Protagoras)和智者学派最大的敌人苏格拉底这两人都对数学和科学抱敌对态度。在性格方面,柏拉图曾将希庇亚斯和苏格拉底对比,但其实我们可以提出一个类似的比较,即将希庇亚斯和另一个同时代的人做对比,这个人就是毕达哥拉斯学派的数学家塔兰托的阿契塔。

塔兰托的菲洛劳斯和阿契塔

据说毕达哥拉斯退休后去了梅塔蓬托姆,并在那里度过了他的晚年,公元前 500 年左右去世。传统意义上,我们认为他没有留下任何文字著作,但他的思想被其虔诚的学生们传承发扬。虽然由于锡巴里斯的敌对派突然发难,谋杀了毕达哥拉斯学派的很多领袖,克罗托内的学术中心不得已被放弃了,但那些逃脱了屠杀的学者将该学派的宗旨要义带到了希腊世界的其他地方。据传,塔兰托的菲洛劳斯就是接受了那些逃难学者们指导的学生之一,他被允许写了毕达哥拉斯学派的第一部著作,以弥补其受损的财富。显然,柏拉图正是从这本书中学到了有关毕达哥拉斯组织的知识。而该学派对于数字的狂热这一特点也很明显地由菲洛劳斯继承了下来。许多关于四合数的神秘传说和毕达哥拉斯宇宙学的知识正是从他的论著中衍发出来。据说,菲洛劳斯的宇宙体系是由后来的两位毕达哥拉斯学派的门徒厄克方图(Ecphantus)和希塞塔斯(Hicetas)修订的,他们放弃了中心火团和反地球的假说,而将旋转的地球放置在宇宙中心,并以此解释昼夜现象。

64 菲洛劳斯及其门人极端的数字崇拜似乎也经历了一些修正,这在塔兰托的菲洛劳斯所收的一个弟子阿契塔身上尤为明显。

毕达哥拉斯学派在整个大希腊地区引发了强大的思潮,其极端的政治倾向可以用"反动国际"来形容,或者说更像是俄尔甫斯教派与共济会的结合体。在克罗托内,毕达哥拉斯学派在政治方面的影响尤为显著,而在远离毕达哥拉斯学派活动中心的塔兰托等地区,其影响主要是思想上的。阿契塔坚信数字的效用,他对这座城市的独裁式统治是公正而克制的,因为他认为理性是一种改进社会的力量。他连续多年当选为总督,从未被击败。他对孩子们善良而有爱心,据传阿契塔拨浪鼓就是他为婴儿发明的。此外,他可能还造出了一种用木头做成的机械鸽子,让儿童们开心不已。

阿契塔延续了毕达哥拉斯学派将算术学置于几何学之上的传统,不过他对数字的热情和早期的菲洛劳斯相比,少了一些混合宗教和神秘主义的元素。他针对算术平均数、几何平均数以及次反平均数在音乐中的应用写了一些论著。后者可能被菲洛劳斯或者阿契塔改名为"调和平均数"。在阿契塔关于这方面的论述中,他发现比 $n:(n+1)$ 中的两个整数,不会有整数的几何平均数。阿契塔比他的先辈们更注重音乐,他认为这个学科在儿童教育中应该比文学发挥更大的作用。他猜想音高的差异应当归因于产生声音的气流引起的不同的运动速率。阿契塔似乎相当重视数学在课程中的作用,他被认为是所谓"数学四艺"的命名者,即:算术(或"静止的数")、几何(或"静止的量"),音乐(或"运动的数")和天文学(或"运动的量")。这些学科,加上语法、修辞学和辩证法(亚里士多德将其追溯到芝诺)三门学科,就构成了后来的"人文七艺"(seven liberal arts)。因此,数学在教育中所起的突出作用在很大程度上要归功于阿契塔。

阿契塔似乎接触过数学的早期文献,被称为阿契塔方法的平方根迭代过程早在美索不达米亚时代就已经使用过。尽管如此,阿契塔依然是原创数学成果的贡献者。他最突出的贡献是提洛问题的三维解。这个问题用现代解析几何语言很容易描述,尽管已经有些过时。设 a 为体积要加倍的立方体的边长,设点 $(a,0,0)$

65 为半径为 a 的三个相互垂直的圆的中心,每个圆位于垂直于坐标轴的平面上。通过垂直于 x 轴的圆,构造一个顶点为 $(0,0,0)$ 的正圆锥体,再通过 xy 平面上的圆

形成一个圆柱体,并将 xz 平面中的圆绕 z 轴旋转以生成环面。这三个曲面的方程分别为

$$x^2 = y^2 + z^2, \quad 2ax = x^2 + y^2, \quad (x^2 + y^2 + z^2)^2 = 4a^2(x^2 + y^2).$$

这三个曲面相交的 x 坐标为 $a\sqrt[3]{12}$,因此,该线段的长度就是所需立方体的边。

当我们想到阿契塔的解决方案是在没有坐标辅助的情况下利用综合几何得出时,他的成就更令人印象深刻。即便如此,阿契塔对数学最重要的贡献或许是他对暴君狄奥尼西奥斯(Dionysius)的劝谏,从而挽救了他的朋友柏拉图的生命。后者终其一生都对毕达哥拉斯学派的数字充满崇拜并对几何学倾注全力,而公元前 4 世纪的雅典在数学世界中的领先地位,主要归功于"数学家的制造者"柏拉图的这种热情。然而,在开始讨论柏拉图在数学中的地位之前,我们有必要讨论一位早期毕达哥拉斯学派的门徒——一个名叫希帕索斯的叛逆者。

据记载,梅塔蓬托姆(或克罗托内)的希帕索斯与菲洛劳斯处于同一时代,最初为毕达哥拉斯学派的门徒,后被驱逐。有一种说法是毕达哥拉斯学派的同门给他立了一块墓碑,好像他死去了一样;另一种说法是,他因背叛行为而以沉船的方式在海中被处死。人们不知道这个事件的确切因由,部分原因可能是触犯了保密规则,但是有三种猜测:第一种猜测是,希帕索斯领导了一场反对保守的毕达哥拉斯学派的民主运动,因政治立场相左而被驱逐;第二种猜测将他的被逐归因于他向外泄露了正五边形或正十二面体的几何学奥秘,很可能是这些图形之一的作图法;第三种猜测认为,驱逐他的原因在于他外传了一个足以毁灭毕达哥拉斯哲学的数学发现——不可公度量的存在。

不可公度性

一直以来,毕达哥拉斯主义的基本信条就是,一切事物的本质,无论是在几何学中,还是在人类的理论与实践中,都可以用算术性(arithmos)或者说整数及其比值的内在性质来解释。然而,有关柏拉图对话的记载表明,一项几乎摧毁了毕达哥拉斯学派对整数信仰基础的发现震惊了希腊数学界。有人发现,在几何学中,整数及其比值甚至不足以解释简单的基本性质。例如,它们无法刻画正方形、立方体或五边形的对角线与其边的比。无论选择的度量单位有多小,这些线段都是不可公度的。

66

最早认识到不可公度线段存在的背景和发现不可公度性的时间都不确定。一般认为，这种认识的出现与毕达哥拉斯定理在等腰直角三角形上的应用有关。亚里士多德提出了一个证明，通过基于奇偶之间的区别得到一个正方形的对角线相对其一条边是不可公度的。这样的证明很容易建立。设 d 和 s 分别是一个正方形的对角线和边，并假定它们是可公度的，也就是说，比值 d/s 是有理数，等于 p/q，其中 p 和 q 是没有公共因子的整数。现在，根据毕达哥拉斯定理，我们知道 $d^2 = s^2 + s^2$，因此，$(d/s)^2 = p^2/q^2 = 2$，或者 $p^2 = 2q^2$。因此，p^2 一定是偶数，所以，p 也一定是偶数。那么，q 就一定是奇数。设 $p = 2r$，代入方程 $p^2 = 2q^2$，我们会得到 $4r^2 = 2q^2$，或 $q^2 = 2r^2$，则 q^2 必须是偶数，因此，q 一定是偶数。然而，先前证明 q 是奇数，一个整数不能既是奇数又是偶数。因此，通过这种间接方法，可以说明 d 和 s 可公度的假设一定是错误的。

这个证明高度抽象，以至于以它作为不可公度性的原始发现的基础的可能性受到质疑。当然，这一发现也可以从其他方法中产生。其中一种简单的观察方法是，当画出一个正五边形的 5 条对角线时，这些对角线形成一个较小的正五边形（图 4.10），而第二个正五边形的 5 条对角线形成第三个更小的正五边形。这一过程可以无限次地继续下去，得到一系列要多小就有多小的正五边形，从而得出这样的结论：在正五边形中，对角线与边的比值不是有理数。这一比的非有理性实际上是与图 4.2 有关的论证的结果，在图 4.2 中，黄金分割一次又一次地展现出来。也许正是这一性质揭露了（可能是被希帕索斯）不可公度性的存在？现存的文献没能解开这一疑点，但这至少是一个合理的解释。在这种情况下，不是 $\sqrt{2}$ 而是 $\sqrt{5}$ 首先揭示了不可公度性的存在，因为方程 $a:x = x:(a-x)$ 的解 $(\sqrt{5}-1)/2$ 为正五边形的边与对角线的比值。一个立方体的对角线与边的比值是 $\sqrt{3}$，在这里，不可公度的幽灵也露出了它狰狞的面目。

67　　　还有一个和五边形对角线与其边长之比类似的几何证明：在正方形 $ABCD$ 中（图 4.11），点 P 落在对角线 AC 上，线段 $AP = AB$，PQ 垂直 AC 于 P，CQ 与 PC 的比将与 AC 与 AB 的比相同。同样，如果在 CQ 上，有 $QR = QP$，并构造垂直于 CR 的 RS，那么斜边与直角边的比将再次是以前的比。这一过程也可以无限地继续下去，从而证明无论多么小，都找不到长度单位使得斜边和直角边长是可公度的。

图 4.10

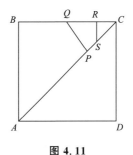
图 4.11

芝诺悖论

毕达哥拉斯学派"万物皆数"的学说目前的确面临着一个非常严重的问题，但这还不是唯一的问题，因为该学派还需要面对相邻的埃利亚学派（Eleatics）提出的质疑，后者的哲学活动足堪与其匹敌。小亚细亚的爱奥尼亚哲学家们曾试图确定万物之本原。泰勒斯曾认为其存在于水中，但其他人更倾向于认为空气或火是最基本的元素。毕达哥拉斯学派则采用了一种更抽象的思路，假定万能的数是所有现象背后的基本构成。这种用形数几何优美展示的数字原子论受到了埃利亚的巴门尼德（Parmenides of Elea，活跃于前450年左右）的追随者的抨击。埃利亚学派的基本原则是存在统一和永恒，这一观点与毕达哥拉斯关于多样性和变化的观点形成了鲜明对比。在巴门尼德的门徒中，最著名的是埃利亚的芝诺（活跃于前 450 年左右），他引发争论以证明多重性和可分性的概念是不一致的。芝诺的方法是辩证的，他先于苏格拉底采用这样一种间接论证方式：从反对者的假定出发，推导出这些假定是荒谬的。

毕达哥拉斯学派认为，空间和时间可以被认为是由点和瞬间组成的，但空间和时间也有一种属性，即"连续性"，这种属性直观感受要比定义容易。构成多样性的基本元素被假设出来，一方面具有几何单位——点的特征；另一方面，具有计数单位或数的某些特征。亚里士多德将毕达哥拉斯点描述为"有位置的单元"或"在空间中考虑的单元"。有人认为，芝诺提出的悖论正是与这种观点相对立的，而其中关于运动的悖论被引用得最多。通过亚里士多德等人的著作，这些悖论流传下来，其中的四个悖论似乎引起了最大的争论：（1）二分法；（2）阿喀琉斯（Achlilles）追龟；（3）飞矢不动；（4）运动场理论。第一个悖论提出，在一个运动的物体移动到一段给定的距离之前，它必须先移动到这个距离的一半，但是在它

68

能够到达这个距离的一半之前，它必须先移动到这个距离的四分之一，在这之前它又必须先移动八分之一，以此类推，要经过无限多次的细分。想要开始跑步的人必须在有限的时间内接触无限个分点，但要穷尽无限多点实际是不可能的，因此运动是无法开始的。第二个悖论与第一个相似，只是无限的细分是前进的，而不是后退的。阿喀琉斯与一只乌龟赛跑，假定乌龟先起跑。有人认为，无论阿喀琉斯跑得多快，乌龟跑得多慢，他都永远无法超过乌龟。因为当阿喀琉斯到达乌龟的初始位置时，乌龟已经前进了一小段距离，当阿喀琉斯到达这段距离时，乌龟又前进了一段距离，这个过程无限进行下去，结果就是敏捷的阿喀琉斯永远也追不上慢吞吞的乌龟。

二分法和阿喀琉斯追龟悖论提出的结论是，在空间和时间的无限可分的假设下，运动是不可能的。另一方面，飞矢不动和运动场悖论则认为，即使做出相反的假设——空间和时间的分割以不可分的方式终止，运动同样是不可能的。在飞矢不动悖论中，芝诺认为飞行中的物体总是占据一个与自身相等的空间，但这个空间的物体并未在运动。因此，飞矢一直处于静止状态，所以它的运动是一种幻觉。

在关于运动的悖论中，最具争议性和最难以描述的是运动场悖论，它可以描述如下。设 A_1, A_2, A_3, A_4 为静止的大小相等的物体，设 B_1, B_2, B_3, B_4 是与每一个 A 大小相同的物体，它们向右移动，使每个 B 都在一个瞬间（尽可能小的时间间隔）内通过每个 A。设 C_1, C_2, C_3, C_4 也和 A, B 一样大小，它们相对于 A 匀速向左移动，使每一个 C 都在瞬间通过每一个 A。让我们假设在给定的时刻，物体占据下列相对位置：

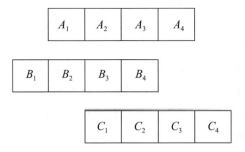

那么，在一个瞬时之后，即在一个不可分的时间段之后，位置将如下：

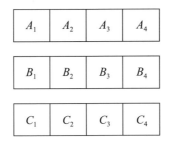

很明显，C_1 会通过两个 B。因此，给定的瞬时不可能是最小的时间间隔，因为我们可以把 C_1 通过一个 B 所花费的时间作为一个新的更小的单位。

芝诺提出的悖论似乎对希腊数学的发展产生了深远影响，可与不可公度量的发现相提并论，二者可能是相互联系的。最初在毕达哥拉斯学派的圈子里，数量是用石子（calculi）来表示的，我们的"计算"（calculation）一词就是来自于此。但是到欧几里得时代，人们的观点已经完全改变了。数量通常不用数或石子表示，而用线段表示。在《原本》中，甚至整数本身也用线段表示。数的领域继续具有离散性，但连续量的世界（包括大部分前希腊和毕达哥拉斯学派数学）有别于数，必须通过几何方法来处理。统治世界的似乎是几何学，而不是数。这也许是英雄时代最深远的结论，而将其主要归功于埃利亚的芝诺和梅塔蓬托姆的希帕索斯并不是没有依据的。

演绎推理

对于引发前希腊人的数学方法转变为肇始于希腊的演绎体系的原因，有几个猜想。有人认为，泰勒斯在他的游历中已经注意到了前希腊数学之间的差异，例如埃及人与巴比伦人求圆面积的方法，因此他和他的早期追随者认为需要一种严格的理性方法。而其他更保守的人会将演绎形式置于更后期，甚至可能是晚至前 4 世纪初，不可公度量发现之后。也有人从数学之外去寻找原因。比如，有一种看法认为演绎推理可能源于逻辑，人们努力通过寻找必能推导出结论的前提以便说服反对者。

无论演绎法是在公元前 6 世纪还是前 4 世纪进入数学领域，无论不可公度性是在公元前 400 年之前还是之后被发现，毫无疑问，到柏拉图时代，希腊数学已经经历了巨大的变化。数和连续量之间的二分法呼唤一种与毕达哥拉斯学派所继承的巴比伦代数不同的新方法。给定一个矩形的边长之和与积，求边长这样的古老问题,必须用不同于巴比伦人的数值算法的新方法来处理。于是古老的"算术代数"必须被"几何代数"取代,而在这种新的代数中,在面积上加长度或在体积上加面积是不被允许的。从现在开始,方程中的项必须严格保持齐次,美索不达米亚方程的标准形式 $xy = A$, $x \pm y = b$,必须用几何来解释。读者通过消除 y 可以得到的显而易见的结论是,必须在给定的直线 b 上构造一个矩形,其未知的宽度 x 必须使得矩形的面积比给定的面积 A 多出 x^2 ,或者(在负号的情况下)比面积 A 少 x^2 (图 4.12)。这样,希腊人通过所谓"面积贴合"的过程构造了二次方程的解,这是几何代数的一部分,在欧几里得《原本》中随处可见。此外,不可公度量引起的不安导致在初等数学中尽可能避免比。例如,线性方程 $ax = bc$ 被看作面积 ax 和 bc 的相等,而不是一个比例,即两个比 $a : b$ 和 $c : x$ 之间的相等。因此,在这种情况下构造第四比项 x 时,通常构造一个边为 $b = OB$ 和 $c = OC$ 的矩形 $OCDB$ (图 4.13),然后沿着 OC 延展至 $OA = a$ 。完成矩形 $OAEB$ 并作对角线 OE 与 CD 相交于 P 。现在很清楚, CP 就是所求的线段 x ,因为矩形 $OARS$ 的面积与矩形 $OCDB$ 的面积相等。直到《原本》第五卷,欧几里得才着手解决比例的难题。

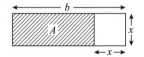 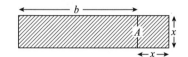

图 4.12

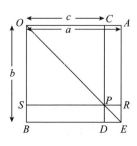

图 4.13

希腊的几何代数给现代读者的印象是过于做作和困难,然而,对于那些使用它并已熟练掌握其操作的人来说,它可能是一个方便的工具。分配律 $a(b + c + d) = ab + ac + ad$ 对希腊学者来说无疑比对今天代数的初学者来说要明显得多,因为前者可以很容易地描绘出这个定律中矩形的面积,简单地说,以 a 和 b , c , d 线段的和为边的矩形面积等于以 a 和 b , c , d 线段分别为边长的矩形面积和

（图 4.14）。同样，等式 $(a+b)^2=a^2+2ab+b^2$ 在一个图中展现得很明显，该图显示了三个正方形和两个相等的矩形之间的等价关系（图 4.15）。两个平方的差 $a^2-b^2=(a+b)(a-b)$ 也可以用类似的方式表示出来（图 4.16）。线段的和、差、积和商可以很容易地用直尺和圆规作出来。求平方根在几何代数中也没有任何困难。如果想找到一条直线 x，使其满足 $x^2=ab$，只须遵循今天初等几何课本中的程序即可。在一条直线上截取线段 ABC，其中 $AB=a$，$BC=b$（图 4.17）。以 AC 为直径，构造一个半圆（以 O 为中心），在 B 点作垂线 BP，这就是所求的 x。这里有趣的是，欧几里得给出的证明很可能遵循了早期避免使用比的方法，使用的是面积而不是比例。如果用我们的方式，令 $PO=AO=CO=r$ 和 $BO=s$，欧几里得肯定会说 $x^2=r^2-s^2=(r-s)(r+s)=ab$。

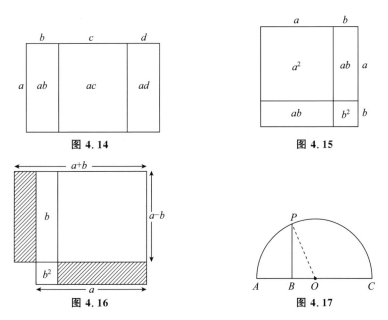

图 4.14　　　　图 4.15

图 4.16　　　　图 4.17

阿布德拉的德谟克利特

在数学的英雄时代中，出现了六位伟大的数学家，而必定位列其中的阿布德拉的德谟克利特（Democritus of Abdera，约前 460 — 前 370）更大程度上是作为化学哲学家而为人所知。尽管他现在被誉为原子唯物主义的创始人之一，但在当时，他也作为几何学家而享有盛誉。据记载，他游历过的地方远远超过了同时代的人。他去过雅典、埃及、美索不达米亚，可能还有印度，吸收了一切可学得的知识,而他在数学上的成就使其得意地自夸,说即使埃及司绳也一定会感到望尘莫及。他撰写了大量的数学著作,但都失传了。

德谟克利特主要的数学成就可以从其原子论的物理学说中窥见一斑。他认为一切现象都可以用原子在虚空中不停息的运动来解释,这些原子无穷小、种类众多、形式各异(大小和形状不同),而且坚硬无比。留基伯(Leucippus)和德谟克利特的物理原子学说也许是受到了毕达哥拉斯学派的几何原子论的启示,因此德谟克利特主要关注那些需要某种类型的无穷小逼近才能解决的问题,就不那么令人意外了。比如,埃及人知道锥体的体积是底面面积乘高的三分之一,但是其证明确实超越了他们的能力范围,因为这需要一种相当于微积分的观点。阿基米德后来写道,德谟克利特得出了这个结论但却没有给出严格的证明。这就产生了一个谜:如果德谟克利特会在此处提及的埃及人的知识中加入一些内容,那么必定是某种形式上的证明,即使不够充分。德谟克利特有可能论述了一个三棱柱可以被分为三个底面面积和高都相等的三棱锥,然后从底面面积相同、高相等的锥体体积相同的假设出发,得出了熟悉的埃及人的定理。

这个假设只能运用无穷小的技巧才能证明。比如,如果我们把两个底面面积相同、高相等的棱锥想成由无穷多个无限薄的横截面构成,然后把两个棱锥相同的横截面一一对应起来(这个方法通常称为卡瓦列里(Cavalieri)原理,归功于这位 17 世纪的几何学家),那么这个假设就可以证明了。这样一个含混的几何原子论正是德谟克利特思想的根基。而随着芝诺悖论的出现和不可公度量被认识到之后,建立在无穷小的无限性基础上的说法无论如何都不能被接受。阿基米德顺理成章地认为德谟克利特并未给出严谨的证明。这样的判断也被用于另一个被阿基米德归功于德谟克利特的定理,即圆锥的体积是等底等高的圆柱的体积的三分之一。这个定理可能被德谟克利特看作棱锥定理的推论,因为圆锥本质上是底为无穷多条边的正多边形的棱锥。

德谟克利特的几何原子论立刻就遇到一些问题。比如,如果棱锥或者圆锥是由无限多个无限薄的平行于底面的三角形或者圆截面组成,那么考虑任意相邻的两个三角形或者圆就会产生一个悖论:如果相邻的两个截面的面积相等,那么由于所有截面的面积都相同,全部的截面就会构成三棱柱或者圆柱体而不是三棱锥或者圆锥;另一方面,如果相邻的截面不相等,那么所有的截面就会构成阶梯状的三棱锥或者圆锥,而不是想象中表面平滑的三棱锥或者圆锥。这个问题的难点不同于不可公度量以及运动的悖论。可能在他的《论无理量》(*On the Irrational*)

一文中,德谟克利特分析过其中的困难,但我们现在无法知道他曾经尝试的方向。在下个世纪的两个主要哲学学院,即柏拉图学院和亚里士多德学院中,由于德谟克利特在其中极度不受欢迎,他的理论也自然被忽视了。然而,从英雄时代承袭下来的主要数学遗产可以归结为六个问题:化圆为方、倍立方、三等分角、不可公度量的比、运动悖论,以及无穷小方法的有效性。这些问题在某种程度上可以与本章中提到的人物联系起来(当然并非一一对应):希波克拉底、阿契塔、希庇亚斯、希帕索斯、芝诺,以及德谟克利特。其他时代也将出现一批可与这几位伟人媲美的天才,但是再不会有任何时代的天才会以如此不足的方法论储备,向如此众多的数学基础问题发起勇敢的挑战。这正是我们把从阿那克萨哥拉到阿契塔的这段时期称为英雄时代的原因。

数学与人文七艺

我们将阿契塔归为英雄时代的数学家,但是在某种意义上,他实际上是柏拉图时代数学领域的过渡人物。无论如何,阿契塔是毕达哥拉斯学派后期的代表人物。他仍然相信数在生活和数学中都十分重要,但未来的浪潮将把几何学推居主导地位,这很大程度上是由于不可公度问题的出现。另一方面,据记载,阿契塔确立了四艺,将算术、几何、音乐、天文四门学科作为人文教育的核心,而他的观点将支配绝大多数的教学思想,直至如今。阿契塔的四艺加上语法、修辞学和芝诺的辩证法这三门学科,一起组成了人文七艺,作为传统延续了几近两千年。因此,我们有充分的理由认为,英雄时代的数学家,特别是通过公元前 4 世纪的哲学家们流传下来的思想,引导了西方教育传统的主要方向。

柏拉图学院

公元前 4 世纪以苏格拉底去世作为开始。苏格拉底采纳了芝诺的辩证法,并批判阿契塔的毕达哥拉斯主义。苏格拉底承认在他年轻的时候,曾被诸如"2 + 2 之和为什么与 2 × 2 之积有相同的结果"这样的问题以及阿那克萨哥拉的自然哲学所吸引,但当他认识到数学和科学都不能满足他想通晓事物本质的渴望之后,他便献身于独具特色的对"善"的研究。

在柏拉图的《斐多》(*Phaedo*)这篇如此优美地记叙了苏格拉底最后时刻的对

话中,我们看到,形而上学的疑虑是多么深刻地阻止了苏格拉底对数学或自然科学的关注:

> 我自己不能确信,把1加在另一个1之上时,是被加的那个1变成了2,还是两个加在一起的单位由于相加而变成了2。我无法理解当它们分离时,其中的每个怎么都变成了1而不是2。而当它们被加在一起时,怎么仅仅是并列或汇合就导致它们变成了2。

因此,苏格拉底对数学发展的影响,即便不是负面的,也是可以忽略不计的。这就让我们更加感到惊讶:正是他的学生和仰慕者柏拉图,成为了公元前4世纪数学灵感的来源。

虽然柏拉图本人没有对技术性的数学成果做出特别突出的贡献,但他成为了当时数学活动的中心,并引领和推动了其发展。在他的学校,即雅典学院的大门上镌刻着一句名言:"不懂几何学者莫入。"他对这门学科的热爱使得他虽未作为一名数学家而闻名于世,但却作为"数学家的创造者"而名垂青史。

我们将介绍一些人的工作(除柏拉图和亚里士多德之外),他们生活于公元前399年苏格拉底去世到公元前322年亚里士多德去世之间。他们是:昔兰尼的西奥多勒斯(Theodorus of Cyrene,活跃于前390年左右),特埃特图斯(Theaetetus,约前414—约前369),尼多斯的欧多克索斯(Eudoxus of Cnidus,约前408—约前355),梅内赫莫斯(Menaechmus,活跃于前350年左右)和他的兄弟狄诺斯特拉图斯(活跃于前350年左右),以及皮坦尼的奥托力科斯(Autolycus of Pitane,活跃于前330年左右)。

这六位数学家并没有像公元前5世纪的数学家们那样分散在希腊各地,他们或多或少跟柏拉图学院关联密切。显然,柏拉图对数学的高度评价并非源自苏格拉底,事实上,早期的柏拉图对话很少提到数学。毫无疑问,使得柏拉图转变成具有数学世界观的人正是阿契塔。公元前388年,柏拉图在西西里访问过他的这位朋友。也许正是在那里,柏拉图学到了五个正多面体,这五个正多面体跟恩培多克勒(Empedocles)的四元素结合在一起形成的宇宙架构足足让人们痴迷了数个世纪。很可能正是毕达哥拉斯对十二面体的重视,使得柏拉图把这个正多面体——既是第五个,也是最后一个,看作宇宙的象征。柏拉图把他关于正多面体的观点记录在一篇题为《蒂迈欧篇》(Timaeus)的对话中。据推测,篇名应是取自一位担当主要诘问者的毕达哥拉斯门徒的名字。洛克里的蒂迈欧(Timaeus of Locri)究竟是真实存在,还是柏拉图虚构了这个人物,以便通过他来表达当时在

如今的意大利南部依然很盛行的毕达哥拉斯学派的观点,我们不得而知。正多面
体常常被称作"宇宙体"或"柏拉图立体",因为柏拉图在《蒂迈欧篇》中用它们来
解释科学现象。尽管这篇可能是柏拉图将近 70 岁时写的对话录,为四元素与正
多面体的联系提供了最早的确切证据,但这个想象力丰富的想法在很大程度上可
能归功于毕达哥拉斯学派。

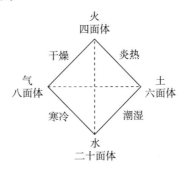

四大元素与正多面体

　　普罗克洛斯把宇宙图形的构建归到毕达哥拉斯的名下,但据注释者苏达斯
(Suidas)的记载,柏拉图的朋友特埃特图斯,阿提卡最富有的贵族之一的儿子最
早写过这方面的著作。欧几里得《原本》第十三卷的一条注释(写作日期未知)写
道:五个多面体中仅有三个应该归功于毕达哥拉斯学派的名下,而正是通过特埃
特图斯,八面体和二十面体才变得众所周知。无论如何,特埃特图斯对五个正多
面体的研究很可能是该领域最广泛的研究之一,"有且只有五个正多面体"这条
定理可能要归功于他。《原本》中正多面体的边长与外接球的半径之比的计算,
大概也是他的功劳。

　　特埃特图斯是一个年轻的雅典人,死于痢疾和战伤的并发症,柏拉图对话录
中以他的名字为标题的文章,是柏拉图纪念他这位朋友的一篇悼词。在这篇大约
30 年前进行的对话录中,特埃特图斯与苏格拉底和西奥多勒斯讨论了不可公度
量的性质。人们认为,这次讨论在某种程度上采用了我们在《原本》第十卷的开
篇中所看到的那种形式。这里不仅在可公度量与不可公度量之间做出了区分,而
且还在当长度不可公度时其平方是不是可以公度之间做出了区分。像 $\sqrt{3}$ 和 $\sqrt{5}$ 这
样的无理数,在长度上是不可公度的,但其平方却是可公度的,因为它们的平方比
是 3 比 5。另一方面,$\sqrt{1+\sqrt{3}}$ 和 $\sqrt{1+\sqrt{5}}$ 在长度上和其平方都是不可公度的。

　　柏拉图为纪念他的朋友特埃特图斯而撰写的那篇对话录,包含了另一位柏拉

图所敬佩的，并且对不可公度量理论的早期发展做出过贡献的数学家的信息。关于现在被我们称为 $\sqrt{2}$ 的无理性，柏拉图在《特埃特图斯篇》（*Theaetetus*）中说，他的老师昔兰尼的西奥多勒斯（特埃特图斯也是他的学生）最早证明了从 3 到 17 的非平方数的平方根的无理性。我们不知道他是如何证明的，也不知道他为何终止于 $\sqrt{17}$。无论如何，这个证明是建立在亚里士多德给出的 $\sqrt{2}$ 证明的基础上，并被添加到了后来版本的《原本》第十卷中。对古代历史文献的溯源表明，西奥多勒斯在初等几何学中获得了一些发现，后来被编入了欧几里得的《原本》，但西奥多勒斯的原著已经丢失了。

柏拉图在数学史上很重要，很大程度上是由于他成为别人的启发者和指导者，并且古希腊对算术（数论意义上）和计算术（计算技术）的显著区分多半应归功于他。柏拉图认为计算术适合商人和军人，对军人来说，"他必须学会数字的技巧，否则将不知道如何安排他的军队。"另一方面，哲学家必须是一个算术家，"因为他必须从变化的海洋里脱身而出，抓住真实存在。"此外，柏拉图在《理想国》（*Republic*）中说："算术具有极为重大并发人深思的效果，迫使头脑对抽象的数字进行推理。"柏拉图关于数字的思想极具启发性，甚至已达到了神秘莫测、太虚幻境的程度。在《理想国》最后一卷中，他提到了一个数，并把它称之为"好与坏出身的主宰"。关于这个"柏拉图数"，有过很多推测，有一种推测是：这个数是 $60^4 = 12960000$ ——巴比伦数字占卦术中的一个重要数字，很可能是通过毕达哥拉斯学派传给了柏拉图。在《律法》（*Laws*）中，理想状态下的公民人数指定为 5040（即 $7 \times 6 \times 5 \times 4 \times 3 \times 2 \times 1$）。这个数字有时也被称为柏拉图婚姻数，研究者们已经提出了各种理论来解释柏拉图的想法。

柏拉图在算术中看到了理论与计算两方面具有天壤之别，同样，在几何学中，他也拥护纯粹数学，反对工匠或技师的唯物主义观点。普卢塔赫在他的《马塞拉斯传》（*Life of Marcellus*）中谈到，柏拉图对在几何学中使用机械工具是极度愤怒的。显然，柏拉图把这种使用视为"对几何学长处的彻底腐化和毁灭，可耻地背弃了纯粹智力的精神对象。"由此，柏拉图可能也要为在希腊盛行的、仅能用直尺和圆规作图的限制负有主要责任。这种限制的原因不太可能是由于作直线和圆时所使用的工具十分简单，而更有可能是由于图形结构的对称性。圆中无穷多直径中的任何一条都是图形的对称轴；任何一条无限延长的直线上的任意一点，都可以看作直线对称的中心，正如任何一条与给定直线垂直的直线都是一条关于该给定直线对称的线一样。在柏拉图哲学神化思想的影响下，直线和圆在几何图形

78

中自然会受到青睐。同样地,柏拉图也十分崇拜三角形。在柏拉图看来,五个正多面体的面并非简单的三角形、正方形和五边形。例如,正四面体中的每一面,都是由六个更小的直角三角形构成的,而这些小三角形是由等边三角形面的高交叉分割所形成的。因此,他认为正四面体由 24 个非等腰的直角三角形所组成,这些三角形的斜边是其中一个直角边的两倍;正八面体包含 8×6(即 48)个这样的三角形,正二十面体是由 20×6(即 120)个这样的三角形所组成。以类似的方式,正六面体(或立方体)由 24 个等腰直角三角形组成,因为当画出对角线后,我们会发现六个正方形面中的任一个都包含四个直角三角形。

柏拉图给正十二面体任命了一个特殊的角色——宇宙的象征,并隐晦地说:"上帝为了万物而使用它。"(《蒂迈欧篇》第 55 章)柏拉图把正十二面体视为由 360 个非等腰的直角三角形所组成,因为在每个五边形面上画出五条对角线和五条中线时,12 个面中的每个面都会包含 30 个直角三角形。在《蒂迈欧篇》中,柏拉图将前四个正多面体与传统的四种宇宙元素联系起来,这为他提供了一个美妙的统一物质理论,根据这个理论,万物皆由完美的直角三角形构成。在《蒂迈欧篇》中,整个生理学以及非生命科学都以这些三角形为基础。

毕达哥拉斯因为将数学确立为一门人文学科而享有盛名,而柏拉图因使这一学科成为政治家教育的基础课程而影响深远。也许是受到了阿契塔的影响,柏拉图给最初的"四艺"增加一门新学科:立体几何学,因为他认为立体几何还没有得到足够的重视。柏拉图还论述了数学的基础,厘清了某些定义,重构了一些假说。他强调在几何学中使用的推理不是指所画的可见图形,而是指它们所代表的纯粹思想。毕达哥拉斯学派将点定义为"有位置的单元",但柏拉图更倾向于将其视为一条直线的起点。把直线定义为"没有宽度的长"似乎也起源于柏拉图学院,类似地,直线是"点均匀地分布于线上",这样的想法也来源于此。在算术方面,柏拉图不仅强调奇数与偶数之间的区别,而且强调"偶数乘以偶数""奇数乘以偶数""奇数乘以奇数"这些分类。尽管据说柏拉图添加了一些数学公理,但我们没有关于其假设的任何说明。

明确归到柏拉图名下的数学贡献很少。一个表示毕达哥拉斯三元数组的公式($(2n)^2 + (n^2-1)^2 = (n^2+1)^2$,其中 n 是任意自然数)是以柏拉图名字命名的。但这个公式只不过是对巴比伦人和毕达哥拉斯学派都知道的结果稍加变形而已。真正重要的或许是人们把所谓的分析法归到了柏拉图的名下。在论证数学中,我们从给定条件(或者是一般的公理和公设,或者是具体的已知问题)开始，一步一步地进行下去，就会得出要证明的结论。柏拉图似乎已经指出，如果从前提到结论的推理链条不够明显时，把这个过程反过来在教学上通常很方便。人们可以从待证明的命题开始，推导出已经知道的结论。那么如果人们可以把这个推理链的步骤反过来，结果就得到该命题的合法证明。柏拉图应该不是第一个注意到分析观点有效性的人，因为对问题进行任何初步的调查研究都能得到类似结论。柏拉图所做的可能是把这一步骤正式化，或者赋予它一个名称。

柏拉图在数学史上的角色依然颇具争议。一些人认为他是一个非常深刻和敏锐的思想家；另一些人把他描述为数学中的"花衣魔笛手"，引诱人们远离与世界运转相关的问题并鼓励无聊的推测。无论如何，很少有人会否认柏拉图对数学发展的巨大影响。雅典的柏拉图学院成为了世界的数学中心。正是这所学校，培养出了在公元前4世纪中叶首屈一指的教师和研究者。其中，最伟大的是尼多斯的欧多克索斯，他曾经是柏拉图的学生，后来成为他那个时代最著名的数学家和天文学家。

欧多克索斯

在阅读数学文献时，我们有时会读到"柏拉图改革"。尽管这个词倾向于夸大所发生的变化，但是欧多克索斯工作的意义是如此重大，以至于"改革"一词用在此处非常妥当。在柏拉图的青年时代，不可公度量的发现引发了一场真正的逻辑丑闻，因为它极大地破坏了涉及比例的定理。两个量，如正方形的对角线和边的比不是一个整数比另一个整数，被称为不可公度的。那么，如何比较不可公度量之间的比呢？如果希波克拉底真的证明了圆的面积之比等于其直径的平方比，那么他一定有某种处理比例问题或衡量比相等的方法。我们不知道他如何操作，也不知道他是否在某种程度上领先于欧多克索斯的研究，而后者给出了一个全新的、被广泛接受的比相等的定义。显然，希腊人曾经使用过下面的思想：如果两个比 $a:b$ 和 $c:d$ 可以执行相同的相互减法，则四个量成比例，即 $a:b=c:d$。所谓执行相同的相互减法是说，在每个比中，执行用较大数减去较小数的整数倍得到余数的过程中，两个比的整数倍数是相同的；再次执行用前面的较小数减去所得余数的整数倍得到另一余数的过程，整数倍数仍是相同的；第三次执行第一次得到的余数减去第二次得到的余数的整数倍得到新余数的过程，整数倍数还是相同的，以此类推。这样的定义使用起来烦琐不便。因此，欧几里得的《原本》中所使用的比例理论，乃是欧多克索斯的一项杰出的发现。

在希腊数学中,"比"一词本质上是未定义的概念,因为欧几里得对比的"定义"是同类的两个量之间的一种大小关系,这是十分不充分的。更重要的是欧几里得对"比"的阐述:如果两个量中的任意一个的倍数比另一个量大,则这两个量之间存在比。这实质上是对所谓的阿基米德公理的一种表述,而阿基米德本人将此归功于欧多克索斯。欧多克索斯的比概念排除了零,同时阐明了何谓"同类型的量"。例如,线段长度不能与面积做比,也不能与体积做比。

在对比进行初步说明之后,欧几里得在《原本》卷五的定义5中给出了欧多克索斯的著名公式:

> 在4个量中,第一个量比第二个量,第三个量比第四个量,如果满足下面的条件,则称这两组量有相同的比:如果给第一个量和第三个量乘以相同的任意倍数,给第二个量和第四个量乘以相同的任意倍数,若当第一个量乘以倍数所得的值大于、小于或等于第二个量乘以倍数所得的值时,第三个量乘以倍数所得的值与第四个量乘以倍数所得的值也具有相同的关系(Heath 1981, Vol. 2, p. 114)。

也就是说,$a/b=c/d$ 成立的条件是,当且仅当给定整数 m 和 n,如果 $ma<nb$,则 $mc<nd$ 成立;如果 $ma=nb$,则 $mc=nd$ 成立;如果 $ma>nb$,则 $mc>nd$ 成立。

欧多克索斯关于比相等的定义不同于我们今天使用的分数的交叉相乘过程,即由 $ad=bc$ 推导出 $a/b=c/d$(这是两个比化成相同分母的过程)。比如,为了说明 $\frac{3}{6}$ 与 $\frac{4}{8}$ 相等,我们将 3 和 6 同时乘以 4,得到 12 和 24;将 4 和 8 同时乘以 3,也得到相同的数对 12 和 24。我们也可以用 7 和 13 作为给定的两个乘数,对第一个比会得到 21 和 42,对第二个比得到 52 和 104。21 小于 52,42 也小于 104。(此处交换了欧多克索斯定义中的第二项和第三项,以符合现在通常使用的一般操作,但在这两种情况下,都有类似的关系。)我们的算术范例并不足以展现欧多克索斯思想的精妙和高效,因为此处展示的应用是平凡的例子。为了更好地欣赏他的定义,应该用根式代替 a,b,c,d,或者更好地,让 a 和 b 表示球体体积,而 c 和 d 表示以球半径为边长的立方体体积。这时交叉乘法变得没有意义,欧多克索斯定义的适用性就不是显然的了。事实上我们需要指出,严格来说,这个定义离 19 世纪对实数的定义已经不远了,因为它将有理数类 m/n 按照 $ma\le nb$ 和 $ma>nb$ 分成了两组。因为有理数是无穷的,这意味着希腊人面对的正是他们想要回避的概念——无穷集合,但至少目前可以给出涉及比例的定理的令人满意的证明了。

穷竭法

受益于欧多克索斯的想象力，一场由不可公度量引起的危机被成功化解了，但还有另一个尚未解决的问题——曲线和直线图形的比较。这个问题似乎也是欧多克索斯为其提供了解决的办法。显然，早期的数学家们曾指出，应该尝试在曲线图形的内部和外部分别作内切和外接的直线图形，并使得边数无限加倍，但由于当时还没有极限的概念，因此他们不知道该如何完成这一论证。据阿基米德的说法，提出现在冠有阿基米德名字的引理的是欧多克索斯，这个引理有时也被称为连续性公理，它是穷竭法的基础，也被视为积分学的希腊版。该引理或公理指出，给定有比的两个量（即两者都不是零），其中的任意一个都可以找到某个倍数从而大于另一个。这种表达排除了不可分线段或者固定的无穷小这类含混的论点，而古希腊人的思想中有时会出现这两种论点。它还排除了所谓的切线角或"号形角"（由曲线 C 和在曲线 C 上点 P 处的切线 T 构成）与普通直线角的类比。号形角看起来是一个非零的量，但它不满足关于直线角度量的欧多克索斯公理。

82　　下面的命题是希腊穷竭法的基础，而从欧多克索斯（或阿基米德）公理出发，使用归谬法证明它是一个简单的过程：

> 如果从任何量中减去不小于其一半的部分，再从剩余部分中继续减去不小于其一半的部分，这样的减法持续下去，最终剩余的量将小于任意设定的同类量。

这个命题，我们称为"穷竭性质"，它与欧几里得《原本》中的命题 X.1 一致，用现在的方式陈述如下：如果 M 是一个给定的量，ε 是一个事先给定的同类量，r 是一个比值且 $\frac{1}{2} \leqslant r < 1$，则可以找到一个正整数 N，使得对于所有满足 $n > N$ 的正整数都满足 $M(1-r)^n < \varepsilon$。换而言之，穷竭性质等同于现在数学表述中的 $\lim\limits_{n\to\infty} M(1-r)^n = 0$。而且，希腊人就是利用这一性质证明了曲线图形的面积和体积的定理。特别要说明，阿基米德认为，"圆锥体的体积是具有相同底和高的圆柱体体积的三分之一"这个定理第一个令人满意的证明必须归功于欧多克索斯。阿基米德的说法似乎已经说明了穷竭法是由欧多克索斯创立的。如果是这样的话，我们也许应该将圆的面积和球体的体积定理的欧几里得式证明归功于欧多克索斯（而非希波克拉底）。早就有人轻率地建议，作圆的内接正多边形并无限增加边数，就可以穷尽圆的面积，但是欧多克索斯的穷竭法首次使其变为一个严格的

过程。(需要注意的是,古希腊人并没有使用"穷竭法"这个词语,这是一个现代词汇,但这一术语在数学史上已经是约定俗成了,因此我们会继续使用它。)为了展示欧多克索斯运用这一方法的可能方式,我们在这里用现代符号来证明不同圆之间的面积比等于其各自直径的平方比。欧几里得《原本》中的命题 XII.2 给出的证明,可能就是欧多克索斯的证明。

设圆 c 和 C 的直径分别为 d 和 D,面积分别为 a 和 A,我们需要证明 $a/A = d^2/D^2$。如果我们采取间接方法,否定其他两种可能性,即 $a/A < d^2/D^2$ 和 $a/A > d^2/D^2$,那么证明就完成了。因此,我们首先假设 $a/A > d^2/D^2$。然后,存在一个量 a' 满足 $a' < a$,使得 $a'/A = d^2/D^2$。假定 $a - a'$ 是那个给定的量 $\varepsilon > 0$。在圆 c 和 C 内,分别作内接正多边形,其边数同为 n,面积分别记为 p_n 和 P_n,我们考虑多边形之外和圆之内的中间区域(图 4.18)。显然,如果多边形的边数加倍,这些中间区域的面积就会减少一半以上。因此,根据穷竭性质,可以通过连续加倍边数(也就是增加 n)来减少中间区域面积,直到 $a - p_n < \varepsilon$。然后,因为 $a - a' = \varepsilon$,我们得到 $p_n > a'$。从早前的定理中,我们就知道 $p_n/P_n = d^2/D^2$,又因为已经假设 $a'/A = d^2/D^2$,所以得到 $p_n/P_n = a'/A$。那么,假设如我们之前所示,$p_n > a'$,则必有 $P_n > A$,但是因为 P_n 是圆内接正多边形的面积,显然 P_n 不能大于 A。因为一个错误的结论意味着一个错误的前提,所以我们就可以否定 $a/A > d^2/D^2$ 的可能性,同理,我们也可以否定 $a/A < d^2/D^2$ 的可能性,从而建立起"圆的面积之比等于其直径的平方之比"这样的定理。

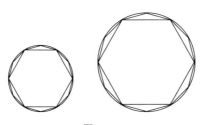

图 4.18

数理天文学

我们刚才证明的性质是第一个与曲线图形的量相关的准确定理,这意味着欧多克索斯显然是积分学的先行者,也可以说是柏拉图学派相关的研究者对数学做出的最伟大的贡献。除此之外,欧多克索斯绝不仅仅是一位数学家,在科学发展史上,他被尊称为科学天文学之父。据说柏拉图曾向他的同道们提议,尝试给出太阳、月亮和其他五颗已知行星的运动轨迹的几何表示。显然，他们都默认这些星体的运动是匀速圆周运动的组合。尽管有这样的限制，欧多克索斯依然可以对七个天体的每一个给出令人满意的几何表示，他以地球为中心，构建了一系列半径不同的同心球，每个球绕着相对于下一个更大的球面固定的轴匀速旋转。欧多克索斯给每个行星制定了一个系统，他的学术继承人们称之为"同心球"系统。这样的几何模型被亚里士多德融入了著名的逍遥学派"水晶球"宇宙学说中，而这一学说盛行了将近两千年。

84 　　欧多克索斯无疑是希腊时期最杰出的数学家，但是他所有的著作都失传了。在他的天文学体系中，通过对圆周运动的整合，他已经预见到可以沿着被称为马镳形（hippopede 或 horse fetter）曲线的环状轨道描述星体的运动，这条曲线的形状像球面上的数字 8，可以通过一个球面与内切于该球面的圆柱的交线而获得，这也是希腊人认识到的少数新曲线之一。当时，只有两种方法定义新曲线：（1）通过匀速运动的组合；（2）通过熟悉的几何面的相交。欧多克索斯的马镳形曲线是可以用这两种方法生成的曲线的典型范例。在欧多克索斯时代之后 800 年左右，普罗克洛斯著书说明欧多克索斯已经在几何中添加了许多一般性的定理，并已经将柏拉图式的分析方法应用于分割（很可能是黄金分割）的研究。但是让欧多克索斯声名斐然的两项最主要的成就当属比例理论与穷竭法。

梅内赫莫斯

　　欧多克索斯在数学史上被铭记，不仅是由于他自己的工作，也因为他的学生们不堕师门之风。在希腊，教师和学生之间有一种牢固的传承传统的纽带。因此，柏拉图从阿契塔、西奥多勒斯和特埃特图斯那里得到了学问，而反过来，柏拉图学派的影响又通过欧多克索斯传递给了梅内赫莫斯和狄诺斯特拉图斯兄弟，他们两人都在数学方面成就卓著。我们看到希俄斯的希波克拉底已经说明了，只要能够找到并使用一种具有特殊性质的曲线，该性质能以连比例 $\dfrac{a}{x}=\dfrac{x}{y}=\dfrac{y}{2a}$ 表示出来，就可以实现倍立方。我们还提及，希腊人只有两种发现新曲线的方法。因此，对梅内赫莫斯而言，能够一举而获得满足所要求的性质的曲线，当然是一项标志性成就。事实上，从一种途径就可以获得一整族合适的曲线——用垂直于圆锥母线的平面切割一个直圆锥。也就是说，梅内赫莫斯因发现了后来被称为椭圆、抛物线和双曲线的曲线而闻名遐迩。

　　在所有的曲线中，除了在日常生活中常见的圆和直线之外，椭圆应该是最明显的,每当人们倾斜观察一个圆,或者看到有人斜锯过一根原木时,都会被提醒它的存在。然而,椭圆的首次发现似乎纯粹是梅内赫莫斯一项研究的副产品,正是在此研究中抛物线和双曲线提供了解决倍立方问题所需要的性质。

从一个直圆锥开始,该圆锥的顶点处有一个直角(即生成角为 $45°$),梅内赫莫斯发现当圆锥被垂直于母线的平面切开时,相交的曲线若借助现代解析几何,其方程可以用 $y^2 = lx$ 表示,其中 l 是一个常数,取决于截面到顶点的距离。我们不知道梅内赫莫斯是如何得到这个性质的,但它只依赖初等几何中的定理。假设圆锥体为 ABC,用一个垂直于圆锥母线 ADC 的平面切割锥体,得到曲线 EDG(图 4.19)。然后,用通过曲线上的任意点 P 的一个水平平面切割圆锥,得到圆 PVR,令 Q 为曲线(抛物线 EDG)与圆的另一交点。由相关的对称性可知 $PQ \perp RV$ 于 O。因此,OP 是 RO 和 OV 的比例中项。此外,从三角形 OVD 和 BCA 相似可以得出,$OV/DO = BC/AB$。然后从三角形 $R'DA$ 和 ABC 相似可以得出 $R'D/AR' = BC/AB$。如果 $OP = y$,$OD = x$ 是点 P 的坐标,则 $y^2 = RO \cdot OV$,或者通过等量代换,

$$y^2 = R'D \cdot OV = AR' \cdot \frac{BC}{AB} \cdot DO \cdot \frac{BC}{AB} = \frac{AR' \cdot BC^2}{AB^2} x。$$

对于曲线 $EQDPG$ 上所有的点 P 来说,线段 AR',BC 和 AB 都是不变的,我们写出"直角圆锥的截线"的曲线方程,即 $y^2 = lx$,其中 l 是常数,这样的曲线后来被我们称为抛物线。同理,我们可以导出"锐角圆锥的截线"方程为 $y^2 = lx - b^2 x^2 / a^2$ 和"钝角圆锥的截线"方程为 $y^2 = lx + b^2 x^2 / a^2$,其中 a, b 是常数,并且切割平面垂直于锐角或钝角直圆锥的母线。

倍立方问题

梅内赫莫斯无法预见谁将掌握那些会在未来发现的美妙性质。他成功地寻找到一些性质适合解决倍立方问题的曲线,并在其过程中碰巧发现了圆锥曲线。借助现代符号,很容易得到解决方法。通过移动切割平面(图 4.19),我们可以找到具有任意正焦弦的抛物线。如果我们要让边为 a 的立方体体积加倍,就要在直角圆锥上放置两条抛物线,一条正焦弦为 a,另一条正焦弦为 $2a$。如果这样的话,我们将两条抛物线的顶点放置在原点上,轴线分别沿着 y 轴和 x 轴,则两条曲线的交点坐标 (x, y) 满足连比例 $a/x = x/y = y/2a$(图 4.20),那么 $x = a\sqrt[3]{2}$,$y = a\sqrt[3]{4}$。因此,x 坐标是所求立方体的边。

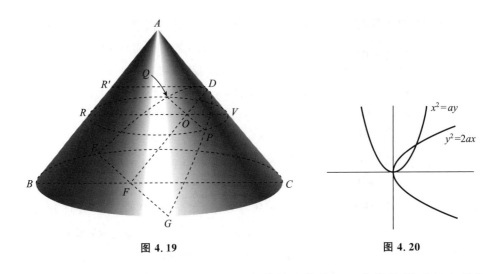

图 4.19　　　　　　　　　　　　　　图 4.20

梅内赫莫斯很可能已经知道运用一条等轴双曲线和一条抛物线可以实现倍立方。如果将方程为 $y^2 = (a/2)x$ 的抛物线和方程为 $xy = a^2$ 的双曲线放在公共坐标系上，则交点的坐标为 $x = a\sqrt[3]{2}$，$y = a/\sqrt[3]{2}$，x 坐标是所需立方体的边。梅内赫莫斯可能已经知道许多现代人熟悉的圆锥曲线的性质，包括双曲线的渐近线，这使得他能够使用我们之前使用的现代方程的等价形式。普罗克洛斯曾记载道，梅内赫莫斯是那些"使整个几何学更加完美"的伟人之一，但我们对他的实际工作知之甚少。我们知道梅内赫莫斯教过亚历山大大帝。传说有一条著名的评论要归功于梅内赫莫斯。当他的帝王学生要求找到一条通往几何学的捷径时，梅内赫莫斯说："哦，我的国王，在国内旅行时，有皇家道路和平民道路的区别，但是，在几何学上，所有人都只有一条路。"将圆锥曲线的发现归功于梅内赫莫斯的主要文献之一，是一封埃拉托色尼（Eratosthenes）写给托勒密三世国王（King Ptolemy Euergetes）的信，大约 700 年后被欧多修斯（Eutocius）引用。信中提到了几种倍立方的方法，其中之一是阿契塔繁复的作图法，另一种就是"利用梅内赫莫斯的三种圆锥截线"。

狄诺斯特拉图斯与化圆为方问题

狄诺斯特拉图斯是梅内赫莫斯的兄弟，也是一位数学家。梅内赫莫斯"解决"了倍立方问题，而狄诺斯特拉图斯"解决"了化圆为方问题。当希庇亚斯三等分角线的端点 Q 的显著特性被狄诺斯特拉图斯阐明之后，求积问题就迎刃而解。如果三等分角线（图 4.21）的方程是 $\pi r \sin\theta = 2a\theta$，其中 a 是与曲线相关的正方形

$ABCD$ 的边，那么当 θ 趋向于 0 的时候，r 的极限是 $2a/\pi$。这个结论对于学过微积分，并能回想起弧度中的重要极限 $\lim\limits_{\theta \to 0} \dfrac{\sin \theta}{\theta} = 1$ 的人来说是显而易见的。帕普斯（Pappus）对此给出了仅基于初等几何的证明，这个证明可能是属于狄诺斯特拉图斯的。狄诺斯特拉图斯定理表明，边 a 是线段 DQ 和四分之一圆弧 $\overset{\frown}{AC}$ 的比例中项，这意味着，$\overset{\frown}{AC}/AB = AB/DQ$。运用典型的希腊间接证明法，我们通过排除其他可能来证明定理。因此，首先假设 $\overset{\frown}{AC}/AB = AB/DR$（$DR > DQ$），然后作以 D 为圆心、DR 为半径的圆使之与三等分角线交于 S，与正方形 $ABCD$ 的边 AD 交于 T，再过 S 作 SU 垂直 CD 并与 CD 交于 U。由于狄诺斯特拉图斯已经知道圆弧长之比等于相应的半径之比，因此 $\overset{\frown}{AC}/AB = \overset{\frown}{TR}/DR$，又因为 $\overset{\frown}{AC}/AB = AB/DR$ 的假设，可以得到 $\overset{\frown}{TR} = AB$。而由三等分角线的比例关系可知 $\overset{\frown}{TR}/\overset{\frown}{SR} = AB/SU$。又因为 $\overset{\frown}{TR} = AB$，所以得到 $\overset{\frown}{SR} = SU$，但这显然是错误的，因为过 S 向 CD 所作的所有线段以及曲线中，垂线即 SU 是最短的。因此 $\overset{\frown}{AC}/AB = AB/DR$ 中的第四项 DR 不能长于 DQ。同理可得，DR 不能短于 DQ。综上，狄诺斯特拉图斯定理就被建立起来，即 $\overset{\frown}{AC}/AB = AB/DQ$。

88

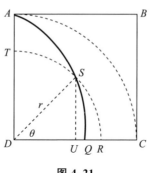

图 4.21

假设三等分角线和 CD 交于点 Q，我们就可以得到三条线段和圆弧 $\overset{\frown}{AC}$ 的比例关系。然后，通过运用简单的几何作图就可以得到比例关系中的第四项，从而我们能够轻易画出与弧 $\overset{\frown}{AC}$ 等长的线段 b。当作出一边为 $2b$、另一边为 a 的矩形时，我们就有了一个与半径为 a 的圆的面积精确相等的矩形，与这个矩形的面积相等的正方形，很容易通过令其边长为矩形两条边的几何平均值来作出。因为狄诺斯特拉图斯证明了希庇亚斯的三等分角线可以用来化圆为方，此曲线又常常被称为割圆曲线。当然，希腊人一直很清楚在三等分角以及求积问题中运用曲线违反了游戏规则——规则只允许使用圆和直线。正如希庇亚斯和狄诺斯特拉图斯意识到的那样,他们给出的解决方案是牵强的,因此人们继续寻求进一步的解答,或合规的或违规的,而正是在这个过程中,希腊几何学家们发现了一些新的曲线。

皮坦尼的奥托力科斯

在狄诺斯特拉图斯和梅内赫莫斯之后,公元前 4 世纪的后半叶,有一位天文学家横空出世,他因为写下了现存最古老的希腊数学文献而声名卓著。皮坦尼的奥托力科斯著有《论移动球体》(*On the Moving Sphere*),它被收录在名为《小天文学》(*Little Astronomy*)的文集中,该文集曾被古代天文学家广泛运用。《论移动球体》并不深奥,甚至可能不完全是原创性的著作,它仅包括天文学中需要用到的球面几何定理,并没有超越初等数学的范畴。它主要的意义在于说明希腊几何学已经形成了古典时代的典型范式——定理必须被清晰地阐述并给出证明。此外,作者在引用他认为理应众所周知的定理时,并没有给出证明或说明出处,由此我们得出结论,在奥托力科斯生活的时代,大约公元前 320 年,几何学中严谨完备的教科书传统在希腊已经确立了。

亚里士多德

亚里士多德(前384— 前322)知识渊博,学富五车,他和欧多克索斯一样都是柏拉图的学生,并且和梅内赫莫斯同为亚历山大大帝的导师。亚里士多德主要以哲学家和生物学家著称,但他也完全熟悉数学家们的活动。他可能主导了当时的一项重大争论,因为人们认定他是《论不可分线》(*On Indivisible Line*)这部专著的作者。虽然现代学者质疑该书的真实性,但是无论如何,它很可能是在亚里士多德讲学的莱森学园中进行的众多讨论的最终结果。这部专著的主旨是为阐明柏拉图的继任者,柏拉图学院的领袖克赛诺克拉底(Xenocrates)所拥护的不可分量理论是站不住脚的。克赛诺克拉底认为给出不可分量的概念或者长度、面积、体积的确定的无穷小概念可以解决一些悖论,包括困扰数学界以及哲学界多年的芝诺悖论。亚里士多德也十分关注芝诺悖论,但是他想在常识的基础上驳斥这些悖论。亚里士多德对承袭柏拉图学派数学家的思路,研究当时的抽象概念和技术细节一直很犹豫,他在这个领域上也没有做出影响深远的贡献。但凭借他坚实的逻辑基础,以及在其鸿篇巨制中频繁使用数学概念和定理,亚里士多德被认定推动了数学的发展。亚里士多德学派对算术和几何中潜无穷与实无穷的讨论对于后世的许多数学家在建立数学基础方面产生了影响,尽管亚里士多德的"数学家既不需要也不会使用无穷"的观点和今天"无穷是数学家的天堂"的主张形成了鲜明对比。然而,他对定义和假设在数学中所占地位的分析是极具积极意义的。

公元前323年,亚历山大大帝突然逝世,他的将军们分割了这位年轻的征服者曾经统治的领土,帝国随之分崩离析。亚里士多德在雅典被视为外国人,而在他权势滔天的军人学生死去之后,这位哲学家感觉到自己变得不受欢迎。他离开了雅典并于第二年逝世。整个希腊世界,旧的政治秩序和文化秩序都在改变。在亚历山大的统治下,古希腊和东方的习俗、知识逐渐融合,因此把新的文明叫作希腊化文明而非希腊文明更加恰当。此外,由世界征服者所建立的新城市亚历山大城取代了雅典,成为新的数学世界的中心。因此在文明史上,习惯上将希腊世界划分为两个时期,以亚里士多德和亚历山大(也包括狄摩西尼(Demosthenes))十分接近的死亡时间作为便利的分界线。前半期被称为希腊时期,后半期被称为希腊化时期或者亚历山大时期。在接下来的几章中,我们将描述新纪元中第一个世纪的数学,它也被称为希腊数学的黄金时代。

(武修文　译)

第五章
亚历山大的欧几里得

有一次,托勒密问欧几里得是否存在比学习《原本》更便捷的掌握几何学知识的途径,对此欧几里得回答:没有通向几何学的王者之路。

——普罗克洛斯日记

亚历山大

90 亚历山大大帝的去世导致了希腊军队将领之间的互相残杀,但在公元前300年之后,这个帝国的埃及部分牢牢地控制在埃及的马其顿统治者托勒密家族手里。托勒密一世奠定了亚历山大城的两个机构的基础,使该城在几代人的时间成为首屈一指的学术中心。它们是亚历山大博物馆和亚历山大图书馆,他和他的儿子托勒密二世为这两个机构大量捐资,并为这个伟大的研究中心招来了许多不同领域的杰出学者。这些人中就有欧几里得,他是有史以来最成功的数学教科书《原本》(*Elemennts*(*Stoichia*))的作者。考虑到这位作者的名声以及他的最畅销的书,人们对欧几里得的生平知之甚少。他是如此个为人所知,以至于现在没有出生地与他的名字关联。尽管《原本》的一些版本往往冠以迈加拉的欧几里得作

91 为该书的作者,而且还有迈加拉的欧几里得的肖像出现在数学史上,但这是错误的。

从他的著作的特点来看,可以推测亚历山大的欧几里得曾与柏拉图的学生一起学习过,即便不是在柏拉图学院里。有一个关于他的故事,当他的一个学生问他学习几何学有什么用的时候,欧几里得吩咐他的奴隶给这个学生三枚硬币,

"因为他一定要从他所学的东西中获得收益。"

失传的著作

欧几里得的著作大部分失传了,包括他的一些更重要的著作,比如关于圆锥曲线的四卷本著作。这一工作和更早失传的由比他年长的几何学家阿里斯泰奥斯(Aristaeus)所著的《立体轨迹》(*Solid Loci*,这是圆锥曲线的希腊名字)不久就被阿波罗尼奥斯(Apollonius)关于圆锥曲线的更全面深入的工作所取代。在欧几里得失传的著作中还包括一部《曲面轨迹》(*Surface Loci*)、一部《辨伪术》(*Pseudaria*)和分三卷的《衍论》(*Porisms*)。甚至从古代文献中也弄不清楚这些著作包含什么内容。就我们所知,希腊人没有研究过旋转体表面之外的曲面。

欧几里得的《衍论》的失传尤为引人热议。帕普斯后来说,衍介于要证明某个东西的定理和要构造某个东西的问题之间。其他人曾把衍描述成用以确定已知量与变量或不定量之间关系的命题,这也许是古代最接近函数概念的东西了。

现存的著作

欧几里得的五部著作幸存至今:《原本》、《数据》(*Data*)、《图形的分割》(*Division of Figures*)、《现象》(*Phaenomena*)和《光学》(*Optics*)。最后一本书作为透视和直视几何学方面的早期著作而引人关注。古人把光学现象的研究分为三个部分:(1)光学(直视几何学);(2)反射光学(catoptrics)(反射光线的几何学);(3)屈光学(dioptrics)(折射光线的几何学)。有本《反射光学》(*Catoptrica*)的作者常常被认为是欧几里得,其真实性是可疑的,也许该书是生活在约 6 个世纪之后的亚历山大的赛翁(Theon of Alexandria)写的。值得注意的是,欧几里得的《光学》拥护视觉的"发射"理论。根据这一理论,眼睛发送传播到物体的光线,这与亚里士多德的学说对立。根据亚里士多德的学说,介质中的运动沿直线从物体传播到眼睛。应该注意到,不管采用这两种理论中的哪一种,透视的数学(尽管物理描述是相反的)是相同的。在欧几里得《光学》里的定理中,有一个在古代被广泛使用的不等式:如果 $0 < \alpha < \beta < \pi/2$,则 $\tan\alpha \ / \ \tan\beta < \alpha/\beta$。《光学》的一个目的就是反对伊壁鸠鲁派所坚持的一个理论:一个物体就像它看上去的那样大,不允许由

于透视导致的缩小。

　　要不是因为阿拉伯学者的学识，欧几里得的《图形的分割》可能就失传了。它不是以原始的希腊文保存下来，而是在希腊文版本消失之前有人把它译成阿拉伯文（"因为证明容易"而略去了一些原有的证明），后来这个阿拉伯文本又被译成了拉丁文，并且最终翻译成了现代流行的语言。这在其他古代著作中也不少见。《图形的分割》收集了 36 个与平面图形分割有关的命题。例如，命题 1 要求作一条直线，它与一个三角形的底边平行并把这个三角形分割成两个相等的面积。命题 4 要求通过平行于底的一条直线把梯形 $abqd$ 分割成面积相等的两个部分（图 5.1），所求直线 zi 通过满足 $\overline{ze}^2 = \frac{1}{2}(\overline{eb}^2 + \overline{ea}^2)$ 的点 z 来得到。另外的命题要求过在平行四边形的一条边上的一个给定的点（命题 6）或过在平行四边形外的一个给定的点（命题 10），作一条直线把该平行四边形分割为相等的两部分。最后一个命题要求过在四边形一条边上的一个给定的点作一条直线，按照一个给定的比例分割该四边形。

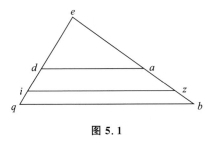

图 5.1

　　与《图形的分割》的性质和目的有些类似的是欧几里得的《数据》，这一著作通过希腊文和阿拉伯文流传下来。它的撰写似乎是为在亚历山大博物馆里使用，充当《原本》前六卷的辅助读物，有点类似于作为一本教科书补充的表格手册。它以关于量和轨迹的 15 个定义开始。正文的主体包括 95 个命题，涉及可能在一个问题中出现的条件和量的含义。前两个命题是，如果两个量 a 和 b 被给定，那么它们的比就给定了。而且如果一个量被给定，它与第二个量的比也被给定，那么第二个量也就给定了。有约二十几个类似的命题，充当了代数的规则或公式。在这之后，这部著作给出了关于平行线和成比例的量的一些简单的几何规则，同时提醒学生注意在一个问题中给出的数据的含义，比如书中指出，当给定两条线段的比时，由这些线段组成的相似直线图形的面积之比也就知道了。有些命题是关于二次方程解的几何等价物。例如书中说，如果在沿着一条给定长度的线段 AC

上截取一个给定的(矩形)面积 AB(图 5.2),并且如果从整个矩形 AD 中去掉面积 AB 的剩余面积为 BC,那么矩形 BC 的边长就知道了。这个命题的真实性容易通过现代代数学加以证明。设 AC 的长度为 a,AB 的面积为 b^2,且 FC 与 CD 的比等于 $c:d$。那么,如果 $FC=x$ 且 $CD=y$,我们就有 $x/y=c/d$ 及 $(a-x)y=b^2$。消去 y,我们有 $(a-x)dx=b^2c$ 或 $dx^2-adx+b^2c=0$,由此可解得 $x=a/2\pm\sqrt{(a/2)^2-b^2c/d}$。除了根号前面所使用的负号之外,欧几里得给出的几何解法与此等价。《数据》中的命题 84 和命题 85,是熟悉的系统 $xy=a^2$,$x\pm y=b$ 的巴比伦代数解的几何替代物,又是联立方程组的解的等价物。《数据》中最后的几个说明,涉及一个给定圆中直线测量与角度测量之间的关系。

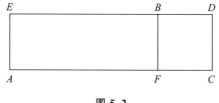

图 5.2

《原本》

《原本》绝不是最早的教科书。我们知道至少有三本更早的此类教科书,包括希俄斯的希波克拉底撰写的那本,但这些书以及古代其他潜在对手都没了踪迹。欧几里得的《原本》把所有竞争者都远远抛在了后面,只有它幸存了下来。《原本》并不像人们有时候所认为的那样,是一部所有几何学知识的概要;相反,它是一本覆盖所有基础数学的导论性的教科书,包括算术(英国人意义上的"高等算术"或美国人意义上的"数论"),综合几何(关于点、线、面、圆和球),以及代数学(不是在现代的符号意义上,而是几何式的一种等价物)。应该注意的是,计算的技艺并不包括在内,因为这不属于数学教学的一部分,也不包括圆锥截线或高次平面曲线,因为它们构成了更高等的数学的一部分。普罗克洛斯把《原本》和数学的其余部分的关系描述为字母表中的字母和语言的关系。如果《原本》被当作一个详尽的信息储备的话,那么这部著作就会包含所参考的其他著作、最近研究的说明和非正式的解释。事实上,《原本》被严格地局限于以逻辑顺序阐述基础数学的基本原理。然而,后来的作者们偶尔会在教材中插入一些解释,而这些

94

增加的内容被后来的抄写者当作原著的一部分，其中的一些出现在现存的每一份手稿里。欧几里得本人并没有宣称自己的原创性，很清楚，他从前辈的著作中汲取甚多。据信编排是他自己的，有些证明可能也是他提供的，但除了这些，要想评估在这本历史上最有声望的数学著作的原创性是很困难的。

定义与公设

《原本》分为 13 卷或 13 章，前 6 卷是关于初等平面几何学的，接下来的 3 卷论述数论，第十卷论述不可公度量，最后 3 卷主要论述立体几何学。这部著作没有导言或序文，并且第一卷以列出 23 个定义突然开始。这样做的缺点是，由于没有一组无定义元素先解释其他事物，所以其中一些定义并没有被解释。因此，正如欧几里得所说的，"点是没有内部的那种东西"，或"线是没有宽度的长度"，或"面是只有长度和宽度的那种东西"，几乎没有定义这些实体，因为，一个定义必须根据先于且比被定义的事物理解得更好的事物来表达。对其他所谓的欧几里得的"定义"，容易从逻辑循环角度提出反对，诸如"线的两端是点"，或"直线是平铺着点的线"，或"面的边缘是线"，所有这些可能都要归于柏拉图。

在给出这些定义之后，欧几里得列出了 5 条公设和 5 条共识（common notion）。亚里士多德曾对公理（或共识）和公设做出了明确的区分。他说，前者必须是不证自明的，是一切研究共有的真理，而后者是不那么明显，且不预先假定学者会赞成，因为它们仅适用于当前要处理的课题。我们不知道欧几里得是否区分了这两种类型的假设。现存的手稿在这里不一致，在有些手稿中，这 10 个假设一起出现在同一类别中。现代数学家认为公理和公设没有本质区别。在《原本》的大多数手稿中，我们发现下面的 10 个假设：

公设 设事先承认如下的：

1. 从任意一个点到任意一个点可引一条直线。

2. 一条有限的直线可以不断地延长。

3. 以任一中心和半径可作一个圆。

4. 所有的直角都相等。

5. 如果落在两条直线上的一条直线使得位于该直线同侧的两个内角小于两个直角，那么无限延长这两条直线，它们将在两个内角小于两个直角的那一侧相交。

共识：

1. 等于同量的量彼此相等。

2. 等量加等量，和相等。

3. 等量减等量，差相等。

4. 彼此重合的图形是全等的。

5. 整体大于部分。

亚里士多德曾写道，"在其他条件相同的情况下，公设用得越少，所进行的证明就越好"，欧几里得显然赞同这个原则。例如，公设 3 用非常严格的文字来阐述，有时候使用欧几里得（可折叠的）圆规来描述，这种圆规当其一腿尖端立在纸上时两条腿张成固定的角度，而当被拿起来时两条腿合拢。这个公设不能阐释成允许使用一副两脚规，从不相邻的更长的线段的一个端点截取一个与已知线段等长的距离。在第一卷的前 3 个命题中证明了，即使是在公设 3 的严格阐述下，后者的作图总是可能的。第一个命题通过以下方法证明了可以在一条给定的线段 AB 上作一个等边三角形 ABC：以 A 为中心画一个圆经过 B，且以 B 为中心画另一个圆经过 A，令 C 为这两个圆的交点。（它们相交是默认的。）然后，命题 2 在命题 1 的基础上，证明了以任意一点 A 作为端点（图 5.3），可以截取一条直线段等于给定的线段 BC。首先，欧几里得引线段 AB 并在这条线段上作等边三角形 ABD，分别延长边 DA 和 DB 至 E 和 F。以 B 为中心画一个圆通过 C，交 BF 于 G；然后，以 D 为中心画一个圆通过 G，交 DE 于 H。那么，容易看出，AH 就是所求的直线段。最后，在命题 3 中，欧几里得利用命题 2 证明，给定任意不相等的两条线段，能从较长的线段上截取一条线段等于较短的线段。

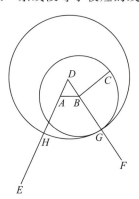

图 5.3

第一卷的范围

在第一卷的前 3 个命题中,欧几里得费了很大力气去展示公设 3 的一个很严格的表述,仍然意味着可以自由地使用圆规,如在初等几何中用以截取距离。不过,按照现代的严格标准,欧几里得的假设很不充分,而且在他的证明中,欧几里得常常使用默认的公设。例如,在《原本》的第一个命题中,他未经证明而假设两个圆交于一个点。为此以及对于类似的情形,增加等价于连续性原理的公设是必需的。此外,如欧几里得表述的公设 1 和公设 2,它们既没有保证通过两个不重合的点的直线的唯一性,甚至也没有保证它的无限性。它们只是断言至少存在一条直线,而且它没有终点。

对上过中学几何学课程的任何一个人来说,《原本》第一卷中的大多数命题是众所周知的。包括人们熟悉的关于三角形全等的定理(但没有证明叠合法的合理性的公理)、关于用尺规简单作图的定理、关于三角形的角和边的不等式、关于平行线的性质(得出了这样一个事实:三角形的内角和等于两个直角),以及关于平行四边形的定理(包括根据给定的角作平行四边形,使其面积等于给定的三角形或给定的直线图形)。这一卷结束于毕达哥拉斯定理及其逆定理的证明(命题 47 和命题 48)。欧几里得给出的毕达哥拉斯定理的证明不是今天的教科书中通常给出的,在现在的证明中,简单的比例被用于通过在斜边上作高而形成的相似三角形的边上。与之不同,对毕达哥拉斯定理,欧几里得给出了一个优美的证明,利用了一幅有时被看作风车、孔雀尾巴或新娘的椅子(图 5.4) 等等的图形。证明是这样实现的:AC 上的正方形的面积等于三角形 FAB 的面积的两倍,或等于三

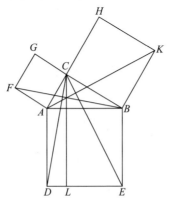

图 5.4

角形 CAD 的面积的两倍,或等于矩形 AL 的面积,而 BC 上的正方形的面积等于三角形 ABK 的面积的两倍,或等于三角形 BCE 的面积的两倍,或等于矩形 BL 的面积。因此,这两个正方形的面积和等于这两个矩形的面积和,换言之,等于 AB 上的正方形的面积。有人猜想,这个证明是欧几里得原创的,并对更早的证明的可能形式做出了很多猜测。自欧几里得的时代以来,人们就提出了很多可替代的证明。

正是欧几里得给出了毕达哥拉斯定理的逆命题——如果在一个三角形中,一条边上的正方形的面积等于其他两条边上的正方形的面积之和,那么其他两条边所夹的角是直角的证明。现代教科书中毕达哥拉斯定理证明后的练习,往往用到的不是定理本身,而是教科书中尚未给出证明的逆定理。《原本》中可能有很多小的瑕疵,但这部书具备所有主要的逻辑优点。

几何代数学

《原本》的第二卷是较短的一卷,只包含 14 个命题,其中没有一个命题在现代
教科书中起任何作用,然而,在欧几里得的时代,这一卷有很大的重要性。古代和现代观点的显著差异很容易解释:我们现在有符号代数学和三角学,它们取代了希腊的几何等价物。例如,第二卷命题 1 说:" 如果有两条直线,并且其中一条直线被截成任意几段,那么由这两条直线围成的矩形的面积等于由未截的直线与各个小段围成的诸矩形面积之和。" 这个定理断言(图 5.5)$AD(AP + PR + RB) = AD \cdot AP + AD \cdot PR + AD \cdot RB$,这只不过是今天以分配律 $a(b + c + d) = ab + ac + ad$ 知名的一个算术基本定律的几何表述。在《原本》的后几卷(第五卷和第七卷)中,我们发现了乘法交换律和结合律的证明。在欧几里得的时代,量被画成满足几何学公理和定理的线段。

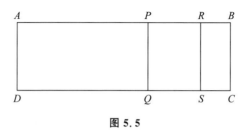

图 5.5

《原本》的第二卷是几何代数学,它的作用几乎与今天的符号代数学相同。毋庸置疑,现代代数学使量之间的关系变换变得极容易。然而,毫无疑

问，精通欧几里得"代数学"的 14 条定理的一位希腊几何学家比今天的一位有经验的几何学家更适于把这些定理用于实际测量。古代的几何代数学不是一个理想的工具，但它也远非不起作用，而且对亚历山大的一个学童来说，它在可视化上的吸引力想必比现代的代数表示法要生动得多。例如，《原本》第二卷的命题 5 对 $a^2 - b^2 = (a+b)(a-b)$ 给出了一种我们可能认为不切实际的累赘的说法：

> 如果将一条直线分别截成相等和不相等的两段，由其中不相等的两段围成的矩形的面积加上以直线上分点间的线段为边长的正方形的面积，等于以整条直线的一半长度为边长的正方形的面积。

99 欧几里得在这一关联中使用的图在希腊代数学中起到了关键作用。因此，我们将重新画出它来做进一步的解释。（整个这一章，译文和大多数的图都来自希恩（T. L. Heath）编的《欧几里得原本十三卷》(*Thirteen Books of Euclid's Elements*)。）如果在这个图（图 5.6）中，我们令 $AC = CB = a$，$CD = b$，那么这个定理断言 $(a+b)(a-b) + b^2 = a^2$。这个陈述的几何证明不困难。然而，与其说图的重要性在于定理的证明，不如说在于希腊的几何代数学家对类似图形的应用。如果要求一个希腊学者作一条线段 x，满足性质 $ax - x^2 = b^2$，这里 a 和 b 都是线段且 $a > 2b$，那么他会画一条直线 $AB = a$，并且在点 C 平分这条直线。然后，他会在 C 点画一条长度等于 b 的垂线 CP，并以 P 为中心、以 $a/2$ 为半径画一个圆，截 AB 于点 D。接着，他会在 AB 上作宽为 $BM = BD$ 的矩形 $ABMK$，并补足正方形 $BDHM$。这个正方形的面积是 x^2，满足二次方程规定的性质。正如这个希腊人表达的，我们把其面积等于一个给定正方形面积（b^2）的一个矩形 AH（面积为 $ax - x^2$）附着到线段 AB（长度为 a）上，矩形 AH 比矩形 AM 少一个正方形 DM。这可由早先引用的命题（第二卷命题 5）提供证明，其中很清楚，矩形 $ADHK$ 的面积等于凹多边形 $CBFGHL$ 的面积，也就是，它与 $(a/2)^2$ 相差一个正

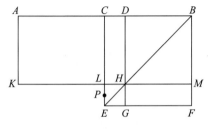

图 5.6

方形 $LHGE$ 的面积,根据作图,这个正方形的边就是 $CD=\sqrt{(a/2)^2-b^2}$。

欧几里得在《原本》第二卷命题 11 中使用、并在第六卷命题 30 中再次使用的图(图 5.7),是现在许多几何学教科书中用来解释黄金分割的迭代性质的基础。为补足矩形 $CDFL$,我们给磬折形 $BCDFGH$(图 5.7)增加一个点 L(图 5.8),并且在与较大的矩形 $LCDF$ 相似的较小的矩形 $LBHG$ 内,我们作 $GO=GL$,作相似于磬折形 $BCDFGH$ 的磬折形 $LBMNOG$。现在,在相似于较大的矩形 $CDFL$ 和 $LBHG$ 的矩形 $BHOP$ 内,我们作相似于磬折形 $BCDFGH$ 和 $LBMNOG$ 的磬折形 $PBHQRN$。以这种方式无限地继续下去,我们就得到趋近于极限点 Z 的无穷嵌套相似矩形序列。容易看出,这个 Z 是直线 FB 和 DL 的交点,它也是与矩形各边相切于点 $C,A,G,P,M,Q,\cdots$ 的一条对数螺线的极点。在这个迷人的图中,还能找出其他一些引人注目的性质。

100

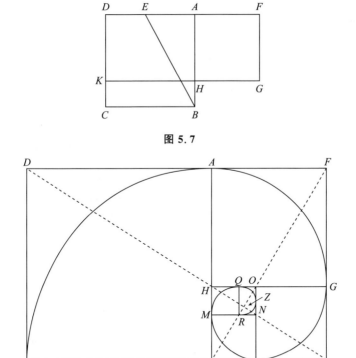

图 5.7

图 5.8

第二卷的命题 12 和 13 是有趣的,因为它们预示了将在不久后在希腊盛行的对三角学的关注。读者会认出这些命题,前者是对于钝角的,后者是对于锐角的,就是后来被称为平面三角形的余弦定理的几何表述：

101

命题 12 在钝角三角形中，钝角所对的边上的正方形的面积比钝角的两条邻边上的正方形的面积和大一个矩形面积的二倍，这个矩形是这样组成的：由钝角的任意一条邻边作为矩形的一边，然后从这条边所对的顶点向这条边作垂线，垂足与钝角顶点间的线段为矩形的另一条边。

命题 13 在锐角三角形中，锐角所对的边上的正方形的面积比锐角的两条邻边上的正方形的面积和小一个矩形面积的二倍，这个矩形是这样组成的：由锐角的任意一条邻边作为矩形的一边，然后从这条边所对的顶点向这条边作垂线，垂足与锐角顶点间的线段为矩形的另一条边。

命题 12 和 13 的证明类似于在现代三角学中应用两次毕达哥拉斯定理的证明。

第三卷和第四卷

人们普遍猜想《原本》前两卷的内容大部分是毕达哥拉斯学派的工作。不过，第三卷和第四卷研究了圆的几何，其材料被认为主要来自希俄斯的希波克拉底。关于圆的定理，这两卷所包含的与今天的教科书中的并无不同。例如，第三卷的第一个命题要求作出一个圆的中心，最后一个命题，也就是命题 37，是人们熟悉的论断：如果从圆外的一点引该圆的一条切线和一条割线，那么切线上的正方形的面积等于由整个割线与其圆外的线段所围成的矩形的面积。第四卷包含 16 个命题，涉及外切于一个圆或内接于一个圆的图形，大多为现代的学生所熟悉。关于角的测量的定理被保留到比例理论建立之后。

比例理论

在《原本》的 13 卷中，最被人们钦佩的是第五卷和第十卷，其中一卷是关于比例的一般理论，另一卷涉及不可公度量的分类。不可公度量的发现触发了一次逻辑危机，使人们对那些要应用比例的证明产生质疑，但通过欧多克索斯阐述的原理，这场危机被成功地化解了。尽管如此，希腊的数学家们仍倾向于避免使用比例。我们已经看到，欧几里得尽可能地不使用比例，并且像表示长度关系的 $x:a=b:c$ 也被看作面积的一个等价关系 $cx=ab$。不过，比例迟早总是需要的，于是欧几里得便在《原本》的第五卷中解决了这一问题。有些注释者竟然认为包含了 25 个命题的整个这一卷是欧多克索斯的工作，但这似乎不大可能。某些定义，例如比的定义,不太清晰,以至于没什么用处。不过,定义 4 本质上是欧多克索斯和阿基米德的公理:"两个量被说成彼此有一个比,如果它们中的一个倍增之后能超过另一个。"比相等的定义 5,恰是之前提到欧多克索斯的比例定义时给出的。

第五卷处理了在所有数学中具有根本重要性的论题。它以等价于乘法对加法的左分配律和右分配律,乘法对减法的左分配律,以及乘法的结合律($ab)c = a(bc)$ 的命题开始。然后,这一卷阐述了"大于"和"小于"的规则,以及众所周知的比例的性质。人们经常断言,希腊的几何代数学在平面几何学中不超过二次,在立体几何学中不超过三次,但这不是真实的情况。比例的一般理论允许使用任何维数的乘积,因为形如 $x^4 = abcd$ 的方程等价于线的比的乘积的形式$(x/a) \cdot (x/b) = (c/x) \cdot (d/x)$。

在第五卷中发展了比例理论之后,在第六卷中欧几里得利用它证明了涉及相似三角形、平行四边形或其他多边形的与比和比例有关的定理。值得注意的是命题 31,它是毕达哥拉斯定理的推广:"在直角三角形中,直角所对的边上的图形的面积等于直角的两条邻边上的与直角对边上的图形相似且位置相似的两个图形的面积和。"普罗克洛斯把这一推广归功于欧几里得本人。第六卷还包含了(命题 28 和命题 29)面积应用的一个推广方法,因为第五卷中所给出的比例的坚实基础使得作者在这里能自由地使用相似性的概念。第二卷中的矩形现在被平行四边形代替,要求在一条给定的直线段上贴合一个平行四边形,这个平行四边形的面积等于一个给定的直线形的面积,并且亏缺(或超出)一个与已知平行四边形相似的平行四边形。这些作图与第二卷命题 5 和命题 6 的作图相像,实际上是解二次方程 $bx = ac \pm x^2$,但要求判别式非负(蕴含在第九卷的命题 27 中)。

数论

欧几里得的《原本》常常被人们误认为仅限于几何学。我们已经介绍过几乎全是代数的两卷(第二卷和第五卷),有三卷(第七、八和九卷)则专用于数论。对于希腊人,"数"这个词总是指我们所说的自然数——正整数。第七卷以列出 22 个定义开始,区分各种类型的数:奇数与偶数、素数与合数、平面数与立体数(亦即两个或三个整数之积),最后把完满数定义为"等于其自身各因数之和"的数[①]。对于学过初等数论课程的读者,他们可能熟悉在第七、八、九卷中的定理,但肯定不熟悉其证明的语言。在整个这几卷中,每一个数都被表示为一个线段,因此,欧

103

---

① 希腊人将 1 看成一个数的因数,但一个数自身不能看作其因数。—— 译者注

几里得会把一个数说成是 AB。（不可公度量的发现表明，不是所有的线段都能与整数相联系，但逆命题——数总是能被线段表示，显然仍然是真的。）因此，欧几里得并没有使用短语"是谁的倍数"或"是谁的因子"，他分别用"被谁量尽"和"量尽"取代这些短语。亦即，数 n 被另一个数 m 量尽，如果有第三个数 k，使得 $n=km$。

第七卷以构成数论中的一个著名规则的两个命题开始，这个规则现在以求两个数的最大公约数的"欧几里得算法"知名。这是一个使人想到重复逆用欧多克索斯公理的方案。给定两个不相等的数，重复从较大的数 b 中减去较小的数 a，直至得到余数 r_1 小于较小的数；然后，重复从 a 中减去这个余数 r_1，直到得到一个余数 $r_2 < r_1$；再然后，重复从 r_1 中减去 r_2；如此继续。最后，这个过程会产生一个余数 r_n，它量尽 r_{n-1}，因此也量尽前面所有的余数，以及 a 和 b，这个数 r_n 就是 a 和 b 的最大公约数。在随后的命题中，我们发现了在算术中我们熟悉的一些定理的等价命题。如命题 8 说，如果 $an=bm$ 且 $cn=dm$，那么 $(a-c)n=(b-d)m$；命题 24 说，如果 a 和 b 都与 c 互素，那么 ab 也与 c 互素。这一卷以求几个数的最小公倍数的一个规则（命题 39）结束。

第八卷是《原本》的 13 卷中不太有意义的一卷。它以关于成连比的数（等比数列）的命题开始，然后转到了平方和立方的几个简单性质，结束于命题 27："两个相似立体数之比如同一个立方数与另一个立方数相比。"这个陈述只是意味着，如果我们有一个"立体数"$ma \cdot mb \cdot mc$ 和一个"相似的立体数"$na \cdot nb \cdot nc$，那么它们的比将是 $m^3 : n^3$，也就是一个立方数比一个立方数。

第九卷是关于数论的三卷中的最后一卷，包含了几个特别有趣的定理。其中最著名的是命题 20："有比任意设定数目还多的素数。"欧几里得在这里给出了素数的数目是无限多的著名的初等证明。证明是间接的，因为它证明了假设素数的数目有限会导致一个矛盾。假设素数数量有限，设 P 是所有素数的乘积，并考虑数 $N=P+1$。现在，N 不能是一个素数，因为这将与假设 P 是所有素数的乘积矛盾。因此，N 是一个合数且必定能被某个素数 p 量尽。但 p 不可能是 P 的任何一个素因子，因为那样它只能是1的因子。因此，p 必定是一个不同于乘积 P 中的所有因子的素数，所以 P 是所有素数的乘积的这个假设必定是假的。

本卷中的命题 35 包含了对等比数列中的数求和的一个公式，用简洁而非同寻常的词语表达：

如果给出成连比例的任意多个数，又从第二项和最后一项减去等于第一项的数，则第二项超出第一项的数与第一项的比，就和最后一项超出第一项的数与最后一项之前的所有项之和的比一样。

当然,这个陈述等价于公式

$$\frac{a_{n+1}-a_1}{a_1+a_2+\cdots+a_n}=\frac{a_2-a_1}{a_1},$$

它又等价于

$$S_n=\frac{a-ar^n}{1-r}。$$

接下来的一个命题,也是第九卷中的最后一个命题,是众所周知的完满数的公式:"如果从单位 1 开始连续设置二倍的连比例数,若所有这些数的和为素数,则这个和乘以最后一个数的乘积是一个完满数。"用现代的记号,亦即,如果 $S_n=1+2+2^2+\cdots+2^{n-1}=2^n-1$ 是素数,那么 $2^{n-1}(2^n-1)$ 是完满数。证明用第七卷中给出的完满数的定义容易建立。古希腊人知道前 4 个完满数:6,28,496 和 8128。欧几里得没有回答逆问题——他的公式是否提供了所有的完满数。现在人们知道的所有的偶完满数都是欧几里得型的,但是奇完满数的存在性问题仍然是一个尚未解决的问题。现在知道的 24 个完满数全是偶数,但通过归纳法得出所有完满数必定都是偶数的结论是冒险的。

在第九卷的命题21到命题36中,存在一种统一性,这种统一性表明这些定理曾经是一个自足的数学系统,这可能是数学史上最古老的数学系统,可能起源于公元前 5 世纪的早期或中期。曾有人认为第九卷中从命题 1 到命题 36 是欧几里得从毕达哥拉斯学派的一本教科书中拿过来的,欧几里得并没有对它们做根本性修改。

不可公度性

在早期现代代数学出现之前,《原本》的第十卷是最令人钦佩的,也是最令人生畏的。它关注形如 $a\pm\sqrt{b}$,$\sqrt{a}\pm\sqrt{b}$,$\sqrt{a\pm\sqrt{b}}$ 和 $\sqrt{\sqrt{a}\pm\sqrt{b}}$ 的不可公度线段的系统分类,这里 a 和 b 在维数相同时是可公度的。现在我们倾向于认为这一卷是讨论上面那些类型的无理数,这里 a 和 b 是有理数,但欧几里得认为,这一卷是几何学的一部分,而不是算术的。事实上,这一卷的命题2和命题3重复了第七卷的前两个命题里的几何量,在那里作者讨论的是整数。在这里他证明了,如果对两条不相等的线段应用第七卷前两个命题中描述的欧几里得算法,若剩余的量永远不能量尽它前面的那个量,那么这两个量是不可公度的。命题 3 证明了当这个算法被应用于两个可公度量时,将给出这两条线段的最大公度量。

第十卷包含 115 个命题(比其他任何一卷都多),其中大多数命题包含如今我们在算术上作为不尽根的几何等价物。 其中一些定理相当于对形如 $a/(b \pm \sqrt{c})$,$a/(\sqrt{b} \pm \sqrt{c})$ 这类的分数分母有理化。由平方根或平方根之和的平方根所给出的线段,可以像有理数组合一样很容易用直尺和圆规作出。 希腊人转向几何代数学而不是算术代数学的一个原因是,由于缺乏实数的概念,前者显得比后者更普遍。例如,$ax - x^2 = b^2$ 的根总可以作出(假设 $a > 2b$)。那么,欧几里得为什么要在第十卷的命题 17 和命题 18 中用很长的篇幅证明使这个方程的根与 a 可公度的条件呢? 他证明这个根相对于 a 是可公度的还是不可公度的,取决于 $\sqrt{a^2 - 4b^2}$ 和 a 是可公度的还是不可公度的。有人认为,这样的考虑说明,就像巴比伦人在他们的方程组 $x + y = a$,$xy = b^2$ 中所做的那样,希腊人把他们的二次方程的解也用于数值问题。在这些情形中,知道根是否能够表示为整数的商是很有好处的。一项对希腊数学的仔细研究似乎给出了证据:在几何的外表下,他们对计算术和数值近似的关注比保存下来的经典专著所描述的要多。

立体几何学

第十一卷包含 39 个关于三维几何学的命题,这些内容对学习过立体几何学基础这门课程的人大都是熟悉的。欧几里得把一个立体定义为"具有长度、宽度和高度的东西",然后告诉我们:"立体的边缘是面。"这个定义仍然颇受非议。最后的 4 个定义是关于 4 个正多面体的。 这里不包括四面体,可能因为之前已把棱锥定义为"由多个平面围成的立体图形,可以通过从一个平面到任意一个点来作出。"第十二卷的 18 个命题都是使用穷竭法来测量图形。这一卷以圆面积之比等于以其直径为边长的正方形面积之比这一定理的一个细致的证明开始。典型的双重归谬法被类似地用于棱锥、圆锥、圆柱和球的体积的测量。阿基米德把这些定理的严格证明归功于欧多克索斯,欧几里得可能对欧多克索斯的这些材料中的大部分做了改写。

最后一卷完全是关于 5 个正多面体的性质的。 对一部引人注目的专著而言,最后的几个定理恰是适当的高潮。它们的目的是"理解"外接于球的每一个正多面体,亦即寻找该正多面体的棱与其外接球的半径之比。希腊的评注者们把这种计算归于特埃特图斯,第十三卷的大部分内容可能也是属于他的。在开始这些计算前,欧几里得再次提到了线段以中末比的分割,证明了"以整条线段上分割两段中的较大一段加上整条线段的一半为边长的正方形面积等于 5 倍的以整条线段的一半为边长的正方形面积"（通过解方程 $a/x=x/(a-x)$ 很容易验证）并列举了正五边形对角线的其他性质。接下来，在命题 10 中，欧几里得证明了一个众所周知的定理：如果一个三角形的三条边分别是同一个圆的内接正五边形、正六边形和正十边形的边，则它是一个直角三角形。命题 13 至命题 17 依次表示了上面提到的 5 个正多面体的棱与其外接球的直径之比：对正四面体，棱与直径的比 e/d 是 $\sqrt{\frac{2}{3}}$，对正八面体是 $\sqrt{\frac{1}{2}}$，对立方体或正六面体是 $\sqrt{\frac{1}{3}}$，对正二十面体是 $\sqrt{(5-\sqrt{5})/10}$，对正十二面体是 $(\sqrt{5}-1)/2\sqrt{3}$。 最后，在命题 18 即《原本》的最后一个命题中，容易地证明了在这 5 种正多面体之外没有其他的正多面体。大约 1900 年之后，天文学家开普勒被这一事实震惊了，以至于他建立了一种宇宙学说，认定这些多面体是造物主构造天堂的关键。

107

伪作

古时候，把并非出自一位著名作者之手的著作归到他的名下并不罕见。比如，欧几里得《原本》的有些版本包含第十四卷，甚至还包含第十五卷，这些版本被后来的学者证明是伪作。所谓的第十四卷继续了欧几里得对球的内接正多面体的比较，主要结果是内接于同一球的正十二面体和正二十面体的表面积之比与它们的体积之比相同，这个比就是内接于同一个球的立方体的棱与正二十面体的棱的比，即 $\sqrt{10/[3(5-\sqrt{5})]}$。这一卷可能是许普西克勒斯（*Hypsicles*，活跃于前 150 年左右）在阿波罗尼奥斯的一篇比较正十二面体与正二十面体的专著（今已失传）的基础上撰写的。许普西克勒斯也是一部天文学著作《论星的升起》（*De ascensionibus*）的作者，该书对亚历山大城的纬度采用一个巴比伦人的技巧计算黄道十二宫升起的时间；这部著作也包含了把黄道分为 360 度的划分。

伪造的第十五卷水平较低，被认为（至少部分）是米利都的伊西多尔（Isidore of Miltetus，活跃于 532 年左右）的一个学生的著作，伊西尔多是君士坦丁堡圣索菲亚大教堂的建筑师。这一卷也处理正多面体，显示了如何把特定的正多面体内接于其他正多面体，数出正多面体的棱数和立体角的数目，并找出相交于一条棱的两个面所成的二面角的度量。有趣的是，尽管有这样的枚举，但所有的古人显然错过了所谓的多面体公式，这个公式先被勒内·笛卡儿（René Descartes）获知，后来又被莱昂哈德·欧拉（Leonhard Euler）明确地证明了。

《原本》的影响

欧几里得的《原本》大约撰写于公元前 300 年，并且在此后被反复传抄。错误和变动免不了被悄悄混进去，而且后来的一些编者，尤其是 4 世纪后期的亚历山大的赛翁，更试图改进原文。后来增加的内容，一般是作为注释出现，增加了一些补充的资料，经常是关于历史的，而且在大多数情况下，容易把它们与原文加以区分。 始于博伊西斯(Boethius)的从希腊文到拉丁文的翻译传播已经得到较细致的追溯。《原本》的许多抄本通过阿拉伯文的译文传给我们，后来主要是在 12 世纪被转译为拉丁文，最后在 16 世纪被翻译成各国的本土语言。对这些不同版本传播的研究仍是持续存在的挑战。

《原本》的第一个印刷本在 1482 年出现于威尼斯，它是被排版印刷的最早的数学书籍之一。有人估计，以后至少有一千个版本出版。也许除了《圣经》(*The Bible*)之外，没有哪本书敢自夸有如此多的版本，而且确实没有任何数学著作的影响可以与欧几里得的《原本》相比。

（赵振江　译）

第六章
锡拉丘兹的阿基米德

阿基米德头脑中的想象力比荷马更丰富。

——伏尔泰（Voltaire）

对锡拉丘兹的围攻

在第二次布匿战争期间，锡拉丘兹城卷入了罗马与迦太基之间的权力斗争，这座城市从公元前214年起被罗马人围攻了三年。我们被告知，在整个围城期间，那个时代首屈一指的数学家阿基米德发明了一些巧妙的战争机器——投掷石块的弹射器，抬起并粉碎罗马人战船的绳索、滑轮和钩子，火烧战船的装置，使敌人困在海湾。不过，不幸的是，在公元前212年罗马人对锡拉丘兹的洗劫中，阿基米德被一个罗马士兵杀害，尽管罗马将军马塞拉斯（Marcellus）已下令赦免这位几何学家。据说阿基米德当时已经75岁了，因而他很可能出生于公元前287年。他的父亲是一位天文学家，而且阿基米德在天文学领域也建立了声誉。据说，马塞拉斯把阿基米德建造的用来模拟天体运动的那台设计精巧的星球仪（planetaria）作为战利品据为己有。不过，在对阿基米德生平的记叙中，人们一致认为阿基米德觉得相比他在机械装置方面的工作，产生他的抽象思维成果的非凡的创新性方法更有价值。即使当他处理杠杆及其他简单机械时，据说他也更关注一般原理，而不是实际应用。他流传下来的差不多有一打的著作说明了令他感兴趣的问题。

《论平面图形的平衡》

阿基米德不是使用杠杆的第一个人，甚至也不是阐述杠杆的一般定律的第一个人。亚里士多德的著作包含这样一个陈述：杠杆上的两个重物，当它们与离支点的距离成反比时达到平衡，而逍遥学派把这一原理跟他们的假设——垂直的直线运动是地球上唯一自然的运动相联系。另一方面，阿基米德是从更合理的静力学公设——两边对称的物体平衡导出这一原理的。亦即，假设一根没有重量的杆长 4 个单位并支撑 3 个单位的重量，两个端点各有 1 个单位的重量，中间有 1 个单位的重量（图 6.1），这个杆通过在中心的支点平衡。由阿基米德的对称公理，这一系统是平衡的。但对称原理还表明，仅考虑该系统的右半边，如果在右半边的中点把相隔 2 个单位的这两个重量合在一起，平衡效果不变。这意味着，距离支点 2 个单位的一个 1 单位的重量，会支撑另一臂上距离支点 1 个单位的一个 2 个单位的重量。通过这个过程的一般化，阿基米德仅根据静力学原理建立了杠杆定律，而没有应用亚里士多德学派的运动学论证。在考察中世纪时期这些概念的历史之后，人们得到结论：静力学观点和运动学观点的结合，推动了科学和数学的进步。

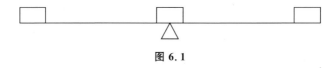

图 6.1

阿基米德关于杠杆原理的著作是其两卷本专著《论平面图形的平衡》(*On the Equilibriums of Planes*) 的一部分。此书并不是现存的我们可能会称之为物理科学的最早著作，因为大约在一个世纪之前，亚里士多德就出版了一部有影响的八卷本著作，书名就是《物理学》(*Physics*)。但亚里士多德的方法是推测的、非数学的，而阿基米德的理论与欧几里得的几何学类似。从一组简单的公设，阿基米德导出了深刻的结论，建立起了数学和力学之间的密切关系，这种关系对物理学和数学都非常重要。

《论浮体》

阿基米德完全可以被称作数学物理学之父，这不仅因为他的《论平面图形的平衡》,而且还因为他的另一部两卷本的专著《论浮体》(On Floating Bodies)。他再一次从关于流体压力性质的一个简单公设开始,得到了一些非常深刻的结果。在前面的命题中,有两个命题阐述了著名的阿基米德流体静力学原理:

任何比流体轻的固体,如果把它放在流体中,它会浸没到它的重量等于它排开的流体的重量(Ⅰ.5)。

比流体重的固体,如果把它放在流体中,它将沉至流体的底部,若在该流体中称量这个固体,它比其真实重量轻的重量是它排开流体的重量(Ⅰ.7)。

浮力原理的数学推导无疑就是那个使恍惚的阿基米德大喊着"我发现了!"("Eureka!")跳出浴盆,赤身裸体往家跑的发现。也有可能,虽说可能性较小,这个原理曾帮助他检验一位金匠是否诚实。这位金匠被怀疑在为锡拉丘兹国王希伦二世(Hieron Ⅱ)制作一顶王冠(或者,更有可能是一顶花冠)时用一些银子代替了金子。这样的欺骗可以用更简单的方法检验:比较金、银和王冠的密度,只要把同等重量的金、银和王冠依次浸入充满水的容器中测量排水量即可。

阿基米德的专著《论浮体》所包含的内容比我们迄今为止所描述的简单的流体性质要多得多。例如,整个第二卷实际上都是关注抛物体在放入流体时的平衡位置,以此证明静止位置取决于固体的抛物面与它漂浮其中的流体的相对比重。这些命题中典型的是命题 4:

给定一个正旋转抛物体,其轴 a 大于 $\frac{3}{4}p$(这里 p 是参数),而且其

比重小于流体的比重,但二者之比不小于 $\left(a - \frac{3}{4}p\right)^2 : a^2$,如果该抛物

体被放入流体中,使其轴与竖直方向有任意的一个倾角,但其底不与流体的表面接触,那么它不会停留在那一位置,而会恢复到其轴竖直的位置。

接下来是更复杂的情形,带有很长的证明。可能通过与亚历山大人的接触,阿基米德对从尼罗河抽水灌溉这一流域可耕土地的技术问题产生了兴趣。为此他发明了一种装置,现在以阿基米德螺旋泵知名,它把螺旋管固定在一根带有手柄的斜轴上,通过手柄可以旋转斜轴。据说,他曾经夸口说,如果给他一根足够长的杠杆和放置它的一个支点,他就能移动地球。

112

《沙粒计数》

在古希腊,不仅在理论与应用之间,而且在常规的机械的计算和对数的性质的理论研究之间有明确的区分。据说,希腊的学者们对前者很是不屑,给予它计算术这个名字,而算术被理解为仅与后者有关,是一种值得尊敬的哲学追求。

阿基米德生活的时代,大约正是记数法从阿提卡向爱奥尼亚变迁的时期,这可能解释了他屈尊对计算术做出贡献的事实。在一部题为《沙粒计数》(Psammites)的著作中,阿基米德夸口说,他能够写下一个数,它大于填满宇宙所需的沙粒的数目。在这样做的时候,他提到了古代最大胆的天文学猜想——萨摩斯的阿利斯塔克(Aristarchus of Samos)在将近公元前 3 世纪中期提出的地球围绕太阳运动的猜想。 阿利斯塔克断言,视差的缺失可能归因于恒星离地球的巨大距离。现在,阿基米德为了兑现他的夸耀,不得不处理宇宙的所有可能的尺寸,因此,他表明他能够数出填满阿利斯塔克的巨大宇宙所需要的沙粒数。

对于阿利斯塔克的宇宙(它比之通常的宇宙就如通常的宇宙比之地球),阿基米德表明所需的沙粒不超过 10^{63} 颗。 阿基米德并没有使用这一记法,而是把这个数字描述为一千万个第 8 级数的单位(这里,第 2 级的数从一万万开始,第 8 级的数以一万万的 7 次幂开始)。为了显示他能够表达甚至比这还要大得多的数,阿基米德扩展了他的术语,把所有小于一万万的数称作第一期的数,因此,第二期的数从 $(10^8)^{10^8}$ 开始,这个数字包含 800000000 个零。亦即,他的系统可以延续到一个数,这个数会被写成 1 后面跟八亿亿个零。完全偶然地,与阿基米德这篇关于巨大的数的著作相联系的一个原理后来导致了对数的发明——两个数的"级"(等价于底为 100000000 的幂)相加,对应于求这两个数的积。

《圆的度量》

在圆的周长与直径之比的近似计算中,阿基米德再一次显示了他在计算上的技巧。他从圆内接正六边形开始,计算经连续加倍边数所获得的多边形的周长直至 96 边形。他对这些多边形的迭代过程与所谓的阿基米德算法有关。设定序列 $P_n, p_n, P_{2n}, p_{2n}, P_{4n}, p_{4n}, \cdots$,这里 P_n 和 p_n 分别是外切和内接正 n 边形的周长。从第三项开始,通过交替取前两项的调和平均和几何平均,可以计算任意一项。这就是说，$P_{2n}=2p_nP_n/(p_n+P_n)$，$p_{2n}=\sqrt{p_nP_{2n}}$，如此继续。如果有人愿意，他可以用序列 a_n，A_n，a_{2n}，A_{2n}，… 做替代，这里 a_n 和 A_n 分别是内接和外切正 n 边形的面积。通过交替取前两项的几何平均和调和平均来计算第三项及后续项，也就是 $a_{2n}=\sqrt{a_nA_n}$，$A_{2n}=2A_na_{2n}/(A_n+a_{2n})$，如此继续。阿基米德为求外切正六边形的周长而使用的平方根算法，以及求几何平均的方法，类似于巴比伦人所使用的方法。阿基米德关于圆的计算结果是用不等式 $3\frac{10}{71}<\pi<3\frac{10}{70}$ 表达的 π 值的一个逼近，这比埃及人和巴比伦人的逼近更好。（应该记住，无论是阿基米德，还是任何其他的希腊数学家，都不曾使用我们用来表示圆的周长与直径之比的符号π。）这个结果在他的专著《圆的度量》(*Measurement of the Circle*) 中的命题 3 给出。在中世纪，《圆的度量》是阿基米德的最受欢迎的著作之一。

《论螺线》

阿基米德，和他的前辈们一样，也被几何学的三大著名问题所吸引，而且众所周知的阿基米德螺线提供了这些问题中的两个问题的解（当然不是只用直尺和圆规）。这种螺线被定义为这样的点的平面轨迹：这个点从一条射线或半直线的端点开始，沿着这条射线匀速移动，同时这条射线围绕其端点匀速转动。在极坐标中，这种螺线的方程是 $r=a\theta$。给定这样一条螺线，三等分一个角就容易实现了。这个角放置成其顶点与螺线的始点 O 重合，其起始边与转动线的初始位置 OA 重合。角的终边与螺线的交点为 P，点 R 和点 S 是线段 OP 的三等分点（图 6.2），再以 O 为圆心分别以 OR 和 OS 为半径画圆。如果这两个圆与螺线分别相交于点 U 和点 V，则直线 OU 和 OV 三等分角 AOP。

114

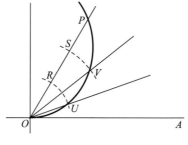

图 6.2

　　希腊数学往往被认为本质上研究的对象是静态的，不大重视可变性的概念，但阿基米德在对螺线的研究中，显然通过考虑类似于微分学的运动学，发现了曲线的切线。考虑螺线 $r = a\theta$ 上的点做双重运动（离开坐标原点的匀速径向运动和围绕原点的圆周运动），他似乎通过注意到两个分运动的合成而发现了（通过速度的平行四边形法则）运动的方向（因而得出曲线的切线）。这似乎是除了圆之外，最先发现的曲线的切线的实例。

　　阿基米德对螺线（这种曲线他归之于他的朋友亚历山大的科农（Conon of Alexandria））的研究，是希腊人对三大著名问题求解的一部分。这种曲线使得多等分角变得如此容易，以至于它很有可能是科农专门为这个目的而设计的。不过，在割圆曲线的情形，它也能用于化圆为方，阿基米德给出了证明。在点 P 画出螺线 OPR 的切线，这条切线与通过 O 且垂直于 OP 的直线交于点 Q。然后，正如阿基米德证明的，直线段 OQ（被称作点 P 的极次切距）的长度等于以 O 为圆心、OP 为半径的圆在初始线（极轴）和直线 OP（径向量）之间的圆弧 PS（图 6.3）的弧长。阿基米德通过典型的双重归谬法证明的这个定理，一个学过微积分的学生就可以验证，只须回忆 $\psi = r/r'$，这里 $r = f(\theta)$ 是曲线的极坐标方程，r' 是 r 关于 θ 的导数，而 ψ 是点 P 的径向量与曲线在点 P 的切线所成的角。阿基米德的大部分著作是关于这些内容的，以至于可纳入如今的微积分学课程中，他的著作《论螺线》（On Spirals）尤其如此。在极坐标中，如果螺线上的点 P 为螺线与 90° 线的交点，那么极次切距 OQ 正好等于半径为 OP 的圆的周长的四分之一。因此，圆的全周长容易地作为线段 OQ 的四倍而被作出，由阿基米德定理，一个与圆面积相等的三角形就被找到了。一个简单的几何变换能够给出代替这个三角形的正方形，化圆为方就实现了。

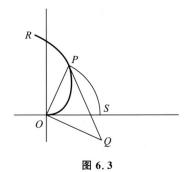

图 6.3

《抛物线的求积》

《论螺线》这部著作备受推崇,但阅读的人很少,因为它被普遍认为是阿基米德所有著作中最难的。在阿基米德的主要涉及穷竭法的专著中,最广为人知的是《抛物线的求积》(*Quadrature of the Parabola*)。当阿基米德写这篇专著时,人们已经知道圆锥曲线差不多一个世纪了,不过在求它们的面积上没有进展。这促使古代最伟大的数学家去求圆锥曲线(由抛物线围成的图形)的面积,这是在这本以求积为目的的著作中的命题 17 中完成的。 用标准的欧多克索斯的穷竭法所给出的证明既冗长又复杂,而阿基米德严格地证明了抛物线围成图形 $APBQC$(图 6.4)的面积 K 是同底且等高的三角形的面积 T 的三分之四。在随后的(也是最后的)7 个命题中,阿基米德给出了这个定理的第二种不同的证明。他首先证明了以 AC 为底的最大的内接三角形 ABC 的面积是分别以 AB 和 BC 为底的两个对应的内接三角形的面积之和的四倍。如果继续这一关系所提示的过程,那么显而易见,由抛物线围成图形 $APBQC$ 的面积 K 等于无穷级数 $T+T/4+T/4^2+\cdots+T/4^n+\cdots$ 的和,当然,这个和就是 $\frac{4}{3}T$。 阿基米德没有提到这个无穷级数的和,因为在他那个时代无穷过程是被反对的。取而代之的是,阿基米德通过双重归谬法证明了 K 既不大于 $\frac{4}{3}T$,也不小于 $\frac{4}{3}T$。(与他的前辈们类似,阿基米德没有使用"抛物线"这个名称,而是使用"直角圆锥的截面"这个词。)

116

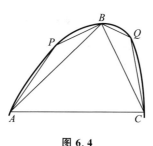

图 6.4

在《抛物线的求积》的序言中,我们发现了以"阿基米德公理"而著称的假设或引理:"两个不相等的面积中,较大的一个比较小的一个多出的面积,通过与自己相加,可以超过任何给定的有限面积。"这一公理实际上排除了曾在柏拉图时代讨论的固定的无穷小量或不可分量。 阿基米德坦率地承认：

> 先前的几何学家也使用过这一引理，因为正是使用同一引理，他们
> 证明了圆面积之比是它们直径的二次方之比，球体积之比是它们直径的
> 三次方之比，进一步，棱锥的体积是同底等高的棱柱体积的三分之一。
> 此外他们还通过与前面提到的引理类似的假设证明了圆锥的体积是同
> 底等高的圆柱体积的三分之一。

这里提到的"先前的几何学家"，可能包括欧多克索斯和他的继承者。

《论劈锥体与椭圆旋转体》

阿基米德明显不能求出由椭圆或双曲线围成图形的面积。用现代的积分求
抛物线围成图形的面积，所涉及的不过是多项式，但在计算由椭圆或双曲线围成
图形的面积时（以及计算这些曲线或抛物线的弧长时），所涉及的积分需要超越函
数。不过，在阿基米德的重要专著《论劈锥体与椭圆旋转体》(On Conoids and
Spheroids)中，他求出了整个椭圆的面积："椭圆的面积与它们的轴所构成的矩
形的面积成比例"（命题6）。当然，这就等同于说 $x^2/a^2 + y^2/b^2 = 1$ 的面积等
于 πab，或者说，椭圆的面积与圆的面积相同，这个圆的半径是椭圆半轴的几
何平均。此外，在这部专著中，阿基米德还证明了如何求围绕其主轴旋转而
成的椭球体、抛物体或（双叶）双曲线体上所截部分的体积。他的证明过程非常
接近现代的积分，我们将用一个例子描述。设 ABC 为一段抛物线体（或抛物线
"劈锥体"）并设其轴为 CD（图 6.5）；围绕该抛物线体作外切圆柱体 $ABFE$，它也
以 CD 为轴。把轴 n 等分，每一等分的长度为 h，通过各分点作平行于该抛物线体
的底的平面。在由这些平面在抛物线体上截出的圆截面上作内接和外接的斜圆
柱，如图 6.5 所示。那么，通过抛物线的方程和等差数列之和，很容易建立如下的
比例和不等式：

$$\frac{\text{圆柱 } ABFE \text{ 的体积}}{\text{内接图形的体积}} = \frac{n^2 h}{h + 2h + 3h + \cdots + (n-1)h} > \frac{n^2 h}{\frac{1}{2}n^2 h},$$

$$\frac{\text{圆柱 } ABFE \text{ 的体积}}{\text{外接图形的体积}} = \frac{n^2 h}{h + 2h + 3h + \cdots + nh} < \frac{n^2 h}{\frac{1}{2}n^2 h}。$$

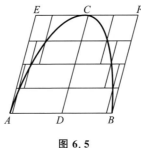

图 6.5

　　阿基米德在前面已经证明外接图形与内接图形的体积之差等于外切圆柱体的最底层的体积。通过增加轴上等分的数目 n，由此使得每一层斜圆柱更薄，外接图形与内接图形的体积之差可以小于任何预先给定的量。因此，不等式将导致这样一个必然的结论：外切圆柱体的体积是劈锥体的体积的两倍。这一工作与现代积分过程的不同之处，主要在于缺少函数极限的概念——这个概念近在咫尺，然而却从未被古人，甚至包括阿基米德这样最接近得到它的人提出过。

《论球与圆柱》

　　阿基米德撰写过很多了不起的著作，他的后继者们最钦佩《论螺线》那一部著作，而作者本人似乎偏爱另一部著作——《论球与圆柱》(*On the Sphere and Cylinder*)。阿基米德曾请求在他的墓碑上刻一个球，它内切于一个高度等于球直径的正圆柱，因为他发现并证明了这样的圆柱与球的体积之比与它们的表面积之比是相同的，即 3：2。这一性质是阿基米德在完成《抛物线的求积》之后发现的，他说他之前的几何学家对此性质一直不知道。曾经有人认为埃及人知道怎样求半球的表面积，但现在看来阿基米德似乎是知道并证明一个球的表面积是该球大圆面积四倍的第一个人。此外，阿基米德还证明了"任何一个球冠的表面积等于以从球冠的顶点到球冠底的圆周上的一点的线段的长度为半径的圆的面积。"当然，这等价于我们更熟悉的陈述：任何一个球冠的表面积等于以球的半径为半径、以球冠的高为高的圆柱的表面积。亦即，球冠的表面积并不依赖于它离球心的距离，只依赖于球冠的高度（或厚度）。关于球的表面积至关重要的定理出现在命题 33 中，接下来是一系列的预备定理，包括等价于正弦函数的积分的一个定理：

　　　　如果一个多边形内接于弓形 LAL' 中，使得除了底以外的所有边都

118

相等,而且它们的数目是偶数,如 $LK\cdots A\cdots K'L'$,A 是该弓形的中点,则若画出平行于底 LL' 且连接一对角点的一系列直线 $BB',CC',\cdots$,那么 $(BB'+CC'+\cdots+LM):AM=A'B:AB$,这里 M 是 LL' 的中点,AA' 是过点 M 的直径（图 6.6）。

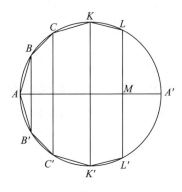

图 6.6

这是三角方程

$$\sin\frac{\theta}{n}+\sin\frac{2\theta}{n}+\cdots+\sin\frac{n-1}{n}\theta+\frac{1}{2}\sin\frac{n}{n}\theta=\frac{1-\cos\theta}{2}\cot\frac{\theta}{2n}$$

119 的几何等价物。根据这个定理,通过把上述方程的两边同时乘以 θ/n 并取 n 无限增大时的极限,容易导出现代的表示 $\int_0^\varphi \sin x\,\mathrm{d}x=1-\cos\varphi$。方程的左边变成

$$\lim_{n\to\infty}\sum_{i=1}^{n}(\sin x_i)\Delta x_i,$$

这里 $x_i=i\theta/n$,$i=1,2,\cdots,n$,$\Delta x_i=\theta/n$,$i=1,2,\cdots,n-1$,且 $\Delta x_n=\theta/2n$。方程的右边变成

$$(1-\cos\theta)\lim_{n\to\infty}\frac{\theta}{2n}\cot\frac{\theta}{2n}=1-\cos\theta。$$

阿基米德在前面的命题中给出了特殊情形 $\int_0^\pi \sin x\,\mathrm{d}x=1-\cos\pi=2$ 的等价形式。

《论球与圆柱》第二卷中的一个问题给希腊的几何代数增添了引人注目的光彩。在命题 2 中,阿基米德证明了求给定球的球缺体积的公式;在命题 3 中,他说明如果想用一个平面将一个给定的球截成表面积具有确定比值的两部分,只需要让这个平面将与其垂直的直径截成相同的比值。然后,他在命题 4 中说明了如何用一个平面将一个给定的球截成体积具有确定比值的两部分——一个要难得多

的问题。用现代的记号,阿基米德导出了方程

$$\frac{4a^2}{x^2}=\frac{(3a-x)(m+n)}{ma},$$

这里 $m:n$ 是两个部分的比。这是一个三次方程,阿基米德像他的前辈们求解提洛问题(倍立方问题)那样,通过相交的圆锥曲线求其解。有趣的是,希腊人求解三次方程的方法与求解二次方程的方法相当不同。类比于后者使用的"面积贴合法",我们希望有"体积贴合法",但这并没有被采用。通过代换,阿基米德把他的三次方程简化为 $x^2(c-x)=db^2$ 的形式,并声称就正根的个数另外给出这个三次方程的一个完整的分析。这一分析显然失传了许多个世纪,直到 6 世纪早期的一位重要的注释者欧多修斯发现了一个残片,似乎包含着真实的阿基米德的分析。解是通过抛物线 $cx^2=b^2y$ 和双曲线 $(c-x)y=cd$ 的交点得到的。进一步,他找到了一个关于系数的条件,这个条件决定了满足给定要求的实根数——该条件等价于寻找三次方程 $b^2d=x^2(c-x)$ 的判别式 $27b^2d-4c^3$。由于所有的三次方程都可以化成这种阿基米德类型,因此我们就得到了一般三次方程的完整分析的要领。

《引理集》

我们已介绍的大部分的阿基米德的著作都是高等数学的一部分,但这位伟大的锡拉丘兹人提出的都只是初等的问题。例如,在他的《引理集》(*Book of Lemmas*)中,我们发现了对所谓的"鞋匠刀形"的研究。鞋匠刀形是图 6.7 中由三个两两相切的半圆围成的区域,要求的面积是最大半圆之内和两个较小半圆之外的区域。阿基米德在命题 4 中证明,如果 CD 垂直于 AB,那么以 CD 为直径的圆的面积等于鞋匠刀形的面积。在下一个命题中,他证明了线段 CD 把鞋匠刀形分成的两个区域中的内切圆的面积是相等的。

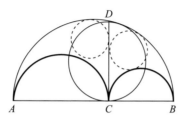

图 6.7

121　　在《引理集》中,我们还发现了(作为命题 8)众所周知的阿基米德三等分角的
方法。设 $\angle ABC$ 为要三等分的角(图 6.8)。那么,以 B 为圆心画一个任意半径的
圆交 AB 于 P,交 BC 于 Q,交 BC 的延长线于 R。然后,画一条直线 STP,使得 S
在 $CQBR$ 的延长线上,T 在该圆上并使得 $ST=BQ=BP=BT$。之后容易证明,
因为 $\triangle STB$ 和 $\triangle TBP$ 是等腰三角形,$\angle BST$ 恰好是要三等分的 $\angle QBP$ 的三分
之一。当然,阿基米德和他的同时代人知道这不是柏拉图意义上的规范的三等
分角,因为它要用到他们称为"二刻尺"(neusis)的东西——在两个图形(这里是
QR 的延长线和圆)之间插入给定的长度(这里是 $ST=BQ$)。

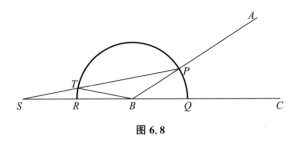

图 6.8

　　《引理集》的原始希腊文版本已经失传了,但是通过阿拉伯语的译文它后来又被
译为拉丁文。(因此,人们常常引用它的拉丁文书名《假设书》(*Liber Assumptorum*)。)
事实上,传到我们手里的这部书,可能不是真正的阿基米德的著作,因为正文中几
次引用他的名字。但是,即使这部专著只不过是被阿拉伯人归于阿基米德的各种
定理的汇集,可能这部著作本质上是真的。人们怀疑"牛群问题"的真实性,它需
要求解八个未知量的联立不定方程组,是对数学家们的挑战。这个问题还提供了
后来所谓的"佩尔(Pell)方程"的第一个例子。

半正多面体和三角学

　　从许多参考文献来看,阿基米德的很多著作失传了。 我们(从帕普斯)得知
阿基米德找到了所有可能的十三种所谓的半正多面体,即其面是正多边形但
122　并非全都是同一种类型的凸多面体。阿拉伯的学者告知我们,早于海伦几个
世纪,阿基米德就已经知道了以三角形的三条边表示其面积的所谓"海伦公
式" $K=\sqrt{s(s-a)(s-b)(s-c)}$,这里 s 是三角形的半周长。阿拉伯的学者
把"折弦定理"归于阿基米德,这个定理说:如果在一个圆中,AB 和 $BC(AB\neq$
$BC)$ 构成任意的折弦,且若 M 是弧 ABC 的中点,F 是从 M 到较长的弦的垂线的

垂足,则 F 是折弦 ABC 的中点(图6.9)。比鲁尼(al-Biruni)给出了这个定理的几个证明,其中的一个证明方法是:在图中作虚线所示的辅助线,使得 $FC' = FC$,并证明 $\triangle MBC' \cong \triangle MBA$。因此,$BC' = BA$,由此得到 $CF' = AB + BF = FC$。我们不知道阿基米德是否在这个定理中看出了三角学上的意义,但有人认为这个定理对他来说相当于类似 $\sin(x - y) = \sin x \cos y - \cos x \sin y$ 的一个公式。为了证明这种等价性,我们设 $\overset{\frown}{MC} = 2x$,$\overset{\frown}{BM} = 2y$。那么,$\overset{\frown}{AB} = 2x - 2y$。现在,与这三段弧所对应的弦分别是 $MC = 2\sin x$,$BM = 2\sin y$,$AB = 2\sin(x - y)$。此外,MC 和 MB 在 BC 上的投影分别是 $FC = 2\sin x \cos y$ 和 $FB = 2\sin y \cos x$。最后,如果我们以形式 $AB = FC - FB$ 写出折弦定理,并且把这三条弦替换成它们的三角学等价物,那么,就得到了 $\sin(x - y)$ 的公式。当然,从这个折弦定理,还可以导出其他的三角恒等式,这表明阿基米德有可能在他的天文学计算中发现它是一个有用的工具。

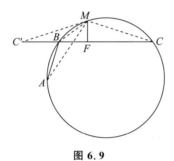

图 6.9

《方法》

与载于很多希腊文和阿拉伯文手稿的欧几里得的《原本》不同,阿基米德的著作流传到现在几乎是一脉单传的。几乎所有的副本都来自唯一的16世纪初叶的希腊文原始版本,而其本身则是从约9世纪或10世纪的一份原件抄录来的。欧几里得的《原本》自写成以来一直为数学家们所熟知,而阿基米德的专著命运多舛。在相当长的时间内,人们对阿基米德的著作所知甚少,甚至可以说一无所知。在一位6世纪的一流学者和有经验的注释者欧多修斯的时代,阿基米德的许多著作中仅有三部算是广为人知,它们是:《论平面图形的平衡》,不完整的《圆的度量》和令人钦佩的《论球与圆柱》。在这样的情况下,阿基米德所写的大部分内容流传到今日算是奇迹了。 阿基米德著作来源的传奇事迹之一是20世纪发现了阿基米德的最重要的著作——阿基米德简单称其为《方法》(*The Method*)。这本书自公元最初几个世纪就失传了，在 1906 年才被重新发现。

阿基米德的《方法》有重要意义，因为它向我们揭示了未被发现过的阿基米德思想的一个方面。他的其他专著都是逻辑严密的杰作，但几乎没有给出得到最终公式的前期分析的线索。对于 17 世纪的一些作者来说，阿基米德的证明如此缺乏动机，以至于他们怀疑阿基米德隐瞒了他的思考方法，以使得他的工作更受尊敬。认为这位伟大的锡拉丘兹人心胸狭隘的这种判断是何等没有根据，随着在 1906 年包含《方法》的那份手稿的发现而变得一清二楚了。在这里阿基米德发表了对初等"力学"的研究的说明，这些研究使他产生出很多主要的数学发现。他认为在这些例子里他的"方法"缺乏严密性，例如，他假设面积是线段的和。

我们现有的《方法》这本著作包含了大约 15 个命题的大部分内容，其形式是写给一位数学家、亚历山大图书馆馆长埃拉托色尼的一封信。作者开篇就说，如果我们先对一个定理所涉及的知识有所了解，就更容易提供它的一个证明。作为一个例子，他引用欧多克索斯关于圆锥和棱锥的证明，这些证明可以借助德谟克利特提出但没有证明的初步断言而变得更容易。接下来，阿基米德宣称，他本人有一种"力学"方法，这种方法为他的某些证明铺平了道路。通过这一方法他发现的第一个定理是关于抛物线片段的面积的定理。在《方法》的命题 1 中，作者描述了他如何通过类似在力学中平衡重量的平衡线段得到这个定理。他认为抛物线片段 ABC 的面积和三角形 AFC 的面积（这里 FC 与抛物线在点 C 相切）是由一组平行于抛物线的直径 QB 的线段的全体组成，例如对抛物线来说的 OP 和对三角形来说的 OM（图 6.10）。如果在 H（这里 $HK = KC$）放置一条等于 OP 的线段，那么，这刚好与位于现在位置的线段 OM 平衡，K 是支点。（这可以通过杠杆

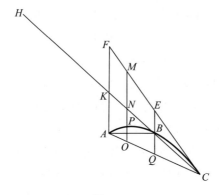

图 6.10

原理和抛物线的性质来证明。）因此，如果把抛物线片段的重心放在 H 点，那么这个抛物线片段的面积就恰好与三角形 AFC 平衡，而这个三角形的重心在线段 KC 上，距 K 为 $\frac{1}{3}KC$ 处。由此，容易看到，抛物线片段的面积是三角形 AFC 的面积的三分之一，或者是其内接三角形 ABC 的面积的三分之四。

阿基米德最喜爱的定理，即呈现在他的墓碑上的那个，也是他的力学方法提示给他的。《方法》中的命题 2 给出了这个定理：

> 任何一个球截体与同底同高的圆锥的体积之比，等于球半径与余球截体的高之和比余球截体的高。

这个定理容易从阿基米德所发现的一个漂亮的平衡性质推导得出（也很容易按照现代的公式验证）。设 $AQDCP$ 是以 O 为中心、AC 为直径的球的横截面（图 6.11），又设 AUV 是以 AC 为轴、UV 为底的直径的正圆锥的平截面。设 $IJVU$ 是以 AC 为轴、以 $UV=IJ$ 为直径的正圆柱，又设 $AH=AC$。如果一个平面过轴 AC 上的任意一点 S 且垂直于 AC，那么这个平面将分别截圆锥、球和圆柱成半径为 $r_1=SR$，$r_2=SP$ 和 $r_3=SN$ 的圆。如果我们记这些圆的面积分别为 A_1，A_2 和 A_3，那么，阿基米德发现，当把 A_1 和 A_2 的中心放在 H，以 A 为支点，它们将与位于现在位置的 A_3 平衡。因此，如果我们把球、圆锥和圆柱的体积分别记为 V_1，V_2 和 V_3，则得出 $V_1+V_2=\frac{1}{2}V_3$，而且因为 $V_2=\frac{1}{3}V_3$，则球的体积必定为

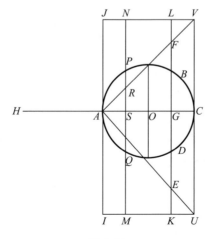

图 6.11

$\dfrac{1}{6}V_3$。因为圆柱的体积 V_3（来自德谟克利特和欧多克索斯）是已知的，也就知道

了球的体积（用现代的记号）$V=\dfrac{4}{3}\pi r^3$。通过把同样的平衡技巧应用于底直径为

125　　BD 的球截体、底直径为 EF 的圆锥和底直径为 KL 的圆柱，球截体的体积能以推导整个球体积同样的方式得出。

　　　阿基米德应用以一个顶点为支点的圆截面的平衡方法发现了三个旋转体——椭球体、抛物体和双曲线体的截体的体积，以及抛物面（劈锥曲面）、半球和半圆的重心。《方法》以确定在现代微积分书中经常讨论的两种几何体的体积作为结束。这两种几何体，一种是由两个平面截正圆柱所得的楔形（如图 6.12），另一种是两个垂直相交的全等的正圆柱的公共部分。

图 6.12

　　　包含了 2000 多年前如此令人惊奇的成果的这部著作是在 1906 年偶然被发现的。执着的丹麦学者海伯格（J. L. Heiberg）了解到在君士坦丁堡有一份带有数学内容的重写卷（palimpsest）。（所谓重写卷，是原文没有被清洗干净又写上了新的不同内容的羊皮卷。）经过仔细研究，他发现原始手稿包含阿基米德的一些东西，通过照相，他能够读出大部分的阿基米德的文本。这份手稿有 185 页，除了少126　　数几页，其他都是羊皮纸，阿基米德的文本是 10 世纪的一个人抄写的。有人试图（幸运的是，不太成功）擦除纸上的文字以抄写大约写于 13 世纪的《圣事礼典》（*Euchologion*）（东正教会使用的祈祷和礼拜仪式的文献汇编）。这一数学文本包括《论球与圆柱》，《论螺线》的大部分，《圆的度量》，《论平面图形的平衡》以及《论浮体》的一部分，所有这些内容都有其他手稿存世。最为重要的是，这份重写卷给了我们《方法》的唯一幸存抄本。

　　　这份重写卷在第一次世界大战后丢失，20 世纪 90 年代，它在被拍卖时再次引起公众的注意。1999 年，匿名的购买者把它存放在美国马里兰州的沃尔特斯艺

术画廊,并且资助由来自文物保护、古典和中世纪研究,以及图像技术领域的专家们组成的小组对重写卷进行深入研究。他们能够恢复大部分有损毁的阿基米德的文本,其困难一方面来自 13 世纪对这个羊皮卷的再次使用,另一方面来自在文本上增加宗教图像的 20 世纪赝品。用以识别原文的 20 世纪的技术包括罗切斯特理工学院和约翰斯·霍普金斯大学的谱影像装置,其中甚至有来自斯坦福直线加速器中心的一台同步加速器。

　　从某种意义上说,这份重写卷是中世纪以及现代技术贡献的标志。对宗教的强烈关注,险些销毁了这位古代最伟大的数学家的最重要的著作之一,但最终,正是中世纪的学术研究意外保护了这份手稿以及其他很多文献,否则,它们可能就失传了。类似地,现代技术尽管可能会破坏材料,但却使得我们能一探那些幸存之物的庐山真面目。

(赵振江　译)

第七章
佩尔格的阿波罗尼奥斯

了解阿基米德和阿波罗尼奥斯的人就不会那么钦佩后世的最杰出的人们的成就了。

——莱布尼茨

著作和传统

127　　在希腊化时期,亚历山大仍然是西方世界的数学中心。阿波罗尼奥斯生于(小亚细亚南部)潘菲利亚的佩尔格,但他可能曾在亚历山大接受教育,而且他似乎在那里任教过一些时候。有一段时间,他在帕加马,这里有仅次于亚历山大的图书馆。关于他的生平我们知道得很少,而且不知道他生卒的准确时间,有人认为是公元前 262 年至公元前 190 年。

他的最著名且最有影响的著作是《圆锥曲线论》(*Conics*),这是他仅存的两部著作之一。他的另一部著作《比的分割》(*Cutting-off of a Ratio*) 仅以阿拉伯文本为人所知,直到 1706 年埃德蒙·哈雷(Edmund Halley)才出版了一个拉丁文译本。它处理了一个一般问题的各种情况——给定两条直线以及每条直线上的一个点,通过第三个给定的点画一条直线,按照给定的比从给定的直线上截下线段
128　(分别从其上的给定点量起)。这个问题等价于求解一个类型为 $ax - x^2 = bc$ 的二次方程,也相当于求一个线段使以其和另一给定线段为边长的矩形的面积减去以其为边长的正方形的面积,等于另一个给定的矩形的面积。

我们对于阿波罗尼奥斯的其他失传著作的了解主要是基于 4 世纪的评论者

帕普斯的概述。阿波罗尼奥斯触及了几个我们在前面一章讨论过的主题。例如，他发展了表示大数的一个方案。这个记数方案可能在现存的帕普斯的《数学汇编》(*Mathematical Collection*) 第二卷的最后部分中描述过。

在失传的著作《迅速交付》(*Quick Delivery*) 中，阿波罗尼奥斯似乎讲授了速算法。据说，作者在书中计算了比阿基米德所给出的更精确的π的近似值——大概就是我们知道的 3.1416。我们知道阿波罗尼奥斯的很多失传著作的标题。我们知道一些专著是关于什么的，因为帕普斯简短地描述了它们。以"分析法宝典"知名的一个合集，包含阿波罗尼奥斯的 6 部著作，以及欧几里得的几部更高深的专著（现已失传）。帕普斯把这个合集描述为适用于学完了通常的基本原理之后、希望有能力求解涉及曲线问题的那些人的一套特殊的学说。

失传的著作

在 17 世纪，当重构失传的几何学著作的活动达到高峰的时候，阿波罗尼奥斯的论著属于最受欢迎之列。例如，从复原的被称为《平面轨迹》(*Plane Loci*) 的著作中，我们推断出其中考虑了下面的两个轨迹：(1) 到两个定点的距离的平方之差是常数的点的轨迹是垂直于两个定点连线的一条直线；(2) 到两个定点的距离之比是常数（且不等于 1）的点的轨迹是一个圆。事实上，后一个轨迹现在以"阿波罗尼奥斯圆"知名，但这是错误的叫法，因为亚里士多德就已经知道，并用它给出了彩虹的半圆形状的数学说明。

《面积的分割》(*Cutting-off of an Area*) 中的问题与在《比的分割》中所考虑的问题类似，除了要求截取的线段包含一个给定的矩形，而不是给定了比。这个问题导致形式为 $ax + x^2 = bc$ 的二次方程，这样相当于寻找一条线段，使以其与给定的线段构成的矩形的面积加上以其为边长的正方形的面积等于给定的矩形的面积。

阿波罗尼奥斯的论著《论确定的截面》(*On Determinate Section*) 处理了可以称为一维解析几何学的问题。它将典型的希腊代数分析用于几何形式中来考虑下面这个一般的问题：在一条直线上给定四个点 A，B，C，D，确定在这条直线上的第五个点 P，使得以 AP 和 CP 长为边的矩形的面积与以 BP 和 DP 长为边的矩形的面积成给定的比。这里，问题也易于化为求解一个二次方程，而且就像在其他例子中那样，阿波罗尼奥斯详尽地处理了这个问题，包括可能的极限和解的

129

数目。

阿波罗尼奥斯的论著《论相切》(*On Tangencies*) 不同于上面提到的三部著作,因为正如帕普斯对它的描述,我们看到了如今以"阿波罗尼奥斯问题"而熟知的问题。给定三个东西,每个东西可以是一个点、一条直线或一个圆,画一个与这三个东西都相切的圆(这里,与点相切被理解为圆通过该点)。这个问题涉及十种情形,从两种最容易的情形(这三个东西是三个点或三条直线),到最难的一种情形(画一个与三个圆相切的圆)。我们不知道阿波罗尼奥斯本人的解法,但可以基于帕普斯的信息重构它们。尽管如此,16 和 17 世纪的学者普遍有这样的印象:阿波罗尼奥斯没有解决最后一种情况。因此他们把这个问题看作对他们的能力的一个挑战。 在给出解法的人中, 牛顿在他的《普遍算术》(*Arithmetica Universalis*) 中仅使用直尺和圆规就给出了一种解法。

阿波罗尼奥斯的论著《倾斜》(*Vergings*) 考虑了能用"平面"方法,即仅使用直尺和圆规解决的那类"二刻尺"问题。(当然,阿基米德的三等分角不是这样的问题,因为在现代我们可以证明,一般的角是不可能用"平面"方法三等分的。)根据帕普斯的说法,《倾斜》中处理的问题之一是在一个给定的圆内插入一条斜向一个给定的点并具有给定长度的弦。

在古代,还有一些材料间接提到阿波罗尼奥斯的其他著作,其中包括一部著作《正十二面体与正二十面体的比较》(*Comparison of the Dodecahedron and the Icosahedron*)。在这一著作中,作者给出了(也许阿里斯泰奥斯已经知道的)定理"正十二面体的五边形的表面离其外接球的中心的距离等于内接于同一球的正二十面体的三角形的表面离该球的中心的距离"的证明。伪造的《原本》第十四卷中的主要结果直接来自阿波罗尼奥斯的这个命题。

均轮和本轮

阿波罗尼奥斯也是一位杰出的天文学家。根据托勒密的说法,与欧多克索斯使用同心球来表示行星的运动不同,阿波罗尼奥斯提出了两个可选的体系:一个由本轮运动组成,另一个涉及偏心运动。在第一个体系中,行星 P 被假定在一个小圆(本轮)上匀速移动,反过来这个小圆的圆心 C 沿着一个以地球 E 为圆心的大圆(均轮)的圆周匀速运动(图 7.1)。

在偏心体系中,行星 P 沿着一个大圆的圆周匀速运动, 反过来这个大圆的圆

130

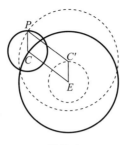

图 7.1

心 C' 在一个以地球 E 为圆心的小圆上匀速运动。如果 $PC = C'E$,这两个几何体系就是等价的,正如阿波罗尼奥斯明显知道的那样。对那些满足于对天体的近似运动的粗略描述的人,同心球的理论通过亚里士多德的著作成为他们最喜爱的天文学体系,不过,均轮和本轮的理论,或偏心的理论,通过托勒密的著作成为那些希望考察细节和提高预测精度的数学天文学家们的选择。在大约 1800 年的时间里,这两个体系——欧多克索斯体系和阿波罗尼奥斯体系是友好的对手,为争取学者们的支持而相互竞争。

《圆锥曲线论》

关于阿波罗尼奥斯的最杰出的著作《圆锥曲线论》,只有一半(原书八卷中的前四卷)以希腊文存世。幸运的是,9 世纪时塔比·伊本·库拉(Thabit ibn-Qurra)把接下来的三卷译为阿拉伯文,而且这个译本得以留存。在 1710 年,哈雷提供了这七卷的拉丁文译文,从此出现了这一著作的多种语言的版本。

在阿波罗尼奥斯撰写这部杰出著作时,人们知道圆锥截线已有大约一个半世纪了。在这个时间段,一般性的综述至少被阿里斯泰奥斯和欧几里得写过两次,但正如欧几里得的《原本》取代了更早的基础教科书,在圆锥截线的更高深的水平上,阿波罗尼奥斯的《圆锥曲线论》也取代了在它的领域上的所有竞争者,包括欧几里得的《圆锥曲线论》。

在阿波罗尼奥斯的时代之前,椭圆、抛物线和双曲线是按照顶角为锐角、直角,还是钝角,而作为三个明显不同类型的正圆锥的截线得出的。很显然,阿波罗尼奥斯第一次系统地说明了不必取垂直于圆锥母线的截面,而且仅仅通过改变割平面的倾角就能从单个圆锥得到所有三种类型的圆锥截线。这是把曲线的这三种类型联系起来的重要一步。阿波罗尼奥斯证明,圆锥不必是一个正圆锥(圆锥

131

的轴垂直于圆形的底面)，而一个斜或不规则的圆锥同样可以，这是第二个重要的推广。如果欧多修斯在评注《圆锥曲线论》的时候有充分的根据，我们就可以推知阿波罗尼奥斯是说明这些曲线的性质并不因它们是从斜圆锥还是正圆锥上截下的而有所不同的第一位几何学家。最后，阿波罗尼奥斯通过用双叶圆锥(有点类似于两个顶点重合且轴在一条直线上的方向相反、无限长的现代的冰激凌筒)取代单叶圆锥(类似于冰激凌筒)，使得对这些古代曲线的认识更接近于现代的观点。事实上，阿波罗尼奥斯给出了与我们今天所使用的相同的圆锥定义：

> 如果一条无限长，且始终通过一个定点的直线绕与该点不在同一平面上的一个圆的圆周运动，连续通过该圆周上的每一个点，则这条动直线画出一个双圆锥的表面。

这一改变使得双曲线成为我们今天所熟悉的双分支曲线。几何学家们常常说"两条双曲线"，而不说一条双曲线的"两个分支"，但无论在哪种情形下，曲线的对偶性都已经被人们所认知。

在数学的历史上，概念比术语更重要，但在归功于阿波罗尼奥斯的圆锥曲线名称的一次改变当中，有比通常意义更重要的东西。约一个半世纪以来，除了惯常的根据发现这些曲线的方式(锐角圆锥(oxytome)的截线、直角圆锥(orthotome)的截线，以及钝角圆锥(amblytome)的截线)而做的描述之外，圆锥截线一直没有更特别的称呼。阿基米德一直使用这些名称(尽管据说他也使用过"抛物线"这个词作为直角圆锥截线的同义词)。是阿波罗尼奥斯(可能根据阿基米德的建议)把名称椭圆和双曲线与这些曲线联系了起来。 词语"椭圆""抛物线"和"双曲线"并不是为此新造的，而是挪用自之前的名词，那些名词可能被毕

132 达哥拉斯学派用于通过面积来求二次方程的解。"椭圆"(意为亏)一词用于以给定线段为边长的给定面积的矩形去掉一个正方形(或者其他特殊的图形)的情况，而"双曲线"(向远处抛掷)一词用于补上一个面积的情况。"抛物线"(意为放在旁边，或比较)一词表示既不盈也不亏。阿波罗尼奥斯当时把这些词改用为圆锥截线的名称。我们所熟悉的顶点在原点的抛物线的现代方程是 $y^2 = lx$(这里 l 是"正焦弦"，是现在常常用 $2p$、偶尔用 $4p$ 表示的参数)。亦即，抛物线有这样的性质：任选曲线上的一点，以其纵坐标为边长的正方形的面积都精确等于以其横坐标 x 和参数 l 为边长的矩形的面积。类似地，顶点在原点的椭圆和双曲线的方程分别为 $\dfrac{(x \mp a)^2}{a^2} \pm \dfrac{y^2}{b^2} = 1$，或 $y^2 = lx \mp \dfrac{b^2 x^2}{a^2}$(这里 l 依然是正焦弦，也用参数

$2b^2/a$ 来表示)。亦即,对于椭圆 $y^2 < lx$,对于双曲线 $y^2 > lx$,因此正是这些不等式表示的曲线的性质促使了阿波罗尼奥斯在两千多年前做了这样的命名,这些名字至今依然牢固地与它们相连。注释者欧多修斯对一个至今广为传播的错误说法负有责任:阿波罗尼奥斯采用椭圆、抛物线和双曲线这几个词,是为了表示截面达不到、平行或进入圆锥的第二叶。 阿波罗尼奥斯在《圆锥曲线论》中所说的根本不是这样。

从单个双叶斜圆锥得出所有的圆锥截线,并赋予它们非常恰当的名称,阿波罗尼奥斯对几何学做出了重要贡献,但是他并没有将此推广到他本应达到的水平。他本可以从一个椭圆锥(或者任意一个二次锥)得出同样的曲线。亦即,阿波罗尼奥斯的"圆"锥的任何平面截线,都可以用作其定义中的生成曲线或"底",不需要指定"圆锥"。事实上,正如阿波罗尼奥斯本人所证明的(第一卷命题5),每一个斜圆锥不仅有无穷多个平行于底的圆截线,而且还有由他所谓的"子反向截线"给出的另一个圆截线的无穷集合。设 BFC 是斜圆锥的底,ABC 是该圆锥的一个三角形截线(图 7.2)。设 P 是与 BFC 平行的圆截线 DPE 上的任意一个点,又设 HPK 是被一个平面截出的截线,使得三角形 AHK 与 ABC 相似但反向。阿波罗尼奥斯称截线 HPK 为子反向截线,并证明了其是一个圆。易得出如下证明:根据三角形 HMD 和 EMK 的相似性可得出 $HM \cdot MK = DM \cdot ME = PM^2$,这是圆的特征性质。(用解析几何的语言,如果我们设 $HM = x$,$HK = a$ 且 $PM = y$,那么有 $y^2 = x(a-x)$ 或 $x^2 + y^2 = ax$,这是一个圆的方程。)

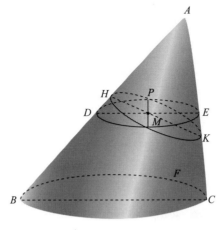

图 7.2

基本性质

133　　希腊几何学家把曲线分为三类。第一类以"平面轨迹"知名，包括所有直线和圆；第二类以"立体轨迹"知名，包括所有圆锥曲线；第三类以"线性轨迹"知名，囊括所有其他曲线。用于第二类曲线的名称无疑来自下面的这个事实，圆锥曲线没有被定义为在平面上满足特定条件的轨迹，如现在那样，它们被立体地描述为三维图形的截线。阿波罗尼奥斯像他的前辈们那样，从三维空间中的圆锥得出了他的曲线，但他尽可能快地舍弃了圆锥。他从圆锥中导出了截线的一个基本的平面性质或"征象"，之后基于这个性质，他继续纯粹的平面研究。我们在这里用椭圆来说明的这一步骤(第一卷命题 13)，可能与他的包括梅内赫莫斯在内的前辈们所使用的步骤差不多。设 ABC 是一个斜圆锥的三角形截线(图7.3)，并设 P 是截该圆锥的所有母线的一个截线 HPK 上的任意一个点。延长 HK 与 BC 交于 G，通过 P 的一个水平面截该圆锥于圆 DPE 并截平面 HPK 于直线 PM。画这个圆的垂直于 PM 的一条直径 DME。那么，从三角形 HDM 和 HBG 的相似性我们有 $DM/HM = BG/HG$，而从三角形 MEK 和 KCG 的相似性我们有 $ME/MK = CG/KG$。现在，从圆的性质我们有 $PM^2 = DM \cdot ME$。因此 $PM^2 = (HM \cdot BG/HG)(MK \cdot CG/KG)$。如果 $PM = y, HM = x$ 且 $HK = 2a$，在前面句子中的性质就等价于方程 $y^2 = kx(2a - x)$，我们认出它是一个以 H 为顶点且以 HK 为

134　长轴的椭圆的方程。以类似的方法，阿波罗尼奥斯对双曲线导出了与方程 $y^2 = kx(x + 2a)$ 等价的关系。通过取 $k = b^2/a^2$ 和 $l = 2b^2/a$ 很容易使这些形式与前面提到的"命名"形式一致。

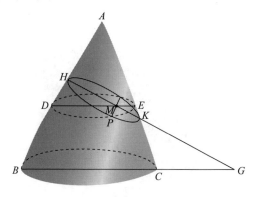

图 7.3

共轭直径

阿波罗尼奥斯通过对圆锥的立体思考,导出了我们现在所说的曲线上一点的平面坐标之间的基本关系(是由三个方程 $y^2 = lx - b^2 x^2 / a^2$, $y^2 = lx$, $y^2 = lx + b^2 x^2 / a^2$ 给出的),接下来,不再引入圆锥,他从平面方程导出了更多的性质。《圆锥曲线论》的作者在第一卷中说他得出的这些曲线的基本性质,"比其他作者的著作更全面、更一般"。这句话在多大程度上是真的,可以从如下事实看出:在最初的第一卷中他就发展了圆锥曲线的共轭直径理论。也就是,阿波罗尼奥斯证明一组平行于椭圆或双曲线的一条直径的弦的中点构成第二条直径,这两条直径被称为"共轭直径"。事实上,尽管我们今天总是说一个圆锥曲线有一对互相垂直的直线作为它的轴,但阿波罗尼奥斯一般使用一对共轭直径作为斜角坐标轴的等价物。共轭直径系统为圆锥曲线提供了一个极为有用的参照框架,因为阿波罗尼奥斯证明,如果通过椭圆或双曲线的一条直径的一个端点画一条平行于其共轭直径的直线,那么这条直线"将与这条圆锥曲线相接触,并且在它与圆锥曲线之间不可能放下任何其他直线",亦即,这条直线与该圆锥曲线相切。在这里,我们清楚地看到希腊人关于一条曲线的切线的静态概念,这与阿基米德的运动观点形成对比。事实上,在《圆锥曲线论》中,我们经常能发现一条直径和其端点上的切线被用作一个参照的坐标系。

在第一卷的定理中,有几个定理(从命题41到命题49)等价于坐标变换,从过圆锥曲线上的一点 P 的切线和直径构成的系统,到由过同一圆锥曲线上的第二个点 Q 的切线和直径所确定的新系统,同时证明了任意一个这样的系统和轴一样可以引出一个圆锥曲线。特别地,阿波罗尼奥斯熟知双曲线的性质并且把其渐近线作为轴,对于等轴双曲线,它由方程 $xy = c^2$ 给出。当然他无法知道,有朝一日这一关系会成为气体研究的基础,而他对椭圆的研究会成为现代天文学必需的要素。

第二卷继续研究共轭直径和切线。例如,如果 P 是任意以 C 为中心的一条双曲线上的任意一点,那么过点 P 的切线将与渐近线在点 L 和 L' 相交(图7.4),交点与 P 等距(命题8和命题10)。此外(命题11和命题16),平行于 CP 的任意弦 QQ' 与渐近线交于点 K 和 K',使得 $QK = Q'K'$ 且 $QK \cdot QK' = CP^2$。(这些性质是利用综合几何证明的,但读者可以使用现代解析方法重新验证它们的正确性。)第二卷后面的命题说明了如何利用调和分割的理论画一条圆锥曲线的切线。例

135

如，在椭圆的情况下（命题 49），如果 Q 是曲线上的一点（图 7.5），那么阿波罗尼奥斯从 Q 作一条垂直于轴 AA' 的垂线 QN，并找 N 的关于 A 和 A' 的调和共轭点 T。（也就是，他在直线 AA' 的延长线上找到一点 T，使得 $AT/A'T = AN/NA'$，换言之，他确定了点 T，使它外分线段 AA' 之比等于点 N 内分线段 AA' 之比。）则通过 T 和 Q 的直线与该椭圆相切。Q 不在曲线上的情况，可以通过我们熟悉的调和分割的性质化为这种情况。（可以证明，除了圆锥曲线之外，不存在其他平面曲线能用直尺和圆规从一给定点作出到该曲线的切线，当然，阿波罗尼奥斯对此并不知道。）

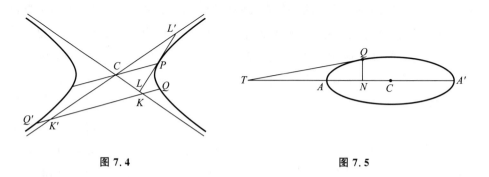

图 7.4　　　　　　　　　　图 7.5

三线和四线轨迹

阿波罗尼奥斯显然对第三卷特别感到自豪，因为在《圆锥曲线论》的总序中他写道：

> 第三卷包含很多对于立体轨迹的综合几何和界限的确定有用的非凡定理。这些定理中的绝大多数以及最美妙的定理都是新的，当我得到它们时，欧几里得并没有完全解决三线和四线轨迹的综合几何，仅处理了其偶然的一部分，而且还不成功：因为如果没有我的新发现，完成综合几何是不可能的。

这里提到的三线和四线轨迹在从欧几里得到牛顿的数学中都扮演了重要的角色。在一个平面上给定三条线（或四条线），求一点 P 的移动轨迹，以使它到其中一条直线的距离的平方与它到另外两条直线的距离之积成比例（或者，在四条直线的情况下，它到其中两条直线的距离之积与它到其余两条直线的距离之积成比例），这些距离是对于这些直线以给定的角度测量的。通过现代的解析方法，包括直线的法线式，容易显示点 P 的轨迹是圆锥曲线，实的或虚的，可约的或不可约的。 对三线轨迹,如果给定的直线的方程是 $A_1 x + B_1 y + C_1 = 0, A_2 x + B_2 y + C_2 = 0$ 和 $A_3 x + B_3 y + C_3 = 0$,用来度量距离的角是 θ_1, θ_2 和 θ_3,那么 $P(x, y)$ 的轨迹由

$$\frac{(A_1 x + B_1 y + C_1)^2}{(A_1^2 + B_1^2)\sin^2\theta_1} = \frac{K(A_2 x + B_2 y + C_2)}{\sqrt{A_2^2 + B_2^2}\sin\theta_2} \cdot \frac{(A_3 x + B_3 y + C_3)}{\sqrt{A_3^2 + B_3^2}\sin\theta_3}$$

给出。一般地,这是 x 和 y 的二次方程,因此,这一轨迹是圆锥曲线。我们的解法没有给予阿波罗尼奥斯在第三卷中的处理以"公正",他的解法中有超过 50 个细心推敲的命题,都是通过综合方法来证明的,最终得到要求的轨迹。500 年后,帕普斯给出了这一定理对 n 条直线的推广,这里 $n > 4$,而且笛卡儿在 1637 年对于这个推广的问题验证了他的解析几何。因此,在数学史上,没有几个问题能与"三线和四线轨迹"一样具有如此重要的地位。

相交的圆锥曲线论

《圆锥曲线论》的第四卷被其作者描述为展示"圆锥曲线以多少种方式彼此相交",他尤其为一些定理而自豪,因为"它们中没有一个被先前的作者讨论过",这些定理涉及圆锥曲线与"双曲线的两个分支"的交点的数目。对阿波罗尼奥斯来说,双曲线是一条具有两个分支的曲线的观念是新的,他十分享受这一发现以及涉及它的定理的证明。在本卷中联系到这些定理,阿波罗尼奥斯做出的一个陈述暗示了在他的时代,正如在我们的时代,有一些纯粹数学的思想狭隘的反对者,他们总是轻蔑地问这样的结果的用处。作者自豪地断言,"这些证明自身就值得接受,正如我们为此而不是别的理由而接受数学中很多其他事物那样"(Heath 1961,p. lxxiv)。

第五卷至第七卷

与向一个圆锥曲线引最长和最短直线段有关的《圆锥曲线论》第五卷的序言再次声明"其主题是那些本身看起来就值得研究的问题之一"。尽管有人肯定佩服这位作者崇高的知识态度,但他也许会中肯地指出,在阿波罗尼奥斯的时代,对科学或工程没有应用前景的这一优美理论,后来却成为像地球动力学和天体力学这样领域的基础。阿波罗尼奥斯关于极大和极小的定理,实际上是关于圆锥曲线的切线和法线的定理。没有关于抛物线的切线性质的知识,对局部弹道的分析将是不可能的,而且如果不参考椭圆的切线,对行星的路径的研究也是不可想象

的。换言之,正是阿波罗尼奥斯的纯粹数学使得大约 1800 年后牛顿的《自然哲学的数学原理》(*Philosophiae Naturalis Principia Mathematica*) 成为可能;反过来,后者又给了 20 世纪 60 年代的科学家这样的希望:往返月球将成为可能。甚至在古希腊,阿波罗尼奥斯的每一个斜圆锥都有两组圆截线的定理也可以用于制图学上球形区域到平面部分的立体变换中,这被托勒密用过,喜帕恰斯(Hipparchus)可能也用过。在数学的发展中,一些起初只能归为"因为其自身的缘故而值得研究"的主题,常常后来变得对"实践者"有不可估量的价值。

希腊的数学家们没有令人满意的一条曲线 C 上一点 P 处的切线的定义,只是把它看作一条直线 L,使得过点 P 且在 C 和 L 之间不能再画出其他直线。也许正是对这个定义的不满,导致阿波罗尼奥斯没有把曲线 C 过点 Q 的法线定义为一条通过 Q 的直线,使得它在点 P 截曲线 C 并垂直于曲线 C 在点 P 的切线。取而代之的是,他利用了从点 Q 到曲线 C 的法线是使得从点 Q 到曲线 C 的距离相对极大或极小的直线这一事实。例如,在《圆锥曲线论》第五卷的命题 8 中,阿波罗尼奥斯证明了与抛物线的法线相关的一个定理,这个定理现在通常是微积分学课程的一部分。用现代术语,这个定理说抛物线 $y^2 = 2px$ 上任意一点 P 的次法线是常数且等于 p,用阿波罗尼奥斯的语言,这一性质的表述大致如下:

如果 A 是抛物线 $y^2 = px$ 的顶点,G 是这条抛物线的轴上的一点使得 $AG > p$,N 是 A 和 G 之间的一点使得 $NG = p$,若过 N 点作垂直于这条轴的垂线交该抛物线于点 P(图 7.6),那么 PG 是从点 G 到该曲线的极小直线段,因此是该抛物线在点 P 的法线。

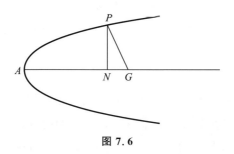

图 7.6

阿波罗尼奥斯给出的证明属于典型的间接法,即证明了如果 P' 是该抛物线上其他任意一点,那么在 P' 从两个方向远离 P 时,$P'G$ 增加。然后他给出了相应的,但更复杂的关于从轴上一点到椭圆或双曲线的法线的定理的证明,并且说明

如果 P 是圆锥曲线上的一个点,那么通过 P 只能画一条法线,不管这条法线被认为是极小还是极大,而且这条法线垂直于过 P 的切线。注意我们作为定义的垂直在这里是被作为定理来证明的,而我们作为定理的极大-极小性质,被阿波罗尼奥斯用作定义。第五卷后面的命题把圆锥曲线的法线这个问题归到一点,作者给出了从一给定的点能向圆锥曲线画多少条法线的准则。这些准则相当于我们描述的圆锥曲线的渐屈线的方程。对于抛物线 $y^2 = 2px$,阿波罗尼奥斯本质上说明了坐标满足三次方程 $27py^2 = 8(x-p)^3$ 的点是抛物线在点 P 和 P' 的法线的交点当 P' 趋近于 P 时的极限位置。亦即,在这条三次曲线上的点是在圆锥曲线上的点的曲率中心(换言之,是该抛物线的密切圆的中心)。在椭圆和双曲线的情形,它们的方程分别是 $x^2/a^2 \pm y^2/b^2 = 1$,对应的渐屈线的方程是 $(ax)^{2/3} \pm (by)^{2/3} = (a^2 \mp b^2)^{2/3}$。

在给出了圆锥曲线的渐屈线的条件之后,阿波罗尼奥斯表明了如何从一点 Q 作一条圆锥曲线的法线。在抛物线 $y^2 = 2px$ 的情形,并且对在该抛物线之外且不在其轴上的点 Q,可以作一条垂直于轴 AK 的直线 QM,量出 $HM = p$,并作垂线 HR 垂直于 HA(图 7.7)。然后,通过 Q 以 HA 和 HR 为渐近线画直角双曲线,与抛物线相交于点 P。直线 QP 就是所求的法线,因为可以通过说明 $NK = HM = p$ 来证明。如果点 Q 位于抛物线之内,除了 P 位于 Q 与 R 之间,作法是类似的。阿波罗尼奥斯还给出了从一点向给定的椭圆或双曲线作法线的作法,同样使用了辅助的双曲线。应当注意到作椭圆和双曲线的法线的方法与作切线的方法不同,所需要的不只是直尺和圆规。按照古人对这两个问题的描述,作圆锥曲线的切线是一个"平面问题",因为圆和直线相交就够了。相比之下,从平面上的任意一点向一给定的有心圆锥曲线作法线是一个"立体问题",因为它不能只利用直线和圆来实现,但可以通过使用立体轨迹(在我们的情形,是一条双曲线)完

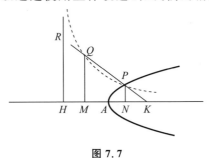

图 7.7

成。 帕普斯后来因为阿波罗尼奥斯作抛物线的法线的方法而严厉批评了他,在
阿波罗尼奥斯的作法中他把它作为一个立体问题,而不是平面问题。 亦即,阿波
罗尼奥斯使用的双曲线本可用圆来代替。 也许阿波罗尼奥斯觉得,在他的法线
作法中,对直线和圆的迷恋应该让位于寻求对这三种圆锥曲线类型的统一方法。

阿波罗尼奥斯把《圆锥曲线论》的第六卷描述为包含关于"圆锥曲线段相等
和不等,相似和不相似的命题,以及我的前辈们遗漏的一些其他问题"。特别是,
在这一卷中你可以找到,如何在一给定的正圆锥中截出一个截线使得到给定的圆
锥曲线。 两条圆锥曲线被说成是相似的,如果距顶点成某一比例的横坐标对应
的纵坐标也成同一比例。第六卷中的一些较容易的命题解释的是所有抛物线都
相似(Ⅵ.11),以及一个抛物线不能相似于一个椭圆或一个双曲线,一个椭圆也不
能相似于一个双曲线(Ⅵ.14,15).其他命题(Ⅵ.26,27)证明,如果任一圆锥被两
个平行的平面截成双曲线或椭圆截线,则这些截线相似但不相等。

第七卷回到了共轭直径的主题以及"很多新的关于截线的直径以及在其上描
述的图形的命题。"这些命题中,有的可以在现代教科书中找到,诸如对下面命
题的证明(Ⅶ.12,13,29,30):

> 在每一个椭圆上以任意两条共轭直径为边的正方形的面积之和,
> 以及在每一个双曲线上以任意两条共轭直径为边的正方形的面积之差,
> 分别等于以其轴为边的正方形的面积之和与差。

还有一个人们熟悉的定理的证明:如果在一个椭圆或一个双曲线的一对共
轭直径的端点上作切线,这四条切线所构成的平行四边形的面积等于以其轴为边
的矩形的面积。人们推测,《圆锥曲线论》失传的第八卷继续讨论类似的问题,因
为在第七卷的序言中,作者写道,第七卷的定理被用来求解第八卷中确定的圆锥
曲线的问题,因此,最后一卷是"作为附录"。

评论

阿波罗尼奥斯的《圆锥曲线论》是一部在广度和深度上都如此非凡的著作,
以至当我们注意到它居然遗漏了一些在我们看来显然很基本的性质时,不免会感
到意外和吃惊。现在当教科书中介绍这些曲线时,焦点起到了突出的作用,然而
阿波罗尼奥斯没有给这些点命名,他只是间接地提到它们。不清楚作者是否知道
现在人们熟知的准线的作用。他似乎知道怎样经过五个点确定一条圆锥曲线,但
这个主题在《圆锥曲线论》中被忽略了。 当然,部分或全部这样令人恼火的遗漏

之所以出现,很可能是因为它们被阿波罗尼奥斯或其他作者们在别的已失传的著作中处理过。如此多的古代数学已经失传,因此说"沉默"并不可靠。

希腊的几何代数学没有给出负量。此外,为了研究给定曲线的性质,在每一种情形,坐标系都是被后验地附加到这条曲线上的。关于希腊几何学,我们可以说方程是由曲线确定的,而不是曲线是由方程定义的。坐标、变量和方程都是从一个特定的几何情形导出的附属概念。有人认为按照希腊人的观点,抽象地把曲线定义为其两个坐标满足给定条件的点的轨迹是不充分的。为了确保一条轨迹事实上就是一条曲线,古希腊人觉得他们有责任将其立体几何式地显示为立体的截线,或者给出运动式的作图。

希腊人对曲线的定义和研究缺乏现代处理的灵活性和广度。尽管在审美上古希腊人是古往今来最有天赋的民族之一,但他们在天空和地球上探索的曲线仅仅是圆和直线的组合。古代最伟大的几何学家阿波罗尼奥斯没有发展解析几何学,可能是曲线贫乏而不是思想贫乏的结果。此外,早期的解析几何学的现代发明者们可使用文艺复兴时期的全部代数学,而阿波罗尼奥斯却不得不用更严格,但远为笨拙的几何代数学工具。

(赵振江　译)

第八章
其他思潮

蜜蜂 …… 天赋异禀,在几何学上具有先见之明 …… 它们知道消耗相同材料建起的六边形蜂巢会比正方形和三角形的大,可以装下更多的蜂蜜。

——亚历山大的帕普斯

改变中的趋势

142　　今天,我们使用"希腊数学"这个约定俗成的词语,会让人觉得它指代一套性质相同又定义明确的学说体系。然而,这个观点可能很具误导性,因为它意味着希腊人只掌握阿基米德-阿波罗尼奥斯式的深奥几何学。我们必须记住,希腊数学的时间段横跨不晚于公元前 600 年到不早于公元 600 年,从爱奥尼亚传播到意大利南部地区、雅典、亚历山大,以及文明世界的其他地区。希腊数学只幸存下来少量著作,较低层次的著作更是少之又少,因此容易掩盖我们对希腊世界数学的了解远不彻底这一事实。

143　　阿基米德死于罗马士兵之手可能是个意外,但这确实是一个不祥之兆。在罗马统治下,佩尔格和锡拉丘兹两地一直都很繁荣,但在其漫长历史中,古罗马对科学和哲学的贡献甚微,对数学的贡献则更小。无论是罗马共和国时期还是罗马帝国时期,罗马人都不好思辨研究和逻辑研究。医学和农业类型的实用技术倒是有些热切发展,描述地理学也颇受青睐。罗马那些惊人的工程项目和历史建筑涉及的科学理论简单易懂,而罗马建筑师满足于基本的经验过程,无意钻研希腊理论思想的伟大宝库。 人们可以从维特鲁威（Vitruvius）的《建筑十书》（*De Architectura*）来判断罗马人对科学的了解程度，这本书写于奥古斯都时代中期，专门献给当时的国王。在书中某处作者描述了在他看来最伟大的三个数学发现：立方体的棱与对角线的不可公度性；边长为 3,4,5 的直角三角形；阿基米德对国王皇冠构成的计算。偶尔有人声称，那些令人印象深刻的工程杰作，如埃及金字塔和罗马大渡槽，意味着高水平的数学成就，但史料并没有证明这一点。

在古希腊，与数学相关的两个主要机构是雅典的柏拉图学院和亚历山大的图书馆，它们在最终消失之前经历了几次方向上的改变。柏拉图学院不再延续柏拉图曾强制的对数学研究的大力支持。到普罗克洛斯时代，新柏拉图主义者重拾对数学的兴趣，归之于数学对他们起到的避难所的作用。亚历山大的博物馆和图书馆已经无法受益于之前托勒密一世和托勒密二世那样的支持，甚至最后一位统治者托勒密，据说喜爱博物馆藏品的克莉奥帕特拉（Cleopatra）可能也无法劝服安东尼（Antony）或凯撒（Caesar）来资助博物馆的学术追求。

埃拉托色尼

当阿基米德把他的著作《方法》寄给亚历山大的埃拉托色尼时，他选择的这位收件人是亚历山大图书馆许多不同研究领域的代表。 埃拉托色尼（Eratosthenes,约前 275— 前 194）是昔兰尼本地人，早年在雅典生活过很长一段时间。他在很多领域，如诗歌、天文学、历史学、数学、竞技上，都有杰出的成就。中年时期，他被托勒密三世召到亚历山大去给他儿子当家庭教师并担任那里的图书馆馆长。

今天，埃拉托色尼最为人所知的是他对地球的测量——这样的估计在古代既不是第一次也不是最后一次，但毫无疑问是最为成功的一次。埃拉托色尼观察到在夏至这一天的正午，太阳的光线直射进塞伊尼的一口深井里。同一时间、同一子午线，在塞伊尼以北 5000 斯塔蒂亚（stadia,古希腊长度单位）的亚历山大，太阳投下的阴影长度表明太阳与天顶的角距是一个圆周的五十分之一。图 8.1 中同位角 $S'AZ$ 和 $S''OZ$ 相等，很显然，地球的周长必定是塞伊尼与亚历山大之间距离的 50 倍。由此得出地球的周长是 250000 斯塔蒂亚。这个测量的精确性如何曾经是学者间争论的主题，部分原因是关于斯塔蒂亚这一长度单位的不同说法。不过，学者们都认同这个测量结果是一个杰出的成就。

144

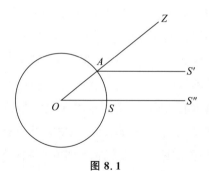

图 8.1

作为很多知识领域的贡献者,埃拉托色尼因"埃拉托色尼筛法"而在数学领域广为人知,这是一种系统分离素数的方法。在按照顺序排列的所有自然数中,只须简单剔除从 2 之后的每个第 2 个数,从 3 之后的每个第 3 个数(指原序列中),从 5 之后的每个第 5 个数,继续以这种方式剔除从 n 之后的每个第 n 个数。剩下的数字,从 2 开始,自然就是素数。埃拉托色尼还写过关于平均数和轨迹的著作,但这些著作都失传了。尽管他的著作《论地球的测量》(*On the Measurment of the Earth*)已不复存在,不过其中的一些细节曾被其他人所保留,这些人包括亚历山大的海伦和托勒密。

角和弦

如同埃拉托色尼在关于数理地理学的著作中那样,亚历山大时代许多天文学家处理的问题都指向建立角和弦之间系统关系的需求。关于弦长的定理本质上是现代正弦定律的应用。

阿利斯塔克

萨摩斯的阿利斯塔克(Aristarchus of Samos,约前 310 — 约前 230)是埃拉托色尼的前辈之一,按照阿基米德和普卢塔赫的说法,阿利斯塔克提出了日心说体系,但是关于这一主题他具体写过什么业已失传。相反,我们有阿利斯塔克可能较日心说更早些时候(约公元前 260 年)的著作《论日月的大小和距离》(*On the Size and Distances of the Sun and Moon*),书中假设了一个以地球为中心的宇宙。在这一著作中,阿利斯塔克做出观测,当月亮半圆时,太阳和月球的视线之间的夹角比直角小四分之一圆周的三十分之一。(360°圆周的系统引入要略晚。)用今天的三角学语言,这意味着,地月距离与地日距离之比(图 8.2 中 ME 与 SE 之比)是 $\sin 3°$。三角函数表还没有被发展出来,阿利斯塔克运用了当时著名的几何定理,这个定理现在会用不等式表达:当 $0° < \alpha < \beta < 90°$ 时,$\dfrac{\sin\alpha}{\sin\beta} < \dfrac{\alpha}{\beta} < \dfrac{\tan\alpha}{\tan\beta}$。

由此他得出结论:$\dfrac{1}{20} < \sin 3° < \dfrac{1}{18}$。因此,他断言地日距离为地月距离的 18 倍以上,但小于 20 倍。这与现代值(略小于 400)相差太远,但比阿基米德归之于欧多克索斯的 9 倍和菲迪亚斯(Phidias,阿基米德的父亲)的 12 倍要更好些。此外,阿利斯塔克所使用的方法是可靠的,只是观测的误差影响了结果,他把角 MES 测成了 $87°$(实际上约为 $89°50'$)。

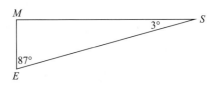

图 8.2

确定了太阳的距离和月亮的距离之比,阿利斯塔克也知道了太阳和月亮的大小也成相同的比例,这是因为太阳和月亮看起来几乎一样大,亦即,在地球上的观察者眼里它们延展的角度差不多相同。在我们所讨论的这篇著作中,这个角给定为 $2°$,但阿基米德把一个准确得多的值 $\left(\dfrac{1}{2}\right)°$ 归功于阿利斯塔克。阿利斯塔克能从这个比计算出与地球大小相对应的太阳和月亮大小的近似值。通过月食的观测,他得出结论:地球在月亮距离处的投影的宽度是月亮宽度的两倍。那么,如果 R_s,R_e 和 R_m 分别是太阳、地球和月亮的半径,并且如果 D_s 和 D_m 分别是太阳和月亮到地球的距离,那么从相似三角形 BCD 和三角形 ABE 中(图 8.3),可得到等比关系 $(R_e - 2R_m)/(R_s - R_e) = D_m/D_s$。如果用近似值 $19D_m$ 和 $19R_m$ 分别取代方程中的 D_s 和 R_s,就得到方程 $(R_e - 2R_m)/(19R_m - R_e) = \dfrac{1}{19}$ 或 $R_m = \dfrac{20}{57}R_e$。这里,阿利斯塔克的实际计算被大大简化了。实际上,他的推理过程更为缜密并推导出结论:

$$\frac{108}{43} < \frac{R_e}{R_m} < \frac{60}{19} \text{ 和 } \frac{19}{3} < \frac{R_s}{R_e} < \frac{43}{6}。$$

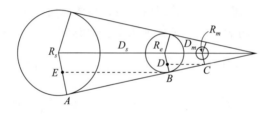

图 8.3

尼西亚的喜帕恰斯

　　大约两个半世纪以来，从希波克拉底到埃拉托色尼，希腊数学家们一直在研究直线与圆之间的关系，并把这些关系应用于各种天文问题，但没有产生系统的三角学。接下来，大概在公元前 2 世纪下半叶，最早的三角函数表应是由天文学家尼西亚的喜帕恰斯（Hipparchus of Nicaea，约前 180— 约前 125）编制出来。阿利斯塔克已经知道，在一个给定的圆中，当角从 180° 递减到 0° 时，弧与弦的比值递减，趋向极限值 1。然而，在喜帕恰斯着手这项工作之前，似乎没有一个人把一连串的角对应的弧和弦的比值列成表格。但也有人认为，阿波罗尼奥斯在这方面的工作可能早于喜帕恰斯，后者对三角学的贡献只是计算了一组比他的前辈们编制得更好的弦长。显然，喜帕恰斯编制表格是为了在他的天文学研究中使用。喜帕恰斯是巴比伦天文学与托勒密的研究之间的一个过渡性人物。他在天文学上的主要贡献是整理了巴比伦人的经验数据，绘制了星表，改进了重要的天文常数（诸如月和年的长度、月亮的大小和黄赤交角的角度），最后还发现了二分点岁差。

　　对 360° 圆周的系统使用不知道是在何时引入数学中的，但这似乎与喜帕恰斯的弦表有很大关联。这可能是他从许普西克勒斯那里继承的，许普西克勒斯早前把黄道分为 360 份，这个细分可能曾经被巴比伦天文学提出过。我们不知道喜帕恰斯是如何编制表的，因为他的著作没有保存下来（除了对阿拉托斯（Aratus）的一首流行的天文学诗所作的评注之外）。他的方法很可能与下面将要描述的托勒密的方法类似，因为亚历山大的赛翁在 4 世纪评论托勒密的弦表时说，喜帕恰斯在更早之前就已经写过一部论述圆的弦的十二卷的著作。

亚历山大的梅涅劳斯

　　赛翁还提到另一部亚历山大的梅涅劳斯（Menelaus，约 100 年）写的讨论《圆

147

中的弦》(*Chords in a Circle*) 的六卷本的专著。后来的希腊和阿拉伯的评注家提到过梅涅劳斯其他的数学和天文学著作，包括《几何原理》(*Elements of Geometry*)，但唯一留存下来的一部著作（而且只有阿拉伯语译文）是他的《球面学》(*Sphaerica*)。在这本书的第一卷，梅涅劳斯建立了球面三角形的基础，类似于欧几里得《原本》第一卷中的平面三角形的基础。书中包括一个在欧几里得的书中没有对应的定理：如果两个球面三角形的对应角相等，那么这两个球面三角形全等（梅涅劳斯没有区分全等球面三角形和对称球面三角形），并且建立了定理 $A + B + C > 180°$。《球面学》的第二卷描述了球面几何学在天文现象中的应用，没有多少数学意义。最后的第三卷包含了著名的"梅涅劳斯定理"，它本质上是典型的希腊式球面三角学——圆中弦的几何或三角学的一部分。在图 8.4 的圆中，我们应该写出弦 AB 是圆心角 AOB 一半的正弦的两倍（乘以该圆的半径）。而梅涅劳斯和他的希腊后辈们把弦 AB 称作弧 AB 所对应的弦。若 BOB' 是圆的直径，那么弦 AB' 是角 AOB 一半的余弦的两倍（乘以该圆的半径）。因此，泰勒斯和毕达哥拉斯的定理（方程 $AB^2 + AB'^2 = 4r^2$）就等价于现代三角恒等式 $\sin^2\theta + \cos^2\theta = 1$。梅涅劳斯可能和他之前的喜帕恰斯一样，熟悉其他的恒等式，其中的两个被他用作引理，来证明他的截线定理。第一个引理可以用现代术语表述如下：在以 O 为圆心的圆内，如果弦 AB 被半径 OD 在点 C 所截（图 8.5），那么 $AC/CB = \sin\widehat{AD}/\sin\widehat{DB}$。第二个引理是类似的：如果弦 AB 的延长线被半径 OD' 的延长线在点 C' 所截，那么，$AC'/BC' = \sin\widehat{AD'}/\sin\widehat{BD'}$。梅涅劳斯在没有证明的情况下假设了这两个引理，大概因为可以从更早的著作中找到它们，可能就在喜帕恰斯关于弦的十二卷的书里。（通过画出 AO 和 BO，从 A 和 B 作 OD 的垂线并利用相似三角形，读者可以很容易地证明这两个引理。）

148

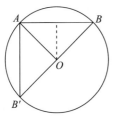

图 8.4

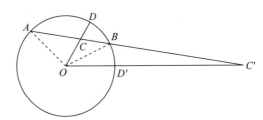

图 8.5

平面三角形情形下的"梅涅劳斯定理"有可能已经为欧几里得所知，也许已经在失传的《衍论》中出现过。在平面状态下，该定理表明，如果三角形的边 AB，

149 BC，CA 被一条横截线分别在点 D，E，F 所截（图 8.6），那么 $AD \cdot BE \cdot CF = BD \cdot CE \cdot AF$。换言之，任意一条直线截三角形的各边，都使得三条不相邻线段之积等于另外三条线段之积。这一定理也可以轻而易举地用初等几何或简单的三角关系证明。梅涅劳斯提出的这个定理在他的同时代人当中众所周知，然而他继续把这一定理扩展到了球面三角形，给出等价形式 $\sin AD\ \sin BE\ \sin CF = \sin BD\ \sin CE\ \sin AF$。如果使用有向线段，而不是绝对量，那么这两个乘积的大小相等，但符号不同。

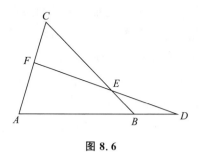

图 8.6

托勒密的《至大论》

目前为止，整个古代最有影响且最为重要的三角学著作是《数学汇集》（*Mathematical Syntaxis*），这是在梅涅劳斯之后的大约半个世纪由亚历山大的托勒密撰写的，全书共十三卷。这部著名的《数学汇集》不同于另一组其他作者（包括阿利斯塔克）的天文学著作，人们把托勒密的著作称为"较大的"汇集，把阿利斯塔克等人的著作称为"较少的"汇集。

由于人们在提到前者的时候经常称它"*megiste*"（意为"至大"），以至于后来在阿拉伯，人们习惯于把托勒密的这部著作称为《至大论》（*Almagest*，"最大的"，也译作《天文学大成》），而且这部著作从此也就以这个名称被人们所知。

与《原本》作者的生平一样，关于《至大论》作者的生平，我们能了解的信息很少。我们知道公元 127 年至 151 年间托勒密在亚历山大从事天文观测，由此推断他出生于公元 1 世纪末。据生活在 10 世纪的一位作者苏达斯所说，在马克·奥勒留（Marcus Aurelius，公元 161 年至 180 年的古罗马帝国的皇帝）统治时期，托勒密尚健在。

人们认为托勒密在《至大论》中使用的方法深深地得益于喜帕恰斯的《圆中

的弦》。托勒密利用了喜帕恰斯传下来的行星位置目录,但我们不能确定他的三角函数表是不是在很大程度上来自他的这位著名的前辈。幸运的是,托勒密的《至大论》能免于时间的摧残,因此,我们不仅有了他的三角函数表,还有了他制表方法的说明。托勒密的弦的计算核心是至今仍以"托勒密定理"命名的几何命题:若 $ABCD$ 为圆的内接(凸)四边形(图 8.7),则 $AB \cdot CD + BC \cdot DA = AC \cdot BD$,亦即,圆的内接四边形对边乘积之和等于对角线之积。通过作 BE,使得角 ABE 等于角 DBC,并且注意三角形 ABE 与三角形 BCD 相似,定理就很容易得证。

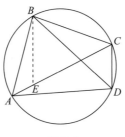

图 8.7

托勒密定理另一个更有用的特例是一边(如 AD)为圆的直径的情况(图 8.8)。那么,若 $AD = 2r$,则 $2r \cdot BC + AB \cdot CD = AC \cdot BD$。若我们设弧 $BD = 2\alpha$ 且弧 $CD = 2\beta$,则 $BC = 2r\sin(\alpha - \beta)$,$AB = 2r\sin(90° - \alpha)$,$BD = 2r\sin\alpha$,$CD = 2r\sin\beta$,$AC = 2r\sin(90° - \beta)$。因此,托勒密定理推导出结果:$\sin(\alpha - \beta) = \sin\alpha\cos\beta - \cos\alpha\sin\beta$。同理可得公式 $\sin(\alpha + \beta) = \sin\alpha\cos\beta + \cos\alpha\sin\beta$,以及类似的一对公式 $\cos(\alpha \pm \beta) = \cos\alpha\cos\beta \mp \sin\alpha\sin\beta$。因此,这四个和差公式今天通常称为托勒密公式。

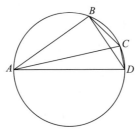

图 8.8

托勒密发现的差的正弦公式,或者更准确地说,是差的弦,在他编制三角函数表时尤其有用。另一个对他来说发挥很大作用的公式相当于我们的半角公式。给定圆上一段弧的弦，托勒密发现该弧的一半的弦有如下性质：设 D 是以 $AC = 2r$ 为直径的圆上的弧 BC 的中点（图 8.9），设 $AB = AE$，又设 DF（垂直地）平分 EC。那么，不难证明 $FC = \frac{1}{2}(2r - AB)$。但从初等几何学可知 $DC^2 = AC \cdot FC$，由此得出 $DC^2 = r(2r - AB)$。若我们设弧 $BC = \alpha$，则 $DC = 2r\sin\alpha/2$ 且 $AB = 2r\cos\alpha$。因此，就有了我们熟悉的现代公式 $\sin\alpha/2 = \sqrt{(1 - \cos\alpha)/2}$。换言之，若任意弧的弦长已知，则该弧的一半的弦长也已知。现在，托勒密就有能力构建一个尽可能精确的弦表，因为他已经有了与我们的基本公式等价的公式。

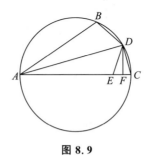

图 8.9

360 度的圆周

我们应该记得从喜帕恰斯的时代直到近代，一直不存在三角"比"这样的东西。希腊人以及他们之后的印度人和阿拉伯人使用三角"线"。正如我们已经看到的，这些三角线起初采用圆内弦的形式，是托勒密把数值（或近似值）与弦长联系起来了。为此，需要做出两个约定：(1) 细分圆周的某一方案；(2) 细分直径的某一法则。自喜帕恰斯时代以来，希腊似乎就一直把圆周分为 360 度，尽管尚不清楚这一约定是如何产生的。360 度的度量可能来自天文学，那里黄道带被分为 12"宫"或 36"旬星"。通过把每个宫分为 30 份，把每个旬星分为 10 份，一个大致 360 天的四季循环可以很容易与黄道带的宫和旬星体系对应起来。我们常用的角度测量体系可能就源自这一对应关系。此外，由于巴比伦人表示分数（小数）的位值系统明显优于埃及人的单位分数和希腊人的普通分数（小数），托勒密自然就把他的 1 度细分为 60 份 *partes minutae primae*（第一小部分），再将后者中的每一个细分为 60 份 *partes minutae secundae*（次小部分），并以此类推。我们今天所使用的两个词"分"(minute) 和"秒"(second) 就源自翻译者在这种关系中使用的这两个拉丁文短语。

托勒密的弦语言可以很容易地通过下面的简单关系转换为我们的三角恒等式：

$$\sin x = \frac{\text{chord}\,2x}{120} \ \text{和}\ \cos x = \frac{\text{chord}(180°-2x)}{120}。$$

公式 $\cos(x \pm y) = \cos x \cos y \mp \sin x \sin y$ 变成（chord（弦）缩写为 cd）

$$cd\overline{2x \pm 2y} = \frac{cd\overline{2x}\,cd\overline{2y} \mp cd\,2x\,cd\,2y}{120},$$

这里弧（角）上的一条线表示余弧。要注意，不仅角和弧，而且它们的弦长，都是用六十进制表示的。事实上，每当古代学者们希望有一个近似值的精确体系，他们就会借助六十进制来表示分数（小数）部分。这使得人们用短语"天文学家的分数（小数）"和"物理学家的分数（小数）"来区分六十进制分数（小数）和普通分数（小数）。

表的构造

确定了度量体系之后，托勒密就能在该体系内计算角的弦长。例如，因为参考圆的半径包含 60 个部分，所以一段 60 度弧的弦也包含 60 个部分。120° 的弦长为 $60\sqrt{3}$ 或约为 103 个部分加 55 分 33 秒，或者，用托勒密的爱奥尼亚记数法或字母记数法记为：$\rho\gamma^{\text{p}}\upsilon\varepsilon'\lambda\gamma''$。现在，托勒密可以用他的半角公式求 30° 的弦长，然后求 15° 的弦长，以此类推，可以求更小弧度的弦长。然而，他宁愿推迟这一公式的应用，取而代之去计算 36° 和 72° 的弦长。他使用了《原本》第十三卷的命题 9，该定理表明：内接于同一圆的正五边形的一边、正六边形的一边和正十边形的一边，构成了一个直角三角形的各边。顺便说一句，欧几里得的这一定理为托勒密的圆内接正五边形的优美构造提供了依据。令 O 为圆心，AB 为直径（图 8.10）。那

153

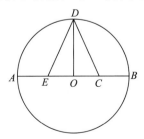

图 8.10

么，如果 C 为 OB 的中点且 OD 垂直于 AB，若取 CE 等于 CD，则直角三角形 EDO 的各边为该圆内接正五边形、正六边形和正十边形的边长。接着，若半径 OB 包含 60 个部分，从正五边形和黄金分割的性质得出：36° 的弦 OE 长为 $30(\sqrt{5}-1)$ 或约为 37.083 或 $37^{p}4'5''$ 或 $\lambda\zeta^{p}\upsilon\varepsilon''$。 根据毕达哥拉斯定理，72° 的弦长为 $30\sqrt{10-2\sqrt{5}}$，或约等于 70.536 或 $70^{p}32'3''$ 或 $o^{p}\lambda\beta'\gamma''$。

知道了圆内 s 度弧的弦长后，通过泰勒斯和毕达哥拉斯的定理就容易地得出 $180°-s$ 度弧的弦长，因为 $cd^{2}\overline{s}+cd^{2}s=120^{2}$。因此，托勒密得出了 36° 和 72° 余弧的弦长。此外，利用求两段弧之差的弦长公式，他从 72° 和 60° 的弦长，得出了 12° 的弦长。接着，通过连续应用半角公式，他得出了 $6°,3°,\left(1\dfrac{1}{2}\right)°$ 和 $\left(\dfrac{3}{4}\right)°$ 的弧的弦长，其中最后两个弧的弦长分别是 $1^{p}34'15''$ 和 $0^{p}47'8''$。通过在这些值之间的线性内插，托勒密得出了 1° 的弦长为 $1^{p}2'50''$。通过使用半角公式，或者由于这个角非常小，只是简单地除以了 2，他发现 30′ 的弦长为 $0^{p}31'25''$。这相当于说 sin30′ 等于 0.00873，它几乎精确到了 6 位小数。

当然，托勒密得出的 $\left(\dfrac{1}{2}\right)°$ 的弦长是内接于半径为 60 单位的圆的正 720 边形的边长。尽管阿基米德的正 96 边形得出 $\dfrac{22}{7}$ 为 π 的近似值，但托勒密的值等价于 $6(0^{p}31'25'')$ 或 3;8,30。托勒密在《至大论》中使用的 π 的近似值和 $\dfrac{377}{120}$ 一样，这与十进制值 3.1416 等价。阿波罗尼奥斯可能更早就给出了这个值。

托勒密的天文学

具备弦长的和差公式、半弧的弦长公式以及 $\left(\dfrac{1}{2}\right)°$ 弦长的准确值后，托勒密接下来编制了从 $\left(\dfrac{1}{2}\right)°$ 弧到 180° 弧的间隔 $\left(\dfrac{1}{2}\right)°$ 的精确到最临近秒的弦长表。这实际上就是从 $\left(\dfrac{1}{4}\right)°$ 到 90° 每隔 $\left(\dfrac{1}{4}\right)°$ 的正弦表。这张表是《至大论》第一卷的重要组成部分，一千多年来一直是天文学家们的必备工具。这部著名的著作的其余十二卷除了其他内容外，还包含以托勒密体系著称的行星均轮和本轮的漂亮的先进理论。像阿基米德、喜帕恰斯以及大多数其他古代伟大的思想家一样，托勒密假设了一个本质上以地球为中心的宇宙，因为运动的地球似乎会面临困难，诸如

154

缺乏明显的恒星视差,而且似乎与地面上的动力学现象不一致。跟这些问题相
比,天天旋转的"固定"恒星的球需要大得惊人的速度这件事就变得不那么重
要了。

柏拉图曾给欧多克索斯提出了"拯救现象"的天文学问题,亦即,制造一种数
学装置,比如匀速圆周运动的组合,作为行星视运动的模型。数学家们在很大程
度上抛弃了欧多克索斯的同心球体系,转而偏向阿波罗尼奥斯和喜帕恰斯的均轮
与本轮体系。反过来,托勒密对后者的方案进行了一次根本性的修改。首先,他
把地球从均轮的中心移开一些,于是就得到了偏心的轨道。这样的改变在他之前
就已经有人做出过,但托勒密引入了新奇的东西,其科学含义非常激进,以至于后
来的尼古拉斯·哥白尼都不能接受,尽管这种被称为偏心等距点的装置有效地重
现了行星的运动。经过各种尝试,托勒密未能排列出与人们所观察到的行星运动
相一致的均轮、本轮和偏心轮体系。他的解决办法是抛弃希腊人坚持的匀速圆周
运动,而引入一个几何学上的点,即与地球 G 及本轮的中心 C 共线的偏心等距点
E,使得从 E 观察,行星 P 沿着以 Q 为中心的本轮的视角运动是匀速的
(图 8.11)。通过这种方式,托勒密实现了对行星运动的精确描述,但是这一装置
当然只是运动学的,并没有尝试回答由于非匀速的圆周运动引起的动力学问题。

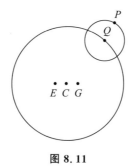

图 8.11

托勒密的其他著作

托勒密今天的名声在很大程度上系于一部单一的著作《至大论》,但托勒密还
有其他一些著作。其中比较重要的著作是八卷本的《地理学》(*Geography*),这本
书在他的时代是地理学家的圣经,就像《至大论》是天文学家的圣经一样。托勒
密的《地理学》引入了我们今天所使用的经、纬体系,描述了地图投影的方法,并
编录了大约 8000 个城市、河流及其他重要地貌。不幸的是,在那个时代没有令人

满意的确定经度的方法，因此大量的错误不可避免。甚至更严重的是，在估算地球的大小时，托勒密似乎做了一个差的选择。他没有接受埃拉托色尼给出的数字252000斯塔蒂亚，而是选择了斯多葛学派的波西多纽（Posidonius）提出的180000斯塔蒂亚，后者是庞培（Pompey）和基凯罗（Cicero）的老师。因此，托勒密认为，已知的欧亚世界在地球周长上所占比例比实际要大——在经度上超过180°，而实际上只有130°。这个大错让后来包括哥伦布（Columbus）在内的航海家们误以为，从欧洲向西去印度的航程并不如后来发现的那么远。倘若哥伦布知道托勒密对地球的低估有多么离谱的话，他可能永远也不会启航。

托勒密的地理学方法，理论优于实践，因为在不同的专著中托勒密描述了两种类型的地图投影，这些专著只是通过从阿拉伯文到拉丁文的译本才保存了下来。《日晷》（Analemma）解释了正射投影，这是我们拥有的关于这一方法最早的说明，尽管喜帕恰斯可能曾使用过这种方法。在这个从球面向平面的变换中，球面上的点被垂直地投影到三个互相垂直的平面上。在《平球论》（Planisphaerium）中，托勒密描述了球极平面投影，在这一投影中，球面上的点通过从该球的一个极点引出的直线投影到一个平面上——在托勒密的情形中，是从南极到赤道平面的投影。他知道，在这样的一个变换之下，不通过投影极点的一个圆会被投影为平面上的一个圆，而通过该极点的一个圆则被投影为一条直线。托勒密还知道这样一个事实，变换是共形的，亦即角保持不变。托勒密对地理学的重要性可以通过下面这个事实来衡量：以手稿形式传下来的中世纪最早的地图（没有一幅早于13世纪），都是以在其一千多年前托勒密绘制的地图为蓝本。

光学与占星术

托勒密还写过一本《光学》（Optics），以来自阿拉伯译本的拉丁文版本不完美地保存下来。该书利用镜像几何以及折射定律的早期尝试处理了视觉的物理学和心理学。

如果不提托勒密的《占星四书》（Tetrabiblos 或 Quadripartitum），对他著作的叙述就不会完整，因为这本书向我们展示了古代学术中我们易于忽视的一面。《至大论》确实是一个运用出色的数学和精确的观察数据构建理性的科学天文学的典范，但《占星四书》（或分为四卷的一部著作）建立了一种古代大部分世界都屈从的恒星"宗教"。在《占星四书》中，托勒密争辩说，人们不应该因为有出错的可能性就抵制占星师，就像不应该因为有出错的可能性就抵制医师一样。

《占星四书》与《至大论》不同,不仅仅是因为占星术不同于天文学,还因为这两部著作也利用了不同类型的数学。后者很好地利用了希腊的综合几何,而前者说明当时的大众更关心算术计算而非理性思考。至少从亚历山大大帝时代到古典世界的终结,希腊与美索不达米亚之间无疑有很广泛的交流,而且显然巴比伦人的算术和代数几何学持续对希腊世界施加可观的影响。另一方面,直到被阿拉伯人征服之后,美索不达米亚才开始接受希腊人的演绎几何学。

亚历山大的海伦

在数学史上,亚历山大的海伦最有名的就是以他的名字命名的三角形面积公式:

$$K = \sqrt{s(s-a)(s-b)(s-c)},$$

这里 a, b, c 是三角形的各边,s 是三边之和的一半,即半周长。阿拉伯人告诉我们,阿基米德早就知道"海伦公式",无疑他给出了证明,但我们拥有的最早的证明是海伦在《度量论》(Metrica)中给出的证明。虽然现在通常使用三角学来推导这个公式,但海伦的证明用的是传统的几何学。像阿基米德的《方法》一样,《度量论》也失传已久,直到 1896 年才在君士坦丁堡的一个年代约是 1100 年的手稿上被重新发现。"几何学"这个词最初的意思是"土地测量",但古典几何学,诸如在欧几里得的《原本》和阿波罗尼奥斯的《圆锥曲线论》中发现的那种几何学,与通常的测量相去甚远。另一方面,海伦的著作向我们展示了,希腊数学并不全是"古典"类型。对图形结构的研究明显存在两个层面,类似于在数值方面对算术(或数论)和计算术(或计算技术)的区分,其中一个层面非常理性,可以被称为几何学,另一个极具实用性,也许更适合称之为测地学。巴比伦人缺乏前者,但擅长后者,海伦的这部著作本质上是巴比伦人那种类型的数学。确实,《度量论》中偶尔也有证明,但这部著作的主体部分是关于求长度、面积和体积的数值例子。他的结果与那些在古代美索不达米亚人的问题集中发现的结果有惊人的相似。例如,海伦给出了与边长 s_n 的平方有关的正 n 边形的面积 A_n 的表,从 $A_3 = \frac{13}{30}s_3^2$ 开始,直到 $A_{12} = \frac{45}{4}s_{12}^2$。与前希腊的数学一样,海伦也没有区分准确结果和近似结果。

海伦在他的另一部著作《几何学》(Geometrica)中所提出和解决的某些问题,

可以清楚地说明区分古典几何与海伦的测量法的鸿沟。有一个问题是在给定一个圆的直径、周长和面积之和的条件下，分别求这三个量。欧多克索斯的公理会把这个问题排除在理论考虑之外，因为这三个量的维数不同，但从不太严格的数值的观点来看，这个问题是讲得通的。而且，海伦并没有在一般的情况下来解这个问题，而是再次从前希腊的方法中得到提示，选择这三个量之和为 212 的特例。他的解答也像古代的方法一样，只给出步骤而没给出理由。通过取阿基米德的 π 值，并使用巴比伦人解二次方程的配方法，容易得出直径是 14。海伦只给出了简洁的说明："212 乘以 154，加上 841，取平方根并减去 29，再除以 11。"这完全不是讲授数学的方式，相反，海伦的书原本就打算用作实践者的手册。

158 　　海伦很少关注答案的唯一性，就像他很少关注量的维度一样。他给出了一个问题：如果直角三角形的面积与周长之和为 280，求直角三角形的各边长。当然，这是一个不定问题，但海伦利用阿基米德的三角形面积公式，只给出了一个解。用现代的符号表示，若 s 为该三角形的半周长且 r 是其内切圆的半径，则 $rs + 2s = s(r+2) = 280$。他遵循自己的老一套法则——"总是寻找因子"，选择 $r+2=8$ 且 $s=35$。那么，面积 rs 等于 210。但这个三角形是直角三角形，因此斜边 c 等于 $s-r$ 或 $35-6$ 或 29，两边 a 和 b 之和等于 $s+r$ 或 41。那么，很容易得出 a 和 b 的值分别是 20 和 21。海伦没有提 280 的其他因子分解，当然，其他分解会得出其他答案。

最短距离原理

　　海伦对一切形式的测量，无论是在光学和力学，还是测地学中都感兴趣。欧几里得和亚里士多德（也许还有柏拉图）已经知道光的反射定律，但正是海伦通过一个简单的几何论证在《反射光学》(Catoptrics) 中表明，入射角与反射角相等是亚里士多德原理 —— 大自然总是用最省力的方式做事的结果。亦即，如果光从光源 S 射向镜面 MM'，然后再到观察者的眼睛 E（图 8.12），那么，最短的可能的路径 SPE 是使得角 SPM 与角 EPM' 相等的路径。通过作 SQS' 垂直于 MM' 且 $SQ = QS'$，比较路径 SPE 和路径 $SP'E$，显然可知，没有其他路径 $SP'E$ 能与 SPE 一样短。由于路径 SPE 和 $SP'E$ 的长度分别等于路径 $S'PE$ 和 $S'P'E$ 的长度，又由于 $S'PE$ 是一条直线（因为角 $M'PE$ 等于角 MPS），因此 $S'PE$ 是最短的路径。

　　在科技史上，海伦作为一个发明家被人铭记：他发明了一种原始类型的蒸汽

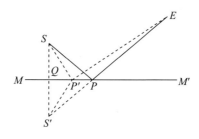

图 8.12

机，在他的《气体力学》（*Pneumatics*）中就有相关具体描述；他发明了温度计的前身；他还发明了基于液体性质和简单机械定律的各种玩具和机械装置。在《力学》（*Mechanics*）中他提出了一个简单的机械（斜面）定律（很巧妙，但不正确），其原理甚至难倒了阿基米德。他的名字也与求平方根的"海伦算法"联系在一起，但实际上，这一迭代算法要归功于比他的时代早 2000 年的巴比伦人。尽管海伦显然学习了很多美索不达米亚的数学，但他似乎没有认识到小数位值原理的重要性。在天文学和物理学，六十进制的小数成了学者的标准工具，但很有可能一直不为普通人所知。在某种程度上，希腊人使用普通分数，起初是把分子放在分母的下面，后来才把位置颠倒了过来（没有把分子分母分开的那条线），但是为实践者写作的海伦似乎更喜欢单位分数。25 除以 13，他把答案写作 $1+\dfrac{1}{2}+\dfrac{1}{3}+\dfrac{1}{13}+$

$\dfrac{1}{78}$。在海伦的时代之后，古埃及人对单位分数的迷恋至少在欧洲持续了一千年。

希腊数学的衰落

从喜帕恰斯到托勒密的这段时期，横跨了三个世纪，是应用数学兴起的时期。有时人们认为，当数学与现实世界的工作密切联系时，它的发展最为有效，但我们正在考虑的这个时期却支持相反的论点。从喜帕恰斯到托勒密，天文学、地理学、光学和力学都有进展，但数学除了三角学外没有任何重要的发展。有人把这一衰落归咎于希腊几何代数学的不足和困难，另一些人则把它归因于罗马人对数学兴趣索然。无论如何，在三角学和测量学走上前台的这个时期以缺乏进步为特征，然而恰恰是希腊数学的这些方面最吸引印度和阿拉伯的学者，他们充当了通向现代世界的桥梁。不过，在转向这些人之前，我们必须看看希腊数学的小阳春,有时候被称为"白银时代"。

我们接着考虑的时期,从托勒密到普罗克洛斯,几乎横跨四个世纪(从 2 世纪到 6 世纪),但我们的叙述很大程度上局限于现在仅有部分内容保存下来的两部主要的著作以及一些重要性较小的著作。

格拉萨的尼科马库斯

应该记得在古希腊,"算术"这个词的意思是数论,而非计算。通常,希腊算
160 术与哲学的共同之处多于它与我们所认为的数学的共同之处。因此,这一学科在亚历山大后期的新柏拉图主义中起了重要作用。 格拉萨的尼科马库斯(Nicomachus of Gerasa)的《算术导论》(*Introductio Arithmeticae*)尤其如此,他属于新毕达哥拉斯学派,大约公元 100 年生活在耶路撒冷附近。这位作者有时候被认为有叙利亚人的背景,但希腊哲学的倾向无疑主导了他的著作。我们所拥有的尼科马库斯的《算术导论》只包含两卷,这很有可能只是一个删节的版本,原版是内容更广泛的著作。无论如何,在这种情况下可能的损失远没有丢番图的《算术》(*Arithmetica*) 中七卷的损失那么让人惋惜。就我们所知,尼科马库斯的数学能力有限且只关心数的最基本的性质。这部著作的水平也许能从下面这个事实来判断:作者发现,包含一个直到 ι 乘 ι (亦即,10 乘 10) 的乘法表是便利的。

尼科马库斯的《算术导论》以先前的毕达哥拉斯学派把数分为偶数和奇数的分类开始,然后分为偶的偶数(2 的幂)、偶的奇数($2^n \cdot p$,这里 p 是奇数,且 $p > 1$, $n > 1$) 和奇的偶数($2 \cdot p$,这里 p 是奇数,且 $p > 1$)。还定义了素数、合数及完满数,并描述了埃拉托色尼筛法,并列出了前 4 个完满数(6,28,496 和 8128)。这部著作还包括比和比的组合的分类(整数比在毕达哥拉斯学派的音程理论中必不可少),对二维和三维形数(这在毕达哥拉斯学派的算术中很突出)的广泛讨论,以及对各种平均数(又是毕达哥拉斯学派的哲学中一个深受喜爱的主题)的详细描述。如其他一些作者那样,尼科马库斯也把 3 视为严格意义上的第一个数,因为 1 和 2 实际上只是数字系统的生成元。对尼科马库斯来说,数字具有诸如好与坏、老与少这样的性质,它们还可以传递特征,就像父母传递给后代那样。尽管有这样的算术拟人化作为背景,《算术导论》依然包含了比较复杂的定理。尼科马库斯注意到,如果奇数按照这样一种方式分组:1,3 + 5,7 + 9 + 11,13 + 15 + 17 + 19,…,那么这些连续和是整数的立方。这个观察结合早期毕达哥拉斯学派认识到

的前 n 个奇数之和是 n^2 可推出:前 n 个完全立方数之和等于前 n 个整数之和的平方。

亚历山大的丢番图

我们已经看到,希腊数学并非一成不变地处于一个高水平之上,因为公元前 3 世纪的光荣时期紧接着是一次衰退,托勒密时代也许在某种程度上遏制了这一衰退的势头,但直到大约公元 250 年到公元 350 年"白银时代"的那一百年,才有效逆转。这一时期的开始,也被称为亚历山大后期,我们发现了最重要的希腊代数数学家亚历山大的丢番图;这一时期快要结束时,出现了最后一位重要的希腊几何学家亚历山大的帕普斯。从欧几里得的时代(约公元前 300 年)一直到希帕蒂娅(Hypatia)的时代(公元 415 年),没有哪座城市像亚历山大那样,长时间成为数学活动的中心。

对于丢番图的生平,我们完全没有把握,以至于我们不确定他到底生活在哪个世纪。人们一般认为,他的鼎盛时期大约在公元 250 年。根据一部名为《希腊诗文集》(Greek Anthology)(后面有进一步的说明)的问题集记述的传说:

> 上帝赐予他的童年占一生的六分之一,而又过了一生的十二分之一,他的双颊长出茸毛。再过七分之一,他点燃了他的婚姻之光,结婚五年后上帝赐了他一个儿子。唉! 这个姗姗来迟的可怜孩子,只活了他父亲一半的寿命,冷酷无情的命运之神便将他带走。他用数的科学慰藉自己的悲伤,四年之后他的生命走到了尽头(Cohen and Drabkin 1958;p. 27)。

如果这个谜语从历史的角度来说是准确的,那么根据这个传说,丢番图活到了 84 岁。

丢番图常常被称作代数之父,但我们将会看到,不能从字面上理解这一称号。他的著作根本不是构成现代初等代数基础的那类材料,也和在欧几里得《原本》中发现的几何代数不同。我们所知道的丢番图的主要著作是《算术》,这本著作原有十三卷,只有前六卷保存了下来。

丢番图的《算术》

丢番图的《算术》是以高度的数学技巧和独创性为特征的著作。在这方面,这本书可以跟亚历山大早期的伟大经典著作相比。然而它实际上与那些经典著

161

作几乎毫无共同之处，或者说，事实上与任何传统的希腊数学毫无共同之处。它本质上代表了一个新的分支，并且使用了不同的研究方法。它脱离了几何学的方法，在很大程度上与巴比伦人的代数学非常相似。但巴比伦的数学家们主要关心直到三次的确定方程的近似解，而丢番图的《算术》（就我们有的这部分而言）几乎完全致力于方程的精确解，既包括确定方程，也包括不定方程。由于《算术》中特别强调了不定问题的解，因此，处理有时被称为不定分析的这一论题的学科，自此以后被称为丢番图分析。

现在的代数学几乎完全建立在符号表述形式的基础上，而不是基于平常交流所使用的习惯性的书面语言，早期的希腊数学和希腊文学都是用这样的书面语言来表达。据说，代数学的历史发展可以被分为三个阶段：(1) 修辞阶段或早期阶段，在这一阶段，所有内容都用文字完整写出；(2) 缩写阶段或中间阶段，在这一阶段，有些缩写被采用；(3) 符号阶段或最后阶段。当然，代数学的发展分为三个阶段的这一随意划分，是未经深思熟虑的过度简化，但它可以有效地对已发生过的事情做初步的近似。在这样一个框架内，丢番图的《算术》被归为第二类。

在《算术》一书幸存下来的全部六卷中，对于数的幂，以及关系和运算都存在缩写的系统使用。未知数被一个类似于希腊字母 ς 的符号来表示（大概是 "arithmos"（算术）的最后一个字母），这个数的平方以 Δ^{γ} 形式出现，立方是 K^{γ}，四次幂被称为平方-平方表示为 $\Delta^{\gamma}\Delta$；五次幂或平方-立方，表示为 ΔK^{γ}；六次幂或立方-立方，表示为 $K^{\gamma}K$。丢番图熟悉等价于我们的指数定律的组合规则。丢番图的缩写与现代代数学符号之间的主要差别是他缺少表示运算和关系的特殊符号以及指数符号。

丢番图问题

如果我们主要考虑符号使用的问题，那么丢番图就该获得代数学之父的称号，但就动机和概念而言，这一称号就不太合适了。《算术》不是对代数运算、代数函数或代数方程的解的系统阐述。相反，它是 150 个问题的汇集，尽管也许有将方法推广的打算，却全用具体的数字实例给出解答，没有公理上的发展，也没有努力找出所有可能的解。他在确定问题和不定问题之间没有做出明确的区分，而且对解的个数通常无限的不定问题，也只给出一个答案。丢番图在求解涉及几个未知数的问题时，只要有可能，就巧妙地仅用它们中的一个未知量表达所有未知量。

丢番图在不定分析中使用了几乎一样的方法。在一个问题中，要求两个数，使得任意一个数加上另一个数的平方都会产生一个完全平方。这是典型的丢番图分析的例子,在这个例子中,仅接受有理数作为答案。在求解这个问题时,丢番图没有把这两个数设为 x 和 y,而是设为 x 和 $2x+1$。在这里,无论 x 取何值,当第二个数加上第一个数的平方时,都会产生一个完全平方数。现在,还需要$(2x+1)^2+x$ 必须是一个完全平方数。这里,丢番图没有指出可能有无穷多个答案,而仅仅满足于选择完全平方数的一个特例,在本例中这个数是$(2x-2)^2$,使得当等于$(2x+1)^2+x$ 时,可以得到 x 的线性方程。这里,结果是 $x=\dfrac{3}{13}$,因此另一个数 $2x+1$ 就是 $\dfrac{19}{13}$。当然也可以使用$(2x-3)^2$ 或$(2x-4)^2$,以及类似形式的表达式代替$(2x-2)^2$,从而得出满足给定性质的另外一对数。这里,我们看到了丢番图著作中一个接近"方法"的手段:当两个数要满足两个条件时,选择两个数使得其中一个条件被满足,然后转换为求满足另一个条件的问题。亦即,丢番图是用逐次处理条件解决问题,而不是求解两个未知数的联立方程,因此在书中只会出现一个未知数。

丢番图在代数学中的地位

《算术》的不定问题中有一些涉及诸如 $x^2=1+30y^2$ 和 $x^2=1+26y^2$ 这样的方程,它们就是所谓的"佩尔方程"$x^2=1+py^2$ 的实例。再一次,丢番图认为一个答案就足够了。从某种意义上说,批评丢番图只满足于一个答案并不公平,因为他在求解问题,而不是求解方程。《算术》并不是一本代数学教科书,而是一本代数学应用的问题集。在这方面,丢番图是和巴比伦的代数学家一样的,但他的数是完全抽象的,没有像埃及人和美索不达米亚人的代数学那样,涉及谷物的测量、田地的大小或货币单位。此外,他只对精确的有理数解感兴趣,而巴比伦人倾向于计算,并愿意接受方程的无理数解的近似值。

我们不知道《算术》中有多少问题是原创的,也不知道丢番图是否借鉴了其他类似的问题集。也许,《算术》中的有些问题或方法追溯起来是源自巴比伦,因为难题和练习有一代代重复出现的情况在。对今天的我们来说,丢番图的《算术》看上去非常具有原创性,但也许是能与之媲美的问题集都已经失传,才让人有了这一印象。说明丢番图可能并非我们想象的那样一个孤立的人物的证据出现在一本大约公元 2 世纪初期的问题集(因此可能早于《算术》)中,这本问题集里出现了丢番图使用的一些符号。尽管如此,丢番图对现代数论的影响比希腊其他非几何数学家都要大。特别是，皮埃尔·德·费马（Pierre de Fermat）正是在试图推广他在丢番图的《算术》中读到的一个问题（II.8）——把一个给定的平方分成两个平方时，被引向了他的著名的"大"定理或"最后"定理。

亚历山大的帕普斯

丢番图的《算术》是一部杰出的作品，配得上写出它的那个复兴时期，但就动机和内容而言，它和亚历山大初期伟大的几何学三巨头的那些美妙的逻辑著作大相径庭。比起演绎性阐述，代数学似乎更适合用于解题，因而丢番图的伟大著作一直处于希腊数学的主流之外。丢番图的一部关于多边形数的次要著作与早期希腊人的兴趣更接近，但即便是这部著作也不能认为接近了希腊人的逻辑理想。自从阿波罗尼奥斯在四百多年前去世之后，古典几何学一直找不到热心的支持者，除了梅涅劳斯可能是个例外。但在戴克里先（Diocletian）统治时期（284—305），又一位生活在亚历山大的学者被欧几里得、阿基米德和阿波罗尼奥斯拥有的那种精神所感动。

《数学汇编》

在大约公元 320 年，亚历山大的帕普斯撰写了一部题为《数学汇编》的著作，这部著作很重要，有以下几个原因。首先，它提供了部分希腊数学的最有价值的历史记录，否则我们将不知道这些内容。例如，正是在《数学汇编》第五卷中，我们得知阿基米德发现了 13 个半正多面体或"阿基米德多面体"。其次，《数学汇编》还包括了欧几里得、阿基米德、阿波罗尼奥斯和托勒密的著作中一些命题另外的证明和补充引理。最后，这部著作包括了在更早的著作中都找不到的新的发现和推广。帕普斯最重要的著作《数学汇编》包含八卷，但第一卷和第二卷的第一部分现在已经失传。

《数学汇编》的第三卷表明，帕普斯完全和古典时期的希腊人一样，欣赏几何学优美的逻辑严密性。在这里，他明确区分了"平面""立体"和"线性"问题：第一类问题只能用圆和直线来构造，第二类问题可以通过使用圆锥曲线解决，而最后一类问题需要除直线、圆和圆锥曲线之外的曲线解决。接着，帕普斯描述了古代三大著名问题的一些解法，倍立方和三等分角属于第二类问题或立体问题，化圆为方是一个线性问题。这里，帕普斯实际上断言了这些古典问题在柏拉图的条件下不

165

可能求解的事实,因为它们不属于平面问题,但严格的证明直到 19 世纪才给出。

在第四卷中,帕普斯再一次坚持认为,人们应该给出适合问题的解法。亦即,不应该用线性轨迹来解立体问题,或者平面问题不应该用立体轨迹或线性轨迹来解。他断言三等分角是一个立体问题,所以他建议利用圆锥曲线的方法,而阿基米德在一个实例中使用了二刻尺作图,或者滑动直尺式作图,在另一个实例中则使用了螺线,它是线性轨迹。帕普斯的一种三等分角的作法如下。设给定角 AOB 被放置在一个以 O 为圆心的圆中(图 8.13),并设 OC 是该角的平分线。画以 A 为焦点的双曲线,OC 是对应的准线,且使离心率等于 2。那么,这条双曲线的一个分支会在点 T 与圆相交,使得 $\angle AOT$ 为 $\angle AOB$ 的三分之一。

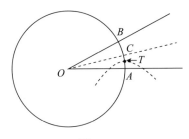

图 8.13

帕普斯提出的第二种三等分角的作法利用了等边双曲线,作法如下。设给定角 AOB 的边 OB 是矩形 $ABCO$ 的对角线,过 A 点以 BC 和 OC(的延长线)为渐近线画等边双曲线(图 8.14)。以 A 为圆心,以 OB 的两倍长为半径画圆,交双曲线于点 P,并过 P 作 PT 垂直于 CB 的延长线。那么,利用双曲线的性质容易证明,通过 O 和 T 的直线平行于 AP 且 $\angle AOT$ 是 $\angle AOB$ 的三分之一。帕普斯没有给出他的三等分角作法的根源,我们不禁想要知道阿基米德是否知道三等分角的这种作法。如果我们过 B 点画以 OT 为直径,以 M 为圆心的半圆,那么我们基本上有了阿基米德的二刻尺作图,因为 $OB = QM = MT = MB$。

166

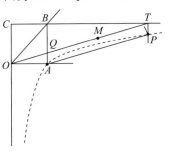

图 8.14

在第三卷中,帕普斯也描述了平均数理论,并给出了一个引人入胜的作法,这个作法把算术平均、几何平均和调和平均包含在单个半圆中。帕普斯证明,如果在以 O 为圆心的半圆 ADC 中(图 8.15), $DB \perp AC$ 且 $BF \perp OD$,那么 DO 是 AB 和 BC 的算术平均, DB 是它们的几何平均,且 DF 是它们的调和平均。在这里帕普斯宣称自己只是给出了证明,而把这个图归功于一位无名的几何学家。

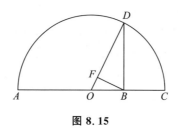

图 8.15

帕普斯定理

帕普斯的《数学汇编》中有趣的信息和重要的新结果比比皆是。在很多实例中,创新性以早期定理的推广形式体现,第四卷中就有几个这样的例子。我们在这里发现了毕达哥拉斯定理的一个简单的推广。 如果 ABC 为任一三角形（图 8.16）,且 $ABDE$ 和 $CBGF$ 是在其两边作的任意平行四边形,接着帕普斯在 AC 边上作了面积等于其他两个平行四边形面积之和的第三个平行四边形 $ACKL$。这很容易实现:通过延长边 FG 和边 ED 相交于 H,接着画 HB 并延长与边 AC 相交于 J,最后画 AL 和 CK 平行于 HBJ。我们不知道这一通常以帕普斯命名的推广是不是他原创的,而有人认为这早已为海伦所知。第四卷中也以帕普斯命名的推广的另一个例子是阿基米德关于鞋匠刀形定理的推广。它断言,若圆 $C_1, C_2, C_3, C_4, \cdots, C_n, \cdots$ 如图 8.17 中那样被连续内切,都与 AB 和 AC 上的半圆相切,且彼此连续相切,则从第 n 个圆的中心到底线 ABC 的垂直距离是第 n 个圆

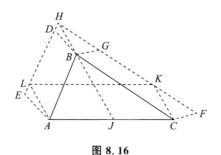

图 8.16

的直径的 n 倍。

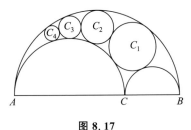

图 8.17

帕普斯问题

《数学汇编》的第五卷是后来的评注者们最喜欢的一卷,因为它提出了一个关于蜜蜂智慧的问题。帕普斯证明了,周长相等的两个正多边形,边数越多面积越大,因此他得出结论,蜜蜂将蜂窝建成六角棱柱,而非正方体或三角形棱柱,展示了某种程度的数学理解力。这一卷还探讨了等周的其他问题,包括证明:对于给定的周长,圆的面积大于其他任意正多边形的面积。这里,帕普斯似乎紧紧追随芝诺多罗斯(Zenodorus,约公元前 180 年)在差不多 500 年前撰写的《论等积形》(*On Isometric Figures*),这本书的一些片断被后来的评注者保留。芝诺多罗斯这部著作中的一个命题断言,在所有表面积相等的立体形中,球的体积最大,但只给出了一个不完整的证明。

《数学汇编》的第六卷和第八卷主要是关于数学在天文学、光学和力学中的应用(包括试图找出斜面定律的不成功的尝试)。第七卷在数学历史上的重要性更大,在这一卷中,由于帕普斯对推广的喜好,他几乎接近了解析几何学的基本原理。古人认可的定义平面曲线的方法只有:(1)运动学的定义,在该定义下,一个点按照两个叠加的运动移动;(2)几何表面,比如圆锥、球或圆柱被平面截出的曲线。后一种曲线中有珀尔修斯(Perseus,约公元前 150 年)曾描述过的用平面截环面得到的称作螺旋截线的某些四次曲线。希腊人偶然间注意到了扭曲的曲线,包括圆柱螺旋线和画在球面上的与阿基米德螺线类似的曲线,这两种曲线帕普斯都知道,但希腊的几何学主要局限在平面曲线的研究,实际上仅限于数量非常有限的几种平面曲线。因此,值得注意的是,在《数学汇编》的第七卷,帕普斯提出了一个一般化的问题,意味着曲线有无穷多种新的类型。这个问题,即使其最简单的形式,通常也被称为"帕普斯问题",但其最初的涉及三条或四条直线的叙述,似乎可以追溯到欧几里得的时代。按照最初的考虑,这个问题被称作"三线或四

168

线轨迹"，先前在联系到阿波罗尼奥斯的著作时曾介绍过。显然，欧几里得仅确定了某些特例的轨迹，但阿波罗尼奥斯似乎在一部现已失传的著作中给出了完整的解答。然而，帕普斯给人们留下这样的印象：几何学家试图获得一般解的努力都失败了，这也意味着他是证明在所有的情形下这些轨迹都是圆锥曲线的第一个人。

更重要的是，帕普斯接着继续考虑四条线以上的类似问题。对平面上的六条直线，他意识到一条曲线由以下条件确定：到其中三条线的距离之积与到另外三条线的距离之积的比值一定。在这种情况下，一条曲线被这一事实定义：一个立体与另一个立体成定比。帕普斯犹豫是否继续研究超过六条直线的情形的推广，因为"没有任何东西存在于三维以上"。但是，他继续说："我们这个时代稍早之前的一些人允许他们自己阐述这样的事情，他们谈论某某直线的容量乘以这条线的平方或其他线段的容量之积，而根本不在意其可理解性。不过，这些东西一般可以在复合比例的意义上来叙述和解释。"正如丢番图用平方-平方和立方-立方来表示数的更高次幂一样，这些无名的前辈明显准备在包括三次以上曲线的解析几何学方向上迈出非常重要的一步。假如帕普斯进一步追寻这一迹象，他可能在笛卡儿之前就提出曲线的一般分类和理论，远超平面、立体和线性轨迹之间的古典区分。他认识到，不管在帕普斯问题中直线的数量是多少，一条特定曲线都是确定的，这是所有古典几何学中对轨迹最一般的观察，而且丢番图创建的代数缩写足以揭示出曲线的某些性质。但帕普斯本质上只是一个几何学家，正如丢番图只是一个代数学家。因此，帕普斯只是惊讶地评论道，没有人对任何超过四条直线的情况的这个问题进行综合考虑。帕普斯本人也没有深入研究过这些轨迹，"人们对它们没有更进一步的认识，仅仅称之为曲线"。为此下一步所需要的是，出现一位同样关注代数学和几何学的数学家。值得注意的是，当笛卡儿作为这样的人物出现时，正是帕普斯的这个问题充当了解析几何学创立的起点。

分析法宝典

除了帕普斯问题外，《数学汇编》的第七卷中还有另外一些重要的论题。其中详尽描述了所谓的分析法以及一个被称为分析法宝典的著作集。帕普斯把分析法形容为"这样一种方法，把要求证的结果作为好像已经得到认可的答案，并且从它出发，通过它得到作为综合的结果而被认可的某种东西"。亦即，他认为分析法是一种"反向求解"，为了构成一个有效的证明，它的步骤必须以相反的顺序回溯。如果分析法推出被认可的某种东西是不可能的,那么这个问题也是不可能的,因为错误的结论意味着错误的前提。帕普斯解释道,收录在分析法宝典中的那些著作的作者们使用了分析法和综合法:"这套学说体系适用于学完了通常的基本原理之后,希望有能力求解涉及曲线问题的那些人。"帕普斯将阿里斯泰奥斯、欧几里得和阿波罗尼奥斯关于圆锥曲线的专著列入分析法宝典的著作中。正是从帕普斯的描述中,我们得知阿波罗尼奥斯的《圆锥曲线论》包含 487 个定理。由于现存的七卷由 382 个命题构成,所以我们可以得出失传的第八卷有 105 个命题。帕普斯的分析法宝典中列举的著作,大约有一半现在已经失传,包括阿波罗尼奥斯的《比的分割》,埃拉托色尼的《论平均》(*On Means*)以及欧几里得的《衍论》。

帕普斯-古尔丁定理

《数学汇编》的第七卷包含了关于三种圆锥曲线的焦点-准线性质的最早陈述。阿波罗尼奥斯似乎知道中心圆锥曲线焦点的性质,但抛物线的焦点-准线性质可能在帕普斯之前尚不为人所知。第七卷中另一个第一次出现的定理通常以 17 世纪的数学家保罗·古尔丁(Paul Guldin)的名字命名:如果一条闭平面曲线围绕不穿过该曲线的一条直线旋转,那么由此产生的立体的体积可通过取该曲线所围的面积与该面积的重心在旋转中所经过的距离的乘积得到。帕普斯当然为这个非常具有普适性的定理骄傲,因为它包括了"大量关于曲线、曲面和立体的各种定理",它们同时被证明。"古尔丁定理"有可能是后人插入《数学汇编》手稿中的。无论如何,这个定理代表了在漫长的衰落期间或之后某个人取得的惊人进展。帕普斯还给出了一个类似的定理:一条曲线围绕不与该曲线相交的一条直线旋转产生的表面的面积,等于曲线的长度与该曲线的形心在旋转中所经过的距离之积。

亚历山大学派统治时期的终结

帕普斯的《数学汇编》是最后一部真正重要的古代数学著作,因为作者试图复兴几何学的尝试并不成功。人们又继续用希腊文撰写了大约一千年的数学著作,继续差不多一千年前已经开始的影响,但帕普斯之后的作者,再无人达到他的水平。他们的著作几乎完全是对早期著作的评注。帕普斯本人对随之出现的无

171 所不在的评注负有部分责任，因为他自己就撰写了欧几里得的《原本》和托勒密的《至大论》的评注，但它们只有片段流传下来。后来的评注，诸如亚历山大的赛翁（活跃于365年左右）的评注，作为历史信息比作为数学成果更有用。赛翁还负责评注了一个留存下来的《原本》的重要版本，他也因为是希帕蒂娅的父亲而为人所铭记。希帕蒂娅评注过丢番图和阿波罗尼奥斯的著作，也修订过部分她父亲对托勒密的评注。希帕蒂娅是新柏拉图主义的一名热诚且有影响力的教师，这使她招致了一帮狂热的基督教暴徒的仇恨，这帮人在415年将她残忍地杀害了。她的死在亚历山大引起了巨大的影响，以至于有些人把那一年作为古代数学终结的标志，更特别地，它标志着亚历山大曾作为数学主要中心的终结。

亚历山大的普罗克洛斯

普罗克洛斯是亚历山大一位年轻的学者，他去了雅典，在那里成了柏拉图学院最后的领导人之一，也是新柏拉图学派的领袖。普罗克洛斯与其说是数学家，不如说是哲学家，但他的评论对早期希腊几何学的历史常常是至关重要的。普罗克洛斯的《〈原本〉第一卷评注》(Commentary on Book I of the Elements) 具有重要意义，因为在撰写这本书的时候，他的手头无疑有一册现在已失传的欧德莫斯的《几何学史》(History of Geometry)，还有帕普斯的大部分失传的《〈原本〉评注》(Commentary on the Elements)。对欧几里得之前的几何学史的信息，我们很大程度上受惠于普罗克洛斯，在他的《〈原本〉第一卷评注》中包括了来自欧德莫斯的《几何学史》的一份摘要或实质上的节录。这一段被称为"欧德莫斯摘要"，可以认为是普罗克洛斯对数学的主要贡献，尽管有一个定理归之于他：如果一条给定长度的线段，其端点在两条相交的直线上移动，那么线段上的点会画出椭圆的一部分。

博伊西斯

普罗克洛斯在雅典写作的那些年，西罗马帝国正逐步崩溃。这个帝国的终结通常被定为公元476年，因为这一年，哥特人奥多亚塞(Odoacer)取代了在位的罗马皇帝。古罗马元老院的一些尊严依然存在，但元老派已经失去了政治上的控制权。在这一形势下，古罗马产生的最杰出的数学家之一博伊西斯(Boethius，约

480—约524)发现自己的处境颇为艰难,因为他来自一个古老而显赫的贵族家庭。他不仅是哲学家和数学家,而且还是政治家,并且他可能带着厌恶的态度看待正在崛起的东哥特王国的势力。他是文科中四个数学分支的教科书作者,但这些教科书都是早期经典著作的空洞且极其基本的节略——一册《算术》(*Arithmetic*)仅是尼科马库斯的《算术导论》的一个节略本;一册《几何学》(*Geometry*)以欧几里得的几何学著作作为基础,仅包括《原本》前四卷中一些比较简单的部分的陈述,没有证明;一册《天文学》(*Astronomy*)源于托勒密的《至大论》;一册《音乐》(*Music*)受惠于欧几里得、尼科马库斯和托勒密的早期著作。在某些情形下,这些在中世纪的修道院学校被广泛使用的初级读本,可能后来遭受过窜改,因此很难准确地认定哪些内容真正归功于博伊西斯本人。但显然,作者主要关注数学的两个方面:它跟哲学的关系,以及它对简单测量问题的适用性。

172

博伊西斯似乎曾是一位志存高远和公认的正直诚实的政治家。博伊西斯和他的儿子们先后担任过执政官,而且他是狄奥多里克(Theodoric)的主要顾问之一,但由于某种政治或宗教的原因,这位哲学家招致了国王的不快。有人认为,博伊西斯是个基督徒(或许帕普斯也是),并且支持三位一体的观点,这使他疏远了信奉阿里乌教的国王。还有可能,博伊西斯与为了在西方恢复古罗马秩序而向东罗马帝国寻求帮助的这一政治因素有太过密切的联系。总之,博伊西斯在经过长期的囚禁之后,于公元524年或525年被处死。(顺便提一下,大约一年后的公元526年,狄奥多里克去世了。)在狱中,博伊西斯写下了他最著名的著作——《哲学的慰藉》(*De Consolatione Philosophiae*)。这篇在他面对死神时用散文和诗歌写成的论文,从亚里士多德和柏拉图的哲学视角,讨论了道德责任。

雅典的断简残编

博伊西斯之死可能被用来标志古代数学在西罗马帝国的终结,正如希帕蒂娅之死标志了亚历山大作为数学中心的终结,但数学工作在雅典又持续了几年。在这里没有伟大的原创性的数学家,但逍遥学派的评注者辛普利丘斯十分关注希腊几何学,为我们保存了可能是现存最古老的断简残编。亚里士多德在《物理学》中提到了圆或弓形求积的问题,辛普利丘斯借这个机会,"逐字逐句"地引用了欧德莫斯所写的关于希波克拉底的月牙形求积这个主题。这篇长达数页的给出了月牙形求积的全部细节的说明由辛普利丘斯引自欧德莫斯,反过来人们认为欧德

173　莫斯用希波克拉底本人的语言给出了至少一部分的证明,尤其是这里使用了某种古老的表达形式。这个资源是我们直接接触柏拉图时代之前的希腊数学的最近的途径。

　　辛普利丘斯主要是一位哲学家,但在他的时代流传着一部通常被称为《希腊诗文集》的著作,这本书的数学部分不由得让我们想到两千多年前阿默士纸草书中的问题。《希腊诗文集》包含大约 6000 首短诗,其中 40 多首是数学问题,可能是由大约在公元 5 世纪或 6 世纪的语言学家迈特罗多洛斯(Metrodorus)搜集的。它们中的大多数问题,包括本章中关于丢番图年龄的那首诗,都推出简单的线性方程。例如,有个问题是求一堆苹果的数量,如果六个人分苹果,使得第一个人得到这堆苹果的三分之一,第二个人得到四分之一,第三个人得到五分之一,第四个人得到八分之一,第五个人得到 10 个苹果,剩下 1 个苹果给最后一个人。另一个是我们今天初等代数教科书中的典型问题:注满一个蓄水池,第一根水管要用一天,第二根水管用两天,第三根水管用三天,第四根水管用四天,那么四根水管一起要用多长时间? 这些问题可能不是迈特罗多洛原创的,而是他从各种来源搜集的。有些问题可以追溯到柏拉图时代之前,这提醒我们希腊数学并非全是我们所认为的古典类型。

拜占庭数学

　　与辛普利丘斯和迈特罗多洛斯同时代的一些人,曾受过的训练足以理解阿基米德和阿波罗尼奥斯的著作。这些人里就有欧多修斯(Eutocius,约 480 年出生),他给阿基米德的几部著作和阿波罗尼奥斯的《圆锥曲线论》做了评注。多亏了欧多修斯,我们才知道阿基米德利用相交的圆锥曲线求解三次方程的方法,这在《论球与圆柱》中提到过,除了欧多修斯的评注,其他的材料现在都不存在了。欧多修斯对阿波罗尼奥斯的《圆锥曲线论》的评注题献给特拉雷斯的安提莫斯(Anthemius of Tralles,活跃于 534 年左右),安提莫斯是一位有能力的数学家,也是君士坦丁堡的圣索菲亚大教堂的建筑师,他描述了椭圆的细绳作法,并写了一部著作《论取火镜》(On Burning-Mirrors),书中描述了抛物线焦点的性质。他在建造圣索菲亚大教堂时的同事和继任者米利都的伊西多尔(活跃于 520 年),也是一位颇有能力的数学家。正是伊西多尔让欧多修斯的评注变得广为人知,并再次激发了人们对阿基米德和阿波罗尼奥斯的著作的兴趣。我们所熟悉的丁字尺和抛物线的细绳作图法可能归功于他，很可能也是他伪造了欧几里得《原本》的第十五卷。阿基米德著作和阿波罗尼奥斯《圆锥曲线论》前四卷的希腊文本能够幸存至今，可能很大程度上归功于君士坦丁堡这群人，如欧多修斯、伊西多尔和安提莫斯的活动。

公元 527 年，当查士丁尼（Justinian）成为东罗马帝国的国王时，他显然觉得雅典哲学学校的异端学说对正统的基督教构成了威胁。因此，公元 529 年，哲学学校关闭，学者们四散。大约这个时候，辛普利丘斯及其他哲学家东去寻找避难所，他们在萨珊王朝统治下的波斯建立了"流亡中的雅典学院"。因此，一般将公元 529 年作为古代欧洲数学发展终结的标志。此后，希腊科学的种子在近东国家和远东国家得到发展，直到大约 600 年后，拉丁世界变得更加包容。公元 529 年还有另一层含义，象征了价值的改变，这一年，神圣庄严的卡西诺山修道院建立了。

当然，数学并没有在公元 529 年从欧洲完全消失，因为在拜占庭帝国，人们继续用希腊文撰写评注，希腊文的手稿同时也被保存并抄录。在普罗克洛斯时代，雅典的柏拉图学院变成新柏拉图学术的中心。新柏拉图主义思想对东罗马帝国产生了很大的影响，这解释了 6 世纪的约翰·菲洛波努斯（John Philoponus）和 11 世纪的迈克尔·康斯坦丁·普塞鲁斯（Michael Constantine Psellus）对尼科马库斯的《算术导论》做的评注。普塞鲁斯还写了一篇数学四艺的希腊文提要，正如两个世纪后帕西迈利斯（Pachymeres，1243—1316）所做的。帕西迈利斯和他的同时代人马克西莫斯·普拉努得斯（Maximos Planudes）对丢番图的《算术》做了评注。这些例子表明，古希腊传统的涓涓细流在东罗马帝国几乎持续到中世纪末期。然而，数学精神萎靡不振，在那里人们很少争论几何学的价值，而更多讨论得救的方式。对接下来数学的发展，我们必须背离欧洲而看向东方。

（赵振江　译）

第九章
古代中国

虽中人自竭，莫得其端……世无自理之道，法无独善之术。

——嵇康

最古老的文献

175   长江和黄河流域的文明与尼罗河沿岸，或者底格里斯河和幼发拉底河之间的文明年代相当，但中国数学史上的年代记载却不如埃及和巴比伦那么可靠。与其他古代文明一样，中国早期数学活动的遗迹以计数、测量和称重的形式而存在。古代中国对于毕达哥拉斯定理的认识似乎早于已知最早的数学文献。然而，确定中国数学文献的年代绝非易事。早期经典著作的原始版本都没有流传下来。20世纪80年代早期发现的一套竹简揭示了一些相关典籍的成书年代，因为它们是

176   在公元前2世纪密封完好的墓葬中被发现的。《周髀算经》被普遍认为是中国最古老的数学典籍，关于其年代的猜测有着相差几乎一千年的分歧。一些人认为《周髀算经》很好地记录了大约公元前1200年的中国数学，而另一些人却认为这是一部公元前1世纪的著作。实际上，它可能代表了不同时期的著作。将其成书年代放在公元前300年之后，即汉代（公元前202年），可能更为合理一些。"周髀"似乎指的是利用日晷研究天体的圆形轨迹，尽管书中包含了对直角三角形的性质、毕达哥拉斯定理的介绍，以及一些关于分数使用的工作，但是，以这样标题命名的著作一般都与天文计算有关。此书是以君王和臣子之间关于历法的对话形式而展开叙述的，大臣告诉其统治者，数字之艺术由圆和方（方与地有关、圆属于

天）衍生而来。

《九章算术》

几乎与《周髀算经》同样古老的《九章算术》也许是所有中国数学典籍中最有影响力的一部著作。全书收有 246 个问题,有关测量、农业、契约、工程、赋税、计算、解方程,以及直角三角形的性质。这一时期,古希腊人的著作是按照逻辑,有序地、系统地进行阐述,中国人更习惯于编选一系列的具体问题,这一点与巴比伦人以及埃及人很相似。

包括《九章算术》在内的许多中国数学著作的特征之一,就是精确解与近似值并存。求三角形、矩形以及梯形面积所使用的法则是正确的。圆面积等于直径平方的四分之三,或者等于周长平方的十二分之一(如果 π 的值取 3 的话,这个结果就是正确的),但是,对于求弓形的面积,《九章算术》使用的是近似结果 $\frac{s(s+c)}{2}$,其中,s 是矢(即半径减去边心距),c 是弦长或者弓形的底边长。一些问题是用三数法则来解决的,而在其他问题里,则求得了平方根和立方根。《九章算术》第八章因为使用正负数来求解联立线性方程组而具有重要意义。本章中的最后一个问题讨论了关于五个未知数的四个方程的方程组,不定方程历来都是东方数学家最喜爱研究的主题。第九章也即最后一章讨论的是直角三角形的问题,其中的一些问题后来也在印度以及欧洲的著作里出现过。其中一个问题是:求一个 10 尺见方的池塘深度,池塘中央生长着一根芦苇,高出水面一尺,如果将芦苇拉向池塘边界,则芦苇顶端恰好达到边界处的水面。另一个著名问题是"折竹"问题:有一根竹子,高 10 尺,折断以后,顶端触及距根部 3 尺远的地面,求折断处的高度。

中国数学家特别喜欢图案,因此,对于幻方(这是一个古老的问题,其起源并不为人所知)的第一次记载出现在中国也就不足为奇了。幻方

4	9	2
3	5	7
8	1	6

被认为是在传奇君王大禹(著名的水利工程师)时期,洛水中的一只乌龟给人们带来的"洛书"。对这些图案的思考让《九章算术》的作者通过施行矩阵的列变

177

换，将矩阵

$$\begin{array}{ccc} 1 & 2 & 3 \\ 2 & 3 & 2 \\ 3 & 1 & 1 \\ 26 & 34 & 39 \end{array} \qquad 变换为 \qquad \begin{array}{ccc} 0 & 0 & 3 \\ 0 & 5 & 2 \\ 36 & 1 & 1 \\ 99 & 24 & 39 \end{array}$$

其中第二个矩阵表示方程组 $36z=99,5y+z=24,3x+2y+z=39$，从而解决了线性方程组

$$3x+2y+z=39,$$
$$2x+3y+z=34,$$
$$x+2y+3z=26。$$

由此易得 x,y,z 的值。

算筹

　　如果中国数学能够不间断地延续传统，那么一些引人注目的现代方法的迹象可能会显著地改变数学的发展。但是中国文化因突然的破坏而严重受阻。例如，公元前 213 年，中国皇帝下令焚毁书籍，这在当时是迫于政治压力而在全国范围内兴起的一项运动。显然有一些著作幸存了下来，它们通过手抄本或者是口口相传的形式而流传，知识因此得以延续，当时的数学研究侧重于商业问题以及天文历算。

　　就像中国与西方那样，中国与印度之间似乎也有过交流往来，但是学者们对于知识借鉴的范围和方向有着不同意见。那些试图看到巴比伦或者希腊影响中国的倾向所面临的问题是，中国人没有使用六十进制分数（小数），中国的记数法本质上仍是十进制的，并且所采用的符号显然迥异于其他地区。在中国，自古以来就使用着两套符号体系。其中之一，乘法原理占主导地位，另一个则使用了位值制的形式。在第一个体系中，对于从 1 到 10 的数字有不同的记号，对于 10 的幂次也有着其他记号，并且书写方式是每个奇数位（从左往右或是从下往上数）的数字与下一位数字进行乘积。因此，数 678 就写成，先是 6，后面接着写表示 100 的符号；然后是 7，后面接着写表示 10 的符号；最后是表示 8 的符号。

　　在"算筹"体系中，从 1 到 9 的数字分别记为 丨 丨丨 丨丨丨 丨丨丨丨 丨丨丨丨丨 丅 丅丅 丅丅丅 丅丅丅丅，10 的前 9 个倍数分别记为 一 二 三 ≡ 亖 ⊥ ⊥ ⊥ ⊥。通过从右到左交替使

178

用这 18 个符号，就可以表示所需大小的数字。例如，数字 56789 表示为 ||||⊥〒≟〒。与巴比伦一样，在中国表示空位的符号出现得相对较晚。在 1247 年的著作中，数字 1405536 记作 I〓O〓||||〓丅，其中出现了一个圆形零的符号。（偶尔也有将横的和竖的算筹或者笔画互换的情形，正如 14 世纪算术三角形中所显示的那样。）

无法确定算筹出现的确切年代，但是，可以肯定的是它至少在公元前几百年就开始使用了，也就是说，要远远早于印度使用位值制记数的时间。在中国，使用百分制而不是十进制的位值制，更有利于适应算板的计算。由于可以用不同符号表示相邻的幂，中国人可以从容地使用带有无标记立柱的算板进行计算。在 8 世纪以前，直接用空白来表示需要放置数字零的位置。尽管在早于公元前 3 世纪的文献中，数字和乘法表是用文字写出来的，但实际上计算是在算板上利用算筹进行的。

算盘和十进制分数

大约公元前 300 年的算筹数字不仅仅是用于记录计算结果的符号。官员们通常把竹子、象牙或者铁棍装在一个袋子里而作为计算工具使用。算筹操作起来非常灵巧方便，一位 11 世纪的作者曾这样描述它们："上下翻飞，眼弗追随。"相较于书写计算而言，在算板上操作的算筹运算可能更便于执行"取消"这一操作。实际上，在算板上用算筹计算是非常高效的，所以算盘或者类似这种在线上穿上可移动标识物的硬制计数架的出现并不像一般认为得那么早。对算盘的现代形式的第一个清晰描述（中国称之为"算盘"，在日本称为"soroban"）出现在 16 世纪，但是据推测早在一千多年以前就已经开始使用了。算盘的英文"abacus"可能源于闪米特文"abq"，或者说"dust"，这表明，在其他国家，与中国一样，这个被用作算板的东西源于土盘或沙盘。有可能的是（但并不确定）算盘在中国的使用要早于欧洲，只是具体时间不详。我们已经注意到，在雅典国家博物馆有一块约公元前 4 世纪的大理石板，它看起来像一个算盘。而且公元前 5 世纪，希罗多德就曾写道："埃及人在计算时从右向左地移动手指，而希腊人则是从左向右。"这也可能是在描述某种算板的使用。很难确定这样的算板是何时被算盘所取代的，也无法知道在中国、阿拉伯和欧洲都出现过的算盘是否各自独立发明的。阿拉伯的算盘在每条线上有十个珠子，没有中间的横梁，而中国的算盘每条线上方有两个珠

180 子,下方有五个珠子,中间被一根横梁隔开。中国算盘上每条线上方的两个珠子中的每一个都等于位于下方的五个珠子,通过将合适的珠子往中间的横梁上拨靠来标记一个具体的数字。

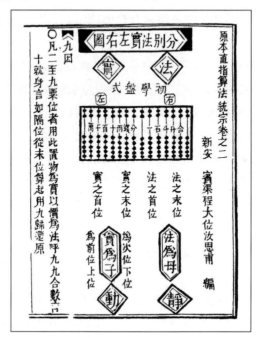

早期印刷的算盘图,出自 **1592** 年的《算法统宗》。(转载自 **J. Needham 1959,Vol. 3,p. 76**。)

如果缺失了分数这一部分,那么对于中国记数法的介绍就是不完整的。中国人熟悉简分数的运算,他们发现了最小公分母。正如在其他文献中所记载的那样,他们看到了如同性别差异的类比,将分子看作儿子,分母看作母亲。对"阴"和"阳"(相对物,尤其指性别上的相对)的强调使其更容易遵循分数运算的规则。然而,比这些更为重要的是,中国的分数十进制化的趋势。与美索不达米亚一样,六十进位的度量制导致了六十进制记数法,中国在度量衡中坚持使用的十进位的思想导致了在分数运算中的十进制的习惯,据说,这种习惯可以追溯至公元前 14 世纪。在计算中采用十进制有时会使分数计算变得简单。例如,在公元 1 世纪关于《九章算术》的评注中,我们发现了现代已熟知的求平方根和立方根的法则,等价于 $\sqrt{a} = \sqrt{100a}/10$ 和 $\sqrt[3]{a} = \sqrt[3]{1000a}/10$,这促进了求根的十进制化。负数思想似乎对于中国人而言并不难接受,因为他们习惯于使用两套算筹来进行计算,红色的算筹用来表示正系数或者正数,黑色的算筹表示负数。但是,他们不接受负数可能是方程的解的概念。

π 值

最早期的中国数学与同时期世界上其他地方的数学是如此不同,对于其独立发展的假设是合乎情理的。无论如何,可以肯定地说,如果在公元 400 年以前存在一些文化交流,那么从中国输出的数学知识要多于传入中国的。至于后期的知识传播情况,问题就变得比较复杂了。早期中国数学中把 π 取为 3 很难说与美索不达米亚有关,特别因为从公元 1 世纪开始,中国对 π 的精确值的探索,比其他国家更执着。π 的其他一些值,诸如 3.1547,$\sqrt{10}$,92/29 以及 142/45 等也被发现,公元 3 世纪,为《九章算术》做注的一位重要的数学家刘徽,利用正 96 边形求得 π 值是 3.14,然后又计算了正 3072 边形,得到了近似值 3.14159。在经刘徽注解的《九章算术》中有许多测量问题,包括正确计算正四棱台的体积。对于圆台,也可应用相似的公式计算体积,但是,所使用的 π 值为 3。求两对棱垂直的四面体体积的公式很独特,即体积等于两对棱与它们公垂线乘积的六分之一。试位法被用于解线性方程组中,然而还有一些较为精妙的结果,比如通过矩阵形式来解关于五个未知数的四个方程的丢番图问题。高次方程组似乎利用了类似于著名的"霍纳法"(Horner's method) 求得了近似解。刘徽在注解《九章算术》时,还讨论了很多求塔高和山坡上的树高等问题。

中国人对 π 的精确值的追求在祖冲之(430—501)的工作中达到了顶峰。他所求得的其中一个 π 值就是我们所熟悉的阿基米德给出的值 22/7,祖冲之称此值为"约率",他还给出了"密率"355/113。后来可以看出,这个密率的分子、分母可以分别通过托勒密给出的值 377/120 的分子、分母相应地减去阿基米德给出的值的分子、分母而得到,但是,如果有人执意要寻找可能的来自西方的影响,那么可以用这个惊人的近似值来反驳,因为直至 15 世纪之前,这个结果都是最为精确的。然而,祖冲之在他的计算中走得更远,他把 3.1415927 作为"盈数"(上限),3.1415926 作为"朒数"(下限)。他认为 π 值就介于这两个数之间。显然,他在进行这些计算时,得到了他的儿子祖暅的帮助,这些计算过程应该都出现在他的著作中,但是,这些著作已经失传。不管怎样,他的研究成果对于那个时代来说是非常了不起的,足以相称于将月球上的一个地标以他的名字而命名的荣誉。

与中国早期的数学活动相比,刘徽和祖冲之的工作更关注理论和证明,但对

π 值的计算掩盖了这一事实，因为相比理论见解，对 π 值精确性的追求体现更多的是计算力。仅凭毕达哥拉斯定理就足以给出所需的更为精确的近似值。已知一个圆内接正 n 边形的周长，则圆内接正 $2n$ 边形的周长可以通过毕达哥拉斯定理的两次应用而得到。设 C 是一个圆心为 O，半径为 r 的圆（图 9.1），令 $PQ=s$ 是已知周长的内接正 n 边形的一条边。那么由 $u=\sqrt{r^2-(s/2)^2}$ 可得边心矩 $OM=u$，因此，弓形高 $MR=v=r-u$ 就已知了。然后，由 $w=\sqrt{v^2+(s/2)^2}$ 可得内接正 $2n$ 边形的边 $RQ=w$，因此，可得此正多边形的周长。正如刘徽所说，利用 $w^2=2rv$ 可以简化这个计算。在 π 值已确定的前提下，迭代此过程会得到一个关于圆周长更为精确的近似值。

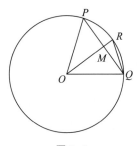

图 9.1

从 6 世纪到 10 世纪，陆续出现了十几本数学经典著作，其主题涵盖算术和数论等内容，成为"国子监"中所教授的数学基础知识。这些著作包括早期的《周髀算经》和《九章算术》，以及后来主要由刘徽以及其他数学家的著作衍生而来的一些教材。这些书涵盖了算术和数论、直角三角形、不规则图形的面积与体积的计算等方面的主题。

10 世纪至 13 世纪之间，尽管诸如造纸术以及航海罗盘等一些主要的技术创新都出现在这一时期，但是中国数学并没有新的突破。总的来说，我们可以注意到中国的数学问题往往很优美但不切实际，然而中国文明却造就了大量的技术创新。比如，印刷术与火药（8 世纪）在中国的使用要早于其他国家，同样也早于在宋代后期（13 世纪）达到巅峰的中国数学。

13 世纪的数学

中国古代的数学在宋元时期达到了顶峰。在这一时期，恰逢蒙古扩张，并且与阿拉伯国家的交流日益增多,许多数学家将算术和测量的传统知识与解高次方程(包括不定方程)的新方法结合起来。

在那时,有数学家工作在中国的不同地方,但他们之间的关系看起来很疏远,而且就和希腊数学一样,显然只有很少的著作流传下来。

在此期间,在今天的北京出现了一位名叫李冶(1192—1279)的数学家,他一生经历丰富有趣,做过官,当过隐士、学者以及翰林学士。1260 年,忽必烈为李冶提供了一个编纂皇家年鉴的职位,但是他却婉言谢绝了。他的著作《测圆海镜》含有 170 个数学问题,主要讨论了直角三角形的内切圆、外接圆以及求边长与半径之间的关系等问题,还有一些问题导致了四次方程。尽管他并没有阐述他解方程的方法,包括一些六次方程,但是似乎与朱世杰(约 1249— 约 1314)和霍纳的方法没有太大大区别。而秦九韶(1208—1268)和杨辉(约 1238— 约 1298)也使用了类似霍纳的方法。秦九韶是一个品德低下的政府官员,自上任伊始即大肆敛财。他的著作《数书九章》中发明的解联立同余方程的方法标志了中国数学在不定方程分析上的高峰。 在这部著作中,他采用了与霍纳相似的方法,分步求得了 71824 的平方根。首先,令 200 是方程 $x^2 - 71824 = 0$ 的根的第一次近似值,从这个根里减去 200,得到方程 $y^2 + 400y - 31824 = 0$。然后,他将 60 看作第二个方程的根的近似值,再从这个根里减去 60,得到第三个方程 $z^2 + 520z - 4224 = 0$,这个方程的一个根是 8。因此,x 的值是 268。他使用类似的方法解了三次和四次方程。

杨辉使用了同样的霍纳方法,对于其生平我们几乎一无所知。杨辉是一位多产的算术学家,在他现存的著作中有关于中国最早的阶数大于 3 的幻方的记载,其中包括四阶到八阶的幻方(每阶各两个)以及九阶、十阶的幻方各一个。

杨辉的著作中还包括级数和,以及杨辉三角形(即所谓的帕斯卡(Pascal)三角形),这些问题也出现在朱世杰的《四元玉鉴》里,并且更为出名,而中国数学的黄金时代也随之结束。

朱世杰是元代最后一位最伟大的数学家,但是关于他的生平我们知之甚少——甚至对其生卒年也不确定。他是燕山人,现在今天的北京周边,尽管撰写了两部著作,但他却以教授数学为生,周游各地二十余年。第一部著作《算学启蒙》成书于 1299 年,是一本相对基础的数学著作,虽然这本书在中国曾一度失传,直到 19 世纪才再现,但是对朝鲜和日本产生的影响巨大,写于 1303 年的《四元玉鉴》具有更为重要的历史和数学意义。18 世纪时这部著作在中国失传,同样是到了 19 世纪才再次出现。四元,即天、地、人和物,代表同一个方程中的四个未知

184　量。这本著作标志着中国代数学发展的一个高峰,这是因为书中讨论了求解次数高达 14 次的联立方程组。在这本书中,他描述了一种变换方法,将其称之为"泛法",这个方法的原理似乎在很早之前就在中国出现过,但它通常是以半个世纪之后的霍纳的名字而命名的。例如,解方程 $x^2+252x-5292=0$,朱世杰首先将 $x=19$ 看作近似解(根介于 $x=19$ 和 $x=20$ 之间),然后使用"泛法",通过代换 $y=x-19$,得到方程 $y^2+290y-143=0$(其中一个根介于 $y=0$ 和 $y=1$ 之间)。再然后他给出第二个方程的一个根(近似地)为 $y=\dfrac{143}{1+290}$,则对应的 x 的值就是 $19\dfrac{143}{291}$。对于方程 $x^3-574=0$,通过 $y=x-8$ 得到方程 $y^3+24y^2+192y-62=0$,给出根为 $x=8+\dfrac{62}{1+24+192}$ 或者 $x=8\dfrac{2}{7}$。在一些例子中,他给出了小数形式的近似解。

在《四元玉鉴》中也发现了很多级数的和式,在此仅列举一二:

$$1^2+2^2+3^2+\cdots+n^2=n(n+1)\frac{2n+1}{3!},$$

$$1+8+30+80+\cdots+n^2(n+1)\frac{n+2}{3!}=n(n+1)(n+2)(n+3)\frac{4n+1}{5!}。$$

但是,他并未给出证明,而且关于这方面的研究似乎在中国也并未延续下去,直至 19 世纪才又重新出现。朱世杰通过有限差分法来处理这些求和问题,这个方法的某些原理在中国似乎自 7 世纪即露端倪,但是在他的著作之后不久便失传了长达数世纪之久。

《四元玉鉴》开篇即是一个算术三角形的图表,这个三角形在西方被不恰当地称为"帕斯卡三角形"(参见插图)。在这个表中,可以看到,他用算筹和一个表示零的圆形符号清晰地给出了八次幂的二项展开式的系数。但是,对于这个三角形,朱世杰并未贪居此功,而是将其称为"求八次以及较低阶方程的旧方法的图解"。杨辉的著作中也出现过六次幂的二项展开式系数的相似排列,但是没有出现表示零的圆形符号。公元 1100 年左右的中国著作中提及了二项式系数的制表体系,因此,算术三角形有可能就是在这一时期起源于中国。有趣的是,中国人对于整数次幂的二项式定理的发现,其起源都与开方有关,而与幂无关。在中国使用这个定理的时候,奥马尔·海亚姆(Omar Khayyam)显然也知道这个定理的等

185　价形式,但是,含有这一定理的现存最早的阿拉伯著作是 15 世纪卡西(al-Kashi)的著作。而此时,中国数学已走向衰落,数学研究的重点再次放在了传统的《九章

算术》以及商业算术的需求上。直至 16 至 17 世纪,在与西欧学术发生强烈互动之后,笼罩在符号语言神秘面纱下的令人印象深刻的理论成就才重新焕发生机!

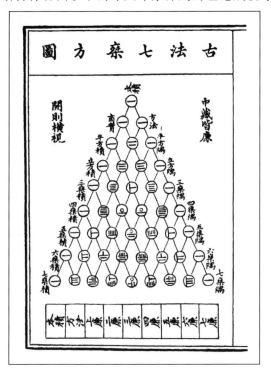

"帕斯卡三角形",绘于朱世杰 1303 年著的《四元玉鉴》的卷首。名为"古法七乘方图",将八次幂的二项式系数列成表格。(转载自 J. Needham1959,Vol. 3,p. 135。)

(周畅　译)

第十章
古代与中世纪印度

珍珠贝与酸枣 …… 或者是昂贵的水晶与普通鹅卵石的混合物。

——比鲁尼的《印度志》(*India*)

早期的印度数学

186　　摩亨佐·达罗与哈拉帕的考古挖掘证实在埃及金字塔建造期间(约公元前 2650 年),印度河流域存在一个古老的高度文明,但是我们并没有这一时期的印度数学文献。有据可查的是度量衡的结构化体系,并发现了基于十进制的记数法的例子。然而,在此期间以及随后的几个世纪里,印度次大陆上发生过大规模的民族运动与战争。许多语言和随之演化而来的方言还没有被破译出来。因此,很难为这片广袤土地绘制出一幅数学活动的时空图。已知最早的印度语言样本都是口口相传的内容,并非以书面形式流传下来,这在某种程度上更增添了语言上

187　的困难。无论如何,谜一样的吠陀梵语(Vedic Sanskrit)为我们提供了最早的关于古印度数学概念的确切信息。

　　古代文献集(主要是宗教文献)《吠陀经》(*The Vedas*)中有关于大数和十进制的内容。特别有趣的是,给出了在祭火坛建造中所使用砖块的尺寸、形状以及比例。和埃及一样,印度也有"司绳",在庙宇的布局和祭坛的测量与建造中获得的稀疏的几何知识,是以一种被称为《绳法经》(*Sulbasutras*)或者"绳子的法规"的知识体系而出现的。"Sulba"(或是"sulva")指的是用于测量的绳子,"sutra"指的是关于宗教仪式或科学的法规或者格言的书。绳索的伸展强烈地使人联想起

埃及几何的起源,它与庙宇功能的联系又让人想到数学的一个可能的宗教仪式起源。然而,确定这些法规产生年代的困难程度,与确定埃及人对后来的印度数学家是否存在影响的困难程度不相上下。甚至比在中国的情况更为严重的是,印度的数学传统明显缺乏连续性。

《绳法经》

《绳法经》有很多种,以诗歌形式现存的主要的《绳法经》与这些名字有关:波达亚纳(Baudhayama)、玛纳瓦(Manava)、迦多衍那(Katyayana),以及最著名的阿帕斯昙跋(Apastamba)。它们可能起源于公元前 10 世纪至公元前 5 世纪,尽管也曾有人提出过较早或较晚的时间。我们发现了用三条绳子构造直角三角形的法则,它们的长度构成了毕达哥拉斯三元数组,如 3,4,5;5,12,13;8,15,17;12,35,37。尽管美索不达米亚人对《绳法经》可能有影响,但是我们并没有确凿的证据来支持或者反驳这一观点。阿帕斯昙跋已经知道矩形对角线的平方等于两邻边的平方和。不太容易解释的是阿帕斯昙跋给出的另一条法则(与欧几里得的《原本》第二卷中的几何代数的一些法则非常相似):要构造一个正方形,使其面积等于矩形 $ABCD$(图 10.1)的面积。以矩形的短边去截长边,使得 $AF = AB = BE = CD$,记 CE 和 DF 的中点分别为 G,H,连接 GH,延长 EF 到 K、GH 到 L、BA 到 M,使得 $FK = HL = FH = AM$,连接 LKM。现在构造一个矩形,其对角线等于 LG,短边为 HF。此矩形的长边即为所求正方形的边。

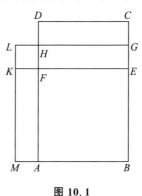

图 10.1

也同样有化直线形为曲线形或者化曲线形为直线形的法则。《绳法经》的起源与年代都是推测而来的,因此,我们无法判断这些法则是与先前的埃及测量有关,还是与后来的希腊祭坛加倍问题有关。

《悉檀多》

188 　　在声称可追溯至公元前 2000 年的吠陀文献中有关于算术级数与几何级数的内容,但是,并没有当时的印度文献可以证实这一点。也曾有一种说法认为,在《绳法经》时期,印度就有了对于不可公度的第一次认识,但是这样的说法并未得到充分证实。《绳法经》时期之后就是《悉檀多》(Siddhantas) 时代或者(天文学)知识体系时代。已知的关于《悉檀多》的五个不同版本的名字为:《包利萨历数全书》(Paulisha Siddhanta)、《苏里亚历数全书》(Surya Siddhanta)、《瓦西什特历算书》(Vasisishta Siddhanta)、《拜德默赫历算书》(Paitamaha Siddhanta) 以及《罗默格历算书》(Romanka Siddhanta)。其中著于公元 400 年的《苏里亚历数全书》(太阳体系)似乎是唯一一部现存比较完整的版本。它以史诗诗节的形式描述了苏里亚(Surya),也就是太阳神的工作。其中主要的天文学说显然来自希腊,但也保留了非常多的古老的印度民间传说。《包利萨历数全书》成书于公元 380 年,由印度数学家瓦拉哈米西拉(Varahamihira,活跃于 550 年左右)总结而成,他还列出其他四本《悉檀多》。阿拉伯学者比鲁尼经常提到这本书,他认为《悉檀多》起源于希腊或是受到希腊的影响。后来的作者们认为这些版本在实质上是一致的,区别在于措辞的不同,因此,我们可以认为,正如《苏里亚历数全书》一样,其他版木都是以梵语诗歌形式写就的由晦涩难懂的法则构成的天文学概论,其中很少有解释性内容,也没有证明。

　　学界一致认为《悉檀多》起源于 4 世纪晚期或 5 世纪早期,但是对于它们所包含的知识的起源有着严重的分歧。印度学者坚持其作者的原创性和独立性,而西方学者则倾向于发现希腊影响的明确迹象。比如,《包利萨历数全书》很大程度上来源于占星家保罗(Paul)的著作,这也并非不可能,因为在所推测的《悉檀多》
189 的成书时间的前不久,他就住在亚历山大城。(事实上,比鲁尼曾明确地将《悉檀多》归功于亚历山大的保罗。)这可以简单解释《悉檀多》的部分内容与托勒密的三角学和天文学知识之间有着明显的相似性。比如,《包利萨历数全书》用 3177/1250 来表示 π 值,本质上与托勒密的六十进制数 3;8,30 完全一致。

　　即使印度作者们确实是从亚历山大的世界性希腊文化中获得了三角学知识,这些知识在他们手中也呈现出一种全新的形式。托勒密的三角学基于圆的弦与其所对圆心角之间的函数关系,而《悉檀多》的作者们转换为研究半弦与半圆心角之间的对应关系。因此,显然现代三角函数的雏形,即角的正弦诞生于印度,而正弦函数的引入代表了《悉檀多》对于数学史的主要贡献。并且正是通过印度,而非希腊,导致了半弦的使用,而且由于翻译的失误(参见后面内容)而产生的我们所使用的"正弦"(sine)一词就是起源于梵语"jiva"。

阿耶波多

在《悉檀多》创作不久之后的公元 6 世纪,有两位印度数学家关于相同类型的主题分别撰写了数学著作。其中之一就是年纪较长,也更为重要的数学家阿耶波多(Aryabhata)。其最著名的作品,便是成书于公元 499 年的《阿耶波多历书》(Aryabhatiya)。这本书篇幅短小,以诗歌形式创作而成,内容涵盖天文学与数学知识。在此之前的某些印度数学家的名字是已知的,但是他们的著作流传下来的只不过是些支离破碎的片段而已。就这一点而言,阿耶波多的《阿耶波多历书》在印度的地位有点类似于约 8 世纪前的欧几里得的《原本》在希腊的地位。这两本书都是由一位数学家对之前数学知识的总结。然而,两者之间的差异性远胜于相似性。《原本》是一部井然有序的高度抽象、逻辑结构清晰、循循善诱的纯粹数学综合著作,而《阿耶波多历书》是一部简要的描述性著作,将数学知识以 123 个韵律诗歌的形式展现,旨在补充天文学和测量数学中使用的计算法则,没有使用演绎的方法。该著作有大约三分之一的篇幅是算数(ganitapada)或者数学内容。这一部分以直到第十位数的 10 的幂次的名称开始,然后给出了求整数平方根和立方根的方法。接着就是测量的法则,其中有一半都是错误的。三角形面积计算公式是正确的,即底乘以高的一半,但是棱锥体积也是取底乘高的一半。圆面积计算公式是正确的,即周长与半径一半的乘积,但是球体积计算公式被错误地表述为大圆面积与此面积平方根的乘积。接下来,在四边形的面积计算中,也是正确的法则与谬误并存。梯形面积是两平行边的和的一半与二者之间垂线的乘积,但是,后面紧接着就是一个令人费解的断言,即任意平面图形的面积可以通过确定两条边并将两边相乘而得到。在《阿耶波多历书》中有一个被印度学者们引以为傲的结论是:

190

> 4 加上 100,乘以 8,再加上 62000。结果就是直径为 20000 的圆的周长的近似值。(Clark 1930,p.28)

在这里我们可以看到 π 值为 3.1416，但是，应该注意到这个值其实是托勒密曾使用过的值。阿耶波多在此受到希腊前辈影响的可能性进一步加强，因为他采用大数 10000 作为半径单位。

《阿耶波多历书》的代表性内容是关于等差数列的，包含求数列和，以及已知首项、公差与各项的和求项数的武断的法则。其中第一个法则早已被前人所知。第二个法则是一个奇异而复杂的阐述：

> 数列和乘以 8 倍的公差，加上 2 倍的首项与公差之差的平方，然后取平方根，减去 2 倍的首项，再除以公差，加 1，除以 2。结果就是项数。

与其他法则一样，《阿耶波多历书》没有给出关于这条法则的原因和解释。也许是通过一个二次方程的解而来，相关知识也许来自美索不达米亚或者希腊。在一些复杂的复利问题（即等比数列）之后，作者以华丽的辞藻转而阐述了求单比例中第四项的非常基础的问题：

> 在三数法则中，将结果乘以所求，再除以测度，即为所求的结果。

191　　　这其实是我们所熟悉的法则，即若 $a/b=c/x$，则 $x=bc/a$，其中，a 是"测度"，b 是"结果"，c 是"所求"，x 就是"所求的结果"。阿耶波多的著作实质上是既有简单问题又有复杂问题，且正确与谬误并存的一部知识大杂烩。五个世纪之后的阿拉伯学者比鲁尼将印度数学定义为普通的鹅卵石与昂贵的水晶的混合物，对于《阿耶波多历书》而言，可以说是相当中肯的评价。

数字

《阿耶波多历书》的后半部分是关于时间推算和球面三角学的知识，在这一部分，我们注意到一个将会给后世数学留下永恒印记的元素——十进制位值制记数法。我们并不知道阿耶波多是如何施行他的计算的，但是，从他的描述"从一位到一位，每一位都是前一位的十倍"中可以看出，他考虑了位值原理的应用。"局部值"是巴比伦记数法的重要部分，或许是古印度人意识到了十进制记数法对于整数的适用性。数字符号在印度的发展历程与希腊似乎有着相同的模式。最早在摩亨佐·达罗出现的碑文上的，就是一些简单的垂直笔画排列成组，但是，到了阿育王（Asoka）时期（公元前 3 世纪），所使用的是与希罗狄安诺斯数系类似的数字体系。在较新的体系中，重复原则继续存在，但是，对于 4，10，20 以及 100 都采用了更高级的新符号。所谓的佉卢文文书（Kharosthi script）逐渐被另一套称之为"婆罗米文字"（Brahmi characters）的符号所取代，这套符号与希腊爱奥尼亚数字系统相似。人们想知道，这是否仅仅是一个巧合，即在希腊爱奥尼亚数字系统取代了希罗狄安诺斯数系不久之后，印度的记数法恰好在此时也发生了变化。

从婆罗米文的数字到今天整数的记号，需要两小步。首先要承认在位值原理的使用中，用于前九个单元的数字记号，也可以表示对应单元的 10 倍，乃至 10 的任意幂次倍。这使得前九个以外的婆罗米文数字记号是多余的。目前尚不清楚是何时简化到只有九个符号的，有可能的是，这种向更节省的符号过渡是循序渐进的过程。从现存的证据可以看出，这些变化发生在印度，但是，这一变化的灵感来源是不确定的。也许所谓的印度数字仅仅是内部发展的结果，也许它们开始是伴随着印度与西方波斯之间的交流而发展起来，在交流中对于巴比伦的位值记数法的回顾可能导致了婆罗米文数字体系的变化。也有可能的是随着与东方中国的交流而出现了较新的数字体系，中国的准位值算筹数字启发了向九个数字记号的简化。也有一种理论认为，这种简化首次出现可能是在使用希腊字母系统的亚历山大，随后这种思想便传入了印度。在希腊早期书写普通分数时，习惯将分子置于分母下方，到了亚历山大后期，这种形式被颠倒了过来，印度人采用了这种形式，而且分子与分母之间没有横杠。然而，遗憾的是，印度人没有将整数的新记数法应用到小数的领域中，因此，这种源自爱奥尼亚数字体系的演变的主要潜在优势也荡然无存了。

已知最早明确提到印度数字的是叙利亚主教塞维鲁·塞伯特（Severus Sebokt）写于 662 年的书。东罗马帝国皇帝查士丁尼关闭了雅典的哲学学校之后，一些学者去了叙利亚，并在当地建立了希腊学中心。塞伯特显然不满于某些同人表现出来的对于非希腊知识的轻视，因此，他觉得有必要提醒一下那些说着希腊语的人"世界上也存在知道一些知识的其他人"。为了表明自己的观点，他呼吁关注印度以及他们在"天文学中的一些精妙发现"，尤其是"他们珍贵的计算方法，以及无法形容的计算能力，我唯一想说的是，这种计算是通过九个符号来完成的"（Smith 1958, Vol. I, p. 167）。公元 595 年的一块印度盘子上刻有以十进制位值符号表示法表示的日期 346，说明这些数字已经被使用了有一段时间了。

零的符号

应该指出的是，使用九个而非十个符号说明印度人在当时尚未采取向现代记数法转换过程中的第二个步骤——引入一个表示缺位的符号，也即零的符号。数学史上存在着诸多反常现象，其中不是最出乎意料的一个事实是"零最早确定无疑的出现是在印度 876 年的一个碑文中"（Smith 1958，Vol. Ⅱ，p. 69），也就是说，比其他九个符号晚两百多年。甚至都无法确定，数字零（与空位符号不同）是否与其他九个印度数字一起产生。极有可能的是，零诞生于希腊世界，也许是在亚历山大时期，在印度建立十进制位值体系之后才传播到了印度。

193　　关于零的概念早在哥伦布时代之前，就已经在西半球和东半球分别独立出现了，这使得在位值记数法中零作为占位符的历史变得更加复杂。

随着在印度符号体系中引入第十个数字——一个用圆鹅蛋形表示的零之后，整数的现代记数体系已经完成。尽管十个数字在中世纪印度的形式与现代所使用的截然不同，但是该体系的基本原理在当时已建立起来。我们通常称之为印度体系的新的记数法，仅仅是三个古代基本原则的新组合：（1）十进制；（2）位值记数法；（3）十个数字中的每一个都有一个符号形式。这三个原则，最初都不是印度人发明的，但大概正是由印度人将这三个原则第一次联系在一起，形成了现代的记数体系。

应该来说一说印度的零符号的样式，它也是属于我们的。曾经有人认为这个圆形的样式来源于希腊字母奥密克戎（Omicron），也就是单词"ouden"（没有）或者"empty"（空的）的首字母，但是最近的调查结果似乎并不支持这一看法。尽管在一些现存的托勒密弦表中，空位符号看起来确实与奥密克戎很像，但是，在希腊六十进制小数中，早期零的符号是形式各异的圆形，明显不同于简单的鹅蛋形。而且，当通过在旧的字母数字中去掉后 18 个字母，并将零加入前 9 个字母而得出的十进制位值制风行于 15 世纪的拜占庭帝国之时，零的样式与奥密克戎差别很大。零符号有时很像小写字母 h 的倒立形式，而其他时候，它是以圆点的形式出现的。

三角学

印度对于数学史最重要的两个贡献之一是对于整数的记数法的发展。另一个贡献则是在三角学里引入了相当于正弦函数的东西来代替希腊的弦表。现存最早的正弦表出现在《悉檀多》和《阿耶波多历书》中。将 $90°$ 角 24 等分，角度间隔 $\left(3\dfrac{3}{4}\right)°$，书中给出了这 24 个角度的正弦值。为了基于同样的单位表示弧长与正弦长,半径取为 3438,周长为 360 · 60＝21600。这意味着 π 值与托勒密的 π 值有四个有效数字达到了一致。另一方面,阿耶波多使用 $\sqrt{10}$ 作为 π 值,这个值在印度频繁出现,以至于有时被称为印度值。

对于 $\left(3\dfrac{3}{4}\right)^{\circ}$ 的正弦,《悉檀多》和《阿耶波多历书》取弧中的单位数,也就是 $60 \times 3\dfrac{3}{4}$ 或 225。用现代语言描述就是,一个很小角度的正弦几乎等于这个角度的弧度(这实际上是印度人当时所使用的一种思想)。对正弦表中的其他项,印度人使用了一个递归公式,如下所示:如果将从 $n=1$ 到 $n=24$ 序列中的第 n 个正弦表示为 s_n,且若前 n 个正弦的和是 S_n,则 $s_{n+1}=s_n+s_1-S_n/s_1$。根据这条法则,很容易推导出 $\sin\left(7\dfrac{1}{2}\right)^{\circ}=449,\sin\left(11\dfrac{1}{4}\right)^{\circ}=671,\sin 15^{\circ}=890$ 等,直到 $\sin 90^{\circ}=$ 3438(这些值都出现在《悉檀多》和《阿耶波多历书》中的表里)。而且表中还包含从 $\mathrm{vers}\left(3\dfrac{3}{4}\right)^{\circ}=7$ 到 $\mathrm{vers}\,90^{\circ}=3438$ 等角度的正矢值(即现代三角学中的 $1-\cos\theta$ 或者印度三角学中的 $3438(1-\cos\theta)$)。如果我们将表中的值除以 3438,那么所得结果与现代三角函数表里的相应值相吻合(Smith 1958,Vol. Ⅱ)。

乘法

显然,三角学在天文学里是一个有用又精确的工具。我们并不确定印度人是如何得到诸如递归公式等这些结果的,但是,有人认为,差分方程和插值法的直觉方法也许促成了这些法则的诞生。印度数学经常被描述为“直觉性的”数学,这与希腊几何学严谨的理性主义形成了鲜明对比。尽管有证据表明印度三角学受了希腊的影响,但是,就印度人只关注简单的测量法则而言,他们似乎不可能从希腊几何学中有所借鉴。对于经典的几何问题或除圆以外的曲线,在印度几乎看不到研究的痕迹,甚至是圆锥曲线这样的问题,与中国人一样,都被印度人忽视了。取而代之的是,印度数学家痴迷于对数字的研究,不论是一般的算术运算还是确定方程或不定方程的解。当时印度的加法和乘法运算与我们今天所施行的运算几乎一样,唯一的不同之处在于,印度人在书写数字时,习惯将小单位的数放在左边,从左往右开始计算,计算工具就是小黑板以及可擦拭的白色颜料,或者是覆盖沙子或面粉的板子。在所有用于乘法计算的算法中,其中一个方法有着各种名字：格子乘法、窗格（gelosia）乘法、元胞乘法、格栅乘法，或是四边形乘法。我们可以通过两个具体例子来体会一下其中的算法原理。第一个例子是456乘以34（见图10.2）。被乘数写在格子上方，乘数放在左侧，所得的部分乘积写在方形格子里。对角线上的数字相加，并沿着底部和右侧依次读取数字为乘积15504。为了表明另一种排列也是可行的，图10.3给出第二个例子，将被乘数537放在顶端，乘数24放在右侧，沿着左侧和底部依次读取的数字12888即为乘积。由此可以很容易地改造出更多其他的形式。其实，窗格乘法的基本原理与我们自己的乘法是一致的，排列成格子的形式仅仅是出于计算的简便，以此减轻一位一位"处理"部分乘积产生的10带来的精力耗费。在格子乘法中，唯一需要"处理"的就是最后沿着对角线那些数字的加法。

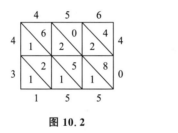
图 10.2

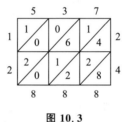
图 10.3

长除法

我们并不知道窗格乘法是何时何地产生的，但是印度似乎是最有可能的发源地。该方法至少在12世纪时就在那儿使用了，也许还通过印度传到了中国和阿拉伯半岛。在14和15世纪时，该方法又由阿拉伯人传到意大利，其名称中的"窗格"，就是因为与威尼斯和其他地方窗户上的格栅相似而得的。（现代词汇"jalousie"似乎源于意大利语"gelosia"，是法国、德国、荷兰以及俄罗斯等地对于百叶窗的称呼。）阿拉伯人（先是通过他们，然后是欧洲人）似乎已经采用了从印度传来的大部分算术方法，因此被称为"割痕法"或"帆船法"（因为像一艘小船）的长除法也很可能同样来源于印度（参见稍后的说明）。现举例来阐述一下这个方法，用44977除以382。在图10.4中，用的是现代方法，图10.5中给出的是帆船法。两种方法非常相近，唯一的区别在于，帆船法将被除数放在了中间位置，通过消去数字来施行减法运算，并将差放在被减数的上部，而非下部。因此，余数283就出现在右上方的位置，而不是下方。

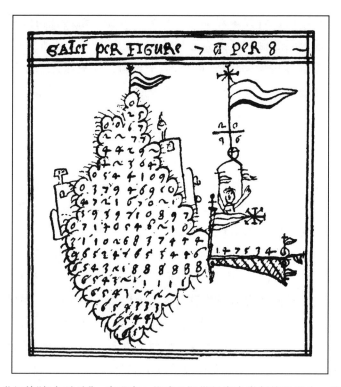

16 世纪的"帆船除法"。出现在一位威尼斯僧侣尚未出版的手稿中。该作品的标题是《霍诺拉蒂的算术作品》(*Opus Arithmetica D. Honorati Veneti Monachj Coenobij S. Lauretig*)。来自普林顿图书馆。

$$
\begin{array}{r}
117 \\
382\overline{)44977} \\
382 \\
\hline
677 \\
382 \\
\hline
2957 \\
2674 \\
\hline
283
\end{array}
$$

图 10.4

图 10.5

如果我们注意到给定的减数 2674 中的数字,或者给定的差 2957 中的数字,不必都在同一行里,而且减数写在中间以下、差放在中间以上的位置,则图 10.5 中的步骤就很容易执行。列中的位置都是重要的,而行中的位置则不然。求数的根也可能遵循某种类似"帆船法"的样式,与后来的"帕斯卡三角形"形式的二项式

196

179

定理有关，但是，印度作者并未对他们的计算或者命题给出任何解释或证明。也许开方问题或求根问题受到了来自巴比伦和中国的影响。我们经常说"九证法"或者"弃九法"是印度的发明创造，但是，似乎希腊人在更早之前就已经知道这个性质，只是没有普遍使用，这个方法是由阿拉伯人在 11 世纪时推广使用的。

婆罗摩笈多

上述最后几段可能会引起误解，使人认为在印度数学中存在着一致性，因为我们往往只说这个发展"起源于印度"，而并没有具体到特定的时期。原因在于，印度的年表有着高度的不确定性。在珍贵的巴克沙利（Bakshali）手稿中，含有一种佚名的算术，有人认为其年代大概在 3 或 4 世纪，有人认为是在 6 世纪之后，也有人认为是在 8 或 9 世纪甚至更晚的时间，还有一种观点认为，这种算术甚至可能并非起源于印度。我们认为阿耶波多的著作年代是公元 5 世纪，但是其实有两个数学家都叫阿耶波多，我们也不能肯定地将这些结果归功于我们所说的这个较为年长的阿耶波多。印度数学比希腊数学呈现出更多的历史问题，原因在于印度作者鲜少提及他们的前辈，而且他们在数学方法上展现出惊人的独立性。生活在印度中部的婆罗摩笈多（Brahmagupta，活跃于 628 年左右）比生活在印度东部的阿耶波多晚了一个多世纪，他们之间几乎没有什么共同之处。婆罗摩笈多提了两个 π 值——"实际值"3 以及"净值"$\sqrt{10}$，不如阿耶波多的值准确；在他最著名的三角学著作《婆罗摩笈多修正体系》（*Brahmasphuta Siddhanta*）中，他采用的半径是 3270，而不是阿耶波多的 3438。 在某些方面，他确实与前辈很像，那就是好的结果与坏的结果并存。他发现等腰三角形的"粗略"面积可以通过其中的一个腰乘以底的一半而得到。对于底长 14，边为 13 和 15 的不等边三角形，它的"粗略"面积等于底的一半乘以两边的算术平均值。对于求"精确"面积，他使用的是阿基米德-海伦公式。对于三角形外接圆的半径，他给出了正确的三角函数形式结果的等价描述 $2R = a/\sin A = b/\sin B = c/\sin C$，当然这只是托勒密利用弦语言陈述的结果的改写而已。婆罗摩笈多著作中最漂亮的结果，也许就是推广计算四边形面积的"海伦"公式。这个公式

$$K = \sqrt{(s-a)(s-b)(s-c)(s-d)},$$

其中 a, b, c, d 是边，s 是半周长，仍然以他的名字命名，但是，他并未指出这个公式仅在圆内接四边形的情况下才成立，他的成就所带来的光环也因此而黯然失

色。对于任意四边形,正确的公式是:

$$K = \sqrt{(s-a)(s-b)(s-c)(s-d) - abcd\cos^2\alpha},$$

其中,α 是两对角和的一半。一般来说,对于四边形的"粗略"面积,婆罗摩笈多给出了前希腊式公式,即两对边算术平均值的乘积。例如,边长为 $a=25, b=25, c=25, d=39$ 的四边形,他求得的"粗略"面积是 800。

婆罗摩笈多的公式

婆罗摩笈多对代数的贡献超过了他在测量法则方面的工作,因为我们从中发现他给出了二次方程的通解,该解包含两个根,即便其中一个根是负的。

事实上,他的著作中首次出现了对于负数和零的系统化算术。通过希腊关于减法的几何定理,比如,$(a-b)(c-d) = ac+bd-ad-bc$,负量法则的等价表示已为人所知,但是印度人将负量法则转换为关于正、负数的数值法则。而且,尽管希腊人有"空"(nothingness)的概念,但是他们从来没有像印度人那样,将其看作一个数。然而,在这里,婆罗摩笈多又一次通过声称 $0 \div 0 = 0$ 而导致自己毁誉参半的历史再次重演,他对 $a \div 0 (a \neq 0)$ 这样的棘手问题没有给出意见:

> 正数除以正数或负数除以负数是正数。零除以零是零。正数除以负数是负数。负数除以正数是负数。正数或者负数除以零是一个分母为零的分数。(Colebrook 1817, Vol. I)

在此还应该提到的是,与希腊人不同,印度人将数的无理根看作数。这种认识在代数方面不无裨益,印度的部分数学家也因此而备受赞誉。我们此前已经看到,印度的部分数学家对于精确结果与不精确结果之间缺乏较好的区分,自然地,他们应该也没有认真处理过可公度量与不可公度量之间的区别。对于他们而言,接受无理数是没有任何障碍的,后世的人也不加批判地追随着他们的脚步,直至19世纪,数学家们把实数系统建立在一个坚实的基础之上。

正如我们所说的,印度数学是好与坏的综合体。其中的一些"好"可以说极其优秀,在这方面,婆罗摩笈多值得高度赞扬。印度代数在不定分析方面的发展尤其引人注目,其中就有婆罗摩笈多的几个贡献。首先,在他的著作中,我们发现了一个可以构成毕达哥拉斯三元组的法则,即以 $m, \frac{1}{2}(m^2/n - n), \frac{1}{2}(m^2/n + n)$ 表示的三个数,但是,这仅仅是对于他可能已知的原有的巴比伦法则所做的一个形式上的更改而已。前面提到的婆罗摩笈多的四边形面积公式,与求对角线的公式

199

$$\sqrt{(ab+cd)(ac+bd)/(ad+bc)} \text{ 和} \sqrt{(ac+bd)(ad+bc)/(ab+cd)}$$

一起,被用来寻找边长、对角线以及面积都是有理数的四边形。其中的一个四边形,边长为 $a=52, b=25, c=39, d=60$,对角线为 63 和 56。婆罗摩笈多给出"粗略"面积是 $1933\frac{3}{4}$,尽管在本例中,他的公式可以给出精确的面积值为 1764。

不定方程

与他们国家的许多同胞一样,婆罗摩笈多显然非常热爱数学本身,因为务实的工程师不会提出诸如婆罗摩笈多问的那些关于四边形的问题。人们钦佩他的数学态度,尤其是发现他是第一个给出线性丢番图方程 $ax+by=c$(a, b, c 都是整数)的一般解的人时更是如此。为使这个方程有整数解,a, b 的最大公约数必须可以整除 c,且婆罗摩笈多知道,如果 a, b 互素,那么这个方程的所有解可由 $x=p+mb, y=q-ma$ 得到,其中 m 是任意整数。他也曾提出了丢番图二次方程 $x^2=1+py^2$,这个方程被错误地以约翰·佩尔(John Pell,1611—1685)的名字命名,但是此问题第一次出现在阿基米德群牛问题中。佩尔方程在某些情形之下被婆罗摩笈多的同胞婆什迦罗(Bhaskara,1114— 约1185)解决了。非常值得称道的是,婆罗摩笈多给出了线性丢番图方程的所有整数解,而丢番图本人只是满足于给出不定方程的一个特解。由于婆罗摩笈多所使用的某些例子与丢番图的相同,再次使得我们看到了希腊对于印度有影响的可能性——或者是他们都使用了也许是来自巴比伦的同一来源的可能性。同样有趣的是,类似于丢番图代数,婆罗摩笈多的代数是缩写的。加法用并列的方式表示,将一个圆点放置在被减数上方表示减法,除法与我们现在的分数记法类似,将除数放在被除数的下面,只不过没有中间的横杠。乘法运算、开方(求根)以及未知量等都用适当的词语缩写来表示。

婆什迦罗

中世纪晚期的印度造就了一批数学家,但是,我们在此只介绍其中的一位——婆什迦罗,12 世纪最杰出的数学家。正是他填补了婆罗摩笈多工作中的一些空白,比如给出了佩尔方程的通解,探讨了零做除数的除法问题。亚里士多德曾经说过,没有任何一个比大于分母是零的比,比如,分母是 4 的比就小于分母是零的比,但是,零的算术并非古希腊数学的一部分,而且婆罗摩笈多对于一个非零数除以零的除法也是含糊其词。因此第一次出现了商是无限的说法,是在婆什迦罗的《根的计算》(*Vija-Ganita*)中:

> 注:被除数 3,除数 0。商是 3/0。这一分母为零的分数被称为无穷大量。在这个将零作为除数的量中,无论是从中插入或者提取任何值,结果都不会改变,正如我们无限而永恒的神一样,永远不会改变。

这种说法颇有意义,但是,婆什迦罗进一步断言 $\frac{a}{0} \cdot 0 = a$,说明他对于这种情形缺乏一个清晰的理解。

婆什迦罗是中世纪印度最后一批杰出的数学家之一,他的工作代表了之前印度数学成就的一个高峰。在他的最著名的著作《莉拉沃蒂》(*Lilavati*)中,他汇编了婆罗摩笈多以及其他人的一些数学问题,并加入了自己新的观察。也许由这个特别的书名可以看出印度思想的参差不齐,因为书名就是婆什迦罗女儿的名字,根据传说,由于婆什迦罗对自己的占星术预测充满信心,而导致他女儿失去了结婚的机会。婆什迦罗曾计算得出,他的女儿只能在某一天的一个特定时辰内才能吉祥如意地结婚。在她婚礼的那一天,随着吉时临近,这个热切盼望幸福的女孩在滴漏水钟旁俯下身来,她头饰上的一颗珍珠掉了下来,堵住了水流,等到人们发现水钟已经停止的时候,结婚的吉时已过。为了安慰这个悲伤的姑娘,她的父亲以她名字来命名我们接下来将要介绍的这本著作。

《莉拉沃蒂》

《莉拉沃蒂》与《根的计算》类似,探讨了大量印度人偏爱的数学问题:线性方程和二次方程,包括确定的和不定的;简单测量;等差数列和等比数列;不尽开方;毕达哥拉斯三元数组以及其他问题。中国流行的"折竹"问题(也出现在婆罗摩笈多的著作之中)以下列形式出现:一根竹竿高 32 腕尺,被风折断,顶端触地,距根部水平距离 16 腕尺远,则折断处高出地面多少? 同样使用毕达哥拉斯定理的还有这样的问题:孔雀栖息于柱顶,柱底是蛇洞。孔雀自柱顶看见蛇向洞口爬来,距离洞口有三倍柱高的距离,孔雀以一条直线在蛇入洞前将其啄到。若孔雀和蛇走过的距离相等,问在距离洞口多远处二者相遇?

这两个问题很好地说明了《莉拉沃蒂》这本著作内容的多样性,尽管这两个问题之间具有明显的相似性，并且只需要一个答案即可，但是，其中一个问题是确定性的，另一个问题则是不定的。在圆和球的讨论中，《莉拉沃蒂》也未能区分精确结果与近似结果。所给的圆面积公式是正确的，即四分之一周长乘以直径，球体积公式是表面积与直径乘积的六分之一，但是，对于圆周长与直径之比，婆什迦罗认为是 3927 比 1250，或者是"粗略"值 22/7。前面这个比等价于阿耶波多提到过，但是并未使用的比。没有迹象表明婆什迦罗以及其他印度数学家意识到所有提到的比只是近似值而已。然而，婆什迦罗严厉地指责他的前辈们使用婆罗摩笈多的公式来求一个一般四边形的对角线和面积，因为他发现，一个四边形并不能由它的边唯一地确定。显然，他并没有认识到，对于所有圆内接四边形而言，这些公式确实是正确的。

婆什迦罗在《莉拉沃蒂》与《根的计算》中阐述的很多问题明显来源于早先的印度数学问题。因此，作者在处理不定分析问题方面游刃有余。对于婆罗摩笈多 202 之前提出的佩尔方程 $x^2 = 1 + py^2$，婆什迦罗对于 $p = 8, 11, 32, 61$ 以及 67 时的五种情形，给出了特解。例如，对于 $x^2 = 1 + 61y^2$，他给出的解是 $x = 1776319049$ 和 $y = 22615390$。这在计算上是一个令人印象深刻的壮举，单单对此结果的验证就足以使得读者花费很大力气。婆什迦罗的著作里含有大量丢番图问题的其他例子。

马德哈瓦与喀拉拉邦学派

从 14 世纪晚期开始，印度西南部沿海地区涌现出一群数学家，称之为"喀拉拉邦学派"（Keralese School），以喀拉拉邦的地理位置而命名。这个学派似乎是在马德哈瓦（Madhava）的领导下开始的，他最为著名的成就是正、余弦函数的幂级数展开式（这些级数通常是以牛顿而命名），以及将 π/4 展开成级数（我们现在将这个级数归功于莱布尼茨）。他的其他贡献还包括 π 值的计算，精确到小数点后 11 位，利用多边形计算圆周长，以及反正切级数的展开式（这个展开式通常被认为是詹姆斯·格雷果里（James Gregory）的成就），还有许多其他级数的展开以及天文学方面的应用。

马德哈瓦的原文很少被记录下来，他的大部分著作都是通过他的学生以及喀拉拉邦学派后来的成员们的阐述和引用才得以流传下来。

喀拉拉邦学派以他们在级数展开、几何、算术、三角学和天文观测上的惊人成就,在传播和影响方面引发了相当多的推测。到目前为止,还没有足够的文献来支持任何相关的主要猜测。然而,从这些以及之前文献的最近的翻译中可以学到大量的东西。(我们仅给出了几个通常与西欧 17 世纪数学巨匠相关的结果的例子。如果想要通过译作更近距离地欣赏古代与中世纪梵语文献中数学问题的本质,读者可以参考普洛克(Plofker)2009 年的译著。)

(周畅　译)

第十一章
阿拉伯数学

啊，人们说，我的计算，精确了岁月流年，其实我只是从日历中划去了未至的明日与已逝的昨天。

——奥马尔·海亚姆（菲茨杰拉德（FitzGerald）版《鲁拜集》(*Rubaiyat*)）

阿拉伯征服

中世纪影响数学的最具变革性的发展之一就是伊斯兰教的广泛传播。自公元 622 年开始的一个世纪之内，伊斯兰教已经从阿拉伯半岛扩展至波斯、北非以及西班牙。

在婆罗摩笈多著书立说之时，阿拉伯菲利克斯的塞巴帝国已经沦陷，半岛局势危在旦夕。当时大部分居民都是沙漠游牧民族——贝都因人（Bedouins），其中就包括约 570 年生于麦加的穆罕默德。他在麦加布道了十年，但是在 622 年，他面临着一个危及其生命的阴谋，于是他接受邀请前往麦地那。这标志着穆罕默德时代的开始，这个时代对于数学发展产生了巨大的影响。此时的穆罕默德成了一名军事以及宗教领袖。十年之后，他建立起一个以麦加为中心的国家。632 年，穆罕默德正在计划征战拜占庭帝国时，在麦地那逝世。他的追随者以惊人的速度占领了邻国的疆域。几年之内，大马士革、耶路撒冷以及美索不达米亚平原大部分地区都被征服者纳入囊中，641 年，多年以来一直是世界数学中心的亚历山大也被占领。图书馆里的书籍被焚毁这种情况在战争期间时有发生。当时所造成的破坏程度尚不清楚，但是人们认为，继早期的掠夺和长期的完全忽视之后，在这座

203

204

曾经是世界上最伟大的图书馆里,也许已经没有多少书可以用来燃烧了。

一个多世纪以来,阿拉伯的征服者们不仅与敌人交战,而且他们彼此之间也斗争不断,直到大约 750 年,好战之风逐渐消退。此时,摩洛哥的西部阿拉伯人与哈里发曼苏尔(al-Mansur)领导下的东部阿拉伯人之间出现了分裂,曼苏尔在巴格达建立起了一个新的首都,这个城市不久之后成为了新的数学中心。

公元 770 年,阿拉伯人熟知的天文数学著作《西德罕塔》(*Sindhind*)被从印度带到了巴格达。几年之后,可能是公元 775 年,《悉檀多》被译成阿拉伯语,不久之后(大约 780 年),托勒密的天文学著作《占星四书》从希腊语翻译成阿拉伯语。炼金术和占星术是最早令征服者产生研究兴趣的启蒙知识。所谓的"阿拉伯奇迹",与其说是政治帝国的迅速崛起,不如说是因为阿拉伯人的兴趣一旦被激发出来,他们吸收邻国知识的速度也同样令人惊叹。

智慧宫

阿拉伯帝国的第一个世纪没有任何科学成就。事实上,这段时期(从约 650 年到约 750 年)有可能是数学发展的低谷时期,因为,阿拉伯人对世界其他地区文化的关注几近消失。倘若没有 8 世纪后半叶阿拉伯国家突然的文化觉醒,更多的古代科学以及数学知识都会失传。当时的巴格达从叙利亚、伊朗和美索不达米亚召集学者,此时的巴格达成为了新的亚历山大。通过《一千零一夜》(*Arabian Nights*)中的故事,我们知道了在哈里发哈龙·拉希德(Haroun al-Raschid)统治期间,欧几里得的部分著作被翻译了出来。在马蒙(al-Mamun,809—833)统治期间(809—833),阿拉伯人完全沉浸在翻译的热忱之中。据说,哈里发做了一个梦,亚里士多德在梦中出现了,自此之后,马蒙决心把他能掌控到的所有希腊著作都翻译成阿拉伯语,这些著作包括托勒密的《至大论》以及完整版的欧几里得的《原本》。此时,阿拉伯人与拜占庭帝国维持着一种不稳定的和平关系,他们通过条约获得了希腊手稿。

马蒙在巴格达建立了一个"智慧宫"(Bait al-hikma),可以媲美亚历山大的古博物馆。开始时主要的工作重点放在翻译上面,最初是从波斯语译成阿拉伯语,后来又从梵语和希腊语译成阿拉伯语。智慧宫逐渐收集了很多古代手稿,这些手稿主要来源于拜占庭。后来,智慧宫还修建了一个天文台。我们在那里的数学家和天文学家中发现了穆罕默德·伊本·穆萨·花拉子密(Mohammed ibn Musa al-

205

Khwarizmi）的名字，他与欧几里得一样，后来成为了西欧家喻户晓的一个人物。其他活跃在 9 世纪翻译界的学者还有班努·穆萨（Banu Musa）兄弟——金迪（al-Kindi）和塔比·伊本·库拉。到了 13 世纪，蒙古入侵巴格达，智慧宫的图书馆遭到破坏，藏书虽然没有被烧毁，但是都被扔进了河里。这和被火烧也没什么区别，因为河水很快就冲刷掉了书上的墨迹。

花拉子密

花拉子密（al-Khwarizmi，约 780— 约 850）撰写了至少六本关于天文学以及数学的著作，其中最早的那本可能是基于《悉檀多》的阿拉伯译本《西德罕塔》创作而来。除了天文表以及关于星盘和日晷的著作外，花拉子密所著的两本关于算术和代数的著作都在数学史上扮演着非常重要的角色。其中的一本是《印度数字》（*De Numero Indorum*），仅以拉丁文译本的形式被保存下来，原始的阿拉伯文版本已经失传。在这部著作中，花拉子密大概是依据婆罗摩笈多的阿拉伯文译本，对印度数字做了非常详尽的阐述，以至于让人误以为我们的记数法起源于阿拉伯，他也许应该对造成这一普遍但错误的认知负有一定的责任。花拉子密从未声称自己对于这套记数法的原创性，因为他认为这份荣誉属于印度是理所当然的事情，但是，当他的著作被翻译成拉丁文传播到欧洲以后，粗心的读者们将记数法与著作一起都看作作者本人的成就。新的符号体系后来被称为花拉子密记数法，或者更不严谨地称为算法（algorismi），最终，这套利用印度数字的记数方案被简单称之为"阿拉伯记数法"或者"算法"，这个词语最初源于花拉子密的名字，其现在的含义被大大推广为任意程序或运算的特殊法则——比如求最大公约数的欧几里得方法。

《代数学》

通过他的算术，花拉子密的名字变成了一个通用的英语词汇；通过他的最重要的一本著作《代数学》（*Hisob Al-jabr wa'l Muqabalah*，直译为《还原与相消的科学》），他又为我们贡献了一个后来家喻户晓的常用词语。书名中出现了"algebra"一词，就是因为这本书，欧洲人后来所学的一个数学分支以这个名字而命名。花拉子密以及其他阿拉伯学者都没有使用符号缩略或者负数。然而，相较于丢番图或者婆罗摩笈多的著作，《代数学》的内容更接近于今天的初等代数，原因在于,这本著作并没有讨论不定分析中的难题,而是简单明了地阐述方程的解,尤其是二次方程的解。阿拉伯人通常喜欢由前提到结论的一个过程完整而又清晰的讨论,以及系统化的处理,这些都不是丢番图和印度人所擅长之处。印度人强于关联和类比,直觉能力强,有一定的审美情趣,且极富想象力,而阿拉伯人更为务实,他们的数学方法实用性更强。

《代数学》流传至今的,有拉丁语和阿拉伯语两个版本,但是,拉丁版本《代数学》(*Liber Algebrae et al Mucabala*)中缺失了相当一部分内容。

目前词语"al-jabr"和"muqabalah"的意思并不十分确定,但是对其的通常解释与以前的翻译所表示的意思相似。"al-jabr"的意思可能类似于"还原"或者"完成",似乎指的是将减去的项移到方程的另一边,"muqabalah"据说指的是"相消"或者"平衡"——也即,消去方程两端相同的项。自花拉子密时代很久之后,在《堂吉诃德》(*Don Quixote*)中发现了阿拉伯对于西班牙的影响,因为在这本书里"algebrista"用于表示接骨医生,也就是"还原者"。

二次方程

花拉子密《代数学》的拉丁文译本开篇即对数的位值原理进行了简要介绍,然后在接下来的六个简短章节中,探讨了由三个量(根、平方以及数,即 x,x^2 以及数)构成的六种类型方程的解。第一章用三个小段落讨论了平方等于根的情形,用现代符号表示,即为 $x^2=5x$,$x^2/3=4x$,以及 $5x^2=10x$,答案分别是 $x=5$,$x=12$ 以及 $x=2$。(没有意识到根 $x=0$ 这种情形。)第二章讨论的是平方等于数的情形,第三章解决了根等于数的情形,而且,每一章都用三个例子来说明变量项的系数等于、大于或小于 1 的情形。第四、五、六章比较有趣,因为这几章依次讨论了三项二次方程的三种经典情形:(1)平方与根等于数;(2)平方与数等于根;(3)根与数等于平方。求解的办法是应用到特殊例子中的"配方法"的老一套法则。例如,第四章给出了三个例子:$x^2+10x=39$,$2x^2+10x=48$,以及 $\frac{1}{2}x^2+5x=28$。每一个例子中,只给出了正数的答案。在第五章中,只使用了一个例子:$x^2+21=10x$,但是,根据法则 $x=5\mp\sqrt{25-21}$,给出了两个根 3 和 7。花拉子密在此提醒人们注意,我们现在称为判别式的东西必须为正:

> 你们应该也明白,取这种形式的方程的根的一半乘以这个根;如果所得结果小于上述平方的系数,则你就得到了一个方程。

作者在第六章中，再次仅使用了一个例子：$3x + 4 = x^2$，因为每当 x^2 的系数不是 1 时，首先需要做的，就是除以这个系数（正如在第四章所做的那样）。并再次详细给出了配方法的步骤，没有给出证明，这一过程相当于解 $x = 1\frac{1}{2} + \sqrt{\left(1\frac{1}{2}\right)^2 + 4}$。同样，只给出了一个根，因为另一根是负数。

之前所给的六种类型的方程涵盖了有一个正根的线性及二次方程的所有可能情形。法则的任意性以及这六章严格的数值形式让我们想起古巴比伦和中世纪的印度数学。将印度人偏爱的主题——不定分析排除在外，以及与在婆罗摩笈多的著作中所发现的那样，对于符号缩略的回避，仿佛都在暗示着其来源更有可能是美索不达米亚，而不是印度。然而，当我们读到第六章之后，就会对这个问题有一个全新的认识。花拉子密继续写道：

> 关于六类方程，就数字形式而言，我们已经讨论得足够多了。然而，现在有必要对于同样的问题给出几何形式的证明。

这段话中所涉及的荣誉显然是属于希腊人的，而非巴比伦人和印度人。关于阿拉伯代数学的起源有三个主要的思想流派：一个强调印度的影响，另一个强调美索不达米亚或叙利亚-波斯传统，第三个则倾向于希腊的启发。如果我们将这三种理论综合考量，则有可能会接近真相。阿拉伯哲学家对亚里士多德的崇拜到了效仿他的程度，但数学家们似乎采百家之长。

几何基础

花拉子密的《代数学》带有明显的希腊风格，但是第一个几何证明却和经典的希腊数学很不一样。对于方程 $x^2 + 10x = 39$，花拉子密画了一个正方形 ab，表示 x^2，在这个正方形的四条边上，各放置一个矩形 c,d,e,f，宽为 $2\frac{1}{2}$ 个单位。为了凑成更大的正方形，必须加上四个角上的小正方形（图 11.1 中的虚线部分），每一个小正方形的面积为 $6\frac{1}{4}$ 个单位。因此，为了"凑成这个正方形"，我们加上 4 倍的 $6\frac{1}{4}$ 个单位或 25 个单位，这样得到的正方形的总面积为 $39 + 25 = 64$ 个单位（由所给方程的右端可得）。因此这个大正方形的边长一定是 8 个单位，从中减去

2 乘以 $2\frac{1}{2}$，或者 5，结果是 $x = 3$，这样就证明了第四章中的答案是正确的。

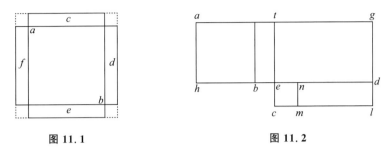

图 11.1   图 11.2

第五章和第六章的几何证明稍微复杂一些。对于方程 $x^2 + 21 = 10x$，作者画了一个正方形 ab 表示 x^2，矩形 bg 表示 21 个单位。那么由正方形和矩形 bg 构成的大矩形的面积等于 $10x$，这样，边 ag 或 hd 一定是 10 个单位。若二等分 hd，中点为 e，作 et 垂直于 hd，延长 te 到 c，使得 $tc = tg$，凑成正方形 $tclg$ 和 $cmne$（图 11.2），则矩形 tb 的面积等于矩形 md 的面积。但是，正方形 tl 的面积是 25，磬折形 $tenmlg$ 的面积是 21（因为磬折形的面积等于矩形 bg 的面积）。因此，正方形 nc 的面积是 4，它的边 ec 的长度是 2。由于 $ec = be$ 以及 $he = 5$，我们可得 $x = hb = 5 - 2$ 或 3，由此可证得第五章给出的算术解是正确的。他通过一个改进的图形，给出了根 $x = 5 + 2 = 7$，并用一个类似的图形从几何上证明了在第六章中用代数方法求得的结果。

210

代数问题

将花拉子密《代数学》中的图 11.2 与关于希腊几何代数的欧几里得《原本》中的图进行比较，可以得出一个必然结论，即阿拉伯代数学与希腊几何学有许多共同之处。然而，花拉子密《代数学》的第一部分，也就是算术部分，显然与希腊思想格格不入。在巴格达发生的事情，符合人们对于一个世界性学术中心的期望。阿拉伯学者非常钦佩希腊的天文学、数学、医学以及哲学。他们竭尽所能地去学习掌握这些学科。然而，他们的这些努力几乎没有什么作用，只不过是注意到了与塞伯特所发现的相同的结论，即塞伯特在 662 年第一次呼吁重视九个神奇的印度数字时说的："也有其他人知道一些事情。"花拉子密可能是阿拉伯折中主义的典型代表，在其他情形下可以频繁地发现他的这一特点。他的记数体系极有可能来源于印度，他的方程的系统化代数解也许是由美索不达米亚发展而来，而他对于解的逻辑几何框架显然源自希腊。

花拉子密的《代数学》不只是讨论了方程的解，这些内容只占这本书的前半部分。书中还有关于二项表达式的运算法则，包括诸如 $(10+2)(10-1)$ 与 $(10+x)(10-x)$ 这样的乘积。尽管阿拉伯人排斥负根以及绝对负量，但是他们却熟悉支配今天我们所知的带符号的数字的法则。花拉子密对于六种方程中的某些方程，也给出了替代的几何证明。《代数学》中含有大量问题用来阐释六章或六种类型的方程。比如，作为对第五章内容的证明，花拉子密将 10 分成两部分，使得"每一部分与自己相乘得到的两个积之和等于 58。"与拉丁文译本不同的是，现存的阿拉伯文本还包括对遗产继承问题的进一步讨论，例如：

211

> 一个人去世了，留下两个儿子，将其财产的三分之一馈赠给一个陌生人。他留下了 10 迪拉姆（dirhem）的财产，以及其中一个儿子欠他 10 迪拉姆的债务。

与我们所期待的结果不同，答案是陌生人仅获得了 5 迪拉姆。根据阿拉伯的法律，若儿子欠父亲的财产多于属于自己的那部分财产份额，那么他就可以保留他欠这些财产，其中一部分可以看作他应得的那一份，其余的当作他父亲送给他的礼物。继承法的复杂性似乎在某种程度上鼓励了阿拉伯代数学的研究。

海伦问题

花拉子密的许多问题相当明确地表明了阿拉伯人对于巴比伦-海伦数学流派的依赖。其中的一个问题可能直接取自海伦问题，因为图形和尺寸完全一样。在一个边长为 10 码、底长为 12 码的等腰三角形中，内接一个正方形（图 11.3），求这个正方形的边长。《代数学》的作者首先由毕达哥拉斯定理求得三角形的高是 8 码，从而三角形面积为 48 平方码。将正方形的边称为"物"（thing），他指出由大三角形的面积以及位于大三角形内部、正方形外部的三个小三角形的面积，可以得

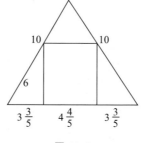

图 11.3

到"物"的平方。其中位于下方的两个小三角形的面积之和,是"物"与6减去"物"的一半的乘积,上面的小三角形的面积等于8减去"物"与"物"的一半的乘积。因此,他得到了一个显然的结论:"物"为 $4\frac{4}{5}$ 码,此即正方形的边长。海伦与花拉子密处理这个问题在形式上的主要区别在于,海伦将答案表示成诸如 $4\ \frac{1}{2}\ \frac{1}{5}\ \frac{1}{10}$ 的单位分数。二者之间的相似之处比差异更为明显,因此,我们可以将这个例子看作对于一个普通公理的证实:数学史发展的连续性是一种规律,而非例外。如果某个地方似乎有不连续性的情况出现,我们首先应该考虑这种可能性,即表面上的跳跃可以用其间的文献缺失来解释。

阿卜杜勒·哈米德·伊本·图尔克

花拉子密的《代数学》通常被认为是关于这一学科的第一部著作,但是,在土耳其出版的一本书引起了对上述观点的质疑。阿卜杜勒·哈米德·伊本·图尔克('Abd-al-Hamid ibn-Turk)的一部标题为"混合方程的逻辑必然性"(Logical Necessities in Mixed Equations)的手稿,是关于"还原与相消"的著作的一部分,这本书显然与花拉子密的著作非常相似,而且几乎同时出版,甚至可能更早一些。留存下来的关于"逻辑必然性"的章节,给出了与花拉子密《代数学》中一样的几何证明,且在某一情形下给出了同样的例题 $x^2 + 21 = 10x$。就某一方面而言,图尔克的阐述比花拉子密的更为详尽,因为他给出了几何图形,来证明判别式为负时二次方程无解。两人著作的相似性以及著作中的系统化组织似乎表明,在他们那个时代,代数学并非像通常所认为的那样是新生事物。当论述方式基本一致,且编排有序的一些教科书同时出现时,这门学科很可能已经远远超越了初始阶段。一旦一个问题可以化简为一个方程的形式,那么,花拉子密的继任者们就能够说,"根据还原与相消法则来计算"。无论如何,花拉子密的《代数学》得以留存足以说明,这本书是那个时代较好的典型的阿拉伯代数学教科书之一。《代数学》之于代数学,类似于欧几里得的《原本》之于几何学,两者都是现代数学出现之前最好的对于基础知识的阐述。但是花拉子密的著作存在着一个严重不足,将其弥补之后,才能有效地应用于现代世界,即:需要发展一套符号系统来取代修辞形式。但是,阿拉伯人除了用数字符号取代了数字词语以外,在这一方面没有取得任何进步。

塔比·伊本·库拉

　　9世纪是数学传播和发现的辉煌时期。它不仅在前半叶产生了花拉子密这样的数学家,在后半叶,也出现了另一位重要的数学家——塔比·伊本·库拉(Thabit ibn Qurra,826—901)。塔比是塞巴人,生于古美索不达米亚的城市哈兰(位于现土耳其东南部,在从前著名的贸易路线沿线上)。塔比自年轻时就精通三国语言,引起了穆萨三兄弟中的一位的关注,他鼓励塔比去巴格达的智慧宫与他的兄弟们一起学习。塔比精通医学、数学与天文学,并在被巴格达的哈里发任命为宫廷天文学家时,建立起了翻译的传统,尤其是希腊语和叙利亚语的翻译。我们应该特别感激他将欧几里得、阿基米德、阿波罗尼奥斯、托勒密和欧多修斯的著作翻译成了阿拉伯语。如果没有塔比的努力,现存于世的古希腊数学著作将会少许多。例如我们可能只会看到阿波罗尼奥斯《圆锥曲线论》的前四卷,而不是现在流传下来的前七卷。

　　而且,塔比对于他所翻译的经典著作的内容十分精通,因此他在翻译过程中做了一些修正和推广。他给出了一个关于亲和数的非常了不起的公式:若 p,q,r 是素数,且形式为 $p=3\cdot2^n-1,q=3\cdot2^{n-1}-1,r=9\cdot2^{2n-1}-1$,则$2^npq$ 和2^nr 是亲和数,因为这两个数中的每一个都是另一个的真因子之和。正如帕普斯所做的那样,塔比推广了毕达哥拉斯定理,以适用于包括直角三角形和不等边三角形在内的所有三角形。从任一三角形 ABC 的顶点 A 出发,画两条线分别交底边 BC 于 B' 和 C' 两点,使得角 $AB'B$ 和角 $AC'C$ 都等于角 A(图 11.4),则$\overline{AB}^2+\overline{AC}^2=\overline{BC}(\overline{BB'}+\overline{CC'})$。塔比没有给出定理的证明,但是,通过相似三角形定理容易证明。事实上,此定理对于欧几里得证明毕达哥拉斯定理所使用的“风车”图形提供了一个非常漂亮的推广。例如,如果角 A 是钝角,则 AB 边上的正方形的面积等于矩形 $BB'B''B'''$ 的面积,AC 边上的正方形的面积等于矩形 $CC'C''C'''$ 的面积,其中 $BB''=CC''=BC=B''C''$。也即,AB 和 AC 边上的正方形的面积之和等于 BC 边上的正方形的面积减去矩形 $B'C'B'''C'''$ 的面积。如果角 A 是锐角,则 B' 和 C' 关于 AP 颠倒一下位置,其中 P 是 A 在 BC 边上的投影,则 AB 和 AC 边上的正方形的面积之和等于 BC 边上的正方形的面积加上矩形 $B'C'B'''C'''$ 的面积。若 A 是一个直角,则 B' 和 C' 与 P 重合,在这种情况下,塔比定理就是毕达哥拉斯定理。(塔比没有画出图 11.4 中的虚线,但是他的确考虑了这几种可能情形。)

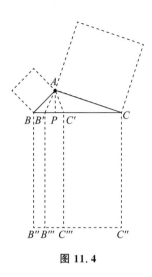

图 11.4

塔比在学术上的进一步贡献还包括:对于毕达哥拉斯定理的另一种证明,关 214
于抛物线或抛物面弓形的著作,对于幻方、三等分角以及新的天文学理论的讨
论。他还大胆地在先前简化版的亚里士多德-托勒密天文学中所假设的八个球层
的基础上,增加了第九个球层,并且与喜帕恰斯的二分点岁差只沿一个方向或只
有一种意义的观点不同,提出了往复式运动下的"二分点颤动"理论。

数字

居住在阿拉伯帝国疆域之内的人具有不同的种族背景:叙利亚人、希腊人、埃
及人、波斯人、土耳其人,以及许多其他族裔。虽然有时也使用希腊语和希伯来
语,但是大部分人使用一种通用的语言——阿拉伯语。正如公元 10 和 11 世纪学
者阿布-维法(Abu'l-Wefa,940—998)和卡克希(al-Karkhi,或 al-Karagi,约 1029)
的著作中所显示的那样,文化差异偶尔会变得特别明显。在他们的一些著作中,
使用了印度数字,这些数字经由天文学著作《西德罕塔》传至阿拉伯,而在其他时
候,他们采纳了希腊用字母表示数字的方式(当然用阿拉伯字符替换了希腊字
母)。最终,更胜一筹的印度数字胜出,但即使是在使用印度记数法的圈子里,所
使用的数字形式也存在着很大差异。在印度,数字形式的变化非常普遍,但是,在
阿拉伯,数字形式的变化如此惊人,以至于有理论认为,阿拉伯世界的东部和西部 215
所使用的数字形式有着截然不同的起源。也许东部的撒拉逊人的数字直接来自

印度,而西部摩尔人的数字则来自希腊或者罗马形式。更为可能的是,数字形式的变化其实是随时空改变而逐渐演变的结果,因为今天所使用的阿拉伯数字,与印度现在仍在使用的现代天城体(Devanagari,"神圣的")数字截然不同。不过,记数法的原理比之于数字的具体形式更为重要。我们现在使用的数字通常称为阿拉伯数字,但是,事实上,它们与埃及、伊拉克、叙利亚、阿拉伯半岛、伊朗等地所使用的数字形式 ١٢٣٤٥٦٧٨٩٠ 几乎没有相似之处。我们将我们的数字称为阿拉伯数字,原因在于两套数字体系的原理是一致的,且我们的数字形式也可能来自阿拉伯。然而,阿拉伯数字背后的原理可能来自印度,这样的话,将我们的数字称为印度或者印度-阿拉伯数字体系则更为恰当(见数字谱系图)。

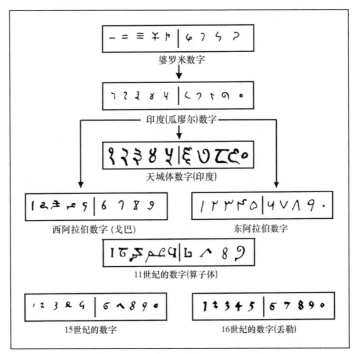

数字谱系。来自卡尔·门宁格(Karl Menninger)的《数字词语与数字符号》(*Zahlwort und Ziffer*)(Gottinggen: Vanderhoeck & Ruprecht 1957—1958,2 vols.),Vol.II,p.233。

三角学

216　　关于记数法的起源,希腊与印度之间存在着竞争,天文计算里也有类似这样的竞争存在,起初在阿拉伯有两种三角学——《至大论》里所记载的希腊的弦的几何学,以及自《西德罕塔》发展而来的印度的正弦表。竞争的结果同样是印度方面再次胜出,而且,大部分阿拉伯三角学最终都是建立在正弦函数的基础之上。事实上,正弦三角学也是从阿拉伯,而不是从印度传到了欧洲。

有时人们试图把正切函数、余切函数、正割函数和余割函数的诞生具体到某个特定时代,甚至是具体到某一个人,但是,这种做法几乎不可行。在印度和阿拉伯,有一种研究标杆或日晷晷针的影子长度随太阳高度变化的一般理论,影长则与长度单位有关。尽管当时经常采用手掌宽度或者男人身高来作为单位长度,但是对于所使用的标杆或者日晷的晷针并没有一个标准的长度单位。给定长度的垂直晷针的水平影长,即是所谓的太阳高度角的余切。"反向影子",也即标杆或者日晷的晷针水平投射在垂直墙面上的影子,就是太阳高度角的正切。"影子的斜边",也就是晷针顶端到影子顶端的距离,相当于余割函数,"反向影子的斜边"相当于正割。这种讨论影子的传统似乎早在塔比·伊本·库拉时代就已经在亚洲建立起来了,但是很少将斜边(正割或余割)的值制作成表格。

10、11 世纪的辉煌

在阿布-维法的工作中,三角学呈现为更加系统化的形式,使得像二倍角和半角公式这样的定理得以证明。尽管印度的正弦函数取代了希腊的弦,然而却是托勒密的《至大论》促进了对于三角学结果在逻辑上的整理。虽然托勒密实质上已经掌握了正弦定律,而且在婆罗摩笈多的著作中也暗示了正弦定律,但是,由于阿布-维法与他同时代的阿布·纳斯尔·门苏尔(Abu Nasr Mensur)给出了球面三角定律的明确公式,这一定律往往被归功于他们。阿布-维法也制作了一个新的正弦表,表中的角两两相差 $\left(\dfrac{1}{4}\right)°$,其精度相当于八位小数。此外,他还构造出了一个正切表,且使用六个常用三角函数以及它们之间的关系,但是他对于这些新函数的使用,似乎在中世纪并没有被广泛沿用。

阿布-维法是一位有才能的代数学家,同时也是一位三角学家。他注释了花拉子密的《代数学》,并且翻译了希腊语的最后一部经典著作——丢番图的《算术》。他的继任者卡克希显然是因为使用了他这本译著,而成为了丢番图的一个阿拉伯信徒,但是,这本书并没有丢番图分析的内容。也就是说,卡克希关注的是花拉子密的代数,而不是印度的不定分析,但是像丢番图那样(而不像花拉子密),他并没有局限于二次方程,尽管他沿用阿拉伯人的习惯,给出了二次方程的几何

217

证明。值得一提的是，形如 $ax^{2n}+bx^n=c$ 的方程（仅考虑具有正根的方程）的第一个数值解应归功于卡克希，他在其中摒弃了丢番图对有理数的限制。正是沿着这个方向，寻求次数高于二次的方程的（关于根的）代数解，文艺复兴时期数学的早期发展注定会发生。

卡克希所处的时代（11 世纪早期）是阿拉伯学术史上的一个辉煌时代，许多同时代的人都应该简要介绍一下。所谓的"简要"，并不是因为他们的实力不强，而是因为他们并非专职数学家。

伊本·西纳（Ibn Sina，980—1037），即西方人熟知的阿维琴纳（Avicenna），是阿拉伯最重要的学者和科学家，但是在他广博的兴趣爱好中，数学所扮演的角色要小于医学和哲学。他翻译了欧几里得的著作，并解释了弃九法（因此，这个方法有时会毫无根据地被认为是他的成就），但他是因为将数学应用于天文学和物理学而被人们铭记的。

由于阿维琴纳将希腊知识与本土思想融合在一起，所以与他同时代的比鲁尼（al-Biruni，973—1048）通过其著名著作《印度志》（India）使得阿拉伯人，也包括我们自己，熟悉了印度数学与文化。作为一个不知疲倦的旅行者和批判性的思想家，他的叙述富有人情味而又公正坦率，包括对《悉檀多》和记数法的位值原理的完整描述。正是他告诉我们，阿基米德熟知海伦公式，并给出了对于这个公式以及婆罗摩笈多公式的证明，正确地坚持认为后者仅适用于圆内接四边形。在圆内接九边形问题中，比鲁尼通过 $\cos 3\theta$ 的三角公式，将问题化简为解方程 $x^3=1+3x$，对于这个方程，他给出了六十进制小数的近似解：1;52,15,17,13 ——相当于精确到小数点后多于六位的一个数值。比鲁尼在一个关于日晷的晷针长度的章节里，也介绍了印度的影长计算。他的思想之大胆由他对于地球是否沿着它自己的轴旋转的讨论可见一斑，对于这个问题他没有给出答案。（在此之前，阿耶波多似乎提出过在空间的中心有一个旋转的地球这样的观点。）

218　　　比鲁尼对于物理学也有所贡献，尤其是对于比重以及自流井成因问题的研究，但是作为一个物理学家和数学家，他还不及伊本·海赛姆（Ibn-al-Haitham，约965—1039），即西方人熟知的海桑（Alhazen）。海桑最重要的著作是《光学宝典》（Treasury of Optics），这本书受到了托勒密关于反射和折射的著作的启发，反过来，这本书影响了中世纪以及近代初期欧洲的科学家们。海桑所考虑的问题包括眼睛的结构、月亮在接近地平线时显得更大，以及通过观察黄昏一直持续到太阳在地平线以下 19° 时，来估算大气层的高度。求球面镜上把光源发出的光反射到观察者的眼睛里的特定点的问题在今天称为"海桑问题"。这是一个古希腊意义上的"三次方程问题",利用海桑非常熟悉的圆锥曲线理论可以解决。他通过求由抛物线弧、轴线以及抛物线纵坐标所围区域绕着顶点的切线旋转所产生的立体的体积,推广了阿基米德关于劈锥面的结果。

奥马尔·海亚姆

阿拉伯数学可以恰当地分为四部分:(1) 可能源自印度,并基于位值原理的算术;(2) 起源于希腊、印度以及巴比伦,然而被阿拉伯赋予典型特征的新的系统化形式的代数学;(3) 主要源自希腊,但被阿拉伯人应用印度形式并添加新的函数和公式的三角学;(4) 来自希腊,但被阿拉伯人到处推广的几何学。海桑之后的一个世纪,有一个人做出了重要的贡献,东方人称其为科学家,但西方人却认为他是最伟大的波斯诗人之一。这个人就是奥马尔·海亚姆(Omar Khayyam,约1050—1123),一位"帐篷制造者",其所著的《代数学》(*Algebra*)超越了花拉子密的同名著作,其中包含三次方程。正如他的阿拉伯前辈们那样,奥马尔·海亚姆对于二次方程给出了算术以及几何解,对于一般的三次方程,他认为算术解是不可能的(后来在 16 世纪被证实这是错误的),因此,他仅给出了几何解。利用相交的二次曲线来解三次方程的方法早已被之前的梅内赫莫斯、阿基米德以及海桑使用过,但是,奥马尔·海亚姆采取了值得称赞的步骤,将方法推广到适用于所有的三次方程(有正根)。在早期的研究中,他发现了一个三次方程,他特别提到:"这个方程不能通过平面几何来解决(即仅使用直尺和圆规),因为其中含有三次方。我们需要二次曲线来求解。"(Amir-Moez 1963,p.328)

对于三次以上的方程,由于没有三维以上的空间,因此奥马尔·海亚姆显然没想出类似的几何方法,"代数学家所说的平方的平方,在连续量中只是一个理论事实,而在现实中完全不存在。"他处理三次方程的如此烦琐、而又如此得意的过程,如果换之以如下的现代符号和概念表述,则要简洁许多。令三次方程为 $x^3 + ax^2 + b^2x + c^3 = 0$,若以 $2py$ 代换 x^2,得到 $2pxy + 2apy + b^2x + c^3 = 0$(注意 $x^3 = x^2 \cdot x$)。因为所得方程表示一条双曲线,且代换所用的等式 $x^2 = 2py$ 是一条抛物线,显而易见的是,若将双曲线和抛物线画在同一个坐标系里,则两曲线交点的横坐标将会是三次方程的根。显然,可以使用其他成对的二次曲线用类似的方式来解三次方程。

219

我们对于奥马尔·海亚姆著作的描述还不足以完全揭示出他的天才之处，由于缺乏负系数的概念，他根据参数 a，b，c 是正数、负数或者零的情况，将问题分解成许多独立的情形。而且，在他那个时代还没有一般参数的概念，所以对于每一种情形，他必须明确地找到相应的二次曲线。由于他当时并没有承认负数根的合理性，也没有注意到二次曲线的所有交点，因此也并没有给出所给定三次方程的所有根。同样值得一提的是，在三次方程的早期的希腊几何解中，系数都是线段，而在奥马尔·海亚姆的著作中，它们都是具体的数。阿拉伯折中主义最富有成效的贡献之一，就是结合数值代数和几何代数的倾向。虽然，朝这个方向迈出决定性一步的是很久之后才出现的笛卡儿，但是，奥马尔·海亚姆在朝着这个方向努力前进，他写道：那些把代数看成求未知量的技巧的看法是一种误解。他在利用数值方法替代欧几里得的比例理论的过程中，接近了无理数的定义，并致力于得到一般的实数概念。

奥马尔·海亚姆在他的《代数学》里写道，他在其他地方提出了一个自己发现的法则，可以求二项式的四次、五次、六次以及更高次幂，但是，这样的一本书并没有流传下来。据推测，他指的是帕斯卡三角形排列，这个排列似乎在同一时期出现在了中国。很难解释这一巧合，但是如果没有进一步的证据，那就应该假定发现的独立性。在当时，阿拉伯和中国之间的交流并不广泛，但是，中国和波斯之间有一条丝绸之路，知识的传播也许就是沿着这条路而涓涓不息。

平行公设

阿拉伯数学家对于代数学和三角学的兴趣显然更甚于几何学，但是几何学的某一方面对于他们却有着独特魅力，那就是欧几里得第五公设的证明。早在希腊，试图证明这个公设几乎成为"第四大著名几何问题"，一些阿拉伯数学家继续在这一问题上努力着。海桑从一个三直角四边形开始（有时称之为"兰伯特（Lambert）四角形"，以此致敬他在 18 世纪时所做的努力），并且他认为自己已经证明了第四个角也一定是直角。由这个关于四边形的"定理"，第五公设将很容易被证明。海桑在他的"证明"中假定，一个点的轨迹，欲使其与一给定直线保持等距，必然是一条与给定直线平行的直线。这个假设在现代等同于欧几里得公设。奥马尔·海亚姆批判了海桑的证明，理由是亚里士多德反对在几何学中使用运动思想。奥马尔·海亚姆然后从一个两边相等且垂直于底的四边形（通常称之为

"萨凯里(Saccheri)四边形",同样地,以此致敬他在 18 世纪时所做的贡献)出发,提出这个四边形其他的(上面的)角必然是相等的。当然,在这个问题里有三种可能性。这两个角可能是:(1)锐角;(2)直角;(3)钝角。奥马尔·海亚姆根据一个原理排除掉了第一种和第三种可能性,他将这个原理归功于亚里士多德,即两条汇聚的直线一定会相交,这又是一个等价于欧几里得的平行公设的假设。

纳西尔丁·图西

奥马尔·海亚姆在 1123 年去世,此时的阿拉伯科学处于衰落状态,但是阿拉伯的贡献并没有随着他的逝去戛然而止。在 13 世纪和 15 世纪,我们都发现了著名的阿拉伯数学家。例如,马拉盖的纳西尔丁·图西(Nasir al-Din(Eddin) al-Tusi,1201—1274),他是旭烈兀的天文学家,旭烈兀是征服者成吉思汗的孙子、忽必烈的兄弟。纳西尔·丁·图西一直致力于证明平行公设,从通常关于萨凯里四边形的三个假设开始。他的"证明"依赖下面的假设,同样等价于欧几里得的平行公设:

> 若线 u 垂直于线 w 于点 A,且线 v 与线 w 斜相交于点 B,则垂直于 u 的直线与 u,v 相交。当 v 与 w 交角为锐角时,这两交点的距离小于 AB;当 v 与 w 交角为钝角时,这两交点的距离大于 AB。

221

图西作为非欧几何三个阿拉伯先驱者中的最后一位,他的工作在 17 世纪时被约翰·沃利斯(John Wallis)翻译并出版发行。这似乎成为萨凯里在 18 世纪前三分之一时期工作进展的出发点。

图西继续阿布-维法的工作,写出了第一部系统论述平面和球面三角学的著作,他把三角学本身看作一门独立的学科,而不是像希腊与印度那样简单地把它当作服务天文学的助手。他利用了六个常用的三角函数,并给出了平面三角与球面三角各种情形下的求解法则。不幸的是,由于图西的工作在欧洲并不为人所知,导致他的著作影响有限。然而,在天文学方面,图西所做的一个贡献可能引起了哥白尼的注意。阿拉伯人采用了亚里士多德和托勒密关于天体的两种理论,并且注意到了这两种宇宙论之间的矛盾之处,他们试图调和并改进这些理论。在这一方面,图西发现在通常的本轮结构中,两个匀速圆周运动的组合可以产生一个往复直线运动。也就是说,如果一个点绕着本轮做顺时针匀速圆周运动,而本轮中心以一半的速度绕着一个相等的均轮做逆时针运动,则这个点的运动轨迹是一条直线段。(换言之,如果一个圆沿着另一个直径是其两倍的大圆内部滚动,那么小圆圆周上一点的轨迹就是大圆的直径。)哥白尼和杰罗尼莫·卡尔达诺(Jerome Cardan)在 16 世纪时,就已经知道或者重新发现了这个"纳西尔丁定理"。

卡西

贾姆希德·卡西(Jamshid al-Kashi,约 1380—1429)找蒙古征服者帖木儿的孙子乌鲁格别克国王做他的资助人。乌鲁格别克在他的朝廷所在地撒马尔罕修建了一个天文台并成立了学习中心,一批科学家被召集而来,卡西就是其中之一。在以波斯语和阿拉伯语写就的很多著作中,他在数学与天文学方面做出了贡献。他还为撒马尔罕的学生编写了一本主要的教科书,该书内容涵盖了算术、代数及其在建筑、测量、商业和其他感兴趣的领域中的应用。他的计算能力似乎无与伦比。值得注意的是他计算的准确性,尤其是在用可能来自中国的霍纳法的一个特例来求解方程时。他可能采用了也同样来自中国的十进制小数的做法。卡西是十进制小数史上的一位重要人物,他意识到了他在这一方面所做贡献的重要性,因此,认为自己是十进制小数的发明者。虽然在某种程度上而言,在他之前有过先驱者的身影,但他也许是六十进制小数的使用者中第一个认为对于精确度需要达到多个小数位的问题,使用十进制小数同样方便的人。然而,在他关于根的系统计算中,他仍然使用六十进制。在求一个数的 n 次方根的方法中,他求的是六十进制数

$$34,59,1,7,14,54,23,3,47,37;40$$

的六次方根。这是一个计算上的惊人壮举,所采用的步骤就是我们在霍纳法中使用的(找根、减根、然后展开根或者乘以根),而所采用的模式类似于我们的综合除法。

卡西显然喜欢长长的计算,而且他也颇以自己计算的 π 的近似值为傲,因为这比他的任何一位前辈给出的值都精确。他将 2π 的值表示成六十进制和十进制形式。前者,即 $6;16,59,28,34,51,46,15,50$ 更多的是对过去的回顾,而后者,即 6.2831853071795865 在某种意义上,预示着十进制小数的未来使用。直到 16 世纪末期,才有数学家能够达到这样的计算精度。他的计算技巧似乎是建立在撒马尔罕天文台制作的正弦表的基础上。在卡西的著作里,"帕斯卡三角形"形式的二项式定理再次出现,比之在中国的出现晚了一个世纪,而一个世纪之后,它才出现在欧洲的著作里。

(周畅 译)

第十二章
拉丁语的西方世界

忽视数学会对所有知识造成伤害，因为对数学无知的人，无法了解其他科学或世间诸事。

——罗吉尔·培根（Roger Bacon）

引言

时间和历史都是连续不断的整体，任何对时期的划分都只是人为的，但是，正如坐标框架在几何学里是一种有用的工具，同样在历史中将事件划分成时期或时代也大有裨益。出于政治史的目的，习惯上将476年罗马的衰落作为中世纪的开始，而将1453年君士坦丁堡被土耳其人攻陷作为这一时期的结束。就数学史而言，让我们简单地将500年到1450年这段时期视为数学的中世纪。需要提醒读者注意的是，以五种主要语言书写的五个伟大文明构成了这一时期数学史的主体。在前面四章中，我们介绍了五个主要文化中的四个：即来自拜占庭帝国、中国、印度以及阿拉伯的分别以希腊语、汉语、梵语以及阿拉伯语书写的数学成就。在这一章中，我们将看看西方或罗马帝国的数学，它们没有一个数学中心，也并非讲单一的一种语言，但拉丁语是学者的通用语言。

223
224

黑暗时代概略

对于那些已经成为西方帝国一部分的国家而言，公元6世纪是一段严峻的时期。内部冲突、外敌入侵以及人员迁徙使得大部分地区人口减少、生活困顿。罗马的机构，包括著名的学校系统，基本上已不复存在。不断壮大的基督教会本身也不能幸免于内部纷争的影响，只是逐渐建立了一个教育体系。正是在这种背景下，我们必须评价一下博伊西斯、卡西奥多罗斯（Cassiodous，约480—约575）以及塞维利亚的伊西多尔（Isidore of Seville，570—636）有限的数学贡献。这三个人都不特别擅长数学，他们在算术与几何上的贡献应该被置于他们为修道院学校和图书馆介绍人文学科这一背景下来看待。

与博伊西斯同时期并接替他担任服务于提奥多里克的行政长官的卡西奥多罗斯，在他自己创办的一所修道院里度过了退休生涯。他在那里建立了一个图书馆，指导修道士们熟练地准确抄写希腊文和拉丁文手稿文本。这为一项保存古籍的重要活动搭建了舞台。

塞维利亚的伊西多尔被同时代的人认为是最博学的人，是多卷本《词源学》（*Origines* 或 *Etymologies*）一书的作者。这本书共有二十卷，其中一卷是关于数学的。这一卷由四部分：算术、几何、音乐，天文学，即四艺构成。与博伊西斯的《算术》相似的是，算术和几何部分仅限于基本定义以及数与图形的性质。

我们之所以认为这些人是杰出的，原因在于他们在真正的科学"黑暗时代"，为保留传统知识元素发挥了重要作用。在接下来的两个世纪里，阴郁的气氛一直持续，以至于在欧洲听不到任何跟学术有关的消息，只有身在英国的"尊者比德"（Venerable Bede，约673—735）笔耕不辍，撰写著作讨论确定复活节日期，或者用手指来表示数字所需的数学知识。这两个主题都很重要：第一个是建立基督教时代年历所必需的；第二个可以使那些目不识丁的人进行算术交易。

热尔贝

公元800年，查理曼（Charlemagne）被罗马教皇加冕为皇帝。他努力使自己的帝国摆脱黑暗时代所带来的低迷影响，并邀请几年前被他带到图尔的教育家约克的阿尔昆（Alcuin of York，约735—804）来振兴法国的教育。查理曼大帝的举措效果显著，以至于一些历史学家称这一时期为"加洛林文艺复兴"（Carolingian Renaissance）。然而，阿尔昆不是数学家，他解释上帝创造万物用了6天的时间，是因为6是一个完满数，由此可以看出他受到了新毕达哥拉斯学派的影响。除了阿尔昆给初学者撰写的一些算术、几何学和天文学知识以外，在后来的两个世纪

225

里,法国和英国在数学方面几乎没有成果出现。赫拉巴努斯·毛鲁斯(Hrabanus Maurus,784—856)在德国继续着比德在数学方面的努力,特别是关于复活节日期的计算。但是,将近一个半世纪之后,西欧的数学气候有了显著的改变,这其中的代表人物就是教皇西尔维斯特二世(Pope Sylvester Ⅱ)。

热尔贝(Gerbert,约 940—1003)出生于法国,曾经在西班牙和意大利接受过教育,然后在德国当过老师,后来成为神圣罗马帝国皇帝奥托三世(Holy Roman Emperor Otto Ⅲ)的顾问。相继在兰斯和拉韦纳出任大主教后,热尔贝在公元 999 年晋升为罗马教皇,取名为西尔维斯特,也许是为了纪念那位因学识而闻名于世的前任教皇,但更为可能的原因是,君士坦丁时期的教皇西尔维斯特一世象征着教皇与帝国之间的统一。热尔贝在政治上很活跃,不管是世俗的还是教会的活动都积极参与,但他仍然拿出一部分时间来从事教育工作。他根据博尔西斯传统撰写了关于算术和几何的著作,该传统主导了西方教会学校的教学。然而,比这些解释性的著作更令人关注的是,热尔贝也许是欧洲第一位教授如何使用印度-阿拉伯数字的人。目前还不清楚他是如何接触到这些数字的。虽然在现存的文献中几乎没有阿拉伯影响的证据,但是摩尔人的知识里包含具有西阿拉伯记数法的数字形式,或者戈巴(Gobar,尘土)数字形式。一部年代为 992 年的伊西多尔的《词源学》西班牙语版本中含有数字,但是没有零符号。然而,在博伊西斯的某些手稿中,类似的数字形式或者算子体(apices)作为算码出现在计算板或算盘上。不过,博伊西斯式的算子体也许是后来添加上去的。关于将数字引入欧洲的情形,大概与约五百多年前该体系的发明之谜一样令人感到困惑。而且目前尚不清楚,在热尔贝之后的两个世纪中,欧洲是否继续使用着这些新数字。直到 13 世纪,印度-阿拉伯数字系统才被明确地引入欧洲。而这一成就不是一个人的功劳,而是得益于几个人的工作。

翻译的世纪

如果一个人不懂邻国的语言,就不能吸收他们的智慧。在公元 9 世纪,阿拉伯打破了学习希腊文化的语言壁垒,而拉丁语的欧洲人在 12 世纪克服了阿拉伯语知识的语言障碍。在 12 世纪初,如果不懂阿拉伯语,任何欧洲人都不可能成为真正意义上的数学家或天文学家,而在 12 世纪前半期,如果不是摩尔人、犹太人或者希腊人,在欧洲就不能自吹是一个数学家。到了 12 世纪末期,最优秀以及最

226

具创新性的数学家都来自意大利。这一时期是从旧观念向新观念转变的过渡阶段。一系列的翻译作品注定了文艺复兴的开始。起初，这些翻译几乎完全是由阿拉伯语翻译成拉丁语，但到了 13 世纪，出现了许多变化：由阿拉伯语到西班牙语、由阿拉伯语到希伯来语、由希腊语到拉丁语，或者是由阿拉伯语到希伯来语，再到拉丁语这样的复合翻译。

很难判断十字军是否对知识传播产生了积极影响，但很可能它们破坏了交流的渠道，而非起到促进交流的作用。无论如何，连接西班牙和西西里岛的通道在 12 世纪时是最重要的，自 1096 年至 1272 年，这些通道基本上没有被十字军的劫掠军队所干扰。拉丁欧洲的知识复兴发生于十字军期间，但却可能与十字军无干。

当时连接伊斯兰教与基督教世界有三座主要的桥梁——西班牙、西西里岛以及东罗马帝国，其中第一座桥梁是最重要的。然而，并非所有的主要译者都利用了西班牙这一知识桥梁。比如说，人们熟知英国人巴斯的阿德拉德（Adelard of Bath，约 1075—1160）曾在西西里岛和东罗马帝国待过，但是似乎从未到过西班牙，我们并不清楚他是如何接触到阿拉伯知识的。1126 年，阿德拉德将花拉子密的天文表从阿拉伯文翻译成拉丁文。1142 年，他做出了欧几里得《原本》的主要版本，这是最早从阿拉伯文译成拉丁文的数学经典之一。阿德拉德对《原本》的翻译在接下来的一个世纪并没有产生很大的影响，但这远非一个孤立的事件。后来（大约是 1155 年），他将托勒密的《至大论》从希腊文翻译成了拉丁文。

在伊比利亚半岛，特别是在托莱多，大主教在那里推广翻译工作，建立了一所名副其实的翻译学校。托莱多曾经是西哥特（Visigothic）王国的首都，在 712 年到 1085 年期间属于阿拉伯，之后归属基督教世界，是知识传播的理想之地。在托莱多图书馆里，有大量的阿拉伯手稿，并且包括基督教徒、伊斯兰教徒和犹太人在内的普通民众都讲阿拉伯语，这促进了信息的语际流动。翻译者的世界主义从一些名字中显而易见：切斯特的罗伯特（Robert of Chester）、达尔马提亚人赫尔曼（Hermann the Dalmatian）、蒂沃利的普拉托（Plato of Tivoli）、布鲁日的鲁道夫（Rudolph of Bruges）、克雷莫纳的杰拉尔德（Gerard of Cremona）、塞维利亚的约翰（John of Seville），以及一位皈依的犹太人。这只是西班牙翻译工程中涉及的一小部分人。

在西班牙译者中，最多产的也许是克雷莫纳的杰拉尔德（Gerard of Cremona，1114—1187）。他为了理解托勒密的理论曾去西班牙学习阿拉伯语，但是他毕生都致力于翻译阿拉伯语的著作。这些经典著作其中之一就是由塔比·伊本·库拉的阿拉伯语的欧几里得《原本》的修订本译成的拉丁文版本。杰拉尔德后来还翻译了《至大论》,托勒密在西方为人所知主要就是通过这本书。另外他还翻译了其他八十多部手稿。

在杰拉尔德的著作中,有一本是花拉子密《代数学》的拉丁语改编本,但是《代数学》的更早以及更受欢迎的译本是由切斯特的罗伯特在 1145 年完成的。这是花拉子密著作的第一个译本,也许可将其看作欧洲代数学开始的标志。切斯特的罗伯特在 1150 年就返回了英国,但西班牙语的翻译工作通过杰拉尔德和其他人仍持续着。花拉子密的著作显然是当时最受欢迎的对象之一,蒂沃利的普拉托和塞维利亚的约翰的名字出现在《代数学》的其他改编本中。西欧对阿拉伯数学的喜爱突然间就超越了曾经对希腊几何学的热爱。也许部分原因在于阿拉伯算术和代数比罗马共和国和罗马帝国时代的希腊几何更为初级。然而,尽管希腊三角学是相对有用且更为基本的知识,罗马人却从未对其显现出太大的兴趣,而 12 世纪的拉丁学者们却非常热衷于天文学著作中出现的阿拉伯三角学。

珠算者和演算者

在 12 世纪的翻译时期以及接下来的一个世纪里,人们对花拉子密这个名字产生了混淆,并导致了"算法"这个词的出现。向拉丁读者解释印度数字的是巴斯的阿德拉德和塞维利亚的约翰,与此同时,将类似的数字体系介绍给犹太人的是亚伯拉罕·伊本·埃兹拉(Abraham ibn-Ezra,约 1090—1167),他撰写过占星术、哲学以及数学方面的著作。与拜占庭文化一样,前九个希腊字母数字加上一个特殊的零符号取代了印度数字,因此,伊本·埃兹拉在十进制位值制中,使用前九个希伯来字母数字以及一个表示零的圆圈表示整数。尽管有很多关于印度-阿拉伯数字的记载,但从罗马数字体系的过渡却出奇地缓慢。也许是因为用算盘计算在当时相当普遍,因此,在这种情况下,新的记数体系的优点并不如仅用笔和纸计算那么明显。几个世纪以来,"珠算者"和"演算者"之间存在着激烈的竞争,而后者只是在 16 世纪时才取得了明确的胜利。

在 13 世纪,来自各行业的作者们使这种记数法流行起来,在此,我们将特别提到其中三人:法国的方济各会修士亚历山大·德·维尔迪厄(Alexandre de Villedieu,活跃于 1225 年左右);哈利法克斯的约翰(John of Halifax,约

228

229 1200—1256），也被称为萨克罗博斯科（Sacrobosco），是一位英国学者；以及比萨的
莱昂纳尔多（Leonardo of Pisa，约 1180—1250），更为人所知的称呼是"斐波那
契"（Fibonacci）或者称"波纳契之子"（son of Bonaccio），一个意大利商人。亚历
山大的《算法歌》（*Carmen de Algorismo*）是一首诗歌，诗中对整数的基本运算进
行了充分的描述，使用的就是印度-阿拉伯数字，并且把零看作一个数来对待。萨
克罗博斯科的《通俗阿拉伯计数法》（*Algorismus Vulgaris*）汇集了各种实用的估
算方法，其流行程度与他的另一本书——中世纪后期学校使用的一本关于天文学
的初等教材《天球论》（*Sphaera*）不相上下。斐波那契在 1202 年完成的经典名著
中阐述了新的印度-阿拉伯记数法，但是这本书却被冠以了误导性标题："算盘
书"（*Liber Abaci*，下文译为《算经》）。这本书不是关于算盘的，是关于代数方法和
问题的非常详尽的著作。书中极力主张使用印度-阿拉伯数字。

格雷戈尔·赖施（Gregor Reisch）《哲学珠玑》（*Margarita Philosophica*，费莱堡（Freiburg，
1503））中的木刻插图。算术女神正在指导演算者和珠算者，这里用博伊西斯和毕达哥拉斯指
代这两种人并不恰当。

斐波那契

斐波那契的父亲波纳契是一名在北非经商的比萨人,他的儿子莱昂纳尔多在一位阿拉伯教师的指导下学习,并曾经去过埃及、叙利亚和希腊。因此,很自然地,斐波那契应该钻研过阿拉伯的代数方法,幸运的是,其中含有印度-阿拉伯数字,不幸的是,同时也带有阿拉伯式表达的浮夸形式。《算经》的开篇便是一个听起来几乎是现代的思想——算术和几何学相互关联并彼此支撑。当然,这种观点让人联想到花拉子密的《代数学》,但它在拉丁文博伊西斯式的传统中也同样被认可。然而,《算经》更关注的是数字而不是几何学。它首先描述了"九个印度数字"以及符号 0,"阿拉伯语称之为 zephirum"。顺便说一句,我们的词汇"密码"(cipher)和"零"(zero)正是从"zephirum"及其变型中衍生而来。斐波那契对印度-阿拉伯记数法的介绍在传播过程中起着非常重要的作用,但正如我们所看到的那样,这样的介绍并不是第一次出现,而且,也没有达到像萨克罗博斯科和德·维尔迪厄后来所给出的更为基本的描述那样的普及程度。例如,斐波那契经常使用的分数中的横线(这在早些时候在阿拉伯地区已经被人所知),直到 16 世纪才被广泛使用起来。(斜线是在 1845 年由奥古斯都·德摩根(Augustus De Morgan)引入的。)

《算经》

《算经》对于现代读者而言,并不是一本开卷有益的书,因为,它在解释了通常的算法或算术过程(包括开方)之后,着重阐述了商业交易中的问题,使用了一个复杂的小数体系来计算货币兑换。历史的一个讽刺之处在于,位值记数法的主要优势——它对于小数的适用性,几乎完全没有被印度-阿拉伯数字在它们存在的前一千年中的使用者们发掘出来。在这方面,斐波那契跟其他人一样负有责任,因为他使用了三种类型的分数(小数)——普通分数、六十进制小数以及单位分数,都不是十进制小数。事实上,在《算经》里,大量使用了其中两种最糟糕的体系——单位分数和普通分数。而且,以下类型的问题比比皆是:如果 1 个皇家苏勒德斯金币,等于 12 个皇家德涅尔币,可以卖 31 个比萨德涅尔币,那么 11 个皇家德涅尔币可以换多少个比萨德涅尔币? 在一个菜谱式的说明中,艰难地求得答案是 $\frac{5}{12}28$(或者,应写为 $28\frac{5}{12}$)。斐波那契习惯上把分数部分和带分数的分数部

230

分放在整数部分之前。比如，$11\frac{5}{6}$，他写成 $\frac{1}{3}\ \frac{1}{2}\ 11$ 的形式，其中，单位分数和整数并列表示相加。

斐波那契显然对单位分数情有独钟（也许他认为他的读者们会喜欢），因为《算经》里给出了从普通分数转换到单位分数的表格。比如，分数 $\frac{98}{100}$ 分解为 $\frac{1}{100}$ $\frac{1}{50}\ \frac{1}{5}\ \frac{1}{4}\ \frac{1}{2}$，分数 $\frac{99}{100}$ 分解为 $\frac{1}{25}\ \frac{1}{5}\ \frac{1}{4}\ \frac{1}{2}$。他在符号使用上的这个不寻常的偏好使得他将 $\frac{1}{5}\ \frac{3}{4}$ 与 $\frac{1}{10}\ \frac{2}{9}$ 的和表示成 $\frac{1}{2}\ \frac{6}{9}\ \frac{2}{10}1$，其中符号 $\frac{1}{2}\ \frac{6}{9}\ \frac{2}{10}$ 表示

$$\frac{1}{2\cdot9\cdot10}+\frac{6}{9\cdot10}+\frac{2}{10}。$$

类似地，在《算经》关于货币兑换的另一些问题中，我们可以看到这样的叙述：如果1个卷纸的 $\frac{1}{4}\ \frac{2}{3}$ 价值一个拜占庭币的 $\frac{1}{7}\ \frac{1}{6}\ \frac{2}{5}$，则一个拜占庭币的 $\frac{1}{8}\ \frac{4}{9}\ \frac{7}{10}$ 价值1个卷纸的 $\frac{3}{4}\ \frac{8}{10}\ \frac{83}{149}\ \frac{11}{12}$。中世纪商人真是可怜，不得不使用这样的一个形式来计算。

斐波那契数列

《算经》的大部分内容都会让人觉得枯燥乏味，但有一些问题却非常生动有趣，以至于后来的写作者们都在使用这些问题。其中的一个问题经久不衰，可能在阿默士纸草书中有过类似的题目。斐波那契是这样阐述这个问题的：

> 7位老妇人去罗马，每人赶着7头骡子，每头骡子驮着7只麻袋，每只麻袋里装着7个面包，每个面包配7把餐刀，每把餐刀配有7只刀鞘。

毫无疑问，《算经》中对未来数学家最具启发性的问题是：

> 已知一对兔子每一个月可以生一对小兔子，而一对兔子出生后第二个月就开始生小兔子。那么一对兔子一年内能繁殖多少对兔子？

231 这个著名的问题引出了"斐波那契数列"：1,1,2,3,5,8,13,21,…,u_n,…,其中 $u_n=u_{n-1}+u_{n-2}$，也即，自第三项开始的每一项都是其前两项之和。这个数列已

被发现具有许多优美而又重要的性质。比如，任意两个连续项互素，且 $\lim\limits_{n\to\infty}\dfrac{u_{n-1}}{u_n}$ 是黄金分割比例 $(\sqrt{5}-1)/2$。这个序列也可应用于植物叶序以及有机生长问题中。

三次方程的解

《算经》是斐波那契最著名的一本著作，在 1228 年出现了另一个版本，但是它显然没有在学校里得到广泛认可，直到 19 世纪才出版。毋庸置疑，斐波那契是中世纪基督教世界里最具独创精神、最有能力的数学家，但是，他的大部分工作过于先进，以至于同时代的人无法理解。除了《算经》以外，他的其他著作也包含了很多好东西。在他写于 1225 年的著作《花朵》(Flos) 中，既有让人想起丢番图的不定方程问题，也有让人想起欧几里得、阿拉伯人以及中国人的确定性问题。

斐波那契显然是对许多不同的知识来源兼收并蓄。尤其有趣的是，他通过算法和逻辑的相互作用来解三次方程 $x^3+2x^2+10x=20$。作者表现出接近于现代数学的态度，首次证明了不存在欧几里得意义上的根，例如整数之比或者形如 $a+\sqrt{b}$ 的数，其中 a 和 b 是有理数。在那个时候，这意味着这个方程不能用代数方式精确地求解。然后，斐波那契将正根近似地表示为一个六位的六十进制小数 $1;22,7,42,33,4,40$。这是一个非常了不起的成就，但是，他是如何做到的我们不得而知。也许是通过阿拉伯人，他学会了所谓的"霍纳法"，如前所述，这是在此之前在中国已知的一种方法。这在当时的欧洲是对一个代数方程的无理根的最精确的近似，在其后 300 多年在整个欧洲都没有被超越。斐波那契本该在理论数学研究中使用六十进制小数，而不是在商业事务中使用，这是那个时代的特点。也许这可以解释，为什么印度-阿拉伯数字在天文表，13 世纪的阿方索星表 (Alfonsine Tables) 里没有被立即使用。与商业事务中迫切需要抛弃六十进制小数、普通分数和单位分数相比，对于"物理学家"来说，取代六十进制小数并不是那么紧迫。

数论与几何学

1225 年，除了《花朵》以外，斐波那契还出版了另一部数学著作《平方数书》(Liber Quadratorum)，一部关于不定分析的杰作。这本书像《花朵》一样，包含着大量数学问题，其中一些问题来源于斐波那契获邀参加的在罗马皇帝腓特烈二世 (Friedrich II) 的宫廷里举办的数学竞赛。其中一个问题与丢番图所喜好的

232

问题在类型上有着惊人的相似——求一个有理数,如果这个数的平方加上 5 或减去 5,所得结果将是另一有理数的平方。《平方数书》中给出了这个问题以及其一个解 $3\frac{5}{12}$。这本书里频繁使用等式

$$(a^2+b^2)(c^2+d^2)=(ac+bd)^2+(bc-ad)^2=(ad+bc)^2+(ac-bd)^2,$$

这个式子在丢番图的著作里出现过,也曾被阿拉伯人广泛使用。斐波那契在他的一些问题和方法中,似乎一直在紧紧追随着阿拉伯人的步伐。

斐波那契主要是一位代数学家,但是,他在 1220 年撰写了一本名为《实用几何》(*Practica Geometriae*) 的著作。这本书似乎是在欧几里得的《图形的分割》(已失传) 的阿拉伯语版本和海伦的关于求长度、面积、体积的方法的著作的基础上创作而成。书中证明了三角形的任意两条中线相互把对方分为 2∶1 的两部分,还包含了一个关于毕达哥拉斯定理的三维对应。斐波那契延续着巴比伦人和阿拉伯人的倾向,利用代数来解决几何问题。

约丹努斯·内莫拉里乌斯

从我们所举的几个例子中可以清楚地看出,斐波那契是一位非常有才能的数学家。的确,在 900 多年的中世纪欧洲文化中,没有任何人能与之匹敌,但是,他也并不像有时被认为的那样孤立于世。与他同时代的人里,就有一位颇有能力但天资稍逊于他的年轻人约丹努斯·内莫拉里乌斯(Jordanus Nemorarius,1225 — 1260)。约丹努斯·内莫拉里乌斯,或者称其为约丹努斯·德·纳莫尔(Jordanus de Nemore),与我们在 13 世纪遇到的其他人相比,更能够代表亚里士多德式科学,是中世纪力学学派的创始人。我们把第一个正确表述古人曾苦苦追寻却徒劳无功的斜面定律的公式归功于他:沿倾斜路径的力与倾斜度成反比,倾斜度是所给倾斜路径的长度与该段路径的垂直高度之比,即"路程"与"高度"之比。用三角学术语解释,即 $F:W-1/\csc\theta$,等价于现代公式 $F=W\sin\theta$,其中 W 是重量,F 是力,θ 是倾斜角度。

约丹努斯撰写过算术、几何、天文学以及力学的著作。特别是他的《算术》(*Arithmetia*),直到 16 世纪仍然是巴黎大学通俗评论的基准。这不是一本关于计算的著作,而是一部以尼科马库斯和博伊西斯传统写就的准哲学著作。它包含了这样的理论结果,即一个完满数的任何倍数都是盈数,一个完满数的任一因子都是亏数。《算术》具有特别重要的意义,因为它使用了字母取代数字来表示

数,这就使得代数定理的一般表述成为可能。在欧几里得《原本》卷Ⅶ－Ⅸ里的算术定理中,数字用标有字母的线段来表示,花拉子密《代数学》里的几何证明使用了标有字母的图形,但是《代数学》中方程的系数全部都是具体的数,或者写成数字,或者写成文字。虽然花拉子密的叙述中隐含了一般性的思想,但是他没有以代数形式来表达几何学中很容易得到的一般命题的方案。

在《算术》中,字母的使用给出了"参数"的概念,但是约丹努斯的后继者通常都忽略了他使用字母表示的这个方案。他们似乎对约丹努斯另一部著作《论给定的数》(De Numeris Datis)中的阿拉伯式的代数学更感兴趣。这本书是代数法则的集合,这些法则用来从一个给定的数按照一般条件去寻找与它有关的数,或者用来说明满足特定限制的数是确定的。一个典型的例子是:若一给定数分为两部分,这两部分的乘积已知,则这两部分都是必然可以求出来的。

他的一个很大的荣誉是首先陈述了等价于二次方程的解的规则的完全一般形式。直到后来,他才给出一个以罗马数字表示的具体例子:将数字 Ⅹ 分成两部分,这两部分的乘积为 ⅩⅪ,约丹努斯按照之前所给出的步骤,求得这两部分是 Ⅲ 和 Ⅶ。

诺瓦拉的坎帕努斯

约丹努斯也贡献了另一部著作《算法证明》(Algorismus（或 Algorithmus）Demonstratus),书中讲解了三个世纪以来流行的算术法则。这本书再次显示出博伊西斯和欧几里得的启迪以及阿拉伯代数学的特征。在诺瓦拉的约翰内斯·坎帕努斯(Johannes Campanus of Novara,活跃于 1260 年左右)的著作中,欧几里得的影响尤为显著,坎帕努斯是教皇乌尔班四世(Pope Urban Ⅳ)的牧师。中世纪晚期,将欧几里得的著作从阿拉伯语翻译成拉丁语的官方译著要归功于他,这本译著在 1482 年首次以印刷品的形式出现。他在翻译过程中使用了大量的阿拉伯原始文献以及阿德拉德的早期拉丁文译本。约丹努斯和坎帕努斯都讨论过接触角或者号形角,这个话题在中世纪后期引起了热烈的讨论,当时的数学呈现出更为哲理性和思辨性的一面。坎帕努斯注意到如果将接触角(由圆弧和端点处切线所形成的角)与两条直线所成的角进行比较,似乎会得到与欧几里得《原本》卷Ⅹ 中"穷竭法"的基本命题不一致的结论。直线角明显比号形角大。那么,如果从较大的这个角里取走一半以上,然后再从余下的部分里取走一半以上,继续这个步骤，每一次都取走一半以上，最终我们应该得到一个小于号形角的直线角，但这显然不成立。坎帕努斯正确地推断出这个命题适用于同类型的量，而号形角与直线角是不同类型的量。

坎帕努斯在他的《原本》译文卷 IV 的末尾讨论了三等分角，与约丹努斯的《论三角形》(*De Triangulis*) 中出现过的方法完全一样，由此可以看出约丹努斯和坎帕努斯在研究兴趣上的相似之处。唯一的区别在于坎帕努斯图形所标注的字母是拉丁文，而约丹努斯的是希腊-阿拉伯文。与古代有所不同，三等分角的方法本质上如下所示。

令角 AOB 为所分角，将其置于一个圆上，角的顶点 O 与圆心重合，圆的半径是 $OA = OB$（图 12.1）。从点 O 画一条半径 OC，使其垂直于 OB，通过点 A 作一条线段 AED，使得 $DE = OA$。最后，通过点 O 画线 OF 平行于 AED，则角 FOB 即为所求的角 AOB 的三分之一。

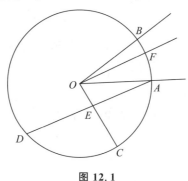

图 12.1

13 世纪的学术

235　　在斐波那契的著作中，西欧的数学成就已经足以与其他文明相媲美，但这只是拉丁文化中发生的那些事的一小部分。在 12 世纪后期和 13 世纪初期，很多著名的大学，如博洛尼亚大学、巴黎大学、牛津大学和剑桥大学相继成立，而哥特式大教堂，如沙特尔大教堂、巴黎圣母院、威斯敏斯特大教堂、兰斯大教堂也在这一时期建造起来。亚里士多德的哲学和科学已经复苏，并在大学和教会学校里教授。13 世纪是诸如阿尔伯塔斯·马格努斯（Albertus Magnus）、罗伯特·格罗斯泰特（Robert Grosseteste）、托马斯·阿奎那（Thomas Aquinas）以及罗吉尔·培根等伟大学者与教会人士人才辈出的时代。其中的两位学者格罗斯泰特和培根大力强调数学在课程中的重要性,尽管他们本人都不算数学家。正是在 13 世纪,许多实用的发明早已在欧洲家喻户晓:可能来自中国的火药和指南针、来自意大利的眼镜,以及稍晚一些出现的机械钟。

阿基米德复兴

在 12 世纪,出现了从阿拉伯文到拉丁文的翻译大潮,但此时涌现出另一种翻译潮流。比如,阿基米德的大部分著作在中世纪的西方几乎不为人所知,但是在 1269 年,穆尔贝克的威廉(William of Moerbeke,约 1215—1286)发表了译自希腊文的阿基米德主要的科学和数学专著的拉丁文译本(原始手稿于 1884 年在梵蒂冈被发现)。穆尔贝克,来自佛兰德斯,被任命为科林斯的大主教,他对数学知之甚少,因此,他的过于按照字面意思的翻译用处不大(现在对于重建原始的希腊文本倒是很有帮助),不过,也就是从此时开始,阿基米德的大部分著作至少可以接触到了。事实上,穆尔贝克的译作包括阿拉伯人显然不熟悉的阿基米德的部分著作,比如,《论螺线》《抛物线的求积》以及《论劈锥体与椭圆旋转体》。然而,与中世纪时期的欧洲人相比,阿拉伯人在理解阿基米德的数学方面取得了更大进步。

在 12 世纪,阿基米德的著作并没有完全躲过不知疲倦的克雷莫纳的杰拉尔德的目光,他将阿拉伯版本的短文《圆的度量》翻译成了拉丁文,并在欧洲使用了几个世纪之久。阿基米德的《论球与圆柱》的部分内容在 1269 年之前就已经流传。这两个事例只能提供对于阿基米德的工作的非常不充分的了解,因此穆尔贝克的翻译是最重要的,因为它包含了阿基米德的一些主要著作。这个版本虽然只是在接下来的两个世纪中偶尔被使用,但至少它被保存了下来。列奥纳多·达·芬奇(Leonardo da Vinci)和文艺复兴时期的其他学者都知道这个译本,16 世纪第一次被印刷出来的也是穆尔贝克的这个译本。

中世纪的运动学

数学的历史并不是光滑而连续地发展的,因此,13 世纪的上升态势失去了一些动力,也就不足为奇了。当时没有类似于帕普斯著作的拉丁文著作来刺激经典高等几何学的复苏,他的著作也没有拉丁文或阿拉伯文译本。甚至阿波罗尼奥斯的《圆锥曲线论》中除了与光学的一般著作相关的抛物线的一些最简单的性质之外的内容,也鲜为人知,光学当时是令经院哲学家们着迷的一门科学。力学也同样吸引了 13 世纪和 14 世纪的学者们,当时他们已经掌握了阿基米德的静力学与亚里士多德的运动学。

我们在前面注意到,亚里士多德关于运动的结论并非没有受到质疑,并且有人已经提出了修正意见,特别是菲洛波努斯。在 14 世纪,关于变化的研究,特别是对运动的研究,是大学里的热门话题,尤其是在牛津大学和巴黎大学更是如此。在牛津大学的默顿学院,经院哲学家们推导出均匀变化率的公式,这个公式今天通常被称为默顿法则。这个法则用距离和时间来表达,做匀加速运动的物体在给定时间内所经过的距离,等于另一个物体在相同时间间隔内以第一个物体在时间中点时的速度做匀速运动所经过的距离。正如我们用公式表示的那样,即平均速度是初速度和末速度的算术平均值。与此同时,在巴黎大学发展出了一个比菲洛波努斯提出的理论更具体、更明确的动力学说。我们可以从中发现一个类似于惯性的概念。

托马斯·布拉德沃丁

237 中世纪晚期的物理学家由一大批大学教师和教会人士构成,但是我们只关注其中的两位,因为他们同时也是非常杰出的数学家。第一位是托马斯·布拉德沃丁(Thomas Bradwardine,约 1290—1349),他是一位哲学家、神学家以及数学家,曾任坎特伯雷的大主教;第二位是尼科尔·奥雷斯姆(Nicole Oresme,约 1323—1382),他是一位巴黎的学者,曾任利西厄的主教。正是由于他们的工作,人们对于比例理论才有了更为广泛的认识。

欧几里得《原本》中含有逻辑严谨的比例理论或比的等式,古代和中世纪学者们曾经将这些理论应用于科学问题。对于一段给定的时间,匀速运动的距离与速度成正比,而对于一段给定的距离,时间与速度成反比。

亚里士多德曾经错误地认为,在阻力介质中受力而运动的物体的速度,与力成正比,与阻力成反比。在后来的学者看来这一说法在某些方面似乎与常识相矛盾。当力 F 等于或小于阻力 R 时,速度 V 将根据公式 $V=KF/R$ 求得,其中 K 是一个非零的比例常数,但是当阻力可以抵消或者大于力时,应该是没有获得任何速度。为了避免这种荒谬的结果,布拉德沃丁使用了一种广义的比例理论。他在 1328 年发表的《比例简论》(*Tractatus de Proportionibus*)里,发展了博伊西斯的双重、三重比例,或者更一般地,我们称之为"n 重"比例的理论。他的论点是用文字表达的,但用现代符号,我们会说,在这些情况下,数量会随着二次、三次或 n 次幂的改变而改变。同样地,在含有二分之一重、三分之一重或 n 分之一重比例的理论中,数量会随着二次、三次或 n 次方根的改变而改变。

那时,布拉德沃丁准备提出一个理论来代替亚里士多德的运动定律。他说,为了使由比值或比 F/R 得到的速度增加一倍,必须取比 F/R 的平方;为了使速度增至三倍,必须取比值或比 F/R 的三次方;将速度提高至 n 倍,则必须取比 F/R 的 n 次方。在我们的符号里,这就相当于说,速度可由关系式 $V = K\log(F/R)$ 给出,因为 $\log(F/R)^n = n\log(F/R)$。 也就是,若 $V_0 = \log(F_0/R_0)$,则 $V_n = \log(F_0/R_0)^n = n\log(F_0/R_0) = nV_0$。布拉德沃丁自己显然从未寻求过对他的定律进行实验验证,而且,这个法则似乎也没有被广泛接受。

此外,布拉德沃丁还撰写了其他几本完全符合时代精神的数学著作。 他的《算术》(*Arithmetic*)和《几何》(*Geometry*)显示出来自博伊西斯、亚里士多德、欧几里得和坎帕努斯的影响。布拉德沃丁在他那个时代被称为"渊博博士",他也被诸如接触角和星形多边形这样的主题所吸引,这两部分内容都曾出现在坎帕努斯以及更早期的著作中。以正多边形为特例的星形多边形的历史可追溯至古代。一个圆的圆周上有 n 个点,将圆周 n 等分,自某一指定点出发,每到第 m 个点就用直线相连,所得即为星形多边形,其中 $n > 2$,且 m 与 n 互素。《几何》这本书里甚至还包含一些阿基米德《圆的度量》的内容。存在于布拉德沃丁所有作品中的哲学倾向在《理论几何》(*Geometrica Speculativa*)和《连续量》(*Tractatus de Continuo*)中表现得尤为明显,他在这两本书中讨论,连续量虽然包括无数个不可分的量,但并不是由这样的数学原子组成的,而是由无穷多个同类型的连续体构成的。 他的观点有时被认为与现代直觉主义者的观点相似。无论如何,中世纪关于连续的思考,在托马斯·阿奎那等经院哲学家中颇受欢迎,也对后来 19 世纪格奥尔格·康托尔(Georg Cantor)的无限理论产生了一定影响。

238

尼科尔·奥雷斯姆

尼科尔·奥雷斯姆生活的时代比布拉德沃丁稍晚一些,在前者的著作中,我们看到了后者思想的延伸。 在大约成书于 1360 年的著作《比例的比例》(*De Proportionibus Proportionum*)中,奥雷斯姆对布拉德沃丁的比例理论进行了总结,给出了任意有理分数次幂以及组合比例的法则,这个法则相当于我们现在的指数定律,以现代符号表示,即$x^m \cdot x^n = x^{m+n}$ 和$(x^m)^n = x^{mn}$。他对于每一条法则都给出了具体的例子, 而且他的另一本书《比例算法》(*Algorismus Proportionum*) 的后半部分,还将这些法则应用于几何问题与物理问题。奥雷斯姆还提出对于分数次幂使用特殊符号,在《比例算法》中,用这样的表达式

p	1
1	2

表示"一又二分之一比例",也就是主平方根的立方,用诸如

$$\frac{1 \cdot p \cdot 1}{4 \cdot 2 \cdot 2}$$

这样的形式来表示$\sqrt[4]{2\frac{1}{2}}$。我们现在把幂和根的符号表示视为理所当然,很少考虑到它们在数学史上发展的缓慢历程。比奥雷斯姆的符号表示更具创新意义的是,他提出无理数的比例是有可能的。就这一方面,他正朝着我们现在应该写之为$x^{\sqrt{2}}$的方向努力,这也许是数学史上关于高等超越函数的第一个迹象,但是,由于缺乏足够的术语和符号,他无法有效地发展他的无理数次幂的概念。

形态幅度

无理数次幂的概念也许是奥雷斯姆最天才的想法,但这并不是他最有影响力的方向。因为,近一个世纪之前,经院哲学家们一直在讨论变化的"形式"(这是亚里士多德的概念,大致相当于"质")的量化问题。这些形式包括运动物体的速度以及温度不均匀的物体从一点到另一点的温度变化。因为当时可用的分析方法并不适合,导致在这方面的讨论冗长烦琐。尽管存在这一障碍,但正如我们所看到的,默顿学院的逻辑学家已经得到了一个关于"均匀变化"形式的平均值的重要定理,在这个定理中,变化率的变化率是常数。奥雷斯姆很清楚这一结果,在1361年之前的某个时候,他突然产生了一个绝妙的想法:为什么不画一幅关于事物变化方式的图片或图表呢? 当然,我们在这里看到了一个关于我们现在所描述的函数图形表示的早期想法。马歇尔·克拉格特(Marshall Clagett)发现了更早一些由乔瓦尼·迪科萨利(Giovanni di Cosali)绘制的图表,其中的经度线位于垂直位置(Clagett 1959,pp. 332-333,414)。 但是,奥雷斯姆的论述在清晰度以及影

239

响力方面都远胜于乔瓦尼。

奥雷斯姆写道,任何可度量的物体都可以想象成连续量的形式。因此,他画了一个匀加速运动物体的速度-时间图。沿着一条水平线,他标记了代表时刻(或经度)的点,在每一时刻,他都画出一条垂直于经度线的线段(纬度),其长度代表速度。他发现,这些线段的端点位于一条直线上,如果匀加速运动从静止开始,所有速度线(我们称为纵坐标)将会构成一个直角三角形(见图 12.2)的面积。由于这个面积表示所经过的距离,奥雷斯姆给出了默顿法则的几何证明,因为时间中点的速度是终点速度的一半。而且,这张图表显然可以推导出运动定律,这个定律通常被认为是伽利略(Galileo)在 17 世纪时所发现的。从几何图上可以清楚地看到,上半段时间上的面积与下半段时间上的面积之比为 1:3。如果我们将时间三等分,所经过的距离(由面积给出)之比为 1:3:5。对于四等分的情形,距离之比为 1:3:5:7。正如伽利略后来所发现的那样,通常情况下,在每一相同时间间隔内通过的距离之比是奇数之比,因为前 n 个连续奇数的和是 n 的平方,所以通过的总距离随时间的平方变化,这就是人们熟知的伽利略自由落体定律。

240

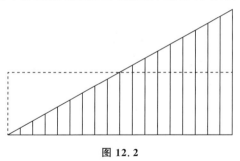

图 12.2

奥雷斯姆所使用的"纬度"和"经度"大体上就是我们的纵坐标和横坐标,他的图形表示近似于我们的解析几何。当然,他对坐标的使用并非首创,因为在他之前,阿波罗尼奥斯和其他学者就使用过坐标系,但是,奥雷斯姆对于变量的图形表示却是开创性的。他似乎已经掌握了一个基本原则,即如何将一元函数表示为一条曲线,但是除了线性函数的情况以外,他并没有有效地利用这一观察。而且,奥雷斯姆的关注点主要在于曲线下方的面积,因此他不太可能想到每条平面曲线通过坐标系可以表示成一元函数。对于我们所说的匀加速运动的速度图像是一条直线,奥雷斯姆是这样描述的:"以零强度终止的任何均匀变化的质的图形可设想成一个直角三角形。"也就是说,奥雷斯姆更多地关注于(1)函数的变化方式(即曲线的微分方程)和(2)曲线下方面积变化的方式(即函数的积分)。他指出他的匀加速运动图具有常斜率性质。这一观察等价于解析几何中关于直线的两点式方程，并由此引出了微分三角形的概念。此外，在求距离函数也即面积时，奥雷斯姆显然是在用几何方式施行一个简单的积分计算，从而导致了默顿法则。他没有解释为什么速度-时间曲线下的面积代表所经过的距离，但很有可能的是，他认为这个面积是由许多竖直线或不可分割量组成，每一个竖直线都代表一个很短时间内的速度。

241　　函数的图形表示，即形态幅度，从奥雷斯姆时代到伽利略时代一直是一个热门话题。《论形态幅度》(*Tractatus de Latitudinibus Formarum*) 如果不是奥雷斯姆自己写的，那么可能就是他的一个学生所写。这本书以许多手稿形式出现，并且在 1482 年至 1515 年期间至少被印刷了四次，但这仅仅是奥雷斯姆一本名为《论强度的均匀性与非均匀性》(*Tractatus de Figuratione Potentiarum et Mensurarum*) 的著作的摘录而已。奥雷斯姆甚至将他的"形态幅度"推广到三维情形，将二元函数描绘成一个从参考面上的部分点按照给定的法则引出的纵坐标构成的体积。

无穷级数

　　14 世纪的西方数学家想象力丰富并且思维缜密，但他们缺乏代数和几何基础，因此他们的贡献不在于古典工作的延伸，而在于新观点的提出。其中就包括对于无穷级数的研究，这在西方基本上是一个新颖的主题，只是需要一些古代的迭代算法和阿基米德关于无穷等比数列求和方法的基础。在希腊有一本书叫《恐怖的无限》(*Horror Infiniti*)。中世纪晚期的经院哲学家们经常提到"无限"，他们认为无限既是一种可能性，也是一种现状（"已完成"之事）。在 14 世纪的英格兰，一位名叫理查德·苏伊塞特(Richard Suiseth，活跃于 1350 年左右)的逻辑学家，此人更多地被人称为"卡尔库莱特"(Calculator，意为计算者)，他解决了"形态幅度"中的以下问题：

> 　　如果在给定时间区间前半部分以某个强度连续变化，在接下来的四分之一区间内以两倍强度变化，在接下来的八分之一区间内以三倍强度变化 …… 这个过程无限持续下去，则整个区间的平均强度就是第二个子区间内的变化强度（或者是初始强度的二倍）。

这相当于在说：$\dfrac{1}{2}+\dfrac{2}{4}+\dfrac{3}{8}+\cdots+\dfrac{n}{2^n}+\cdots=2$。

卡尔库莱特给出的证明冗长枯燥，因为他并不知道图形表示的方法，而奥雷斯姆使用他的图示方法可以轻松地证明这个定理。奥雷斯姆也处理过其他一些例子，例如

$$\frac{1\cdot 3}{4}+\frac{2\cdot 3}{16}+\frac{3\cdot 3}{64}+\cdots+\frac{n\cdot 3}{4^n}+\cdots,$$

其和是 $\dfrac{4}{3}$。类似这种问题仍然是接下来的一个半世纪内学者们所研究的主要内容。

奥雷斯姆关于无穷级数的其他贡献，还包括对于调和级数发散的证明。他将级数 $\dfrac{1}{2}+\dfrac{1}{3}+\dfrac{1}{4}+\dfrac{1}{5}+\dfrac{1}{6}+\dfrac{1}{7}+\dfrac{1}{8}\cdots+\dfrac{1}{n}+\cdots$ 中的连续项分组，将第一项放在第一组，接下来的两项放在第二组，接下来的四项放在第三组，以此类推，第 m 组含有 2^{m-1} 项。显然有无穷多组，每一组中各项之和至少都是 $\dfrac{1}{2}$。因此，依次加上足够多的项，其结果一定可以超过任一给定的数。

242

莱维·本·热尔松

莱维·本·热尔松（Levi ben Gerson，1288—1344），一位生活在普罗旺斯的犹太学者，用希伯来语撰写了大量的数学著作。当时普罗旺斯并不是法国的一部分，那里的犹太人在腓力四世（Philip the Fair）的统治下遭到迫害，莱维·本·热尔松受益于阿维尼翁教皇克莱芒特六世（Clement VI）的宽容的支持，他的一篇文章就是应莫城的大主教的要求而撰写的。他涉猎很广，精通许多学科，也许最著名的身份是神学家和哲学家，普罗旺斯受过教育的精英们似乎都很尊敬他。他是一位独立的思想者，公开质疑他所研究的大部分领域的公认的信仰，无论是犹太神学还是托勒密的天文学说。

他在1321年撰写了《计算的艺术》（Art of Calculation），书中描述的很多主题都可以在后来所谓的高等代数课程里面找到，如开平方根和立方根、级数求和、排列组合以及二项式系数等。他的证明所使用的方法在当时并不常见。1342 年，他写了《论数之和谐》（The Harmony of Numbers），书中证明了（1，2）、（2，3）、（3，4）和（8，

221

9）是仅有的只含因子 2 或 3 的连续数对。他对于几何的贡献主要体现在两本书中，在其中一本书中他给出了对于欧几里得前五卷的评论，他也讨论了平行公设的独立性。

他的篇幅最大的一本著作——《圣战》（*The Wars of Lord*），创作于 1317 年到 1328 年之间，这本书由六卷本组成。第五卷是一本大部头著作《天文学》（*Astronomy*），在阿维尼翁宫廷被翻译成拉丁文，同时一起被翻译的还有他的另一本单独发行的著作《论正弦、弦和弧》（*On Sines, Chords and Arcs*）。这本书包含了他关于三角学的主要讨论，包括对平面三角形正弦定理的证明，以及对于正弦和反正弦表的构造的探讨，他构造的表格精确到 $\left(\dfrac{3}{4}\right)°$。他的天文学贡献包括对雅各布（Jacob）连杆（用于测量角距的工具）与其他天文测量仪器的介绍，以及之前提到的对托勒密的批判。这一批判呼吁理论与观测要有更好的一致性。

库萨的尼古拉斯

奥雷斯姆认为任何可度量之物都可以用一条线（纬度）来表示，而且从理论和实践的角度来看，测量数学在文艺复兴早期将会蓬勃发展。库萨的尼古拉斯（Nicholas of Cusa，1401—1464）也持有类似的观点，因为他恰好处于中世纪与现代的时间分界线上，所以充分地体现出了那个时代的局限。尼古拉斯发现当时科学中的学术弱点是测量的失效，他认为，"智慧"（mens）在词源上与"测量"（mensura）有关，因此知识必须建立在测量的基础之上。

库萨的尼古拉斯受到人文主义者好古思潮的影响，并且拥护新柏拉图主义的观点。此外，他还研究了拉蒙·勒尔（Ramon Lull）的著作，并接触到一些阿基米德著作的翻译。但是，库萨的尼古拉斯作为神职人员比作为数学家更为出色。在神职领域，他曾晋升为枢机主教，但在数学领域，他被认为是一个误入歧途的化圆为方者。他关于"对立一致"的哲学学说使他相信极大值和极小值是相关的，因此，圆（边数最多的多边形）一定与三角形（边数最少的多边形）相一致。他相信，通过精细计算内接和外切多边形面积的平均值，就可以实现一种求积。他的错误并不重要，重要的是，他是第一批尝试解决这个迷住了古代最具智慧头脑的问题的近代欧洲人之一，而他的努力也激起了同时代人对他著作的评判。

中世纪研究的衰落

　　我们追溯了欧洲从中世纪早期黑暗时代到经院哲学时代巅峰时期的数学发展历程。从 7 世纪的低谷到 13、14 世纪斐波那契和奥雷斯姆的工作,这一进步是惊人的,但是中世纪的成果与古希腊的数学成就毫无可比性。在世界上的任何地方,如巴比伦、希腊、中国、印度、伊斯兰或罗马帝国,数学的发展都不是稳步前进的,因此西欧数学自布拉德沃丁和奥雷斯姆的工作之后又开始衰落,也就不足为奇了。1349 年,托马斯·布拉德沃丁死于黑死病,这是欧洲有史以来最严重的灾难。据估计,在短短的一两年时间内,死于这场瘟疫的人数占人口总数的三分之一到二分之一之间。这场灾难不可避免地造成了严重的混乱与士气的丧失。如果我们注意到英国和法国这两个曾经在 14 世纪在数学方面占据领先地位的国家,在 15 世纪时又遭受到百年战争和玫瑰战争的进一步破坏,那么,知识的衰落也是可以理解的。意大利、德国和波兰的大学在 15 世纪从牛津大学和巴黎大学江河日下的经院哲学手中,接管了数学的领先地位,现在,我们就将目光主要转向这些国家的代表人物。

244

(周畅　译)

第十三章
欧洲文艺复兴

正如我在工作中经常使用的那样,设置一对平行线,或同一长度的双子线,即 =,因为没有任何两样东西比它们更相等。

——罗伯特·雷科德(Robert Recorde)

概论

245 1453 年君士坦丁堡的沦陷标志着拜占庭帝国的瓦解。人们常说,当时难民们带着珍贵的古希腊文献手稿逃往意大利,从而使西欧世界接触到了古代著作。然而同样可能的是,这座城市的沦陷产生了相反的效果:现在西方再也不能指望曾经的这个古代经典文学与数学手稿材料的可靠来源了。无论这一事件最终如何定论,毋庸置疑的是,数学活动在 15 世纪中叶再次兴起。欧洲正在从黑死病带来的身体和精神上的双重打击中逐渐恢复,而且,当时活字印刷术的发明使得学

246 术著作比以往任何时候都更加普及。西欧最早的印刷书籍出现在 1447 年,而到了 15 世纪末,已经有超过 3 万多个版本的各种著作问世。其中只有很少一部分是数学方面的著作,但是,就是这少量的数学著作,加上当时现存的手稿,为数学的发展进步奠定了基础。

起初,人们认为复原那些自己并不熟悉的希腊几何经典,不如印刷阿拉伯语的代数和算术论著的中世纪拉丁语译本更为重要,因为在 15 世纪时,既很少有人可以阅读希腊语,也很少有人能充分精通数学而能从更出色的希腊几何学家的著作中获取收益。就这一方面来看,数学与文学,乃至自然科学都是不同的。随着

15 世纪和 16 世纪的人文主义者对新发现的希腊科学和艺术宝库的热爱与日俱增,他们对于之前的拉丁语和阿拉伯语世界的成就的评价也随之下降。另一方面,古典数学(除了欧几里得的最基础的内容以外)只有那些受过高水平训练的人才能理解,因此,这一领域的希腊著作的发现起初并没有严重影响到延续下来的中世纪的数学传统。在初等几何学与比例理论方面的中世纪拉丁研究,以及在算术运算和代数方法方面的阿拉伯贡献,与阿基米德和阿波罗尼奥斯的著作相关的学说相比,并不显得那么困难。这些更为基础的数学分支吸引了人们的注意并出现在印刷品中。与此同时,新生的数学知识在语言和眼界上呈现出显著的改变。论及影响这一过渡时期的变化因素,也许没有人比知名的雷吉奥蒙塔努斯(Regiomontanus)更具代表性。

雷吉奥蒙塔努斯

约翰·穆勒(Johann Müller,1436—1476)也许是 15 世纪最有影响力的数学家,出生于弗兰克尼亚的柯尼斯堡附近,他为自己取名雷吉奥蒙塔努斯("国王的山"的拉丁语形式)。作为一名智慧超群的学生,他早年就对数学和天文学颇感兴趣,先是就读于莱比锡大学,然后在 14 岁时前往维也纳大学,跟格奥尔格·波伊巴赫(Georg Peurbach)学习几何学,并与波伊巴赫合作从事天文观测与理论研究。在波伊巴赫去世前一年,枢机主教贝萨里翁(Bessarion),神圣罗马帝国的教皇使节,来到维也纳。他一直致力于统一希腊和罗马教会,并且热衷于传播希腊经典知识。他特别期待关于托勒密的《至大论》新的译文的出现,并建议波伊巴赫来承担这项工作。波伊巴赫把这项任务遗留给了雷吉奥蒙塔努斯,后者后来跟随贝萨里翁一起去了罗马(贝萨里翁后来成为威尼斯共和国教皇使节),在此期间,雷吉奥蒙塔努斯在帕多瓦大学授课,并结识了大量的国际学者,其中的一些人在帮助他接触主要的天文台和图书馆馆藏方面颇有影响。

在欧洲中部的城市中,个人和机构在数学和天文学方面具有领导地位的城市有维也纳、克拉科夫、布拉格和纽伦堡。纽伦堡正是雷吉奥蒙塔努斯回到德国所定居的城市。它后来成为了图书印刷中心(同样也是学术、艺术和发明中心),一些最伟大的科学经典著作于 16 世纪中叶在此出版。在纽伦堡,雷吉奥蒙塔努斯有了一位新资助者,在这位商人的支持下,雷吉奥蒙塔努斯成立了一个印刷厂和一个天文台。他希望印刷的书的货单流传下来,其中就包括阿基米德、阿波罗尼

247

奥斯、海伦、托勒密和丢番图著作的译本。我们还知道他设计了各种各样的天文仪器，包括黄道仪、星盘以及其他天文测量装置，其中一些是在他的小工作坊里建造出来的。与他的其他计划一样，他希望厘清天文学上的各种矛盾之处，然而，这个愿望远未实现，因为他被召集到罗马参加一个关于历法改革的会议，不幸在那里去世，死因颇有争议。

雷吉奥蒙塔努斯在天文学方面的主要贡献就是接手波伊巴赫未竟的工作，完成了托勒密《至大论》拉丁语的新译作。1472 年，雷吉奥蒙塔努斯在自己的印刷厂出版了波伊巴赫的《行星新论》（*Theoricae Novae Planetarum*），这是一本新的天文学教科书，该书对萨克罗博斯科的著作《天球论》的众多复本做了改进。雷吉奥蒙塔努斯的翻译工作也促成了他自己的教科书。他的《托勒密的"至大论"概论》（*Epitome of Ptolemy's Almagest*）值得注意之处在于它对数学部分的强调，这些内容往往被那些基本描述性的天文学评论所忽略。然而，在数学方面更有意义的是他的《论各种三角形》（*De Triangulis Omnimodis*），这本书系统阐述了求解三角形的各种方法，标志着三角学的新生。

坚持用古典语言表达优雅与纯洁的人文主义者期待科学与人文学科的新的翻译，因为他们厌恶粗糙的中世纪拉丁语，对于其主要来源——阿拉伯语也没有好感。雷吉奥蒙塔努斯与人文主义者一样热爱古典知识，但与他们中的大多数人不同的是，他尊重经院哲学以及阿拉伯的学术传统，同时也尊重数学实践者的实践创新。

三角学

《论各种三角形》约 1464 年创作完成，卷一开篇便是关于量和比例的基本概念，这些概念主要来自欧几里得；然后该卷给出了五十多个利用直角三角形性质解三角形的命题。卷二开篇是正弦定律的清晰陈述以及证明，然后包括了在给定条件下求边、角以及平面三角形面积的一些问题。例如，其中就包括这样的问题：如果已知三角形的底及其对角，且底上的高或者面积二者知其一，则边可求。卷三包含了古希腊文献中使用三角学之前的关于"球面几何学"的那些定理；卷四是关于球面三角学的内容，包含了球面正弦定律。

雷吉奥蒙塔努斯的《论各种三角形》的新颖之处还包括使用了用文字表述的面积"公式"，但是为了避免正切函数，此书缺乏纳西尔丁·图西那样的处理方式。然而，正切函数却出现在雷吉奥蒙塔努斯的另一本论著《方位表》（*Tabulae*

Directionum）之中。

对托勒密著作的修订产生了对于新三角函数表的需要，完成这一工作的是一批 15 世纪的天文学家，雷吉奥蒙塔努斯就是其中之一。为避免小数的出现，传统上采用一个大数作为圆的半径，即全正弦。雷吉奥蒙塔努斯在他的一个正弦表中，仿效其前辈的做法使用 600000 作为圆的半径，而在其他正弦表里，则采用 10000000 或 600000000 为半径。在他的《方位表》中的正切表里，他选用的是 100000。他并没有称这个函数为"正切"，而仅仅是在一个标题为"多产表"（Tabula Fecunda）的表格中，使用"数"这个词表示所对应的每一度的条目。89°对应的结果是 5729796，90°对应的结果是无穷大。

雷吉奥蒙塔努斯在他的两部三角学著作出版之前突然离世，这大大延缓了这两本书所带来的影响力。《方位表》出版于 1490 年，而更为重要的著作《论各种三角形》到了 1533 年才得以印刷（1561 年再次印刷）。然而，这些著作以手稿形式在雷吉奥蒙塔努斯曾经工作的纽伦堡数学家圈子内传阅，这些手稿很有可能影响了 16 世纪早期的工作。

代数学

通过对三角形的一般性研究，促使雷吉奥蒙塔努斯思考几何作图问题，这让人想起欧几里得的《图形的分割》。例如，要作一个三角形，已知其中的一条边、这条边上的高，以及另外两条边的比值。然而，在这里，我们发现了一个与古代习惯截然不同之处：欧几里得的问题总是以一般的量来表示，但雷吉奥蒙塔努斯给他的直线赋予了特定的数值，尽管他认为他的方法应该是普适的。这使得他能够应用阿拉伯代数学家发展的、通过 12 世纪翻译传播到欧洲的算法。在所引用的例子中，其中的一条未知边可以表示为一个系数为已知数值的二次方程的根，并且这个根可以由常见于欧几里得《原本》或花拉子密《代数学》中的方法构造出来。（正如雷吉奥蒙塔努斯所表述的，他设其中一部分为"物"，然后利用"物"和"正方形"的法则来求解，也即通过二次方程来求解。）在另一个问题里，雷吉奥蒙塔努斯要作一个四条边长已知的圆内接四边形，可以类似的方法解决。

雷吉奥蒙塔努斯在代数方面的影响有限，不仅在于他对于表达的文字形式的坚持以及他的英年早逝，还有一个原因是，他的手稿在他去世时落入纽伦堡赞助人的手中，而这个赞助人却未能及时有效地让后人接触到这些作品。欧洲社会艰难而缓慢地从微弱的希腊、阿拉伯以及拉丁传统中学习着通过大学、教会文士、正在兴起的商业活动以及其他领域的学者逐渐渗透而来的代数学知识。

尼古拉·许凯的《算术三编》

文艺复兴早期的数学家大多来自德国和意大利，但是，在法国于 1484 年完成的一份手稿，就水平和重要性而言，也许是自斐波那契《算经》之后近三个世纪以来最杰出的代数学著作，而且与《算经》一样，这部著作直到 19 世纪才得以印刷。它就是尼古拉·许凯（Nicolas Chuquet，1445—1488）的《算术三编》（*Triparty en la Science des Nombres*）。对于许凯，我们几乎一无所知，只知道他出生在巴黎，取得了医学学士学位，后来在里昂实习。《算术三编》与之前任何一部算术或代数方面的著作都不太相似，而且作者提及的写作者们仅有博伊西斯和坎帕努斯。这本书显然受到了意大利的影响，可能是由于作者对于斐波那契的《算经》的了解。

"三编"的第一编讨论了数的有理算术运算，包括对于印度-阿拉伯数字的解释。许凯在此说道："第十个数字并没有一个值或者不表示一个值，因此称之为零或者无或者是无值之数。"这本书本质上是修辞形式的，四个基本运算加、减、乘、除是用词和短语来表示的，前两种运算有时以中世纪的方式简写为 $\bar{p}$ 和 $\bar{m}$。关于平均值的计算，许凯给出了一个平均值法则：若 a,b,c,d 是正数，则 $(a+c)/(b+d)$ 介于 a/b 和 c/d 之间。第二编讨论了数的根，因为使用了一些切分形式，导致与现代表达式 $\sqrt{14-\sqrt{180}}$ 不太一样的形式 $\mathbf{R})^2.14.\bar{m}.\mathbf{R})^2 180$。

《算术三编》的最后一编也是最重要的一编是关于"第一法则"（regle des premiers）的，也即未知数的法则，或者我们应该称之为代数。在 15 世纪和 16 世纪，对于未知物（unknown thing）有着各种各样的名字，比如"res"（拉丁语），或是"chose"（法语），或者"cosa"（意大利语）以及"coss"（德语）。因此，许凯的用词"第一"（premier）在这就显得很不寻常。他称二次幂为"champε"（然而拉丁语为 census），三次幂为"cubiez"，四次幂为"champs de champ"。对于这些数的倍数，许凯发明了一种具有重要意义的指数符号。未知量的"面值"（denomination）或幂由这一项的系数和指数来表示，如《算术三编》中用 $.5^1.$，$.6^2.$ 和 $.10^3.$ 来分别表示现代符号 $5x$，$6x^2$ 和 $10x^3$。而且，与正整数次幂一样，零指数和负指数也有这样的表示，因此 $9x^0$ 表示成 $.9^0.$，$9x^{-2}$ 记作 $.9^{2.m}.$，意为 $.9.$ 负二次幂。这样的符号揭示了指数定律，许凯可能是通过奥雷斯姆关于比例的著作而熟悉了这些定律。例如,许凯写道,.72¹. 除以.8³. 是.9²·ᵐ.,即 $72x \div 8x^3 = 9x^{-2}$。与这些定律相关的是,他发现了数字 2 的幂与表中所列出的从 0 到 20 这些指数之间的关系,其中指数的和与幂的乘积相对应。除了条目之间的差距大小,这其实构成了一个以 2 为底的微型对数表。在接下来的一个世纪里,类似许凯这样的发现也重复出现过几次,而这些发现无疑在对数的最终发明中发挥了作用。

《算术三编》最后一编的后半部分专门讨论了方程的求解。书中的很多问题都曾经在许凯之前的数学家的著作中出现过,但是至少还有一个重要的创新。在表达式.4¹. 等于 m̄.2⁰.(即 $4x = -2$)中,许凯首次在代数方程中表示了一个孤立的负数。一般地,他拒绝 0 作为方程的根,但是他有一次提到所求之数是 0。在解形如 $ax^m + bx^{m+n} = cx^{m+2n}$(系数和指数是具体的正整数)的方程时,他发现了一些隐含的虚数解,遇到这些情形,他仅补充说:"这样的数是不可能的。"

格雷戈尔·赖施《哲学珠玑》的书名页。以三头人物为中心,周围是人文七艺,算术坐在中间,手里拿着一块计算板。

许凯的《算术三编》,就像帕普斯的《数学汇编》一样,无法确定作者在书中的原创性程度。毫无疑问，每个人都受惠于前辈们的工作，但我们无法确定具体是哪些前辈。而且，对于许凯的情况，我们也无法确定他对于后来的作者们的确切影响。《算术三编》直到 1880 年才印刷出版，也许很少有数学家知道这本书，但某位得到这本书的人使用了书中的如此多的内容，以至于按照现代标准，尽管他提到了许凯的名字，也可能会被指控剽窃。艾蒂安·德·拉·罗什（Estienne de la Roche）的《新编算术》（*Larismethique Nouvellement Composee*），于 1520 年在里昂出版，1538 年再版，正如我们现在所知道的那样，这本书在很大程度上都取材于许凯的著作，因此可以肯定地说，《算术三编》也并非没有什么影响。

卢卡·帕乔利的《数学大全》

251 最早的文艺复兴时期的代数学，即许凯提出的代数，是法国人的成就，但是这段时期最著名的代数学著作出版于 10 年之后的意大利。事实上，修道士卢卡·帕乔利（Luca Pacioli，1445—1514）的《算术、几何、比及比例汇编》（*Summa de Arithmetica*，*Geometrica*，*Proportioni et Proportionalita*，又译作《数学大全》）完全覆盖了《算术三编》，以至于较早的关于代数学的历史记录直接从 1202 年的《算经》跳跃到 1494 年的《数学大全》，而没有提到许凯或者其他中间几位数

252 学家的著作。然而，《数学大全》可以说是一代代数学家们集体智慧的结晶，因为花拉子密的代数学至少于 1464 年之前就被翻译成了意大利语，"1464" 是纽约普林顿藏品中一份手稿抄本的日期。这份手稿的写作者声明，这本书是他基于这个领域中无数前辈的工作创作而成，并指出了一些 14 世纪早期的数学家的名字。科学上的文艺复兴通常被认为是由古希腊著作的复苏而引发，但是数学的文艺复兴尤其体现在代数学的兴起，就这方面而言，这只是中世纪传统的延续。

《数学大全》是在 1487 年完成的，比起原创性，它的影响力更大。这是一个出色的来自四个领域的资料的汇编（通常并未指明资料来源），这四个领域是：算术、代数、非常初等的欧几里得几何以及复式簿记。帕乔利（也被称为卢卡·迪·博尔戈（Luca di Borgo））曾一度在维纳斯给一位富商的儿子当家庭教师，因此，他显然熟悉商业算术在意大利日渐增长的重要性。最早印刷的算术书于 1478 年以未署名形式出现在特雷维索，其内容主要是一些基本运算、二三法则以及商业应用。此后不久，就出现了一些更为专业的商业算术书，帕乔利直接从这些书中借鉴了许多。其中的一本书就是弗朗切斯科·佩洛斯（Francesco Pellos，活跃于

1450—1500）的《算盘汇编》（*Compendia de lo Abaco*）。这本书于哥伦布发现美洲大陆的那一年在都灵出版，书中使用一个圆点表示一个整数除以 10 的幂的除法，由此预示了我们现在所使用的小数点的符号。

与《算术三编》一样都是用方言所撰写的《数学大全》，是作者早期创作的未发表的著作以及当时一般知识的总结。算术部分更多地关注于乘法和求平方根的方法，代数部分包含线性及二次方程的标准解。尽管它缺少许凯那样的指数符号，但是，更多地使用了缩写。此时，p 和 m 这两个字母在意大利被广泛应用于加法和减法，并且帕乔利使用 co，ce 以及 ae 分别表示未知量（*cosa*）、未知量的平方（*censo*）以及相等（*aequalis*）。对于未知的四次幂，他自然而然地使用平方的平方（*cece*）来表示。帕乔利与奥马尔·海亚姆的观点一致，认为三次方程不能用代数方法求解。

帕乔利关于几何学方面的工作在《数学大全》中并不突出，尽管他的一些几何问题因为使用了具体数值的例子，而使人联想到了雷吉奥蒙塔努斯的几何学。虽然帕乔利的几何学没有引起太多注意，但是这本书在商业方面却颇受欢迎，以至于作者通常被认为是复式簿记之父。

帕乔利是第一位有真实肖像的数学家，于 1509 年他又两次把手伸向了几何学，出版了欧几里得几何学的一个平庸的版本，以及一本带有吸引人的标题《神圣比例》（*De Divina Proportione*）的著作。后者涉及正多边形和正多面体以及后来被称为"黄金分割"的比例。值得注意的是，书中所涉及的图形线条优美流畅，这要归功于列奥纳多·达·芬奇（Leonardo da Vinci，1452—1519），列奥纳多经常被认为是一位数学家。在他的笔记本里，我们发现了求月牙形面积、正多边形的构造，以及关于重心和双曲率曲线的思考，但是他最著名的工作是将数学应用于科学以及透视理论。几百年之后，文艺复兴时期的数学透视概念将发展成一个新的几何分支，但是这些发展并没有明显受到左撇子列奥纳多以镜像书写方式留在他的笔记本中的那些思想的影响。达·芬奇被描绘成一个典型的文艺复兴时期的全才，在除了数学以外的领域里，有许多实例可以证实这一观点。他是一个勇于创新的天才，一个执行力强又善于思考的人，同时是一个艺术家和一个工程师。然而，他似乎没有与当时主流的数学发展趋势——代数学保持密切联系。

德国代数学与算术

"文艺复兴"一词不可避免地让人联想到意大利的文学、艺术以及科学珍宝，因为与欧洲其他地区相比，在意大利更早地重燃了对于艺术与学习的兴趣。在那里，人们在一场激烈的思想冲突中学会了更加信任独立的自然观察以及大脑判断。而且，意大利曾经是阿拉伯知识（包括记数法和代数学）进入欧洲的两个主要渠道之一。然而，正如雷吉奥蒙塔努斯和许凯的著作所展示的那样，欧洲的其他国家也没有落后太多。比如，在德国涌现出大量的代数学方面的著作，以至于有一段时间在欧洲的其他地区用"coss"这个德语词汇来表示未知数，这个学科被称为"未知数之术"（cossic art）。而且，德国用来表示加法和减法的符号最终取代了意大利的 p 和 m。1489 年，在帕乔利的《数学大全》出版之前，德国莱比锡大学的一名讲师（"文科硕士"）约翰·威德曼（Johann Widman，1462—1498）出版了一本商业算术书《商业速算法》（*Behende und hübsche Rechnung auff allen Kauffmanschafften*），这是我们所熟悉的符号＋，— 出现在印刷品中的最古老的书。这些符号最初是用来表示仓库计量中的盈亏，后来演变成了我们熟知的算术运算符号。威德曼很偶然地得到了花拉子密的《代数学》的手抄本，这是其他德国数学家非常熟悉的一本书。

254 　　在众多德语代数学著作中，有一本是德国著名的算术大师亚当·里泽（Adam Riese，1492—1559）在 1524 年写的《论未知数》（*Die Coss*）。里泽是在用新方法（利用笔以及印度-阿拉伯数字）取代旧计算（利用计算板和罗马数字）过程中最有影响力的德国数学家。他撰写的大量的算术书，影响力如此之深，以至于在德国至今人们仍以"堪比亚当·里泽"来称赞算术过程的精确性。里泽在他的《论未知数》中，提到了花拉子密的《代数学》以及这个领域中的众多德国前辈。

　　16 世纪上半叶出现了一系列德语代数学著作，其中最重要的几本是：维也纳的数学家庭教师克里斯托夫·鲁道夫（Christoph Rudolff，约 1500— 约 1545）的《未知数》（*coss*，1525）、彼得·阿皮安（Peter Apian，1495—1552）的《算术》（*Rechnung*，1527），以及米夏埃尔·施蒂费尔（Michael Stifel，约 1487—1567）的《整数算术》（*Arithmetica Integra*，1544）。第一本书尤其重要，因为它是使用十进制小数以及根的现代符号的最早的印刷书籍之一。第二本书值得一提的原因在于，这本商业算术书的书名页上印有所谓的帕斯卡三角形，成书时间几乎是在帕斯卡出生的一个世纪以前。第三本书——施蒂费尔的《整数算术》是 16 世纪所有德国代数学

255 著作中最重要的一部著作。这本书中也出现了帕斯卡三角形，但是对于负数、根以及幂的讨论则更有意义。通过在方程中使用负系数，施蒂费尔将各种各样的二次方程简化成一种形式，但是他必须以具体的法则来说明何时使用＋，何时使用

一。而且,甚至连他自己都不承认负数是方程的根。施蒂费尔曾是一名僧侣,后来成为巡回的路德教传教士,并在耶拿当过一段时间的数学教授,他是众多摒弃"意大利式"符号 p 和 m 而推广"德国式"符号＋和－的写作者之一。尽管他称负数为"荒谬的数字",但是他对于负数的性质却了如指掌。对于无理数,他有些犹豫,说它们"隐藏在某种无形云雾之下"。正如许凯考虑 2 的 0 到 20 次幂那样,施蒂费尔将这张表格扩展到了包括 $2^{-1} = \dfrac{1}{2}$,$2^{-2} = \dfrac{1}{4}$ 和 $2^{-3} = \dfrac{1}{8}$(然而并未使用指数符号),再次唤起对于等差数列与等比数列之间的关系的注意。对于代数中未知数的幂,施蒂费尔在《整数算术》中使用缩写来表示德语词汇"物"(coss)、"二次幂"(zensus)、"三次幂"(cubus)以及"四次幂"(zenzi zensus),但是在后来的著作《数的算法》(*De Algorithmi Numerorum Cossicorum*)中,他建议用单一字母表示未知数,重复这个字母就表示这个未知数的幂,这种方式后来被托马斯·哈里奥特(Thomas Harriot,1560—1621)采用。

"算术大师"亚当·里泽的《算术书》(*Rechenbücher*)的一个版本(**1529**)的书名页。它描绘了演算者与珠算者之间的一场比赛。

卡尔达诺的《大术》

直到 1544 年,《整数算术》还是公认的关于代数学的详尽的专著,然而到了第二年,从某种意义上而言,这本书就已经非常过时了。施蒂费尔给出了许多可以产生二次方程的例子,但他的问题都没有涉及混合三次方程,原因很简单,他对于三次方程的代数解的了解并不比帕乔利或奥马尔·海亚姆多。然而,到了 1545 年,不仅三次方程的解,甚至四次方程的解都已成为了常识,这要归功于杰罗尼莫·卡尔达诺(或卡尔丹)(Geronimo Cardano(或 Cardan),1501—1576) 的《大术》(Ars Magna) 的出版。这样一个惊人的、出乎意料的发展对代数学家产生了如此强烈的影响,以至于 1545 年经常被认为是现代数学的开端。然而,需要立即指出,卡尔达诺并不是三次和四次方程的解的最初发现者。他本人在自己的书里坦率地承认了这一点。他确定地说,求解三次方程的线索是从尼古拉·塔尔塔利亚(Niccolo Tartaglia,约 1500—1557) 那里得到的,而四次方程的解是由卡尔达诺曾经的助手洛多维科·费拉里(Ludovico Ferrari,1522—1565) 首次发现的。卡尔达诺在《大术》中没有提到的是,他曾向塔尔塔利亚郑重发誓,他不会公开这个秘密,因为塔尔塔利亚打算将三次方程的解作为他代数著作中最重要的亮点来发表,以此让自己能够一鸣惊人。

256　　　为了避免对塔尔塔利亚过度同情,应该注意到,他曾经出版了一本阿基米德著作的译文(1543),这个译本源自穆尔贝克,但是让人们以为这就是塔尔塔利亚自己的作品。而且他在自己的书《各种问题和发明》(Quesiti et Inventioni Diverse)(威尼斯,1546) 中给出了斜面定律,这个定律很可能来自约丹努斯·内莫拉里乌斯,但他也并未指明这一点。事实上,有可能的是,塔尔塔利亚自己从较早的资料中得到了关于三次方程解的线索。在卡尔达诺与塔尔塔利亚两人的支持者之间存在着相当复杂和丑恶的争论,但是,无论真相如何,显然这两个当事人都不是第一个给出这一发现的人。在这件事里真正的英雄显然是一个在今天几乎已被遗忘的人——希皮奥内·德尔费罗(Scipione del Ferro,约 1465—1526),博洛尼亚大学的数学教授。这所学校是中世纪最古老的大学之一,并且拥有着深厚的数学传统。关于费罗是如何以及何时做出这样精彩的发现,我们不得而知。他没有将这一解公开发表,但是在他去世之前,他将这一结果告诉了自己的一个学生——安东尼奥·玛丽亚·菲奥尔(Antonio Maria Fior,或者拉丁语是 Floridus)。

　　关于三次方程存在代数解的消息似乎已经传播开来,塔尔塔利亚告诉我们,知道了方程可解这件事激励他投入时间来自己发现这个方法。无论是独立发现还是在有线索提示的基础之上,塔尔塔利亚确实在 1541 年学会了如何解三次方程。这一消息一经传开,塔尔塔利亚和菲奥尔之间就被安排了一场数学竞赛。比赛规定,每一位参赛者为对方出 30 道题目,这些题目必须在规定的时间内完成。当宣布结果的这一天到来时,塔尔塔利亚解决了菲奥尔提出的全部问题,而倒霉的菲奥尔没有解出一道由对手出的题。对于这一结果的解释相对而言比较简单。今天,我们认为三次方程基本上都是一种类型,并且适用于统一的解法。然而,在那个时候,负系数实际上未被使用,系数符号取正或取负的可能性有多少种,三次方程的类型就有多少种。尽管那时仅使用具体数值(正数)作为系数,但是菲奥尔仅能够立方与根等于一个数的方程类型,比如 $x^3 + px = q$ 这种类型。而塔尔塔利亚当时已经学会了如何解形如立方与平方等于一个数的方程。也许塔尔塔利亚已经学会了如何通过移动平方项,将这种类型的方程化简成菲奥尔的方程,因为现在已经知道,若首系数为单位 1,那么当平方项出现在等号的另一端时,平方项系数就是根的和。

　　塔尔塔利亚胜利的消息传到卡尔达诺那里,于是卡尔达诺立即邀请胜利者来自己的家里,并暗示他会安排让塔尔塔利亚与一位未来的赞助人见面。塔尔塔利亚一直缺乏有力的赞助人支持,部分原因可能在于他的语言障碍。1512 年,当他还是个孩子的时候,在法国劫掠布雷西亚(Brescia)时他遭受过刀伤,损害了他的语言能力。故而有了"塔尔塔利亚"这个绰号,又叫"口吃的人",这个名字此后便取代了他出生时起的名字"尼古拉·丰塔纳"(Niccolo Fontana)。相比于塔尔塔利亚,卡尔达诺作为一名医生而享誉世界。他的名气如此之大,以至于有一次他被召到苏格兰诊断圣安德鲁斯(St. Andrews)大主教的疾病(显然是哮喘)。尽管是私生子,同时又是占星家、赌徒以及异教徒,但卡尔达诺在博洛尼亚和米兰仍然是一位受人尊敬的教授,而且最终他还得到了教皇的养老金资助。他的一个儿子毒死了自己的妻子,另一个儿子是一个无赖,而卡尔达诺的助手费拉里可能是被他妹妹毒死的。尽管这些使人分心的事,卡尔达诺却是一个多产的作者,他的研究主题非常广泛,从他自己的生活和对痛风的赞颂到科学和数学。

　　在他主要的科学著作——冗长的《事物之精妙》(*De Subtilitate*)中,年轻的卡尔达诺没完没了地讨论通过经院哲学传承下来的亚里士多德的物理学,然而同时又对近来的新发现充满了热情。他的数学也是如此,因为这是当时那个时代的

257

258

杰罗尼莫·卡尔达诺

特点。他对于阿基米德知之甚少，对于阿波罗尼奥斯也不太了解，但是他非常熟悉代数学和三角学。他在 1539 年出版了《算术实践》（*Practica Arithmetice*），除了其他的内容，书中还包括将含有立方根的分母有理化的内容。到六年之后他出版了《大术》的时候，他也许是欧洲最有才能的代数学家。然而，《大术》在今天读起来非常枯燥。因为系数必须是正的，所以根据不同次数的项出现在等式的一侧或另一侧的情形，一例又一例的三次方程被费力地详细解出。尽管他所处理的都是关于数字的方程，但他还是仿效花拉子密从几何学角度思考问题，所以我们可以把他的方法称为"配立方"。当然，这样的一种方法也有自己的优势所在。例如，因为 x^3 是一个体积，那么在卡尔达诺的接下来的方程中，$6x$ 也一定被看作一个体积。因此，稍后我们会见到，为了显示卡尔达诺使用的代换类型，数字 6 一定具有面积的维度。

卡尔达诺很少使用缩写，作为花拉子密的忠实信徒，他像阿拉伯人一样，认为他的带有具体数值系数的方程可以作为一般类型的代表。例如，当他写道："令立方与边的 6 倍等于 20"（或 $x^3 + 6x = 20$）时，显然，他将这个方程看作所有"一个立方与一个物等于一个数"，即形如 $x^3 + px = q$ 的方程的典型代表。这个方程的解晦涩地写了几页纸，现在我们可以对其做如下表述：令 x 代换成 $u - v$，且令 u 与 v 的乘积（看作一个面积）是三次方程中 x 系数的三分之一，即 $uv = 2$。经过代换之后，得到 $u^3 - v^3 = 20$，消去 v，得到 $u^6 = 20u^3 + 8$，这是一个关于 u^3 的二次方程。因此，可知 u^3 是 $\sqrt{108} + 10$。由关系式 $u^3 - v^3 = 20$，可知 $v^3 = \sqrt{108} - 10$，故由 $x =$

$u-v$,得到 $x=\sqrt[3]{\sqrt{108}+10}-\sqrt[3]{\sqrt{108}-10}$。对这一特殊情况实施了这一方法之后,卡尔达诺最终得到了与我们现在的 $x^3+px=9$ 的解

$$x=\sqrt[3]{\sqrt{(p/3)^3+(q/2)^2}+q/2}-\sqrt[3]{\sqrt{(p/3)^3+(q/2)^2}-q/2}$$

等价的文字表述。

然后,卡尔达诺接着处理其他情形,诸如"立方等于物与数之和。"在这种情况下,做代换 $x=u+v$,而非 $x=u-v$,其余步骤与上例基本相同。然而,在这种情况下,会遇到一个困难。举例说明,当这个法则应用于方程 $x^3=15x+4$ 时,结果为 $x=\sqrt[3]{2+\sqrt{-121}}+\sqrt[3]{2-\sqrt{-121}}$。卡尔达诺知道负数没有平方根,但他清楚 $x=4$ 是一个根。他无法理解在这种情形下他的法则如何才能解释得通。在另一个关联中,他摆弄了负数平方根,那里他问如何将 10 分为乘积为 40 的两个数。根据常用的代数法则,这个问题的答案是 $5+\sqrt{-15}$ 和 $5-\sqrt{-15}$(或者,以卡尔达诺的符号表示为 5p：Rm：15 和 5m：Rm：15。卡尔达诺认为这些负数的平方根是"诡辩的",并且他断言,他在这个问题中的结果是"微妙而无用的"。后来的学者们证实了,这种操作的确很微妙,但绝非无用。这是卡尔达诺的有功之处,至少他注意到了这个令人困惑的情形。

费拉里对于四次方程的解

关于解四次方程的法则,卡尔达诺在《大术》中写道:"这个方法应归功于洛多维科·费拉里,是他应我的请求发明了这个方法。"同样是分情况依次讨论,共有 20 种情形,但是对于现代读者来说,只讨论一种情形就足够。令平方的平方、平方和数等于另一边。(卡尔达诺知道如何通过从根中增加或减少立方项系数的四分之一来消去立方项。)卡尔达诺解方程 $x^4+6x^2+36=60x$ 的步骤如下:

1. 首先,方程两端加上足够的平方与数,使得左边成为一个完全平方。

2. 现在,方程两端加上一个含有新的未知量 y 的项,使得左边仍然是一个完全平方。

3. 接下来的步骤很关键,选择 y,使得右边的三项式是一个完全平方。当然,这是通过一个古老而著名的法则来完成的,即令判别式等于零。

4. 步骤 3 的结果是一个关于 y 的三次方程 $y^3+15y^2+36y=450$,今天我们称之为所给定四次方程的"三次预解式"。现在可以通过之前给出的解三次方程的法则来解 y 了。

5. 将步骤 4 中得到的 y 值代入步骤 2 中关于 x 的方程中，然后求两端的平方根。

6. 步骤 5 的结果是一个二次方程，一定可以解得所求的 x 值。

自巴比伦人早在四千多年以前就学会了对于二次方程如何进行配方以来，三次方程和四次方程的求解也许是代数学最伟大的贡献。没有其他的发现能像《大术》中所揭示的那样，对代数学的发展有着如此强烈的推动作用。三次方程和四次方程的求解绝不是从实际出发考虑的结果，对工程师和数学实践者都没有任何价值。一些三次方程的近似解在古代就已为人所知，比卡尔达诺早一个世纪的卡西就可以把由实际问题所产生的任意三次方程的解精确到想要的程度。塔尔塔利亚–卡尔达诺公式具有重要的逻辑意义，但就应用性而言，它远远不如逐次逼近方法那么实用。

《大术》的影响

发表在《大术》中的发现所带来的最重要的结果是，这些发现极大地激励了代数在各个方向上的研究。当然，应该将研究一般化，特别是应该寻求解五次方程的方法。数学家在此处面临着一个不可解的代数问题，类似于古代的经典几何问题。结论虽然是否定的，但是在这个过程中，却涌现出了许多卓越的数学理论。

三次方程求解所带来的另一个直接结果是，第一次明显地瞥见了一种新的数。在卡尔达诺时代，无理数已经被接受，尽管它们的基础并不牢固，因为它们很容易被有理数近似表示。负数接受起来有更多的难度，因为它们不容易被正数近似表示，但是，指向的概念（或一条直线上的方向）使它们看起来合情合理。卡尔达诺使用它们，尽管称它们为"虚拟的数"（numeri ficti）。如果一个代数学家想要否定无理数或负数的存在，那么他可以直接说方程 $x^2 = 2$ 和 $x + 2 = 0$ 无解，就像古希腊人所做的那样。以类似的方式，代数学家只要说 $x^2 + 1 = 0$ 这样的方程是不可解的，就能够避免虚数。负数的平方根并不是必需的。然而，随着三次方程的求解，情况发生了明显的变化。每当三次方程的三个根都是非零实数时，卡尔达诺–塔尔塔利亚公式不可避免地会导致负数的平方根。众所周知，目标是一个实数，但如果不了解虚数，就不可能得到这样一个结果。即使只将结果限制在实根上，现在也不得不把复数考虑进去。

拉斐尔·邦贝利

在这一时期,拉斐尔·邦贝利(Rafael Bombelli,1526—1572),一位自学成才的佛罗伦萨的水利工程师,学习了他那个时代出版的代数学论著,有了一个他称之为"疯狂的"想法,因为整件事情"都仰仗诡辩。"由一般公式得到的立方根的两个被开方数只是符号不同而已。我们已经看到,由公式,$x^3 = 15x + 4$ 的解为 $x = \sqrt[3]{2 + \sqrt{-121}} + \sqrt[3]{2 - \sqrt{-121}}$,而已经知道,通过直接代入,$x = 4$ 是方程唯一的正根。(卡尔达诺注意到,当等号一端所有项的次数比另一端的高时,这个方程有且只有一个正根,这是对笛卡儿符号法则的一个小小的预演)。邦贝利欣喜地认为这些根本身在很大程度上可能与被开方数有关,正如我们现在应该说的那样,它们是导致实数 4 的共轭虚数。显然,如果实部的和是 4,则每一个实部是 2,并且如果形如 $2 + b\sqrt{-1}$ 的数将是 $2 + 11\sqrt{-1}$ 的一个立方根,则易知 b 一定是 1。因此,$x = 2 + 1\sqrt{-1} + 2 - 1\sqrt{-1}$,即 4。

通过他的巧妙的推理,邦贝利表明共轭复数将在未来发挥着重要作用。但是在那个时代,这个观察结果在实际求解三次方程的过程中没有任何帮助,因为邦贝利必须预先知道其中的一个根是什么。在这种情况下,方程已经解决了,并且不需要公式,如果没有这样的预知,邦贝利的方法就失败了。在卡尔达诺-塔尔塔利亚法则中,任何试图用代数方法求虚数立方根的尝试,都会恰好走向最开始出现立方根的解的立方,这样的话,又回到了问题起点。因为每当这三个根都是实数时,就会出现这种困境,这被称为"不可约情形"。在这里,未知数的表达式的确是通过公式表达的,但是在大多数情况下,这种表达形式都是没有用的。

邦贝利在 1560 年左右创作了《代数学》(Algebra),但是直到 1572 年才出版,大约是在他去世的前一年,而且只是部分出版。这本著作的重要特点之一,就是书中使用的符号让人联想到许凯的符号。邦贝利有时用1**Z**p.5**R**m.4(即 1 二次幂(zenus)加 5 未知物(拉丁文 res)减 4)表示 $x^2 + 5x - 4$。但是,他也使用另一种表达形式,就是将未知量的幂直接表示为一个短圆弧上方的阿拉伯数字,这也许是受到了德·拉·罗什的《新编算术》的影响。《代数学》的卷 Ⅳ 和卷 Ⅵ 全部都是以代数方法求解的几何问题,有点像雷吉奥蒙塔努斯的风格,但使用了新的符号。在诸如求内接于三角形的正方形边长这样的问题中,高度符号化的代数有助于解决几何问题,但邦贝利同时也朝着另一个方向努力。在《代数学》中,三次方程的代数解伴随着基于分割立方体的几何证明。对于几何学的未来,乃至一般数学的未来,不幸的是,邦贝利《代数学》的最后几卷并没有收录在 1572 年的版本中,这些手稿直到 1929 年才出版。

262　　《代数学》使用标准的意大利符号 p 和 m 分别表示加法和减法,但是邦贝利仍然没有表示等式的符号。在邦贝利撰写他的著作之前,我们现在所使用的标准的等号符号已经问世。这个符号在 1577 年就已经出现在英国数学家罗伯特·雷科德(Robert Recorde,1510—1558)的《砺智石》(*The Whetstone of Witte*)中。

罗伯特·雷科德

在布拉德沃丁去世后的近两个世纪里,数学在英国并没有兴盛起来,并且在 16 世纪早期,英国人所做的那些微弱的工作,在很大程度上也是有赖于诸如帕乔利这样的意大利作者。事实上,雷科德是那整个世纪之内英国唯一一个享有盛誉的数学家。他出生于威尔士,曾在牛津大学和剑桥大学学习,并在这两所大学教授数学。1545 年,他在剑桥获得了医学学位,此后便成为爱德华六世(Edward Ⅵ)和玛丽女王(Queen Mary)的医生。雷科德实际上建立起了英国的数学学派。正如他之前的许凯、帕乔利以及他之后的伽利略那样,他是用方言来写作的,这也许限制了他在欧洲大陆的影响。现存最早的雷科德的著作是《艺术基础》(*Grounde of Artes*,1541),是当时很流行的一本具有商业应用的算术书,内容包括利用算盘和算法进行计算。这本特意献给爱德华六世并出现过二十多个版本的书,其水平和风格可以从以下问题来一窥究竟:

> 那么你对这个方程怎么看呢?如果我卖给你一匹有四个马蹄铁的马,每个马蹄铁有六个钉子,在这种情况下,你要为第一个钉子支付 1 个欧布(ob),为第二个钉子支付 2 个欧布,为第三个钉子支付 4 个欧布,第四个钉子也一样,以后的每一个钉子支付的价钱都是前一个价钱的两倍,直至支付完所有的钉子,现在我问你,这匹马卖出的价格是多少?

1551 年,他出版了两部著作:一部是天文学著作《知识城堡》(*Castle of Knowledge*),其中引用并认可了哥白尼体系;另一部是《知识之途》(*Pathewaie to Knowledge*),是对《原本》的节选,也是第一本英语几何学著作。被引用最多的是雷科德的著作《砺智石》,出版于他在狱中去世的前一年。书名中的"磨刀石"(whetstone)显然源于单词"coss",因为"cos"在拉丁语里就是"磨刀石"的意思,而且这本书专门讨论的就是 cossike practise(也即代数学)。这本书对英国的贡献就像施蒂费尔曾对德国所做的那样,只不过多了一项:著名的等号符号第一次出现在这本书里,在本章开头的引言中雷科德对此做了解释。然而,这个符号最终战胜其他符号获得认可是在一个多世纪之后了。雷科德与玛丽女王在同一年去世,在伊丽莎白一世(Elizabeth Ⅰ)在位的漫长岁月里,没有出现一位能与他匹敌的英国数学家。伊丽莎白时代最杰出的数学家是在法国产生,而非英国、德国或意大利。但是在我们讨论这位数学家的著作之前,应该阐明一下 16 世纪早期的某些问题。

三角学

在 16 世纪的数学中,进展最大的方向显然是代数学,尽管三角学并非那么引人注目,但是在这方面的发展也没有落后太多。三角表的构造是一项枯燥乏味的工作,但它对于天文学家和数学家来说是非常有用的。在这一点上,波兰和德国在 16 世纪早期确实做了很多贡献。今天我们大多数人都认为尼古拉斯·哥白尼(Nicholas Copernicus,1473—1543)是一位天文学家,他成功地让人们接受了地球围绕太阳运动的观点(阿利斯塔克曾尝试过,但最终以失败告终),从而彻底改变了世界观,但天文学家几乎不可避免地也是三角学家,我们应该感谢哥白尼在数学以及天文学方面所做的贡献。

哥白尼和雷蒂库斯

在雷吉赛蒙塔努斯有生之年,波兰已享有学术的"黄金时代",哥白尼在 1491 年曾就读的学校克拉科夫大学在数学和天文学方面享有很高的声誉。他后来继续在博洛尼亚、帕多瓦和费拉拉学习法律、医学以及天文学,并在罗马任教过一段时期,之后于 1510 年回到波兰,成为弗龙堡大教堂的一名教士。尽管承担着许多行政职责,包括货币改革以及对条顿骑士团的抵制,哥白尼还是完成了那本享誉世界的著作《天体运行论》(*De Revolutionibus Orbium Coelestium*)。这本书在他去世的那一年(1543 年)出版。书中包含了大量三角学的章节,这部分内容在前一年以标题"三角形的边与角"(De Lateribus et Angulis Triangulorum)单独出版过。关于三角学的内容与 10 年前在纽伦堡出版的雷吉奥蒙塔努斯的《论三角》相似,但哥白尼的三角学思想似乎可追溯至 1533 年之前,也许他当时并不知道雷吉奥蒙塔努斯的工作。然而,有可能的是,哥白尼三角学的最终形式部分来源于雷吉奥蒙塔努斯,因为在 1539 年,维滕贝格大学教授乔治·约阿希姆·雷蒂库斯(Georg Joachim Rheticus 或 Rhaeticus,1514—1576) 投到哥白尼门下学习,他曾经去过纽伦堡。雷蒂库斯与哥白尼一起工作了三年,正是他在征得哥白尼的同意之后,将哥白尼的天文学思想的第一个简短叙述在《初述》(*Narratio Prima*,1540) 中出版出来,并且,也是他最先安排著名的《天体运行论》的出版事宜,最终由安德烈亚斯·奥西安德(Andreas Osiander) 完成了出版工作。因此,很可能哥白尼的经典著作中的三角学与雷吉奥蒙塔努斯的三角学通过雷蒂库斯联系紧密。

我们不仅可以通过包含在《天体运行论》中的定理,而且可以通过作者在这本书较早的手稿中(并非在出版的著作中)最初包含的一个命题看到哥白尼全面的三角学的才能。被删除的命题是纳西尔丁关于两个圆周运动复合而产生直线运动的定理(在本书中出现过)的推广。哥白尼的定理如下:如果一个小圆在沿直径是其两倍的大圆的内部光滑滚动,那么不在小圆圆周上,但是相对于小圆固定的一个点的运动轨迹是椭圆。在此顺便提一下,卡尔达诺知道纳西尔丁定理,但他不知道关于哥白尼轨迹的定理,这个定理在 17 世纪被重新发现。

通过《天体运行论》中的三角学定理,哥白尼传播了雷吉奥蒙塔努斯的影响,但是他的学生雷蒂库斯走得更远。他将雷吉奥蒙塔努斯与哥白尼的思想连同他自己的想法结合在一起,完成了那个时代最详尽的三角学论著——两册《三角学大成》(*Opus Palatinum de Triangulis*)。此时的三角学才真正地发展成熟。作者摒弃了关于圆弧函数的传统思想,取而代之将关注点放在直角三角形的边线上。而且,全部六个三角函数现在被充分利用起来,因为雷蒂库斯为它们计算出来一张详尽的表格。十进制小数还没有被普遍使用,因此,对于正、余弦函数,他使用了长度为 10000000 的斜边(或者半径),对于其他四个函数,使用的是分成 10000000 份的底(或者邻边,或者半径),角度间隔是 $10''$。他以分成 10^{15} 份的底开始正切与正割表,但是在有生之年并未完成这项工作,这部著作由他的学生瓦伦丁·奥托(Valentin Otto,约 1550—1605) 在 1596 年完成并编辑出版。

几何学

相对于代数学或三角学,纯粹几何学在 16 世纪的显著进步要少一些,但也并

非完全没有代表。德国的约翰内斯·维尔纳(Johannes Werner,1468—1522)和
阿尔布雷希特·丢勒(Albrecht Dürer,1471—1528)以及意大利的弗朗西斯科·莫
罗里科(Francesco Maurolico,1494—1575)和帕乔利都做出了自己的贡献。我们
再一次注意到这两个国家在文艺复兴时期对数学方面的卓越贡献。维尔纳曾帮
助保存了雷吉奥蒙塔努斯的三角学资料,但他的拉丁文著作《圆锥曲线原
理》(*Elements of Conics*)具有更重要的几何意义。这本书一共有 22 卷,1522 年
在纽伦堡出版。虽然这本著作无法与阿波罗尼奥斯的《圆锥曲线论》相比(《圆锥
曲线论》在维尔纳那个时代几乎完全不为人所知),但是维尔纳的著作标志着自
帕普斯以来几乎第一次,人们重新对曲线感兴趣了。由于作者主要关注的是倍立
方,所以他把注意力集中在抛物线和双曲线上,就像他的希腊前辈们所做的那样,
立体地由圆锥导出标准的平面方程,但是在他的利用圆规和直尺在抛物线上绘制
点的平面方法中,似乎存在着一些独创性的成分。首先画出一组彼此相切的圆,
与公法线交于点 $c,d,e,f,g,\cdots$(图 13.1)。然后,沿公法线标出一段距离 ab 使之
等于所求参数。在点 b 处竖立线段 bG,使之垂直于 ab,并与这些圆分别交于点
$C,D,E,F,G,\cdots$。然后,在点 c 处竖立线段 cC' 和 cC'',使之垂直于 ab 且长度等
于 bC;在点 d 处竖立垂直线段 dD' 和 dD'',使之长度等于 bD;在点 e 处竖立线段
eE' 和 eE'',使之长度等于 bE;等等。那么,以 ab 作为参数的大小,由关系式
$(cC')^2=ab\cdot be,(dD')^2=ab\cdot bd$ 易知,$C',C'',D',D'',E',E'',\cdots$ 都将位于以 b
为顶点、沿 ab 为轴的抛物线上。

265

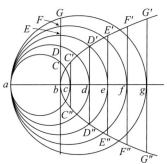

图 13.1

透视理论

维尔纳的著作与古代圆锥曲线的研究密切相关,但与此同时,在意大利和德
国,数学与艺术之间正发展起来一种相对新颖的关系。文艺复兴时期的艺术区别

于中世纪艺术的一个重要因素，就是将三维空间中的物体以平面表示所使用的透视理论。据说佛罗伦萨的建筑师菲利波·布鲁内莱斯基（Filippo Brunelleschi，1377—1446）对这个问题投入了极大关注，但是第一次对这些问题给出的正式叙述的是在莱昂·巴蒂斯塔·阿尔贝蒂（Leon Battista Alberti，1404—1472）写于1435 年的名为《论绘画》（*Della Pittura*，1511 年印刷）的著作里。阿尔贝蒂首先对透视缩短原理进行了一般性讨论，然后描述了他发明的将水平的"基面"中的一组正方形在垂直的"显像面"中表示的方法。让眼睛位于距离基面之上 h 个单位、距离显像面之前 k 个单位的"视点" S 之处。基面与显像面的交线称为"基线"，从 S 点作显像面的垂线，交点为 V，称之为"视心"（或者"主合点"），过 V 点平行于基线的线称为"合线"（或"视平线"），在这条线上距离点 V 有 k 个单位的点 P 和 Q，称为"距点"。如果在基线 RT 上取等距点 A，B，C，D，E，F，G（图 13.2），其中 D 是这条线与过 S，V 的垂直平面的交点，并且如果将这些点与 V 相连，则以 S 为中心的这些线在基面的投影将会是一组平行而等距的线。若连接点 P（或 Q）与点 B，C，D，E，F，G 形成另一组与 AV 分别交于点 H，I，J，K，L，M 的线，且若通过后来的点作基线 RT 的平行线，则显像面上的一组梯形将对应于基面中的一组正方形。

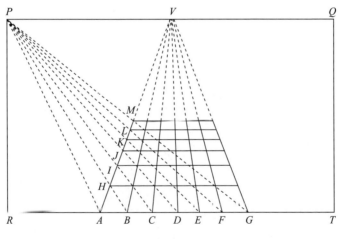

图 13.2

意大利壁画画家皮耶罗·德拉·弗兰切斯卡（Piero della Francesca，约1415—1492）在他的《透视画法论》（*De Prospectiva Pingendi*，约 1478 年）中再次推动了透视理论的进一步发展。阿尔贝蒂专注于在显像面上描绘基面上的图像,而皮耶罗处理了更为复杂的问题,那就是在显像面上描绘三维空间中的物体,就像从一个给定视点上看到的那样。他还写了《论规则形体》(*De Corporibus Regularibus*),书中他提到了正五边形的对角线彼此分割而构成的"黄金分割比例",并且他还发现了两个轴线垂直相交的圆柱体的共同部分的体积(他并不知道阿基米德的《方法》,该书在当时还不为人知)。艺术和数学之间的联系在列奥纳多·达·芬奇的作品中表现得尤为紧密。他曾经写过一本关于透视的书,不过现在已经失传了。他的《绘画专论》(*Trattato Della Pittura*)开篇就有这样的警告:"不要让一个不是数学家的人读我的著作。"同样的数学与艺术趣味的结合可以在阿尔布雷希特·丢勒的作品中看到。他是与达·芬奇同一个时代的人,也是维尔纳的纽伦堡同乡。在丢勒的作品中,也能发现帕乔利的影响,尤其是在 1514 年创作的那幅名为《忧郁》(*Melancholia*)的著名版画中。下面的图形显然是一个幻方。

16	3	2	13
5	10	11	8
9	6	7	12
4	15	14	1

这通常被认为是幻方在西方的第一次使用,但是帕乔利曾留下过一部未发表的手稿《数字的力量》(*De Viribus Quantitatis*),在其中表现出对这种幻方的兴趣。

然而,丢勒在数学方面,对于几何的兴趣远大于算术,正如他最重要的著作的标题《圆规直尺测量法》(*Investigation of the Measurement with Circles and Straight Lines of Plane and Solid Figures*)所展示的那样。这本书自 1525 年到 1538 年出现过几个德文与拉丁文版本,书中有一些引人注目的新奇之处,其中最重要的就是他的新曲线。这在文艺复兴时期是很容易改进只研究了少数几种曲线类型的古人工作的一个方向。丢勒在一个圆上取一个定点,然后让这个圆沿着另一个圆的圆周滚动,从而产生了一条外摆线,但是由于没有所需的代数工具,他没有分析性地研究这个问题。对于通过将螺旋空间曲线投影到平面上形成螺旋线而得到的其他平面曲线情况也是如此。我们在丢勒的作品里发现了正五边形的托勒密式的作图(这个作图是正确的)以及另一个独创性的作图(只是一个近似)。对于七边形和九边形,他也给出了巧妙但又不太精确的作图。丢勒的近似正九边形的作图过程如下:设 *O* 是圆 *ABC* 的圆心,*A*,*B*,*C* 是圆内接等边三角

268

阿尔布雷希特·丢勒的《忧郁》(大英博物馆)。注意右上角有一个四阶幻方。

形的三个顶点(图 13.3)。过 A,O,C 作一个圆弧,同样地,过 B,O,C 和 B,O,A 分别作这样的圆弧。令点 D,E 三等分 AO,且过 E 作一个圆心在 O 点的圆,与弧 AFO 和 AGO 分别交于点 F,G。那么,直线段 FG 将非常近似了小圆的内接正九边形的边,角 FOG 与 40° 相差不到 1°。艺术与几何的关系,如果能够得到有专业头脑的数学家们的关注,就可能会卓有成效,但是这在丢勒时代之后的一个多世纪里不复存在。

制图学

对制图人员来说,各种各样的投影是极其重要的。地理探索拓宽了人们的视

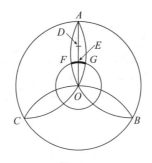

图 13.3

野,产生了对更好的地图的需求,但是经院哲学和人文主义在这里帮不上什么忙,因为中世纪和古代的地图相对于新发现早已过时。最重要的创新者之一是德国数学家、天文学家彼得·阿皮安(或比内维茨(Bienewitz))。1520 年,他出版了也许是最早的东半球和美洲的地图,其中使用了"美洲"这个名称。1527 年,他出版了商业算术书,在章首页上印有算术三角形或帕斯卡三角形,这也是这个三角形首次出现在印刷品中。阿皮安的地图制作得好,但它们都是尽可能地密切依照托勒密的方法所制。由于新奇性一直被认为是文艺复兴的特点,所以我们最好还是来关注一下弗兰德的地理学家赫拉德·墨卡托(Gerard Mercator)或格哈德·克雷默(Gerhard Kremer),1512—1594),他曾一度与布鲁塞尔的查理五世(Charles V) 皇室有过联系。可以说,墨卡托在地理学上与托勒密的决裂,正如哥白尼之反对托勒密的天文学。

墨卡托在他的前半生中,非常依赖托勒密,但是到了 1554 年,他已经彻底解放了自己,将托勒密对地中海宽度的估计从 62°降到了 53°(现实中这个数字接近40°)。更为重要的是,在 1569 年他出版了第一张基于新原理绘制的地图《适用于航行中使用的有关全球陆地之全新和更准确的描绘》(*Nova et Aucta Orbis Terrae Descriptio*)。墨卡托那个时代所使用的地图,通常基于两组等距平行线构成的矩形网格,一组线表示纬度线,另一组表示经度线。然而,一度经线的长度随着所测量处纬线的平行线而变化,而在实际应用中通常忽略了这种变化,所造成的后果就是形状变形以及航海员会出现方向上的误差,因为他们仍然停留在地图上两点之间是一条直线这种思维认知上。托勒密的球面投影保持了形状不变,但是他没有使用常见的网格线。为了使理论和实践达到某种一致,墨卡托介绍了以他名字命名的投影法,后来又对此加以改进,自此这个方法就成为了制图学的基础。墨卡托投影的第一步,假设一个球形地球内接于一个无限长的直圆柱体

270

271

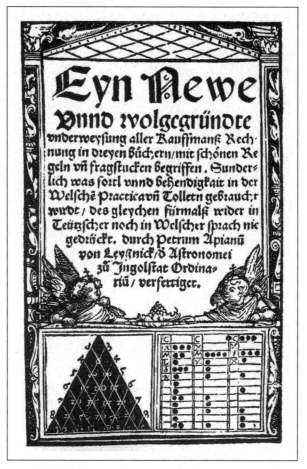

第一次印刷的帕斯卡三角形。彼得·阿皮安《算术》的章首页(1527 年出版于因戈尔施塔特)，比帕斯卡研究这个三角形的性质早了一个多世纪。

中,地球与圆柱相切(或接触)于赤道(或其他大圆),然后从地球的中心,把地球表面上的点投影到圆柱体上。如果将圆柱体沿着侧边切开、展平,那么地球上的经、纬线将会转化为一个直线矩形网格。两相邻经线之间的距离是相等的,但是两相邻纬线的距离却并非如此。事实上,随着距离赤道越来越远,纬线之间的距离会快速变大,以至于形状和方向发生变形,但是墨卡托发现通过对这些距离根据经验进行调整,保持方向和形状不变(尽管不是在尺寸上)是可能的。1599 年,剑桥大学的研究员爱德华·赖特(Edward Wright,约 1558—1615)(也是威尔士王子亨利(Henry)的老师和一名优秀的水手),通过计算赤道图距 D 与纬度 ϕ 之间

的函数关系式 $D = a\ln\tan\left(\dfrac{\phi}{2} + 45°\right)$，为墨卡托投影发展了理论基础。

文艺复兴趋势

本文正在讲述的这段时期有几个突出的特点，即所涉及人物职业的多样性、数学著作中所使用语言的多样性，以及数学在应用方面的增长。尽管大多数中世纪的数学贡献者都从教会获得制度上的支持，但文艺复兴时期诸如雷吉奥蒙塔努斯等数学家，逐渐将他们的支持基础转移到当时日益增长的商业兴趣上来。越来越多的人从需要计算者或教师、地图绘制者或工程师的各国首脑或市政机构那里找到工作。相当多的人成为医生或者医学教授。在这段时期之初，大部分的数学著作都是用拉丁语写的，或者正如我们所看到的，如果原著是以希腊语、阿拉伯语或希伯来语撰写的，也都翻译成了拉丁语。到了 16 世纪后期，出现了英语、德语、法语、意大利语以及荷兰语的原创作品。

文艺复兴时期的数学被广泛应用于簿记、机械、测量、艺术、制图学以及光学领域，许多著作都致力于实用技术。没有人比皮埃尔·德·拉·拉梅(Pierre de la Ramée，或拉米斯(Ramus)，1515—1572) 更强烈地激励了人们对应用的日益重视。他是一个在教育方面对数学做出贡献的人。1536 年，他在纳瓦拉学院为他的硕士学位进行答辩，其论文主题非常大胆，认为亚里士多德所说的一切都是错误的(在那个时代，亚里士多德学派等同于正统学说)。拉米斯在很多方面都与他的年龄不相称：在法国，他被禁止教授哲学。他还曾提议修改大学课程，以便逻辑和数学得到更多的关注。他甚至对欧几里得的《原本》也不满意，对修订版进行了编辑。然而，他在几何方面的能力有限。他对实用的初等数学比对推理性较强的高等代数与几何学更有信心。他的逻辑思想在新教国家颇受欢迎，部分原因是他在圣巴塞洛缪大屠杀中殉道。这使得我们注意到这样一个事实，在宗教改革的第一个世纪里，大多数以通用语言写就的、以数学实践者为对象的著作都是在欧洲新教地区创作的，而大多数传统的古典著作都是在天主教地区被研究和评论的。

就像我们在牧师莫罗里科的例子中所看到的那样，他对古代经典著作的兴趣依然浓厚。莫罗里科具有希腊血统，出生于西西里岛，一直在那里生活直至去世。作为一名学者，他做了大量工作来恢复人们对更先进的古典著作的兴趣。16世纪上半叶的几何学在很大程度上依赖欧几里得著作中的基本性质。除了维尔

272

纳，很少有人真正熟悉阿基米德、阿波罗尼奥斯或帕普斯的几何学。原因很简单：直到该世纪中叶，这些人的著作的拉丁文译本才开始普及。在翻译过程中，意大利学者费代里戈·科曼迪诺（Federigo Commandino）加入莫罗里科的行列。我们之前曾提到的塔尔塔利亚借鉴过的阿基米德著作的译本是在 1543 年出版的，后来在 1544 年又出版了希腊语版本，拉丁文版本由科曼迪诺于 1558 年在威尼斯出版。

希腊语版本的阿波罗尼奥斯的《圆锥曲线论》中的四卷被保存了下来，并且被翻译成拉丁文并于 1537 年在威尼斯出版。莫罗里科的译本在 1548 年完成，直到 1654 年，也就是一个多世纪之后才出版，但是科曼迪诺的另一译本于 1566 年在博洛尼亚出版。帕普斯的《数学汇编》几乎不为阿拉伯人和中世纪的欧洲人所知，但是它也被坚持不懈的科曼迪诺翻译了，只不过直到 1588 年才出版。由于莫罗里科能够阅读希腊文字和拉丁文字，所以他熟悉正变得有用的古代几何学中大量的知识宝藏。事实上，根据帕普斯书中对于阿波罗尼奥斯极大值和极小值（也就是关于圆锥曲面的法线）的探讨，莫罗里科曾尝试复原当时已失传的《圆锥曲线论》的第五卷。在这方面，他代表了当时的一种将是笛卡儿之前的几何学的主要推动因素之一的流行趋势：大体上复原已失传的著作，特别是复原《圆锥曲线论》的最后四卷。 从 1575 年莫罗里科去世到 1637 年笛卡儿《几何学》（*La Géométrie*）出版的这段时间，几何学的发展几乎是原地踏步，直至代数学的发展达到了一定的水平，才使得代数几何成为可能。文艺复兴很可能在艺术和透视理论的指引下很好地发展出纯粹几何学，但这种可能性直到代数几何被几乎同时创造出来的时候才被注意到。

到 1575 年，西欧已经恢复了现存的大部分古代的主要数学著作。通过三次方程和四次方程的解以及部分地使用符号体系，人们掌握与改进了阿拉伯代数学，此时的三角学已成为一门独立的学科。在向 17 世纪过渡中的一个核心人物是法国人弗朗索瓦·韦达（François Viète）。

弗朗索瓦·韦达

韦达（Viète,1540—1603）并非一位职业数学家。他年轻时学习法律，当过律师，成为布列塔涅议会的成员，后来成为国王委员会委员，先后服务过亨利三世（Henry Ⅲ）与亨利四世（Henry Ⅳ）。 在为后者纳瓦拉的亨利（Henry of

Navarre)服务期间,他成功破译了敌人的秘密信息,导致西班牙人指责他与魔鬼结盟。他只在闲暇时间才研究数学,然而他在算术、代数、三角学以及几何学上都做出了贡献。在亨利四世统治之前,几乎有长达六年多的时间,韦达都备受冷落,在这一时期他将大部分时间都用在了数学研究上。在算术上,他应该被铭记的贡献之一,就是他要求使用十进制小数,而非六十进制小数。他在他最早的著作《数学定律》(*Canon Mathematicus*,1579)中写道:

> 六十分之一和六十在数学中要尽量少用或者不使用,千分之一和千、百分之一和百、十分之一和十,以及类似这样的升与降的数列,应该经常使用或专门使用。

他说到做到,在表格和计算中使用了十进制小数。他将内接和外切于一个直径为 200000 的圆的正方形的边长分别记为 $141421\overline{35624}$ 和 $200000\overline{00000}$,这两个数的平均值记作 $177245\overline{38509}$。几页之后,他将半圆周记为 $314159\frac{26535}{100000}$,后面又将这个数记为 **31415**926536,其中整数部分以黑体表示。他偶尔使用一个垂直竖线来分隔整数部分与小数部分,比如他将直径为 200000 的圆内接正 96 边形的边心距表示为 **99946**|45875。

分析术

毫无疑问,韦达在代数学方面做出了他最宝贵的贡献,因为他在这一领域最接近现代观点。数学是一种推理形式,而非各种把戏。如果还是主要关注在具体数值系数的方程中寻找"未知量",代数理论就不会有太大的进展。表示未知数、未知数的幂,以及运算和相等关系的符号和缩写已经产生。施蒂费尔甚至已经将未知量的四次幂表示为 $AAAA$,然而他却没有写出可以代表一类方程,如所有的二次方程,或者说三次方程的计划。几何学家通过图形可以令 ABC 表示所有的三角形,但是代数学家却没有相应的表达式来表示所有的二次方程。自欧几里得的时代,字母确实被用来表示已知或未知的量,并且约丹努斯在这方面早已得心应手,但是还没有将假定已知的量与所求的那些未知量区分开来的方法。在这里,韦达介绍了一个简单而有效的约定。他使用元音字母来表示代数中未知或未确定的量,用辅音字母表示已知或已给定的量或数。这是代数学史上第一次在参数的重要概念与未知量概念之间进行了明确的区分。如果韦达采用了他那个时代的其他符号,他可能会将所有的二次方程都用一个形式 $BA^2+CA+D=0$ 来表

274

251

示，其中 A 是未知数，B，C 和 D 是参数，但不幸的是，他只是在某些方面是具有现代性的，而在其他方面，则带有古代和中世纪的特征。虽然他明智地采用德国的关于加法和减法的符号，而且更为机智地对于参数和未知数使用了不同的符号，但是他的代数学的其余部分仍然是由文字和缩写组成的。未知量的三次幂不是用 A^3，甚至不用 AAA 来表示，而是表示为"A 的立方"（A cubus），二次幂表示成"A 的平方"（A quadratus）。乘法用拉丁词语"in"（在里面）来表示，除法用分数线来表示，然后对于等号韦达用拉丁词语"aequalis"（相等）的缩写来表示。当然，一个人要做出全部的改变是不可能的，改变必然是循序渐进的。

超越韦达工作的一步是由哈里奥特迈出的，他重新采用了施蒂费尔将未知数的三次幂写成 AAA 的创意。这个记号在哈里奥特的遗著《实用分析术》（*Artis Analyticae Praxis*，1631）中被系统地使用。这本书的命名灵感来自韦达早期的一本著作。韦达不喜欢阿拉伯语名字"代数"（algebra）。在为这个词语寻找替代物时，韦达指出，在解涉及"事物"（cosa）或未知量的问题中，人们通常以帕普斯和古人曾描述过的分析的方式来处理。也就是说，代数学家不是由已知的事物推导要证明的结论，而是总是从一个假设出发，假设未知数已知，推导出一个必然的结论，由这个结论可以确定未知数。用现代符号举例说明，如果我们想要解 $x^2 - 3x + 2 = 0$，那么我们推进的前提是有一个 x 值满足这个方程，根据这个假设，我们得出必然的结论 $(x-2)(x-1)=0$，这样就有 $x-2=0$ 或者 $x-1=0$（或两者同时满足），因此 x 必须是 2 或者 1。然而，这并不意味着这些数字中的一个或两个都满足方程，除非我们能够反向进行推理过程中的步骤。也就是说，在分析之后必须进行综合论证。

鉴于代数学中经常用到的推理类型，韦达把这门学科称为"分析术"。此外，他对这一学科的范围之广有着清晰的认识，意识到未知量不必是一个数字或一条几何线。代数学是关于"类型"或种类的推理，因此韦达对照数的算术（logistica numerosa）提出类的算术（logistica speciosa）。他的代数学理论体现在 1591 年出版的《分析术引论》（*Isagoge*）之中，但是他的其余几部代数著作直到他去世多年后才出版。在所有这些著作中，他都保持了方程的齐次性原则，因此在像 $x^3 + 3ax = b$ 这样的方程中，a 表示平面，而 b 表示立体。这种形式具有一定的不灵活性，笛卡儿在一个世纪之后摒弃了这种形式，但齐次性也具有某种优势，正如韦达自己所确信的那样。

韦达的代数学因其表达式的一般性而具有重要意义，但也有其他一些新颖的方面。其中之一就是，韦达提出了一种解三次方程的新方法。假设已经将三次方程化简为标准形式 $x^3+3ax=b$，他引入一个新的与 x 相关的未知量 y，得到关于 y^3 的方程，这就很容易求解。而且韦达意识到方程的根与系数之间有一些关系，虽然在这里他因为不能接受系数和根是负数而止步不前。例如，他意识到，如果 $x^3+b=3ax$ 有两个正根 x_1 和 x_2，则 $3a=x_1^2+x_1x_2+x_2^2$，$b=x_1x_2^2+x_2x_1^2$。当然，这是我们定理的一个特例，即在首项系数为 1 的三次方程中，x 项的系数是每次取任意两个根的乘积之和，而常数项是根的乘积的相反数。换言之，韦达已接近方程理论中关于根的对称函数这个主题。这一问题是阿尔贝特·吉拉德（Albert Girard，1595—1632）在 1629 年解决的，他在其著作《代数新发现》（*Invention Nouvelle en l'Algebre*）中，清楚地阐释了根与系数之间的关系，因为他考虑到了负数根和复数根，而韦达只认识到了正根。一般而言，吉拉德认识到负根在某种意义上与正数方向相反，从而预测了数轴的概念。他说"负数在几何中表示一种后退，而正数则表示前进。"这似乎主要是因为他意识到，一个方程的根的个数可以和方程的次数一样多。他保留了方程的虚根，因为它们展现了由根构成方程的一般原理。

　　哈里奥特甚至在更早的时候就发现了与吉拉德类似的结论，但是直到哈里奥特于 1621 年死于癌症的十年之后，这些发现才被出版。在伊丽莎白一世（Queen Elizabeth Ⅰ）在位的最后几年里，因政治冲突的影响，哈里奥特的著作出版受阻。1585 年，他被沃尔特·雷利（Walter Raleigh）爵士派去担任新大陆探险队的测量员，因此成为第一位真正意义上踏足北美洲的数学家。（他的哥哥胡安·迪亚斯（Juan Diaz），一位受过数学训练的年轻牧师，早在 1518 年就加入了科尔特斯（Cortes）远征尤卡坦探险的队伍。）哈里奥特探险回来后，就出版了《一份简短而真实的报告：在弗吉尼亚新发现的土地》（*A Briefe and True Report of the Newfound Land of Virginia*，1586）。当他的赞助人失去了女王的支持并被处决时，哈里奥特获得了英国诺森伯兰的伯爵亨利每年 300 英镑的资助金，然而伊丽莎白女王的继任者詹姆斯一世（James Ⅰ）在 1606 年将伯爵关在伦敦塔。哈里奥特继续与亨利在塔里会面，精力上的牵扯以及身体状况不佳导致他未能发表自己的成果。

　　哈里奥特知晓根与系数以及根与因式之间的关系，但是他也像韦达那样，因未能注意到负数根和复数根而就此止步。然而，他推动了符号的使用，用符号">"和"<"来表示"大于"和"小于"。雷科德的等号符号最终被采用，有一部分

原因在于哈里奥特对这个符号的使用。与同时代的更为年轻的威廉·奥特雷德（William Oughtred）相比，在使用新符号方面，哈里奥特表现出更加温和的态度。奥特雷德在哈里奥特出版《实用分析术》的那一年（即 1631 年）出版了《数学之钥》（*Clavis Mathematicae*）。在《数学之钥》中，幂的符号表示是向韦达倒退的一步，比如在哈里奥特记作 AAAAAAA 之处，奥特雷德使用 *Aqqc* 来表示（即 A 平方平方立方）。在奥特雷德使用的所有新符号中，唯一一个到现在仍被广泛使用的是乘积的叉字形记号"×"。

韦达方程的齐次形式表明，他的思想总是与几何学联系紧密，但是他的几何并不像他的那些前辈那样处于初等水平，而是位于阿波罗尼奥斯和帕普斯那样的较高层次上。韦达用几何方式解释了基本的代数运算，他意识到尺、规对于平方根而言已经足够。但是，如果允许在两个量之间插入两个几何平均值，则可以构造立方根，更不用说可以用几何方法求解任意的三次方程了。韦达指出，在这种情形下我们可以构造正七边形，因为这种构造导致了一个形式为 $x^3 = ax + a$ 的三次方程。事实上，每一个三次或四次方程都可以通过三等分角以及在两个量之间插入两个几何平均值来解决。在这里，我们清楚地看到了一个非常重要的趋势——新高等代数与古代高等几何的关联。因此，解析几何就不会出现得太晚，而且如果韦达没有回避不定方程的几何研究，他可能会发现这一分支。韦达的数学兴趣非常广泛，他还读过丢番图的《算术》。然而，当一个几何问题使得韦达得到关于两个未知量的最终方程时，他却随意地认为这个问题是不定的而忽视了它。人们希望他曾用他的一般的观点探讨过不确定性的几何性质。

方程的近似解

在许多方面，韦达的工作都被严重低估，但是有一个例外，他有可能因为一种早在中国广为人知的方法而得到了过多的美誉。在他的后期著作之一的《幂的数值解法》（*De Numerosa Potestatum … Resolutione*，1600）中，他给出了求方程近似解的一种方法，这实际上就是今天所称的霍纳法。

三角学

正如韦达的代数学一样，他的三角学也同样注重一般性和广泛性。由于韦达是文字代数的实际创始人，因此，他被称为三角学的广义分析方法之父也在情理之中，这种方法有时被称为测角术。当然，韦达也是基于他的前辈们，尤其是雷吉奥蒙塔努斯和雷蒂库斯的工作而开始的。如前者那样,他认为三角学是一门独立的数学分支;如后者那样,他通常不直接参考圆的半弦。 韦达在《数学定律》(Canon Mathematicus,1579) 中,为最接近分的角度制作了全部六个函数的详细表格。我们已经看到,他曾提倡使用十进制,而不是六十进制小数,但是为了尽可能避免所有小数,对于正弦和余弦表,韦达选择了分成 100000 份的"全正弦"或"斜边",对于正切、余切、正割和余割表(然而除了正弦函数以外,他没有使用这些名称),他选择的是分成 100000 份的"底"或"垂直线"。

在解决斜三角形问题时,韦达在《数学定律》中将它们分解为直角三角形,但是在几年之后的另一本著作《各种数学解答》(Variorum de Rebus Mathematicis, 1593) 中,有一个与我们现在所使用的正切定律的等价陈述:

$$\frac{\dfrac{(a+b)}{2}}{\dfrac{(a-b)}{2}} = \frac{\tan\dfrac{A+B}{2}}{\tan\dfrac{A-B}{2}}。$$

尽管韦达也许是第一个使用这个公式的,但是德国物理学家和数学教授托马斯·芬克(Thomas Finck,1561—1656) 在 1583 年出版的《圆的几何》(Geometriae Rotundi Libri) 卷 XIV 中首次发表了这一公式。

在这一时期,欧洲各地出现了各种各样的三角恒等式,从而导致减少了对解三角形中计算的重视,而更多地关注分析函数的关系。在这些关系中,有一组被称为积化和差法则(prosthaphaeretic rules) 的公式,即将函数的乘积转化成和或差的公式(希腊词语"prosthaphaeresis"意为"加和减")。 例如,韦达从下面的图中推导出公式

$$\sin x + \sin y = 2\sin\frac{x+y}{2}\cos\frac{x-y}{2}。$$

令 $\sin x = AB$(图 13.4),$\sin y = CD$,则

$$\sin x + \sin y = AB + CD = AE = AC\cos\frac{x-y}{2} = 2\sin\frac{x+y}{2}\cos\frac{x-y}{2}。$$

做代换 $\dfrac{x+y}{2}=A$ 和 $\dfrac{x-y}{2}=B$,我们得到更为有用的形式

$$\sin(A+B)+\sin(A-B)=2\sin A\cos B。$$

以类似的方式,通过将角 x 和 y 放在半径 OD 的同一侧,可以推导出 $\sin(A+B) - \sin(A-B) = 2\cos A\sin B$。也可类似地推导出公式 $2\cos A\cos B = \cos(A+B) + \cos(A-B)$ 和 $2\sin A\sin B = \cos(A-B) - \cos(A+B)$。

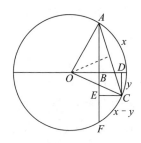

图 13.4

279 　　人们有时将上面的法则称为"维尔纳公式"，因为维尔纳似乎曾经利用这些公式来简化天文计算。在伊本-尤努斯(ibn-Yunus)时代的阿拉伯人至少知道其中一个公式，即将余弦的乘积转化为余弦之和，但是在 16 世纪，尤其是快到 16 世纪末的时候，积化和差才被广泛使用。例如，如果想要计算 98436 乘以 79253，可以令 $\cos A = 49218$（即 98436/2）以及 $\cos B = 79253$。（在现代符号中，我们会在每一个数之前临时放一个小数点，再在答案里调整这个小数点的位置。）然后，从三角函数表里读取角度 A 和 B，并从表里查找 $\cos(A+B)$ 和 $\cos(A-B)$，这两者之和就是所求之积。可以注意到，这个积的求得并未施行任何乘法运算。在我们所举的这个用积化和差算乘法的例子中，时间和精力并没有节省很多，但是我们知道在当时 12 到 15 位数字的三角函数表并不少见，因此积化和差法则在省力方面还是作用较显著的。这种方法被较大的天文台所采用，其中包括丹麦天文学家第谷·布拉赫(Tycho Brahe，1546—1601)的天文台，正是从这个天文台将这一信息传到了苏格兰的内皮尔(Napier)那里。商的运算通过使用正割和余割表以相同的方式进行处理。

　　韦达将三角学推广为测角术，在这方面也许没有什么比他的倍角公式更为显著了。当然，正弦和余弦的二倍角公式对于托勒密而言是已知的，并且从托勒密关于两个角度和的正、余弦公式中很容易推导出三倍角公式。通过继续递归使用托勒密公式，可以推导出 $\sin nx$ 或 $\cos nx$ 的公式，但需要付出很大努力。韦达巧妙地使用了直角三角形以及著名等式

$$(a^2+b^2)(c^2+d^2)=(ad+bc)^2+(bd-ac)^2=(ad-bc)^2+(bd+ac)^2$$

得到了倍角公式，相当于我们现在所写的公式

$$\cos nx = \cos^n x - \frac{n(n-1)}{1\cdot 2}\cos^{n-2}x\sin^2 x$$

$$+\frac{n(n-1)(n-2)(n-3)}{1\cdot 2\cdot 3\cdot 4}\cos^{n-4}x\sin^4 x - \cdots$$

与

$$\sin nx = n\cos^{n-1}x\sin x - \frac{n(n-1)(n-2)}{1 \cdot 2 \cdot 3}\cos^{n-3}x\sin^3 x + \cdots,$$

其中的符号交替变换,系数在大小上就是算术三角形的适当行中交替出现的数 280
字。在这里,我们可以看到在三角学和数论之间存在着惊人的联系。

方程的三角解

韦达也注意到了他的公式和三次方程的解之间的重要联系。代数学在
三次方程不可约情形下碰壁时,三角学可以助代数学一臂之力。当韦达注意
到三等分角问题可以导致一个三次方程时,他显然想到了这一点。如果在方
程 $x^3 + 3px + q = 0$ 中做代换 $mx = y$(为了得到次数可自由选取 m 的值),那
么结果为 $y^3 + 3m^2 py + m^3 q = 0$。将此式与公式 $\cos^3\theta - \frac{3}{4}\cos\theta - \frac{1}{4}\cos 3\theta = 0$ 进

行比较,我们注意到,若 $y = \cos\theta$,且 $3m^2 p = -\frac{3}{4}$,则 $-\frac{1}{4}\cos 3\theta = m^3 q$。因为 p

是已知的,则 m 的值也是已知的(只要三个根是实数,那么 m 就是实数)。因此,
3θ 很容易确定,因为 q 是已知的,所以 $\cos\theta$ 就是已知的。由此可求得 y,并由此得
到 x。再通过考虑满足这些条件的所有可能的角,就可以求得全部三个实根。这
个三次方程不可约情形的三角解法是韦达提出来的,后来在 1629 年由吉拉德在
《代数新发现》中给出了详细的计算过程。

1593 年,韦达发现了一个不寻常的机会来使用他的倍角公式。比利时数学
家、医学教授阿德里安·范鲁门(Adriaen van Roomen,1561—1615)发出公开挑
战:求解 45 次方程

$$x^{45} - 45x^{43} + 945x^{41} - \cdots - 3795x^3 + 45x = K。$$

来自这个低地国家的大使到亨利四世的皇宫放出狂言,说法国没有数学家能够解
决他的同胞提出的这个问题。为捍卫法国的荣誉,韦达被召来解决这个问题。他
发现所给方程是用 $x = 2\sin\theta$ 表示 $K = \sin 45\theta$ 时所产生的一个表达式,很快就求
出了正根。这个成就给范鲁门留下了特别深刻的印象,他为此特意去拜访了韦
达,此后他们便经常交流,并互相提出问题向对方挑战。韦达曾给范鲁门出过一
道阿波罗尼奥斯的问题:作一个圆与三个已知圆相切,范鲁门利用双曲线解决了
这个问题。

韦达将三角学应用到算术和代数问题中,由此而扩展了这门学科的研究领

281 域。而且他的倍角公式本可以揭示出测角函数的周期性,但也许是他对负数的犹豫不决,或者他同时代的人,阻碍了他走得更远。在 16 世纪后期和 17 世纪初期,人们对三角学有着相当大的热忱,但是这主要是以文集和教科书的形式。正是在这一时期,"三角学"这个名称才与这门学科联系在一起。它被瓦伦丁·奥托在海德堡的接班人巴托洛梅·皮蒂斯楚斯(Bartholomaeus Pitiscus,1561—1613)用来当作一篇论述的标题。这篇文章最初是作为一本关于球面几何学著作的附录于 1595 年首次出版,并在 1600,1606 以及 1612 年分别再次独立出版。巧合的是,对数,自始就是三角学的亲密盟友,也在这一时期得到了发展。

（周畅　译）

第十四章
近代早期问题解决者

我说不出数学还有什么缺陷，要有的话只有一点：人们没有充分理解纯粹数学的妙用。

——弗朗西斯·培根（Francis Bacon）

进入计算

16 世纪晚期至 17 世纪早期，越来越多的商人、庄园主、科学家、数学工作者都意识到需要想办法简化算术计算和几何测量，使大部分是文盲且不怎么会计算的人口能够参与当时的商业贸易。

在那些对于解决数学问题的更有效工具的探索中，涌现出了大量著名人物。我们这里将要提到的是其中更有影响力的散布于西欧各地的人。伽利略·伽利雷（Galileo Galilei，1564—1642）来自意大利；还有一些人，例如，亨利·布里格斯（Henry Briggs，1561—1639），埃德蒙·冈特（Edmund Gunter，1581—1626）和威廉·奥特雷德（William Oughtred，1574—1660）是英国人；西蒙·斯泰芬（Simon Stevin，1548—1620）是荷兰人；约翰·内皮尔（John Napier，1550—1617）是苏格兰人；约布斯特·比尔吉（Jobst Bürgi，1552—1632）是瑞士人；约翰内斯·开普勒（Johannes Kepler，1571—1630）是德国人。比尔吉是一名钟表和仪器制造员，伽利略是一位物理科学家，而斯泰芬是一名工程师。我们已经看到韦达的工作主要来自两个方面：(1) 古希腊经典的复原，(2) 中世纪和早期现代代数中相对新的发展。贯穿整个 16 世纪和 17 世纪早期，专业和业余的理论数学家都在关注计算的实用技术，这与两千多年前柏拉图强调的二分法形成鲜明对比。

十进制小数

1579 年，韦达曾推进用十进制小数替代六十进制小数。1585 年，低地国家的领袖数学家布鲁日的西蒙·斯泰芬强烈呼吁在小数中使用和整数相同的十进制。在拿骚的莫里斯亲王（Prince Maurice of Nassau）统治下，他担任军需官和公共事务专员，还曾一度教导亲王数学。

在科学史以及数学史上，斯泰芬是一位重要人物。他和一位朋友从 30 英尺高的地方向木板扔下两个铅球，其中一个球的重量是另一个球的十倍，他们发现两球撞击木板的声音几乎是同时的。但是斯泰芬发表的这份实验报告（1586 年用佛兰芒语写成）所得到的关注远不及后来相似的但其存在性很值得怀疑的伽利略的实验。另一方面，斯泰芬常常因发现用他熟悉的"球链"图给出证明的斜面定律而获得赞赏，然而这条定律已经由早前的约丹努斯·内莫拉里乌斯给出了。

尽管斯泰芬是阿基米德理论著作的推崇者，但贯穿这位佛兰芒工程师的著作的是一种更具有文艺复兴时期特征的实用性。因此，斯泰芬在将几乎一百年前帕乔利在意大利引领的复式簿记的风尚引入低地国家上起了很大作用。在经济实践、工程和数学记号方面影响传播得远得多的是斯泰芬于 1585 年在莱顿出版的用佛兰芒语写的一本小册子《论十进》（De Thiende）。同年，这本书名为《十进制算术》（La Disme）的法语译本出版，极大增加了这本书的知名度。

显然，斯泰芬绝不是十进制小数的发明者，也不是系统使用它们的第一人。正如我们注意到，在中国古代、中世纪的阿拉伯和文艺复兴时期的欧洲，对十进制小数的使用不是偶然现象。到 1579 年韦达直接倡导使用十进制小数的时候，它们已经被从事前沿研究的数学家普遍接受了。然而，在普通民众中，甚至在数学工作者中，仅在斯泰芬着手全面解释这个体系并给出基本细节后，十进制小数才广为人知。他希望教会所有人"使用一种轻松的，前所未闻的，只通过不带分数的整数来处理人们之间所有必要的计算的方法"。他和韦达一样，没有用分母写十进制表达式，取而代之的是，在每个数字的上面或后面的圆圈里写上 10 的幂次来作为因子。因此，π 可近似表示为

$$\textcircled{0}\ \textcircled{1}\ \textcircled{2}\ \textcircled{3}\ \textcircled{4}$$

3⓪ 1① 4② 1③ 6④　 或　 3 1 4 1 6 。

而没有用"十分之一""百分之一"等这样的词来表达,他用了"首要""第二"等,有点像我们在六十进制小数中命名数位的方式。

斯泰芬著作中的一页(1634 年出版)展示了他的十进制小数的记号。

记号

斯泰芬是一位务实的数学家，他对这个学科纯理论的方面不怎么关注。对于虚数，他写道，"有足够合理的事情要去做，而不必忙碌于不确定的事情上"。不管怎样，他不是思维狭窄的人，在他阅读丢番图的著作时他意识到贴切的符号很重要，因为有助于思考。虽然他遵循了韦达和同时代的其他人用文字表达的习惯，如表示相等，但是他更喜欢用纯象征性的记号表示幂次。延续代数中用位置记号表示十进制小数，他用 ② 代替 Q（或平方），③ 代替 C（或立方），④ 表示 QQ（或平方的平方）等。这种记号很可能已经在邦贝利的《代数学》中提出过。它也类似于比尔吉的记号，他指出可以把未知量的幂次用罗马数字标注在系数上面。因此，比如对 $x^4 + 3x^2 - 7x$，比尔吉将写作：

$$\begin{array}{ccc} \text{iv} & \text{ii} & \text{i} \\ 1 & + \quad 3 & - \quad 7 \end{array},$$

斯泰芬将写作：

$$\begin{array}{ccc} ④ & ② & ① \\ 1 & + \quad 3 & - \quad 7 \end{array}°$$

斯泰芬比邦贝利和比尔吉更进一步，建议将这些记号推广到分数次幂。（有趣的是，虽然奥雷斯姆使用了分数次幂指数以及几何中的坐标方法，但这些似乎对 17 世纪早期的低地国家和法国的数学发展仅仅产生了间接的影响（如果有的话））。

即使他没有机会使用分数指标记号，但他明确论述了圆圈里的 $\frac{1}{2}$ 表示平方根，圆圈里的 $\frac{3}{2}$ 表示立方的平方根。不久后，斯泰芬著作的编辑阿尔贝特·吉拉德采用了用圈起来的数字记号表示幂次，而且他也指出这种方式可以用来表示根，取代类似 $\sqrt{}$ 和 $\sqrt[3]{}$ 这样的符号。符号代数获得迅速发展，在吉拉德的《代数新发明》（*Invention Nouvelle*）出版仅八年之后，在笛卡儿的《几何学》中符号代数发展臻于成熟。

小数点分隔号的使用一般归功于马吉尼（G. A. Magini，1555—1617）和克里斯托弗·克拉维于斯（Christopher Clavius，1537—1612）。马吉尼是一名制图师，1588 年在博洛尼亚的母校中担任数学教授，在他 1592 年的著作《三角形》（*De Planis Triangulis*）中使用了小数点。克拉维于斯在他 1593 年的正弦表中使用

286

了小数点。克拉维于斯出生在班贝格,18 岁前加入耶稣会,所受到的教育,包括早期在葡萄牙科英布拉大学求学都是在该组织之内,他大部分的人生都是在罗马的罗马学院教书。他是受众甚广的教科书的作者。可以肯定的是,这有助于促进小数点的使用。但直到二十年之后内皮尔使用了小数点,它才被普遍接受。在1616 年内皮尔《说明》(*Desctriptio*)的英文译本中,十进制小数看起来同我们今天的一致,用小数点分开整数和小数部分。1617 年在用他的算筹描述计算的书《筹算法》(*Rhabdalogia*)中,内皮尔使用了斯泰芬的十进制算术,并且提议用点或逗号作为小数的分隔符。在内皮尔 1619 年的《奇妙的对数表的构造》(*Mirifici Logarithmorum Canonis Constructio*)一书中,小数点在英格兰成为标准记号,但许多欧洲国家直至今日仍继续使用小数逗号。

对数

在 1614 年出版了阐述对数的著作的约翰·内皮尔是苏格兰地主,管理着巨大产业的默奇斯顿男爵,他还是新教拥护者,并写了不同主题的文章。他仅仅对数学的某些方面感兴趣,主要是那些与计算和三角学有关的方面。“内皮尔筹”或“内皮尔骨”是这样的一些小棍,上面刻着适用于格子乘法的乘法表;“内皮尔比拟式”和“内皮尔圆部法则”是与球面三角学相关的帮助记忆的工具。

内皮尔告诉我们,在发表他的成果之前,他在对数的发明方面工作了二十年,这种说法也表明他的思想大致起源于 1594 年。显然,他一直在思考给定数的连续幂的序列问题,就像 50 年前施蒂费尔的《整数算术》和阿基米德的著作中那样,并时不时发表一些研究成果。在这类序列中,幂指数的和与差显然对应于幂本身的乘积和商,但是某个底(比如说 2)的整数次幂的序列就不能用于计算目的,因为连续两项的差距很大,这样就造成插值非常不精确。当内皮尔正认真思考这个问题的时候,苏格兰国王詹姆斯六世的医生约翰·克雷格(John Craig)博士拜访了他并告诉他,在丹麦的第谷·布拉赫天文台使用了积化和差的方法。这番话鼓励了内皮尔加倍努力,并终于在 1614 年出版了著作《奇妙的对数法则的说明》(*Mirifici Logarithmorum Canonis Descriptio*)。

内皮尔著作的关键之处解释起来很简单。为了使一个给定数的整数次幂的等比数列中的各项挨得很近,有必要把给定数取得非常接近于 1。因此,内皮尔选择用 $1 - 10^{-7}$(或者 0.9999999)作为他的给定数。现在这个指数递增的数列中的各项确实非常靠近,实际上是挨得太近了。为了取得平衡,并避免使用小数,内皮尔用 10^7 乘以每一个幂。也就是说,若 $N = 10^7 \left(1 - \dfrac{1}{10^7}\right)^L$,则 L 就是数 N 的内皮尔"对数"。这样,10^7 的对数就为 0,$10^7 \left(1 - \dfrac{1}{10^7}\right) = 9999999$ 的对数为 1,以此类推。若把他的给定数和对数除以 10^7,实际上就有了一个底为 $1/e$ 的对数体系,因为 $\left(1 - \dfrac{1}{10^7}\right)^{10^7}$ 相当于 $\lim\limits_{n \to \infty} \left(1 - \dfrac{1}{n}\right)^n = \dfrac{1}{e}$。然而,须记得,对于对数体系内皮尔还没有底的概念,因为他的定义和我们现在的定义并不相同。他的著作的原理用几何术语解释如下:给定线段 AB 和射线 CDE……(图 14.1)。令点 P 从 A 点出发,并以与点 P 至 B 的距离成比例减少的可变速度沿 AB 运动;同时,令点 Q 从 C 点开始以点 P 的初始速度沿射线 CDE 匀速运动。内皮尔称可变距离 CQ 为距离 PB 的对数。

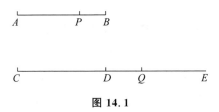

图 14.1

当然,内皮尔的几何定义与之前给出的数值描述的是一致的。为说明这一点,令 $PB = x$,$CQ = y$。如果 AB 取为 10^7,点 P 的初始速度也取为 10^7,那么用现代微积分符号我们有 $\dfrac{\mathrm{d}x}{\mathrm{d}t} = -x$ 及 $\dfrac{\mathrm{d}y}{\mathrm{d}t} = 10^7$,$x_0 = 10^7$,$y_0 = 0$,则 $\dfrac{\mathrm{d}y}{\mathrm{d}x} = \dfrac{-10^7}{x}$,或 $y = -10^7 \ln cx$,其中从初始边界条件中得出 c 为 10^{-7}。由此,$y = -10^7 \ln \left(\dfrac{x}{10^7}\right)$ 或 $\dfrac{y}{10^7} = \log_{1/e} \left(\dfrac{x}{10^7}\right)$。也就是说,若距离 PB 和 CQ 被 10^7 所除,那么内皮尔的定义将精确导出底为 $1/e$ 的对数体系,正如前面所述。不用说,内皮尔是从数值上而非几何上建立的对数表,正如他创造"对数"一词蕴含的意义。起初,他称幂指数为"人造数",但后来他将两个希腊单词"比"(Logos)和"数"(arithmos)组合在一起,称为"对数"(logarithm)。

内皮尔在他的体系里并没有考虑底数,但他的对数表依然是通过反复进行乘法运算编写的,相当于 0.9999999 的幂。显然,幂(或数)随着指数(或对数)的增

288

加而减少。这是可以理解的,因为他本质上使用了一个小于 1 的底 $\frac{1}{e}$。他的对数和我们今天使用的对数的明显不同在于,他的乘积(或商)的对数一般不等于对数的和(或差)。如果 $L_1 = \mathrm{Log}N_1$,$L_2 = \mathrm{Log}N_2$,那么 $N_1 = 10^7(1-10^{-7})^{L_1}$,$N_2 = 10^7(1-10^{-7})^{L_2}$,由此 $\frac{N_1N_2}{10^7} = 10^7(1-10^{-7})^{L_1+L_2}$,结果内皮尔的对数之和并不是 N_1N_2 的对数,而是 $\frac{N_1N_2}{10^7}$ 的对数。当然,相似的调整适用于商、幂及根的对数。

例如,如果 $L = \mathrm{Log}N$,那么 $nL = \mathrm{Log}\frac{N^n}{10^{7(n-1)}}$。这些不同并不重要,因为仅仅涉及移动小数点位置的问题。从内皮尔的注记中能看出,他完全熟悉乘积和幂的法则:所有比为 2 比 1 的数(他称为"正弦"),其对数均相差 6931469.22,所有比为 10 比 1 的数,其对数均相差 23025842.34。如果在这些差中移动小数点的位置,我们会看到 2 和 10 的自然对数。因此,用"内皮尔"的名字表示自然对数是合理的,即便这些对数并不完全是内皮尔所想的。

对数函数的概念隐含于内皮尔的定义和他所有关于对数的工作中,但这种关系并不是他思考的重点。他费力地建立对数体系只出于一个目的——简化计算,特别是乘积与商的计算。而且通过以下事实可以明显看出他考虑了三角学计算:我们为了叙述简便称之为一个数的内皮尔对数的东西,实际上他将其称为正弦的对数。在图 14.1 中,线段 CQ 被称为正弦 PB 的对数。这一点在理论和实践中并无差别。

亨利·布里格斯

1614 年出版的对数体系迅速获得认可,其中最热忱的推崇者是亨利·布里格斯,他是牛津大学第一位萨维尔学院的几何学教授,也是第一位格雷沙姆学院的几何学教授。1615 年他前往内皮尔在苏格兰的住处拜访了他,在那里他们讨论了对数方法中一些可能改进的地方。布里格斯提出采用 10 的幂,内皮尔说他也曾这样考虑过并达成一致。内皮尔曾一度提出了一个表,其中 $\log 1 = 0$ 和 $\log 10 = 10^{10}$(以避免小数出现)。两人最终商定 1 的对数为 0,10 的对数为 1。然而,内皮尔再也没有精力将想法付诸实践。他去世于 1617 年,也就是含有对他的算筹的讲解的《筹算法》出版的那一年。他的第二部关于对数的经典著作《奇妙的对数表的构造》在他去世之后的 1619 年出版。他在这本书中详细叙述了建立对数表所用的方法。因此，编制第一个常用的，或者布里格斯的对数表的任务就落到了布里格斯身上。布里格斯没有像内皮尔一样取一个接近于 1 的数的幂，而是从 log10＝1 开始，然后通过取连续根求出其他对数。比如，通过求 $\sqrt{10}=3.162277$，布里格斯就有 log3.162277 ＝.5000000，以及根据 $10^{\frac{3}{4}}=\sqrt{31.62277}=5.623413$，他就有 log5.623413＝.7500000。以这一方法继续下去，他计算出了其他的常数对数。在内皮尔去世的 1617 年，布里格斯出版了《前一千的对数》(*Logarithmorum Chilias Prima*)，也就是 1 到 1000 的对数，每一个取到 14 位。1624 年，在《对数算术》(*Arithmetica Logarithmica*) 中，布里格斯把表扩充到了从 1 到 20000，以及从 90000 到 100000 的常用对数，还是取到 14 位。三年后，完整的从 1 至 100000 取到十位的对数表由两位丹麦人出版，分别是测量员埃策希尔·德代克(Ezechiel DeDecker) 和书籍出版商阿德里安·弗拉克(Adriaan Vlacq)。与附加的更正一起，这个对数表在三个多世纪内一直是标准。此时关于对数的工作可以像今天这样开展了，因为对数的所有的常见定律的应用都与布里格斯的表相关。另外，正是在布里格斯 1624 年出版的书中，出现了我们现在的两个术语"尾数"和"首数"。当布里格斯造出常用对数表时，同时代的数学老师约翰·斯派德尔(John Speidell) 编写了三角函数的自然对数，并把成果出版在 1619 年的《新对数》(*New Logarithmes*) 一书中。实际上，早在 1616 年，由爱德华·赖特翻译的内皮尔第一部供航海家使用的对数著作英译本中，就出现了一些自然对数。很少有新发现会像对数这样迅速"流行起来"，其结果是各种对数表的迅速出现。

约布斯特·比尔吉

内皮尔是出版对数著作的第一人，但在差不多同一时期，瑞士的约布斯特·比尔吉也独立发展了相似的思想。事实上，可能早在 1588 年比尔吉就已经有了对数的思想，这就比内皮尔开始同方向的工作早了六年。然而，直到 1620 年比尔吉才发表他的成果，这比内皮尔出版《奇妙的对数法则的说明》晚了六年。比尔吉的著作在布拉格出版，名为《算术与几何级数表》(*Arithmetische und Geometrische Progress-Tabulen*)，这表明引发他的工作的影响与在内皮尔那里起作用的因素类似。这两人工作的差别主要在于他们的术语和他们使用的数值，基本原理是一致的。不同于从略小于1（正如内皮尔采用的 $1-10^{-7}$）的数开始，比尔吉选择了略微大于 1 的数——$1+10^{-4}$；另外比尔吉也不是把这个数的各个幂乘以 10^7，而是乘以 10^8。还有一处细微差别：在比尔吉的表中，所有的幂指数都乘以了 10。也就是说,若 $N = 10^8(1+10^{-4})^L$,比尔吉称 $10L$ 为"红"数,对应于"黑"数 N。如果在这个体系中我们用 10^8 除所有的黑数,用 10^5 除所有的红数,那么实际上我们将得到自然对数体系。例如,比尔吉给出黑数 1000000000 和红数 230270.022,移动小数点的位置,这也就相当于说 $\ln 10 = 2.30270022$。与现代值相比,这是一个不错的近似,特别是当我们想到,尽管它们的值在四个有效数字上相同,但 $(1+10^{-4})^{10^4}$ 并不完全等同于 $\lim\limits_{n\to\infty}\left(1+\dfrac{1}{n}\right)^n$。

必须认为比尔吉独立发现了对数,他并未获得发明的荣誉,只是因为内皮尔优先出版了他的成果。一方面,比尔吉的对数比内皮尔的更接近我们今天所使用的对数,因为随着比尔吉的黑数不断增加,对应的红数也会增加,但两种体系都有对数的乘积或商并不是对数的和或差的缺点。

数学工具

对数的发明以及十进制小数的广泛使用,与 17 世纪发明有助于计算的数学工具的努力密切相关。有三类工具值得我们注意,它们催生了 18 世纪和 19 世纪早期的扇形计算尺:冈特计算尺、早期滑尺,以及第一部机械加法机及计算机。

扇形计算尺

第一类工具起源于托马斯·胡德(Thomas Hood)和伽利略·伽利雷。起初,伽利略打算攻读医学学位,但对欧几里得和阿基米德的热爱使得他转而成为一名数学教授,先是在比萨,之后在帕多瓦教学。然而,这并不意味着他的教学达到他钦佩的作者的水平。那时大学数学课程的内容很少,伽利略的课上所教的大部分内容如今看来应该归类为物理学、天文学或工程应用学。而且,伽利略并不像韦达那样是一位"数学家式的数学家",他更接近于我们所谓的数学应用家。他的第一个可以被称为专用计算装置的发明是脉搏测量器。他对计算技术的兴趣激发他在 1597 年构造并销售了著名的装置,他称其为"几何与军用圆规"。

1606 年在一本题为《几何与军用圆规操作》(*Le Operazioni del Compasso Geometrico et Militare*)的小册子中,他详细描述了几何与军用圆规如何用于快速完成不同计算,而不用纸、笔或算盘。背后的理论非常初等,并且精确度非常有限,但伽利略的装置在营销上的成功表明军事工程师和其他从业者发现了这种辅助计算的需求。比尔吉曾制造过一个类似的装置,但伽利略有更好的商业意识,

291

这给予了他一种优势。伽利略的圆规和今天的普通圆规一样，一个轴心连接两个臂，但每条臂上刻有不同类型的分级刻度。图 14.2 展示了只有一个简单的标到 250 的等间距算术刻度的简化版本，且只给出了众多可能的计算中最简单的一种，即伽利略解释的第一种。比如，若要将一条给定的线段五等分，则打开一副普通圆规（或两脚规）取该线段的长度。然后，张开几何圆规以使它的每条臂上选定的 5 的简单倍数，比如说 200 刻度处的距离正好是这个长度。然后，如果将打开的几何圆规固定，并将两脚规的两端分别放在每个臂的 40 刻度处，则两脚规两端之间的距离就是所求初始线段的五分之一。伽利略为他这个圆规提供的使用说明里还有其他操作，从改变绘图的比例尺到计算复利下的金额。

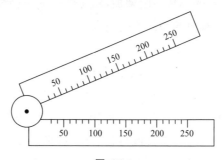

图 14.2

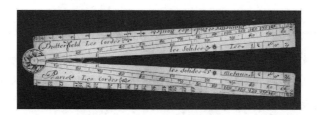

巴特菲尔德扇形尺（收藏于美国国家历史博物馆，史密森学会）

冈特计算尺和滑尺

埃德蒙·冈特毕业于牛津大学基督教堂学院，是两个教堂的牧师，他发明了一种广泛使用的计算工具，是对数滑尺的前身。他是亨利·布里格斯一家的朋友，经常去格雷沙姆学院拜访布里格斯。1620 年他被任命为格雷沙姆学院的天文学教授。之后不久，他出版了《扇形尺、十字杆及其他工具的使用说明》(*Description and Use of the Sector，the Crosse-staffe and Other Instruments*) 一书。书里他描述了后来所谓的"冈特"计算尺，它由两英尺长的与一副两脚规一起使用的对数刻度尺组成。这个工具以及他对其他的数学装置的贡献，都是由他帮助水手、测绘人员，以及别的并不擅长乘法和其他数学计算技术的人的心愿引发的。其他冠以他名字的工具包括测量员的冈特链，这是一种 66 英尺长、由 100 个链环组成（请注意，一英亩是 43560，即 $66 \times 66 \times 10$ 平方英尺）的便携式链条。他通过研究磁偏角以及观察其长期变化，也为航海做出了贡献。

1624 年，埃德蒙·温盖特（Edmund Wingate）在巴黎向一众科学家和工程师展示了冈特计算尺。这促进了这个工具的法语说明书在同一年出版。温盖特称它为比例尺，并在法语说明书中表明它包含四条线：一条数线、一条正切线、一条正弦线，以及两个 1 英尺线，一条以英寸和十分之一英寸刻画，另一个以十分之一和百分之一英寸刻画。

这个工具最主要的缺陷是它的长度。到 17 世纪中叶，温盖特通过分割计算尺，增加额外的工具，以及使用尺子的两面绕开了这个缺陷。还有一些其他英国发明者也改进了这个计算尺。

同时，在 17 世纪 30 年代早期，人们发表了几种滑尺。威廉·奥特雷德发明了一个圆形和直线滑尺。为了去掉两脚规，他使用了两个冈特尺。滑尺的另一位早期设计者是理查德·德拉曼（Richard Delamain），他凭借更早发表而宣称其发明先于奥特雷德。

发明引起的兴趣，连同随之而来的优先权争议，使得滑尺迅速成为从事需要经常做计算的职业人员的标准工具。虽然数学原理仍和那些 17 世纪早期的发现有关，但滑尺形式随着在巴黎综合理工学校就职的军队官员阿梅代·马内姆（Amédée Mannheim，1831—1906）在 1850 年的设计而在 20 世纪广为人知。

加法机和计算机

机械加法机和计算机也出现于 17 世纪。它们的历史与计算尺和滑尺相反。与使用对数概念的工具一样，其中没有新的数学原理。但人们花了很长一段时间才接受它们，主要是因为它们更复杂的结构要求和更昂贵的价格。我们介绍三位最著名的人物。威廉·席卡德（Wilhelm Schickard，1592—1635）是路德教会牧师，曾担任希伯来语教授，后来担任数学和天文学教授。他与开普勒通过信，后者看重他作为雕刻师和算术师的天赋。席卡德提出了几个机械装置设计。唯一一个造好的装置毁于一场大火。布莱兹·帕斯卡（Blaise Pascal）设计了一部加法机帮助他父亲用于税务和商业计算，尽管他出售了几台他造的机器，甚至有些还出

293

294

现在中国，但大约十年后就停产了。作为曾经利用开放的草地训练大量成年人使用他们的乘法表的埃哈德·魏格尔（Erhard Weigel）的学生，莱布尼茨使用活动滑架的原理来模拟乘法进位的概念，但他没能成功引起一流科学团体成员对他的计算机的兴趣。直到 19 世纪，当查理十世托马斯·德·科尔马（Charles X. Thomas de Colmar）制造出所谓的计算器，一种阶梯鼓轮、活动滑架的机器，计算机产业才发展起来。

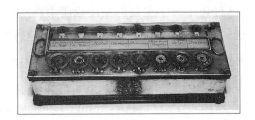

帕斯卡的加法机（收藏于 IBM）

托马斯的第一台计算器（收藏于美国国家历史博物馆，史密森学会）

数表

对数的应用在构造和使用数学表中获得了最引人注目的成功。从 17 世纪第一个对数表出现时开始，到 20 世纪末电子工具取代了大多数其他辅助计算的工具时止，男、女成人和孩子们的口袋里和书桌上都放有这些表。在电子计算机出现前，主要的计算期刊名为《计算用数学表及其他辅助材料》（*Mathematical Tables and Other Aids to Computation*）。

亨利·布里格斯在他知道内皮尔对数之前就已经制作出了数表。1602 年，他出版了"给定磁偏角，求出磁极高度的表"。1610 年，他又出版了"改进航海用表"。布里格斯和内皮尔在首次见面之后，经常讨论对数表。我们在前面提到了 1617 年布里格斯发表的第一本关于对数的著作，以及后续的著作《对数算术》。在他去世之后的英文版本《不列颠三角》（*Trigonometria Britannica*）由盖利布兰德

（Gellibrand）于 1633 年出版。1924 年，在纪念布里格斯的《对数算术》出版三百周年之际，出现了小数点后 20 位对数表的第一部分。

稍早些，在 1620 年，冈特也在《三角标准》（*Canon Triangulorun*）或称《正弦和正切人工表》（*Table of Artificial Sines and Tangents*）中发表了 7 位数字的正弦和正切的对数表。后续大部分的三角函数对数表中的小数位没有超过冈特的表，虽然在 1911 年，巴黎的安多耶（Andoyer）发表了以 10 角秒为间距的准确到小数点后 14 位的表。至那时起，数表的计算已经机械化了。在 19 世纪 20 年代，查尔斯·巴比奇（Charles Babbage）设计了一种"差分机"，这种机器能够运用差分方法，消除数表计算中的误差，同时进行加法运算，并打印出结果。第一部成功运行的差分机是由瑞典人乔治（Georg）和他的儿子爱德华·朔伊茨（Edvard Scheutz）设计的，并在 19 世纪 50 年代后期在纽约奥尔巴尼的达德利天文台进行各种专门的数表计算。

朔伊茨差分机（收藏于美国国家历史博物馆，史密森学会）

无穷小方法：斯泰芬

作为实践者，斯泰芬、开普勒和伽利略都有运用阿基米德方法计算的需求，但他们希望能够避免穷竭法的逻辑复杂性。正是对古代无穷小方法的不断修正，最终形成了微积分，并且斯泰芬是首次提出修改建议者之一。1586 年，差不多在牛顿和莱布尼茨发表他们的微积分整整一个世纪之前，这位布鲁日的工程师在他的《静力学》（*Statics*）一书中，给出了三角形的重心位于中线上的如下证明：三角形 *ABC* 中内接一系列等高的平行四边形，其两组对边分别平行于三角形的一边，以及该边上的中线（图 14.3）。根据阿基米德原理，左右对称的图形处于平衡状态，因此内接图形的重心将落在中线上。我们可以在三角形中内接无穷多这样的平行四边形，然而平行四边形数量越多，内接图形和三角形之间的差距就越小。因为这个差距可以任意小，因此三角形的重心也位于中线上。在一些流体压力的命

296

题中,斯泰芬用"数字证明"补充了这种几何方法,其中一数列趋向一个极限值,但这位"荷兰的阿基米德"对几何证明要比对算术证明更有信心。

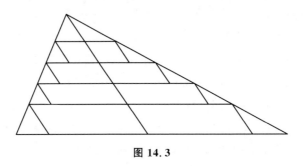

图 14.3

约翰内斯·开普勒

斯泰芬的兴趣在于将无穷多个无穷小的元素应用于物理学中,而开普勒需要其在天文学上的应用,特别是与他 1609 年研究椭圆轨道相关的应用。早在 1604 年,开普勒通过在光学和抛物镜面性质方面的工作就涉及了圆锥曲线。阿波罗尼奥斯一直倾向于将圆锥曲线视作三种截然不同类型的曲线——椭圆、抛物线和双曲线,而开普勒更愿意认为五种圆锥曲线都属于同一族或同一类。凭借强大的想象力和对数学和谐性的毕达哥拉斯式的观念,开普勒在 1604 年为圆锥曲线(在他的《维泰洛光学导论》(*Ad Vitellionem Paralipomena*)发展了我们所说的连续性原理。从仅由两条相交直线组成的圆锥曲线出发,其相交点处两个焦点重合,随着一个焦点越来越远离另一个焦点,我们逐渐遍历了无穷多条双曲线。当一个焦点移动到无穷远时,我们不再有双支的双曲线,只有抛物线。随着移动的焦点越过无穷远,再次从另一边接近时,我们就遍历了无穷多个椭圆,直到焦点再次重合时,我们便得到圆。

抛物线有两个焦点,其中一个焦点在无穷远处的思想归功于开普勒,"焦点"(focus,拉丁语的意思是"炉边")一词也是他首先使用的。我们发现"无穷远处的点"这种大胆而有效的推测延展到了一代人之后的吉拉德·德萨格(Girard Desargues)的几何中。同时,开普勒找到了处理天文学上的无穷小问题的一个有用的方法。

约翰内斯·开普勒

在他 1609 年出版的《新天文学》(*Astronomia Nova*)中,他宣布了他的前两个天文学的定律:(1)行星在以太阳为一个焦点的椭圆轨道上围绕太阳运行,(2)连接行星与太阳的径向量,在相等时间内扫过相等的面积。

在解决面积问题上,开普勒想到面积是由无穷小三角形构成的,三角形的一个顶点在太阳处,另外两个顶点沿着轨道无限接近。以这种方式,他能够运用一种与奥雷斯姆类似的粗略的积分学。例如,注意到无限细的三角形的高等于半径,就可以得到圆的面积(图 14.4)。如果我们将沿着圆的周长排列的无穷小的底依次称为 $b_1, b_2, \cdots, b_n, \cdots$,那么圆的面积,即这些小三角形面积之和,为

$$\frac{1}{2}b_1 r + \frac{1}{2}b_2 r + \cdots + \frac{1}{2}b_n r + \cdots \text{ 或 } \frac{1}{2}r(b_1 + b_2 + \cdots + b_n + \cdots)$$

。因为所有 b 项的和是圆的周长 C,则面积 A 为 $A = \frac{1}{2}rC$,这就是阿基米德曾更详细证明过的古代著名定理。

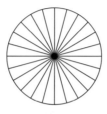

图 14.4

通过类似的推理，开普勒得到了椭圆面积的结果，这也是阿基米德已失传的一个结果。椭圆可以通过半径为 a 的圆做一些变换得到：圆的每一点的纵坐标按照给定比变短，比方说 $b:a$。那么，按照奥雷斯姆的方法，我们就可以认为椭圆的面积和圆的面积由曲线上所有点的纵坐标组成（图 14.5），但因为面积的单元之间的比是 $b:a$，面积自己也必须成相同的比例。而已知圆面积为 πa^2，因此椭圆 $\dfrac{x^2}{a^2}+\dfrac{y^2}{b^2}=1$ 的面积就一定为 πab。这个结果是正确的，但开普勒对于椭圆周长能得到的最好的结果只是给出了近似公式 $\pi(a+b)$。一般曲线的长度，特别是椭圆的长度困扰了数学家将近半个世纪。

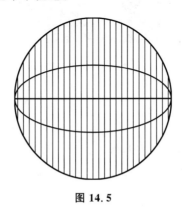

图 14.5

开普勒和第谷·布拉赫先后在丹麦和布拉格一起工作，第谷去世后，开普勒成为鲁道夫二世（Rudolph Ⅱ）国王的数学家。他的职责之一是占星术算命。数学家，无论是为皇家服务，还是在大学工作，他们的天赋总有用武之地。1612 年对葡萄酒来说是个非常好的年份。当开普勒在奥地利林茨的时候，他开始考虑那时用来估计酒桶体积的粗略方法。他比较了阿基米德计算圆锥体和椭球体体积的方法，然后开始着手求解阿基米德先前没有考虑的各类旋转体的体积。例如，他让一段圆弧绕着它所对的弦旋转，如果圆弧小于半圆，则称旋转而成的立体为香橼，如果圆弧大于半圆，则称旋转而成的立体为苹果。他测量体积的方法是将立体看成由无穷多个无穷小元素组成，接下来他处理的方法跟我们前面提到的求面积的方法一样。他摒弃了阿基米德的双重归谬法，在这一点上，从那时到现在他被大部分的数学家所追随。

开普勒将他的体积测量的思想编撰成书，于 1615 年出版，书名为《测量酒桶的新立体几何》(*Nova Stereometria Doliorum Vinariorum*)。此后二十年间，它没能引起人们多大的兴趣,但在 1635 年,开普勒的思想在著名的《连续不可分量几何学》一书中得到了系统扩充,其作者为伽利略的追随者博纳文图拉·卡瓦列里(Bonaventura Cavalieri)。

（潘丽云　译）

第十五章
分析、综合、无穷及数

这些无穷空间的永恒寂静令我惊恐。

——帕斯卡

伽利略的《两门新科学》

300 　　当开普勒在研究葡萄酒桶时,伽利略正在用他的望远镜观测天空,并将球滚下斜面。伽利略的努力成果是两部巨著,一部是天文学著作,另一部是物理学著作。两部著作都用意大利语写成,但我们将提及它们的英文版本《两大体系》(*The Two Chief Systems*,1632) 和《两门新科学》(*The Two New Sciences*,1638)。第一部著作是关于托勒密和哥白尼两种宇宙观优劣的对话,在萨尔维亚

伽利略·伽利雷

蒂(Salviati,科学知识渊博的学者)、萨格雷多(Sagredo,聪慧的门外汉)和辛普利西奥(Simplicio,愚钝的亚里士多德支持者)三人之间进行。在对话中,伽利略丝毫不隐瞒他的观点,后果是他被审判和监禁。在他流放的几年里,他仍然创作了《两门新科学》,这是一部关于动力学和材料力学的对话,参与对话的还是那三个人物。尽管伽利略这两部伟大的著作不是严格意义上的数学书,但它们中都有很多地方需要数学,常常会涉及无穷大和无穷小的性质。

301

与无穷大相比,无穷小与伽利略更密切相关,因为他发现无穷小在他的动力学中至关重要。伽利略给人留下的印象是,动力学是由他创立的一门全新科学,并且此后很多作者都同意这种观点。然而,几乎可以肯定,伽利略完全熟悉奥雷斯姆关于形态幅度的工作,多次在《两门新科学》中使用与奥雷斯姆的三角形图相似的速度图。不管怎样,伽利略组织了奥雷斯姆的想法,并给了它们以往所缺乏的数学上的精确性。伽利略在动力学上的新贡献之一,就是把抛体运动分解为匀速的水平分量和匀加速的垂直分量。由此,他能够表明,在忽略空气阻力下,抛体的轨迹是一条抛物线。令人震惊的事实是,在人们已经对其研究了近 2000 年之后,圆锥曲线中的两种才几乎同时被发现了科学上的应用性:椭圆应用于天文学,抛物线应用于物理学。伽利略错误地认为自己已经发现了抛物线在弹性绳子、金属丝或链条悬挂形成的曲线(悬链线)中进一步的应用,但数学家们在那个世纪的后期证明了,这条曲线(亦即悬链线),不仅不是抛物线,甚至连代数曲线都不是。伽利略注意到现在称为摆线的曲线,其轨迹是轮子沿着水平路径运动时,轮子边缘上的一点形成的,并且他尝试求其中一个拱形的面积。他能想到的最好的办法是在纸上画出曲线,剪下一个拱形,并称重。然后他得出结论:拱形的面积略小于由此生成的母圆面积的三倍。伽利略放弃了对这种曲线的研究,只是建议摆线可以用来建造漂亮的桥拱。

302

伽利略对数学更重要的贡献是在 1632 年的《两大体系》中做出的:在"第三日"的某个时刻,萨尔维亚蒂预言了高阶无穷小的概念。辛普利西奥坚决主张,旋转地球上的物体应该被运动沿相切的方向甩出去,但萨尔维亚蒂坚决主张,当地球旋转一个很小的角度 θ 时(图 15.1),物体必须下落才能继续留在地面上的那段距离 QR,与物体水平运动方向的切向距离 PQ 相比,是无穷小。因此,与向前推动相比,即便是非常小的向下的运动趋势,也足以让物体保持在地球上。伽利略这里提出的理由等价于说,对于直线 PQ,RS 或弧 $PR,PS = \text{vers}\theta$ 是一个高阶无穷小。

277

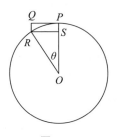

图 15.1

从几何中的无穷,萨尔维亚蒂引导辛普利西奥探讨算术中的无穷,指出所有
整数与完全平方数能建立一一对应关系,尽管在整数序列上,越往后完全平方数
会越罕见。通过数完全平方的简单办法,一一对应关系建立了起来,每个整数必
然与一个完全平方数匹配,反之亦然。即便许多整数不是完全平方数(并且随着
我们考虑的数越来越大时,这些数的比例不断增加),"我们不得不说,整数和它的
完全平方数一样多。"伽利略直面无穷集合的基本性质——部分集与全集相等,
但他并没有得出这个结论。虽然萨尔维亚蒂正确得出完全平方数不少于整数的
结论,但他没能得出二者相等的明确结论。相反,他简单得出"'等于''大于''小
于'的属性不适用于无穷,而仅适用于有限量"的结论。他甚至断言(现在我们知
道,这个断言不正确),不能说一个无穷数大于另一个无穷数,甚至不能说一个无
穷数大于一个有限数。像摩西(Moses)一样,伽利略看到了应许之地,但他无法
进入。

博纳文图拉·卡瓦列里

伽利略曾计划写一部有关数学中无穷的著作,但至今没有被发现。与此同
时,他的追随者博纳文图拉·卡瓦列里(Bonaventura Cavalieri,1598—1647)受到
开普勒的《测量酒桶的新立体几何》以及古代和中世纪观点的启发,还有伽利
略的鼓励,将他的无穷小思想整理成了一本书。卡瓦列里是宗教团体成员,
他在 1629 年成为博洛尼亚的数学教授之前在米兰和罗马生活。带有时代特
色的是,他在纯粹数学和应用数学,包括几何学、三角学、天文学和光学等诸
多方面皆有著述,他是第一位认识到对数价值的意大利学者。在他 1632 年
的《天体测量学指南》(*Directorium Universale Uranometricum*)里,他发表了
八位数的正弦、正切、正割和正矢表,以及它们的对数表。但世人记住他,却是

因为近代早期最有影响的著作之一,1635 年出版的《连续不可分量几何学》。

这本书所论证的基础本质上被奥雷斯姆、开普勒和伽利略指出过——面积可以认为由线或"不可分量"组成,体积可以看成由不可分的面积或准原子体积构成。虽然卡瓦列里当时几乎不可能意识到,但他还是在跟随前人值得尊敬的足迹,因为这恰恰是阿基米德在《方法》中使用的一类推理,而这本书当时已经失传了。但卡瓦列里不同于阿基米德,他并不会为这些过程背后的逻辑缺陷感到愧疚。

在涉及无穷小的方程中,那些高阶无穷小将被舍弃,因为它们对最后的结果 304 没有影响,这个一般原则常常错误地归功于卡瓦列里的《连续不可分量几何学》。作者毫无疑问熟悉这样的思想,因为它隐含于伽利略的某些著作中,而且更为具体地出现在同时代法国数学家们的研究成果中,但卡瓦列里认定的几乎是这一原则的对立面。在卡瓦列里的方法中,没有连续逼近的过程或任何项的省略,因为他在两个构型中严格使用了元素的一一配对。无论维数是多大,都没有舍弃任何一个元素。下面这个命题很好地阐释了不可分量方法的一般路径和表面上的合理性,该命题在许多立体几何书中仍被称为"卡瓦列里定理":

> 如果两个立体等高,若平行于底且与底的距离相等的平面,截这两个立体所得截面面积之比总等于一给定比例,那么这两个立体体积之比也等于这个比(Smith 1959,pp. 605-609)。

卡瓦列里专注于一个极为有用的几何定理,它等价于微积分中的现代表述:

$$\int_0^a x^n \, \mathrm{d}x = \frac{a^{n+1}}{n+1}。$$

该定理的陈述与证明和现代读者熟悉的那些相去甚远,卡瓦列里比较了一个平行四边形被对角线分成的两个三角形之一中平行于底的线段的幂次和对应的另一个三角形中的线段的幂次。令平行四边形 $AFDC$ 被对角线 CF 分为两个三角形(图 15.2),并令 HE 平行于底 CD 且为三角形 CDF 的不可分量。那么,取 $BC = FE$,并画 BM 平行于 CD,容易证明三角形 ACF 中的不可分量 BM 等于 HE。于 305 是,我们可以将三角形 CDF 中的所有不可分量和三角形 ACF 中相等的不可分量配对,因此这两个三角形相等。由于平行四边形就是两个三角形中不可分量之和,那么构成三角形的线段的一次幂之和等于平行四边形中线段的一次幂之和的一半,换言之,即为

$$\int_0^a x \, \mathrm{d}x = \frac{a^2}{2}。$$

通过类似但更复杂的论证，卡瓦列里给出了三角形中线段的平方之和为平行四边形中线段平方之和的三分之一。对于线段的三次方，他发现比为 1/4。后来他证明了更高次幂，最终在 1647 年的《六道几何练习题》（*Exercitationes Geometricae Sex*）中断言了重要的推广：对于 n 次幂，该比为 $\dfrac{1}{n+1}$。法国数学家们也同时得到了这个结果，但卡瓦列里首先发表了这个定理，该定理为微积分中许多运算法则开辟了道路。《连续不可分量几何学》给求积问题带来了极大便利，1653 年又出了第二版，但那个时候，数学家们已经在新的方向上取得了出色的成果，卡瓦列里费力的几何方法过时了。

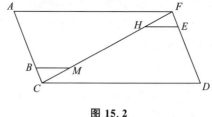

图 15.2

至今，在卡瓦列里的著作中最重要的定理是与

$$\int_0^a x^n \, \mathrm{d}x = \frac{a^{n+1}}{n+1}$$

等价的结果，但另一个贡献也带来了重要成果。自古人们就知道螺线 $r = a\theta$ 和抛物线 $x^2 = ay$，但之前没有人注意到二者之间的关系，直到卡瓦列里开始思考将直线不可分量与曲线不可分量进行比较。例如，如果将抛物线 $x^2 = ay$（图 15.3）弯曲成钟表发条的样子，使得顶点 O 保持不动，而点 P 变成点 P'，那么经过现在我们称之为直角坐标和极坐标的关系 $x = r$，$y = r\theta$，抛物线的纵坐标可以变换为径

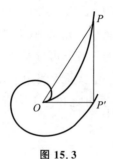

图 15.3

向量。阿波罗尼奥斯的抛物线 $x^2 = ay$ 上的点就会落在阿基米德的螺线 $r = a\theta$ 上。卡瓦列里进一步指出,如果取 PP' 等于以 OP' 为半径的圆的周长,那么螺线第一个圈内的面积恰好等于抛物线弧 OP 和径向量 OP 之间的面积。此处我们看到这项工作相当于解析几何和微积分,但卡瓦列里是写在这两门学科被正式发明之前。正如在数学史的其他地方,我们看到伟大的里程碑式的工作并不是突然出现的,而仅仅是产生于崎岖而布满荆棘的发展之路上的更明晰的阐述。

306

埃万杰利斯塔·托里拆利

卡瓦列里逝世的 1647 年,也是伽利略的另一位追随者,年轻的埃万杰利斯塔·托里拆利(Evangelista Torricelli,1608—1647)去世的那一年。但在许多方面,托里拆利代表了在卡瓦列里只勾勒出轮廓的无穷小基础上快速壮大起来的新一代的数学家。如果托里拆利没有英年早逝,意大利可能继续共享新发展的领导地位。结果,法国无可争议地成为 17 世纪中叶的数学中心。

托里拆利在跟随贝内代托·卡斯泰利(Benedetto Castelli)学习并做了他六年秘书之前,是在几个耶稣会机构接受数学教育的。可能是在马林·梅森(Marin Mersenne)的建议下,也可能是通过他和梅森都钦佩的伽利略,他产生了对摆线的兴趣。他在处理卡斯泰利的信件时引起了伽利略的注意。1643 年,托里拆利写信给梅森探讨了摆线的求积,1644 年,他出版了《抛物线的测量》(De Dimensione Parabolae)一书,并附上摆线的求积及构造切线两个内容。托里拆利没有提到吉勒·佩索纳·德·罗贝瓦尔(Gilles Personne de Roberval)在他之前已经得出这些结论,因此,1646 年,罗贝瓦尔写了一封信谴责托里拆利剽窃了他和费马(关于极大值和极小值)的成果。现在很清楚,发现的优先权属于罗贝瓦尔,但发表的优先权属于托里拆利,他有可能重新独立发现了面积的求法和切线的构造。托里拆利给了两个求积的方法,一个利用了卡瓦列里的不可分量方法,另一个利用了古代的"穷竭法"。为了求出曲线的切线,他使用了一个运动组合,不禁让人联想到阿基米德求螺线切线的方法。

运动组合的想法并非托里拆利或罗贝瓦尔原创,因为阿基米德、伽利略、笛卡儿和其他数学家都曾使用过。托里拆利可能从这些人当中获得了这个想法。托里拆利和罗贝瓦尔都把运动学的方法应用于其他曲线。比如,抛物线上的一点远离焦点,并以相同速率远离准线,因此,切线就是这两个方向上所形成的角平分

307

线。托里拆利对高阶抛物线也使用了费马求切线的方法，并通过考虑弧长和面积，扩展了卡瓦列里对抛物线和螺线所做的比较。在 17 世纪 40 年代，他们证明了螺线 $r=a\theta$ 第一圈的长度等于抛物线 $x^2=2ay$ 从 $x=0$ 到 $x=2\pi a$ 的长度。一直在寻求推广的费马引入了高阶螺线 $r^n=a\theta$，并将其弧长与高阶抛物线 $x^{n-1}=2ay$ 的长度做了比较。托里拆利研究了各种类型的螺线，发现了对数螺线的求长方法。

关于无穷小的问题在那个时候是最受关注的，托里拆利尤其喜欢这些问题。例如在《抛物线的测量》中，托里拆利给出了 21 种抛物线求积的不同证明，使用的方法中不可分量法和"穷竭法"数量相当。第一类方法几乎和阿基米德在《方法》中给出的力学求积相同，当时《方法》大概已经失传。可以预见，第二类方法就是阿基米德的著作《抛物线的求积》中给出的，当时这本书流传下来并被人们所知。如果托里拆利将计算过程算术化，他就会非常接近现代的极限概念，但他仍深受卡瓦列里及其他同时代的意大利数学家的几何方法的影响。然而，托里拆利在灵活使用不可分量方面远超他的前辈们，从而获得了新发现。

1641 年托里拆利取得的令自己极为高兴的新成果是，他证明了，一个无限区域，比如由双曲线 $xy=a^2$，纵坐标 $x=b$ 及横坐标轴所围的区域，绕着 x 轴旋转形成的立体的体积可能是有限的。托里拆利认为他是发现无穷尺度图形可能包含有限大小的第一人，但就此而言，可能费马的高阶双曲线下的面积的工作先于他，又或者罗贝瓦尔的工作先于他，而 14 世纪的奥雷斯姆的工作肯定先于他。

托里拆利在 1647 年英年早逝，去世之前他处理的问题之一是画出我们会将其方程写作 $x=\log y$ 的曲线，这也许是对数函数第一个曲线图，出现在作为计算工具的对数的发现者逝世三十年之后。托里拆利求出了由这条曲线、其渐近线和纵坐标轴所围区域的面积以及这一区域绕 x 轴旋转所得立体的体积。

308　　托里拆利是 17 世纪最有前途的数学家之一，这一时期通常被称为天才的世纪。通过与伽利略从 1635 年开始的通信以及 1644 年前往罗马的朝圣，梅森使得费马、笛卡儿和罗贝瓦尔的工作在意大利广为人知。托里拆利迅速掌握了新的方法，虽然他总是热衷于几何而非代数方法。1641—1642 年间托里拆利与失明而又年迈的伽利略的短暂联系，激发了这位年轻人对物理科学的兴趣，今日人们更多地记得他是气压计的发明者，而非数学家。他研究了从一点以恒定初速度，以不同仰角投射的抛体的抛物线轨迹，并发现抛物线的包络是另一条抛物线。托里拆利在从距离作为时间的函数到速度作为时间的函数以及相反的过程中，看到了求积问题与切线问题的互逆性。要是他有正常寿命的话,他很可能会成为微积分的发明者。然而在佛罗伦萨刚过完三十九岁生日之后没几天,他的生命就因一场疾病终止了。

梅森的科学团体

17 世纪中叶,法国无可争议地成为数学中心。领军人物是勒内·笛卡儿(René Descartes,1596—1650)和皮埃尔·德·费马(Pierre de Fermat,1601—1665),但同时代的另外三位法国人也做出了重要贡献,他们是:吉勒·佩索纳·德·罗贝瓦尔(Gilles Personne de Roberval,1602—1675)、吉拉德·德萨格(Girard Desargues,1591—1661)和布莱兹·帕斯卡(Blaise Pascal,1623—1662)。本章接下来将关注这几位数学家。第二个焦点由笛卡儿引领的一代人带来,他们活跃在低地国家,产生了笛卡儿主义数学的一些最精彩的部分。

然而此时还没有产生专业的数学组织机构,而在意大利、法国和英国有一些组织松散的科学团体:意大利的山猫学会(伽利略属于这个学会)和西芒托学院、法国的杜普伊协会,以及英国的无形学院。此外,在我们现在提及的这个时期还有一位人物,以通信的方式起到了数学信息交流站的作用。此人就是马林·梅森(Marin Mersenne,1588—1648),他是笛卡儿和费马以及那时其他许多数学家的密友。假使梅森早出生一个世纪,那么关于三次方程的信息就不会延误传播了,因为一旦梅森知道了某事,那么整个“知识界”就会很快知晓。

勒内·笛卡儿

笛卡儿生于拉艾镇,在拉弗莱舍的耶稣会学院接受全面教育,克拉维于斯的教材是那里的基础教材。之后他在普瓦捷大学学习法律并取得学位,但他对法律并不热衷。接下来的几年里,笛卡儿随各个战役四处旅行,先在荷兰跟随拿骚的莫里斯亲王;之后加入巴伐利亚州的马西米兰公爵一世队伍;后来跟随法国军队围攻拉罗谢尔。笛卡儿不是一名职业军人,他在军队短暂服役的时期被独自游历学习所间断,在此期间他遇见了欧洲各地的主要学者。在巴黎,他遇到了梅森和自由讨论与批判逍遥派思想的科学家圈子。通过这些激励,笛卡儿成为“现代哲学之父”,提出了变化的科学世界观,并建立了一门新的数学分支。在他最有名的

309

310

1637 年出版的著作《科学中正确运用理性和追求真理的方法论》（*Discours de La Méthode Pour Bien Conduire sa Raison et Chercher La Vérité Dans Les Sciences*）中，他宣布了他哲学研究的计划。书中他希望，通过系统的质疑，来得出清晰而明确的思想，通过该思想可以推导出数不清的正确结论。这种科学方法让他认定万物都可从物质（或扩展）和运动角度加以解释。他假定整个宇宙由涡旋中运动不停的物质构成，并且所有现象都可以通过由相邻物质施加的力来解释。笛卡儿主义学说流行了几乎一个世纪，但之后必然让位于牛顿的数学推理。具有讽刺意味的是，很大程度上正是笛卡儿的数学，使得之后击败笛卡儿主义学说成为可能。

勒内 · 笛卡儿

解析几何的发明

笛卡儿的哲学和科学几乎是革命性地与过去决裂。相反，他的数学却与更早的传统相关联。

1619 年，笛卡儿在跟随巴伐利亚军队度过寒冷冬天时，就已经对数学产生了相当浓厚的兴趣，他会在床上一直躺到上午十点，都在思考问题。正是在他生命的早期，他发现了常被冠以莱昂哈德 · 欧拉的名字的多面体公式：$v+f=e+2$，其中 v,f,e 分别为简单多面体的顶点数、面数和棱数。九年之后，笛卡儿写信给荷兰的朋友，说他在算术和几何方面取得了非常大的进步，因此他不再有其他愿望了。这些进步是什么不得而知，因为笛卡儿没有发表任何文章，但从他在 1628 年写给荷兰朋友的一封信中可以看出他的思考方向，他在信里给出了用抛物线构造任意三次方程或四次方程的根的法则。当然，这本质上是 2000 多年前梅内赫莫斯所做的倍立方以及大约公元 1100 年奥马尔·海亚姆得出的一般三次曲线的那类事。

不确定笛卡儿是不是到 1628 年已完全建立了他的解析几何,但笛卡儿几何的实际发明日期不会比那晚太多。此时,笛卡儿离开法国前往荷兰,在那里度过了二十年。在他定居荷兰三四年之后,另一位荷兰朋友,一位古典学家,请他关注帕普斯的三线和四线轨迹问题。在古人没能解决该问题的错误印象下,笛卡儿对其应用了他的新方法,毫无困难地取得了成功。这让他意识到他的观点的力量和一般性,最终他写出了广为人知的著作《几何学》,同时代的人从此便知道了解析几何。

311

几何的算术化

《几何学》不是作为一部独立著作呈现给世界,而是《科学中正确运用理性和追求真理的方法论》的三个附录之一,笛卡儿想在其中对他的一般哲学方法做阐释。另外两个附录是:《屈光学》(La Dioptrique),包含了第一篇关于折射定律(维勒布罗德·斯内尔(Willebrord Snell)对其的发现更早)的文章,以及《气象学》(Les Météores),其中包含了对彩虹的第一个被普遍接受的定量解释。《科学中正确运用理性和追求真理的方法论》的原版出版时没有给出作者的名字,但人们都知道它的作者是谁。

如今,笛卡儿几何是解析几何的同义词,但笛卡儿的根本目的与现代教科书中描述的相去甚远。著作开篇就设定了主旨:

> 几何中的任何问题都可以很容易地简化为这样的问题:只要知道一些线段的长度,就足以对它作图。

这句话表明,其目的通常是几何作图,并不一定是将几何简化为代数。笛卡儿的工作常常被简单描述为将代数应用到几何上,而实际上同样可以认为是将代数运算翻译为几何语言。《几何学》第一部分的标题是"算术计算如何与几何运算相关"。第二部分描述为"如何用几何方法进行乘、除与开方运算"。笛卡儿这里做的在某种程度上是从花拉子密到奥特雷德做的工作——为代数运算提供几何背景。五种算术运算可对应为用直尺和圆规进行的简单作图,这说明在几何中引入算术手段是合理的。

笛卡儿在符号代数和代数的几何解释上要比他的前辈们更详尽。形式化代数自文艺复兴以来稳步发展,并在笛卡儿的《几何学》中达到顶峰,后者对于今天学习代数的学生来说，是不会因遇到符号困难而看不懂的最早的教科书。书中仅有的一个陈旧的符号 ∞ 用来表示相等，而没有用符号 ＝。在一个重要方面，他打破了希腊传统，例如，他不再把 x^2 和 x^3 分别看作面积和体积，而是将它们也解释为线段。这让他至少可以明确地舍弃齐次性原则，而保留几何意义。笛卡儿会写出诸如 $a^2b^2 - b$ 这样的表达式，因为正如他所表达的，人们"必须考虑 a^2b^2 这个量被单位量（即单位线段）除一次，且 b 这个量被单位量乘两次"。这清楚地表明笛卡儿用思想上的齐次性取代形式上的齐次性，迈出的这一步使得他的几何代数更灵活。的确灵活，这使得我们今天把 xx 读为"x 的平方"，而不是在我们的心目里总是想到一个正方形。

几何代数

第一卷包含求解二次方程的详细说明，不是古巴比伦代数意义上的，而是几何意义上的，多少有些像古希腊的方法。对于求解方程 $z^2 = az + b^2$，笛卡儿的步骤如下：画一条长度为 b 的线段 LM（图 15.4），在 L 点作垂直 LM 的长度为 $a/2$ 的垂线。以 N 为心，画一个半径为 $\frac{a}{2}$ 的圆，并过 M 和 N 画直线与圆相交于 O 和 P。那么，$z = OM$ 就是要求的线段。（笛卡儿忽视了方程的根 PM，因为它是"假的"，即负根。）对于另外仅有的两个有正根的二次方程 $z^2 = az - b^2$ 和 $z^2 + az = b^2$，有类似的作图。

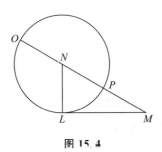

图 15.4

在展示了如何从几何上解释代数运算（包括二次方程的解）之后，笛卡儿转向应用代数解决几何问题，阐述了比文艺复兴时期更清晰的一般方法：

那么，如果我们想解决任何问题，我们首先假设解已经得到，并给似乎需要作图的所有线段命名，无论其是已知的还是未知的。然后，不区分已知与未知线段的情况下，我们必须循着所有能够展示这些线段之间最自然的关系的路径来拆解难题，直到我们发现可以用两种方式表达出同一个量。这会构造一个方程（含单个未知量），因为这两个表达式的各项各自加起来相等。

在《几何学》的整个第一卷和第三卷，笛卡儿主要关注的是最终的代数方程可以仅包含一个未知量的这一类型的几何问题。笛卡儿很清楚地意识到，是这个最终的代数方程的次数决定了实现所需的几何作图的几何方法。

如果问题能用普通几何方法，即通过使用在平面上画出的直线和圆解决，那么当最后的方程全部解出时，最多会留下一个未知量的平方，等于它的根乘以某个已知量，加上或减去其他已知量。

这里我们看到了清楚的声明：希腊人所谓的"平面问题"，导致的是不会高于二次的方程。因为韦达已经表明，倍立方和三等分角问题可以导出三次方程，笛卡儿在没有充分证明的情况下指出，这两个问题不可能用直尺和圆规解决。因此，三大古代问题中只剩化圆为方有待探讨。

人们不应被《几何学》这个标题误导，认为它主要是几何著作。在《几何学》作为附录的《科学中正确运用理性和追求真理的方法论》中，笛卡儿已经在其中没有任何偏倚地讨论了代数与几何的相对优缺点。他指出几何太过严重地依赖图像，让人们的想象力疲惫不堪实无必要，他也指责代数是种充满混乱和含糊的艺术，让人困惑。因此，他的方法的目的包含两个方面：（1）通过代数处理将几何从对图像的使用中解放出来，（2）通过几何解释赋予代数运算以意义。笛卡儿确信所有的数学科学都从同样的基本原则出发，他决心利用每一分支最好的方面。然后，在《几何学》中他的处理就是，以几何问题开始，把它转化为代数方程的语言，然后，尽可能地简化方程，再用几何方式解方程，这和他用来求解二次方程的方法类似。

曲线的分类

他的方法在处理三线和四线轨迹问题上的威力令笛卡儿大受震撼，因此他继续对这个问题进行推广，这个问题就像阿里阿德涅（Ariadne）之线贯穿于《几何学》的三卷书中。笛卡儿知道帕普斯无法说出当线的数量增加到六条或八条甚至更多条时的轨迹，因此他着手研究这些例子。他意识到五线或六线的轨迹是三次方程，七线或八线是四次方程，以此类推。但笛卡儿对这些轨迹的形状不感兴 314

趣,因为他着迷于几何上作出给定横坐标对应的纵坐标的方法。对于五线问题,他得意地指出,如果它们全不平行,那么它的轨迹在以下意义上是基本的,即给定 x 的一个值,表示 y 的直线可以仅由直尺和圆规作出。如果四条直线平行且间隔距离均为 a,并且第五条直线与这四条直线垂直(图 15.5),而且如果在帕普斯问题中比例常数取为同样的常数 a,那么轨迹由 $(a+x)(a-x)(2a-x)=axy$ 给出,此即牛顿后来称为笛卡儿抛物线或三叉曲线的三次方程 $x^3-2ax^2-a^2x+2a^3=axy$。这条曲线在《几何学》中反复出现,然而笛卡儿从未给出过完整的草图。他在曲线上的兴趣有三个方面:(1)导出其方程作为帕普斯轨迹,(2)通过低阶曲线运动表明曲线的生成,以及(3)反过来使用它构造高次方程的根。

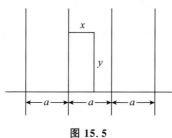

图 15.5

笛卡儿考虑了仅用平面方法的三叉曲线作图,因为对横坐标轴上的每一点 x,纵坐标 y 可以仅用直尺和圆规画出来。一般说来,在帕普斯问题中不可能任意取五条线或更多条线。在不超过八条线的例子中,轨迹是关于 x,y 的多项式,使得对于 x 轴上的给定点,作出相应的纵坐标 y 需要求三次或四次方程的几何解,正如我们所看到的,这个问题常常需要用到圆锥曲线。对于帕普斯问题中不超十二条的线,轨迹是关于 x,y 的不超过六次的多项式,一般来说,作图需要超越圆锥曲线的曲线。这里,笛卡儿在几何作图的问题上取得了超越希腊人的重要进步。古代人除了直线和圆,从来没有真正让使用曲线作图合法化,虽然他们有时如帕普斯那样不情愿地认可了他们称为立体问题和线性问题的那种分类。特别地,第二类还被认为是一堆没有实际意义的问题。

笛卡儿现在开始对特定的几何问题建立规范的分类。那些导出二次方程,且能由直线和圆作图的归为第一类;那些导出三次和四次方程,其根可由圆锥曲线作图的问题归为第二类;那些导出五次或六次方程,可以通过引入三次曲线(例如三叉曲线或高次抛物线 $y=x^3$)作图的问题,归为第三类。笛卡儿继续用这种方式,将几何问题和代数方程进行分类,将对 $2n$ 或 $2n-1$ 次方程的根作图划分为第

n 类问题。

笛卡儿的次数配对分类似乎是出于代数考虑。我们知道四次方程的解能约化为三次可解方程的解,笛卡儿过早推断 $2n$ 次方程的解能约化为 $2n-1$ 次可解方程的解。多年之后,事实表明,笛卡儿吸引人的推广结果并不成立。但他的工作的确起到了促进放松作图规则的有益作用,使得高次平面曲线可被使用。

曲线求长

我们注意到笛卡儿的几何问题的分类包括一些(但并非全部)帕普斯归为"线性"部分的问题。在引入四次以上几何作图所需的新曲线时,笛卡儿在常用的几何公理中又增加了一条公理:

> 两条或两条以上直线(或曲线),一条可以随另一条移动,通过它们的交点确定其他曲线。

这条公理本身其实与希腊人关于运动生成曲线所做的没什么不同,如割圆曲线、蔓叶线、蚌线以及螺线。但不同于古代人将这些曲线混在一起,笛卡儿现在仔细地区分了这些曲线,比如蔓叶线和蚌线,我们会称为代数曲线,其他如割圆曲线和螺线我们现在称为超越曲线。对于第一类曲线以及直线、圆和圆锥曲线,笛卡儿给予了完全的几何地位,都称为"几何曲线";第二类完全排除在几何之外,而是不公正地称其为"机械曲线"。笛卡儿做出这个决定的基础是"精确推理"。机械曲线,他说道,"必须被认为是由两个独立运动所描述,它们之间的关系不能够被精确地确定",比如,在描述割圆曲线和螺线运动的例子中圆的周长与直径的比值。换句话说,笛卡儿将代数曲线看作"精确"描述的,把超越曲线看作"非精确"描述的,对于后者,一般用弧长来定义。关于此,他在《几何学》中写道:

> 几何学不应包含像丝线一样的直线(或曲线),因为它们有时是直的,有时是弯曲的,由于直线和曲线之间的比未知,而且我相信人类不会发现它,因此基于这些比得出的结论都不是严密和精确的。

笛卡儿在这里仅仅是重申了由亚里士多德建议并由阿威罗伊斯(伊本·路世德)(Averroës(Ibn Rushd),1126—1198)证明的教条,即代数曲线不可以精确求长。相当有趣的是,1638 年,《几何学》出版的一年后,笛卡儿偶然遇到了一条可以求长的"机械"曲线。在《两门新科学》中提出的,在旋转地球上(假设地球是可穿入的)下落物体的路径问题,通过伽利略在法国的代言人梅森而被广泛讨论,

289

这使得笛卡儿得出等角螺线或对数螺线 $r = a\mathrm{e}^{b\theta}$ 是可能的路径。如果笛卡儿没有如此强烈地排斥这类非几何曲线的话,他很可能会先于 1645 年的托里拆利得到第一个对曲线的现代求长。托里拆利通过从阿基米德、伽利略和卡瓦列里那学到的无穷小方法,说明了对数螺线从 $\theta = 0$ 处转回极点 O 的总长度恰好等于点 $\theta = 0$ 处极切线 PT(图 15.6)的长度。当然,这个令人惊讶的结果并没有证明笛卡儿的代数曲线不可求长的学说是错误的。事实上,笛卡儿能够断言,不仅这条曲线不是精确确定的,是机械曲线,而且曲线的弧在极点处有渐近点,它永远不会达到这一点。

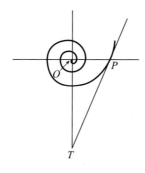

图 15.6

圆锥曲线的辨别

事实上,《几何学》通篇都致力于将代数彻底应用于几何以及将几何彻底应用于代数,但著作中很少有类似我们今天通常认为的解析几何。其中没有关于直角坐标系的系统论述,因为斜坐标系通常被认为理所当然,因此,并没有距离、斜率、分点、两线之间夹角等的公式以及其他类似的基本内容。而且整部著作没有一条从方程中直接绘制的新曲线,并且作者对曲线作图兴趣太小,以至于他不可能完全理解负坐标的意义。他泛泛地知道负坐标指向的意义与正坐标相反,但他从未使用负的横坐标。而且,解析几何的基本原理,即对含有两个未知量的不定方程对应于轨迹的发现,直到第二卷书才出现,而且仅仅出于偶然。

> 求解任何一个轨迹问题,不过是找到一点,它的完全确定需要一个条件 …… 在每个这样的例子中,都可以获得一个包含两个未知量的方程。

笛卡儿只在一个实例中详细检验了一种轨迹,这与帕普斯的三线和四线轨迹问题有关,笛卡儿为此导出方程 $y^2=ay-bxy+cx-dx^2$。这是过原点的圆锥曲线的一般方程,即使字母系数被理解为正的,这也是到那时为止曾提出的最全面的分析圆锥曲线族的方法。笛卡儿指出,方程系数的不同条件决定了圆锥曲线是直线、抛物线、椭圆或双曲线,这个分析某种意义上相当于判定圆锥曲线方程的特征。作者知道,适当选择原点和坐标轴,就可以获得方程的最简单形式,但他没有给出任何标准型。很多基本细节的省略,使得同时代人很难理解这项工作。在结语部分,笛卡儿试图证明他的不充分阐释是合理的。他不恰当地声称,遗留很多未说的内容是为了不剥夺读者发现的乐趣。

虽然阐释不够充分,但正是《几何学》的第二卷最接近现代解析几何的观点。那里甚至有一个关于立体解析几何基本原理的陈述:

> 如果确定一点的条件中缺少两个条件,那么这个点的轨迹是一个曲面。

然而,笛卡儿没有给出这类方程的任何解释,也没有对简单提及的三维解析几何做展开讨论。

法线与切线

笛卡儿充分意识到他工作的重要性,甚至认为其与古代几何的关系如同基凯罗的修辞与儿童的 ABC 修辞的关系一样。从我们的观点来看,他的错误在于强调确定方程而不是不定方程。他意识到一条曲线的所有性质,例如面积的大小或切线的方向,当包含两个未知量的方程给定时,就完全确定了,但他没有充分利用这个认识。他写道:

> 当我要给出一个在曲线上任意选定的一点画出一条与该曲线成直角的直线的一般方法时,我这里给出的将是关于曲线研究的充分阐述。并且我敢说,这不仅是我所知道的,甚至是我曾渴望知道的几何学中最有用、最一般的问题。

笛卡儿很正确地认识到,寻找一条曲线的法线(或切线)的问题是非常重要的,但他在《几何学》中发表的方法不如同时期费马研究出的方法有效。

《几何学》的第二卷也包含大量关于"笛卡儿卵形线"的材料,这在光学中非常有用,并通过对用细线来画椭圆的"园丁方法"的推广而得到。如果 D_1,D_2 分别是动点 P 到两个固定点 F_1,F_2 的距离,若 m,n 为正整数,K 为任意正常数,那

么使得 $mD_1 + nD_2 = K$ 的 P 点的轨迹现在被称作笛卡儿卵形线，但作者没有使用曲线方程。笛卡儿意识到他的方法可以扩展到"所有那些可以看作由三维空间中的物体的点的规则运动生成的曲线"，但他并没有详细的结果。第二卷结尾的那句，"因此我认为我没有遗漏任何对理解曲线至关重要的东西"实际上有些自以为是了。

《几何学》的第三卷（也是最后一卷）又回到第一卷的主题：确定方程的根的作图。这里作者提醒我们注意，在这些作图中，"我们应当总是慎重选择在解决问题时使用的最简单的曲线"。当然，这意味着人们必须完全了解所考虑的方程的根的性质，特别是人们需要知道是否方程是可化简的。为此，第三卷实际上是方程基本理论的一门课程。它讲了如何发现有理根，如果有的话；当已知一根时，如何对方程降次；如何以任意量增长或减小方程的根，或如何用一个数乘或除这些根；如何消去第二项；如何通过著名的"笛卡儿符号法则"确定"真"根和"假"根（即正根和负根）的个数；如何求出三次方程和四次方程的代数解。在末尾，作者提醒读者他已给出可能适用于之前提到的各类问题的最简单的作图。特别是三等分角和倍立方属于第二类问题，对它们的作图不单单需要圆和直线。

笛卡儿的几何概念

我们对笛卡儿解析几何的介绍，应该弄清楚作者的思想与我们现在常常与坐标使用相关的实际考量差得有多远。他没有像测量员或地理学家那样放置一个坐标系来定位各个点，也没有将他的坐标看作数对。在这方面，现今常用的短语"笛卡儿积"，是个时代上的错误。《几何学》在它的时代如同阿波罗尼奥斯的《圆锥曲线论》在古代一样，不过是不切实际的理论的胜利，尽管这两部著作最终扮演了非常有用的角色。而且，在这两个例子中斜坐标的使用大致相同，因此可以确定现代解析几何起源于古代，而不是中世纪时期的形态幅度。奥雷斯姆的坐标（影响了伽利略）无论从出发点还是表达形式上都比阿波罗尼奥斯和笛卡儿的更接近现代观点。甚至即使笛卡儿熟悉奥雷斯姆的函数图形表示，这也并不明显，笛卡儿的思想中没有东西能表明他已经看到形态幅度和他自己的几何作图分类之间有任何相似之处。函数理论最终极大地得益于笛卡儿的工作，但是，形态或函数的概念在发展笛卡儿几何过程中没有起到明显的作用。

就数学能力来讲，笛卡儿可能是他那个时代最有能力的思想家，但从本质上来讲，他并不是一位真正的数学家。他的几何学仅仅是他致力于科学与哲学的一生中的一段插曲,虽然他在晚年偶尔会通过通信对数学有所贡献,但他在这个领域中没有留下其他伟大的著作。1649 年,他接受了瑞典女王克里斯蒂娜(Christina)的邀请,为她讲授哲学,并在斯德哥尔摩建立科学院。笛卡儿从未有过健康的身体,斯堪的纳维亚的寒冬对他是种严酷的考验,他于 1650 年初去世。

费马的轨迹

如果说笛卡儿在数学能力上有竞争对手的话,那就是费马,但后者在任何意义上都不算是职业数学家。费马在图卢兹学习法律,之后在当地法院效力,先做律师,后来成为议员。这意味着他是个忙碌的人,然而他还有时间作为业余爱好来享有对古典文学、科学和数学的兴趣。这使得到 1629 年,他开始在数学上做出至关重要的发现。这一年,他加入当时最受欢迎的一项活动——基于现存经典文献中发现的信息来"复原"古代失传的著作。依据帕普斯的《数学汇编》中的引述,费马着手重建阿波罗尼奥斯的《平面轨迹》。这一努力的意外结果是,至少在 1636 年解析几何基本原理的发现:

> 每当最终方程中的两个未知量被找到时,我们就有了一个轨迹,这两个未知量之一的端点画出的图形是一条线,直的或弯的。

这个写于笛卡儿《几何学》出版前一年的深刻的论述,似乎源于费马研究阿波罗尼奥斯的轨迹问题时对韦达的分析的应用。在这个例子中,也与在笛卡儿的著作中相似,坐标的使用并非从实际考虑出现,也不是从中世纪的函数图形表示中出现。它源于应用文艺复兴时期的代数来解决古代几何问题。然而,费马的观点与笛卡儿的观点并不完全一致,因为费马强调给不定方程的解画图,而不是给确定的代数方程的根几何作图。而且,笛卡儿围绕着难解的帕普斯问题建立他的几何,而费马在一篇题为《平面与立体轨迹引论》(*Ad Locos Planos es Solidos Isagoge*)的短篇论著中,只是局限于最简单的轨迹问题。笛卡儿从三线和四线轨迹问题开始,并使用其中一条线作为横坐标,而费马则从线性方程开始,并选择任意坐标系在其上画图。

费马使用韦达的记号首先画出线性方程最简单的情形——用现代符号来表示就是 $Dx = By$。当然,这个图像是一条通过坐标原点的直线,或者说是以原点作为端点的半直线,因为费马和笛卡儿一样,没有使用负的横坐标。对于更为一般的线性方程 $ax + by = c^2$(因为费马保留了韦达的齐次性),他在坐标轴的第一

321

象限画出一条线段。接下来，为显示出他的方法处理轨迹的威力，费马宣称他用新方法发现了以下问题：

> 在平面内给定任意条固定直线，使得以给定角度自其引向这些直线的线段的任意倍数的和是一个常数的点的轨迹是一条直线。

当然，以上是从线段是坐标的线性函数这一事实以及费马的命题"每个一次方程表示一条直线"得出的简单推论。

接下来，费马指出 $xy=k^2$ 是双曲线，以及形如 $xy+a^2=bx+cy$ 的方程可以化简为 $xy=k^2$ 的形式之一（通过坐标轴变换）。他认为方程 $x^2=y^2$ 是一条单直线（或射线），因为他仅在第一象限操作，他同时将另一类二阶齐次方程化简为这种形式。然后，他表明 $a^2 \pm x^2=by$ 是抛物线，$x^2+y^2+2ax+2by=c^2$ 是圆，$a^2-x^2=ky^2$ 是椭圆，以及 $a^2+x^2=ky^2$ 是双曲线（他给出两个分支）。对于更一般的二次方程，出现了几个二次项，费马应用坐标轴旋转把它们简化为早先的形式。作为他的专著的"巅峰"，费马考虑了如下的命题：

> 给定任意条固定直线，使得以给定角度自其引向这些直线的线段的平方和是一个常数的点的轨迹是一条立体轨迹。

依据费马对两个未知量的二次方程的各种情形的全面分析，这个命题是显然的。作为《平面与立体轨迹引论》的附录，费马增加了"用轨迹解决立体问题"，并指出确定的三次和四次方程能通过圆锥曲线求解，这个主题已经在笛卡儿的几何中体现得如此重大。

高维解析几何

费马的《平面与立体轨迹引论》没有在作者在世时出版，因此，解析几何在很多人看来是笛卡儿的专有发明。现在我们很清楚，费马在《几何学》出现的很久之前就已经发现了本质上同样的方法，并且他的著作在 1679 年收录于《数学集》(*Varia Opera Mathematica*) 中出版前以手稿形式流传。费马生前几乎没有出版什么著作是很遗憾的，因为他的论述比笛卡儿的更系统、更有启发性。而且，他的解析几何更接近我们现在的形式，因为纵坐标常常选取的是与横坐标成直角的线。和笛卡儿一样，费马知道高于二维的解析几何，因为他在其他相关的地方曾写道：

> 只涉及一个未知量的一类问题，可以称之为"确定"的问题，要将其

同轨迹问题区分开来。还有一些涉及两个未知量且不能化简为一个未
知量的其他问题。这些是轨迹问题。在第一类问题中,我们找到的是唯
一的一点,而后一类问题中,我们找到的是一条曲线。但如果问题涉及
三个未知量,为满足方程,那找到的就不仅是一点或一条曲线,而是整个
曲面。以这样的方式就出现了曲面轨迹,等等。

在此处最后的"等等"有着超过三维的几何的迹象,但即便费马真正考虑了
这个问题,他也没有进一步研究。甚至三维几何都要到 18 世纪才得到有效
发展。

费马的微分法

费马可能早在 1629 年就掌握了他的解析几何,因为大约在这段时间,他取得
了两个重要发现,都和他的轨迹研究工作密切相关。这些工作更重要的部分在几
年后的题为《求极大值和极小值的方法》(*Method of Finding Maxima and
Minama*)的论著中做出描述,也同样未在他有生之年发表。费马一直在考虑形
为(以现代记号)$y = x^n$ 的方程的轨迹,因此,今天它们常被称为"费马抛物线"(若
n 为正数)或"费马双曲线"(若 n 为负数)。这里我们有高次平面曲线的解析几
何,但费马更深入一步。对于形如 $y = f(x)$ 的多项式曲线,他指出了一种非常巧
妙的方法来求出函数取到极大值或极小值的那些点。他比较了 $f(x)$ 在一点处
的值与 $f(x + E)$ 在邻近点处的值。一般说来,这些值会有很大不同,但在光滑曲
线的顶端或底部,变化几乎不明显。因此,为了求出这些极大值点和极小值点,费
马令 $f(x)$ 和 $f(x + E)$ 相等,虽然意识到这些值不是精确相等,但是几乎相等。
两点之间的距离 E 越小,这个伪等式就越接近真实的等式,因此费马在用 E 除等
式的每一项后,令 $E = 0$。这些结果让他得到多项式的极大值点和极小值点的横
坐标。这本质上是现在称之为微分的过程,因为费马的方法等价于求出

$$\lim_{E \to 0} \frac{f(x + E) - f(x)}{E}$$

并令其等于 0。因此,像拉普拉斯那样称赞费马为微分学的发现者和解析几何的
共同发现者之一是恰如其分的。费马没有掌握极限概念,但他的极大值和极小值
的方法却同今日微积分中所使用的方法相似。

就在费马发展他的解析几何的这几年里,他也发现了如何应用他的邻域过程
来求出形如 $y = f(x)$ 的代数曲线的切线。若 P 为曲线 $y = f(x)$ 上一点,并求该

点处的切线,若 P 点坐标为 (a,b),那么曲线上坐标为 $x=a+E,y=f(a+E)$ 的邻近点将非常接近切线,我们可以认为这个点就在曲线上的同时,也近似在切线上。因此,如果点 P 的次切距为 $TQ=c$(图 15.7),那么三角形 TPQ 和 $TP'Q'$ 实际上可以被认为是相似的。因此,有比例

$$\frac{b}{c}=\frac{f(a+E)}{c+E}。$$

324 通过交叉相乘,消去同类项,利用 $b=f(a)$,再除以 E,最后令 $E=0$,次切距 c 就容易地求出了。

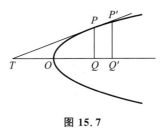

图 15.7

费马的处理相当于说

$$\lim_{E\to 0}\frac{f(a+E)-f(a)}{E}$$

是曲线在点 $x=a$ 处的斜率,但费马没有令人满意地解释他的过程,只是说类似于极大值和极小值法。特别是 1638 年笛卡儿从梅森那里听说这个方法时,曾抨击这个方法不是普遍有效的。作为挑战,他提出了被称为"笛卡儿叶形线"的曲线: $x^3+y^3=3axy$。那个时代的数学家显然相当不熟悉负坐标,因此画出的这条曲线只有第一象限的一个叶形线或一片"叶",有时也画作一个四叶苜蓿,每个象限有一叶! 最终,笛卡儿不情愿地承认费马的切线方法是有效的,但费马从未得到应有的尊敬。

费马的积分法

费马不仅有求形如 $y=x^m$ 的曲线的切线方法,而且还在 1629 年之后的一段时间,无意中发现了关于这些曲线下所围面积的定理,即卡瓦列里在 1635 年和 1647 年发表的定理。在求面积时,费马似乎首先使用了整数次幂求和公式或者是形式如

$$1^m+2^m+3^m+\cdots+n^m>\frac{n^{m+1}}{m+1}>1^m+2^m+3^m+\cdots+(n-1)^m$$

的不等式来确定 m 取所有正整数值的结果。这本身就超越了卡瓦列里的工作,后者将自己局限于 $m=1$ 到 $m=9$ 的情形,而且后来费马发展了更好的方法来处理这个问题,该方法不但适用于 m 取整数的情形,还适用于 m 取分数的情形。令曲线为 $y=x^n$,求曲线下从 $x=0$ 到 $x=a$ 所围的面积。然后费马把区间从 $x=0$ 到 $x=a$ 通过取横坐标为 $a,aE,aE^2,aE^3,\cdots$ 的点(这里的 E 为小于 1 的量)细分成无穷多个子区间。在这些点处,他画出曲线的纵坐标,并通过矩形来近似曲线下方的面积(如图 15.8 所示)。相继的近似围成的矩形面积,从最大的开始,可以用等比数列中的项 $a^n(a-aE),a^nE^n(aE-aE^2),a^nE^{2n}(aE^2-aE^3),\cdots$ 给出. 这些无穷项之和为

$$\frac{a^{n+1}(1-E)}{1-E^{n+1}} \quad \text{或} \quad \frac{a^{n+1}}{1+E+E^2+\cdots+E^n}。$$

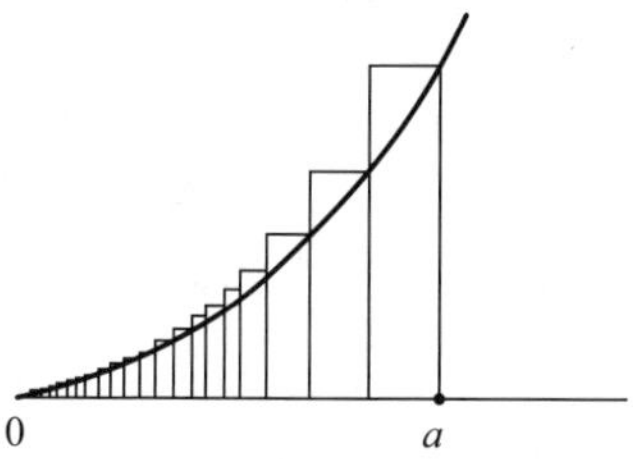

图 15.8

当 E 趋向于 1,也就是当矩形变得越来越窄时,矩形面积之和接近于曲线下的面积。在之前的矩形面积之和的公式中令 $E=1$,我们得到 $a^{n+1}/(n+1)$,此即为所求的曲线从 $x=0$ 到 $x=a$ 下的面积。为表明这个结果也对有理分数值 p/q 成立,令 $n=p/q$。等比数列之和则为

$$a^{(p+q)/q}\left(\frac{1-E^q}{1-E^{p+q}}\right)=a^{(p+q)/q}\left(\frac{1+E+E^2+\cdots+E^{q-1}}{1+E+E^2+\cdots+E^{p+q-1}}\right),$$

且当 $E=1$ 时,结果为

$$\frac{q}{p+q}a^{(p+q)/q}。$$

在现代符号中,如果我们想得到 $\int_a^b x^n \,dx$,那么只需要看出这就是

$$\int_0^b x^n \,dx - \int_0^a x^n \,dx。$$

在 n 取负值(除了 $n=-1$)时,费马用了相似的处理,除了 E 取大于 1,且在上

方趋向于1的情况之外，求出了从 $x=a$ 到无穷大时曲线下方的面积。那么，要求 $\int_a^b x^{-n}\mathrm{d}x$ ，就仅仅需要注意到这就是 $\int_a^\infty x^{-n}\mathrm{d}x - \int_b^\infty x^{-n}\mathrm{d}x$ 。

圣文森特的格雷戈里

对于 $n=-1$ 的情况，这种处理就失效了，但是年长于费马的同时代的圣文森特的格雷戈里（Gregory of St. Vincent，1584—1667）在他的著作《关于圆和圆锥曲线面积的几何工作》(*Opus Geometricum Quadraturae Circuli et Sectionum Coni*) 中处理了这种情况。这项工作大部分在费马研究切线和面积之前就已经完成，也许早到1622—1625年，尽管直到1647年才发表。圣文森特的格雷戈里出生于根特，是罗马和布拉格的耶稣会教师，之后成为西班牙腓力四世宫廷的教师。在旅行中，他的书稿不在身边，这导致他的《关于圆和圆锥曲线面积的几何工作》的出版拖延了很久。在这部著作中，格雷戈里说明了，如果沿着 x 轴从 $x=a$ 点开始标记持续等比增加的区间，如果在这些点取纵坐标线竖直交于双曲线 $xy=1$ ，那么相继纵坐标线之间截取的曲线下方的面积相等。亦即，随着横坐标等比地增加，曲线下方的面积等差地增加。因此，格雷戈里和他同时代的人已经知道了 $\int_a^b x^{-1}\mathrm{d}x = \ln b - \ln a$ 的等价性。很遗憾，不可分量的方法的错误应用让格雷戈里相信他已经实现了化圆为方，这个错误损害了他的名声。

费马一直关注无穷小分析的许多方面：切线、求积、体积、曲线长、重心。他很难不注意到，在求 $y=kx^n$ 的切线时，要把系数乘以指数，再将指数减去1，要是求面积，就把指数增加1并除以新的指数。难道他没有发现这两个问题的互逆性质吗？虽然这似乎不可能，但无论如何，表现出来的是，他没有注意到现在称为微积分基本定理的这个关系。

面积和切线问题之间的互逆关系，通过比较圣文森特的格雷戈里的双曲线下的面积和笛卡儿对1638年由梅森提出的反正切问题的分析可以明显看出。这些问题已经由布洛瓦的法学家弗洛里蒙·德博恩（Florimond Debeaune，1601—1652）提出，他也是一位有成就的数学家，甚至笛卡儿都表达了对他的敬佩。确定其切线具有某种性质的曲线的问题之一，现在被表达成微分方程 $a\,\mathrm{d}y/\mathrm{d}x = x-y$ 。笛卡儿意识到这个解是非代数的，但他明显没有发现其中涉及对数。

数论

　　费马在解析几何和无穷小分析上的贡献仅仅是他工作的两个方面,且可能并不是他最钟爱的主题。1621 年,丢番图的《算术》经由克劳代·加斯帕尔·德·巴谢(Claude Gaspard de Bachet,1591—1639) 的希腊文和拉丁文版本重获新生。巴谢是巴黎非正式科学家组织的成员之一。丢番图的《算术》并非无人知晓,因为雷吉奥蒙塔努斯曾想过出版它,16 世纪也曾出现过几种翻译,但关于数论的成果较少。或许是丢番图的著作对于实践者们来说太不切实际,而对于倾向于思辨的人来说又太过算法化,但数论对费马具有强烈吸引力,他成为现代数论的创始人。这门学科的很多方面都引起了他的兴趣,包括完满数和亲和数、形数、幻方、毕达哥拉斯三元数组、整除性,以及最重要的素数。他利用他称之为“无穷递降”的方法(一类反向数学归纳法)证明了他的一些定理,费马是最早使用这个处理的人之一。为了解释他的无穷递降法,我们用一个古老又熟悉的问题——证明$\sqrt{3}$是无理数来解释。我们假设 $\sqrt{3} = a_1/b_1$,其中 a_1, b_1 为正整数,且 $a_1 > b_1$。因为

$$\frac{1}{\sqrt{3}-1} = \frac{\sqrt{3}+1}{2},$$

用 a_1/b_1 代换第一个$\sqrt{3}$,则有

$$\sqrt{3} = \frac{3b_1 - a_1}{a_1 - b_1}。$$

从不等式 $\dfrac{3}{2} < \dfrac{a_1}{b_1} < 2$ 可以很清楚地看出 $3b_1 - a_1$ 和 $a_1 - b_1$ 分别是小于 a_1 和 b_1 的正整数(记为 a_2, b_2),且使得$\sqrt{3} = a_2/b_2$。这个推理过程可以无限重复下去,最后导出无穷递降的序列,其中 a_n, b_n 是越来越小的整数,且保持$\sqrt{3} = a_n/b_n$。这就意味着错误的结论,即不存在最小的正整数。因此,$\sqrt{3}$ 是整数之商的前提一定是假的。

　　用他的无穷递降法,费马能够证明吉拉德的断言:每一个形如 $4n+1$ 的素数能且仅能有一种形式写成两个平方之和。他阐明如果 $4n+1$ 不是两个平方之和,就总有一个这样形式的更小整数不能写成两个平方之和。使用这种递归关系推导出错误的结论:这种类型的最小整数 5 不是两个平方之和(但 $5 = 1^2 + 2^2$)。因此,一般定理证明为真。因为很容易证明所有形如 $4n-1$ 的整数都不能写成两个

327

平方之和，而且除了 2 以外，所有的素数都具有 $4n+1$ 或 $4n-1$ 的形式，所以根据费马定理我们可以很容易将素数分成两类：一类可写成两个平方之和，另一类不能写成两个平方之和。比如素数 23 不能这样分解，而素数 29 可以写为 2^2+5^2。费马知道，这两种形式的素数都有且仅有一种方式表示为两个平方之差。

费马定理

费马用他的无穷递降法证明了不存在一个立方能分解为两个立方之和，亦即，不存在正整数 x,y,z，使得 $x^3+y^3=z^3$。进一步，费马声明了一个一般的命题：对于大于 2 的整数 n，不存在正整数 x,y,z，使得 $x^n+y^n=z^n$ 成立。他在他那本巴谢译的丢番图的著作的空白处写道，关于这个著名定理，他已经有一个真正绝妙的证明，这个定理自此被称为费马"最后"或"大"定理。最不幸的是，费马没有给出证明，而只是说"空白处太小写不下"。如果费马的确有这样一个证明，那么到今天也已经失传了。虽然有多种寻求证明的努力，包括第一次世界大战前的一笔对于求解的 100000 马克奖金的激励，但这个问题直到 20 世纪 90 年代才被解决。然而对于解的探索催生了甚至比在古代求解三大经典未解决的几何问题中得到的结果更好的数学。

也许早在费马时代的两千年前，已经有"中国假设"：n 为素数，当且仅当 2^n-2 能被 n 整除，其中 n 为大于 1 的整数。这个猜想的一半现在被证明是错误的，因为 $2^{341}-2$ 能被 341 整除，且 $341=11\times31$ 是一个合数，但另一半是正确的，费马的"小"定理就是这个结论的一般化。考虑形如 $a^{p-1}-1$ 的多个数，包括 $2^{36}-1$，费马提出每当 p 是素数且 a 与 p 互素时，$a^{p-1}-1$ 都能被 p 整除。仅基于从五个例子（$n=0,1,2,3,4$）的归纳，费马提出了第二个猜想：形为 $2^{2^n}+1$ 的整数（现在称"费马数"）总是素数。一个世纪之后，欧拉证明这个猜想是错误的，因为 $2^{2^5}+1$ 是一个合数。实际上，现在我们知道对于很多大于 5 的 n，$2^{2^n}+1$ 都不是素数，并且我们开始怀疑是否除了费马所知道的以外，还能有哪怕一个素的费马数。

费马小定理的状况要比他关于素的费马数的猜想更好些。莱布尼茨在他的手稿中给出了这个定理的一个证明，欧拉在 1736 年发表了另一个优美而简洁的证明。欧拉的证明巧妙地使用了数学归纳法，这个方法费马和帕斯卡都很熟悉。实际上，数学归纳法，或者说递归推理有时称之为"费马归纳法"，来区别科学（或称"培根"）归纳法。

费马是名副其实的数学"业余王子"。没有一位他那个时代的职业数学家做出过比他更大的发现或对这门学科更多的贡献,然而费马相当谦逊,以至于他几乎没有出版过什么。他满足于把他的想法写信告诉梅森(顺便提一句,后者的名字因与"梅森数"(形如 2^p-1 的素数)有关而被流传下来),也因此失去了他许多工作的优先权。在这一方面,他和他的最有能力的朋友以及同时代的人中的一位命运相同——很难相处的罗贝瓦尔教授,他是"梅森圈"的成员,也是本章我们接下来要讨论的法国人中唯一一位真正的职业数学家。

329

吉勒·佩索纳·德·罗贝瓦尔

罗贝瓦尔被任命为皇家学院拉米斯讲席教授长达四十年之久,这个职位是从每三年一次的竞赛考试中选拔人选,竞赛题目由现任者设置。1634 年,罗贝瓦尔赢得了竞赛,可能是因为他发展了类似于卡瓦列里的不可分量方法。由于他没有向任何人透露他的方法,他得以成功保留住这一讲席职位,直到 1675 年去世。然而,这意味着他失去了他大部分发现的荣誉,并陷入了优先权争论的旋涡。其中最尖锐的争论与摆线有关,因为它在 17 世纪引起的争论如此频繁,它被称为"几何学家的海伦(Helen)"。1615 年,梅森曾让数学家们关注摆线,也许他是通过伽利略听说了这条曲线。1628 年,当罗贝瓦尔到达巴黎时,梅森建议这位年轻人研究这条曲线。到 1634 年,罗贝瓦尔能够证明摆线的一段弧线下的面积恰好等于其母圆面积的三倍。到 1638 年,他已经发现了如何画出曲线上任意点处的切线(这个问题也在同一时期被费马和笛卡儿解决了)以及计算一段弧线下的区域围绕底线旋转时生成的体积。之后,他还求出了由区域围绕对称轴或顶点处的切线旋转形成的体积。

罗贝瓦尔没有发表他关于摆线的发现(他称摆线为"旋轮线",取自希腊语"轮子"一词),因为他可能希望为讲席职位候选人设置相似的问题。之前我们注意到,这给了托里拆利出版的优先权。罗贝瓦尔认为摆线上的点 P 受两个相等运动的影响,一个是平移运动,另一个是旋转运动。 当母圆绕底线 AB 滚动时(图 15.9),P 点水平移动,同时绕圆心 O 旋转。因此通过 P 点,可以画出对应于平移运动的水平线 PS,以及对应于旋转运动分量的母圆的切线 PR。由于平移运动等于旋转运动,因此角 SPR 的等分线 PT 就是所求的摆线切线。

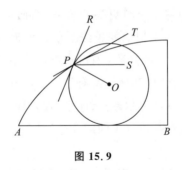

图 15.9

在罗贝瓦尔的其他贡献中有一项是他在 1635 年首次作出的正弦曲线拱形的一半的草图。这很重要，表明了三角学逐渐从作为该分支的主导思想的对计算的强调转移到函数方法。借助他的不可分量方法，罗贝瓦尔能够证明等式 $\int_a^b \sin x\, \mathrm{d}x = \cos a - \cos b$，再次表明面积问题在那个时候要比切线问题更容易解决。

吉拉德·德萨格和射影几何

在笛卡儿和费马时期，数学上的伟大发展是在解析几何和无穷小分析方面。可能正是在这些分支上的成功，使得这一时期的人们相对而言忽视了数学的其他方面。我们已经看到费马找不到能和他分享他着迷的数论的人，纯粹几何学在同时期也受到了完全不该有的忽视。阿波罗尼奥斯的《圆锥曲线论》曾一度成为费马最喜爱的著作之一，但解析方法改变了他的观点。与此同时，《圆锥曲线论》吸引了一位有着非常不切实际的想象力的实用主义者的注意，他就是里昂的建筑师和军事工程师吉拉德·德萨格。德萨格在巴黎待过几年，在那里他是我们之前讨论的那个数学家圈子中的一员，但他关于透视法在建筑和几何学中的作用的非正统的观点受到冷遇，他返回里昂，主要靠他自己来研究他的新型数学。结果就是写出一本有史以来最不成功的巨著之一。就连沉闷冗长的题目也令人抵触，*Brouillon Projet d'une Atteinte aux Événemens des Rencontres d'un Cone Avec un Plan*，巴黎，1639，这个题目可以翻译为《尝试处理圆锥与平面相交结果的初稿》。题目的冗长啰唆与阿波罗尼奥斯的题目《圆锥曲线论》的简单明了形成鲜明对比。尽管如此，德萨格的工作所基于的想法本身是简单的（源自文艺复兴艺术中的透视和开普勒的连续性原理的思想）。每个人都知道，当斜着看圆时，

330

这个圆看上去像椭圆,也知道灯罩影子的轮廓可以是一个圆,也可以是一个双曲线,依赖于它被投影在天花板还是墙上。形状和尺寸随着切割视线或光线的锥面的入射面而变化,但在这个变化中某些性质始终保持不变,德萨格研究的正是这些性质。例如,圆锥曲线无论经历多少次投影都仍是圆锥曲线。圆锥曲线形成了一个单独的关系密切的曲线族,开普勒在之前因为某种意义上不同的原因也提出了这个观点。但是要接受这个观点,德萨格和开普勒一样必须假设抛物线在"无穷远"处有一个焦点,以及平行线在"无穷远点"相交。透视理论让这样的观点合理化,因为太阳发出的光线普遍被认为是由平行光线组成(构成圆柱体或一组平行光线柱束),而地球上的光源发出的光线被当作圆锥体或铅笔尖。

德萨格对圆锥的处理是优美的,尽管其语言不合常规。他称圆锥曲线为"擀面杖相截"。他创造的新术语中唯一沿用下来的是"对合",也就是,到固定点的距离的乘积是确定的常数的线上的点对。他把调和分割中的点称为四点对合,并证明这个构形是射影不变量,这个结果在不同观点上为帕普斯所知。因为它的调和性质,完全四边形在德萨格的处理中起到了很大作用,因为他知道当这样一个四边形(如图 15.10 中的 $ABCD$)内接于圆锥曲线时,通过两个对角点(图 15.10 中的 E,F,G)的连线是第三个对角点关于圆锥曲线的极线。他当然知道,一个点关于圆锥曲线的极线与圆锥曲线的交点,就是从这点向圆锥曲线所作切线的切点,而且德萨格没有从度量上定义直径,而是将其作为无穷远点的极线引入。德萨格利用射影方法对圆锥曲线的处理具有令人欣喜的统一性,但它与过去的方法截然不同,以至于难以被接受。

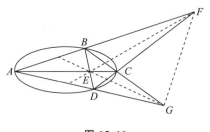

图 15.10

德萨格的射影几何要比阿波罗尼奥斯、笛卡儿以及费马的度量几何在普适性上有巨大优势,因为一个定理的很多特例都融入一个包含一切的陈述中。然而当时的数学家们不但不接受这一新几何方法,还纷纷指责它危险且不可靠。德萨格的《射影初稿》(*Brouillon Projet*)的复制品相当罕见,以至于到 17 世纪末都不复存在,因为德萨格出版他的著作并不用于出售而是分送给朋友们。这部著作完全失传了,直到 1847 年,菲利普·德·拉伊尔(Philippe de Lahire)(德萨格少有的仰慕者之一) 的手抄本出现在巴黎图书馆。甚至今日,德萨格的名字也不是作为《射影初稿》的作者而被人们熟知,而是因为一个没有出现在书中的命题,即著名的德萨格定理:

> 如果两个三角形被放置成对应顶点的连线交于一点,那么对应边的交点共线。反之亦然。

无论二维还是三维都成立的这条定理由德萨格的值得信赖的朋友和追随者亚伯拉罕·博斯(Abraham Bosse,1602—1676,也是雕刻家) 首次在 1648 年发表。这个定理出现在一本名为《运用德萨格透视法的一般方式》(*Manière Universelle de S. Desargues, Pour Pratiquer la Perspective*) 的书中。博斯明确归功于德萨格的这条定理,成为 19 世纪射影几何的基本命题之一。注意到,尽管这个定理在三维中是关联公理的一个简单结果,但二维的证明需要附加假设。

布莱兹·帕斯卡

德萨格是射影几何的先驱,但在他那个时代并没有获得荣誉,很大原因在于他最有前途的弟子布莱兹·帕斯卡放弃数学改了神学。帕斯卡是数学天才。他的父亲也是数学爱好者,"帕斯卡蚶线"就是以父亲的名字艾蒂安(Étienne) 而不是儿子的名字布莱兹命名的。蚶线 $r = a + b\cos\theta$ 已经被约旦努斯·内莫拉里乌斯所知,古代人们可能也知道,并称之为"圆的蚌线",但艾蒂安·帕斯卡如此彻底地研究了这一曲线,以至于在罗贝瓦尔的建议下,这条曲线一直冠以他的名字。

布莱兹 14 岁时,跟随父亲参加了巴黎梅森学院的非正式会议。从中他熟悉了德萨格的思想。两年后的 1640 年,年轻的帕斯卡(那时他 16 岁)发表了《圆锥曲线论》(*Essay Pour les Coniques*)。这篇论文仅有一页,但却是历史上最富含成果的页面之一。论文包含作者描述为"神秘六边形"的命题,从此就被称为帕斯卡定理。该定理实质上声明了圆锥曲线的内接六边形的对边相交于共线的三点。帕斯卡并没有以这种方式陈述定理,因为这并不成立,除非我们,像图内接正六边形的情形,借助射影几何中假想的点和线。相反,他沿用了德萨格的特殊语言,说若 A,B,C,D,E,F 为圆锥曲线中内接的六边形的相继顶点,且若 P 为 AB 和 DE 的交点,Q 为 BC 和 EF 的交点(图 15.11),那么 PQ,CD,FA 是"具有相同序"的直线(或者按我们的说法,这些线属于同一线束,可能是点束,也可能是平行束)。年轻的帕斯卡继续说他从这个定理中已推导出了许多推论,包括对圆锥曲线上一点处的切线的作图。帕斯卡坦率地承认了这篇短文《圆锥曲线论》的灵感来源,在引用了德萨格的一个定理后,年轻的作者写道:"我乐于将我在这一问题上的一点发现归功于他的著作。"

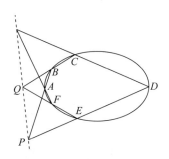

图 15. 11

《圆锥曲线论》是数学事业的顺利开端,但帕斯卡的数学兴趣变化不定。接下来,在他 18 岁时,他转向制造加法机的计划,并在几年内,制造并卖出大约 50 台机器(见第十四章 294 页(边码)的插图)。然后,1648 年,他对流体静力学产生了兴趣,结果就是进行了著名的确认空气重量的多姆山(Puy-de-Dôme)实验,并开展了流体压强的实验来澄清流体静力学佯谬。1654 年,他再次回到数学并专注于两个不相干的项目。 其中之一是《圆锥曲线全论》(*Complete Work on Conics*),显然是他 16 岁发表的那篇小短文的后续,但这部关于圆锥曲线的大书从未付梓,且现今都遗失了。莱布尼茨曾经见过一份手抄本,他所做的注记是现存的帕斯卡这本关于圆锥曲线的大书的全部资料。(只有那个小书的两本复制品留存下来。)根据莱布尼茨的笔记,《圆锥曲线全论》包含关于熟悉的三线和四线轨迹的一节及关于"大问题"——在给定的旋转圆锥体上放置一条给定的圆锥曲线的一节。

334

概率

当帕斯卡 1654 年撰写他的《圆锥曲线全论》时,他的朋友舍瓦利耶·德·梅雷(Chevalier de Méré)向他提出了这样一个问题:玩家试图在 8 次骰子的投掷中掷出 1 点,但在 3 次失败的尝试后,游戏被中断了。此时他应该被如何补偿?帕斯卡就这个问题写信给费马,他们由此引发的通信成为了现代概率论实际上的起点,一个世纪前卡尔达诺的思想曾被忽略了。虽然帕斯卡和费马都没能写出他们的结果，但克里斯蒂安·惠更斯(Christian Huygens) 在 1657 年出版的一本小册子《论骰子游戏中的推理》(*De Ratiociniis in Ludo Aleae*)，就是由法国人的通信促成的。同时，帕斯卡将概率研究与算术三角形联系起来，使讨论远远超出了卡尔达诺的著作，以至于这样的三角形排列从此被称为帕斯卡三角形。这个三角形本身已经有 600 多年的历史，但帕斯卡揭示了一些新的性质，比如：

> 在每一个算术三角形中，如果两个单元在同一个底中相邻，那么上面那个与下面那个之比，等于从上面那个到底的上端的单元数与从下面那个到底的下端的单元数之比。

(帕斯卡称图 15.12 中的相同垂直列的位置为"同一垂直列的单元"，称相同水平行的位置为"同一平行列的单元"，称同一斜向上对角线上的位置为"同一底的单元"。) 这个性质的证明方法比这个性质本身更为重要，因为在 1654 年，帕斯卡对数学归纳法给出了非常清晰的解释。

1	1	1	1	1	1	1
1	2	3	4	5	6	
1	3	6	10	15		
1	4	10	20			
1	5	15				
1	6					
1						

图 15.12

335 费马希望帕斯卡能对数论感兴趣。在 1654 年，他给帕斯卡寄去他最漂亮的定理之一的叙述(直到 19 世纪才被证明)：

> 每一个整数都可以分解为 1 到 3 个三角形数、1 到 4 个平方数、1 到 5 个五边形数、1 到 6 个六边形数，以此类推至无穷。

然而帕斯卡虽然是一位大师，但只是业余数学家，因此并没有探究这个问题。

日本的帕斯卡三角形。摘自村井中渐（Murai Chuzen）的《算法童子问》(*Sampo Doshimon*, 1781)，也展现了数字的三角形式。

摆线

自 1654 年底起，帕斯卡为了神学而放弃了科学与数学。结果是他创作了《致外省人书》(*Lettres Provinciales*) 和《思想录》(*Pensées*)，仅在 1658—1659 年间一个短暂的时期内回到过数学。1658 年的一天晚上，牙疼或疾病让他无法入睡，作为一种对病痛的逃避，他开始研究摆线。神奇的是，疼痛居然减轻了，帕斯卡把这看作上帝的指示，研究数学并不会让他不愉快。在发现有关摆线的面积、体积和重心后，帕斯卡向当时的数学家们提出了六个这样的问题，为这些问题的解设置了一等奖和二等奖，并提名罗贝瓦尔担任评委之一。由于宣传和时间安排太差了，以至于只有两份解提交了上来，还都至少包含一些计算错误。因此，帕斯卡没有颁发奖项，但是他却发表了他自己的解以及其他一些结果，都冠以《摆线历史》(*Histoire de la Roulette*)（"roulette"在法语中常用来指摆线），被收录在《德顿维尔的信件》(*Lettres de A. Dettonville*, 1658—1659) 系列中。（阿莫斯·德顿维尔（Amos Dettonville）这个名字是路易斯·德·蒙塔尔特（Louis de Montalte）的变形词，后者是在《致外省人书》中用的假名。）竞赛问题和《致外省人书》使对摆线的兴趣成为焦点，但也引发了沸反盈天的争议。两位应征者，安托方·德·拉卢维埃（Antoine de Lalouvère）和约翰·沃利斯都是有能力的数学家，他们都对拒发奖项感到不满，而意大利的数学家们则愤慨于帕斯卡的《摆线历史》中几乎没

336

有提到托里拆利更早做出了那些仅被归功于罗贝瓦尔的发现。

《德顿维尔的信件》中的许多材料，比如螺线和抛物线弧长相等，以及摆线竞赛问题，都是罗贝瓦尔和托里拆利已知的，但其中一些结论是首次出版。在这些新结果中有推广的摆线 $x = aK\phi - a\sin\phi, y = a - a\cos\phi$ 一拱的弧长与椭圆 $x = 2a(1+K)\cos\phi, y = 2a(1-K)\sin\phi$ 的半周长相等。这个定理是用文字表述的，而不是符号语言，并且它是以本质上的阿基米德的方法所证明的，正如帕斯卡在 1658—1659 年间的大部分的证明方法一样。

在他 1658 年出版的《论四分之一圆的正弦》(*Traité des Sinus du Quart de Cercle*) 与正弦函数的积分有关联，帕斯卡已经离对微积分的发现非常之近，以至于莱布尼茨后来写道，正是在阅读帕斯卡的著作时让他突然来了灵感。假设帕斯卡没有像托里拆利一样，在 39 岁生日之后不久就溘然辞世，或者他更加一心一意地做数学家，又或他更多被算法而不是对几何学和数学哲学的沉思所吸引，那么他更早做出牛顿和莱布尼茨最伟大的发现是没什么疑问的。

菲利普·德·拉伊尔

随着德萨格 1661 年、帕斯卡 1662 年、费马 1665 年相继逝世，法国数学一个伟大时期也随之落幕。虽然罗贝瓦尔又活了大约十年，但他的贡献不再重要，并且他拒绝公开发表使他的影响力受限。这一时期法国唯一有声望的数学家是菲利普·德·拉伊尔 (Philippe de Lahire, 1640—1718)，他是德萨格的弟子，和他的老师一样，也是一位建筑师。纯粹几何显然更吸引他，并且他 1673 年关于圆锥曲线的第一个工作是综合的，但他并非与未来的解析浪潮毫无关联。拉伊尔一直留意着资助人，因此，在他 1679 年献给让·巴蒂斯特·科尔贝 (Jean Baptiste Colbert) 的《圆锥曲线的新原理》(*Nouveaux Éléments des Sections Coniques*) 中，笛卡儿的方法涌现出来。方法是度量和二维的，在椭圆和双曲线的例子中，从焦半径的和与差的定义开始，在抛物线的例子中，从到焦点和准线的相等距离开始。但拉伊尔在解析几何中延续了德萨格的一些语言。在他的解析语言中，只有术语"原点"沿用下来。也许是因为他的术语，那个时代的人没有恰当地评价他的《圆锥曲线的新原理》中的亮点——拉伊尔提供了用三个未知量的方程解析给出曲面的最早例子之一，这是真正迈向立体解析几何的第一步。与费马和笛卡儿一样，他只有一个参考点，或者说原点 O，以及过它的一条参

337

考线,或者说轴 OB,现在他又在上面加上了参考面,或者说坐标平面 OBA(见图 15.13)。拉伊尔继而发现,若一个点 P 到轴的垂直距离 PB 比距离 OB(P 的横坐标)大一个固定值 a,则 P 点的轨迹方程,按照他的坐标系,是 $a^2 + 2ax + x^2 = y^2 + v^2$(其中 v 是现在通常以 z 来表示的坐标)。当然,这个轨迹是一个圆锥。

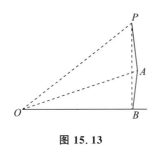

图 15.13

1685 年,拉伊尔在一本简单地命名为《圆锥曲线》(*Sectiones Conicae*)的书中回到了综合方法。这本书可以看作拉伊尔版本的古希腊阿波罗尼奥斯的《圆锥曲线论》,从德萨格的法文版译成了拉丁文。完全四点形的调和性质、极点和极线、切线和法线,以及共轭直径是其中从射影观点处理的熟悉的主题。338

今日,拉伊尔的名字与他综合或解析的圆锥曲线的著作毫无联系,而与他 1706 年在法国科学院《院刊》(*Mémoires*)上的一篇关于"旋轮线"的论文中的定理有关。他在这篇文章中阐明,如果一个小圆在直径为其两倍的大圆的内部无滑滚动,那么(1)小圆圆周上一点的轨迹是一条线段(即大圆的直径),(2)不在小圆圆周上而是与小圆相对固定的一点的轨迹是一个椭圆。正如我们已知道的,定理的第一部分为纳西尔丁·图西所知,第二部分为哥白尼所知。拉伊尔的名字值得铭记,不过遗憾的是,他的名字将与并非他首先发现的一个定理联系在一起。

乔治·莫尔

拉伊尔并不是那个时代唯一不被赏识的几何学家。1672 年,丹麦数学家乔治·莫尔(Georg Mohr,1640—1697)出版了不同寻常的一本书,书名为《丹麦的欧几里得》(*Euclides Danicus*),在这本书中他证明了,任何利用圆规和直尺能够完成的逐点作图(也就是任何"平面"问题)都能够只用圆规完成。尽管帕普斯、笛卡儿和其他数学家都坚持简约原则,但很多经典的作图都被莫尔证明违背了这一原则——本来用一种工具就足够,却用了两种。当然,你不能用圆规画出一条直线,但如果认为知道了直线上不同的两个点就知道了这条直线,那么在欧几里得几何中使用直尺就是多余的了。那个时代的数学家很少注意到这个惊人发现,以至于仅使用圆规而不需要直尺的几何,并不是冠以莫尔之名,而是冠以了洛伦佐·马斯凯罗尼(Lorenzo Mascheroni)之名,后者在 125 年之后重新发现了这条原理。莫尔的书一度失传,直到 1928 年,一位数学家在哥本哈根的书店浏览时意外发现了复制本,此时人们才知道,早在马斯凯罗尼之前就已证明了直尺的多余。

彼得·门戈利

在莫尔被埋没的著作《丹麦的欧几里得》出版的那一年,即 1672 年,在意大利还出版了另一部关于化圆为方的著作——彼得·门戈利(Pietro Mengoli,1625—1686,那个时代不被赏识的第三位数学家)的《化圆为方问题》(*Il Problema Della Quadratura del Circolo*)。门戈利是一位牧师,成长过程中深受卡瓦列里(他是卡瓦列里在博洛尼亚的继任者)、托里拆利、圣文森特的格雷戈里的影响。门戈利在继续他们关于不可分量以及双曲线下的面积的工作时,学会了如何利用一种在当时其作用几乎第一次彰显的工具——即无穷级数的使用,来处理这类问题。比如,门戈利观察到交错调和级数 $\frac{1}{1} - \frac{1}{2} + \frac{1}{3} - \frac{1}{4} + \cdots + \frac{(-1)^{n-1}}{n} + \cdots$ 的和是 ln2。

通过重排级数项,他重新发现了奥雷斯姆的结论——普通的调和级数不收敛,这一定理常常被认为是雅各·伯努利(Jacques Bernoulli)在 1689 年发现的。他还证明了三角形数的倒数的收敛,这个结果常常被认为是惠更斯发现的。

我们已经考虑了三位在 17 世纪 70 年代工作的不被赏识的数学家,他们没有得到充分认可的一个原因就是数学中心不在他们的国家。曾经的引领者法国和意大利,在数学上逐渐没落,而丹麦一直在主流之外。特别地,在这个时期(一段是笛卡儿和费马之间的时期,另一段是牛顿和莱布尼茨之间的时期)有两个地区的数学繁荣发展起来:大不列颠和低地国家。在这里我们发现的不是像在法国、意大利和丹麦那样的一个个孤立的人物,而是一批杰出的英国人和另一批荷兰和佛兰芒的数学家。

339

弗兰斯·范斯霍滕

我们已经注意到笛卡儿在荷兰度过了二十年,他的数学影响决定了解析几何在荷兰扎根的速度要比在欧洲其他地区更快。1646 年在莱顿,弗兰斯·范斯霍滕(Frans van Schooten,1615—1660)继任他父亲的数学教授一职。主要是通过小范斯霍滕和他的学生们,笛卡儿几何获得了快速的发展。笛卡儿的《几何学》最初不是用学者通用的拉丁语出版,而且阐述也远不够清晰。1649 年,当范斯霍滕连同补充材料一起印刷了拉丁语版本时,前面两个缺点就都被克服了。范斯霍滕的《笛卡儿的几何学》(*Geometria a Renato Descartes*)大幅扩展为两卷本,在1659—1661 年出版,增补版在 1683 年和 1695 年出版。因此,可能这么说并不过分:解析几何由笛卡儿引入,而由范斯霍滕建立。

解释性介绍笛卡儿几何的必要性迅速被意识到,因此在这部著作出版一年内,一位"荷兰绅士"编撰了一部匿名的"导论",但并未出版。又过了一年,笛卡儿收到一份对《几何学》更深入的评注并加以赞赏,这是由弗洛里蒙·德博恩写就的,题为《简短注释》(*Notae Breves*)。其中解释了笛卡儿的思想,更强调了由简单二次方程表示的轨迹,很像费马《平面与立体轨迹引论》中的表述方式。比如,德博恩证明 $y^2 = xy + bx$,$y^2 = -2dy + bx$,$y^2 = bx - x^2$ 分别表示双曲线、抛物线和椭圆。德博恩的评注因为与范斯霍滕进一步的评注一起收录在 1649 年《几何学》的拉丁文译本中而得到了广泛的传播。

340

扬·德·维特

1658 年,对解析几何做出更广泛贡献的是范斯霍滕的一个同事扬·德·维特(Jan de Witt,1629—1672,著名的荷兰退休议长)。德维特曾在莱顿学习法律,但他在范斯霍滕家中生活时,对数学产生了兴趣。他在战争时期(他在其中反抗路易十四的图谋)管理联合省的事务,过着忙碌的生活。1672 年法国入侵荷兰时,德·维特被奥兰治党派免职,之后被一群狂怒的暴民抓住撕成了碎片。虽然他是一位实干家,但他还是在早年抽出时间撰写了一部名为《曲线基本原理》(*Elementa Curvarum*)的著作。这部书分为两部分,第一部分给出了圆锥曲线的各种运动学和平面的定义,其中有焦点-准线比的定义,我们所用的"准线"一词归功于他。他给出的另一种椭圆的作图是通过我们现在熟练使用的以离心角为参量的两个同心圆。这里处理的方法大部分是综合法，但第二卷相反，如此系统地使用了坐标，以至于它稍加修订，就被看作解析几何的第一本教材。德·维特著作的目的是通过坐标轴的平移和旋转将 x, y 的所有二次方程化简为标准类型。他知道如何基于所谓判别式为负数、为零，还是为正数，来识别一个这样的方程代表的是椭圆、抛物线，还是双曲线。

在悲惨去世的前一年，德·维特在他的著作《论终身年金》（*Treatise on Life Annuities*, 1671）中，将政治家的目的和数学家的观点结合起来，这可能受到了惠更斯关于概率的短文的启发。在这部著作中，德·维特表达了现在被描述为数学期望的概念，在他与胡德（Hudde）的通信中，他考虑了基于两个或更多人中最后一个幸存者的年金问题。

约翰·胡德

341 在 1656—1657 年，范斯霍滕出版了他自己的著作《数学练习》（*Exercitationes Mathematicae*），书中他给出了将代数应用于几何上的新成果。其中也包含他最有能力的弟子们的发现，比如约翰·胡德（Johann Hudde, 1629—1704），一位当了约三十年阿姆斯特丹市长的贵族。胡德与惠更斯、德·维特就运河维护以及概率和期望寿命的问题通信。1672 年，他领导了淹没荷兰以阻碍法国进军的工作。1656 年，就像门戈利一样，胡德用无穷级数的方法写了双曲线求积问题，但手稿已经遗失。范斯霍滕的《数学练习》中有胡德关于四次曲面坐标研究的一节，这是甚至先于拉伊尔的立体解析几何的早期工作，尽管没后者那么明确。而且，胡德是首位在方程中用字母系数来表示任一实数（无论正数还是负数）的数学家。这个拓展韦达在方程理论中的符号的过程的最后一步，出现在胡德名为《论方程的简化》（*De Reductione Aequationum*）的著作中，该著作也构成了 1659—1661 年范斯霍滕版笛卡儿《几何学》的一部分。

在胡德的时代，两个最主流的学科是解析几何和数学分析，这位未来的市长对二者皆有贡献。1657—1658 年间，胡德发现了两个明确指向微积分算法的法则：

1. 如果 r 是多项式方程 $a_0 x^n + a_1 x^{n-1} + \cdots + a_{n-1} x + a_n = 0$ 的二重根，且如果 $b_0, b_1, \cdots, b_{n-1}, b_n$ 是等差数列中的数，则 r 也是方程 $a_0 b_0 x^n + a_1 b_1 x^{n-1} + \cdots +$

$a_{n-1}b_{n-1}x+a_nb_n=0$ 的根。

2. 如果对 $x=a$，多项式 $a_0x^n+a_1x^{n-1}+\cdots+a_{n-1}x+a_n$ 具有相对极大值或极小值，则 a 是方程 $na_0x^n+(n-1)a_1x^{n-1}+\cdots+2a_{n-1}x^2+a_{n-1}x=0$ 的一个根。

"胡德法则"第一条是现代定理的一种变形：如果 r 是 $f(x)=0$ 的二重根，那么 r 也是 $f'(x)=0$ 的根。第二个法则是对费马定理的稍微修改，今天表述的形式是：如果 $f(a)$ 是多项式 $f(x)$ 的一个相对极大值或极小值，那么 $f'(a)=0$。

勒内·弗朗索瓦·德·斯吕塞

由于范斯霍滕 1659 年在《笛卡儿的几何学》的第一卷中发表了胡德法则，使得这些法则广为人知。几年前，有关切线的类似的法则被另一位来自低地国家的代表性人物使用，他就是牧师勒内·弗朗索瓦·德·斯吕塞（René François de Sluse，1622—1685）。他出身于显赫的瓦隆族，是列日的本地人。他曾在里昂和罗马学习，在那里他也许熟悉了意大利数学家们的工作。可能通过托里拆利，抑或独立地，斯吕塞在 1652 年发现了方程形式为 $f(x,y)=0$ 的曲线的切线，其中 f 是多项式。 直到 1673 年才发表在皇家学会的《哲学汇刊》（*Philosophical Transactions*）上的这条法则，可以陈述如下：次切距是这样求得的商，由包含 y 的所有项做分子，每一项乘以该项出现的 y 的幂指数，再由包含 x 的所有项做分母，每一项乘以出现的 x 的幂指数，然后再除以 x。当然，这个商的形式等价于现在的写法 yf_y/f_x，这个结果胡德大约在 1659 年也知道了。这些例子表明，甚至在牛顿的工作之前，微积分的发现就已经不断涌现。

斯吕塞受低地国家传统的影响，也在推广笛卡儿的几何方面相当积极，虽然他更愿意使用韦达和费马的 A,E，而不是笛卡儿的 x,y。1659 年，他出版了一部受欢迎的书《杂论》（*Mesolabum*），书中他探讨了熟悉的主题——关于方程根的几何作图。他证明，给定任意一条圆锥曲线，可以通过圆锥曲线和圆相交画出任意三次或四次方程的根。斯吕塞的名字也和曲线族联系在一起，他在与惠更斯和帕斯卡 1657—1658 年的通信中介绍了这些曲线。这些帕斯卡命名的所谓的斯吕塞珍珠是由形如 $y^m=kx^n(a-x)^b$ 的方程给定的曲线。斯吕塞错误地认为形如 $y=x^2(a-x)$ 的这些例子具有珍珠形状，因为那时负坐标还未被人们理解，斯吕塞假设了关于横坐标轴的对称性。然而，被誉为范斯霍滕最好的学生克里斯蒂安·惠

342

313

更斯(Christiaan Huygens,1629—1695)，求出了极大值点和极小值点以及拐点，且能够正确画出有正、负坐标的曲线草图。其他拐点也由惠更斯之前的几位数学家发现，包括费马和罗贝瓦尔。

克里斯蒂安·惠更斯

克里斯蒂安·惠更斯

克里斯蒂安·惠更斯是荷兰一个显赫家族的成员，他是外交官康斯坦丁·惠更斯(Constantin Huygens)的儿子，在他年轻的时候，惠更斯在数学上的追求得到了他父亲的同事笛卡儿和梅森的鼓励。惠更斯成为了享有国际名望的科学家，他因在光的波动理论中以他名字命名的原理、土星光环的发现以及实际发明了钟摆而被铭记。他做出的最重要的数学发现与他在提高钟表技术方面所做的研究相关。

摆钟

惠更斯知道单摆的摆动不是严格等时的，而是取决于摆动的幅度。换句话说，如果一个物体放置在光滑半圆形碗边并被释放，那么它到达最底端的时间几乎(不是完全)与它释放时的高度无关。惠更斯正是在帕斯卡1658年进行摆线竞赛时发明了摆钟，这让他想到如果用横截面是一个倒置的摆线拱形的碗代替半圆形碗，将会发生什么。惠更斯很高兴地发现，对这样的一个碗，无论在碗的内表面多高处释放，物体都会精确地同时到达最低点。摆线确实是等时曲线，也就是说，在一个倒置的摆线拱形上，物体从任意一点释放，无论起点在哪里，都会几乎同时落到底部。但还存在一个大的问题：如何使摆沿着摆线，而不是圆或弧摆动？这里惠更斯做出了一个进一步的漂亮发现。如果在两个倒置的摆线半拱 PQ 和 PR 之间的尖点 P 悬挂一个单摆（图 15.14），摆长等于一个半拱的长度，则摆锤摆过的弧是一拱摆线 QSR，它的尺寸和形状都与弧 PQ 和 PR 所在的摆线完全一致。换言之，如果钟摆在摆片之间来回摆动，那将是真正等时的。

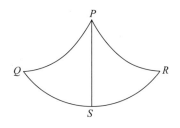

图 15.14

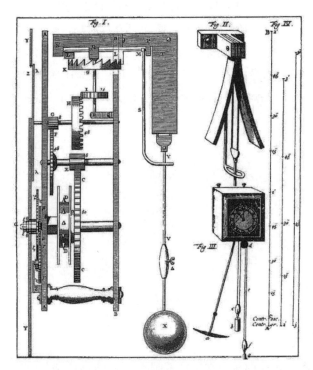

惠更斯《摆钟论》(*Horologium Oscillatorium*，1673) 的图解。其中标记为图 Ⅱ 的图展示了能够使钟摆沿着摆线弧摆动的摆线状夹片。

345 　惠更斯用摆线状夹片做了几个摆钟，但他发现在实际操作中，它们不比依赖普通单摆的摆动更精确，普通单摆在摆动幅度非常小时几乎是等时的。然而，也是在这个研究中，惠更斯做出了有重大数学意义的发现：摆线的渐伸线是一条相似的摆线，或者反过来说，摆线的渐屈线是一条相似的摆线。惠更斯以本质上是阿基米德和费马的风格，通过取临近点，再考察间隔消失时的结果，证明了这一定理以及进一步的关于其他曲线的渐伸线和渐屈线的定理。笛卡儿和费马曾用这种方法求曲线的法线和切线，而现在惠更斯将其应用到求平面曲线的我们所说的曲率半径上。如果在曲线上两个邻近点 P 和 Q 处（图 15.15），求出它们的法线及其相交点 I，那么当 Q 点沿着曲线趋近于 P 点时，可变点 I 趋向于固定点 O，该点称为曲线在点 P 处的曲率中心，距离 OP 称为曲率半径。在给定曲线 C_i 上点 P 处的曲率中心 O 的轨迹在第二条被称为 C 的渐屈线的曲线 C_e 上，并且以 C_e 为渐

346 屈线的任意曲线 C_i，被称为曲线 C_e 的渐伸线。很清楚，C_i 的法线包络线是 C_e，它与每一条法线相切。在图 15.14 中，曲线 QPR 是曲线 QSR 的渐屈线，曲线 QSR 是曲线 QPR 的渐伸线。随着摆锤来回摆动，悬线的位置是 QSR 的法线，QPR 的切线。当摆锤往一侧移动得越来越多时，悬线在摆线夹口上缠得越来越多，而当摆锤落到最低点 S 时，悬线就松开了。因此，惠更斯描述摆线 QSR 为渐伸线，摆线 QPR 为渐屈线（法语中，曾采用术语 développante 和 développée）。

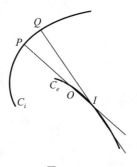

图 15.15

渐伸线和渐屈线

　曲率半径和渐屈线的概念在阿波罗尼奥斯的纯理论著作《圆锥曲线论》中已有所体现，但只因为惠更斯对钟表技术的兴趣，这些概念才在数学中获得了永久的地位。解析几何本质上是理论思考的产物，但惠更斯对曲率思想的发展是源于实践上的考虑。正如惠更斯的工作恰当阐述的那样，实践和理论两种观点相互作

用,往往会产生数学上的丰富成果。他的摆线钟摆给他提供了对摆线的显而易见的求长法,这个成果罗贝瓦尔之前得出过但未发表。弧 QS(见图 15.14)是由钟摆悬线缠绕在曲线 QP 上而形成的这一事实,说明直线 PS 的长度恰好等于弧 QP 的长度。由于直线 PS 是摆线 QSR 的母圆直径的两倍,因此摆线的完整拱形的长度一定是其母圆直径的 4 倍。渐伸线和渐屈线理论同样推导出了其他曲线的求长,逍遥学派和笛卡儿学派的代数曲线不可求长的信条受到了更为严重的质疑。

1658 年,惠更斯的一位同事,也是范斯霍滕的门徒的海因里希·范休雷特(Heinrich van Heuraet,1633—1660?),发现半立方抛物线 $ay^2 = x^3$ 可以用欧几里得的方法求长,由此终结了不确定性。这个发现作为范斯霍滕的《笛卡儿的几何学》更为重要的方面之一在 1659 年发表。英国人威廉·尼尔(William Neil,1637－1670)稍早时候独立得出了这个结果,不久之后法国的费马也独立获得,这可看成另外一个令人印象深刻的同时发现的例子。在费马所有的数学发现中,仅有半立方抛物线(往往被称为尼尔抛物线)的求长法是他自己发表的。问题的解在 1660 年发表在《七本著作中提出的关于摆线的古代几何》(*Veterum Geometria Promota in Septem de Cycloide Libris*)的附录中,作者是安托万·德·拉卢维埃,一位竞争帕斯卡奖金的研究化圆为方的学者。费马的求长法是通过对比曲线的一小段弧与这段弧端点上的切线构成的外切图形得出的。范休雷特的方法是基于弧的变化率,现代记号中以方程 $ds/dx = \sqrt{1+(y')^2}$ 来表示。

尼尔的求长法依赖于沃利斯在《无穷算术》(*Arithmetica Infinitorum*)中已经提到的认识,即一段小弧实际上是一个直角三角形的斜边,其两直角边是横、纵坐标的增量,亦即,相当于现代的公式 $ds = \sqrt{dx^2 + dy^2}$。尼尔的求长公式在 1659 年由约翰·沃利斯发表在一篇题为《两篇论文:第一篇关于摆线,第二篇关于蔓叶线》(*Tractatus Duo*,*Prior de Cycloide*,*Posterior de Cissoide*)的著作中。在这本著作发表几个月之后帕斯卡就又发表了关于摆线的著作,显示了在微积分发明前夕摆线热裹挟数学家到何种程度。

惠更斯关于渐伸线和渐屈线的工作直到 1673 年才发表,出版于他著名的《钟摆论》一书中。这部关于摆钟的著作是一部经典著作,被作为十多年后牛顿《自然哲学的数学原理》一书的引导。书中包含了圆周运动的向心力定律、惠更斯的单摆运动定律、动能守恒原理,以及其他力学中的重要成果。终其一生,他对所有数学上的问题都保持着广泛的兴趣,对高阶平面曲线尤其如此。他求得蔓叶线的长并研究了曳物线。伽利略认为悬链线是抛物线,然而惠更斯证明它是非代数曲线。1656 年，他把无穷小分析运用到圆锥曲线上，将抛物线求长问题简化为双曲线的求积（即简化为求对数）。接下来的一年，惠更斯成为第一个求得一截旋转抛物面（阿基米德的"劈锥面"）的表面积的人，由此证明了展平问题可以通过初等方法解决。

范斯霍滕于 1660 年去世，这一年英国皇家学会成立，这个日期也标志着世界数学中心的新转移。聚集在范斯霍滕周围的莱顿圈正在失去光辉，在惠更斯1666 年动身前往巴黎的时候又进一步遭受了打击。同时，英国的数学正在蓬勃发展，皇家学会的成立又对其做了进一步的推动。自 1660 年被批准成立以来，皇家学会开展声誉卓著的活动已有 350 年。

（潘丽云　译）

第十六章
不列颠技巧和大陆方法

数学既是科学不可动摇的基础，也是有益于人类事务的富饶源泉。

——艾萨克·巴罗（Isaac Barrow）

约翰·沃利斯

约翰·沃利斯（John Wallis，1616—1703）是伦敦皇家学会创始人之一，在老一辈人眼里他是一名优秀的数学学生，而后来的历史学家则视他为对牛顿最具影响力的英国前辈。沃利斯像奥特雷德一样加入了圣职，不过他一生的大部分时光是作为数学家度过的。在剑桥大学接受教育后，沃利斯在 1649 年被任命为牛津大学萨维尔几何学教授，主持了最初在 1619 年设立时为布里格斯所任的这一讲席。虽说沃利斯是名公认的保皇党人士，但克伦威尔政府并不反对利用他的服务来破译密码，而当查理二世（Charles Ⅱ）复辟时，沃利斯成了国王的牧师。1655 年初，沃利斯就出版了两本非常重要的著作，一本关于解析几何，另一本关于无穷分析。它们在当时是数学的两个主要分支，而他具备的天赋非常适合推动它们发展。

《圆锥曲线专论》

沃利斯的《圆锥曲线专论》（*Tractatus de Sectionibus Conicis*）对解析几何学

319

在英国所做的贡献可以比拟德·维特的《曲线基础》对该学科在欧洲大陆所做的贡献。事实上，沃利斯抱怨德·维特的著作模仿了他的《圆锥曲线专论》，但德·维特的著作虽然晚了四年出版，实际上撰写于 1655 年之前。这两个人的著作可以看成对始于笛卡儿的圆锥曲线算术化的完善。特别是沃利斯，只要有可能就把几何概念替换成数字概念。甚至比例这个古代几何的堡垒也被沃尔斯给出了算术概念。

　　沃利斯的《圆锥曲线专论》开头只是说说曲线由圆锥的截线形成，然而作者通过平面坐标方法用三种标准形式 $e^2 = ld - ld^2/t$，$p^2 = ld$ 和 $h^2 = ld + ld^2/t$ 推导出了所有人们熟悉的圆锥曲线的性质，这里 e, p 和 h 分别是椭圆、抛物线和双曲线的纵坐标，对应于顶点放在原点上从那里量起的横坐标 d，其中 l 和 t 是正焦弦和"直径"或轴。后来还是沃利斯把这些方程看作圆锥曲线的定义，这是"绝对"意义上的考虑，亦即，圆锥曲线的构建不再与圆锥有关。这里，他甚至比费马更接近圆锥曲线的现代定义：平面坐标系中坐标满足两个变量的二次方程的点的轨迹。事实上，笛卡儿一直知道这个定义，只是他并没有强调。

《无穷算术》

　　假如沃利斯的《圆锥曲线专论》没有出现，损失也不会很严重，因为德·维特的著作仅仅四年后就出现了。然而也在 1655 年出版的沃利斯的《无穷算术》是不可替代的。沃利斯算术化了卡瓦列里的《连续不可分量几何学》，正如他算术化了阿波罗尼奥斯的《圆锥曲线论》。卡瓦列里通过把平行四边形中的几何不可分量与它对角线分成的两个三角形中之一的几何不可分量费力地匹配，得到结果

$$\int_0^a x^m \, dx = \frac{a^{m+1}}{m+1},$$

而沃利斯在把图形中无穷多的不可分量与数值建立联系之后，抛弃了几何背景。例如，如果想比较三角形中不可分量的平方与平行四边形中不可分量的平方，那么在有 n 个不可分量时，则可取三角形中第一个不可分量的长度为 0，第二个为 1，第三个为 2，以此类推，直到最后一个长度为 $n-1$。那么，若每个图形中仅有两个不可分量，则这两个图形中不可分量的平方之比为

$$\frac{0^2 + 1^2}{1^2 + 1^2} \quad \text{或} \quad \frac{1}{2} = \frac{1}{3} + \frac{1}{6};$$

若有三个不可分量，则有

$$\frac{0^2+1^2+2^2}{2^2+2^2+2^2}=\frac{5}{12}=\frac{1}{3}+\frac{1}{12};$$

若有四个不可分量,则有

$$\frac{0^2+1^2+2^2+3^2}{3^2+3^2+3^2+3^2}=\frac{14}{36}=\frac{1}{3}+\frac{1}{8}。$$

对于 $n+1$ 个不可分量,结果为

$$\frac{0^2+1^2+2^2+\cdots+(n-1)^2+n^2}{n^2+n^2+n^2+\cdots+n^2+n^2}=\frac{1}{3}+\frac{1}{6n},$$

而且若 n 为无穷大,则这个比显然为 $\frac{1}{3}$。(因为 n 为无穷大,余项 $1/6n$ 变为 $1/\infty$,即为 0。沃利斯是使用现在人们熟悉的"同心结"符号表示无穷大的第一人。)当然,这等价于说 $\int_0^1 x^2\mathrm{d}x=\frac{1}{3}$。沃利斯把相同的过程推广到 x 的更高的整数次幂。

通过不完全归纳法,对 m 的所有整数值,他断定

$$\int_0^1 x^m\mathrm{d}x=\frac{1}{m+1}。$$

费马恰当地批评了沃利斯的归纳法,因为它缺乏费马和帕斯卡经常使用的完全归纳法的严谨性。此外,沃利斯遵循了一个更成问题的插值原则,在该原则下,他假设他的结果对 m 的分数值和负数值($m=-1$ 除外)也成立。他甚至大胆假设这个公式对无理数次幂也成立——这是微积分中关于现在被称为"高等超越函数"的最早的陈述。分数次幂和负数次幂的指数符号的使用是对如奥雷斯姆和斯泰芬早前建议的一个重要的推广,但是沃利斯没有为他对笛卡儿取幂的推广提供一个牢固的基础。

沃利斯是一个有着沙文主义倾向的英国人,当他后来(1685 年)出版《历史和实用的代数论》(*Treatise of Algebra, Both Historical and Practical*)时,他贬低笛卡儿的著作,非常不公正地辩称其大多内容取自哈里奥特的《实用分析术》。沃利斯对帕斯卡竞赛问题的解答由于不值得获奖而被拒绝的事实显然没有扭转他的反法偏见。这种偏见加上他对历史记录漫不经心的解读,似乎也解释了为何作为数学家远胜过历史学家的沃利斯,会把代数学(或者说韦达的分析学)等同于古代的几何分析。

351

克里斯托弗·雷恩和威廉·尼尔

在沃利斯寄出他对帕斯卡挑战问题的答复时,克里斯托弗·雷恩

(Christopher Wren, 1632—1723) 也把他对摆线的修正寄给了帕斯卡。雷恩在牛津大学接受教育，后来留校担任萨维尔天文学教授一职。他也当选为伦敦皇家学会会员，还当了几年会长。要不是 1666 年的大火烧毁了大半个伦敦，也许现在雷恩会被看作一名数学家，而不是圣保罗大教堂和另外大约五十座教堂的建筑师。雷恩和沃利斯所在的数学圈子在 1657 至 1658 年间显然正将弧长公式 $ds^2 = dx^2 + dy^2$ 应用于各种曲线，并取得了辉煌的成就。前面我们提到，在 1657 年，年仅二十岁的威廉·尼尔就首次成功修正了半立方抛物线。一年以后，雷恩发现了摆线的长度。尼尔的修正依赖于沃利斯在《无穷算术》中已经提出的一个发现：一段小弧实际上是以横坐标和纵坐标的增量为直角边的直角三角形的斜边，即现代公式 $ds = \sqrt{dx^2 + dy^2}$ 的等价形式。沃利斯将归功于尼尔的和雷恩的发现收入他 1659 年的关于摆线和蔓叶线的无穷小问题的《两篇论文：第一篇关于摆线，第二篇关于蔓叶线》中。这本著作出版之后的几个月，帕斯卡关于摆线的书出版了，表明了在微积分发明前不久摆线热对数学家们的影响程度之大。

遗憾的是，三维空间中曲面和曲线的几何在那时很少受到关注，以至于几乎一个世纪之后，立体解析几何学实际上仍未得到发展。沃利斯在 1685 年的《代数学》中研究了属于现在所说的劈锥曲面（当然不是阿基米德意义上）类型的曲面。被沃利斯称为"锥形楔"（conical wedge）的曲面可以描述如下：设 C 为圆，L 是平行于平面 C 的一条直线，又设 P 是垂直于 L 的平面。那么锥形楔是平行于 P 且通过 L 和 C 上的点的直线的总体。沃利斯提出可通过用一条圆锥曲线代替圆 C 得到其他劈锥曲面，并且在 1670 年的《力学》（Mechanica）中，他注意到了雷恩双曲面（或"双曲圆柱面"）上的抛物线截线。然而沃利斯既没有给出该曲面的方程，也没有像他在平面几何学中曾经做的那样，对三维几何学进行算术化。

沃利斯公式

沃利斯在无穷小分析学中做出了他最重要的贡献。其中之一是在求 $\int_0^1 \sqrt{x - x^2}\, dx$ 的值时，他先于欧拉关于伽马 γ 函数或阶乘函数做了一些工作。从卡瓦列里、费马和其他人的工作中，沃利斯知道了这个积分表示半圆 $y = \sqrt{x - x^2}$ 的面积，且这个面积等于 $\pi/8$。但怎样通过无穷小的方法直接计算这个积分来得到答案呢？沃利斯无法回答这个问题，但他的归纳法和插值法带来了一个有趣的结果。在对 n 的几个正整数求 $\int_0^1 (x - x^2)^n\, dx$ 的值之后，沃利斯通过不完全归纳

法得出结论:这个积分值是$(n!)^2/(2n+1)!$。假设该公式对 n 的分数值也成立,那么沃利斯得到

$$\int_0^1 \sqrt{x-x^2}\,\mathrm{d}x = \left(\frac{1}{2}!\right)^2 \Big/ 2!,$$

因此,$\dfrac{\pi}{8} = \dfrac{1}{2}\left(\dfrac{1}{2}!\right)^2$ 或者 $\dfrac{1}{2}! = \dfrac{\pi}{2}$。这是欧拉贝塔函数

$$B(m,n) = \int_0^1 x^{m-1}(1-x)^{n-1}\,\mathrm{d}x$$

当 $m = \dfrac{3}{2}$ 且 $n = \dfrac{3}{2}$ 时的特例。

沃利斯的最为人所知的结果之一是无穷乘积

$$\frac{2}{\pi} = \frac{1\cdot3\cdot3\cdot5\cdot5\cdot7\cdots}{2\cdot2\cdot4\cdot4\cdot6\cdot6\cdots}。$$

这个表达式可以利用现代定理

$$\lim_{n\to\infty} \frac{\int_0^{\pi/2} \sin^n x\,\mathrm{d}x}{\int_0^{\pi/2} \sin^{n+1} x\,\mathrm{d}x} = 1$$

和 m 为奇数时的公式

$$\int_0^{\pi/2} \sin^m x\,\mathrm{d}x = \frac{(m-1)!!}{m!!}$$

以及 m 为偶数时的公式

$$\int_0^{\pi/2} \sin^m x\,\mathrm{d}x = \frac{(m-1)!!}{m!!}\frac{\pi}{2}$$

容易地得到。(这里符号 $m!!$ 表示乘积 $m(m-2)(m-4)\cdots$ 根据 m 为奇数或偶数而终止于 1 或 2。)因此,前面的表达式 $\int_0^{\pi/2} \sin^m x\,\mathrm{d}x$ 被称为沃利斯公式。然而沃利斯实际上用以得到 $2/\pi$ 的这个乘积的方法仍然基于他的归纳和插值原理,这次是用于 $\int_0^1 \sqrt{1-x^2}\,\mathrm{d}x$,因为还没有二项式定理,所以他无法直接算出这个积分。

詹姆斯·格雷果里

至少从 1527 年起,整数次幂的二项式定理就已经在欧洲为人所知了,但令人惊讶的是,沃利斯未能在这里应用他的插值法。年轻的苏格兰人詹姆斯·格雷果

里（James Gregory，1638—1675）似乎可能已经知道了这个结果，他是牛顿的前辈，三十六岁就去世了。格雷果里明显接触过几个国家的数学。詹姆斯·格雷果里的外叔祖父亚历山大·安德森（Alexander Anderson，1582—1620？）出版了韦达的著作，而且他本人不仅在阿伯丁的学校学习数学，还跟他的哥哥大卫·格雷果里（David Gregory，1627—1720）学习过。一个有钱的赞助人曾把他介绍给伦敦皇家学会的图书馆馆员约翰·科林斯（John Collins，1625—1683）。科林斯之于英国数学家，就如早一代的梅森之于法国数学家，扮演着非凡的通信者的角色。1663 年，格雷果里前往意大利，在那里赞助人将他介绍给了托里拆利的继承者们，尤其是斯特凡诺·德斯利·安杰利（Stefano desli Angeli，1623—1697）。安杰利的许多著作几乎都是关于无穷小方法的，重点是广义螺线、抛物线和双曲线的求积，他的保护人曾是托里拆利的亲密朋友红衣主教米凯兰杰洛·里奇（Michelangelo Ricci，1619—1682）。可能就是在意大利的时候，格雷果里开始认识到函数的无穷级数展开和一般无穷过程的威力。

格雷果里求积

1667 年，格雷果里在帕多瓦出版了一部题为《真正的圆和双曲线的求积》（*Vera Circuli et Hyperbolae Quadratura*）的著作，其中包括了无穷小分析学非常重要的成果。一则，格雷果里把阿基米德算法推广到椭圆和双曲线的求积。他取一个面积为 a_0 的内接三角形和一个面积为 A_0 的外接四边形，通过连续加倍这些图形的边数，他形成了序列 $a_0, A_0, a_1, A_1, a_2, A_2, a_3, A_3, \cdots$ 并证明 a_n 是紧接的前面两项的几何平均，A_n 是前面两项的调和平均。于是，他得到内接面积和外接面积的两个序列，两者都收敛于对应圆锥曲线的面积。他用这些得出了椭圆扇形面积和双曲线扇形面积非常精确的近似值。顺便说一下，格雷果里第一次在这种意义上使用"收敛"这个词语。通过这个无限过程，格雷果里探索了对于化圆为方的不可能性的证明，但没有成功。被看作当时领袖数学家的惠更斯认为，π 可以用代数的方法来表示，关于格雷果里方法的有效性产生了一些争议。π 的超越性问题是一个难题，而且它以格雷果里偏爱的方式解决还需要再过两个世纪。

格雷果里级数

1668 年，格雷果里又出版了另外两部著作，汇集了来自法国、意大利、荷兰和英国的数学成果，以及他个人的新发现。其中之一是在帕多瓦出版的《几何学的通用部分》(*Geometriae Pars Universalis*)，另一部是在伦敦出版的《几何学练习》(*Exercitationes Geometricae*)。正如第一部著作的书名所蕴含的，格雷果里突破了笛卡儿对"几何"曲线和"机械"曲线的区分。他更喜欢将数学分为"一般"定理和"特殊"定理，而非代数函数和超越函数。格雷果里甚至不想区分代数方法和几何方法，结果他的著作以一种本质上是几何学的形式呈现出来，不易让人理解。如果他用解析的方法表达他的工作，那么他可能先于牛顿发明微积分，因为到 1668 年底，他差不多已经知道了微积分的全部基本要素。他完全熟悉求积与求长，而且可能看出了这些是切线问题的逆问题。他甚至已经知道了 $\int \sec x \, \mathrm{d}x = \ln(\sec x + \tan x)$ 的等价形式。他曾经独立发现分数次幂的二项式定理，尽管牛顿更早之前已经知道这个成果（但尚未发表），而且在泰勒（Taylor）发表泰勒级数的四十多年前，他就通过一个等价于逐次微分的过程，发现了泰勒级数。$\tan x$ 和 $\sec x$，$\arctan x$ 和 $\operatorname{arcsec} x$ 的麦克劳林（Maclaurin）级数他都知道，但这些级数中只有 $\arctan x$ 的级数冠以他的名字。他可能已经在意大利得知，曲线 $y = 1/(1+x^2)$ 从 $x = 0$ 到 $x = x$ 的面积是 $\arctan x$，而一个简单的长除法把 $1/(1+x^2)$ 变为 $1 - x^2 + x^4 - x^6 + \cdots$。因此，从卡瓦列里公式立得

$$\int_0^x \frac{\mathrm{d}x}{1+x^2} = \arctan x = x - \frac{x^3}{3} + \frac{x^5}{5} - \frac{x^7}{7} + \cdots 。$$

这个结果仍被称为"格雷果里级数"。

尼古劳斯·墨卡托和威廉·布龙克尔

大约在同一时间，尼古劳斯·墨卡托（Nicolaus Mercator, 1620—1687）得出了一个与格雷果里级数类似的结果，并且发表在他 1688 年的《对数术》(*Logarithmotechnia*) 中。墨卡托（真名考夫曼（Kaufmann））出生于丹麦的荷尔斯泰因，但他在伦敦生活了很长时间并成为伦敦皇家学会的首批会员之一。1683 年，他前往法国，设计了凡尔赛的喷泉，四年后于巴黎去世。墨卡托的《对数术》的第一部分是关于对数的计算，其方法源自内皮尔和布里格斯；第二部分包含对数的各种近似公式，其中之一本质上是现在以"墨卡托级数"命名的公式。从圣文森特的格雷戈里的著作中，当时已经知道双曲线 $y = 1/(1+x)$ 从 $x = 0$ 到 $x = x$ 的面积是 $\ln(1+x)$。因此，利用詹姆斯·格雷果里的长除法之后接着积分，我们有

$$\int_0^x \frac{\mathrm{d}x}{1+x} = \int_0^x (1 - x + x^2 - x^3 + \cdots)\mathrm{d}x = \ln(1+x)$$

$$= \frac{x}{1} - \frac{x^2}{2} + \frac{x^3}{3} - \frac{x^4}{4} + \cdots。$$

墨卡托从门戈利那里拿来了"自然对数"这个名词来指代由这一级数方法得出的值。尽管这一级数以墨卡托的名字命名，但似乎胡德和牛顿知道得更早，然而他们并没有发表。

17 世纪 50 年代和 60 年代，很多种无穷方法被发展出来，包括由伦敦皇家学会第一任会长威廉·布龙克尔（William Brouncker, 1620? —1684）给出的求 π 的无穷连分数法。连分数的前几步在此之前很多年就在意大利采取过了，在那里博洛尼亚的彼得罗·安东尼奥·卡塔尔迪（Pietro Antonio Cataldi, 1548—1626）曾用这种形式表示平方根。这些表达式很容易如下得出：假设要表示 $\sqrt{2}$，又设 $x + 1 = \sqrt{2}$。那么，$(x+1)^2 = 2$ 或 $x^2 + 2x = 1$ 或 $x = 1/(2+x)$。如果在等式右边不断用 $1/(2+x)$ 代替经常出现的 x，那么可得到

$$x = \cfrac{1}{2 + \cfrac{1}{2 + \cfrac{1}{2 + \cdots}}} = \sqrt{2} - 1。$$

通过沃利斯 $2/\pi$ 乘积的操作，布龙克尔在某种意义上得到了表达式

$$\frac{4}{\pi} = 1 + \cfrac{1}{2 + \cfrac{9}{2 + \cfrac{25}{2 + \cfrac{49}{2 + \cdots}}}}。$$

356 除此之外，布龙克尔和格雷果里还发现了对数的某种无穷级数，但更简便的墨卡托级数使这些级数黯然失色。不过，说起来令人遗憾，格雷果里并没有获得与他的成就相匹配的影响力。1668 年，他返回苏格兰并成为一名数学教授，先是 1668 年在圣安德鲁斯大学执教，然后 1674 年任爱丁堡大学教授，在那里他失明了，并于一年后去世。1667 年至 1668 年他的三部著作出版之后，他没有再出版其他著作，因而他的许多结果不得不被其他人再次发现。

巴罗的切线方法

牛顿本来可以从格雷果里那里学到很多，但这位年轻的剑桥大学学生显然不

太熟悉这位苏格兰人的著作。相反,给他留下更深印象的是两位英国人:一位在牛津大学,另一位在剑桥大学。他们是约翰·沃利斯和艾萨克·巴罗(Isaoc Barrow,1630—1677)。巴罗和沃利斯一样担任圣职,但他教数学。身为数学保守主义者,巴罗不喜欢代数学的形式,而且就这方面而言,他的工作与沃利斯的工作是对立的。他认为代数学应该是逻辑学的一部分,而不是数学的一部分。他仰慕古代数学家,为此编辑了欧几里得、阿波罗尼奥斯和阿基米德的著作,此外还出版了自己的《光学讲义》(*Lectiones Opticae*)(1669 年)和《几何学讲义》(*Lectiones Geometriae*)(1670 年),这两本书的出版都得到了牛顿的协助。1668 年是个重要的年份,因为这一年巴罗在做他的几何学讲座,同时,格雷果里的《几何学的通用部分》、墨卡托的《对数术》以及斯吕塞的《杂论》的修订版也都在这一年出版了。斯吕塞再版的书里加了一节处理无穷小问题且包含极大和极小方法的章节。巴罗希望他的《几何学讲义》能考虑到这门学科在当时的状况,所以他对新发现有一个特别完整的叙述。切线问题和求积大为流行,因而它们在巴罗 1670 年的著作中有突出的叙述。这里,巴罗偏好托里拆利的动态观点甚于沃利斯的静态算术观点,而且他喜欢把几何量看作点的稳定的流。他说时间与直线有许多相似之处,他还认为两者都是由不可分量构成的。与沃利斯和费马的推理相比,尽管他的推理与卡瓦列里的更为相近,但在某一点上代数分析却显得尤为突出。在讲义 Ⅹ 的结尾,巴罗写道:

> 作为对此的补充,我以附录的形式添加了以我们经常使用的计算来求切线的方法,尽管我很不确定,已经有了上面这些用烂了的方法,这样做能有多少好处。然而,在一个朋友(后来证明这个人是牛顿)的建议下,我还是这样做了,我愿意这样做,还因为它比我前面讨论过的那些方法更有效、更一般化。

然后,巴罗解释了求切线的方法,它实际上等同于在微分学中使用的那种方法。它很像费马的方法,但是使用了两个与现代的 Δx 和 Δy 等价的量(取代费马的单个字母 E)。巴罗对切线法则的解释基本如下。若 M 为由多项式方程 $f(x,y) = 0$ 给定的曲线(用现代符号表示)上的点,并且如果 T 为所求切线 MT 与 x 轴的交点,那么巴罗就标出“曲线上无限小的一段弧 MN”。之后,他在 M 和 N 引纵坐标并过点 M 作平行于 x 轴的直线 MR(图 16.1)。然后,用 m 表示 M 的已知的纵坐标,t 表示想要求的次切距 PT,a 和 e 分别表示三角形 MRN 的垂直边和水平边,巴罗指出 a 与 e 之比等于 m 与 t 之比。正如我们现在应该这样来表述:对无限

357

接近的点来说，a 与 e 之比是该曲线的斜率。在求这个比时，巴罗做的和费马大致相同。他用 $x+e$ 和 $y+a$ 分别代替 $f(x, y)=0$ 中的 x 和 y，然后，在得到的方程中，他忽略了所有不含 a 或 e 的项（因为这些项本身等于 0）以及所有 a 和 e 超过一阶的项，最终他用 m 代替 a，用 t 代替 e。由此，以 x 和 m 来表达的次切距就被找到了，而且若 x 和 m 已知，则量 t 就确定了。巴罗显然不是直接知道费马的著作，因为他并没有提及他的名字，但是他认为他的想法来源于卡瓦列里、惠更斯、圣文森特的格雷戈里、詹姆斯·格雷果里和沃利斯，可能巴罗是通过他们得知了费马的方法。尤其是惠更斯和詹姆斯·格雷果里经常使用这一过程，而与巴罗一起工作的牛顿则认为巴罗的算法只是费马算法的一个改进。

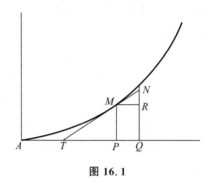

图 16.1

在所有提前运用了部分微分学和积分学的数学家们中，没有人比巴罗更接近新的分析学。他似乎已经清楚地认识到求切线和求积问题之间的互逆关系。但他对几何方法保守的执着显然使他无法有效利用这个关系，而且他同时代的人发现他的《几何学讲义》很难理解。幸运的是，巴罗知道当时牛顿本人也在研究同样的问题，这位老人恳求他年轻的伙伴汇集并出版他自己的成果。1669 年，巴罗被招去伦敦担任查理二世的牧师，而牛顿则在巴罗的建议下接替他主持剑桥大学的卢卡斯讲席。在本章余下部分将明显看出，这一继任最恰当不过。

牛顿

艾萨克·牛顿（Isaac Newton）是个早产儿，出生于伽利略去世那年（1642年①）的圣诞节。一位毕业于剑桥大学的舅舅发现了他外甥非同寻常的才能，并

---

① 按现在的历法，牛顿生于 1643 年 1 月。 ——译者著

劝说艾萨克的母亲让这个男孩到剑桥上大学。所以,年轻的牛顿1661年在三一学院登记入学,可能并没有成为一名数学家的想法,因为他没有特别钻研过这门学科。不过,在第一学年的早些时候,他购买并研究了欧几里得的复制本,此后不久,他阅读了奥特雷德的《数学之钥》、范斯霍滕(Van Schooten)的《笛卡儿的几何学》、开普勒的《光学》(*Optics*)、韦达的著作,以及也许最为重要的沃利斯的《无穷算术》。在这些训练外,我们必须加上巴罗在任卢卡斯教授时所给出的一系列讲座,牛顿于1663年后参加了这些讲座。牛顿也逐渐了解了伽利略、费马、惠更斯以及其他人的工作。

无怪乎牛顿后来致信给罗伯特·胡克(Robert Hooke)时说:"如果我看得比笛卡儿更远些,那是因为我站在巨人的肩膀上。"

艾萨克·牛顿爵士

早期工作

到1664年底,牛顿似乎已经达到数学知识的前沿,而且准备好做出他自己的贡献。牛顿最初的发现可以追溯到1665年初,那时候他已经能够用无穷级数表示函数,大约同时,格雷果里在意大利也在做同样的事情,尽管牛顿对此可能毫不知情。1665年,牛顿还开始思考诸如长度、面积、体积和温度这样的连续变量(即流量(fluent))的变化率(即流数(fluxion))。自此以后,牛顿把无穷级数和变化率这两个问题联系在一起,作为"我的方法"。

牛顿获得文学学士学位后不久,三一学院就因为大瘟疫关闭了,于是1665年到1666年的大部分时间里,牛顿都在家乡居住并思考。结果诞生了曾经报道过

359

360 的数学发现史上最高产的时期,因为牛顿后来声称,就是在这几个月里他做出了四个主要发现:(1) 二项式定理,(2) 微积分,(3) 万有引力定律,(4) 光的本性。

二项式定理

二项式定理现在对我们来说是如此显然,以至于我们很难理解为何其发现被耽搁了这么久。分数指数是在沃利斯那里才被普遍使用,而且我们已经看到即便是伟大的插值法专家沃利斯,也不能写出$(x-x^2)^{1/2}$ 或$(1-x^2)^{1/2}$ 的展开式。它留予牛顿作为他的无穷级数方法的一部分而给出。于 1664 年或 1665 年发现的二项式定理,描述在 1676 年牛顿致伦敦皇家学会秘书亨利·奥尔登堡(Henry Oldenburg,1619?—1677) 的两封信中,并被沃利斯(归功于牛顿) 发表在他 1685 年出版的《历史和实用的代数论》一书中。牛顿(以及沃利斯) 给出的表达式形式对于现代读者来说古怪得惊人,但它表明这一发现不只是简单的用分数次幂代替整数次幂。对牛顿而言,它是结合了关于代数量的除法和求根的大量尝试和差错的产物。最终,牛顿发现:

定理

$$P + PQ \frac{m}{n} = P\frac{m}{n} + \frac{m}{n}AQ + \frac{m-n}{2n}BQ + \frac{m-2n}{3n}CQ + \frac{m-3n}{4n}DQ + \cdots$$

大大缩短了求根计算,上式中 $P+PQ$ 代表一个量,这个量的根、幂、幂的根会被找到,P 为该量的首项,剩余的项除以首项为 Q,$\frac{m}{n}$ 为 $P+PQ$ 的幂的数值指数 …… 最后,我将使用 $A, B, C, D, \cdots$ 替换那些带商的项。

那么,A 代表首项 $P\frac{m}{n}$,B 代表第二项 $\frac{m}{n}AQ$,以此类推。

牛顿在 1676 年 6 月 13 日的一封信中首次宣布了这个定理,这封信原本打算寄给莱布尼茨,但最终寄给了奥尔登堡。在同一年 10 月 24 日的第二封信中,牛顿详细地解释了他是怎样被引向这个二项式级数的。他写道,在研究数学之始,他偶然碰到沃利斯关于计算纵坐标为$(1-x^2)^n$ 的曲线下(从 $x=0$ 到 $x=x$) 面积的著作。在检查对于指数 $n=0,1,2,3,\cdots$ 的面积时,他发现第一项总是 x,第二361 项根据 n 的幂为 $0,1,2,3,$ 等等,分别为 $\frac{0}{3}x^3, \frac{1}{3}x^3, \frac{2}{3}x^3, \frac{3}{3}x^3,$ 等等。因此,根据沃利斯的"插值"原理,牛顿假设对于 $n=\frac{1}{2}$ 在面积中前两项应该是

$$x - \frac{\frac{1}{2}x^3}{3}。$$

按照相同的模式,通过类似的推导过程,他求出了更多的项,前五项是

$$x - \frac{\frac{1}{2}x^3}{3} - \frac{\frac{1}{8}x^5}{5} - \frac{\frac{1}{16}x^7}{7} - \frac{\frac{5}{128}x^9}{9}。$$

然后他意识到,首先按照相同的方式通过插值法导出$(1-x^2)^{1/2} = 1 - \frac{1}{2}x^2 - \frac{1}{8}x^4 - \frac{1}{16}x^6 - \frac{5}{128}x^8 - \cdots$,再通过积分这个级数中的项求出面积,就可以得到同样的结果。换句话说,牛顿并不是直接从帕斯卡三角形得到的二项式定理,而是间接地通过一个求积问题得出了它。

无穷级数

有可能的是,牛顿的间接方法给他未来的工作带来了好运,因为他明白了用无穷级数运算就像用有限多项式运算。当他利用通常的代数过程从$1-x^2$的平方根中提取出了相同的无穷级数,并最终证明这个无穷级数与自身相乘的结果回到了原来被开方的$1-x^2$后,他确认了这种新的无穷分析方法的通用性。同样地,牛顿用插值法得到$(1-x^2)^{-1}$的结果(亦即$n=-1$的二项式定理)与用长除法得到的结果一致。通过这些例子,牛顿发现了远比二项式定理更重要的事情。他发现无穷级数的分析学与有限量的代数学有相同的内在一致性,而且服从相同的一般定律。无穷级数不再被认为仅仅是近似表现方法,而是函数的另一种表现形式。

牛顿本人从未发表或证明过二项式定理,但他写下并最终发表了他的无穷分析学的几篇报告。按照年代顺序,其中第一篇是 1669 年完成的《运用无穷多项方程的分析学》(*De Analysi per Aequationes Numero Terminorum Infinitas*),基于他 1665 年到 1666 年的思想成果,但直到 1711 年才出版。在这一篇中,他写道:

无论普通分析学(亦即,代数学)拿有限项方程(只要能做到)来做什么,这一新方法总能用无穷方程执行相同的操作。因此对于把这一方法称作分析学我没有任何疑义。因为,推理在此与在彼同样确定;方程在此与在彼同样精确;尽管我们凡人的推理能力有限,既不能表达,也不能设想这些方程的所有项,因而不能精确地知道我们想要求的量。总的

362

来说,我们能公平地认为它属于分析术(analytic art),借助它能精确且几何地确定曲线的面积和长度,等等。

从此之后,在牛顿的鼓励下,人们不再像古希腊人那样试图避免无穷过程,因为现在这些过程在数学中被认为是合理的。

当然,牛顿的《运用无穷多项方程的分析学》不止包含了无穷级数,还包含了更多的内容。作为牛顿的主要数学发现——微积分的第一本系统报告,它也具有重要意义。牛顿最重要的导师巴罗主要是一位几何学家,而牛顿本人常常被称为纯粹几何学大师,但是他最早的思想手稿表明,牛顿自由使用代数学及各种算法和记号。到 1666 年,牛顿还没有给出他的流数记号,但他已经用公式给出了微分的系统方法,这离巴罗在 1670 年发表的方法不远了。只需用牛顿的 qo 代替巴罗的 a,并用牛顿的 po 代替巴罗的 e,就可以得到牛顿微积分学的最早形式。显然,牛顿认为 o 是非常小的时间区间,op 和 oq 分别是 x 和 y 在该区间变化的小增量。因此,q/p 为 y 和 x 的瞬时变化率的比,亦即曲线 $f(x , y) = 0$ 的斜率。例如,曲线 $y^n = x^m$ 的斜率可通过对 $(y + oq)^n = (x + op)^m$ 两边利用二项式定理展开,除以 o,再剔除包含 o 的项得到,结果为

$$\frac{q}{p} = \frac{mx^{m-1}}{ny^{n-1}} \quad \text{或} \quad \frac{q}{p} = \frac{m}{n} x^{\frac{m}{n}-1}。$$

分数次幂不再困扰牛顿,因为他的无穷级数方法已给了他通用的算法。

当后来处理只含 x 的显函数时,牛顿丢弃了他的 p 和 q,换用格雷果里也用的记号 o 作为独立变量中的小的变化,例如,在《运用无穷多项方程的分析学》中,牛顿如下证明了曲线 $y = ax^{m/n}$ 下的面积由

$$\frac{ax^{(m/n)+1}}{(m/n) + 1}$$

给出。设该面积为 z 并假设

$$z = \frac{n}{m + n} ax^{(m+n)/n}。$$

设横坐标上的瞬时或者无穷小增加为 o。那么,新的横坐标为 $x + o$,增加的面积为

$$z + oy = \frac{n}{m + n} a(x + o)^{(m+n)/n}。$$

这里如果应用二项式定理,消去相等的项

$$z \quad \text{和} \quad \frac{n}{m + n} ax^{(m+n)/n},$$

除以 o，再剔除包含 o 的项，那么结果将为 $y = ax^{m/n}$。反之，如果曲线是 $y = ax^{m/n}$，那么面积将为

$$z = \frac{n}{m+n}ax^{(m+n)/n}。$$

在数学史上，这似乎是首次利用我们称之为微分的逆过程求出面积，尽管巴罗和格雷果里显然已经知道这一过程的可能性，也许托里拆利和费马也知道。牛顿成为微积分实际的发明者，是因为他能够通过他的新的无穷分析方法考察斜率和面积之间的互逆关系。这也是为什么在后来的日子里，他反对任何试图将他的微积分与他的无穷级数分析割开的努力。

《流数法和无穷级数》

在牛顿对他的无穷小方法最通行的陈述中，他视 x 和 y 为流动的量或流量，量 p 和 q（前文所述）分别为其流数或变化率。当他在 1671 年前后写下微积分这一观点时，他用"带点的字母" $\dot{x}$ 和 $\dot{y}$ 分别代替 p 和 q。他将以 x 和 y 为流数的量，或者说流量，记作 $\acute{x}$ 和 $\acute{y}$。通过加倍点和撇，他就能表示流数的流数或流量的流量。这一著作很久之后在 1742 年（尽管英译本早在 1736 年就出版了）才出版，那时候这本著作的标题不单只有流数法三个字，而是《流数法和无穷级数》（*Methodus Fluxionum et Serierum Infinitorum*）。

1676 年，牛顿以《论曲线求积》（*De Quadratura Curvarum*）为题写下了他的微积分学的第三篇报告，这次他试图避免无穷小量和流动的量，取而代之的是"最初比和最终比"理论。他发现"初生增量的最初比"或"渐逝增量的最终比"如下。假设要求 x 和 x^n 的变化之比。设 o 为 x 的增量且 $(x+o)^n - x^n$ 为 x^n 对应的增量。那么两个增量之比为

$$1 : \left[nx^{n-1} + \frac{n(n-1)}{2}ox^{n-2} + \cdots \right]。$$

为了得到最初比和最终比，让 o 消失，得到比 $1 : (nx^{n-1})$。牛顿这里确实非常接近极限概念，主要的阻碍是"消失"一词的使用。已消失的增量之间真的能比吗？牛顿没有解释这个问题，在整个 18 世纪它一直困扰着数学家们。

《自然哲学的数学原理》

牛顿在 1665 年到 1666 年间发现了无穷级数法和微积分，在接下来的十年里，他至少写下了三篇新的分析学的重要报告。《运用无穷多项方程的分析学》在包

364

333

括约翰·科林斯和艾萨克·巴罗在内的朋友间流传,无穷二项式展开寄给了奥尔登堡和莱布尼茨,但牛顿没有发表这些成果,即使他知道格雷果里和墨卡托在1668年公开了他们在无穷级数上的工作。牛顿出版的微积分学的第一篇报告出现在1687年的《自然哲学的数学原理》中。这部著作一般被认为是以几何学的语言给出了物理学和天文学的基础。这部著作大部分是综合形式,但也夹杂着不少分析段落。事实上,第一卷第一部分的标题是"论后续命题证明所用的量的最初比和最终比方法",包括引理 I:

> 在任意有限时间内不断趋于相等,并且在该时间结束之前比任一
> 给定的差都更接近的量及量的比,最终将相等。

365　当然,这是对定义函数的极限的尝试。第一节中的引理 VII 假定"弧、弦和切线之间任意两项的最终比是相等的比"。这一节的其他引理假设特定的"渐逝三角形"相似。第一卷中,作者有时会使用无穷级数。不过微积分算法直到第二卷引理 II 中才出现,我们来看看让人费解的表述:

> 任一生成量的瞬等于每个生成边的瞬乘以这些边的幂指数,再乘
> 以它们的系数。

牛顿的解释表明,他想到的"生成量"就是我们所说的"项",而对于生成量的"瞬",他意指无穷小增量。令 a 为 A 的瞬,b 为 B 的瞬,牛顿证明 AB 的瞬为 $aB + bA$,A^n 的瞬为 naA^{n-1},$1/A$ 的瞬为 $-a/(A^2)$。这些分别等价于乘积、幂和倒数的微分的表达式是牛顿关于微积分学首次正式宣布的,这就容易理解为何那时鲜有数学家能掌握牛顿语言的新分析学。

牛顿不是第一个求导或求积分的人,也不是第一个看出微积分基本定理中这些运算之间的关系的人。他的发现包括由这些要素合并成的适用于代数函数和超越函数在内的所有函数的一般算法。这在牛顿于《自然哲学的数学原理》中引理 II 之后立刻给出的注释里做了强调:

> 在1672年12月10日致约翰·科林斯先生的信中,我描述了一种切线方法,我猜跟斯吕塞尚未公开的方法相同。我附加了以下文字:这是一个一般方法的特例,或更准确地说,是一个推论,不用任何麻烦的计算,它自身不仅可以推广到画任意曲线的切线,包括几何的或是机械的曲线,也能推广到解决其他关于曲线的曲率、面积、长度、重心等的难题,且不限于(像胡德的极大值和极小值方法那样)那些没有无理量的方

程。我已经通过将它们约化为无穷级数,而把这个方法和其他方程中的
工作结合起来。

在《自然哲学的数学原理》的第一版中,牛顿承认莱布尼茨掌握类似的方法,
但随着两个人的拥护者对微积分发现的独立性和优先权展开激烈争执,牛顿在第
三版中删去了有关莱布尼茨的微积分的内容。现在相当清楚,牛顿的发现早莱布
尼茨约十年,但莱布尼茨的发现独立于牛顿的发现。此外,莱布尼茨享有出版优
先权,因为 1684 年他在仅创办两年的一种"科学月刊"《博学学报》(*Acta
Eruditorum*)上发表了他的微积分的一个说明。

在《自然哲学的数学原理》的开篇,牛顿极大地推广和厘清了伽利略有关运
动的观点,以至于此后我们就把这个表述称为"牛顿运动定律"。然后,牛顿继续
把这些定律与天文学中的开普勒定律和圆周运动中惠更斯的向心力定律结合在
一起,建立了伟大的统一原理:宇宙中的任意两个质点,无论是两颗行星、两粒芥
菜籽,还是太阳和一粒芥菜籽,两者之间的引力大小都与距离的平方成反比。对
于这个定律的陈述,其他人比牛顿占先,其中就包括罗伯特·胡克(Robert
Hooke,1638—1703),他是格雷沙姆学院的几何学教授,也是皇家学会秘书奥尔
登堡的继任者。但牛顿是让世人信服这个定律真实性的第一人,因为他能处理证
明中所需要的数学。

对于圆周运动,利用牛顿定律 $f = ma$,惠更斯定律 $a = v^2/r$ 和开普勒定律
$T^2 = Kr^3$,容易推导出平方反比律,只要注意到 $T \propto r/v$,然后从这些方程中消
去 T 和 v,即可得到 $f \propto 1/r^2$。不过,要证明对椭圆存在同样的规律,需要用到
更多的数学技巧。此外,要证明这个距离是从物体的中心量起的是如此困难的任
务,以至于明显正是这个积分问题使得牛顿在 1665 年到 1666 年的瘟疫时期发现
该定律之后,将引力方面的工作搁置了差不多二十年。在 1684 年他的一位朋友,
也在猜想平方反比律的出色的数学家埃德蒙·哈雷(Edmund Halley,
1656—1742),催促牛顿给出证明,结果就是《自然哲学的数学原理》中的阐述。
这本书的品质深深震撼了哈雷,以至于他自己承担了出版的费用。

当然,《自然哲学的数学原理》的内容远不止微积分、运动定律和万有引力定
律。在科学领域,它包括物体在阻力介质中的运动,以及对于等温振动下,声速应
当与从密度和压强与地球表面处一致的均匀大气层一半高度处无阻力下落的物
体撞击地面时的速度一样的证明。《自然哲学的数学原理》中另一个科学结论是
对于盛行的宇宙模型——笛卡儿涡旋理论无效性的数学证明,因为牛顿在第二卷

367 的结尾证明，根据力学定律，处于涡旋运动中的行星，其在远日点移动的速度大于在近日点移动的速度，这与开普勒的天文学矛盾。尽管如此，在法国，牛顿的宇宙引力观取代笛卡儿的涡旋理论花了大约四十年的时间。

圆锥曲线定理

仅阅读《自然哲学的数学原理》三卷的标题就会让人误以为这部著作的内容只包含物理学和天文学，因为各卷的标题分别是：I. 论物体的运动（*The Motion of Bodies*），II. 论物体（在阻力介质中）的运动（*The Motion of Bodies (in Resisting Mediums)*），III. 论宇宙的系统（*The System of the World*）。然而，这部著作也包含许多纯粹数学，尤其关于圆锥曲线的内容。例如，第一卷引理 XIX 中，作者解决了帕普斯的四线轨迹问题，并补充说他的解"不是分析的微积分，而是正如古人要求那样的一种几何构造"，这显然是针对笛卡儿对于该问题的处理的拐弯抹角的挖苦。

在整个《自然哲学的数学原理》一书中，牛顿优先选用几何方法，但我们已经看到只要他觉得这样做有利，他就会毫不犹豫地诉诸他的无穷级数和微积分方法。例如，第二卷第二节的大多数内容都是分析的。另一方面，牛顿处理圆锥曲线性质的办法几乎无一例外的是综合法，因为这里牛顿不需要使用分析学。解决帕普斯问题之后，他给出了几个利用运动直线的交点对圆锥曲线的演化生成，然后他将其用到接下来的六个命题中，证明了怎样构造一条圆锥曲线，使其满足五个条件：例如，经过五个点，或者与五条直线相切，又或者经过两个点且与三条直线相切。

光学和曲线

《自然哲学的数学原理》是牛顿最伟大的丰碑，但绝不是唯一的一座。在1672年《哲学汇刊》上的他的关于光的本性的论文对物理学意义重大，因为正是在这里牛顿宣布了他认为是大自然的全部运转方式中最古怪的之一：白光只是不同颜色光线的组合，每种颜色都有它自己特有的折射率。牛顿的同时代人很难接受这样一个革命性的观点，随之而来的争议让他心烦意乱。十五年时间里，他没有再出版任何东西，直到在哈雷的催促下他开始写作并出版了《自然哲学的数学
368 原理》。同时，他从1669年到1676年写的微积分的三个版本以及关于光学的一个专著，仍然是手稿形式。

在《自然哲学的数学原理》出版大约十五年后,胡克去世了,牛顿终于不再那么厌恶出版。《光学》($Opticks$)出版于 1704 年,并在后面附加了两篇数学著作:《论曲线求积》,在其中,微积分中的牛顿法的易懂的报告终于出版了,还有一篇题为《三次曲线枚举》($Enumeratio\ Curvarum\ Tertii\ Ordinis$)的小论文。《三次曲线枚举》也在 1676 年写就,是最早唯一的专门研究代数学中高阶平面曲线图形的著作。牛顿记录了 72 种三次曲线(遗漏了 6 种),并仔细地画出了每种类型的曲线。两个坐标轴首次被系统地使用,而且负坐标毫不犹豫地被采用了。在这篇著作给出的三次曲线的有趣的性质中包含这样的事实:三次曲线的渐近线不超过三条(正如圆锥曲线的渐近线不超过两条),而且正如所有圆锥曲线都是圆的投影一样,所有三次曲线都是"发散抛物线"$y^2 = ax^3 + bx^2 + cx + d$ 的投影。

极坐标和其他坐标

《三次曲线枚举》并非牛顿对解析几何学的唯一贡献。 牛顿在 1671 年前后用拉丁文撰写的《流数法和无穷级数》($Method\ of\ Fluxious$)中,曾提出过八种新的坐标系。其中牛顿的"第三种"确定曲线的方式利用了今天所谓的"双极坐标"。若 x 和 y 为一个可变的点到两个定点或极点的距离,那么方程 $x + y = a$ 和 $x - y = a$ 分别表示椭圆和双曲线,且 $ax + by = c$ 是笛卡儿卵形线。这种类型的坐标系如今用得很少,但牛顿给出的"第七种方式——螺线"就是现在广为人知的用"极坐标"命名的坐标系。在我们现在使用 θ 和 ϕ 的地方使用 x,在我们使用 r 或 p 的地方使用 y,牛顿发现了阿基米德螺线 $by = ax$ 和其他螺线的次切距。假设在直角坐标系中已给出曲率半径的公式

$$R = (1 + \dot{y}^2)\frac{\sqrt{1 + \dot{y}^2}}{\dot{z}},$$

这里 $z = \dot{y}$,他写出了极坐标下的对应公式为

$$R\sin\Psi = \frac{y + yzz}{1 + zz - \dot{z}},$$

这里 $z = \dot{y}/y$,且 Ψ 为切线与径向量之间的角。

牛顿还给出了从直角坐标系到极坐标系的变换方程,表示为 $xx + yy = tt$ 和 $tv = y$,这里 t 是径向量,v 是表示与笛卡儿坐标系中点 (x, y) 相关的向量角的正弦的直线。

369

牛顿法和牛顿平行四边形

在《流数法和无穷级数》和《运用无穷多项方程的分析学》中，我们发现了求方程近似解的"牛顿法"。如果要求解的方程为 $f(x)=0$，那么首先将要求的根确定到两个值 $x=a_1$ 和 $x=b_1$ 之间，使得在区间 (a_1,b_1) 内一阶和二阶导数都存在且不为零。那么，对于其中的一个值，比如说 $x=a_1$，$f(x)$ 和 $f''(x)$ 符号相同。在该情形下，若

$$a_2 = a_1 - \frac{f(a_1)}{f'(a_1)},$$

则 a_2 为更准确的近似值，该过程可以迭代以得到所要求精度的近似值 a_n。若 $f(x)$ 的形式为 x^2-a^2，那么用牛顿法求出的一系列的近似值与在古巴比伦人的平方根算法中发现的近似值一样，因此，这个古代的处理有时被不当地称为"牛顿算法"。若 $f(x)$ 为多项式，那么牛顿法本质上与以霍纳命名的中国-阿拉伯法相同，但牛顿法的巨大优势在于它同样适用于超越函数的方程。

《流数法和无穷级数》也包含后来称作"牛顿平行四边形"的图形，可用于无穷级数展开和曲线绘制。对于多项式方程 $f(x,y)=0$，可构建网格或点阵，其交点对应于方程 $f(x,y)=0$ 的所有可能幂次项。在这个"平行四边形"上，用直线段连接与方程中实际出现的项对应的那些交点，然后形成凸向零次项对应点的多边形的一部分。在图 16.2 中，我们绘制了笛卡儿叶形线 $x^3+y^3-3axy=0$ 的图像。此时，令前面给出的方程的格点在每一条线段上的项的总和依次等于零，而得到的方程将成为该曲线经过原点的那些分支的近似方程。在笛卡儿叶形线的例子中，近似曲线为 $x^3-3axy=0$（或抛物线 $x^2=3ay$）和 $y^3-3axy=0$（或抛物线 $y^2=3ax$）。这些抛物线在原点附近的部分有助于快速画出方程 $f(x,y)=0$ 的草图。

《普遍算术》

如今牛顿最广为人知的三部著作是《自然哲学的数学原理》《流数法和无穷级数》和《光学》。还有 18 世纪出版的第四部著作，它的版本数量超过了其他三部，而且也具有很重要的贡献。这部著作就是《普遍算术》，也许是牛顿在剑桥大学时的讲义，写于 1673 年至 1683 年间，并于 1707 年首次出版。这部有影响力的著作包含了通常称为"牛顿恒等式"的，用来计算一个多项式方程的根的幂次和的

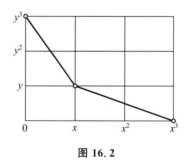

图 16.2

公式。卡尔达诺已经知道 $x^n + a_1 x^{n-1} + \cdots + a_{n-1} x + a_n = 0$ 的根的和为 $-a_1$，而韦达则进一步往前推进了根与系数之间的关系。1629 年，吉拉德展示了怎样求根的平方和、立方和或四次方和，但正是牛顿将其推广到了涵盖所有幂次。若 $K \leqslant n$，那么两个关系式

$$S_K + a_1 S_{K-1} + \cdots + a_K K = 0,$$

$$S_K + a_1 S_{K-1} + \cdots + a_K S_0 + a_{K+1} S_{-1} + \cdots + a_n S_{K-n} = 0$$

都成立；若 $K > n$，则关系式

$$S_K + a_1 S_{K-1} + \cdots + a_{n-1} S_{K-n+1} + a_n S_{K-n} = 0$$

成立，这里 S_i 为根的 i 次幂的和。循环使用这些关系式，容易得出根的任意整数次幂的和。在《普遍算术》中，还有一个定理推广了用来确定多项式方程虚根个数的笛卡儿符号法则以及用来给出正根上界的法则。

《普遍算术》中最长的一节是关于求解几何问题的。这里借助给定的圆锥曲线求解三次方程，因为牛顿认为不用直线和圆而用曲线的几何作图属于代数学范畴而非几何学范畴：

> 方程的算术计算的表达式，在几何中完全没有位置。因此，除了直线和圆以外，圆锥曲线和所有其他图形一定要从平面几何学中清除出去。因此，所有这些现代人如此热衷的对平面圆锥曲线的描述都与几何无关。

牛顿这里的保守主义与他在分析学中激进的观点，以及 20 世纪中期的教育学观点，形成鲜明的对比。

晚年

《自然哲学的数学原理》是出版的第一部牛顿的数学著作，但按写作顺序来

说,却是最后一部。牛顿成名相对较快,1672 年,在建成他的反射式望远镜(格雷果里在更早的时候也有过这一设想)的四年之后,他就被选入了皇家学会。《自然哲学的数学原理》受到了高度的赞许,并且在 1689 年,牛顿当选为剑桥大学在英国议会的代表议员。尽管牛顿获得了广泛的认可,但他却变得抑郁并在 1692 年患上了神经失常。1696 年他接受伦敦铸币厂督办的任命,三年后成为铸币厂的主管。牛顿直到晚年都依旧保持着他非凡的数学才能,当莱布尼茨在 1716 年(他生命中的最后一年)以寻找单参数族平面曲线的正交轨线的题目来挑战牛顿时,牛顿在几个小时之内就解决了该问题,并给出了寻找一般轨线的方法。(早在 1696 年,牛顿就曾受到过挑战,寻找捷线或最速降线,在收到问题的当天,他就给出了解答,并表明该曲线是摆线。)

在牛顿最后的年月里,荣誉纷至沓来。1699 年,他当选为巴黎科学院外籍院士;1703 年,他成为皇家学会会长,余生都担任这一职位;1705 年,他被安娜女王(Queen Anne)封为爵士。不过,1695 年发生的一个事件给牛顿后来的生活蒙上了阴影。那一年,沃利斯告诉他,在荷兰,人们认为微积分是莱布尼茨发现的。1699 年,一位移居英国的不知名的瑞士数学家尼古拉·法蒂奥·德·丢利埃(Nicolas Fatio de Duillier,1664—1753)在给皇家学会的一篇论文中说明,莱布尼茨关于微积分的想法可能来自牛顿。面对这种公然侮辱,莱布尼茨在 1704 年的《博学学报》上强调,他在发表上享有优先权,而且向皇家学会抗议对他剽窃的指控。1705 年,牛顿的《论曲线求积》遭受了发表在《博学学报》上(可能来自莱布尼茨?)的负面评价。1708 年,牛津大学教授约翰·基尔(John Keill,1671—1721)在一篇发表于《哲学汇刊》的论文上强烈地支持了牛顿的说法,反对了莱布尼茨的那些陈述。莱布尼茨多次向皇家学会请求公平的评判,最终该学会任命一个委员会调查此事并给出报告。 该委员会的报告以《通信集》(Commercium Epistolicum)为题于 1712 年公布,但它并未解决这一事件。报告给出了无关紧要的结论:牛顿是第一个发明微积分的人,这一点最初根本没有真正被质疑过。该委员会依据他们认为莱布尼茨看过的文件支持了剽窃的指控,但我们现在知道,莱布尼茨根本没有收到过这些文件。民族情结的苦果发展到如此地步,以至于在 1726 年,也就是莱布尼茨逝世十年之后,牛顿在《自然哲学的数学原理》的第三版中删掉了所有提及莱布尼茨也给出了与牛顿类似的微积分方法这一事实的内容。

由于不光彩的优先权争议,在 18 世纪的大部分时间里,不列颠的数学家们一定程度上疏远了欧洲大陆的数学工作者。牛顿去世后,他被安葬在威斯敏斯特大教堂,葬礼盛况空前,以至于参加葬礼的伏尔泰后来说,"我曾亲眼看见一位数学教授,仅仅因为他在他的行业里很伟大,他的葬礼就像一位善待其臣民的国王的葬礼。"

亚伯拉罕·棣莫弗

在 18 世纪早期,不列颠数学以拥有大量有能力的贡献者而自豪。亚伯拉罕·棣莫弗(Abraham De Moivre,1667—1754)自出生起就是一名法国胡格诺派教徒,但在南特敕令废除后不久,他便前往英国,在那里他结识了牛顿和哈雷,并成为一名私人数学教师。1697 年,他被选入伦敦皇家学会,随后又入选巴黎科学院和柏林科学院。他希望获得数学方面的大学职位,但从未如愿,部分原因是他非英国出身,莱布尼茨试图在德国为他谋个教授职位,但劳而无功。然而,尽管棣莫弗为了养活自己必须做长时间的辅导工作,但他还是进行了大量的研究。

373

概率

18 世纪早期,有许多人热衷于概率理论,棣莫弗是当中最重要的人物之一。1711 年,他向《哲学汇刊》提供了一篇关于机会定律的长篇论文,还把它扩充为著名的著作《机会的学说》(*Doctrine of Chances*),于 1718 年出版(还有后续版本)。这篇论文和这部著作包含大量关于骰子的问题、(获胜的机会不平等的)点数问题、从一个袋子中抽出各种颜色的球的问题,以及其他博弈问题。其中的一些问题已出现在雅各·伯努利的《猜想的艺术》(*Ars Conjectandi*)中,该书的出版早于《机会的学说》,但晚于棣莫弗的论文。在《机会的学说》的序言中,作者提及了雅各·伯努利、约翰·伯努利(Jean Bernoulli)和尼古劳斯·伯努利(Nicolaus Bernoulli)关于概率论的工作。这部著作的各种版本都有 50 多个概率问题,以及关于终身年金的问题。一般来说,棣莫弗从概率论的原理推导出排列和组合理论,然而现在习惯于颠倒过来。例如,为了求出从 6 个字母 a,b,c,d,e 和 f 中选出 2 个字母的排列数,他给出了如下论证:一个特定的字母被选为第一个字母的概率为 $\frac{1}{6}$,另一个特定的字母被选为第二个字母的概率是 $\frac{1}{5}$。因此,这两个字母按照那个顺序出现的概率是 $\frac{1}{6} \cdot \frac{1}{5} = \frac{1}{30}$,由此得出结论:一次选出两个字母的所有可能的排列数是 30。发表于《机会的学说》的复合事件的概率等于其组成部分的概率之积的原理，通常被归功于棣莫弗，但是这一原理已经在较早的一些著作中提到过。

棣莫弗对发展概率的一般过程和符号尤为感兴趣，他认为这是一门新的"代数学"。早前由惠更斯给出的一个问题的推广通常被恰当地称为棣莫弗问题：计算用 n 个有 m 个面的骰子掷出给定数的概率。他对概率的一些贡献发表在 1703 年的另一著作《分析学杂录》（*Miscellanea Analytica*）中。在这一著作的附录中，棣莫弗包含了一些也出现在詹姆斯·斯特林（James Stirling, 1692—1770）的与《分析学杂录》发表于同一年的《微分方法》（*Methodus Differentialis*）中的结果。这些结果之中有一个近似式：$n! \approx \sqrt{2\pi n}\,(n/e)^n$，这个近似式通常被称作斯特林公式，尽管它早先已为棣莫弗所知，而且一个与 $\ln n!$ 和伯努利数相关的级数也以斯特林命名。

374 　　显然，棣莫弗是第一个使用概率公式

$$\int_0^\infty e^{-x^2}\,\mathrm{d}x = \frac{\sqrt{\pi}}{2}$$

的人，这个结果低调地出现在 1733 年一本题为《二项式 $(a+b)^n$ 的级数展开中的项之和的近似》（*Approximatio ad Summam Terminorum Binomii $(a+b)^n$ in Seriem Expansi*）的私人印刷的小册子中。这一标志着误差律或分布曲线首次出现的著作由棣莫弗译出，并收录在他的《机会的学说》第二版（1738 年）中。在他关于《终身年金》（*Annuities upon Life*）的著作（构成了《机会的学说》的一部分，并且独立印刷了超过六种版本）中，他采用了一个称为"棣莫弗等减量假设"的粗略的规则，即认为可以在假设一个给定群体每年的死亡数一样的基础上计算年金。

棣莫弗定理

《分析学杂录》对概率以及三角学解析方面的发展都很重要。书中并未明确给出著名的棣莫弗定理：$(\cos\theta + i\sin\theta)^n = \cos n\theta + i\sin n\theta$，但从关于测圆法和其他背景的工作中可以清楚看出，也许早至 1707 年，这位作者就已经非常熟悉这个数量关系。在 1707 年的《哲学汇刊》的一篇论文中，棣莫弗写道：

$$\frac{1}{2}(\sin n\theta + \sqrt{-1}\cos n\theta)^{1/n} + \frac{1}{2}(\sin n\theta - \sqrt{-1}\cos n\theta)^{1/n} = \sin\theta\,\text{。}$$

在他的 1730 年的《分析学杂录》中，他给出了

$$(\cos\theta \pm \mathrm{i}\sin\theta)^{1/n} = \cos\frac{2K\pi \pm \theta}{n} \pm \mathrm{i}\sin\frac{2K\pi \pm \theta}{n}$$

的等价表示,他用其将 $x^{2n} + 2x\cos n\theta + 1$ 分解为形式为 $x^2 + 2x\cos\theta + 1$ 的二次因式。再次在 1739 年的《哲学汇刊》的一篇论文中,他通过我们现在使用的取模的 n 次根,辐角除以 n,以及加上 $2\pi/n$ 的倍数的过程发现了"不可能的二项式" $a + \sqrt{-b}$ 的 n 次根。

在《分析学杂录》中处理了虚数和圆函数的棣莫弗,接近于在从圆的扇形到类似的直角双曲线中的扇形的延拓定理中识别出双曲线函数。鉴于他研究成果的广度和深度,很自然地,牛顿在晚年应该会告诉那些带着数学问题找他的人:"去找棣莫弗先生吧,他比我更了解这些问题。"

在 1697 年到 1698 年的《哲学汇刊》上,棣莫弗曾写到了"无穷项式"(亦即无穷多项式或无穷级数),包括其根的求解,很大程度上由于这篇论文被认可,他才当选为皇家学会的会员。棣莫弗对无穷级数和概率的兴趣令人联想到伯努利家族成员们。1704 年到 1714 年间,棣莫弗与约翰·伯努利进行了频繁而友好的书信往来,而且正是在前者推荐下,后者于 1712 年入选皇家学会。

罗杰·科茨

让棣莫弗关注 $x^{2n} + ax^n + 1$ 的二次因式分解的动因之一,是希望完成罗杰·科茨(Roger Cotes,1682—1716)将有理分式通过分解为部分分式来积分的一些工作。科茨是另一个因英年早逝而中断蒸蒸日上的事业的悲惨事例。正如牛顿评论的,"如果科茨还活着,我们也许会知道些什么。"作为剑桥大学的学生和后来的教授,这位年轻人在 1709 年到 1713 年的大多数时间里都在准备牛顿《自然哲学的数学原理》的第二版。三年之后,他去世了,留下一些重要的但还未完成的著作。其中大多收录进了名为《调和计算》(*Harmonia Mensurarum*)的书中,并在他死后于 1722 年出版。该标题源于如下定理:

> 若通过固定点 O 画出一条可变直线截一条代数曲线于点 $Q_1, Q_2,$
> $\cdots, Q_n$,并且若在该直线上取点 P,使得 OP 的倒数是 $OQ_1, OQ_2, \cdots,$
> OQ_n 的倒数的算术平均,那么点 P 的轨迹为一条直线。

不过,这部著作大部分内容致力于有理分式的积分,包括 $x^n - 1$ 的二次因式的分解,这些工作后来由棣莫弗完成。《调和计算》是认识到三角函数周期性的早期

著作之一,其中给出的正切和正割函数的周期可能是首次出现在印刷品中。它也
是最早的全面处理微积分在对数函数和圆函数中的应用的著作之一,包括一张依
赖这些函数的积分表。为此,作者给出了与棣莫弗定理密切相关的一个结果（在
三角学著作中被称为"圆的科茨性质"）,这一结果可以写出这样的表达式：

$$x^{2n} + 1 = (x^2 - 2x\cos\frac{\pi}{2n} + 1)(x^2 - 2x\cos\frac{3\pi}{2n} + 1)\cdots$$

$$(x^2 - 2x\cos\frac{(2n-1)\pi}{2n} + 1)。$$

这个结果容易通过在单位圆上画出 -1 的 $2n$ 次方根而得到,它形成了共轭虚
数对的乘积。显然,科茨是最早预知关系 $\ln(\cos\theta + i\sin\theta) = i\theta$ 的数学家之一,在
1714 年《哲学汇刊》的一篇文章中,他给出这一关系的等价形式,并且重印在他的
《调和计算》中。该定理通常归功于欧拉,因为他首先给出了现代的指数形式。

詹姆斯·斯特林

斯特林,一位曾就读于牛津大学的詹姆斯党人,于 1717 年出版了名为《牛顿
的三次曲线》(*Lineae Tertii Ordinis Neutonianae*)的著作,书中他完成了牛顿在
1704 年列出的三次曲线的分类,增加了牛顿漏掉的几种三次曲线并补充了原始
的《三次曲线枚举》中缺少的证明。尤其是,斯特林证明了若 y 轴为 n 次曲线的渐
近线,则曲线的方程不包含 y^n 项,且渐近线与该曲线相交的点不超过 $n-2$ 个
点。对于有理函数 $y = f(x)/g(x)$ 的图像,他通过让 $g(x)$ 等于零得到垂直渐
近线。对于圆锥曲线,斯特林则给出了一个完整的处理方法：利用斜角坐标下的
一般二次方程解析得到圆锥曲线的对称轴、顶点和渐近线。

他的 1730 年的《微分方法》为研究无穷级数的收敛、插值和由级数定义的特
殊函数做出了重要贡献。然而,他最知名的还是前面提到过的 $n!$ 的近似公式。

科林·麦克劳林

也许是牛顿之后那一代的最杰出的英国数学家科林·麦克劳林(Colin
Maclaurin,1698—1746),出生于苏格兰,并在格拉斯哥大学接受教育。他 19 岁时
就成为阿伯丁大学的数学教授,6 年之后在爱丁堡大学任教。在英国、瑞士和低
地国家,17 世纪和 18 世纪的主要数学家都与大学联系在一起,而在法国、德意志

和俄国,数学家们则更多地与专制统治者建立的科学院有关系。

麦克劳林在 21 岁之前就向《哲学汇刊》投稿,并于 1720 年出版了两部与曲线相关的著作:《结构几何学》(*Geometrica Organica*)和《论特征几何线》(*De Linearum Geometricarum Proprietatibus*)。尤其是,前者是一部知名的著作,推广了牛顿和斯特林关于圆锥曲线、三次曲线和高次代数曲线的结果。书中有一个命题通常称为贝祖(Bézout)定理(为了纪念这个后来给出了不完善的证明的人):m 次曲线与 n 次曲线一般相交于 mn 个点。关于这个定理麦克劳林注意到一个通常被称为克拉默(Cramer)悖论(为了纪念后来的重新发现者)的难题。正如斯特林表明的,n 次曲线一般由 $n(n+3)/2$ 个点确定。因此,一条圆锥曲线由五个点唯一确定,而一条三次曲线由九个点确定。不过,根据麦克劳林 - 贝祖定理,两条 n 次曲线相交于 n^2 个点,所以两条不同的三次曲线相交于九个点。因此,$n(n+3)/2$ 个点显然不总能唯一确定一条 n 次曲线。这个悖论的答案直到一个世纪之后才出现,当时在尤利乌斯·普吕克(Julius Plücker)的著作中得到了解释。

泰勒级数

尽管麦克劳林在几何学上获得了惊人的成果,但讽刺的是,今天回想起他的名字几乎无一例外都与所谓的麦克劳林级数有关。该级数出现在他的 1742 年的《流数论》(*Treatise of Fluxions*)中,但只是更一般的泰勒级数的一个特例。泰勒级数由布鲁克·泰勒(Brook Taylor,1685—1731)于 1715 年发表在他的《正的和逆的增量方法》(*Methodus Incrementorum Directa et Inversa*)中。泰勒毕业于剑桥大学,是牛顿的狂热崇拜者,也是皇家学会的秘书。他对透视非常感兴趣,就这一内容在 1715 年和 1719 年出版了两本书,第二本书中他首次给出了没影点原理的一般陈述。不过今天回想起他的名字几乎无例外地与出现在《正的和逆的增量方法》中的级数

$$f(x+a) = f(a)x + f'(a)x + f''(a)\frac{x^2}{2!}$$

$$+ f'''(a)\frac{x^3}{3!} + \cdots + f^{(n)}(a)\frac{x^n}{n!} + \cdots$$

相关。用零替换这个级数中的 a 就得到人们熟悉的麦克劳林级数。一般的泰勒级数在多年之前已为詹姆斯·格雷果里所知,实质上也为约翰·伯努利所知,但泰勒对此并不知道。此外,麦克劳林级数也早在其由麦克劳林发表的十二年前就出现在斯特林的《微分方法》中。就对定理冠名而言,历史女神克里奥(Clio)往往也

378

是变化无常的！

《分析学家》争议

《正的和逆的增量方法》也包含一些微积分其他熟知的部分,诸如将函数的导数与反函数的导数联系起来的公式（如,$d^2 x / dy^2 = -d^2 y / dx^2 / (dy/dx)^3$）、微分方程的奇异解,以及对建立振动弦的方程的尝试等。1719 年之后,泰勒放弃了对数学的追求,但年轻的麦克劳林才刚开始他富有成果的职业生涯。他的《流数论》不只是又一本关于微积分技巧的书,而是努力把这门学科建立在牢固的基础上,类似于阿基米德构建的几何学基础。这里动机是为了抵御已被发起,尤其是在乔治·贝克莱（George Berkeley,1685—1753）主教在 1734 年的题目为《分析学家》（*The Analyst*）的小册子中的攻击。贝克莱并不否认流数技巧的实用性和应用其所得到的结果的有效性,但是他曾被一个患病的朋友拒绝精神安慰而激怒过,因为哈雷让其相信基督教教义是不可靠的。因此,《分析学家》的副标题为:

> 或致一位不信教的数学家（大概指哈雷）。其中考察了现代分析学的对象、原理和推论与宗教的奥秘和信仰要点相比,是表达得更清楚,还是推理得更明显。"先拿掉自己眼中的梁木,看清楚之后,再拿掉你兄弟眼中的刺。"

贝克莱对于流数方法的记述是非常公平的,而且他的批评很中肯。他指出在求流数或微分的比时,数学家先是假设赋予变量无穷小增量,然后又假设这些增量为零而抹去了它们。正如那时解释的那样,在贝克莱看来,微积分似乎仅是错误的互相抵消。因此,"因为你犯了双重错误,尽管不科学,但结果是对的。"甚至牛顿用最初比和最终比对流数的解释也遭到了贝克莱的指责,他否认存在字面上的"瞬时"速度,在其中距离和时间的增量消失而留下了无意义的商 0/0。正如他表达的:

> 这些流数是什么？是渐逝增量的速度。这些相同的渐逝增量是什么？ 它们既不是有限的量,也不是无穷小量,也不是无。难道我们不能管它们叫已逝去的量的幽灵吗？

为了回答这些批评,麦克劳林以古人的严谨方式写下了他的《流数论》,但这样做时,他使用了几何方法,这个方法不太能反映表征欧洲大陆分析学特色的新发展。也许这与麦克劳林几乎是 18 世纪英国最后一位杰出的数学家这一事实不无关系,那时分析学而非几何学正迅猛发展。不过,《流数论》涉及一些相对新的成果,包括无穷级数收敛的积分判别法(早在 1732 年就由欧拉给出,但被普遍忽视了)。

麦克劳林和棣莫弗去世之后,英国的数学一度黯然失色,因此尽管在这以前英国数学的成就已经获得了应有的认可,但 18 世纪数学在英国的发展远比不上欧洲其他国家的阔步前进。

克拉默法则

如果说今天提起麦克劳林的名字是与一系列并非由他第一个发现的级数联系在一起,那么与之相抵偿,他的一项贡献也被记到了另一位更晚发现和发表这一成果的人的名下。1750 年,加布里埃尔·克拉默(Gabriel Gramer,1704—1752)发表了著名的克拉默法则,但麦克劳林可能早在 1729 年就已经知道这个法则了,那时他正在撰写一部代数学著作,打算给牛顿的《普遍算术》做评注。麦克劳林的《代数论》(*Treatise of Algebra*)在他去世两年之后的 1748 年出版,而且书中出现了用行列式求解联立方程的法则,这比克拉默的《代数曲线分析导论》(*Introduction à l'Analyse des Lignes Courbes Algébriques*)还要早两年。方程组

$$\begin{cases} ax + by = c, \\ dx + ey = f \end{cases}$$

中 y 的解由

$$y = \frac{af - dc}{ae - db}$$

给出。方程组

$$\begin{cases} ax + by + cz = m, \\ dx + ey + fz = n, \\ gx + hy + kz = p \end{cases}$$

中 z 的解可表示为

380

$$z = \frac{aep - ahn + dhm - dbp + gbn - gem}{aek - ahf + dhc - dbk + gbf - gec}。$$

麦克劳林解释道,在前一种情况中,分母由"取自两个未知量的两种排序所对应的系数的乘积的差"构成,而后一种情况中,分母则由"所有可能的取自三个未知量的各种排序的三个对应系数的乘积"构成。在麦克劳林的形式中,分子与分母的

不同之处仅在于前者需用常数项代替要求的未知数的项的系数。他解释了怎样类似地写出四个未知数的四个方程的解，"在涉及两个相对系数的乘积前加上相反的符号"。这一陈述表明，麦克劳林脑海中有一个改变符号的规则，类似于现在通常由逆序原则描述的规则。

麦克劳林去世后出版的《代数论》甚至比他的其他著作享有更高的知名度，其第六版在 1796 年在伦敦出版。不过，似乎世人更多经由克拉默而非麦克劳林了解了通过行列式解联立线性方程组的方法，我们怀疑这主要是因为克拉默的符号体系更为优越，上标附在字母系数上易于确定符号。另一个可能的因素是前面提到的英国数学与欧洲大陆数学的疏远。

教科书

麦克劳林和其他人曾编写了优秀的初等水平的教科书。麦克劳林的《代数论》从 1748 年到 1796 年出了六版。可与之媲美的托马斯·辛普森（Thomas Simpson，1710—1761）的《代数论》（*Treatise of Algebra*），1745 年到 1809 年间在伦敦至少出了八版，另一部教科书，尼古劳斯·桑德森（Nicholas Saunderson，1682—1739）的《代数学基础》（*Elements of Algebra*），1740 年到 1792 年间出了五版。

辛普森是自学成才的天才，1745 年入选皇家学会，但他混乱的生活在六年后导致了失败的结局。不过，他的名字保留在发表于他的《关于物理和分析学科的数学论文》（*Mathematical Dissertations on Physical and Analytical Subjects*，1743 年）中的所谓的辛普森法则中，该法则用抛物线弧近似求积，但是这个结果以略有不同的形式在 1668 年就已经出现在詹姆斯·格雷果里的《几何学练习》中。相比之下，桑德森的生平是克服无数艰难困苦而获得个人成功的典范——从一岁起，他就因遭受天花而导致双目失明。

381　　18 世纪的代数教科书显示了越来越突出算法的趋势，但同时，该学科的逻辑基础仍存在相当大的不确定性。多数作者感到有必要认真处理负数的乘法法则，而有些作者则断然拒绝两个负数相乘的可能性。这个世纪是卓越的数学教科书的时代，之前从未有过如此多的书以如此多的版本出现。辛普森的《代数论》有一个在 1747 年到 1800 年间一共出了五版的姐妹篇《平面几何学基础》（*Elements of Plane Geometry*）。但在那个时代的众多教科书的作者中，很少有人能达到罗伯特·西姆森(Robert Simson,1687—1768)在《欧几里得的原本》(*Elements of Euclid*)上的版本纪录。这部由在医药方面接受培训,后来成为格拉斯哥大学的数学教授写就的书于 1756 年首次出版,到 1834 年,它有了第二十四个英文版,更不用提译成其他语言或多少取自它的几何书了,因为大多数现代的欧几里得的英文版本都深受其惠。

严密性和进展

西姆森试图复兴古希腊几何学,在这方面,他发表了失传著作的"复原本",诸如欧几里得的《衍论》和阿波罗尼奥斯的《比的确定》。18 世纪期间,英格兰依然是综合几何的大本营,而解析方法在几何学中进展很小。

人们习惯于将分析学落后的主要原因归咎于比之微分学方法似乎较为笨拙的流数方法,但这一看法并不是那么公正。即便在今天,物理学家也在方便地使用流数符号,而且它们可以方便地应用于解析几何,但无论是微分形式还是流数形式的微积分,都很难恰当地与综合几何结合在一起。因此,与流数符号相比,英国人对纯粹几何学的偏爱对分析学研究的阻碍要大得多。但把英国人的几何保守性主要归咎于牛顿也是不公平的。毕竟牛顿的《流数法和无穷级数》充满了解析几何,甚至《自然哲学的数学原理》包含了比一般公认的更多的分析学。也许是过度坚持逻辑的精确性,导致了英国人狭隘的几何观点。我们前面说过贝克莱反对数学家的论述,而且麦克劳林认为在理性的基础上迎战这些的最有效方式是回到经典几何的严密性。另一方面,在欧洲大陆上,人们的态度就像据说是让·勒朗·达朗贝尔(Jean Le Rond d'Alembert)给一位犹豫不决的数学朋友建议那样:"继续前行,信心不久就会回来。"

莱布尼茨

戈特弗里德·威廉·莱布尼茨(Gottfried Wilhelm Leibniz,1646—1716)出生于莱比锡,他在那里的大学学习了神学、法律、哲学和数学。在他 20 岁的时候,莱布尼茨准备申请法学博士学位,但因为年纪小被拒绝。于是他离开莱比锡,在纽伦堡的阿尔特道夫大学获得博士学位。然后他进入外交部门,先后服务于美因茨(Mainz)选帝侯、不伦瑞克(Brunswick)家族、汉诺威(Hanover)王室,其中为汉

382

诺威王室服务了 40 年。在莱布尼茨服务过的汉诺威选帝侯中有未来的(1714 年)英国国王乔治一世(George I)。作为一位有影响力的政府代表,莱布尼茨去过很多地方。

戈特弗里德·威廉·莱布尼茨

1672 年,莱布尼茨前往巴黎,在那里他见到了惠更斯。惠更斯建议,如果他想要成为数学家,就应该读读帕斯卡 1658 年至 1659 年间的著作。

1673 年,他因一项政治任务来到了伦敦,在那里他买了一本巴罗的《几何学讲义》,会见了奥尔登堡和科林斯,并成为皇家学会会员。后来关于优先权的争论主要是围绕这次访问展开的,因为莱布尼茨可能通过这次访问看过牛顿《运用无穷多项方程的分析学》的手稿。不过,在这个阶段莱布尼茨能从中得到很多东西是令人怀疑的,因为他还没在几何学和分析学上做好准备。1676 年,莱布尼茨再次访问伦敦,随身带着他的计算机,就是在他两次访问伦敦期间,微分学得以成形。

无穷级数

与牛顿的情况一样,无穷级数在莱布尼茨的早期工作中也发挥了重要的作用。惠更斯曾向他提出了求三角形数的倒数之和的问题,亦即 $2/[n(n+1)]$。莱布尼茨巧妙地把每一项通过使用

$$\frac{2}{n(n+1)} = 2\left(\frac{1}{n} - \frac{1}{n+1}\right)$$

写成两个分数之和,写出几项后,前 n 项的和显然为

$$2\left(\frac{1}{1} - \frac{1}{n+1}\right),$$

383

因此,这个无穷级数的和等于 2。他天真地从这次成功中得出结论:他能求出几乎任何无穷级数的和。

级数求和再次出现在调和三角形中,它与算术(帕斯卡)三角形的相似性令莱布尼茨着迷。

算术三角形							调和三角形					
1	1	1	1	1	1	1 ⋯	$\frac{1}{1}$	$\frac{1}{2}$	$\frac{1}{3}$	$\frac{1}{4}$	$\frac{1}{5}$	$\frac{1}{6}$ ⋯
1	2	3	4	5	6 ⋯		$\frac{1}{2}$	$\frac{1}{6}$	$\frac{1}{12}$	$\frac{1}{20}$	$\frac{1}{30}$ ⋯	
1	3	6	10	15 ⋯			$\frac{1}{1}$	$\frac{1}{12}$	$\frac{1}{30}$	$\frac{1}{60}$ ⋯		
1	4	10	20 ⋯				$\frac{1}{1}$	$\frac{1}{20}$	$\frac{1}{60}$ ⋯			
1	5	15 ⋯					$\frac{1}{1}$	$\frac{1}{30}$ ⋯				
1	6 ⋯						$\frac{1}{6}$ ⋯					
1 ⋯												

在算术三角形中每个元素(第一列除外)为其正下方与左侧的两项之差;在调和三角形中,每个元素(第一行除外)为其正上方与右侧的两项之差。此外,在算术三角形中,每个元素(第一行或第一列除外)为其上面一行中正上方与至左边的所有项之和,而在调和三角形中,每个元素为其下面一行中正下方与至右边的所有项之和。在第一行中级数是调和级数,它是发散的;对于所有其他行,级数收敛。第二行上的数为三角形数的倒数的一半,并且莱布尼茨知道这个级数的和为 1。第三行上的数为棱锥体数

$$\frac{n(n+1)(n+2)}{1 \cdot 2 \cdot 3}$$

的倒数的三分之一,并且调和三角形表示这个级数的和为 $\frac{1}{2}$;对于调和三角形中后续的行,如此类推。在这个三角形中,第 n 条对角线上的数为算术三角形中对应的第 n 条对角线上的数的倒数除以 n。

通过研究无穷级数和调和三角形,莱布尼茨开始转而阅读帕斯卡关于摆线和无穷小分析学的其他方面的著作。尤其是,正是在阅读阿莫斯·德顿维尔(Amos Dettonville)关于《四分之一圆的正弦论》(*Traité des Sinus du Quart de Cercle*)的信时,莱布尼茨说道,他突然灵光一现。大约在 1673 年,他那时认识到确定曲线的切线取决于当纵坐标差和横坐标差变成无穷小时的比,而求积取决于纵坐标之和或无穷窄的构成该区域的矩形之和。正如在算术三角形和调和三角形中求和与

384

求差有相反的关系,在几何中分别依赖于和与差的求积问题和切线问题同样是彼此互逆的。这似乎是通过无穷小或"特征"三角形关联起来,因为在那里帕斯卡曾利用它寻找正弦求积,而巴罗曾把它用于切线问题。比较巴罗的图(图16.1)中的三角形与帕斯卡的图(图16.3)中的三角形会揭示出明显的相似性,这显然强烈地震撼了莱布尼茨。若 EDE 切四分之一单位圆于 D(图16.3),那么,帕斯卡看出 AD 与 DI 之比等于 EE 与 RR 或 EK 之比。对于非常小的区间 RR,可以认为直线 EE 实际上和纵坐标 ER 之间截出的圆弧一样。因此,按照莱布尼茨几年之后发展的符号,我们有 $1/\sin\theta = \mathrm{d}\theta/\mathrm{d}x$,这里 θ 是角 DAC。因为 $\sin\theta = \sqrt{1-\cos^2\theta}$ 和 $\cos\theta = x$,我们有 $\mathrm{d}\theta = \mathrm{d}x / \sqrt{1-x^2}$。利用求根算法和长除法(或利用牛顿在1676年通过奥尔登堡转达给莱布尼茨的二项式定理),容易发现 $\mathrm{d}\theta = \left(1 + \dfrac{x^2}{2} + \dfrac{3}{8}x^4 + \dfrac{5}{16}x^6 + \cdots\right)\mathrm{d}x$。

借助如格雷果里和墨卡托发现的常用求积方法,得到

$$\mathrm{arcsin}x = x + x^3/6 + 3x^5/40 + 5x^7/112 + \cdots$$

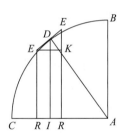

图 16.3

(或者,考虑到负斜率和积分常数,$\mathrm{arccos}x = \pi/2 - x - x^3/6 - 3x^5/40 - 5x^7/112 - \cdots$)。牛顿也早就用类似的方法得出了这个结果。由此,通过被称为反演的过程发现 $\sin x$ 的级数是可能的,这个方案显然是由牛顿首先使用的,但被莱布尼茨重新发现。如果我们令 $y = \mathrm{arcsin}x$ 或 $x = \sin y$,且假设 x 为形式为 $x = a_1 y + a_2 y^2 + a_3 y^3 + \cdots + a_n y^n + \cdots$ 的幂级数,然后,把 $\mathrm{arcsin}\ x$ 的幂级数中的每一个 x 用这个关于 y 的幂级数取代,那么我们得到 y 的恒等式。由此,通过相同次数项的系数相等,可以确定量 $a_1, a_2, a_3, \cdots, a_n, \cdots$。因而牛顿和莱布尼茨都得到了最终的级数 $\sin y = y - y^3/3! + y^5/5! - \cdots$,并且通过 $\sin^2 y + \cos^2 y = 1$,得到了 $\cos y$ 的级数。正弦和余弦级数的商给出了正切级数,而它们的倒数给出了其他三个三角函数的无穷级数。按相同的方式,通过墨卡托级数的反演,牛顿和莱布尼茨发现了 e^x 的级数。

微分学

到 1676 年,莱布尼茨得出了牛顿几年前得出的相同的结论,亦即,他拥有一个因其一般性而非常重要的方法。无论函数是有理的或无理的、代数的或超越的(莱布尼茨创造的词),他的求和与差的操作总是可以施行。所以,为这一新的学科开发合适的语言和符号的责任落到了他的肩上。莱布尼茨一直对好的符号作为思考助力的重要性极度欣赏,在微积分中,他的选择尤其令人高兴。经过一番尝试,他决定用 dx 和 dy 分别表示 x 和 y 的最小的可能的差(微分),尽管一开始他曾用 x/d 和 y/d 表示次数的降低。起初,一条曲线的纵坐标求和,他简单写作 omn. y(或"所有的 y"),但是后来他使用符号 $\int y$,再后来使用 $\int y dx$,积分符号是拉长了的来自求和(sum)的字母 s。寻找切线需要使用微分(calculus differentialis),而求积需要求和计算(calculus summatorius)或积分(calculus integralis);从这些短语中产生了我们的词语"微分学"和"积分学"。

第一个微分学的论述是莱布尼茨在 1684 年以虽然长,但引人注目的标题《一种求极大、极小值与切线的新方法,也适用于无理量》(*Nova Methodus pro Maximis et Minimis*,*itemque Tangentibus*,*qua nec Irrationales Quantitates Moratur*)发表出来的。这里,莱布尼茨给出了积、商和幂(或根)的公式 $d(xy)=x\,dy+y\,dx$,$d(x/y)=(y\,dx-x\,dy)y^2$,$dx^n=nx^{n-1}dx$,及其几何应用。这些公式通过忽略高阶无穷小导出。例如,若 x 和 y 的最小差分别为 dx 和 dy,则 dxy 或 xy 的最小差为 $(x+dx)(y+dy)-xy$。因为 dx 和 dy 是无穷小,所以项 $dx\,dy$ 是无穷小的无穷小,可以忽略,可得结果 $dxy=x\,dy+y\,dx$。

两年后,还是在《博学学报》上,莱布尼茨发表了对积分学的阐述,其中证明了求积是切线逆方法的特例。莱布尼茨这里强调了微积分基本定理中微分和积分之间的互逆关系。他指出常见的函数积分中"包含了超越几何中的绝大部分"。在笛卡儿的几何曾经排除了所有非代数曲线的情况下,牛顿和莱布尼茨的微积分则表明这些曲线在他们的新分析学中所起的作用是何其重要。如果从新分析学中排除超越函数,则不会有诸如 $1/x$ 或 $1/(1+x^2)$ 这样的代数函数的积分。此外,与牛顿一样,莱布尼茨似乎已经意识到新分析学中的运算可以用于无穷级数,以及有限的代数表达式。在这方面,莱布尼茨不如牛顿谨慎,因为他认为无穷级数 $1-1+1-1+1-\cdots$ 等于 $\dfrac{1}{2}$。鉴于近来对发散级数的研究,我们不能

386

说这种情形下指定"和"为 $\frac{1}{2}$ 必定是"错的"。然而很明显，算法的成功让莱布尼茨本人忘乎所以，并没有被概念上的模糊所阻碍。牛顿的推理远比莱布尼茨的推理更接近微积分的现代基础，但莱布尼茨貌似合理的观点以及微分符号的有效性使微分比流数更容易让读者接受。

387 　　牛顿和莱布尼茨都迅速地把他们的新分析学发展到高阶的微分和流数，正如在求曲线上一点处的曲率的公式时那样。可能是莱布尼茨对高阶无穷小的认识不够清晰，导致他得出错误的结论：密切圆有四个"相邻的"或重合的与曲线相切的点，而不是确定曲率圆的三个点。

　　乘积的 n 次导数公式（使用现代语言），$(uv)^{(n)} = u^{(n)}v^{(0)} + nu^{(n-1)}v^{(1)} + \cdots + nu^{(1)}v^{(n-1)} + u^{(0)}v^{(n)}$（平行于 $(u+v)^n$ 的二项式展开的发展），被冠以莱布尼茨的名字。（在莱布尼茨定理中，括号中的指数表示求导的次数，而不是幂。）也以莱布尼茨名字命名的一条法则是在 1692 年的一个研究报告中给出的，这个法则讲的是，通过消去联立方程 $f = 0$ 和 $f_c = 0$ 中的 c 求单参数的平面曲线族 $f(x, y, c) = 0$ 的包络，这里 f_c 是 f 关于 c 的偏导数。

　　莱布尼茨的名字也常常与无穷级数 $\frac{\pi}{4} = \frac{1}{1} - \frac{1}{3} + \frac{1}{5} - \frac{1}{7} + \cdots$ 联系在一起，这是他在数学上最早的发现之一。产生于他对圆的求积的这个级数，仅仅是格雷果里早就给出的反正切展开式的一个特例。莱布尼茨实际上是自学了数学的这件事部分地说明了为什么在他的工作中经常出现重复发现的情况。

行列式、符号和虚数

　　莱布尼茨对数学的伟大贡献是微积分，但他工作的其他方面也值得一提。二项式定理到多项式定理的推广，诸如 $(x + y + z)^n$ 的展开式，归功于他，这也是西方世界第一次论及行列式方法。1693 年，莱布尼茨在 1693 年写给洛必达（G. F. A. de L'Hospital）的信中写道，他偶尔会使用数字来表示联立方程组的行和列：

$$10 + 11x + 12y = 0, \qquad 1_0 + 1_1 x + 1_2 y = 0,$$
$$20 + 21x + 22y = 0, \quad 或 \quad 2_0 + 2_1 x + 2_2 y = 0,$$
$$30 + 31x + 32y = 0 \qquad 3_0 + 3_1 x + 3_2 y = 0.$$

我们会把这写成

$$a_1 + b_1 x + c_1 y = 0,$$
$$a_2 + b_2 x + c_2 y = 0,$$
$$a_3 + b_3 x + c_3 y = 0。$$

若方程组是相容的,那么

$$
\begin{matrix}
1_0 \cdot 2_1 \cdot 3_2 & & 1_0 \cdot 2_2 \cdot 3_1 \\
1_1 \cdot 2_2 \cdot 3_0 & = & 1_1 \cdot 2_0 \cdot 3_2, \\
1_2 \cdot 2_0 \cdot 3_1 & & 1_2 \cdot 2_1 \cdot 3_0
\end{matrix}
$$

它等价于现代的表述

$$
\begin{vmatrix}
a_1 & b_1 & c_1 \\
a_2 & b_2 & c_2 \\
a_3 & b_3 & c_3
\end{vmatrix} = 0 。
$$

莱布尼茨对行列式的预见直到 1850 年才被发表,不得不在超过半世纪之后才被重新发现。

莱布尼茨完全意识到了分析学中"特征"或符号在分析学中的威力,它们可以恰当地表现给定情形的要素。显然,他高度评价了这一对符号的贡献,因为它易于推广,而且他还夸耀说他展示的分析学的"秘密并没有被韦达和笛卡儿全部发现"。莱布尼茨是最伟大的符号创建者之一,在这方面仅次于欧拉。雷科德的符号 = 能够战胜笛卡儿的符号 ∝,很大程度上要归功于莱布尼茨和牛顿。我们也把表示"相似于"的符号 ∽ 和表示"全等于"的符号 ≃ 归功于莱布尼茨。不过,莱布尼茨的微分和积分符号仍然是他在符号领域中最大的成就。

在莱布尼茨相对较小的贡献中有他对复数的评论(当时复数几乎被遗忘了),以及他注意到的二进制记数体系。莱布尼茨把 $x^4 + a^4$ 分解为

$$
(x + a\sqrt{\sqrt{-1}})(x - a\sqrt{\sqrt{-1}})(x + a\sqrt{-\sqrt{-1}})(x - a\sqrt{-\sqrt{-1}}),
$$

并且证明 $\sqrt{6} = \sqrt{1 + \sqrt{-3}} + \sqrt{1 - \sqrt{-3}}$,这一正实数的虚数分解让他的同时代人感到意外。不过莱布尼茨既没有把复数的平方根写成标准的复数形式,也未能证明他的猜想:若 $f(x)$ 为实多项式,则 $f(x + \sqrt{-1}y)f(x - \sqrt{-1}y)$ 为实的。复数的矛盾状态可以通过莱布尼茨的评论很好地说明。作为一位杰出的神学家,莱布尼茨说虚数是一种两栖物,介于存在与不存在之间,就像基督教神学中的圣灵。他的神学也闯入了他对算术中二进制(其中只用两个符号,一和零)符号的看法中。他把二进制看作创世系统,其中上帝由一表示,从无中产生万物。他对这个想法相当满意,于是写信给在中国传教的耶稣会会士,希望他们能用这种类比让有科学倾向的中国皇帝皈依基督教。

逻辑代数

莱布尼茨是一位哲学家,同时也是一位数学家。除微积分外,他最重要的数学贡献在逻辑方面。在微积分中,普适性元素影响了他,这在他其他的努力中也是如此。他希望把一切事情约化为秩序。为了把逻辑讨论简化为系统形式,他希望发展出一个普遍的特征,用作一种逻辑代数。他的第一篇数学论文是 1666 年关于组合分析学的论文,而且即便在这样早的时期,他也已经有了形式符号逻辑的远见。通用符号或表意符号用于表达思考所需的基本概念,而复合观念是由这些人类思想的“字母”搭建成的,正如数学中公式的发展一样。三段论本身也被约化为用所有语言都易理解的通用符号系统表示的一类计算。真理和谬误将只是这个系统内正确或错误的计算之事,哲学争论将就此终结。此外,新的发现能按照逻辑计算的法则,通过正确但多少有些无趣的符号操作导出。莱布尼茨理所当然地为这个想法感到自豪,但也只有他自己对此分外热衷。莱布尼茨的乐观主义在今天显得没什么道理,但他建议的逻辑代数按照他自己的思想发展多年,并且在 19 世纪再次流行。自此之后,它在数学中起到了非常重要的作用。

身为科学家和科学拥护者的莱布尼茨

莱布尼茨也是一位科学家,他和惠更斯发展了动能的概念,这个概念最终在 19 世纪成为更广泛的一般能量概念(莱布尼茨无疑会赞赏其普遍性)的一部分。在他对 18 世纪科学和数学进步的广泛贡献中,他对建立欧洲两个主要科学院的影响不容小觑。它们分别是 1710 年在柏林建立的普鲁士科学院,以及在莱布尼茨去世十年后建立的俄罗斯科学院。

伯努利家族

390　　　伟大数学家的发现并不会自动成为数学传统的一部分。它们有可能被世人遗忘,除非有其他学者能理解它们,并有足够的兴趣从各种观点审视它们,阐明和推广它们,并指出它们的含义。不幸的是,牛顿过于敏感,不能自如地与人交流,因此,流数法在英国之外不怎么为人所知。另一方面,莱布尼茨就显得乐于让别人认识到他的方法的威力,而且找到了忠诚的门徒,他们热衷于学习微分学和积分学,并把这些知识传播得更远。在这些狂热的支持者中,最重要的是瑞士的两兄弟，雅各·伯努利（Jacques Bernoulli,1654—1705）和约翰·伯努利（Jean Bernoulli,1667—1748），他们也常常以他们名字的英语形式 James 和 John（或者以德语对应的 Jakob 和 Johann）为人所知,这两个人既容易感到被冒犯,也容易冒犯别人。在数学史上,没有一个家族像伯努利家族那样培养出如此多的著名的数学家。1576 年的西班牙暴行使这个家族感到恐惧,他们于 1583 年逃离天主教西属尼德兰地区,前往巴塞尔。这个家族的大约十多个成员（参见后面的族谱）在数学和物理学领域卓有建树,其中有四个人被选为巴黎科学院的外籍院士。

第一个在数学上取得突出成就的是雅各·伯努利。他在巴塞尔出生,也在这里去世,但他为了结识其他国家的学者而到处旅行。他的兴趣因沃利斯和巴罗的著作而转向无穷小,而莱布尼茨在 1684 年至 1686 年间发表的论文使他能够掌握新的方法。到 1690 年,当他向莱布尼茨建议"积分"这个名字时,雅各·伯努利本人也就该主题为《博学学报》撰写了论文。其中,他指出了在最大值或最小值处,函数的导数不必消失,而可取一个"无穷值",或表现为一种不定型。他很早就对无穷级数感兴趣,在他 1689 年关于这一主题的第一篇论文中,给出了著名的"伯努利不等式"$(1+x)^n>1+nx$,这里 x 是实数,$x>-1$ 且 $x\neq0$,n 为大于 1 的整数,但是这个不等式早在巴罗 1670 年的《几何学讲义》第 7 讲中就被发现了。人们还经常把调和级数是发散的证明归功于他,因为大多数人不知道奥雷斯姆和门戈利的先见。事实上,雅各·伯努利相信,他弟弟是观察到调和级数发散性的第一人。

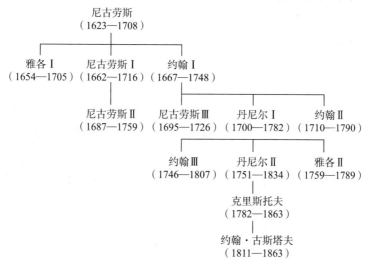

数学上的伯努利家族:族谱

391　　　雅各·伯努利被形数的倒数级数所吸引,虽然他知道完全平方数的倒数级数是收敛的,但他无法求出这个级数的和。由于

$$\frac{1}{1^2} + \frac{1}{2^2} + \frac{1}{3^2} + \cdots + \frac{1}{n^2} + \cdots$$

中的项,逐项对应小于或等于

$$\frac{1}{1} + \frac{1}{1 \cdot 2} + \frac{1}{2 \cdot 3} + \frac{1}{3 \cdot 4} + \cdots + \frac{1}{n \cdot (n-1)} + \cdots$$

中的项,而已知后面这个级数收敛于 2,伯努利很清楚前者必定收敛。

　　作为那个时代经常与其他数学家通信的人,雅各·伯努利熟知当时流行的问题,并独立解决了其中的很多问题。这包括求悬链线方程、曳物线方程和等时线方程,它们全都被惠更斯和莱布尼茨讨论过。等时线需要这样的平面曲线的方程:

392　沿着这条曲线物体会以均匀的垂直速度下落。伯努利证明所需的曲线是半立方抛物线。正是在这些问题上,伯努利兄弟发现了微积分的威力,而且他们在这门新学科的各个方面一直与莱布尼茨保持着联系。雅各·伯努利在1690年的《博学学报》上发表的关于等时线的论文中使用了“积分”一词。几年后,莱布尼茨赞同将微积分中微分的逆称为积分比求和更好。在微分方程领域,雅各·伯努利研究了“伯努利方程”$y' + P(x)y = Q(x)y^n$,这个方程,他和莱布尼茨及约翰·伯努利都解出来了,其中约翰·伯努利的解法是通过代换 $z = y^{1-n}$ 将其约化为线性方程。莱布尼茨和伯努利兄弟当时正在寻找最速降线问题的解。约翰首先得到了该曲线是摆线的错误证明,但在他向他的哥哥发起寻找所要求的曲线的挑战之后,雅各正确证明了所求曲线为摆线。

对数螺线

　　雅各·伯努利被曲线和微积分迷住了,有一条曲线还以他的名字命名——由极坐标方程 $r^2 = a\cos2\theta$ 给出的“伯努利双纽线”。在1694年的《博学学报》上,这条曲线被描述为类似 8 字形或打结的丝带。然而,最吸引他的曲线是对数螺线。伯努利证明它有几个此前不曾被注意到的惊人性质:(1)对数螺线的渐屈线是一条相等的对数螺线;(2)对数螺线关于其极点的垂足曲线(亦即,极点在这条曲线的切线上的投影轨迹)是一条相等的对数螺线;(3)自极点发出的光线经反射所产生的焦散线(即该给定曲线上的点所反射的光线的包络)是一条相等的对数螺线;(4)自极点发出的光线经折射所产生的焦散线(即在该曲线上的点所折射的光线的包络)是一条相等的对数螺线。这些性质促使他要求把这条神

奇的螺线刻在他的墓碑上，连同这样铭文："纵然改变，依然故我"（Eadem mutata resurgo）。

当雅各·伯努利重复卡瓦列里的过程，把抛物线 $x^2 = ay$ 的一半围绕原点弯折以产生阿基米德螺线时，他被引向了一种不同类型的螺线，但卡瓦列里研究的变换本质上使用的是综合方法，而伯努利使用的是直角坐标和极坐标。牛顿也许早在 1671 年就使用过极坐标，但发表的优先权似乎属于伯努利，他在 1691 年的《博学学报》上提出了沿着固定的圆弧度量横坐标，沿着法线径向度量纵坐标。三年后，在同一期刊上，他提出了与牛顿的坐标系一致的改进的坐标系。现在，坐标 y 是点的径向量的长度，x 是向量角的边在以极点为圆心画出的半径为 a 的圆上截取的一段弧。这些坐标本质上就是我们现在写的 $(r, a\theta)$。伯努利和牛顿一样，也主要是对这一坐标系在微积分中的应用感兴趣，因此，他也推导出了在极坐标中表示弧长和曲率半径的公式。

概率与无穷级数

伯努利兄弟的数学贡献就像莱布尼茨的那些一样，也主要是在期刊，尤其是《博学学报》上的文章中找到，但雅各·伯努利还写了一部题为《猜想的艺术》的经典著作，在作者去世八年之后的 1713 年出版。这是关于概率论的最早的大部头著作，因为惠更斯的《论掷骰子》（De Ludo Aleae）只是一个简短的介绍。事实上，惠更斯的这篇著作被复制并附上伯努利的评注作为《猜想的艺术》的四个部分中的第一部分。《猜想的艺术》的第二部分包含了由二项式和多项式定理导出的排列与组合的一般理论。在这里，我们发现了对正整数次幂的二项式定理最早的合格证明。这个证明由数学归纳法给出，这一方法是伯努利在阅读沃利斯的《无穷算术》时重新发现的，并于 1686 年发表在《博学学报》上。他把一般指数的二项式定理归功于帕斯卡，但这是没有根据的。牛顿似乎是第一个陈述任意有理指数的二项式定理的一般形式的人，尽管他并没有给出证明，后来是由欧拉补充了证明。关于 $(1+1/n)^n$ 的展开，雅各·伯努利提出了连续复利问题，亦即求 $\lim_{n\to\infty}(1+1/n)^n$，因为

$$\left(1+\frac{1}{n}\right)^n < 1 + \frac{1}{1} + \frac{1}{1\cdot 2} + \cdots + \frac{1}{1\cdot 2\cdots n}$$
$$< 1 + 1 + \frac{1}{2} + \frac{1}{2^2} + \cdots + \frac{1}{2^{n-1}} < 3,$$

他很清楚这个极限是存在的。

《猜想的艺术》的第二部分还包含了"伯努利数"。这些数作为求整数的幂之和的递归公式中的系数出现，如今它们在其他方面有很多应用。这个公式被伯努利写成：

$$\int n^c = \frac{1}{c+1}n^{c+1} + \frac{1}{2}n^c + \frac{c}{2}An^{c-1} + \frac{c(c-1)(c-2)}{2 \cdot 3 \cdot 4}Bn^{c-3}$$

$$+ \frac{c(c-1)(c-2)(c-3)(c-4)}{2 \cdot 3 \cdot 4 \cdot 5 \cdot 6}Cn^{c-5}\cdots,$$

这里 $\int n^c$ 表示前 n 个正整数的 c 次幂之和，字母 $A,B,C,\cdots$（伯努利数）是 $\int n^2, \int n^4,$ $\int n^6, \cdots$ 对应的表达式中含 n 的项（最后一项）的系数。（这些数也被定义为 $n!$ 乘以函数 $x/(e^x-1)$ 的麦克劳林展开式中偶次幂的项的系数。）伯努利数可以用于写出三角函数和双曲函数的无穷级数展开式。容易验证前 3 个伯努利数是：$A = \frac{1}{6}, B = -\frac{1}{30}$ 且 $C = \frac{1}{42}$。

《猜想的艺术》的第三和第四部分主要致力于说明概率论的问题。第四部分也就是最后一部分包含现在以作者名字命名的著名定理：所谓的大数定律，关于这个定理伯努利曾与莱布尼茨通过信。这个定理是说，若 p 是一个事件的概率，m 为该事件在 n 次试验中发生的次数，ε 是一个任意小的正数，且若 P 为满足不等式 $|m/n - p| < \varepsilon$ 的概率，那么 $\lim\limits_{n \to \infty} P = 1$。

《猜想的艺术》的附录是关于无穷级数的一篇长长的回顾。除了调和级数与完全平方的倒数之和以外，伯努利考虑了级数

$$\frac{1}{\sqrt{1}} + \frac{1}{\sqrt{2}} + \frac{1}{\sqrt{3}} + \frac{1}{\sqrt{4}} + \cdots。$$

他知道（通过比较该级数的项与调和级数中的项）这个级数是发散的，并且他指出了这样一个悖论：所有奇数项之"和"与所有偶数项之"和"的比等于 $\sqrt{2} - 1$ 比 1，由此可知，所有奇数项之和似乎应该小于所有偶数项之和，但这是不可能的，因为逐项计算，前者大于后者。

洛必达法则

1692 年，约翰·伯努利在巴黎时，曾给年轻的法国侯爵洛必达（G. F. A. de L'Hospital，1661—1704）讲授过莱布尼茨的新学科，而且他同洛必达签订了一个协议：以固定薪金作为回报，他同意把他的数学发现告知洛必达，任这位侯爵随意

使用。结果是伯努利的主要贡献之一自 1694 年起就被称为关于不定型的洛必达法则。约翰·伯努利曾经发现,如果 $f(x)$ 和 $g(x)$ 是在 $x=a$ 处可微的函数,使得 $f(a)=0$ 和 $g(a)=0$,且

$$\lim_{x \to a} \frac{f'(x)}{g'(x)}$$

存在,那么

$$\lim_{x \to a} \frac{f(x)}{g(x)} = \lim_{x \to a} \frac{f'(x)}{g'(x)}。$$

洛必达把这个著名的法则纳入即将印刷成册的第一本关于微分学的教科书——《无穷小分析学》($Analyse\ des\ Infiniment\ Petits$)中,该书于 1696 年在巴黎出版。这本书的影响主导了 18 世纪的大部分时间,它主要建立在两条公设之上:(1) 可以将仅相差无穷小量的两个量视为相等;(2) 一条曲线可以视为由无穷短的直线构成,这些直线通过它们所成的角度确定该曲线的曲率。这些公设在今天很难被人接受,但洛必达认为它们"相当不言自明,因此一个专注的读者一点也不会顾虑它们的真实性和可靠性"。代数函数的基本微分公式可按照莱布尼茨的方式导出,并且可应用于切线、极大值和极小值、拐点、曲率、焦散线和不定型。洛必达是一位杰出的作者,因为在他去世后于 1707 年出版的《圆锥曲线分析论》($Trait\acute{e}\ Analytique\ des\ Sections\ Coniques$),对 18 世纪的解析几何学所起的作用正如他的《无穷小分析学》对微积分所起的作用。

指数计算

近来出版的伯努利和洛必达往来的书信表明,《无穷小分析学》中的大部分内容显然属于伯努利。不过,书中有些材料无疑是洛必达独立工作的结果,因为他是一位有才能的数学家。例如,对数曲线的求长,似乎在洛必达 1692 年致莱布尼茨的一封信中就首次出现过。伯努利没有发表他自己关于微分学的教科书(最终于 1924 年出版),而关于积分学的文本在它被写就之后的五十年才出现在他 1742 年的《全集》($Opera\ Omnia$)中。在此期间,约翰·伯努利在分析学的许多高等方向,如等时线、阻力最小的立体、悬链线、曳物线、轨线、焦散线、等周问题上都有大量论著,这为他赢得了名声,于是 1705 年他被邀请到巴塞尔填补因他哥哥去世而留下的职位空缺。他经常被认作是变分法的发明人,因为他在 1696 年至 1697 年间提出最速降线问题,并且通过他对曲面上的测地线的工作,他为微分几何学做出了贡献。指数微积分也常常归功于他,因为他不仅研究了简单指数曲线

$y = a^x$，还研究了诸如 $y = x^x$ 这样的广义指数曲线。对于曲线 $y = x^x$ 从 $x = 0$ 到 $x = 1$ 的面积，他发现了惊人的无穷级数表示

$$\frac{1}{1^1} - \frac{1}{2^2} + \frac{1}{3^3} - \frac{1}{4^4} + \cdots。$$

这个结果是他通过写 $x^x = e^{x \ln x}$，再按指数级数展开，并使用分部积分逐项积分得到的。

负数的对数

约翰·伯努利和雅各·伯努利重新发现了韦达已经知道的以 $\sin\theta$ 和 $\cos\theta$ 表达的 $\sin n\theta$ 和 $\cos n\theta$ 的级数，而且他们不严格地将它们推广到包括分数值 n 的情况。约翰也知道反三角函数和虚对数之间的关系，1702 年，他通过微分方程发现关系：

$$\arctan z = \frac{1}{i} \ln \sqrt{\frac{1 + iz}{1 - iz}}。$$

他与其他数学家就负数的对数通信，但其中他错误地认为 $\log(-n) = \log n$。他试图从解析的观点发展三角学和对数理论，而且他试验了表示 x 的函数的几种符号，与现代最接近的是 ϕx。他关于函数的模糊概念表达为"由一个变量和任何常数以任何方式组合成的一个量"。在他的诸多争议中有一个与英国数学家有关：布鲁克·泰勒在 1715 年的《正的和逆的增量方法》中发表的著名的级数是否剽窃了伯努利级数

$$\int y \, dx = yx - \frac{x^2}{2!} \frac{dy}{dx} + \frac{x^3}{3!} \frac{d^2 y}{dx^2} - \cdots。$$

在"泰勒级数"的发现上，伯努利和泰勒都不知道它已预先为格雷果里所知。

彼得堡悖论

约翰·伯努利对数学保持的热忱与他在争议中的坚持一样强烈。此外，他是三个儿子的父亲：尼古劳斯（Nicolaus，1695—1726）、丹尼尔（Daniel，1700—1782）和约翰 Ⅱ（Jean Ⅱ，1710—1790），他们都在某个阶段担任过数学教授一职：尼古劳斯和丹尼尔在圣彼得堡，而约翰 Ⅱ 在巴塞尔。（另一位尼古劳斯（1687—1759），前面提到的堂兄，有段时间在帕多瓦大学担任教授，伽利略曾担任此职。）还有其他的伯努利们在数学方面都取得了一定的成就，但这些人中还没有人获得的名望比得过最初的两兄弟——雅各和约翰。年轻一代中最杰出的是丹尼尔，他在流体

力学上的工作因"伯努利原理"而被人记起。在数学上,他最著名的是在概率论中区分了数学期望与"道德期望",或"物质财富"与"道德财富"。他假设一个人物质财富的少量增加所引起的满意度的增加与物质财富成反比。用方程表示为 $dm = K(dp/p)$,这里 m 为道德财富,p 为物质财富,而 K 为一个比例常数。这可以得出结论:随着物质财富的几何增长,道德财富呈算术增长。1734 年,因为与行星轨道平面的倾角相关的概率方向的一篇论文,他和他的父亲分享了由巴黎科学院颁发的一个奖项。1760 年,他在巴黎科学院宣读了关于概率论应用于接种天花疫苗的益处问题的论文。

当丹尼尔·伯努利1725年前往圣彼得堡时,他的哥哥也被邀请到那里担任数学教授。在这两个人的讨论中,产生了后来知名的"彼得堡悖论"问题,这样称呼可能是因为它首先出现在科学院的《记录》(*Commentarii*)上。问题如下:假设彼得和保罗同意玩一场投掷硬币的游戏。如果第一次掷出正面,那么保罗将付给彼得 1 克朗;如果第一次掷出反面,但第二次出现正面,那么保罗将付给彼得 2 克朗;如果正面首次出现在第三次投掷,那么保罗将付给彼得 4 克朗,以此类推,如果正面首次出现在第 n 次投掷,则所付款项为 2^{n-1} 克朗。为了得到玩这场游戏的权利,彼得应该付给保罗多少钱? 彼得的数学期望由

$$\frac{1}{2} \cdot 1 + \frac{1}{2^2} \cdot 2 + \frac{1}{2^3} \cdot 2^2 + \cdots + \frac{1}{2^n} \cdot 2^{n-1} + \cdots$$

给出,显然是无穷的,然而常识看来应该是一个不太大的有限和。当乔治·路易·勒克莱尔,德·蒲丰伯爵(Georges Louis Leclerc,Comte de Buffon,1707—1788)对此事进行实证检验时,他发现在 2084 局游戏中,保罗将付给彼得 10057 克朗。这表明在任何一局中,保罗的期望都不是无穷的,而是少于 5 克朗! 彼得堡问题中提出的这个悖论在 18 世纪得到了广泛的讨论,人们给出了不同的解释。丹尼尔·伯努利试图通过他的道德期望原理来解这个问题,这与他用量 $1^{1/2}, 2^{1/4}, 4^{1/8}, 8^{1/16}, \cdots$ 代替量 $1, 2, 2^2, 2^3, \cdots, 2^n, \cdots$ 相一致。作为这个悖论的一个解答,其他人更愿意指出,鉴于保罗的财富必然有限的事实,这个问题原本就不可能。因此,他无力支付正面一直不出现的情况下的无限款项。

398

契恩豪斯变换

欧洲大陆未能逃避关于微积分基础的争论,但影响没有英国那么大。早至莱布尼茨时期,萨克森贵族埃伦弗里德·瓦尔特·冯·契恩豪斯(Ehrenfried Walter von Tschirnhaus,1651—1708) 伯爵就提出了对新分析学的反对。他的名字仍保留在代数学的"契恩豪斯变换"中,他希望通过这个变换找到解高次方程的一般方法。多项式方程 $f(x)=0$ 的契恩豪斯变换是形式 $y=g(x)/h(x)$ 中的一个,这里 g 和 h 为多项式且 h 对 $f(x)=0$ 的根不为零。卡尔达诺和韦伯用于求解三次方程的变换是契恩豪斯变换的特例。在 1683 年的《博学学报》上,契恩豪斯证明,次数 $n>2$ 的多项式能通过他的变换简化为 $n-1$ 次和 $n-2$ 次项的系数都为零的形式;对于三次多项式,他发现了形式为 $y=x^2+ax+b$ 的一个变换,能把一般的三次多项式简化为 $y^3=K$ 的形式。

另一个这样的变换把四次多项式简化为 $y^4+py^2+q=0$,由此增加了求解三次和四次方程的新方法。

契恩豪斯希望发展类似的算法:把一般的 n 次方程简化成仅含 n 次项和零次项的一个"纯"n 次方程。他的变换被认为是 17 世纪对求解方程最有希望的贡献,但通过这样的变换消去了第二个和第三个系数,对于求解五次方程来说还远远不够。即便瑞典数学家布林(E. S. Bring,1736—1798) 在 1786 年表明可以找到一个契恩豪斯变换,把一般的五次方程化为形式 $y^5+py+q=0$,但解仍难以找到。

399　1834 年,英国的 G. B. 杰拉德(G. B. Jerrard,1804—1863) 表明能够找到一个契恩豪斯变换,从任意次数 $n>3$ 的多项式方程中消去 $n-1,n-2$ 和 $n-3$ 次项,但这一方法的威力受限于这一事实:五次和更高次的方程不能代数地求解。杰拉德认为他能求解所有代数方程的信念是虚幻的。

契恩豪斯作为反射焦散线的发现者而著名,该曲线被冠以他的名字。正是他对这些曲线——从一个点源及在一条曲线上反射的一族光线的包络的报告,让他在 1682 年入选巴黎科学院,而且对焦散线和类似族的兴趣由莱布尼茨、洛必达、雅各·伯努利和约翰·伯努利以及其他人延续下去。他的名字也与"契恩豪斯三次曲线"$a=r\cos^3\theta/3$ 联系在一起,这个形式后来被麦克劳林推广到 $r^n=a\cos n\theta$,n 为有理数。

契恩豪斯在微积分的形成时期曾与奥尔登堡和莱布尼茨有过联系,并且他还给创刊于 1682 年的《博学学报》撰写了许多数学文章。不过,契恩豪斯的一些工作都是撰写匆忙,在不成熟时就发表了,伯努利兄弟和其他人指出了他的错误。曾几何时,契恩豪斯抛弃了微积分和无穷级数的概念,坚持认为代数方法就足够了。在荷兰,对莱布尼茨的微积分的反对意见是医生兼几何学家贝尔纳德·纽文泰特(Bernard Nieuwentijt,1654—1718) 在 1694—1696 年间提出的。这些年间,在阿姆斯特丹出版的三部独立的著作中,纽文泰特承认结果的准确性,但他批评牛顿的渐逝量的模糊性以及莱布尼茨的高阶导数缺乏清晰的定义。

立体解析几何学

1695 年,莱布尼茨在《博学学报》上就纽文泰特"过于精确的"批评为自己辩护,而 1701 年,对纽文泰特的更为详细的反驳来自瑞士的雅各布·赫尔曼(Jacob Hermann,1678—1733)笔下,他是雅各·伯努利忠实的学生。赫尔曼在他的家乡巴塞尔大学结束他的职业生涯之前,先后在帕多瓦大学、奥德河畔的法兰克福大学、圣彼得堡大学教数学,这反映了 18 世纪早期数学家的流动性。在 1792 年至 1733 年的《彼得堡科学院记录》(*Commentarii Academiae Petropolitanae*)上,作为年长的伯努利兄弟做出的结果的延续,赫尔曼在立体解析几何和极坐标方面做出了贡献,其中极坐标延续了年长的伯努利兄弟的结果。在雅各·伯努利对极坐标应用于螺线很犹豫的情况下,赫尔曼也给出了代数曲线的极坐标方程,以及从直角坐标到极坐标的变换方程。赫尔曼在空间坐标的使用上比约翰·伯努利更为大胆,伯努利早至 1692 年就首先把坐标的使用称为"笛卡儿几何学"。伯努利相当胆怯地提出将笛卡儿几何学推广到三维,但赫尔曼则有效地将空间坐标应用于平面和几类二次曲面。他通过表明平面 $az + by + cz = c^2$ 与 xy 平面夹角的正弦由 $\sqrt{b^2 + c^2} \, / \, \sqrt{a^2 + b^2 + c^2}$ 给出而开始使用方向角。

400

米歇尔·罗尔和皮埃尔·瓦里尼翁

与在英国、德国和荷兰一样,在法国科学院也有一小群人,尤其是在 1700 年后不久,质疑由洛必达提出的新的无穷小方法的有效性。在这些人之中有米歇尔·罗尔(Michel Rolle,1652—1719),他的名字与罗尔定理相关联,该定理于 1691 年发表在一本题为《求解等式的方法》(*Méthode Pour Résoudre les Égalitéz*)的不知名的书中:若一个函数在 a 到 b 的区间内可微,若 $f(a) = 0 = f(b)$,那么 $f'(x) = 0$ 在 a 和 b 之间至少有一个实根。这个定理现在对微积分相当重要,当时只是罗尔在讨论方程的近似解时附带给出的。

罗尔将微积分描述为一系列巧妙的谬论,他对微积分的这一抨击,受到了皮埃尔·瓦里尼翁(Pierre Varignon,1654—1722)的有力回击。瓦里尼翁是约翰·

伯努利"在法国最好的朋友"，而且他也与莱布尼茨有书信往来。伯努利只是告诉罗尔，说他不理解这门学科，但瓦里尼翁寻求通过间接地说明无穷小方法能够与欧几里得几何相洽而厘清这一情况。反对微积分的这群人中的大多数都是古代综合几何的崇拜者，在科学院的争议让人想起那个时代文学上关于"古代还是现代"的争论。

瓦里尼翁像伯努利家族的成员一样，起初并没有期望成为一个数学家，而是打算进入教会，但当他偶然碰到欧几里得的《原本》复制本时，他改变了主意，在巴黎担任数学教授，并成为科学院的一员。在科学院 1704 年的《集刊》(Memoirs) 中，他延续并扩展了雅各·伯努利对极坐标的使用，包含通过把纵坐标看作径向量，横坐标看作向量弧，而从代数曲线，诸如费马的抛物线和双曲线得到的螺线的详细分类。瓦里尼翁是最先了解微积分的法国学者之一，曾关于洛必达的《无穷小分析学》准备了一篇评论，但直到这两人都去世后的 1725 年这篇评论才以《澄清无穷小分析学》(Eclaircissemens sur l'Analyse des Infiniments Petits) 为题发表。瓦里尼翁是比洛必达更严谨的作者，曾警告不研究其余项就不要使用无穷级数。因此他相当担心对微积分的抨击，并在 1701 年就他与罗尔的分歧致信莱布尼茨：

> 这整个事件真正的幕后黑手天主教士加卢瓦，在这里(巴黎)散布传闻说您曾经解释过，您用"微分"或"无穷小"指代非常小，但仍是常数和确定的量 …… 另一方面，我称一个物是一个量的无穷小或微分，如果这个量与这个物相比是不可穷尽的。

瓦里尼翁在这里表达的观点相当模糊，但至少他认识到微分是一个变量，而不是一个常数。1702 年来自汉诺威的莱布尼茨的答复力求避免形而上学的争论，但他对微分使用的短语"无可比拟小的量"并不比瓦里尼翁的解释更令人满意。不过，瓦里尼翁对微积分的辩护似乎赢得了罗尔的赞同。

关于解析几何，罗尔还提出了一些令人困窘的问题，尤其是那时流行的笛卡儿的方程图解法。例如，为了求解 $f(x)=0$，任意选择一条曲线 $g(x,y)=0$，把它与 $f(x)=0$ 结合，得到一条新的曲线 $h(x,y)=0$，$h(x,y)=0$ 与 $g(x,y)=0$ 的交点提供了 $f(x)=0$ 的解。罗尔看出这个过程可能引入多余的解。在罗尔最知名的著作，1690 年的《代数论》(Traité d'Algèbre) 中，他似乎首次声明一个数的 n 次根有 n 个值，但他只能证明 $n=3$ 时的结果，因为他在科茨和棣莫弗的相关著作出版之前就去世了。

罗尔是科学院那群批评微积分的人中最有才能的数学家。当他被瓦里尼翁关于新分析学本质上的可靠性说服时，这群反对派就崩溃了，这门学科在欧洲大陆也就进入了一个不受妨碍、快速发展的世纪。证明下一代有才能且专心致志的人能用新的方法取得何等成就的一个突出的例子就是亚历克西斯·克莱罗（Alexis Clairaut）。

克莱罗兄弟

亚历克西斯·克劳德·克莱罗（Alexis Claude Clairaut，1713—1765）是最早熟的数学家之一，在这方面甚至超越了布莱兹·帕斯卡。十岁时，他就开始阅读洛必达关于圆锥曲线和微积分的书；十三岁时，他在科学院宣读了一篇关于几何学的论文；年仅十八岁时，通过对年龄限制的特别许可，他入选科学院；同年，他出版了一部著名的著作《关于双重曲率曲线的研究》（*Recherches sur les Courbes à Double Courbure*），其基本内容在两年之前曾提交给科学院。如同笛卡儿的《几何学》一样，克莱罗的《关于双重曲率曲线的研究》的扉页上也没有作者的名字，尽管在这种情况下作者身份也是众所周知的。克莱罗的这部著作对空间曲线运用了笛卡儿差不多在一个世纪以前提出的方法——通过曲线在两个坐标平面上的投影进行研究。事实上，正是这一方法提示克莱罗给出扭曲或弯曲曲线的名字，因为它们的曲率由两个投影的曲率确定。在《关于双重曲率曲线的研究》中，许多空间曲线都通过各种曲面的相交确定，该著作还明确给出了二维和三维的距离公式，包含了平面的截距形式，并发现了空间曲线的切线。由十几岁的克莱罗写就的这本书，被看作立体解析几何的第一部专著。他观察到函数 $f(x,y)$ 的混合二阶偏导数 f_{xy} 和 f_{yx} 一般是相等的（现在我们知道，如果这些导数在所讨论的点连续，则这个结论成立），并且他将这一事实用于微分方程中常见的，对于微分表达式 $M(x,y)\mathrm{d}x + N(x,y)\mathrm{d}y$ 的正确性要求的 $M_y \equiv N_x$ 的验证。在应用数学的著名著作，诸如《地球形状的理论》（*Théorie de la Figure de la Terre*，1743年）和《月球理论》（*Théorie de la Lune*，1752年）中，他使用了位势理论。他的教科书《几何学基础》（*Eléments de Géométrie*）和《代数学基础》（*Eléments d'Algèbre*）是一项提高数学教学水平的计划（不禁让人联想到我们自己时代的那些）的一部分。

顺便说一下，克莱罗有个弟弟在早熟上与他相匹敌，因为十五岁时，历史上仅

402

367

以"克莱罗的弟弟"所知的这位兄弟在1731年（同一年哥哥出版了《关于双重曲率曲线的研究》）出版了一本关于微积分的书，书名是《圆和双曲线求积专论》（*Traité de Quadratures Circulaires et Hyperboliques*）。第二年，这位无名的天才不幸死于天花。这两位克莱罗兄弟的父亲本人也是一位有能力的数学家，但今天主要通过他儿子们的工作而被人说起。

意大利数学

当伯努利们和他们的伙伴们正在辩护和支持解析几何、微积分和概率的发展时，数学在意大利正带着对几何学的偏爱或多或少不引人注目地延续着。那里没有出现杰出的人物，尽管有几个人留下了值得关注的重要结果。乔瓦尼·切瓦（Giovanni Ceva，1648—1734）因冠以他的名字的定理在今天被人记起：从三角形的顶点 A，B，C 到对边上的三个点 X，Y，Z 的直线共点的充要条件为

$$\frac{AZ \cdot BX \cdot CY}{ZB \cdot XC \cdot YA} = +1 。$$

这与梅涅劳斯的定理密切相关，该定理已被遗忘，但在1678年又被切瓦重新发现并出版。

与伯努利们的兴趣关系更密切的是雅各布·里卡蒂（Jacopo Riccati，1676—1754）的贡献，里卡蒂使牛顿的工作在意大利为人所知。里卡蒂特别被人铭记的是他对现在以他的名字命名的微分方程 $dy/dx = A(x) + B(x)y + C(x)y^2$ 的广泛研究，尽管雅各·伯努利早先研究过特例 $dy/dx = x^2 + y^2$。里卡蒂可能知道这项研究，因为尼古劳斯·伯努利在帕多瓦大学任教，在这里，里卡蒂曾是安杰利的学生，而且他与尼古劳斯·伯努利和赫尔曼都在这里有过接触。伯努利们的工作在意大利广为人知。1717年到1718年前后，法尼亚诺（G. C. Fagnano，1682—1766）伯爵对伯努利双纽线进行了后续研究，表明这类曲线的求长与求椭圆弧长一样，会导致椭圆积分，尽管一般的弧原则上讲都是可求长的。法尼亚诺的名字现在仍然与椭圆 $x^2 + 2y^2 = 1$ 连在一起，它代表了等边或直角双曲线的某种对应。例如，该椭圆的离心率为 $1/\sqrt{2}$，而直角双曲线的离心率为 $\sqrt{2}$。

平行公设

18世纪的意大利数学家们几乎没有做出什么根本的发现。但最接近这样的

一个发现无疑来自吉罗拉莫·萨凯里(Girolamo Saccheri,1667—1733),他是在意大利他所在教团的学院任教的耶稣会士。在他去世的那一年,他出版了题为《无懈可击的欧几里得几何》(*Euclides ab Omni Naevo Vindicatus*)的一部书,在书中他为证明平行公设做出了很大的努力。萨凯里知道差不多五百年前纳西尔丁·图西证明平行公设的努力,并且他决定对此问题应用归谬法。他从一个现在被称为"萨凯里四边形"的双直角等腰四边形(边 AD 和边 BC 彼此相等且都垂直于底边 AB)开始。不用平行公设,他很容易说明"顶"角 C 和 D 相等,而且这些角有三种可能性,萨凯里描述为:(1)假设为锐角,(2)假设为直角,以及(3)假设为钝角。通过说明假设(1)和(3)会导致矛盾,他想通过间接的推理把假设(2)作为欧几里得公设而非平行公设的必然结果。萨凯里在处理假设(3)时没有遇到什么麻烦,因为他隐含地假定直线是无限长的。从假设(1)中,他毫不费劲地推导出了一个又一个定理。尽管现在我们知道,他在这里建立了完全自洽的非欧几里得几何,但萨凯里如此全心全意地相信欧几里得几何是唯一合理的几何,以至于他容忍了这种成见与他的逻辑的抵触。在不存在矛盾的地方,他曲解他的推理直到他认为假设(1)导致了谬论。因此,他无疑失去了18世纪最重要的发现的荣誉——非欧几里得几何学。他的名字在接下来的一个世纪里依然被埋没,因为追随他的人忽视了他工作的重要性。

404

发散级数

另一个值得简单一提的意大利数学家是萨凯里的学生圭多·格兰迪(Guido Grandi,1671—1742),他的名字因通过以极坐标方程 $r = a\cos n\theta$ 和 $r = a\sin n\theta$ 表示的令人相当熟悉的玫瑰花瓣曲线被记住。这些曲线被称为"格兰迪玫瑰线",以肯定他对它们的研究。人们也会因格兰迪曾与莱布尼茨通信,讨论交错无穷级数 $1-1+1-1+1-1+\cdots$ 的和能否取作 $\dfrac{1}{2}$ 的问题而提起他。他建议,该级数不仅仅是作为其前 n 项部分和的两个值的算术平均,同时也可以看作生成函数 $1/(1+x)$ 当 $x = +1$ 时的值,由此生成函数通过除法可以得到级数 $1-x+x^2-x^3+x^4-\cdots$。在这次通信中,格兰迪提出这里有一个悖论堪与基督教的神秘性相媲美,因为把它按对分组,会得到结果

$$1-1+1-1+1-1+\cdots = 0+0+0+\cdots = \frac{1}{2},$$

369

这与从一无所有中创造世界相当。

在把这些不加批判的想法延伸到生成函数 $1/(1+x)$ 的积分的过程中，莱布尼茨和约翰·伯努利曾就负数的对数的本质书信往来过。不过，级数 $\ln(1+x) = x - x^2/2 + x^3/3 - x^4/4 + \cdots$ 在这里没什么帮助，因为当 $x < -1$ 时，级数发散。莱布尼茨争辩说负数没有实的对数，但伯努利相信对数曲线关于函数轴对称，认为 $\ln(-x) = \ln(x)$，这个观点似乎被 $d/dx \ln(-x) = d/dx \ln(+x) = 1/x$ 所证实。两位通信者没能明确地解决负数的对数的本质问题，但伯努利最杰出的学生解决了这个问题。18 世纪上半叶，约翰·伯努利（他比他的哥哥多活了 43 年）继续通过通信发挥着激励人心的热情。不过，远在他 1748 年去世之前，身为八十几岁的老人，他的影响已远不如他著名的学生欧拉了。欧拉对分析学，包括负数的对数的贡献，是 18 世纪中期数学发展的根本核心。

（赵振江　译）

代数学是慷慨的；她给予的，远比我们要的多。

——达朗贝尔

欧拉生平

瑞士是 18 世纪早期数学上许多重要人物的出生地，那一时期（或任何时期）406
来自瑞士的最重要的数学家是莱昂哈德·欧拉（Leonhard Euler，1707—1783）。

欧拉的父亲是一位牧师，和雅各·伯努利的父亲一样，他也希望自己的儿子
能担任神职。然而，这位年轻人求学于约翰·伯努利门下，和他的儿子尼古劳斯
和丹尼尔交往密切，并通过他们发现了自己应该追求的职业。欧拉接受过广泛的
训练，除了学习数学，他还学神学、医学、天文学、物理学及东方语言。广博的知识
带给他很多机会，在 1727 年，他收到来自俄罗斯的消息，说圣彼得堡科学院的医
学方面有空缺职位，年轻的伯努利兄弟已是那里的数学教授。在科学院早期最杰
出的两位人物伯努利兄弟的推荐下，欧拉被委任为医学和生理学部的成员。407

1730 年，欧拉认为自己应该在自然哲学部而不是医学部任职。他的朋友尼
古劳斯·伯努利在欧拉到来的前一年在圣彼得堡溺水而亡，而在 1733 年，丹尼
尔·伯努利离开俄罗斯前往巴塞尔任职数学教授。于是，26 岁的欧拉成为科学院
首席数学家。 圣彼得堡科学院创办了一个研究期刊《圣彼得堡科学院汇
刊》(*Commentarii Academiae Scientiarum Imperialis Petropolitanae*)，几乎从

建刊起,欧拉就贡献了一系列数学论文。法国科学院院士弗朗索瓦·阿拉戈(François Arago)说欧拉计算起来毫不费力,"就像人呼吸、鹰在空中飞一样"。结果是欧拉可以一边和孩子们玩耍,一边撰写数学论文。1735年,欧拉右眼失明,但这个不幸丝毫没有减少他研究成果的产出速度。他曾说过,他的铅笔似乎在智力上超越了他,那些报告如此轻松地就"流淌"出来了。他一生出版了500多本著作和论文。在他逝世后的近半个世纪里,圣彼得堡科学院还在出版欧拉的著作。欧拉的著作清单(包括逝世后发表的),一共有886项,目前在瑞士资助下出版的欧拉全集(包括通信)预计会有82本内容充实的分册。欧拉的数学研究成果平均一年达800页,至今还没有哪位数学家能超过欧拉的产出速度,阿拉戈称欧拉为"分析的化身"。

早期,欧拉就获得了国际声望。甚至在离开巴塞尔之前,欧拉还因一篇关于船桅的论文获得了巴黎科学院颁发的荣誉奖项。随后几年中,他常常向巴黎科学院设立的竞赛投论文,并且12次赢得令人垂涎的双年奖。获奖的主题范围很广,有一次,在1724年他还因一篇关于潮汐的论文,和麦克劳林、丹尼尔·伯努利分享了一次奖金。(约翰·伯努利获得过两次巴黎奖金,丹尼尔·伯努利获得过十次。)欧拉从不妄自尊大,他撰写各种层次的著作,包括给俄国中小学撰写教材。他一般用拉丁文写作,有时用法语,虽然他的母语是德语。欧拉具有非凡的语言天赋,正如人们通常认为瑞士背景的人会具备的那样。掌握不同语言是件幸运的事,因为18世纪数学的显著特点是学者总是从一个国家移居到另一个国家,此时欧拉从未遇到过语言问题。1741年,欧拉接受腓特烈大帝(Frederick the Great,普鲁士国王)的邀请加入柏林科学院。欧拉在腓特烈的宫廷中度过了25年,在给普鲁士科学院和圣彼得堡科学院提交了大量论文。

408　　　　由于白内障,在他生命中的最后十七年时间内他几乎在黑暗中度过。即便这一悲剧,也没能阻碍他的研究成果和著作源源不断地问世,直到1783年都没有衰竭,76岁的欧拉在饮茶和亨受孙辈陪伴时突然离世。

符号

1727年至1783年间,欧拉的笔一直忙于为纯粹数学和应用数学的几乎每一个分支领域,增添从最基础到最高等的知识。而且,作为有史以来最成功的符号发明者,欧拉大部分的著作都是用我们今天使用的语言和符号写成的。1727年抵达俄罗斯时,他就忙于加农炮点火的实验,并在大致写于1727年或1728年的一份叙述他的成果的手稿中,十多次用字母 e 来表示自然对数系统的底。自从一个多世纪前对数发明以来这个数字背后的概念已经被人们熟知,却仍然没有通用的关于它的标准符号。1731 年,在写给哥德巴赫(Goldbach)的一封信中,欧拉再次使用了字母 e 来代替"那个双曲对数等于1的数"。这个符号首次以印刷形式出现在欧拉的1736 年的《力学》(*Mechanica*)一书中,该书第一次用解析形式表达牛顿动力学。这个可能来自 "指数"(exponential)这个单词的首字母的符号很快便成为标准符号。将希腊字母 π 明确地用来表示圆的周长与直径之比,很大程度上也归功于欧拉,尽管更早的例子在1706 年,也就是欧拉出生的前一年,在威廉·琼斯(William Jones,1675—1749)的《数学新导论》(*Synopsis Palmariorum Matheseos*)中就出现过。但正是欧拉,在 1737 年以及之后,在他很多通行的教科书中采用了符号 π,才使得这个符号被广泛地知晓和使用。表示 $\sqrt{-1}$ 的符号 i 是欧拉最先使用的另一个符号,尽管这是他在去世之前的 1777 年才采用的。这么晚才使用这个符号是因为在欧拉早期的著作中,他使用 i 来表示"无穷数",有点儿像沃利斯使用的符号∞。因此,欧拉写出了表达式 $e^x = \left(1 + \frac{x}{i}\right)^i$,这里我们应该

更喜欢写成 $e^x = \lim_{h \to \infty}\left(1 + \frac{x}{h}\right)^h$。很大程度上归功于欧拉的三个符号 e,π,i,可以与两个最重要的整数 0,1 结合在著名的恒等式 $e^{i\pi} + 1 = 0$ 中,其中包含了数学上五个最重要的数(以及最重要的关系和最重要的运算)。1748 年,欧拉在他著名的教科书《无穷小分析引论》(*Introductio in Ananlysin Infinitorum*)中给出了与这个恒等式等价的一般形式。所谓的欧拉常数,常用希腊字母 γ 来表示,是第六个重要的数学常数,被定义为 $\lim_{n \to \infty}\left(1 + \frac{1}{2} + \frac{1}{3} + \cdots + \frac{1}{n} - \ln n\right)$,这个著名的常数已被计算到小数点之后几百位,其中前十位为 0.5772156649。

我们今天使用欧拉引入的符号,不仅仅与重要数字的命名有关。在几何学、代数学、三角学以及分析学中,我们发现欧拉的符号、术语和思想无处不在。用小写字母 a,b,c 表示三角形的边,相应的大写字母 A,B,C 表示其对角,这也源自欧拉,用字母 r,R,s 分别表示三角形的内切圆和外接圆的半径及三角形的半周长也是如此。把六个长度联系起来的漂亮的公式 $4rRs = abc$,也是归功于欧拉的许多基本成果之一,即便这个结论的等价形式隐含于古代几何中。将 lx 称为 x 的对数,用现在熟悉的符号 $\sum$ 表示求和,以及或许最重要的是,用记号 $f(x)$ 表示 x

409

373

的函数（用在 1734—1735 年的《圣彼得堡科学院汇刊》中），是另外几个和我们现在使用的符号有关的欧拉符号。

分析学的基础

评价数学的发展时，我们必须要在心中铭记，数学符号背后的思想更为精彩。在这方面，欧拉的工作也是划时代的。可以公正地说，欧拉为牛顿和莱布尼茨的无穷分析所做的工作，好比欧几里得对欧多克索斯和特埃特图斯的几何学所做的工作，或者好比韦达对花拉子密和卡尔达诺的代数学所做的工作。欧拉兼收了微分学和流数方法，并使它们成为自那以后称为"分析学"（对无穷过程的研究）的更广泛的数学分支的一部分。欧拉的《无穷小分析引论》成为 18 世纪后半叶数学迅猛发展的根源。从此以后，"函数"的思想成为分析学的基础。它萌芽于中世纪的形态幅度，且隐含在费马和笛卡儿的解析几何以及牛顿和莱布尼茨的微积分中。《无穷小分析引论》的第四段把单变量的函数定义为"由变量、数字或常量构成的任意解析式"。这样的定义如今是不可接受的，因为它不能解释什么是"解析式"。欧拉应该已经大体上知道了代数函数和初等超越函数，对于三角函数的严格的解析处理实际上主要建立于《无穷小分析引论》这本书中。比如，正弦不再是一条线段，它只是一个数或比（单位圆上一点的纵坐标），或者是由级数 $z -$
410 $\dfrac{z^3}{3!} + \dfrac{z^5}{5!} - \cdots$ 在 z 取某个值时定义的数。从 $e^x, \sin x$ 和 $\cos x$ 的无穷级数出发，只需一小步就可以得到"欧拉恒等式"：

$$\sin x = \frac{e^{\sqrt{-1}\,x} - c^{-\sqrt{-1}\,x}}{2\sqrt{-1}},$$

$$\cos x = \frac{e^{\sqrt{-1}\,x} + e^{-\sqrt{-1}\,x}}{2},$$

$$e^{\sqrt{-1}\,x} = \cos x + \sqrt{-1}\,\sin x,$$

这三者之间的关系基本上已经为科茨和棣莫弗所知，但在欧拉手中才成为人们熟悉的分析学工具。

1740 年，欧拉在给约翰·伯努利的一封信中使用了虚指数，信中他写下了 $e^{x\sqrt{-1}} + e^{-x\sqrt{-1}} = 2\cos x$，人们熟知的这个欧拉恒等式出现在 1748 年有影响力的《无穷小分析引论》中。对于初等超越函数（三角函数、对数函数、反三角函数、指数函数）的书写和思考都基本是今天所使用的形式。缩写形式 sin.，cos.，tang.， cot. ,sec. ,cosec.在欧拉的拉丁文版《无穷小分析引论》中使用,这要比罗马版本中对应的缩写更接近现在的英文形式。而且,欧拉是最先以我们今天熟悉的方式,把对数按指数处理的人之一。

无穷级数

《无穷小分析引论》的第一卷自始至终关注的是无穷过程——无穷乘积、无穷连分数,以及大量无穷级数。在这方面,这本著作是牛顿、莱布尼茨以及伯努利兄弟观点的自然推广,他们都对无穷级数感兴趣。然而令人惊讶的是欧拉在对这些级数的使用上不够严谨。虽然他有时会警告说使用发散级数有风险,但他自己却使用 $x \geqslant 1$ 时的二项式级数 $\frac{1}{1-x} = 1 + x + x^2 + x^3 + \cdots$。事实上,通过联立两个级数

$$\frac{x}{1-x} = x + x^2 + x^3 + \cdots, \quad \frac{x}{x-1} = 1 + \frac{1}{x} + \frac{1}{x^2} + \cdots,$$

欧拉得出结论:

$$\cdots + \frac{1}{x^2} + \frac{1}{x} + 1 + x + x^2 + x^3 + \cdots = 0。$$

尽管欧拉非常大胆,但他还是运用无穷级数获得了他的前辈们未能解决的结果。其中之一就是完全平方数的倒数之和:$\frac{1}{1^2} + \frac{1}{2^2} + \frac{1}{3^2} + \frac{1}{4^2} + \cdots$。1673 年,奥尔登堡在写给莱布尼茨的信中询问这个级数的和是多少,但莱布尼茨没能回答出来。1689 年,雅各·伯努利承认他求解不出来这个和。欧拉先从熟悉的级数开始:$\sin z = z - \frac{z^3}{3!} + \frac{z^5}{5!} - \frac{z^7}{7!} + \cdots$。这样 $\sin z = 0$,就可以看作无穷多项式方程 $0 = 1 - \frac{z^2}{3!} + \frac{z^4}{5!} - \frac{z^6}{7!} + \cdots$(两边除以了 z),或者,用 w 代换 z^2,则得到方程 $0 = 1 - \frac{w}{3!} + \frac{w^2}{5!} - \frac{w^3}{7!} + \cdots$。从代数方程理论可知,若常数项为 1,则这些根的倒数之和是线性项系数的负数,在上述例子中就是 $\frac{1}{3!}$。此外,已知关于 z 的方程的根为 π,$2\pi, 3\pi, \cdots$,则关于 w 的方程的根为 $\pi^2, (2\pi)^2, (3\pi)^2, \cdots$。因此有

$$\frac{1}{6} = \frac{1}{\pi^2} + \frac{1}{(2\pi)^2} + \frac{1}{(3\pi)^2} + \cdots \quad \text{或} \quad \frac{\pi^2}{6} = \frac{1}{1^2} + \frac{1}{2^2} + \frac{1}{3^2} + \cdots。$$

通过不严谨地将只适用于有限情形的代数法则应用到无穷次多项式，欧拉得到了曾困扰伯努利兄弟的结果。随后的几年里，欧拉用同样的方式不断获得发现。

欧拉大概在 1736 年求解出整数平方的倒数之和，有可能他很快就将这个结果告诉了丹尼尔·伯努利。伯努利对此类级数一直有强烈的兴趣，之后几年，他发表了整数其他幂次的倒数之和的结果。欧拉用余弦级数代替正弦级数，类似得到了如下结果：

$$\frac{\pi^2}{8} = \frac{1}{1^2} + \frac{1}{3^2} + \frac{1}{5^2} + \cdots,$$

因此必然得到和

$$\frac{\pi^2}{12} = \frac{1}{1^2} - \frac{1}{2^2} + \frac{1}{3^2} - \frac{1}{4^2} + \cdots。$$

许多这类结果也出现在 1748 年的《无穷小分析引论》中，包括从 $n=2$ 到 $n=26$ 偶数次幂的倒数之和。奇数次幂的倒数的级数很难解决，以至于正整数的立方的倒数之和是否是 π^3 的有理乘积仍未可知，然而欧拉知道对于 26 次幂，倒数之和为 $\dfrac{2^{24} \cdot 76977927\pi^{26}}{1 \cdot 2 \cdot 3 \cdots 27}$。

收敛级数与发散级数

412　　欧拉对级数富有想象力的讨论让他得到了分析学和数论之间异乎寻常的关系。他用相对简单的证明说明了，调和级数的发散性隐含了欧几里得的关于素数无穷多的定理。如果仅有 K 个素数，即 $p_1, p_2, \cdots, p_K$，那么任意一个数 n 都能写成 $n = p_1^{\alpha_1} p_2^{\alpha_2} \cdots p_K^{\alpha_K}$ 的形式。对于数 n，令 α 为指数 α_i 中最大的并做乘积

$$P = \left(1 + \frac{1}{p_1} + \frac{1}{p_1^2} + \cdots + \frac{1}{p_1^{\alpha}}\right)\left(1 + \frac{1}{p_2} + \frac{1}{p_2^2} + \cdots + \frac{1}{p_2^{\alpha}}\right)$$

$$\cdots\left(1 + \frac{1}{p_K} + \frac{1}{p_K^0} + \cdots + \frac{1}{p_K^{\alpha}}\right)。$$

在这个乘积中，$\dfrac{1}{1}, \dfrac{1}{2}, \cdots, \dfrac{1}{n}$ 这些项一定会出现，因此乘积 P 不会小于 $\dfrac{1}{1} + \dfrac{1}{2} + \cdots + \dfrac{1}{n}$。从等比数列求和公式中，我们看到乘积中的每项因式分别小于

$$\frac{1}{1 - 1/p_1}, \frac{1}{1 - 1/p_2}, \frac{1}{1 - 1/p_3}, \cdots。$$ 因此，对于任意的 n，

$$\frac{1}{1} + \frac{1}{2} + \cdots + \frac{1}{n} < \frac{p_1}{p_1-1} \cdot \frac{p_2}{p_2-1} \cdot \frac{p_3}{p_3-1} \cdots \frac{p_K}{p_K-1}。$$

因此,若素数的个数 K 有限,则调和级数必然收敛。在一个相对更复杂的分析中,欧拉表明了由素数的倒数构成的无穷级数自身是发散的,且随着整数 n 的增加,其和 S_n 渐近于 $\ln\ln n$。

欧拉对数论和他对无穷级数的不严格的操作之间的关系感到高兴。在没有注意到隐藏在交错级数中的危险的情况下,他发现了如

$$\pi = 1 + \frac{1}{2} + \frac{1}{3} + \frac{1}{4} - \frac{1}{5} + \frac{1}{6} + \frac{1}{7} + \frac{1}{8} + \frac{1}{9} - \frac{1}{10} + \cdots$$

这样的结果。这里,前两项之后各项的符号是这样确定的:如果分母是形如 $4m+1$ 的素数,则用减号;如果分母是形如 $4m-1$ 的素数,则用加号;如果分母是合数,则符号由合数分解后的每个素因子所对应符号的乘积决定。他对无穷级数做运算非常随意。根据 $\ln\dfrac{1}{1-x} = x + \dfrac{x^2}{2} + \dfrac{x^3}{3} + \dfrac{x^4}{4} + \cdots$,欧拉得出 $\ln\infty = 1 + \dfrac{1}{2} + \dfrac{1}{3} + \dfrac{1}{4} + \cdots$,因此有 $1/\ln\infty = 0 = 1 - \dfrac{1}{2} - \dfrac{1}{3} - \dfrac{1}{5} + \dfrac{1}{6} - \dfrac{1}{7} + \dfrac{1}{10} - \cdots$,其中最后一个级数是由所有素数(上例中,该项取负号)的倒数和两个不同素数乘积(上例中,该项取正号)的倒数组成。《无穷小分析引论》里像 413

$$0 = \frac{1}{2} \cdot \frac{2}{3} \cdot \frac{4}{5} \cdot \frac{6}{7} \cdot \frac{10}{11} \cdot \frac{12}{13} \cdot \frac{16}{17} \cdot \frac{18}{19} \cdots$$

和

$$\infty = \frac{2}{1} \cdot \frac{3}{2} \cdot \frac{5}{4} \cdot \frac{7}{6} \cdot \frac{11}{10} \cdot \frac{13}{12} \cdot \frac{17}{16} \cdot \frac{19}{18} \cdots$$

这样的级数和相关的无穷乘积比比皆是。符号 ∞ 被随意地看作 0 的倒数。

对数和欧拉恒等式

关于对数,欧拉不仅贡献了我们今天使用的以指数来表达的定义,而且贡献了负数的对数的正确观点。18 世纪中期,法国最重要的数学家让·勒朗·达朗贝尔持有 $\log(-x) = \log(+x)$ 的观点。到了 1747 年,欧拉能够写信给达朗贝尔,正确地解释负数的对数的情况。甚至在欧拉明确阐明之前,这个结果对于约翰·伯努利和其他或多或少熟悉公式 $e^{i\theta} = \cos\theta + i\sin\theta$ 的数学家们就应该是显而易见的。该等式对于所有角(弧度度量)都成立,特别当 $\theta = \pi$ 时,有 $e^{i\pi} = -1$,亦即表达

式 $\ln(-1)=\pi\mathrm{i}$。因此，负数的对数并非如约翰·伯努利和达朗贝尔所想是实数，而是纯虚数。

欧拉也注意到了另一个从他的恒等式中可以明显地推出的对数的性质。任意一个数，无论正的还是负的，都不止有一个而是有无穷多个对数。从关系式 $\mathrm{e}^{\mathrm{i}(\theta\pm2K\pi)}=\cos\theta+\mathrm{i}\sin\theta$ 中可以看出，如果 $\ln a=c$，那么 $c+2K\pi\mathrm{i}$ 也是 a 的自然对数。而且，从欧拉恒等式可以看出，复数，包括实数和虚数，其对数都是复数。例如，若要求出 $a+b\mathrm{i}$ 的自然对数，可以写成 $a+b\mathrm{i}=\mathrm{e}^{x+\mathrm{i}y}$，则有 $\mathrm{e}^x\cdot\mathrm{e}^{\mathrm{i}y}=a+b\mathrm{i}=\mathrm{e}^x(\cos y+\mathrm{i}\sin y)$。联立两个方程并求解（通过复数的实部、虚部分别相等得到）：$\mathrm{e}^x\cos y=a$ 和 $\mathrm{e}^x\sin y=b$，由此得到

$y=\arctan b/a$ 和 $x=\ln(b\csc\arctan b/a)$（或 $x=\ln(a\sec\arctan b/a)$）。

达朗贝尔希望证明，对复数做的任意代数运算，其结果仍是复数。在某种意义上，欧拉对初等超越运算做了达朗贝尔相对代数运算做的那些事。例如，借助欧拉恒等式，不难得出形如 $\sin(1+\mathrm{i})$ 或 $\arccos\mathrm{i}$ 这样的能够用标准复数形式表示的量。前一个量可以表示为

$$\sin(1+\mathrm{i})=\frac{\mathrm{e}^{\mathrm{i}(1+\mathrm{i})}-\mathrm{e}^{-\mathrm{i}(1+\mathrm{i})}}{2\mathrm{i}},$$

414　从中得出 $\sin(1+\mathrm{i})=a+b\mathrm{i}$，其中

$$a=[(1+\mathrm{e}^2)\sin1]/2\mathrm{e},\quad b=[(\mathrm{e}^2-1)\cos1]/2\mathrm{e}。$$

后一个量表示为

$$\arccos\mathrm{i}=x+\mathrm{i}y\quad\text{或}\quad\mathrm{i}=\cos(x+\mathrm{i}y)$$

或

$$\mathrm{i}=\frac{\mathrm{e}^{\mathrm{i}(x+\mathrm{i}y)}+\mathrm{e}^{-\mathrm{i}(x+\mathrm{i}y)}}{2}=\frac{1+\mathrm{e}^{2y}}{2\mathrm{e}^y}\cos x+\mathrm{i}\frac{1-\mathrm{e}^{2y}}{2\mathrm{e}^y}\sin x。$$

从实部和虚部相等，可以得出 $\cos x=0$ 和 $x=\pm\pi/2$。因此，

$$\frac{1-\mathrm{e}^{2y}}{2\mathrm{e}^y}=\pm1\quad\text{或}\quad\mathrm{e}^y=\mp1\pm\sqrt{2}。$$

由于 x,y 都是实数，所以我们得到 $x=\pm\pi/2,y=\ln(\mp1+\sqrt{2})$。以同样的方式，我们可以对复数进行其他初等超越运算，其结果也是复数。也就是说，欧拉的工作表明，复数系在初等超越运算下是封闭的。

欧拉用类似方法，令人惊异地证明了一个虚数的虚数次幂可以是实数。在一封 1746 年写给克里斯蒂安·哥德巴赫（Christian Goldbach，1690—1764）的信中，欧拉给出了非凡的结果：$\mathrm{i}^{\mathrm{i}}=\mathrm{e}^{-\pi/2}$。从 $\mathrm{e}^{\mathrm{i}\theta}=\cos\theta+\mathrm{i}\sin\theta$ 中我们得到，对于 $\theta=\pi/2$，

有 $e^{\pi i/2}=i$，因此 $(e^{\pi i/2})^i=e^{\pi i^2/2}=e^{-\pi/2}$。实际上，$i^i$ 有无穷多个实值，正如欧拉后来所表明的，这些实值由 $e^{-\pi/2\pm2K\pi}$ 给出（其中 K 为整数）。在柏林科学院 1749 年的《集刊》上，欧拉表明，复数的任意复数次幂，形如 $(a+bi)^{c+di}$，可以写为复数形式 $p+qi$。欧拉这方面的工作被忽视了，i^i 的实数值不得不在 19 世纪又重新被发现了一次。

微分方程

毫无疑问，对今天大学入门课程中解微分方程使用的方法贡献最大的个人当属欧拉，甚至出现在现今教材中的许多特殊问题都可以追溯到欧拉撰写的两部微积分学的巨著——《微分学原理》(*Institutiones Calculi Differentialis*，圣彼得堡，1775) 和《积分学原理》(*Institutiones Calculi Integralis*，圣彼得堡，1768—1770，三卷)。积分因子的使用、求解高阶常系数线性方程的系统方法、线性齐次和非齐次方程，以及特解和通解的区分都是他对这一学科的贡献，尽管在某些地方他必须与其他人分享荣誉。 例如，丹尼尔·伯努利几乎同时在 1739—1740 年独立于欧拉解出了方程 $y''+Ky=f(x)$，而达朗贝尔在 1747 年左右与欧拉一样得到了求解完全线性方程的一般方法。

某种意义上说，求解常微分方程在微分和积分的互逆关系被认识到的时候就开始了。但大部分微分方程并不能轻易简化为求积，而是需要巧妙的代换或算法来求解。18 世纪的成就之一是发现了通过相当简单的操作就可以求解的微分方程组。18 世纪有趣的方程之一是所谓的里卡蒂方程：$y'=p(x)y^2+q(x)y+r(x)$。正是欧拉首先注意到，如果已知一个特解 $v=f(x)$，那么通过做代换 $y=v+1/z$，就可将里卡蒂方程转化为关于 z 的线性微分方程，这样就能求出通解。在 1760—1763 年的《圣彼得堡科学院汇刊》上，欧拉也指出，若已知两个特解，那么通解就可以用简单的求积表示。一类变系数线性微分方程冠以欧拉的名字，某种程度上体现了我们受惠于欧拉在微分方程领域的工作。 欧拉方程 $x^n y^{(n)}+a_1 x^{n-1} y^{(n-1)}+\cdots+a_n y^{(0)}=f(x)$（其中括号内的指数表示微分的阶），通过做代换 $x=e^t$，很容易简化为常系数线性方程。欧拉也在偏微分方程方面取得了进展（这仍是拓荒的领域），他给出了方程 $\partial^2 u/\partial t^2=a^2(\partial^2 u/\partial x^2)$ 的解 $u=f(x+at)+g(x-at)$。

欧拉的四卷本《原理》包含了到那时为止对微积分最详尽的处理。除了这门

415

学科的基本内容和微分方程的解之外，我们还发现了诸如"齐次函数的欧拉定理"，亦即，如果 $f(x,y)$ 是 n 阶齐次函数，那么 $xf_x + yf_y = nf$；有限差分理论的发展；椭圆积分的标准形式；基于"欧拉积分" $\Gamma(p) = \int_0^\infty x^{p-1}\mathrm{e}^{-x}\,\mathrm{d}x$，$\mathrm{B}(m,n) = \int_0^1 x^{m-1}(1-x)^{n-1}\mathrm{d}x$，以及通过类似 $\mathrm{B}(m,n) = \Gamma(m)\Gamma(n)/\Gamma(m+n)$ 公式联系起来的贝塔函数和伽马（或阶乘）函数。沃利斯已经在之前发现了这些积分的性质，但通过欧拉的体系，这些高等超越函数成为高等微积分及应用数学必不可少的部分。大约一个世纪之后，帕夫努季·利沃维奇·切比雪夫（Pafnuty Lvovich Chebyshev, 1821—1894）将贝塔函数的积分一般化，他证明了"切比雪夫积分" $\int x^p(1-x)^q\mathrm{d}x$ 是高等超越函数，除非 p 或 q 或 $p+q$ 为整数。

概率

启蒙时代的特征之一，是将在自然科学中如此成功的定量方法应用到社会各行各业的趋势。就这方面而言，发现欧拉和达朗贝尔都写过预期寿命、年金值、彩票以及社会科学其他方面的问题并不奇怪。毕竟，概率是欧拉的朋友丹尼尔·伯努利和尼古劳斯·伯努利的主要兴趣所在。1765 年欧拉在柏林科学院《集刊》上发表的彩票问题中，以下是最简单的问题之一。令 n 张彩票从 1 到 n 连续编号，并随机抽取三张，那么抽中三张连续编号的概率为

$$\frac{2 \cdot 3}{n(n-1)},$$

抽中两张连续编号（不是三张）的概率为

$$\frac{2 \cdot 3(n-3)}{n(n-1)},$$

以及抽中无连续编号的概率为

$$\frac{(n-3)(n-4)}{n(n-1)}。$$

解决这个问题不需要新概念，但如我们所预料的，就像他在其他地方做的一样，欧拉在此处对符号有贡献。他写道，他发现将表达式 $\dfrac{p(p-1)\cdots(p-q+1)}{1 \cdot 2 \cdots q}$ 表示为 $\left(\dfrac{p}{q}\right)$ 很有用，这个形式基本上等价于现代符号：$\left(\dfrac{p}{q}\right)$。

416

数论

数论对许多最伟大的数学家,如费马和欧拉,具有强烈的吸引力,但对其他数学家,比如牛顿和达朗贝尔来说却毫无吸引力。欧拉没有出版过这个专题的著作,但他撰写了数论的各个方面的信件和文章。我们回忆一下,费马曾断言:(1)具有 $2^{2^n}+1$ 形式的数显然总是素数;(2)若 p 为素数,且 a 为不能被 p 整除的整数,则 $a^{p-1}-1$ 可被 p 整除。在 1732 年,欧拉用他惊人的计算能力否定了第一个猜想,指出 $2^{2^5}+1=4294967297$ 可因式分解为 6700417×641。今天,费马猜想已经如此彻底地被推翻,以至于数学家们倾向于相反的观点——不存在比 $n=4$ 对应的数字 65537 更大的素的费马数。

和欧拉借助反例推翻费马的一个猜想一样,由欧拉给出的以下推断也在 1966 年被证伪。欧拉相信,若 $n > 2$,则至少需要 n 个数的 n 次幂,其和才可能为某个数的 n 次幂。但已经证明 4 个数的 5 次幂之和可以为一个数的 5 次幂,因为 $27^5 + 84^5 + 110^5 + 133^5 = 144^5$。然而,我们应当注意到,在后一个情况中,需要两个世纪的时间以及高速计算设备的服务才提供了反例。

对于费马的第二个猜想,即所谓的费马小定理,欧拉是第一个发表证明的人(虽然莱布尼茨更早在手稿中给出了证明)。欧拉的发表在 1736 年的《圣彼得堡科学院汇刊》上的证明是如此令人惊讶的简单,我们在此描述一下。证明依赖于对 a 的归纳法。如果 $a=1$,则该定理显然成立。现在我们证明如果定理对任一正整数 a 成立,如 $a=k$,那么对 $a=k+1$,定理也必然成立。为证明这一点,我们使用二项式定理,将 $(k+1)^p$ 写作 k^p+mp+1,其中 m 为整数。等式两边同时减去 $k+1$,得到 $(k+1)^p-(k+1)=mp+(k^p-k)$。由于右边的最后一项能被 p 整除,根据假设,等式右边能被 p 整除,所以等式左边也显然能被 p 整除。因此,通过数学归纳法,对于 a 的所有值,a 和 p 互素,定理成立。

证明了费马小定理之后,欧拉证明了更为一般的结论,其中用到了被称为“欧拉 ϕ 函数”的东西。如果 m 是大于 1 的正整数,则 $\phi(m)$ 定义为与 m 互素且小于 m 的整数个数(但每种情况都包含整数 1)。习惯上,定义 $\phi(1)$ 为 1。例如,对于 $n=2,3,4,\phi(n)$ 分别为 1,2,2。若 p 为素数,则 $\phi(p)=p-1$。可以证明:

$$\phi(m)=m\left(1-\frac{1}{p_1}\right)\left(1-\frac{1}{p_2}\right)\cdots\left(1-\frac{1}{p_r}\right),$$

其中 $p_1, p_2, \cdots, p_r$ 是 m 的不同素因子。利用这个结果,欧拉证明了若 a 与 m 互

417

418

素,则 $a^{\phi(m)}-1$ 被 m 整除。

欧拉解决了两个费马猜想,但并没有解决"费马大定理",尽管他确实证明了 $n=3$ 时, $x^n+y^n=z^n$ 不可能有整数解。

1747 年,欧拉把亲和数从费马已知的 3 对增加到了 30 对,后来他又增加到 60 对。欧拉也证明了,所有偶完满数具有欧几里得给出的形式: $2^{n-1}(2^n-1)$,其中 2^n-1 为素数。是否也存在奇完满数还是一个没有解决的问题。

时至今日,仍有一个问题未解决,这个问题在克里斯蒂安·哥德巴赫的信中提出来。哥德巴赫在 1742 年写给欧拉的信中说道,每一个偶数(大于 2)都是两个素数之和。这就是所谓的哥德巴赫定理,以印刷品的形式(但没有证明)出现在 1770 年英国爱德华·华林(Edward Waring,1734—1798)的《代数沉思录》(*Meditationes Algebraicae*)中。

在其他未证明的论断中,有一条被称为华林定理或华林问题。欧拉曾证明了每个正整数是不超过 4 个平方数之和。华林猜想,每个正整数是不超过 9 个立方数之和或不超过 19 个四次方数之和。这个大胆猜测的前半部分在 20 世纪初被证明了,后半部分至今未证明。华林还在《代数沉思录》中发表了一个用他朋友兼学生约翰·威尔逊(John Wilson,1741—1793)的名字命名的定理:若 p 为素数,则 $(p-1)!+1$ 是 p 的倍数。

教科书

18 世纪中叶,欧洲大陆的最重要的数学家们主要都是分析学家,但我们看到他们的贡献并不局限于分析学。欧拉不仅在数论领域有贡献,而且还撰写了一本广受欢迎的代数学教科书,1770 至 1772 年间,圣彼得堡科学院出版了德文和俄文版本,1774 年,出版了法语版本(在达朗贝尔的资助下),还有其他很多版本,包括美国出版的英文版本。欧拉的《代数学》(*Algebra*)具有独特的讲解不厌其烦的品质,这归因于它是经这位失明的作者口授,相对没有受过多少教育的佣人记录而来的。

综合几何在欧洲大陆并没有完全被遗忘。欧拉在这个领域的贡献较少,除了今天三角形的外心、垂心和重心共线被称为三角形的欧拉线这一事实外。三角形的这些中心点共线似乎已经在更早时候就被西姆森所知,他的名字与三角形的另一条线有关。然而,这些对纯粹几何细小的补充,当与 18 世纪中叶欧洲大陆在解析几何的贡献相比时,就显得微不足道了。

解析几何

我们已经描述过克莱罗的解析几何,特别是与三维发展有关的内容,但欧拉《无穷小分析引论》第二卷中的材料更广泛、更系统、更有效。早在 1728 年,欧拉给《圣彼得堡科学院汇刊》投了一篇关于三维空间中坐标几何使用的论文,给出了三大类曲面,即圆柱、圆锥及旋转曲面的一般方程。他认识到顶点在原点的圆锥方程一定是齐次方程。他还表明,如果将曲面展开成平面,圆锥曲面上两点之间最短的曲线(测地线)会成为这些点之间的直线,这是关于可展曲面的最早的定理之一。

欧拉对尽可能使工作普适的重要性的认识,在他的《无穷小分析引论》第二卷中尤为明显。这卷书比任何其他书都更多使用了坐标系,包括二维和三维,这是系统研究曲线和曲面的基础。欧拉关注的不是圆锥曲线,而是基于第一卷中核心的函数概念给出了曲线的一般理论。超越曲线没有像惯常那样被忽视,因此在这里,三角函数的图像研究实际上第一次构成了解析几何的一部分。

《无穷小分析引论》也包括两篇关于极坐标的如此全面而系统的报告,以至于这个坐标系常常错误地归功于欧拉。所有类别的曲线,包括代数的和超越的,都被考虑了。方程从直角坐标系到极坐标系的变换第一次严格地以现代三角学形式出现。而且,欧拉使用一般的矢量角和径向量的负值,使得如阿基米德螺线,以对偶形式(关于 90°轴对称)出现。达朗贝尔为《百科全书》(*Encyclopédie*)撰写关于"几何学"的文章时,明显受到了这本书的影响。欧拉的《无穷小分析引论》也为系统使用所谓曲线的参数表示起到了主要作用,亦即,每一个笛卡儿坐标表示为辅助自变量的函数。例如,对于摆线,欧拉使用了下面的形式:

$$x = b - b\cos\frac{z}{a}, \quad y = z + b\sin\frac{z}{a}。$$

《无穷小分析引论》中长而系统的附录也许是欧拉对几何学最重要的贡献,因为它实际上是阐述立体解析几何的第一本教科书。曲面,包括代数的和超越的,被统一考虑,然后细分为不同类别。这里我们显然首次发现了二次曲面构成了空间中的二次曲面族这一概念,类似于平面几何中的圆锥曲线。从一般的 10项二次方程 $f(x,y,z)=0$ 开始,欧拉注意到,二次项的总和,当取值为 0 时,给出了渐近锥的方程(实的或虚的)。更重要的是,他使用轴的平移和旋转方程(顺便

420

383

提一句,以仍然用欧拉命名的形式)将非奇异二次曲面的方程约化为对应于 5 个基本类型的标准型:实椭球面、单叶和双叶双曲面、椭圆和双曲抛物面。欧拉的著作比法国大革命之前的任何一本书都更接近现代教科书。

平行公设：兰伯特

包括欧拉在内的许多数学家,也自认为是哲学家。欧拉错过了另一位有哲学倾向的瑞士数学家想要研究的好问题。此人就是约翰·海因里希·兰伯特(Johann Heinrich Lambert, 1728—1777),一位写了大量数学和非数学主题著作的瑞士裔德国作家,他在柏林科学院和欧拉共事了两三年。据说当腓特烈大帝问他最精通哪门科学时,兰伯特直率地回答:"全部。"

我们已经看到,萨凯里认为自己推翻了平面三角形内角和大于或小于两个直角和的这一可能性。兰伯特注意到众所周知的事实,即在球面上,三角形的内角和的确大于两个直角和,并且他提出可以找到一个曲面,其上的三角形的内角和小于两
421　个直角和。为了完成萨凯里想做的事——对否定欧几里得的平行公设带来矛盾的证明,1766 年兰伯特撰写了《平行线理论》(*Die Theorie der Parallellinien*),尽管那时就完成了,然而直到 1786 年他逝世后才出版。他没有从萨凯里四边形开始,而是采用三个角是直角的四边形(我们现在称为兰伯特四边形)作为起点,然后考虑第四个角的三种可能性,亦即,它可以是锐角、直角或钝角。对应这三种情形,他以萨凯里的方式证明了,三角形的内角和分别小于、等于或大于两个直角和。比萨凯里更进一步,兰伯特证明了总和小于或大于两个直角和的多少与三角形的面积成比例。在钝角情形中,这种情况类似于球面几何中的经典定理——三角形的面积与其球面角盈成比例,并且兰伯特推测对锐角情形的假设对应于一种新曲面上的几何学,如虚半径球面。1868 年,欧金尼奥·贝尔特拉米(Eugenio Beltrami,1835—1900)证明,兰伯特关于存在某个这样的曲面的猜想确实是对的。然而,结果并不是虚半径的球面,而是被称为伪球面的实曲面,也即曳物线绕其轴的上半部旋转而生成的常负曲率的曲面。

虽然兰伯特像萨凯里一样,试图证明平行公设,但他似乎已经知道自己不会成功了。他写道:

> 欧几里得公设的证明能发展到这样一种程度,表面看只剩一些微不足道的问题。但仔细分析表明,在这看似微不足道的问题中,隐藏着

问题的关键,通常它或者包括要被证明的命题,或者包括等价的假设。

没有人在实际上没有发现非欧几何的情况下如此接近真相。

今天,兰伯特也有其他贡献为我们所知。其中之一是,他 1761 年提交给柏林科学院的论文,首次证明了 π 是无理数(1737 年,欧拉已证明 e 是无理数)。兰伯特证明,若 x 为非零有理数,则 $\tan x$ 不可能是有理数。由于 $\tan(\pi/4)=1$ 是有理数,那么推出 $\pi/4$ 不可能是有理数,因此 π 也不可能是有理数。当然,这没有解决化圆为方的问题,因为二次无理数是可作图的。在那个时候,化圆为方的研究如此之多,以至于巴黎科学院在 1775 年通过了一个决议,不再正式审查任何宣称对化圆为方问题的解。

作为兰伯特在数学上的另一个贡献,我们应当记得他在双曲函数上的工作,如同欧拉在圆函数上的工作——提供了现代观点和符号。圆 $x^2+y^2=1$ 和双曲线 $x^2-y^2=1$ 在纵坐标上的对比深深吸引数学家们长达一个世纪,到了 1757 年,温琴佐·里卡蒂(Vincenzo Riccati) 提出了对双曲函数的发展。兰伯特引入了记号 $\sinh x$,$\cosh x$,$\tanh x$ 来表达普通三角学圆函数的双曲对应,他还推广了现代科学中非常有用的新的双曲三角学。对应于欧拉关于 $\sin x$,$\cos x$,e^{ix} 的三个恒等式,双曲函数也有三个类似的关系,用方程表达为

422

$$\sinh x = \frac{e^x - e^{-x}}{2}, \quad \cosh x = \frac{e^x + e^{-x}}{2}, \quad e^x = \cosh x + \sinh x。$$

兰伯特也写了关于宇宙学、画法几何学、地图绘制、逻辑学以及数学哲学方面的著作,但他的影响无法企及欧拉或达朗贝尔,我们将在下章考虑达朗贝尔的工作。

(潘丽云　译)

第十八章
法国大革命前后

数学的进步和完善最终与国家的兴盛息息相关。

————拿破仑一世

人物与机构

大革命时期的法国数学家不仅为扩充知识储备做出了巨大贡献,而且他们在很大程度上决定了接下来一个世纪数学爆炸式发展的主线。其中六位我们称之为大革命时期的数学领袖,他们在 1789 年之前就已取得大量成果。这六个人中没有一位对后来旧制度的终结表示过遗憾。他们是加斯帕尔·蒙日(Gaspard Monge)、约瑟夫-路易·拉格朗日(Joseph-Louis Lagrange)、皮埃尔·西蒙·拉普拉斯(Pierre Simon Laplace)、阿德里安·马里·勒让德(Adrien Marie Legendre)、拉扎尔·卡诺(Lazare Carnot)和尼古拉·孔多塞(Nicolas Condorcet)。他们正处于革命动乱时期,其中一位成为局势受害者。

让·勒朗·达朗贝尔和孔多塞,这两位数学家是法国大革命的先驱。只有孔多塞目睹了巴士底狱的陷落,他最终也被囚禁而亡。

在法国 18 世纪大多数时期,通过出版物、会议以及奖项来支持数学研究的主要的科学机构是皇家科学院。1793 年,革命公会停止了科学院连同其他四个主要学院的工作。两年后,督政府建立了国家科学与艺术研究院,由三类学科构成:物理和数学科学、伦理与政治科学、文学与美术。拿破仑于 1797 年加入研究院之

423

424

386

后在他的命令下,发生了多次重组和更名。仅在 1816 年,该组织才重新被命名为"科学院"这个曾被认为反动的名字。在这个战乱时期的早些年,科学院的数学活动大为减少,政治斗争中仅存的一个活动就是度量衡改革。

1793 年不仅是科学院关闭的那一年,而且是巴黎大学大部分学院的活动也都停止的那一年。大学并不像今日那样是数学的中心。在大革命之前活跃的大部分 18 世纪的法国数学家与大学并没有联系,而是与教会或军事机构有关,其他人则寻求皇家赞助或成为私人教师。

在 1789 年巴士底狱攻陷后的几年中,法国高等教育体系在法国大革命的推动下经历了巨大变革。在这个短暂而又重要的时期,法国再一次成为世界数学的中心,如同 17 世纪中期一样。

度量衡委员会

对度量衡系统的改革是展示数学家不顾混乱和政治困难,耐心坚守他们的努力的做法的特别恰当的例子。早在 1790 年的革命中,塔列朗(Talleyrand)就提出改革度量衡。这个问题提交到科学院,为此成立了一个包括拉格朗日和孔多塞两人在内的委员会起草提案。

委员会为新体系的基本长度考虑了两种备选方案。其中一个是以秒为节拍的钟摆的长度。钟摆的方程是 $T = 2\pi\sqrt{l/g}$,可以得到标准长度 g/π^2。但委员会对勒让德和其他人测量地球子午线长度的精确度印象深刻,最终米被定义为赤道和北极距离的一千万分之一。由此得到的度量系统的主要方面在 1791 年都弄好了,但在其建立过程中伴随着混乱和拖延。

1793 年科学院的关闭对数学造成打击,但革命公会保留了度量衡委员会,虽然清洗了委员会的一些成员,如拉瓦锡(A. L. Lavoisier),但也通过增加一些人员扩大了委员会,如蒙日。拉格朗日差点儿没进到委员会里,因为革命公会禁止法国之外的人进入,但拉格朗日得到了对这一法令的特殊豁免,得以继续担任委员会的主席。再后来,委员会帮助组建国家科学院,拉格朗日、拉普拉斯、勒让德和蒙日都在这一时期效力于委员会。到了 1799 年,委员会的工作完成了,这个正如我们今日所用的度量系统成为了现实。度量系统是法国大革命时期更实际的数学成果之一,但就我们学科的发展而言,其重要性还不能与其他贡献相提并论。

425

达朗贝尔

像欧拉和伯努利兄弟一样，达朗贝尔（d'Alember，1717—1783）也接受过广博的教育——法律、医学、科学和数学，这个背景有助于他在1751年至1772年和德尼·狄德罗（Denis Diderot，1713—1784）合作编纂了著名的 28 卷的《百科全书》（*Encyclopédie* 或 *Dictionnaire Raisonné des Sciences，des Arts，et des Métiers*）。达朗贝尔为《百科全书》写了备受称颂的"卷首语"，以及大量的数学和科学文章。尽管达朗贝尔接受的是詹森派的教育，但《百科全书》这本书显示出了很典型的启蒙运动研究的非常强烈的世俗化倾向，它受到了耶稣会士们的强烈抨击。通过他对这个项目的维护，达朗贝尔被称为"百科全书的狐狸"，同时还在将耶稣会组织驱逐出法国的过程中扮演了重要的角色。由于他不断的活动以及与伏尔泰及其他哲学家之间建立的友谊，他成了为法国大革命铺设道路的先驱之一。早在 24 岁时，他就被推选入科学院，并且在 1754 年成为科学院的终身秘书，就这点而言，他或许也是法国最有影响力的科学家。

当欧拉在柏林忙于数学研究的时候，达朗贝尔正活跃在巴黎。他们之间的通信频繁而热情友好，因为他们的兴趣是一致的，直到 1757 年，在弦振动问题上的争议带来了隔阂。诸如 $\log(-1)^2 = \log(+1)^2$，等价于 $2\log(-1) = 2\log(+1)$ 或 $\log(-1) = \log(+1)$ 之类的命题，曾令 18 世纪早期最优秀的数学家困惑，但正如上一章已指出，到了 1747 年，欧拉已经能够在写给达朗贝尔的信中正确解释负数的对数情况。

达朗贝尔花费了他大部分时间和精力试图证明吉拉德提出的猜想，也是今天所熟知的代数基本定理——每一个具有复系数且次数 $n \geqslant 1$ 的多项式方程 $f(x)=0$，都至少有一个复数根。他如此热忱地证明这个定理（特别是发表在1746年柏林科学院的《集刊》中的关于"风的一般成因"的有奖征文中），以至于今天在法国，这个定理被广泛地称为达朗贝尔定理。如果我们将这样一个多项式方程的解当作显示代数运算的一般化，那么我们能够说，实质上达朗贝尔希望表明复数上进行任何代数运算的结果相应地都将是一个复数。在 1752 年关于流体阻力的论文中，他得到了在复分析中令人十分敬畏的所谓的柯西-黎曼方程。

极限

就达朗贝尔的数学发展观来说，他是一位非比寻常的谨慎与大胆的结合者。

426

尽管欧拉对发散级数的使用最终取得了成功,但他觉得这令人生疑(1768 年)。而且,达朗贝尔反对欧拉的假设,即微分是那些不同质的 0 的量的符号。因为欧拉把自己局限于良态函数,所以他没有涉及那些后来使他的朴素看法不再成立的细节。同时,达朗贝尔相信微积分的"真正的形而上学"要在极限的思想中寻找。在达朗贝尔为《百科全书》撰写的"微分学"词条中,他称"方程的微分仅在于求出方程中两个变量的有限差之比的极限"。与莱布尼茨和欧拉的观点相反,达朗贝尔坚持"一个量要么有,要么无。如果它有,那它就还没有消失;如果它无,那它确实就已消失。在这两者之间存在一个中间状态的假设就是妄想"。这个观点把将微分视为无穷小量的模糊概念排除在外,达朗贝尔坚持微分的符号仅仅是表达方便,做出判断还依赖于极限的语言。他的《百科全书》中关于"微分"的词条参考了牛顿的《论曲线求积》,但达朗贝尔把牛顿的词语"最初比和最终比"诠释为一种极限,而不是两个刚刚产生的量的第一个和最后一个比。在他给《百科全书》编撰的关于"极限"的词条中,他称一个量为第二个(变)量的极限,如果第二个量比任何给定的量都更接近第一个量(实际上不完全相等)。这个定义中的不精确在 19 世纪数学家们的著作中被消除了。

欧拉认为无穷大量是无穷小量的倒数,但摒弃了无穷小的达朗贝尔,把无穷大通过极限来定义。比如,一条线段称为相对于另一条是无穷的,如果它们的比大于任意给定的数。他用类似今天数学家处理函数无穷阶有关的方式继续定义了高阶无穷大量。达朗贝尔否认了实无限的存在性,因为他思考的是几何量,而不是一个世纪之后提出的集合理论。

微分方程

有着广泛兴趣的达朗贝尔,也许最为人所知的是今天所谓的达朗贝尔原理:运动中的刚体系统的内部作用与反作用力平衡。这个表述出现在 1743 年他的著名的著作《动力学》(*Traité de Dynamique*)中。达朗贝尔其他的著作涉及音乐、三体问题、二分点的岁差、阻力介质中的运动以及月球摄动。在研究弦振动问题时,他导出了偏微分方程 $\partial^2 u/\partial t^2 = \partial^2 u/\partial x^2$,1747 年他(在柏林科学院《集刊》中)给出了这个方程的解 $u = f(x+t) + g(x-t)$,其中 f 和 g 为任意函数。达朗贝尔还找到了微分方程 $y = xf(y') + g(y')$ 的奇异解。因此,这被称为达朗贝尔方程。

贝祖

达朗贝尔和欧拉于 1783 年去世,艾蒂安·贝祖(Étienne Bézout,1730—1783)也于同年去世。他的祖父和父亲都是内穆尔地区的法官,而贝祖受欧拉著作的启发选择了数学职业,并在 18 世纪 50 年代发表了第一批论文。一篇论文是关于动力学的,随后两篇论文是关于积分学的。他被任命至科学院,最初是作为力学助理,然后取得副职,1770 年荣誉退休。1763 年,作为皇家检察官,他被任命为海军陆战队的考官。在这个职位上,他被要求撰写教材,这项任务带来了一系列得到广泛采用的著作。 第一部著作是 1764 年至 1767 年间出版的四卷本《数学教程》(*Cours de Mathématiques à l'Usage des Gardes du Pavillon et de la Marine*)。1768 年,炮兵考官去世,他继任成为炮兵部队考官。这促使他又出版了一系列更广泛和成功的教科书《数学完整教程》(*Cours Complet de Mathématiques à l'Usage de la Marine et de l'Artillerie*),这是一部在 1770 年至 1782 年出版的六卷本著作。接下来十几年,正是这本《数学完整教程》成为学生准备考取高等科学学校而学习用的教科书。他考虑到这些教科书是写给初学者的,力求在学生们所熟悉的课程,比如初等几何的基础上来撰写,更多地传递了课程应用范围上的意义而没有强调细节上的严格。从多次再版可以判断,他的《数学完整教程》是 18 世纪晚期最成功的教材,涵盖了数学这门学科从最低到最高的所有水平。他的教科书被译为英文,在 19 世纪最初几十年里仍在西点军校,以及哈佛大学和其他研究机构使用。1826 年,第一部美国的解析几何教科书就是以贝祖的《数学完整教程》为蓝本编撰的。贝祖的《数学完整教程》的第四部分——力学原理,是这个项目存在的理由。法国(乃至整个欧洲大陆)18 世纪在数学上的卓越地位,是基于在技术学校教育里大量将分析学应用于力学中。正是在这种影响下,法国大革命时期的数学家们成长起来了。对力学和关于导航的最后一节给予的重视使得梅济耶尔军事学院(蒙日和卡诺都在那里任教)那样的军事学院选用《数学完整教程》作为教材。正是通过这些编写的书,而不是通过作者本人最初的著作,欧拉和达朗贝尔的数学进展才广为传播。

贝祖的名字与今天代数消元中的行列式的使用有关。在 1764 年法国科学院的《集刊》以及 1779 年题为《代数方程通论》(*Théorie Générale des Équations Algébriques*)的更详尽的论文中,贝祖给出了类似克拉默的法则,用于求解 n 个

未知量的 n 个联立线性方程组。他最著名的是把这些扩展到一个或多个未知量的方程组,在其中要去寻找使方程组存在非零解的系数应满足的必要条件,举一个简单的例子,若求方程组 $a_1 x + b_1 y + c_1 = 0, a_2 x + b_2 y + c_2 = 0, a_3 x + b_3 y + c_3 = 0$ 有非零解的条件,必要条件就是消元式(此处是"贝祖结式"的特例)

$$\begin{vmatrix} a_1 & b_1 & c_1 \\ a_2 & b_2 & c_2 \\ a_3 & b_3 & c_3 \end{vmatrix}$$

应为 0。当寻求两个不同次数的多项式方程有非零解条件时,消元会变得更复杂些。贝祖也是最早给出麦克劳林和克拉默所知的定理的完整证明的第一人,即两条分别为 m, n 次的代数曲线一般有 $m \cdot n$ 个交点。因此,这常被称作贝祖定理。欧拉也对消元理论有贡献,但不如贝祖的贡献大。

孔多塞

马里·让·安托万·尼古拉·德·卡里塔·孔多塞(Marie Jean Antoine Nicolas de Caritat Condocret,1743—1794)是一位重农主义者、哲学家和百科全书派,同伏尔泰和达朗贝尔一个圈子。孔多塞的家族在军队和教会中不乏有影响力的成员,因此,他在接受教育方面不成问题。在耶稣教会学校及后来的纳瓦拉学院,他在数学上赢得了令人称羡的名声,但他并未如家族所愿成为骑兵上尉,而是和伏尔泰、狄德罗和达朗贝尔一样,过着学者的生活。

他是一位有才华的数学家,出版了有关概率和积分学的著作,但他也是不安分的空想家和理想主义者,对任何与人类福祉有关的事情都感兴趣。他和伏尔泰一样憎恶社会不公,虽然他拥有侯爵头衔,但他看到了旧制度中如此多的不平等,以至于他为改革而写作和工作。带着对人类完美性的绝对信仰,并相信教育会消除恶习,他赞成免费公共教育,尤其在那个时代,这是相当令人赞许的远见。孔多塞在数学上可能最为人铭记的是,他是社会数学的先驱,特别是将概率和统计应用于社会问题。例如,当保守分子(包括医学系和神学系中的)反对那些倡导接种天花疫苗的人时,孔多塞(与伏尔泰和丹尼尔·伯努利一起)为接种疫苗辩护。

随着法国大革命的开始,孔多塞的思想从数学转向行政和政治问题。教育系统已经在革命热潮中崩溃了,孔多塞见此情形,认为推进他曾构想的改革时机已到。他向立法议会提交了计划,并成为了主席,但其他事情引发的热切关注阻碍了对其的认真考虑。孔多塞在 1792 年公布了他的计划，但提供免费教育成了攻击的靶子。直到他逝世多年后，法国才实现了孔多塞的免费公共教育制度的理想。

430 　　曾经同情大革命中温和的吉伦特派的孔多塞，对于大改革曾寄予厚望，直到极端分子攫取了控制权。他勇敢地谴责了九月大屠杀的参与者，结果因此被下令逮捕。他寻求庇护，并在长达数月的躲避追捕期间，完成了著名的《人类精神进步史表纲要》(*Sketch for a Historical Picture of the Progress of the Human Mind*)，其中指出了人类发展的九个阶段，从部落阶段到法兰西共和国创立，并预言了光明的第十阶段，他相信革命会引领这一阶段的到来。在完成这部著作后不久(1794 年)，他意识到他的存在会威胁到寄居地主人的生活，于是离开了藏身之地。他很快被认出是贵族而被逮捕了。次日早上，他被发现死于监狱的地板上。

　　孔多塞兴趣广泛，是个有趣的人，他早在 1765 年就发表了《积分学》(*De Calcul Integral*) 并在 1785 年发表了《论分析应用于多票制决策概率》(*Essai sur l'Application de l'Analyse à la Probabilité des Décisions Rendues à la Pluralité des Voix*)。孔多塞是法国大革命时期我们的六位领袖数学家中唯一一位可以说在导向 1789 年的事件中扮演了预期角色的人，同时也是唯一一位在其中失去生命的人。

拉格朗日

　　曾在都灵接受教育的年轻的约瑟夫 - 路易・拉格朗日 (Joseph-Louis Lagrange，1736—1813)，成为都灵军事学院的数学教授，但之后他连续获得了普鲁士腓特烈大帝和法兰西路易十六的皇家资助。

　　如果卡诺和勒让德是清晰与严格思想的信奉者，那么拉格朗日则是这一信条的教父。在法国大革命之前，他出版了《分析力学》(*Mécanique Analytique*，1788 年)，以及很多关于代数、分析和几何的论文。在恐怖的高峰时期，拉格朗日曾严肃地考虑过离开法国，但就在这个关键时刻，巴黎高等师范学校和巴黎综合理工学校成立了，拉格朗日受邀讲授分析学。他似乎很愿意接受这个授课的机会。这门新课程需要新的讲义，为此拉格朗日提供了不同层次水平的讲义。1795 年他为巴黎高等师范学校的学生们撰写并分发的讲义，在今天看来适合高中的高等代数课或者高校的代数课程，这些讲义中的材料受到普遍欢迎并传播到美国，在那里讲义被冠以《初等数学讲义》(*Lectures on Elementary Mathematics*) 之名出版。对于巴黎综合理工学校的更高水平的公费生,拉格朗日讲授分析学,编写的讲义此后成为数学中的经典。 这些纳入他的《解析函数理论》(*Théorie des Fonctions Analytiques*) 的成果,与卡诺的《无穷小的形而上学的思考》(*Réflexions sur la Métaphysique du Calcul Infinitésimal*) 在同一年出现,它们一起使 1797 年成为严格性提升的标志性一年。

函数理论

拉格朗日的函数理论(发展了一些他在差不多 25 年前的一篇论文中就给出过的思想)在狭义上当然没什么用,因为微分的符号比拉格朗日的"导函数"更快捷,更具启发性,我们所说的"导数"就是从这个词中而来。他工作的整个动机不在于试图让微积分更有用,而是让它在逻辑上自洽。这个核心思想很容易描述。用长除法将函数 $f(x) = 1/(1-x)$ 展开,得到无穷级数 $1 + 1x + 1x^2 + 1x^3 + \cdots + 1x^n + \cdots$。如果将 x^n 的系数乘以 $n!$,拉格朗日称这个结果为 $f(x)$ 的 n 阶导函数在点 $x = 0$ 处的值,适当调整就可以得到在其他点处的函数展开式。是拉格朗日的这个工作给出了我们通常使用的不同阶的导数符号:$f'(x), f''(x), \cdots, f^{(n)}(x), \cdots$。拉格朗日想通过这种方式,来消除对极限或无穷小的需要,尽管他还继续把后者与他的导函数一起使用。但可惜,在他完美的新方案中仍有缺陷。并不是每一个函数都能这样展开,因为拉格朗日对可展性的推理证明有误。而且,无穷级数的收敛问题又恢复了对极限概念的需要。然而,拉格朗日在大革命时期的工作可以说通过开启一门新的学科产生了广泛的影响,而且其从产生至今一直是数学关注的焦点,这就是实变函数论。

变分法

拉格朗日的第一个,也许也是他最大的贡献就是变分法。这是数学的一个新分支,它的名称起源于拉格朗日自大约 1760 年起所使用的符号。用最简单的形式说,这门学科是要确定一个函数关系 $y = f(x)$,使得积分 $\int_a^b g(x, y)\mathrm{d}x$ 为极大或极小值。等周问题或最速降线问题是变分法中的特例。1755 年,拉格朗日在写给欧拉的信中谈到,他针对这个类型的问题发展出了一般方法,欧拉慷慨地推迟了他自己相关工作的出版,以使这位后辈能够获得这个欧拉认为更好的新方法的全部荣誉。

432　　从他 1759—1761 年间在都灵科学院的《合集》（*Miscellanea*）上首次发表论文开始，拉格朗日的声望就奠定了。1766 年，当欧拉和达朗贝尔向腓特烈大帝推荐欧拉在柏林科学院的继任者时，二人都极力推荐任命拉格朗日。之后腓特烈在给拉格朗日的信中狂妄地写道，欧洲最伟大的几何学家应该生活在最伟大的国王身边。拉格朗日同意了，他在柏林生活了二十年，直到腓特烈大帝去世后才离开，此时离法国大革命爆发还有三年时间。

代数

正是在柏林科学院期间，拉格朗日出版了关于力学、三体问题、他的早期导函数思想以及有关方程理论的有影响工作的重要文集。1767 年，他出版了关于用连分数求多项式方程根的近似值的文集；在 1770 年另一篇论文中，他基于其根的置换探讨了方程的可解性。后一项工作导向大获成功的群论，并推动埃瓦里斯特·伽罗瓦（Évariste Galois）和尼尔斯·亨里克·阿贝尔（Niels Henrik Abel）证明了四次以上方程通常情况下不可解的问题。今天，拉格朗日的名字与群论中可能是最重要的定理联系在一起：如果阶为 O 的群 G 的子群 g 的阶为 o，那么 o 是 O 的因子。在发现五次方程的预解方程是一个六次方程，远非人们所想的低于五次时，拉格朗日推测高于四次的方程一般情况下不可解。

拉格朗日乘子

总是在处理问题时寻求普适和优美，拉格朗日给出了非齐次线性微分方程的参变量求解方法。亦即，如果 $c_1 u_1 + c_2 u_2$ 是方程 $y'' + a_1 y' + a_2 y = 0$ 的通解（其中 u_1, u_2 是 x 的函数），那么他将参变量 c_1, c_2 分别替换为未知量 v_1, v_2（是 x 的函数），并得出后者使得 $v_1 u_1 + v_2 u_2 = 0$ 为 $y'' + a_1 y' + a_2 y = f(x)$ 的解。在确定函数，比如 $f(x, y, z, w)$，在限制条件 $g(x, y, z, w) = 0, h(x, y, z, w) = 0$ 下的极大值和极小值时，他建议使用拉格朗日乘子来提供一个巧妙且对称的算法。用433　这个方法，引入两个待定常数 λ, μ；然后从六个方程 $F_x = 0, F_y = 0, F_z = 0,$ $F_w = 0, g = 0, h = 0$ 构成函数 $F(f + \lambda g + \mu h)$；再消去乘子 λ, μ；从而求解 $x, y, z,$ w 的值。

数论

和许多一流的现代数学家一样，拉格朗日对数论有着浓厚的兴趣。尽管没有使用同余的语言,但在 1768 年,拉格朗日证明了与如下陈述等价的命题:对于一个素模 p,同余方程 $f(x) \equiv 0$ 不同解的个数不会超过 n,其中 n 是次数(除 $f(x)$ 的所有系数都能被 p 整除的平庸情形外)。两年后,他发表了对每一个正整数是最多四个完全平方数之和这一定理的证明(费马声称已经给出过证明)。因此,这个定理常常被称为拉格朗日的四平方和定理。同时,他也给出了所谓的威尔逊定理的第一个证明,该定理出现在华林同年出版的《代数沉思录》中,即对于任意素数 p,整数 $(p-1)!+1$ 能被 p 整除。

拉格朗日也对概率理论做出了贡献,但是在这一分支上,他不如更年轻的拉普拉斯。

蒙日

加斯帕尔·蒙日(Gaspard Monge,1746—1818)是贫穷商人的儿子。然而,这个男孩的能力打动了一位陆军中校,在他的影响下,蒙日被允许参加梅济耶尔军事学院的部分课程;他给当权者留下了如此深刻印象,以至于他很快成为教师队伍中的一员。他是我们的六人组中唯一一位主要身份是教师的人,也许是自欧几里得时代以来最有影响力的数学教师之一。

蒙日给《圣彼得堡科学院汇刊》撰写了大量数学文章。因为蒙日接替贝祖成为海军学院的考官,所以当权者更加催促他去做贝祖所做的事——为参加考试的人编写《数学完整教程》。而蒙日对教学与研究更感兴趣,他仅完成了这个项目的一卷《静力学引论》(*Traité elementaire de statique*,巴黎,1788 年)。他不仅对纯粹数学和应用数学着迷,而且也对物理和化学着迷。特别是,他和拉瓦锡合作进行了实验,包括研究水的合成的那些,这导致了 1789 年的化学革命。法国大革命期间,蒙日成为了最著名的法国科学家之一,但是他的几何学并没有受到正确的赏识。他主要的著作《画法几何学》(*Géométrie Descriptive*)一直未出版,因为他的上级认为为了国防利益要保守这个秘密。

434

在外国入侵的危机平息之后,蒙日努力建立了一所培养工程师的学校。如孔多塞曾是教学委员会的精神导师,蒙日也是高等教育机构的主要倡导者。他作为公共事务委员会的活跃成员,在 1794 年负责创建合适的学校。这所学校就是著名的巴黎综合理工学校,其建成如此迅速,以至于在第二年就开始招收学生。在这所学校创办的各个阶段,蒙日都是重要角色,既是管理者也是教师。令人高兴地注意到,这两种身份并非不可调和,因为蒙日非常成功地胜任了这两种角色。他甚至能够克服他对于撰写教科书的抵触,因为数学课程的改革,急需合适的教材。

画法几何学与解析几何学

蒙日发现他自己讲授的两门学科都是全新的大学课程。第一门课被称为分体学,现在更普遍地称为画法几何学。蒙日给 400 名学生集中授课,并留下了教学大纲的手稿。这说明这门课无论在纯粹数学还是应用数学方面,都比现在一般的同类课程涵盖了更广泛的内容。除了研究投影、透视和地形学,他的注意力还放在了曲面的性质(包括法线和切面),以及机械理论上。比如,蒙日提出的问题之一是确定两个曲面的交线,每一个曲面都由一条移动时与空间中三条异面直线相交的直线生成。还有一个问题是在空间中确定一个与四条直线等距的点。

这些问题突出了主要由法国大革命促成的数学教育中的一个变化。早在希腊的黄金时代,柏拉图就指出立体几何的状况十分糟糕,中世纪数学的衰落对立体几何的冲击超过平面几何。一个无法理解驴桥定理①的人,几乎不用指望他能开展三维研究。笛卡儿和费马已经非常清楚立体解析几何的基本原理,即每一个三元方程都表示一个曲面,反之亦然,但他们并没有继续发展下去。然而 17 世纪是曲线的世纪——摆线,蚶线,悬链线,双纽线,等角螺线,双曲线、抛物线和费马螺线,斯吕塞的珍珠线以及其他曲线,18 世纪则是真正开始曲面研究的世纪。是欧拉使人们注意到二次曲面也是类似于圆锥曲线的一族,他的《无穷分析引论》在某种意义上建立了立体解析几何学科(尽管克莱罗是先驱者)。拉格朗日也许受到他的变分法影响,展现出对三维问题的兴趣并强调了其解析解。比如,他最早给出点 (p,q,r) 到平面 $ax+by+cz=d$ 的距离 D 的公式

$$D = \frac{ap+bq+cr-d}{\sqrt{a^2+b^2+c^2}}。$$

但拉格朗日既无心于几何学,也没有热忱的追随者。相反,蒙日是几何学专家,也是优秀的教师和课程创立者。结果,立体几何学的发起,部分归功于加斯帕尔·蒙日的数学和革命活动。要不是他在政治上的积极,巴黎综合理工学校也许不会创立;假使他不是一名循循善诱的教师,三维几何的复兴也许不会发生。

---

① 驴桥定理是指欧几里得《原本》中的定理:等边三角形两底角相等。常常被用来比喻智力或能力测试的一道门槛,如通不过,罔论后面的难题了。——译者注

巴黎综合理工学校不是当时唯一创立的学校。巴黎高等师范学校曾经被草率地建立到 1400 或 1500 名学生的规模,挑选学生方面不如巴黎综合理工学校认真,并且自称拥有高水准的数学教师队伍,蒙日、拉格朗日、勒让德和拉普拉斯都在导师之列。 由于管理上的困难,这所学校存续时间不长。 正是蒙日1794—1795 年在巴黎高等师范学校的讲义,最终出版成了他的《画法几何学》。

这门新的画法几何学或双重正交投影方法背后的思想,本质上是非常容易理解的。简单地取两个互成直角的平面,一个垂直,另一个水平,然后将物体正交地投影到这两个平面,所有边和顶点的投影都清晰地表现出来。在垂直面上的投影被称为"立面图",另一个投影称为"平面图"。最后,垂直面折叠或绕着两个平面的交线旋转,直到该平面也成为水平面。于是,立面图和平面图就给出了三维物体的二维图。这个现在普遍应用在机械制图中的简单程序,几乎在蒙日时代引起一场军事工程设计革命。

画法几何学不是蒙日在三维数学上的唯一贡献,因为在巴黎综合理工学校他还教授一门"分析学在几何学的应用"课程。正如缩称"解析几何"还没有被普遍采用一样,当时也没有"微分几何"这个名称,但蒙日上的课本质上是对这个领域的介绍。 同样,这门课也没有教材,因此蒙日亲自编写并印刷他的《活页论文》(*Feuilles d'Analyse*[①],1795) 给学生们使用。此时,三维解析几何真正获得承认。正是这门巴黎综合理工学校所有学生的必修课,构成了现今立体解析几何课程的雏形。然而,学生们明显感到这门课程很难,因为讲义对于直线和平面的基本情形一带而过,大多数材料涉及微积分在三维曲线和曲面研究中的应用。蒙日一度不愿意编写初等水平的教材和组织不主要属于他自己的材料。然而他找到几位愿意编写他课上所用材料的合作者,这样一来,1802 年,在《综合理工学校杂志》(*Journal de l'École Polytechnique*) 上出现了蒙日和让·尼古拉·皮埃尔·赫奇特(Jean-Nicolas-Pierre Hachette,1769—1834) 的一篇关于"代数在几何中的应用"的范围很广的文集。它的第一个定理是这门学科典型的更为基本的方法。它是众所周知的对毕达哥拉斯定理的 18 世纪推广:平面图形在三个互相垂直的平面上投影的平方和等于这个图形面积的平方。蒙日和赫奇特以与现代课程中相同的方法证明了这个定理。实际上,整卷内容在 21 世纪都可以毫无困难地当作教材使用。轴变换方程、直线和平面的常规处理以及确定二次曲面的主

436

① 全名为 *Feuilles d'Analyse Appliquée à la Géometrie*(《关于分析的几何应用的活页论文》)。
——译者注

径面,都得到了全面处理。正是在蒙日的解析几何中,我们第一次发现了在三维中对直线的系统研究。

蒙日的关于直线和平面的解析几何的成果都在自 1771 年起的文集中给出。在他 1795 年出版的《活页论文》系统编排的材料,特别是 1802 年和赫奇特撰写的文集中,我们发现了大学本科教材中关于立体解析几何和初等微分几何的大部分内容。有一件事可能被忽视,那就是行列式的明确使用,因为这是 19 世纪的工作。然而,我们可以像在拉格朗日那里一样,把蒙日对对称符号的使用看作行列式的雏形,只是没用现在惯用的排列(归功于阿瑟·凯莱(Arthur Cayley))。

在蒙日给出的新成果中,有两个定理冠以他的名字:(1) 通过四面体各边的中点作与对边垂直的平面,这些平面交于一点 M(这点此后被称作四面体的"蒙日点");M 是连接质心和外心的线段的中点。(2) 各个面都与给定二次曲面相切的三直角的顶点的轨迹是一个球,称作"蒙日球面",或准球面。这个轨迹在二维平面的对应物是所谓圆锥曲线的"蒙日圆",虽然早在一个世纪前拉伊尔已给出了这个轨迹的综合形式。1809 年,蒙日用不同的方法证明了四面体的质心是所有对边中点连线的交点。他还给出了三维空间中类似的欧拉线,指出对于垂心四面体,质心到垂心的距离为质心到外心距离的两倍。蒙日的工作给拉格朗日留下了如此深刻的印象,以至于据说后者惊呼道,"凭借将分析应用于几何中,这个不可思议的家伙将使自己不朽。"

教科书

蒙日既是一位有能力的管理者,一位富有想象力的研究型数学家,也是一位善于启发的教师。蒙日的学生们散发了大量关于解析几何的初等教材,数量之大前所未有,甚至与我们当下比也毫不逊色。如果我们根据 1798 年开始突然出现这么多解析几何教材来判断,那么革命已经在数学教育中发生了。一个多世纪以来,被微积分遮挡的解析几何,忽然在学校中获得公认地位。这场"解析革命"的发起主要归功于蒙日。1798 年至 1802 年间,四部初等解析几何学教材出自西尔韦斯特·弗朗索瓦·拉克鲁瓦(Sylvestre François Lacroix,1765—1843)、让-巴蒂斯特·毕奥(Jean-Baptiste Biot,1774—1862)、路易·皮桑(Louis Puissant,1769—1843)和勒弗朗索瓦(F. L. Lefrançois),他们都受到在巴黎综合理工学校听课的启发。综合理工学校的学生在接下来的十年中再次负责出版了很多教材。这些教材中大多数都很成功,出版了多个版本。不到十年间,毕奥的教材出到了第五版；作为蒙日的学生兼同事拉克鲁瓦的教材在 99 年间总共出到 25 版！也许我们更应该说是"教科书革命"，因为拉克鲁瓦的其他教材也同样取得了巨大成功，他的《算术》和《几何学》在 1848 年已经分别出到了第 20 版和第 16 版。他的《代数学》在 1859 年发行了第 20 版，他的《微积分》在 1881 年发行了第 9 版。

拉克鲁瓦论解析几何

大部分读者都熟知，蒙日是现代综合几何的创建者。但蒙日有一项工作不太为人所知。几乎无一例外，解析几何教材的作者都称他们的工作受到了蒙日的启发，虽然拉格朗日也偶尔被提及。拉克鲁瓦最清晰地表达了如下观点：

> 谨慎地避免一切几何作图，我希望读者意识到存在一种看待几何的方式，这可以称为"解析几何"，它包括通过纯粹解析方法用尽可能少的性质来推导出大范围的性质，就像拉格朗日在他的力学中关于平衡和运动的性质所做的那样。

拉克鲁瓦坚持代数和几何"应当尽可能拉开距离地分别处理，它们中每一个的结果应该用来相互阐释，打个比方，就像一本书的文本和翻译一样"。拉克鲁瓦相信蒙日是"第一个考虑以这种形式呈现代数对几何的应用的人"。拉克鲁瓦承认他自己关于立体解析几何的部分内容几乎完全是蒙日的工作。

"解析几何"一词首次被用作教科书的书名，似乎是在勒弗朗索瓦 1804 年编著的《论解析几何》（*Essais de Géométrie Analytique*）的第二版，以及 1805 年毕奥编写的《论解析几何》中，后者被翻译成英语及其他语言，在西点军校使用了许多年。

卡诺

蒙日是法国大革命时期的杰出人物，然而大革命时期存在于每一个法国人口中的数学家的名字并不是蒙日而是卡诺。拉扎尔·卡诺（Lazare Carnot，1753—1823）远超过进入梅济耶尔军事学院所需的资产地位，在那里蒙日是他的老师之一。毕业后，卡诺参了军但没有军衔，在旧的军事制度下，他无法获得上尉以上级别的军衔。在考核时名言出现了："称职的都不高贵，高贵的都不称职。"

当法国大革命的胜利遭受内忧外患之时，正是拉扎尔·卡诺组织军队并亲自指挥，取得了胜利。和蒙日一样，卡诺也是共和政体的忠实拥护者，但他却竭力避开一切政治圈子。因为具有高度的理智的诚实，他努力做到公平决策。在调查之后，他免除了对保皇党人将玻璃粉混在了供革命军的面粉里的无耻指控，但出于良知他不得不投票赞成判处国王死刑。然而，在危机时期很难维持合理的公正，被卡诺激怒的罗伯斯庇尔（Roberspierre）威胁说，卡诺会在第一次军事灾难中被砍头。但卡诺通过引人注目的军事成就赢得了国民的称赞，当国民议会中出现逮捕卡诺的声音时，议员们自发为他辩护，称卡诺为"胜利的组织者"。结果反而是罗伯斯庇尔人头落地，卡诺不仅保住了脑袋还积极投身建设巴黎综合理工学校。卡诺对各个层次的教育都极为感兴趣，虽然他从没有教过一个班级。他的儿子伊波利特（Hippolyte）1848 年担任公共教育部长。（另一个儿子萨迪（Sadi）成为著名的物理学家，孙子也叫萨迪（Sadi），成为法兰西第三共和国的第四任总统。）

直到 1797 年，卡诺的政治生涯都非常顺遂。他从国家议员到立法议员，又到国民议会，继而到有权利的公共安全委员会，再到五百人议事会和理事会。然而 1797 年，他因拒绝参加一次党派政变被迅速下令驱逐出境。他的名字从研究院名单上划掉，几何学主席之职被一致投票给了波拿巴将军。甚至作为一个共和主义者和数学家的蒙日，也赞同这场知识界的暴行。蒙日似乎被拿破仑迷住了。他不顾艰难险阻追随他的偶像，据说他的忠诚甚至达到了拿破仑每失败一次战争他就病倒一回的程度。这与卡诺形成鲜明对比，他在受命于意大利战役时对波拿巴攫取权力起到了作用，但后来卡诺毫不犹豫开始反对他。

从数学上来讲，卡诺被驱逐不失为一件好事，这给了他一次机会，在流亡期间完成他一段时间以来一直在思考的著作。到 1786 年，他出版了《论一般力学》（*Essai sur les Machines en General*）的第二版，以及一些诗作和一部关于防御工事的著作。但说来奇怪的是卡诺在政务繁忙的时期中计划完成的著作，1797 年出版的《无穷小的形而上学的思考》，这不是一部应用数学的著作，它更接近哲学而不是物理学，并且就这个方面来说，它预示了严格时期的到来，关注了明显带有下个世纪特征的基础问题。

微积分与几何的形而上学

18 世纪后半叶，人们热衷于微积分的成果但困惑于它的基本原理。无论是用牛顿的流数、莱布尼茨的微分，或达朗贝尔的极限，这些通常的方法似乎都不能令人满意。鉴于此，考虑到相互矛盾的解释，卡诺试图证明这种新的分析学包含"究竟什么样的精神"。然而，他选择统一的原则时，做出了最糟糕的选择。他得出结论,"真正的形而上学原则"是"误差补偿原则"。他认为,无穷小是"小到微不足道的量",像虚数一样,引进无穷小仅仅是为了易于计算并在达到最终结果后忽略掉。"不完美方程"在微积分中可以通过消去如高阶无穷小那样的量,而变得"完全精确",那些量的存在造成了误差。对于反对意见,消失的量要么为零,要么不为零,卡诺回应道,"称之为无穷小量,并不仅仅是为零的量,而是由决定了关系的连续法则赋予零值的量"——这个论述很容易让人想起莱布尼茨。他宣称,微积分的不同方法只不过是古代穷竭法的简化,将其以各种方式约化为一个便利的算法。卡诺的《无穷小的形而上学的思考》广受欢迎,被翻译成多种语言出版。尽管其整体观点并不成功,但无疑它有助于使得数学家对 18 世纪"讨厌的小零"感到不满,引向 19 世纪的严格时代。然而,卡诺今天的名望主要源自他的其他的著作。

1801 年,他出版了《几何图形的相互关系》(*De la Correlation des Figures de Géometrie*),这又是一部具有高度一般化特征的作品。这本著作中,卡诺试图为纯粹几何建立像解析几何那样的一般性。他指出欧几里得的几个定理可以视为一个更广泛的定理的特殊例子,只需一个证明就足矣。例如,我们在《原本》中发现了这样一个定理,如果圆内两条弦 AD 和 BC 交于点 K,则 AK 与 KD 的乘积等

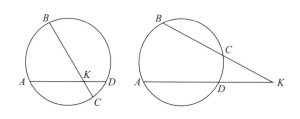

图 18.1

于 BK 与 KC 的乘积(图 18.1)。之后,我们恰巧获得一个定理,如果 KDA 和 KCB 相割于圆,那么 AK 和 KD 的乘积等于 BK 和 KC 的乘积。卡诺通过使用负量关联起来这两个例子,将这两个定理仅仅当作线与圆一般性质的特例。如果我们注意到弦 $CK = CB - BK$,而对于割线 $CK = BK - CB$,关系式 $AK \cdot KD = CK \cdot KB$ 可以通过变换符号从一种情形推广到另一种情形。而相切是另一种情形,就是 B 与 C 重合的情形,因此 $BC = 0$。虽然虚数的图形表示还没有普遍使用,但卡诺也毫不犹豫地通过虚数表明了一种图形之间的关联。他引用了一个事实作为例子,即借助等式 $x^2 - a^2 = (\sqrt{-1})^2 (a^2 - x^2)$,将圆 $y^2 = a^2 - x^2$ 与双曲线 $y^2 =$

441

x^2-a^2 建立起联系。

《位置几何》

卡诺在 1803 年出版的《位置几何》(*Géométrie de Position*) 中极大扩展了他的图形之间的关联,这本书使他成为除蒙日之外的另一个现代纯粹几何学创立者的地位。数学发展的特征在于始终致力于越来越高的一般化,正是这个特征彰显了卡诺工作的重要性。他对于推广的热衷引领他得到了平面几何中一些著名定理的美妙类比。至少早在欧几里得时代,三角学中熟悉的余弦定理 $a^2=b^2+c^2-2bc\cos A$ 的等价物就已经知道了;对于四面体,卡诺将这个古代定理推广为等价形式 $a^2=b^2+c^2+d^2-2cd\cos B-2bd\cos C-2bc\cos D$,其中 a,b,c,d 是四个面的面积,B,C,D 分别是面积 c 和 d,b 和 d,b 和 c 所在面之间的夹角。在他的著作中体现出的对一般化的热情成为现代数学的推动力。

《位置几何》是纯粹几何学的经典著作,但它也包含了重要的分析学贡献。尽管一个多世纪以来,解析几何的风光完全盖过了综合几何,但它的至高无上的地位靠两个坐标体系赢得,即直角坐标系和极坐标系。在直角坐标系中,平面上点 P 的坐标是从两条相互垂直的线或轴出发到 P 的距离。在极坐标系中,点 P 的一个坐标是从固定点 O(极点)到点 P 的距离,另一个坐标是直线 OP 与通过 O 点的固定直线(极轴)形成的角。卡诺发现坐标系可以做很多种方式的修改。例如,点 P 的坐标可以是从两个固定点 O 和 Q 到点 P 的距离,或者一个坐标是距离 OP,另一个坐标是三角形 OPQ 的面积。在这样的推广中,卡诺不过重新发现并扩展了牛顿曾提出过但普通被忽视的一个建议,然而,卡诺的思考明显带着他走得更远。在目前所有考虑的例子中,曲线方程依赖于所使用的特定的参考坐标系,但是一条曲线的性质并不受限于任何极坐标或轴坐标的选择。卡诺有可能推想出对于不必"依赖任何特别的猜想或者以任何在绝对空间中所做的对比为基础"的坐标的发现。这样一来,他开始寻找现在所知的内蕴坐标。他在熟悉的曲线在一点处的曲率半径中找到了这类坐标之一。另外,他还引进了一个没有命名的量,但现在称为偏航角,或偏差角。这是相切和曲率思想的扩展。曲线在点 P 处的切线是割线 PQ 当点 Q 沿着曲线趋近于 P 的极限位置;曲率圆是通过点 P,Q,R 的圆随着点 Q,R 沿着曲线趋近点 P 时的极限位置。现在,如果让一条抛物线通过点 P,Q,R,S,随着点 Q,R,S 沿着曲线接近点 P 时,找到这条抛物线的极限位置,则在点 P 的偏差角就是这条抛物线的轴与曲线法线之间的角。偏差角与函数的三阶导数有关，与斜率和曲率分别和一阶、二阶导数相关的意义是一样的。

截线

卡诺的名字在数学家中被熟知是源于冠以他名字的一个定理，该定理出现在 1806 年的著作《论截线理论》（*Essai sur la Théorie des Transversales*）中。这又是对古代成果的推广。亚历山大的梅涅劳斯证明了，如果一条直线分别与三角形的三条边 AB，BC，CA（或这些边的延长线）交于点 P，Q，R，若 $a'=AP$，$b'=BQ$，$c'=CR$，$a''=AR$，$b''=BP$，$c''=CQ$，则有 $a'b'c'=a''b''c''$（图 18.2）。卡诺证明，如果将梅涅劳斯定理中的直线替换为 n 阶曲线与 AB 交于（实或虚）点 P_1，P_2，P_3，$\cdots$，P_n，与 BC 交于点 Q_1，Q_2，Q_3，$\cdots$，Q_n，与 CA 交于点 R_1，R_2，R_3，$\cdots$，R_n，那么如果 a' 取 n 个距离 AP_1，AP_2，AP_3，$\cdots$，AP_n 的乘积，b'，c' 同样如此定义，a''，b''，c'' 也类似定义，则梅涅劳斯的定理仍成立（图 18.3）。截线定理只是包含其他有趣的推广的著作中的一个很小的部分。从亚历山大的海伦以三角形的三条边来表达其面积的熟悉的公式出发，卡诺去寻找以四面体的六个棱来表达其体积的对应结果。最后，他对于已知随机连接空间中五个点的十条线段中九条的情况下，寻找第十条的问题，导出了包含 130 项的一个公式。

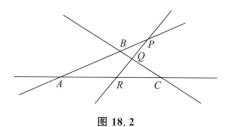

图 18.2

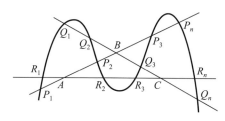

图 18.3

拉普拉斯

皮埃尔·西蒙·拉普拉斯(Pierre Simon Laplace,1749—1827)也出生于不富裕的家庭。和蒙日一样,他被有影响力的朋友赏识并由此获得教育,也是进入了军事学院。拉普拉斯没有真正参与过革命活动。他似乎具有强烈的在科学上的知识分子的坦诚感,但在政治上不是那么坚定。这并不意味着他胆小,因为他还与那些在危机时期受到怀疑的科学家同事们自由来往。曾有人说,他也有上断头台的风险,只是因为他的科学贡献才得以幸免,但这种说法似乎站不住脚,因为他经常表现得像一个厚颜无耻的机会主义者。他出版的著作主要关于天体力学,在这方面他是牛顿以来的佼佼者。

概率

相比其他数学家,拉普拉斯对概率论的贡献更大。从 1774 年起,他写了很多关于这个学科的论文,这些成果被收入他 1812 年的经典著作《概率的分析理论》(*Théorie Analytique des Probabilités*)中。他从各个方面及不同水平考虑这个理论, 他在 1814 年所著的《概率的哲学随笔》(*Essai Philosophique des Probabilité*)是写给普通读者的入门介绍。拉普拉斯写道,"说到底,概率论不过是用数字表达的常识",但他的《概率的分析理论》表明这部著作出自精通高级微积分的分析大师之手。书中满是涉及贝塔函数和伽马函数的积分,拉普拉斯是最早证明 $\int_{-\infty}^{\infty} e^{-x^2} dx$(在概率曲线之下的面积)是 $\sqrt{\pi}$ 的数学家之一。虽然他得到这个结果所用的方法多少有些生硬,但离现代变换方法不远了,即把

$$\int_0^\infty e^{-x^2} dx \cdot \int_0^\infty e^{-y^2} dy = \int_0^\infty \int_0^\infty e^{-(x^2+y^2)} dx\, dy$$

转为极坐标

$$\int_0^{\pi/2} \int_0^\infty r e^{-r^2} dr\, d\theta,$$

后者很容易计算,结果为

$$\int_0^\infty e^{-x^2} dx = \frac{\sqrt{\pi}}{2}。$$

拉普拉斯在《概率的分析理论》中引起注意的诸多内容之一是在蒲丰投针问题中对于 π 的计算,这个问题几乎被遗忘了 35 年。这个问题有时也被称为蒲丰-拉普

拉斯投针问题,因为拉普拉斯将最初的问题扩展为两组相互垂直的等间距平行线集构成的交叉网格。如果距离为 a,b,则长度为 l(小于 a 和 b)的针落在其中一条线上的概率为

$$p = \frac{2l(a+b) - l^2}{\pi ab}。$$

拉普拉斯还拯救了托马斯·贝叶斯(Thomas Bayes,1761)的被遗忘的关于逆概率的工作。而且,我们还在拉普拉斯的著作中发现了由勒让德发明的最小二乘理论,并给出了勒让德未能给出的正式证明。《概率的分析理论》还包括了在微分方程中极为有用的拉普拉斯变换。如果 $f(x) = \int_0^\infty \mathrm{e}^{-xt} g(t)\mathrm{d}t$,那么函数 $f(x)$ 就被称为函数 $g(x)$ 的拉普拉斯变换。

天体力学和算子

拉普拉斯的著作涉及相当多的高等数学分析的应用。一个典型例子是他研究旋转流体物质的平衡条件,这个问题他曾经认为与太阳系起源的星云假说有关。在 1796 年,这个假说以通俗的形式出现在《宇宙体系论》(*Exposition du Système du Monde*)中,这本著作与《天体力学》(*Mécanique Céleste*,1799—1825,5 卷)有关,如同《概率的哲学随笔》与《概率的分析理论》的关系一样。根据拉普拉斯的理论,太阳系由围绕一个轴旋转的炽热气体演化而来。当它冷却时,气体收缩,从而引起更加快速的旋转,根据角动量守恒定律,直到连续不断的环状物从外边界脱离而凝结形成行星。旋转的太阳构成了剩余星云的核心。这个假说背后的思想并非完全由拉普拉斯原创,因为托马斯·赖特(Thomas Wright)和伊曼纽尔·康德(Immanuel Kant)提出了定性的框架形式,但对该理论具体的定量描述构成了多卷本《天体力学》的一部分。也正是在这部经典著作中,我们发现了与椭球体对粒子的吸引力相关的位势思想以及拉普拉斯方程的拉普拉斯式应用。在 1782 年一篇高度技术化的论文《球体引力与行星图像理论》(这篇文章也收录于《天体力学》)中,拉普拉斯发展了非常有用的位势概念——函数在每一点的方向导数等于在给定方向上的场强分量。在天文学和数学物理学中具有根本重要性的是所谓的函数 $u = f(x,y,z)$ 的拉普拉斯运算。这就是 u 的二阶偏导数之和,即 $u_{xx} + u_{yy} + u_{zz}$,常常简写为 $\nabla^2 u$(读作"德尔塔-平方"),其中 ∇^2 被称作拉普拉斯算子。函数 $\nabla^2 u$ 与所使用的特殊的坐标系无关,在一定条件下,引力势、电力势及其他势满足拉普拉斯方程 $u_{xx} + u_{yy} + u_{zz} = 0$。

445

欧拉在 1752 年研究流体动力学时偶然得出了这个方程，但拉普拉斯使它成为了数学物理学的标准内容。

拉普拉斯的《天体力学》的出版普遍被当作将牛顿万有引力观点推向顶峰的一个标志。考虑到太阳系的所有扰动，拉普拉斯指出运动是长期的，所以太阳系可以被认为是稳定的。似乎不再需要任何偶尔的上帝的干预。据说拿破仑就其不朽杰作中没有提及上帝对拉普拉斯提出过意见，对此拉普拉斯回复说："我不需要这个假设。"拉格朗日得知了这件事，引用他的话说道，"哈，但这是个美妙的假设。"

拉普拉斯不仅完成了牛顿《自然哲学的数学原理》一书中的万有引力部分，而且还完成了物理学中的一些关键点。牛顿曾经在纯理论的基础上计算过声速，但发现计算结果得到的速度值太小。在 1816 年，拉普拉斯第一个指出，计算值与观测值之间缺乏一致性是因为《自然哲学的数学原理》中的计算是建立在等温压缩和等温膨胀的假设上，但实际上声音的振动非常之快，造成绝热压缩，从而增加了空气的弹性和声速。

446　　两位法国大革命时期的领袖数学家拉普拉斯和拉格朗日的思想，在很多方面是直接相反的。对拉普拉斯来说，自然是本质的，而数学只是他以超凡技巧运用的一套工具；对于拉格朗日，数学是极美的艺术，它有自己存在的理由。《天体力学》中的数学常被认为是艰深的，但没人称它是美妙的。另一方面，《分析力学》因其完美和宏大结构被称赞为"一首科学的诗"。

勒让德

阿德里安·马里·勒让德（Adrien Marie Legendre，1752—1833）在接受教育方面毫无困难，即便他在巴黎军事学院当了五年的教师，但从严格意义上说他算不上大学教师。像卡诺一样，他觉得数学需要更加严格化。

几何

正如贝祖在其《数学教程》中所描述的那样，几何中缺乏严格性，这促使主要是分析学家的勒让德复兴欧几里得的某些智力品质。结果就是 1794 年恐怖统治时期出版的《几何学原理》（*Éléments de Géométrie*）。我们也在此看到与一般认为的实用性相对立的一面。正如勒让德在序言中所说，他的目的是提出满足某种精神的几何。勒让德努力的结果就是出版了一部极其成功的教科书,在作者有生之年出版了 20 个版本。

我们很可能忘记,在 19 世纪的大部分时间里,正是法国的数学主导了美国的教学,这主要是通过我们曾提及的数学家的工作所带来的。拉克鲁瓦、毕奥和拉格朗日的教材在美国出版供学校使用,但所有这些教材中最有影响力的也许是勒让德的几何学。在美国,"戴维斯的勒让德"几乎成为几何学的同义语。

椭圆积分

勒让德的《几何学原理》的成功不应让人认为作者是位几何学家。勒让德在很多领域都取得了重大进展,但主要是非几何学——微分方程、微积分、函数论、数论以及应用数学。他撰写了三卷本的著作《积分练习》(*Exercices du Calcul Integral*,1811—1819),就其全面性和权威性而言,可以与欧拉的著作相媲美。后来,他将这些方面扩展为另外三卷本的《椭圆函数论与欧拉积分》(*Traité des Fonctions Elliptiques et des Intégrals Eulériennes*,1825—1832)。在这些重要著作以及早期论文中,勒让德为贝塔函数和伽马函数引入了"欧拉积分"一词。更重要的是,他给出了一些分析学中对数学物理学家非常有用的,以他的名字命名的基本工具。其中就有勒让德函数,它是勒让德微分方程 $(1-x^2)y''-2xy'+n(n+1)y=0$ 的解。正整数值 n 的多项式的解称为勒让德多项式。

勒让德下了很大功夫将椭圆积分(形如 $\int R(x,s)\mathrm{d}x$ 的积分,其中 R 是有理函数,s 是三次或四次多项式的平方根)简化为三个以他名字命名的标准形式。第一类和第二类椭圆积分的勒让德形式分别为

$$F(K,\phi)=\int_0^\phi \frac{\mathrm{d}\phi}{\sqrt{1-K^2\sin^2\phi}} \quad 和 \quad E(K,\phi)=\int_0^\phi \sqrt{1-K^2\sin^2\phi}\,\mathrm{d}\phi,$$

其中 $K^2<1$;第三类积分形式稍微复杂些。对给定的 K 值和不同的 ϕ 值列成的积分表可以在大多数的综合手册中找到,因为很多问题需要用到这些积分。勒让德的第一类椭圆积分在解决单摆运动的微分方程时出现;第二类椭圆积分在寻求椭圆弧长时出现。椭圆积分也在勒让德的早期论文中出现过,特别是在 1785 年的一篇椭球引力论文中,这个问题与会出现所谓带调和函数或"勒让德系数"(这个函数实际上是拉普拉斯在位势理论中使用的)的问题有关。

勒让德在测地学方面也是重要人物,在这方面,他给出了最小二乘统计方法。最小二乘法的一个简单例子可以描述如下。若观测数据得出含两个变量的

三个及以上近似方程，比如说 $a_1x + b_1y + c_1 = 0, a_2x + b_2y + c_2 = 0, a_3x + b_3y + c_3 = 0$，则认定两个联立方程

$$(a_1^2 + a_2^2 + a_3^2)x + (a_1b_1 + a_2b_2 + a_3b_3)y + (a_1c_1 + a_2c_2 + a_3c_3) = 0,$$

$$(a_1b_1 + a_2b_2 + a_3b_3)x + (b_1^2 + b_2^2 + b_3^2)y + (b_1c_1 + b_2c_2 + b_3c_3) = 0$$

的解为 x 和 y 的"最佳"值。

数论

448   研究院的《集刊》中还包含勒让德力图证明的平行公设，但在他所有的数学贡献中，勒让德最满意的是关于椭圆积分和数论的著作。他出版了两卷本的《数论》(*Essai sur la Théorie des Nombres*, 1797—1798)，这是第一部专门论述这个学科的著作。他被著名的"费马大定理"所吸引，并在大约 1825 年给出 $n = 5$ 不可解的证明。几乎同样有名的是勒让德在 1797 年至 1798 年出版的著作中的同余定理。如果给定两个整数 p, q，存在一个整数 x 使得 $x^2 - q$ 可以被 p 整除，那么 q 就被称为 p 的二次剩余；我们现在写作（下面的符号由卡尔·弗里德里希·高斯 (Carl Friedrich Gauss) 引入）$x^2 \equiv q \pmod{p}$，读作"x^2 模 p 同余于 q"。

    勒让德重新发现了一个漂亮的定理（更早些时候欧拉给出过不太现代的形式），称为二次互反律：如果 p 和 q 是奇素数，那么同余式 $x^2 \equiv q \pmod{p}$, $x^2 \equiv p \pmod{q}$ 要么都可解，要么都不可解，除非 p 和 q 具有 $4n + 3$ 的形式，此时一个可解另一个不可解。例如 $x^2 \equiv 13 \pmod{17}$ 有解 $x = 8$, $x^2 \equiv 17 \pmod{13}$ 有解 $x = 11$，并且可以证明 $x^2 \equiv 5 \pmod{13}$ 和 $x^2 \equiv 13 \pmod 5$ 无解。另一方面，$x^2 \equiv 19 \pmod{11}$ 不可解，而 $x^2 \equiv 11 \pmod{19}$ 有解 $x = 7$。这里是以现代习惯的形式来陈述定理的。在勒让德的阐述中，它变成

$$\left(\frac{p}{q}\right)\left(\frac{q}{p}\right) = (-1)^{(p-1)(q-1)/4},$$

这里勒让德的符号 (p/q) 表示 1 或 -1，分别对应 $x^2 \equiv p \pmod{q}$ 中 x 可解或不可解。

    自欧几里得的时代以来，人们就已经知道素数有无穷多个，而且随着整数越来越大，素数的密度明显降低。因此，描述自然数中素数的分布成为最著名的问题之一。数学家们正在寻找被称为素数定理的法则，意图将小于给定整数 n 的素数的个数表示为 n 的函数，常常记作 $\pi(n)$。在他 1797 年至 1798 年的广为人知的著作中，在计算了大量素数的基础上，勒让德猜想，随着 n 无限增大，$\pi(n)$ 趋近于

$n/(\ln n - 1.08366)$。这个猜想非常接近事实,但对于定理 $\pi(n) \to n/\ln n$ 的精确叙述虽然在其后的世纪里被多次提出,却直到 1896 年才被证明。勒让德指出不存在总给出素数的有理代数函数,但他注意到当 n 从 1 取到 16,$n^2 + n + 17$ 都是素数,n 从 1 取到 28,$2n^2 + 29$ 都是素数。(欧拉更早就指出,当 n 从 1 取到 40,$n^2 - n + 41$ 是素数。)

449

抽象方面

考察这六个人的成就,我们会被他们工作中没有实用动机而打动。卡诺处理的是普适的原理,而不是技术。拉格朗日的《分析力学》同样关注的是对于该方向的公理化处理,离实用性的标准很远。我们有了如下紧凑的形式主要归功于他,尽管表达方式有所不同:

$$\frac{1}{2!}\begin{vmatrix} x_1 & y_1 & 1 \\ x_2 & y_2 & 1 \\ x_3 & y_3 & 1 \end{vmatrix}, \quad \frac{1}{3!}\begin{vmatrix} x_1 & y_1 & z_1 & 1 \\ x_2 & y_2 & z_2 & 1 \\ x_3 & y_3 & z_3 & 1 \\ x_4 & y_4 & z_4 & 1 \end{vmatrix}$$

分别表示三角形的体积和四面体的体积,这些成果发表在 1773 年提交、而于 1775 年发表的论文《三角金字塔问题的解析解》中。这类工作看上去漂亮而无用,然而,它所包含的思想通过法国大革命时期的教育改革,却变得尤为重要。正如拉格朗日就其所说的那样:"我自夸我将给出的解会使几何学家对其方法和结果一样感兴趣。这些解纯粹是分析的,甚至不需要图形就能理解。"完全如他所说的那样,整部著作中果真没有一幅图。虽然蒙日在画法几何学和微分几何学中使用图和模型,但不知何故,他也得出结论,在初等解析几何中人们应避免使用图形。也许卡诺也有同感,因为他的先于拉格朗日《分析力学》出版的《论截线理论》($Essai$),也没有图。

19 世纪 20 年代的巴黎

19 世纪 20 年代的巴黎特别吸引数学学生。它不但有引以为豪的由巴黎综合理工学校所代表的系统训练机会,众多杰出的数学家在这里开设从纯粹到应用数学领域的范围广阔的讲座,而且又有最前沿的数学刊物。除了在法国首都出版的

450 独立著作，科学院的《集刊》和《理工学校期刊》（*Journal of the École Polytechnique*）也在发表重要的最新数学研究成果。而且法兰西学院和其他研究机构庇护了更多的数学家。虽然已近职业生涯晚期，但拉普拉斯和勒让德一直在巴黎生活。拉普拉斯在 1825 年（去世的两年前）出版了他的《天体力学》的最后一卷。勒让德活跃在科学院，审阅年轻人的著作并更新自己的研究成果，比如他关于数论的标准著作，1830 年第三版问世。19 世纪 20 年代活跃在巴黎最有影响的下一代数学家，也许就是傅里叶（J.-B. Fourier，1768—1830）。

傅里叶

傅里叶是欧塞尔一位裁缝的儿子。由于在童年时就成为了孤儿，所以他是在教会的指导下接受的教育，先是在当地的军事学校，然后在本笃会开办的学校。在法国大革命时期，他在家乡的学校教书，同时积极参与政治。在法国恐怖统治时期遭到逮捕，释放后他进入巴黎高等师范学校，这让他成为拉格朗日和蒙日在新成立的巴黎综合理工学校的助手。1798 年，他与蒙日一起参加了拿破仑的埃及远征，之后成为埃及学院的秘书并编撰《埃及见闻》（*Description de l'Égypte*）。他一回到法国，就得到了许多行政职位，但他仍然有机会继续他的学术追求。1822 年，他被选举为巴黎科学院的终身秘书，这把他置于 1820 年代一个有影响的职位上。这一时期受傅里叶的影响来到巴黎的外国年轻人有来自普鲁士的彼得·古斯塔夫·勒热纳·狄利克雷（Peter Gustav Lejeune Dirichlet，1805—1859）、来自瑞士的让-雅各-弗朗索瓦·施图姆（Jean-Jacques-François Sturm，1803—1855）以及来自俄罗斯的米哈伊尔·瓦西里耶维奇·奥斯特罗格拉茨基（Mikhail Vasilievich Ostrogradsky，1801—1861）。受益于他的建议的同胞有索菲·热尔曼（Sophie Germain，1776—1831）和约瑟夫·刘维尔（Joseph Liouville，1809—1882）。

今天傅里叶以他 1822 年的著名著作《热的解析理论》（*Théorie Analytique de la Chaleur*）而闻名。这本被开尔文勋爵（Lord Kelvin）描述为"一首伟大的数学诗"的书是十年前傅里叶借以赢得科学院奖的关于热的数学理论的论文思想的发展。审稿人拉格朗日、拉普拉斯和勒让德批评这篇论文的推理有点松散。后来傅里叶思想的清晰化一定程度上是 19 世纪被称为严格化时代的原因。

傅里叶主要的贡献以及他在数学上的经典是丹尼尔·伯努利曾预言的思想，

即任意函数 $y = f(x)$ 可以表示为级数的形式：

$$y = \frac{1}{2}a_0 + a_1\cos x + a_2\cos 2x + \cdots + a_n\cos nx + \cdots$$
$$+ b_1\sin x + b_2\sin 2x + \cdots b_n\sin nx + \cdots,$$

这就是现在所知的傅里叶级数。这样的级数表示可以研究比泰勒级数更为一般451
类型的函数。即便许多点处的导数不存在(见图 18.4)或函数在这些点处不连续
(见图 18.5)，函数仍可以有傅里叶展开式。注意到，

$$a_0 = \frac{1}{\pi}\int_{-\pi}^{\pi} f(x)\,\mathrm{d}x, \quad a_n = \frac{1}{\pi}\int_{-\pi}^{\pi} f(x)\cos nx\,\mathrm{d}x, \quad b_n = \frac{1}{\pi}\int_{-\pi}^{\pi}\sin nx\,\mathrm{d}x,$$

这个展开式就很容易得到。

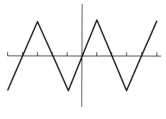

图 18.4

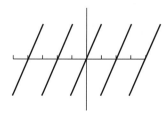

图 18.5

　　和蒙日一样，傅里叶的命运随同 1815 年波旁王朝复辟、拿破仑被流放而跌入
低谷，但他的工作此后在数学和物理学上都是基础性的。函数不再需要具有数学452
家们熟悉的良好性质。例如，1837 年，勒热纳·狄利克雷提出了函数的宽泛定义：
如果变量 y 和变量 x 有关，每当赋予 x 一个数值，都存在一个规则来决定唯一的 y
值，那么 y 就称为自变量 x 的函数。这非常接近两个数集之间对应的现代观点，
但"集合"和"实数"的概念在那时还没有建立起来。为表明对应规则的完全任意
性，狄利克雷提出了一个非常"劣态"的函数：当 x 为有理数时，令 $y = c$，而当 x 为
无理数时，令 $y = d \neq c$。这个常称为狄利克雷函数的函数是如此病态，以至于对

于所有的 x 值都不连续。狄利克雷也第一次给出了服从某种约束（称为狄利克雷条件）的函数的傅里叶级数收敛的严格证明。傅里叶级数并不总是收敛于被展开的函数的值，但在利奥波德·克雷尔（Leopold Crelle）1828 年的《纯粹与应用数学杂志》（*Journal für die Reine und Angewandte Mathematik*）上，狄利克雷证明了下面的定理：如果 $f(x)$ 是周期为 2π 的周期函数，如果对 $-\pi < x < \pi$，函数 $f(x)$ 具有有限多个极大值或极小值以及有限个间断点，并且若 $\int_{-\pi}^{\pi} f(x)\mathrm{d}x$ 有限，那么在函数 $f(x)$ 所有的连续点处，傅里叶级数收敛于 $f(x)$，且在跳跃间断点处收敛于函数左极限和右极限的算术平均值。另一个有用的定理称为狄利克雷判别法：如果在级数 $a_1b_1 + a_2b_2 + \cdots + a_nb_n + \cdots$ 中，所有含 b 的项都是正的，且单调趋于 0，又且如果存在一个数 M，使得 $|a_1 + a_2 + \cdots + a_m| < M$ 对于所有 m 的值成立，那么级数收敛。

狄利克雷的名字出现在很多与纯粹数学以及应用数学相关的方面。在热力学和电动力学中特别重要的是狄利克雷问题：给定区域 R，其边界为闭曲线 C，函数 $f(x, y)$ 在 C 上连续，求函数 $F(x, y)$ 在 R 内和 C 上连续，在 R 内满足拉普拉斯方程且在 C 上与 f 相等。在纯粹数学中，狄利克雷因将分析学应用于数论中而出名，比如他引入了狄利克雷级数 $\sum a_n e^{-\lambda_n S}$，其中狄利克雷系数 a_n 为复数，狄利克雷指数 λ_n 为实的单调递增的数，S 为复变量。

柯西

1820 年代之星，是一位出生于大革命那年的人，那时傅里叶 21 岁。这个人就是奥古斯丁-路易·柯西（Augustin-Louis Cauchy，1789—1857）。柯西的父母受过良好教育，他本人在 1805 年进入巴黎综合理工学校学习，1807 年被巴黎高科路桥学校录取。在 1813 年回到巴黎之前，他一直担任工程师。到那个时候，他已经解决了数学家们感兴趣的几个问题。这包括通过各面确定一个凸多面体，将一个数表达成 n 边形数的和以及对行列式的研究。后者是仅有的几个高斯在其中没有扮演重要角色的分支之一，虽然柯西是在不同的背景下从高斯的术语中得出了"行列式"的名称，用来描述一类交错对称的函数，比如 $a_1b_2 - b_1a_2$。将行列式的历史最终确定在起始于 1812 年是合适的，当时柯西向学院宣读了他关于这个方向的研究报告，尽管在报告中他没有公正地提及早在 1772 年由拉普拉斯和亚历山大-泰奥菲勒·范德蒙德（Alexandre-Théophile Vandermonde，1735—1796）所做的先驱性工作。拉格朗日和拉普拉斯都对柯西取得的进展感兴趣，他继承了拉格朗日在纯粹数学中，在注重严格证明的同时，偏爱优美形式的传统。他 1812 年那篇其后被很多人在同一主题上追随的关于行列式的文章，就按此传统对于其中大量使用的符号的对称性给予了重视。

在行列式的教学方法上，今天的习惯是从方阵开始，然后通过用变换或置换展开来赋予其意义或值。在柯西的研究报告中，作者所做恰恰相反。他先从 n 个元素或数 $a_1, a_2, a_3, \cdots, a_n$ 开始，并用这些元素乘以所有不同元素之差形成乘积：

$$a_1 a_2 a_3 \cdots a_n (a_2 - a_1)(a_3 - a_1) \cdots (a_n - a_1)(a_3 - a_2) \cdots (a_n - a_2) \cdots (a_n - a_{n-1})。$$

然后，他将行列式定义为，把每个显示为幂的数变为第二个下标所获得的表达式，这样 a_r^s 就表示为 $a_{r \cdot s}$，他将此写作 $S(\pm a_{1 \cdot 1} a_{2 \cdot 2} a_{3 \cdot 3} \cdots a_{n \cdot n})$。接着，他将行列式中 n^2 个不同的量排列为方阵，和今天所使用的无异：

$$a_{1 \cdot 1}, a_{1 \cdot 2}, a_{1 \cdot 3}, \cdots, a_{1 \cdot n}$$
$$a_{2 \cdot 1}, a_{2 \cdot 2}, a_{2 \cdot 3}, \cdots, a_{2 \cdot n}$$
$$\cdots \cdots \cdots \cdots \cdots \cdots \cdots$$
$$a_{n \cdot 1}, a_{n \cdot 2}, a_{n \cdot 3}, \cdots, a_{n \cdot n}$$

这样排列的话，在他的行列式中 n^2 个量就被说成构成了"n 阶对称系统"。他定义共轭项为下标顺序颠倒的元素，并且他称自共轭的项为"主项"；我们称为"主对角"（main diagonal 或 principal diagonal）的项的乘积，他称为"主乘积"。在研究报告的后面，柯西利用轮换给出了其他用以确定展开式中某一项的符号的规则，使用了循环置换。

柯西 1812 年的 84 页的研究报告不是他关于行列式的唯一著作。从那时起，他发现很多将行列式应用在不同的情形中的机会。在 1815 年关于波传播的研究报告中，他把行列式的语言应用到一个几何问题上，也应用到一个物理学问题上。柯西断言，如果 A, B, C 是平行六面体的三条边的长度，且如果它们在直角坐标系的 x, y, z 轴上的投影分别为

$$A_1, B_1, C_1,$$
$$A_2, B_2, C_2,$$
$$A_3, B_3, C_3,$$

那么平行六面体的体积为

$$A_1 B_2 C_3 - A_1 B_3 C_2 + A_2 B_3 C_1 - A_2 B_1 C_3 + A_3 B_1 C_2 - A_3 B_2 C_1 = S(\pm A_1 B_2 C_3)。$$

454

在同一个报告中，与波的传播相关，他将他的行列式符号应用到偏微分，把本来需要两行来表达的一个条件替换成简单的缩略形式：

$$S\left(\pm\frac{\mathrm{d}x}{\mathrm{d}a}\frac{\mathrm{d}y}{\mathrm{d}b}\frac{\mathrm{d}z}{\mathrm{d}c}\right)=1。$$

这个表达式的左边显然是我们现在所称的 x,y,z 关于 a,b,c 的"雅可比行列式"。卡尔·古斯塔夫·雅各布·雅可比（Carl Gustav Jacob Jacobi）的名字与这种形式的函数行列式联系在一起，不是因为他是第一个使用的人，而是因为他是一个特别热衷于行列式符号蕴含的可能性的算法建立者。直到 1829 年，雅可比才第一次使用冠以他名字的函数行列式。

这一时期，柯西已在巴黎很有地位。1814 年，也就是发表关于行列式的报告的两年之后，他提交给法国科学院一篇论文，里面包含了他对复函数理论的一些主要贡献的萌芽。又过了两年，他因流体力学论文获奖而受到赞誉。在 1819 年，他展示了求解偏微分方程的特征线法，不久之后，他提交了关于弹性理论的一篇经典之作。在这十年中，他被任命为科学院院士以及巴黎综合理工学校教授，之后他结婚了。

柯西在《理工学校期刊》和法国科学院的《通报》（*Comptes Rendus*）中加入了更长的报告。这些报告涉及各种不同的主题，特别是复变量函数理论，自 1814 年起，柯西就成为这个领域实际上的创始人。1806 年，日内瓦的让·罗贝尔·阿尔冈（Jean Robert Argand，1768—1822）曾经发表过关于复数的图形表示的报告。

455 虽然起初，这一报告与卡斯帕·韦塞尔（Caspar Wessel）的工作一样无人关注，但到 19 世纪 20 年代末，大部分的欧洲人通过柯西不仅熟悉了韦塞尔 阿尔冈 高斯的复数图像，而且也熟悉了复函数的基本性质。在 18 世纪，复变量函数的问题偶尔出现在欧拉和达朗贝尔的物理学中，但现在它们已成为纯粹数学的一部分。由于单个自变量的图形表示需要两个维度，那么在图像上刻画两个复变量的函数关系 $w=f(z)$ 则需要四个维度。复变量理论必然比实变量函数的研究需要更高程度的抽象和复杂性。例如，微分的定义和法则就不能从实的情形简单转移到复的情形，而且在后一种情形中，导数不再具有曲线切线斜率的图像。没有图像可视化的支撑，人们可能需要更精确和详细的概念定义。解决这个问题是柯西对实变量和复变量微积分的贡献之一。

巴黎综合理工学校的首批教师形成了一个先例，哪怕是最伟大的数学家也要撰写所有层次的教科书，柯西传承了这一传统。在三本书——《综合理工学校的分析教程》（*Cours d'Analyse de l'École Polytechnique*，1821）、《微积分教程概要》(*Resumé des Leçons sur le Calcul Infinitesimal*,1823) 以及《微积分教程》(*Leçons sur le Calcul Différentiel*,1829) 中,他给出了初等微积分今天所具有的性质。在拒绝了拉格朗日的"泰勒定理方法"后,他确立了达朗贝尔的极限概念的基础地位,但赋予了它更为精确的算术特征。抛开几何和无穷小或速度,他给出了一个相对明确的极限定义:

> 如果分配给一个变量的相继的值无限接近一个固定值,最终使得与这个值的差别任意小,那么,这个最后的值就称为其他值的极限。

许多早期数学家认为无穷小是一个非常小的固定数,而柯西明确地将其定义为因变量:

> 我们说,当一个变量的数值以某种方式无限减少收敛于极限 0 时,这个变量就为无穷小。

在柯西的微积分中,函数和函数极限的概念是基本的。在定义函数 $y = f(x)$ 关于 x 的导数中,他给变量 x 一个增量 $\Delta x = i$,并构成比:

$$\frac{\Delta y}{\Delta x} = \frac{f(x+i) - f(x)}{i}。$$

他把这个差商在 x 趋于 0 时的极限定义为 y 关于 x 的导数 $f'(x)$。他将微分降低到了从属地位,尽管他了解它的运算便利性。如果 $\mathrm{d}x$ 是有限量,那么 $y = f(x)$ 的微分 $\mathrm{d}y$ 就被简单定义为 $f'(x)\mathrm{d}x$。柯西还给连续函数一个令人满意的定义。函数 $f(x)$ 在给定的限制范围内是连续的,如果在这些限之间变量 x 的每一个无穷小增量 i,使得函数本身总会产生一个无穷小增量 $f(x+i) - f(x)$。当我们记起柯西是用极限定义无穷小量时,他的连续性的定义与今天所使用的类似。

在 18 世纪,积分被当作微分的逆。柯西的导数定义明确表明,函数在不连续点处的导数不存在,然而积分可能不存在困难。即便是不连续的曲线也可以确定一个定义良好的面积。因此,柯西借助积分和的极限来定义积分,这一方式与我们今天在初等教材中所采用的方式没有什么不同,除了他总是在区间的左端点处取函数的值。如果 $S_n = (x_1 - x_0)f(x_0) + (x_2 - x_1)f(x_1) + \cdots + (X - x_{n-1})f(x_{n-1})$,那么随着区间 $x_i - x_{i-1}$ 的大小无限减小,这个和 S_n 的极限 S 就是函数 $f(x)$ 从 $x = x_0$ 到 $x = X$ 区间上的定积分。正是柯西的作为一种求和的极限的概念,而不是逆导数,催生了对积分的硕果累累的现代推广。

将积分独立于微分来定义后,柯西有必要证明积分和不定积分之间的通常关

456

系,接着他通过使用中值定理实现了这一点。如果函数 $f(x)$ 在闭区间 $[a,b]$ 上连续,且在开区间 (a,b) 上可微,那么存在某个值 x_0,使得 $a < x_0 < b$,且 $f(b) - f(a) = (b-a)f'(x_0)$。这是早在一个世纪前就已知的罗尔定理的非常明显的推广。然而,中值定理直到柯西的时代才引起重要的关注,而此后一直在分析学中发挥着基本的作用。因此,一个对于 $f(x)$ 和 $g(x)$ 加以适当条件的更一般化的形式

$$\frac{f(b) - f(a)}{g(b) - g(a)} = \frac{f'(x_0)}{g'(x_0)}$$

被称为柯西中值定理是公正的。

457　　　数学史上有大量同时或近乎同时发现的例子,其中有些我们已经提到过。我们刚刚描述的柯西的工作是另一个很好的例子,因为伯恩哈德·波尔查诺(Bernhard Bolzano,1781—1848)几乎同时阐明了类似的观点。波尔查诺是位捷克的牧师,他的神学观点不被教会接纳,而他的数学工作被外行的同辈神职人员特别令人惋惜地忽略了。柯西在布拉格生活了一段时间,那是波尔查诺出生和去世的地方,然而没有迹象表明两人见过面。他们在微积分算术化以及对极限、导数、连续性和收敛性的定义上的相似性只是一种巧合。1817 年,波尔查诺出版了一本致力于代数中位置定理的纯粹算术证明的书《纯粹分析的证明》(*Rein Analytischer Beweis*),这需要用非几何的方法处理曲线或函数的连续性。在他的非正统思想上走得更远的,是他逝世后 1850 年出版的著作《无穷悖论》(*Paradoxien des Unendlichen*),其中揭示了一些无穷集合的重要性质。

　　　从伽利略关于整数和完全平方数——对应的悖论中,波尔查诺继续证明,无穷集合与真子集中元素之间的类似对应是普遍的。例如,一元线性方程,比如 $y = 2x$,实数 y 在从 0 到 2 的区间上与实数 x 在该区间的一半上建立了一一对应的关系。亦即 0 到 1 之间的实数和 0 到 2 之间的实数一样多,或者 1 英寸长的线段上的点与 2 英寸长的线段上的点一样多。大约 1840 年,波尔查诺似乎已经认识到,实数的无穷性不同于整数的无穷性,前者是不可数的。在关于无穷集合的这一猜测中,这位波希米亚的哲学家要比他同时代知名的人更接近现代数学的某些部分。但是高斯和柯西似乎都有一种"无穷恐惧症",坚持认为数学上不存在完全无穷的东西。他们关于"无穷的阶"的工作实际上和波尔查诺的概念相去甚远,比如,像柯西在本质上做的那样,若 $\lim_{x \to \infty} y/x^n = K \neq 0$,则函数 y 是关于 x 的 n 阶无穷小,这是完全不同于集合之间对应的陈述。

波尔查诺是"旷野中无人理睬的呼声",他的许多成果后来被重新发现。其中包括对于存在具有数学家们一直认为的行为病态的函数的认识。例如,牛顿认为曲线是由光滑连续运动生成的。可能偶尔会出现在方向上的突然变化,甚至在孤立点处不连续,但在 19 世纪上半叶,人们普遍认为连续的实函数在大部分点处必定有导数。然而,在 1834 年,波尔查诺想出一个在一区间上连续的函数,尽管会与物理直觉相反,但它在这一区间上的任意点处都不可导。很遗憾,波尔查诺给出的例子并没有为人所知。因此,构造出第一个处处连续却处处不可导的函数的功劳一般被给予了约 1/3 世纪后的卡尔·魏尔斯特拉斯(Karl Weierstrass)。同样,与无穷级数或无穷数列收敛性的重要检验联系起来的名字是柯西而非波尔查诺。偶然地,在他们的时代之前,有人警告过需要检验无穷级数的收敛性。比如,早在 1812 年,高斯使用比值检验证明了他的超几何级数

$$1+\frac{\alpha\beta}{\gamma}x+\frac{\alpha\beta(\alpha+1)(\beta+1)}{1\cdot2\gamma(\gamma+1)}x^2+\cdots+\frac{\alpha\beta(\alpha+1)(\beta+1)\cdots(\alpha+n-1)(\beta+n-1)}{1\cdot2\cdots(n-1)\gamma(\gamma+1)\cdots(\lambda+n-1)}x^n+\cdots$$

在 $|x|<1$ 时收敛,在 $|x|>1$ 时发散。这个检验第一次在英国被爱德华·华林使用的时间似乎更早,虽然它通常冠以达朗贝尔的名字,偶尔冠以柯西的名字。

1811 年,高斯告知天文学家朋友贝塞尔(F. W. Bessel,1784—1846)他的一项发现,这一发现在柯西手中不久后成为一门新学科,并且今天以柯西的名字命名。实变量函数理论是由拉格朗日发展起来的,但复变量函数理论还要等待柯西的努力,而高斯发现了一个在这个尚未开展工作的领域中具有基础意义的定理。如果在复平面或高斯平面上绘制一条简单闭曲线,若复变量 $z=x+iy$ 的函数 $f(z)$ 在曲线上及内部的每一点处是解析的(亦即,有导数),那么 $f(z)$ 沿着曲线的线积分为 0。

柯西的名字今天出现在同无穷级数有关的一系列定理中,因为尽管高斯和阿贝尔做出了一些努力,但主要是柯西唤醒了数学家对于收敛性的警惕意识。通过定义级数收敛:如果随着 n 的增加,前 n 项和 S_n 趋近于极限 S,则 S 称作级数的和,柯西证明了一个无穷级数收敛的充要条件:对于给定的 p 值,S_n 和 S_{n+p} 之间的差的大小随着 n 无限增加而趋于 0。这个"自身收敛"的条件已成为著名的柯西判别法,但波尔查诺更早的时候就知道了这个条件(可能知道得比欧拉还早)。

1831 年,柯西还提出了定理:复变量解析函数 $w=f(z)$ 在一点 $z=z_0$ 处可展开成幂级数,且对于一个以 z_0 为圆心,并经过距离 z_0 最近的 $f(z)$ 的奇点的圆内所有的 z 值收敛。此后,无穷级数的使用成为实变量函数与复变量函数理论的重要组成部分。几个收敛性检验冠以柯西之名,还有函数的泰勒级数展开的余项的

458

459

一种特殊形式,更一般的形式则归功于拉格朗日。严格化时期很快在数学中扎根。据说,当柯西向科学院宣读他第一篇关于级数收敛的论文时,拉普拉斯急忙回家确认在他的《天体力学》中没有用到发散级数。直到柯西晚年,他开始意识到"一致收敛"的重要概念,但在这方面他仍然不是唯一一个,在他之前还有物理学家乔治·加布里埃尔·斯托克斯(George Gabriel Stokes,1819—1903)和其他一些人。

当考虑微分方程的更广泛的类别时,解在什么条件下存在的问题开始受到了关注。柯西用两种广泛使用的方法回答了这个问题。在欧拉的工作基础上,柯西给出了如何用差分方程逼近法,为近似解提供存在性证明。这成为柯西-利普希茨(Lipschitz)方法在求解常微分方程中的基础。狄利克雷的学生鲁道夫·利普希茨(Rudolf Lipschitz,1831—1904)在 1876 年完善并推广了柯西的工作。他将一阶导数连续的柯西条件替换成所谓的利普希茨条件,并将这一工作拓展到高阶方程组。依然归功于柯西的是优函数方法,尽管最为人熟知的是法国数学家布里奥(Briot)和让-克洛德·布凯(Jean-Claude Bouquet)在 1854 年给出的形式,柯西称其为他的极限积分。柯西成功将它应用于常微分方程之后,又将其应用于某些一阶偏微分方程组。他的这项工作依然是以 19 世纪后期一位数学家给出的推广形式而为人所知的。索尼娅·科瓦莱夫斯基(Sonia Kowalewski 或索菲娅·科瓦列夫斯卡娅(Sofia Kovalevskaya),1850—1891)把柯西的结果扩展到一类广泛的高阶方程,简化了过程中的技巧,经后来的分析学家们的进一步改进,柯西-科瓦莱夫斯基定理在 20 世纪广泛使用的爱德华·古尔萨(Édouard Goursat,1858—1936)编写的教科书中具有了最为人熟知的形式。

由于其著作影响深远而篇幅巨大,柯西常常丢失他所获得的结果。此外,正如经常发生的那样,柯西评价他自己的工作的相对重要性,往往与后人看它的方式截然不同。对此最著名的例证可以在复函数理论中找到。这里,他已经为分析学家们提供了一个有力的工具,称其为柯西积分定理,然而他更重视他的"留数演算",而它并没有获得这个领域中后续学者的青睐。

多产的柯西做出贡献的领域几乎和同时代的高斯一样多。他也对力学和误差理论做出了贡献。尽管他在数论方面的工作不如勒让德和高斯著名,但正是柯西,让我们有了最巧妙的、最难的费马定理之一的第一个一般证明——每一个正整数是最多三个三角形数,或者四个四边形数,或者五个五边形数,或者六个六边形数之和,以此类推至无穷。这一证明是发端于约 2300 年前的毕达哥拉斯学派

460

的形数研究的当之无愧的高潮。

柯西明显很少关注各种形式的几何学。然而,在 1811 年,在他最早期的报告之一中,他给出了笛卡儿-欧拉多面体公式的推广 $E+2=F+V$,其中 E,F,V 分别为多面体的棱数、面数和顶点数,我们曾经提到过他用行列式来求四面体体积的例子。

传播

法国数学界的领导角色在 1830 年之后急速衰落。部分原因是老一辈数学家逝世;部分原因也是其他地方的数学家的努力,比如英格兰和普鲁士,他们建立起了更加坚固的数学;还有部分原因是法国的政治环境。在拉普拉斯、傅里叶和勒让德分别于 1827 年、1830 年、1833 年去世,以及柯西于 1830 年离开巴黎后,在法国大革命前出生并仍活跃在法国的著名数学家是西梅翁-德尼·泊松(Siméon-Denis Poisson,1781—1840)。

泊松

泊松本会成为一名医生,但强烈的数学兴趣使他于 1798 年进入巴黎综合理工学校学习,在那里毕业后他先是成为讲师,继而成为教授和考试官。据说他曾说过生活只因两件事而美好:研究数学和教授数学。结果,他出版了将近 400 部著作,并享有杰出教师的美誉。

他的研究方向可以部分地从 1826 年阿贝尔写的一封关于巴黎数学家的信中的一句话看出:"柯西是唯一专注于纯粹数学的人。泊松、傅里叶、安培等人则完全致力于磁学和其他物理学科。"这句话不应完全从字面意思上理解,但泊松在 1812 年的那些论文中,的确帮助电磁学成为数学物理学的一个分支,正如高斯、柯西和格林(Green)所做的那样。泊松在天体力学和球体引力的研究上是拉普拉斯重要的继承者。位势理论中的泊松积分、微分方程中的泊松括号、弹性中的泊松比以及电学中的泊松常数表明了他在应用数学的不同领域所做出的贡献的重要性。他最著名的两部著作是《力学教程》(*Traité de Mécanique*,2 卷,1811,1833)和《审判中的概率研究》(*Recherches sur la Probabilité des Jugements*,1837)。后一部著作中有人们熟知的泊松分布,或泊松大数定律。在二项分布 $(p+q)^n$(其中 $p+q=1$,n 为试验数)中,随着 n 无限增加,二项分布通常趋向于正态分布，但如果随着 n 无限增加，p 接近 0，乘积 np 为常数，则二项分布的极限情形就是泊松分布。

他在完善拉格朗日和拉普拉斯的数学物理学中使用的分析技巧为他赢得了早期名声。他对其他学者著作的批判性分析常让他创造出新的概念，一个例子是他在研究詹姆斯·艾沃里（James Ivory，1765—1842）的著作后所给出的关于位势理论的研究报告。反过来，泊松的重要报告被乔治·格林（George Green，1793—1841）研究，并成为格林 1828 年关于这一学科的论文中的重要组成部分。然而泊松对于已经过时的物理学概念的坚持，以及对只是用于满足自信而不是为了他的数学的严格性的主张，使他没能在后来的岁月里接过数学领袖的衣钵。当雅可比和狄利克雷这些人在他们的讲义和论文里选用泊松的问题来做专门探讨时，都以新的形式对它们做了改写。

英格兰和普鲁士的改革

具有改革特征的活动影响了英格兰和普鲁士的数学家。英国数学的转折点随着 1813 年剑桥大学三一学院的分析学会成立而到来，这个学会由三位年轻的剑桥人领导：代数学家乔治·皮科克（George Peacock，1791—1858）、天文学家约翰·赫舍尔（John Herschel，1792—1871）以及享有"计算引擎"之誉的查尔斯·巴比奇（Charles Babbage，1791/2—1871）。学会的直接目的是改革微积分的教学和符号，并在 1817 年，当皮科克被任命为数学荣誉学位考试官时，在剑桥的考试中微分符号取代了流数符号。皮科克本人毕业于剑桥大学并留校任教，是三一学院引领代数发展的第一人。他以甲等第二名毕业，也就是说，他在对数学专业本科生进行的荣誉学位考试（开设于 1725 年）中获得了第二名（第一名是约翰·赫舍尔，他是分析学会的另一位创始人）。皮科克是一位充满激情的管理者和改革者，积极参与大学章程修改并建立了伦敦天文学学会、剑桥哲学学会以及英国科学促进会，后者为美国科学促进会提供了范例。他生命的最后二十年是作为伊利大教堂的教长度过的。

皮科克并没有在数学方面做出突出的新成果，但他在英国学科改革，特别是代数上具有举足轻重的作用。在剑桥，代数一直有与几何学和分析学一样保守的趋势。然而在欧洲大陆，数学家们正在发展复数的图形表示，但在英国甚至还在抗议负数的合法性。

用查尔斯·巴比奇的话来说，分析学会的目标是推进"纯 d 主义原理，抵制大学的点时代"。(学会的第二个目标是"使得世界比他们创立它时聪明一些"。)这显然是针对英国人一直不肯抛弃牛顿加点的流数而转用莱布尼茨的微分。更一般地,这也意味着利用欧洲大陆在数学上取得的巨大进步的渴望。1816 年,作为学会激励的结果,拉克鲁瓦的单卷本《微积分》的英文译本出版了,几年之内,英国数学家也能与欧洲大陆同时代的数学家一较高下。比如,乔治·格林是自学成才的磨坊主的儿子,正如我们所注意到的,他研究了泊松位势理论的论文,于 1828 年私人印发了电磁学方面的论文,其中包含了以他名字命名的重要定理:如果 $P(x,y)$ 和 $Q(x,y)$ 在 xy 平面上曲线 C 围成的区域 R 上有连续偏导数,那么 $\int_C P\,dx + Q\,dy = \iint_R (Q_x - P_y)\,dx\,dy$。这个定理或它在三维空间上的类似定理也被称为高斯定理,因为格林的结果很长时间被忽视,直到 1846 年被开尔文勋爵重新发现。与此同时,这个定理也被米哈伊尔·奥斯特罗格拉茨基发现过,并且直至今日在俄国这条定理仍冠以他的名字。

在普鲁士,对数学的复兴很大的功劳归于洪堡兄弟。威廉·冯·洪堡(Wilhelm von Humboldt,1767—1835)是一名语言学家,他因改革普鲁士的教育制度而闻名。亚历山大·冯·洪堡(Alexander von Humboldt,1769—1859)是一名自由派宫廷大臣,也是自然历史学家以及数学科学家的朋友。他曾用他在柏林广泛的影响力确保狄利克雷从巴黎重返普鲁士,他也对雅可比和艾森斯坦(G. Eisenstein)等人的工作提供了帮助,并对阿贝尔表示了关注。

结果,19 世纪中期大量数学家在法国、普鲁士和英国积极从事研究。这个世纪第二个四分之一时期,每个国家都创办了重要的数学期刊。1836 年,刘维尔创办了《纯粹与应用数学杂志》(*Journal de Mathématiques Pures et Appliquées*),紧接着《剑桥数学杂志》(*Cambridge Mathematical Journal*) 建立。克雷尔的《纯粹与应用数学杂志》继续蓬勃发展,受到狄利克雷和他的学生们的大力支持。

（潘丽云　译）

421

第十九章
高斯

数学是科学的皇后,而数论是数学的皇后。

——高斯

19 世纪概览

464 　　19 世纪当之无愧地称为数学的黄金时代。在这一百年里增加的数学成果在数量上远超之前所有时代的总和。这个世纪也是数学史上最具革命性的时代。在数学家的概念集中于非欧几何、n 维空间、非交换代数、无穷过程和非数量结构等的引入,对于改变数学的定义和呈现形式的根本性变革都有所贡献。

465 　　数学活动的地理分布也开始发生改变。迄今为止,历史上每个重要时期似乎都是以出现最先进的数学的特定地理集群为标志的。19 世纪上半叶,数学活动的中心变得分散了。尽管如此,几十年后终于出现以巴黎综合理工学校为典型的,代表法国数学雄厚实力的机构。大部分国家都支持将数学致力于测量、航海或其他应用领域。对于纯粹数学研究的支持,无论在时间上还是金钱上,都只是特例,而非寻常。这在那个时代最伟大的数学家———一位德国人的学术生涯中得以生动体现。

高斯:早期工作

卡尔·弗里德里希·高斯(Carl Friedrich Gauss,1777—1855)童年时期就喜

爱数值计算,有一段关于他上小学时的轶事非常具有代表性。一天,老师为了给班上的学生们找点事做,就让他们把从 1 到 100 所有的数加起来,并要求他们完成任务后就把写字板放在桌子上。话音刚落,高斯就把他的写字板放在了桌上,说:"答案在这里。"老师最后查看结果时,发现唯有高斯的写字板给出了正确答案5050,但没有计算过程。显然,这个 10 岁的男孩通过心算计算出了等差数列 $1+2+3+\cdots+99+100$ 之和,很可能借助了公式 $m(m+1)/2$。高斯的老师们很快就使不伦瑞克公爵注意到他的天赋。这位公爵开始资助他受教育,先是资助他在当地的学院学习,而后又资助他在哥廷根大学学习,他于 1795 年 10 月被这所学校录取。

次年 3 月,离 19 岁生日还有一个月,高斯做出了一项杰出的发现。2000 多年来,人们已经知道如何用圆规和直尺作出等边三角形和正五边形(以及其他一些正多边形,它们的边数是 2,3 和 5 的倍数),但却不知道如何作出边数为素数的正多边形。高斯证明了正十七边形也可以用圆规和直尺作出。

高斯开始记日记以纪念他的发现,在随后的 18 年里,他在这本日记中记录了他的许多发现。读书时期,他就取得了许多成果。有一些是对欧拉、拉格朗日和其他 18 世纪数学家证明的定理的重新发现,很多成果则是全新的。在他学生时代更重要的发现中,我们可以把最小二乘法、数论中二次互反律的证明,以及他关于代数基本定理的工作单列出来。

他以标题为《关于任何一元有理整代数函数都能分解成一次或二次实因式定理的新证明》(*New Demonstration of the Theorem that Every Rational Integral Algebraic Function in One Variable can be Resolved into Real Factors of First or Second Degree*)的论文而获得博士学位。其中,高斯强调了论证存在至少一个根对所讨论的定理的证明的重要性,这是他一生中所发表的代数基本定理四个证明中的第一个。

高斯将这篇博士论文提交给黑尔姆施泰特大学,约翰·弗里德里希·普法夫(Johann Friedrich Pfaff,1765—1825)是该校的一名教师,人们普遍认为他是那个时代地位仅次于高斯的德国数学家。在今天,他最知名的工作是 1813 年发表的一篇关于微分方程组积分的论文。高斯于 1798 年离开哥廷根回到故乡不伦瑞克,在那里度过了接下来的 9 年时光,继续享有公爵的资助,等待合适的工作,结婚,并做出一些重要发现。

466

高斯著名的日记其中一页的摹本。

数论

当高斯还是哥廷根大学的一名学生时，他就已经开始撰写数论方面的一部重要著作。《算术研究》（*Disquisitiones Arithmeticae*）在他的博士论文提交两年后出版，是数学文献中的伟大经典之一。它由 7 篇组成。前 4 篇本质上是对 18 世纪数论的一次紧凑的回顾，以二次互反律的两个证明为终结。论述的基础是同余和剩余类概念。第 5 篇专门讨论二元二次型的理论，特别是有关形如 $ax^2 + 2bxy + cy^2 = m$ 的方程的解的问题。在这部分所发展的技巧成为后代数论学家所做的大量工作的基础。第 6 篇包括各种应用。最后一篇在一开始就受到最多的关注，它涉及素次数一般分圆方程的解。

高斯把勒让德两年前发表的二次互反律称为"黄金定理"（theorema aureum）或算术珍宝。在他后来的工作中，高斯试图对同余式 $x^n \equiv p \pmod q$ 就 $n = 3$ 和 4 的情形求出相应的定理，但他发现，对于这些情形，必须将"整数"一词的含义推广到包括所谓的高斯整数，即形如 $a + bi$，其中 a 和 b 为整数的数。高斯整数像实整数一样形成一个整环,但更为一般。整除问题变得更为复杂,因为 5 不再是一个素数,而是可分解成两个"素数"$1+2i$ 和 $1-2i$ 的乘积。事实上,任何形如 $4n+1$ 的实素数都不是"高斯素数",而在广义上形如 $4n-1$ 的实素数仍是素数。在《算术研究》中,高斯将算数基本定理包括在内,这是在高斯整数形成的整环中仍旧成立的基本原理之一。事实上,任何因式分解唯一的整环今天都被称作高斯整环。《算术研究》的贡献之一就是对如下自欧几里得时代起就为人所知的定理给出严格的证明:任何正整数都有且仅有一种方式(如果不计因子的次序的话)表示为素数的乘积。

高斯关于素数的所有发现并非都包含在《算术研究》中。在他 14 岁时获得的一张对数表的背面,他用德文写有如下像密语一样的符号:

$$\text{Primzahlen unter } a\,(=\infty)\ \frac{a}{1a}。$$

这表述的正是著名的素数定理:小于给定整数 a 的素数的个数,随着 a 无限增加而渐趋于比值 $a/\ln a$。让人感到奇怪的是,正如我们所推测的那样,如果高斯写下了这个定理,但他却对这一美妙的结果保密。我们并不知道他是否有这个定理的证明,甚至不知道他何时写下了这个定理的表述。

1845 年,巴黎的一位教授约瑟夫·L. F. 贝特朗(Joseph L. F. Bertrand,1822—1900)猜测,如果 $n>3$,则在 n 和 $2n$(或更确切地说,$2n-2$)之间总至少包含一个素数。这个猜想被称为贝特朗公设,在 1850 年被圣彼得堡大学的帕夫努季·利沃维奇·切比雪夫所证明。切比雪夫与当时著名的俄罗斯数学家尼古拉·伊万诺维奇·罗巴切夫斯基(Nikolay Ivanovich Lobachevsky)相匹敌,并成为了法兰西公学院和英国皇家学会的外籍院士。切比雪夫(显然不知道高斯关于素数的工作)能够证明,如果 $\pi(n)(\ln n)/n$ 当 n 无限增大时趋于一个极限,那么这个极限一定是 1,但他无法证明极限的存在性。直到切比雪夫去世后两年,才有一个广为人知的证明出现。那时,也就是 1896 年,有两位数学家在同一年各自独立得出了证明。一位是比利时数学家德·拉·瓦莱-普桑(C. J. de la Vallée -Poussin,1866—1962),他活了近 96 岁;另一位是法国数学家雅各·阿达马(Jacques Hadamard,1865—1963),他去世时差不多 98 岁。

从欧几里得时代起至今,有关素数的个数和分布问题令许多数学家着迷。1855 年,高斯在哥廷根大学的继任者证明了可视作欧几里得关于素数无穷多定理的一个深奥而困难的推论。这位数学家便是彼得·古斯塔夫·勒热纳·狄利克雷,他在扩充《算术研究》方面比其他任何人都做得更多。狄利克雷定理不仅说

468

素数的个数有无穷多,而且还表明,如果人们仅考虑等差数列 $a, a+b, a+2b, \cdots$, $a+nb$（其中 a 和 b 互素）中那些整数,那么即便在这一相对稀疏的整数子集中,仍将存在无穷多素数。狄利克雷给出的证明需要复杂的分析学工具,在那里级数一致收敛性的狄利克雷判别法再一次留下了他的名字。狄利克雷的其他贡献还包括对贝特朗公设的第一个证明。人们应当注意到,狄利克雷的定理表明,数论这一离散领域无法独立于处理连续变量的数学分支而进行研究,也就是说,数论需要借助分析学。在《算术研究》中,高斯本人就下述事实给出了一个惊人的例子,即素数的性质甚至以最出人意料的方式侵入几何学领域。

在《算术研究》的结尾处,高斯收入了他在数学上所做的第一个重要发现:正十七边形的作图。他通过证明在无穷多可能的正多边形中哪些可以作出,哪些不能作出,从而将该论题引向它的逻辑结论。如高斯现在所证明的一般性定理,总是比单一情况下的定理有价值得多,无论该单一情况下的定理多么引人注目。我们还记得,费马曾相信形如 $2^{2^n}+1$ 的数是素数,但欧拉已经证明这个猜想是错误的。数 $2^{2^2}+1=17$ 的确是素数,$2^{2^3}+1=257$ 和 $2^{2^4}+1=65537$ 也是。高斯证明了正十七边形可作图,自然要问正 257 边形或正 65537 边形是否也可以用欧几里得的工具作出。在《算术研究》中,高斯对该问题给出了肯定的回答,证明正 N 边形可以用欧几里得的工具作出,当且仅当数 N 形如 $N=2^m p_1 p_2 p_3 \cdots p_r$,其中 m 为任意正整数,p 分别为不同的费马数。该问题还有一个方面高斯没有回答,而且至今仍没有答案:费马素数的个数是有限个还是无穷多个? 对于 $n=5, 6, 7, 8$ 和 9,人们已经知道费马数不是素数,看来有可能有且仅有 5 个可作图的素数边正多边形,其中 2 个在古代已为人所知,3 个是高斯发现的。有一位年轻人受到年迈的高斯赏识,他就是柏林大学的数学讲师费迪南德·戈特霍尔德·艾森斯坦（Ferdinand Gotthold Eisenstein, 1823—1852）,他增加了一个关于素数的新猜想,当时他大胆提出了一个至今尚未得到证实的想法,即形如 $2^2+1, 2^{2^2}+1, 2^{2^{2^2}}+1$ 等的数是素数。高斯被认为曾发表过如下评论:"只有三位划时代的数学家,阿基米德、牛顿和艾森斯坦。"如果不是天不假年,艾森斯坦能否实现这一光辉的预言,只能留待猜测了,因为这位年轻的无薪讲师去世时还不到 30 岁。

《算术研究》的反响

许多引入新方法或新概念的数学家都发现,只有在人们清楚认识到这些新方法或新概念不仅在获得新成果方面有用,而且远超现有的技术,从而值得成熟的研究人员学习它们时,才会打消他们对此的怀疑。高斯发现对于他这部伟大的数论著作来说情况也是如此。它起初几乎没有受到什么关注,只有最后一篇的代数贡献得到了同时代法国作者的赞许。在屈指可数的几个与高斯通信就该书的数论方面交换思想的人当中,有一位"勒布朗先生",后来才弄清楚此人是女数学家索菲·热尔曼,她一直在不对女性开放的知名机构之外从事研究工作。热尔曼不仅从高斯那里,而且也从拉格朗日和勒让德那里获得了尊重和帮助;后者用她的名字命名了一个定理,该定理标志着证明费马大定理的三个世纪长久努力中的重要一步。在另一个领域,她以一篇关于弹性面的数学理论的论文而获得巴黎科学院的奖励。

虽然 1807 年之后,高斯的《算术研究》在巴黎有了法文译本,但总的说来,该著作直到 19 世纪 20 年代末仍处于蛰伏状态,正是卡尔·古斯塔夫·雅各布·雅可比(Carl Gustav Jacob Jacobi,1804—1851)和勒热纳·狄利克雷首次揭示了由这部著作得到的一些深刻结果。

天文学

为这位 24 岁的《算术研究》作者带来直接声望的是天文学,而不是数论。1801 年 1 月 1 日,巴勒莫天文台台长朱塞佩·皮亚齐(Giuseppe Piazzi,1746—1826)发现了新的小行星谷神星,但几个星期后,这个小天体就从人们的视线中消失了。凭借非同寻常的计算能力,加之最小二乘法的助力,高斯接受了挑战,要根据该行星的少量观测数据计算出它的运行轨道。为了完成从有限数量的观测数据中计算轨道这项任务,他设计了一种方案,后称为高斯法,现仍用于追踪卫星。这个结果取得了极大的成功,就在这一年底,这颗小行星在非常接近于他所计算的位置被重新发现。高斯的轨道计算受到国际天文学家的关注,很快就使他在德国数学家中脱颖而出,在那个时代他们大多数都从事天文学和大地测量学方面的工作。1807 年,他被任命为哥廷根天文台台长,自此担任这个职务近半个世纪。两年后,他的关于理论天文学的经典论著《天体运动论》(Theoria Motus)出版了。这部著作作为进行轨道计算提供了一个清晰的指南,并且在他去世之前,就已经被译成了英文、法文和德文。

然而,轨道计算并不是唯一一个高斯在其中声名卓著并为后代铺平道路的天文学研究领域。在 19 世纪最初十年里,他的大部分时间都花在了攻克摄动问题上。在高斯的好友、医生兼业余天文学家海因里希·威廉·奥尔贝斯(Heinrich Wilhelm Olbers,1758—1840) 于 1802 年发现小行星智神星之后,它已经变成了天文学家关注的焦点。智神星的离心率相当大,特别是受到其他行星如木星、土星的引力的影响。确定这些引力的影响是先前欧拉和拉格朗日就 $n=2$ 或 3 所处理的 n 体问题的一个特例。高斯在这一问题上的工作不仅产生了若干天文学方面的论文,而且还产生了两篇经典的数学论文:一篇讨论无穷级数,另一篇涉及数值分析的一种新方法。

高斯的中年时期

471　　高斯取得上述成果的那十年,不仅充满了新的发现,而且也充满了在情感方面让人心力憔悴的事件。他很早便得到人们的赞誉,有了幸福的婚姻和为人父的经历。然而接踵而来的便是哥廷根占领当局课税所造成的财务紧张问题;他的赞助人不伦瑞克公爵以及他的妻子和第三个孩子相继去世;因其工作无法得到比如法国天文学家德朗布尔(J. B. J. Delambre) 等科学家的赏识而带来的烦恼;对于养育孩子的操心;以及很快开始的第二段婚姻。这个先前乐观开朗的少年天才如今变成了一个严苛的人,他那一丝不苟的责任感常常导致他在非科学领域做出看上去僵化刻板的决定。19 世纪 20 年代之后,随着他第二个妻子的久病缠身(她死于 1831 年),和他同其中一个儿子长达十多年的疏远,他的这一形象得到进一步强化。

　　与此同时,高斯作为哥廷根天文台台长的位置面临新的挑战。1810 年至 1820 年间,他的大部分精力都投入在新天文台的建设和装备上。他结识了当时主要的仪器制造家,并亲自参与了仪器建造的细节。他在误差理论方面的重要成果就源于对仪器和观测的研究。1815 年后,他致力于测量学和测地学,这加深了他对仪器误差、观测误差和技术误差本质的理解。其结果是产生了一组关于误差理论的报告。19 世纪 20 年代,他负责汉诺威王国的勘测,这意味着他在野外度过了无数个夏日,常常是在原始和危险的环境中亲自进行测量。这十年中他的几何思考所产生的最重要的出版物发表于 1827 年,并且它在几何学研究中,以及最终在物理学研究中开辟了一个新方向。

　　高斯并不是特别喜欢几何学,然而他对这门学科所进行的思考足以完成下面两件事情：(1) 在 1824 年之前得到有关平行公设的未发表的重要结论；(2) 在 1827 年出版一部经典论著，通常被视作几何学新分支的奠基石。当高斯还是哥廷根大学的一名学生时，他就曾试图证明平行公设，正如他的密友沃尔夫冈（或法尔卡斯）·鲍耶（Wolfgang（Farkas）Bolyai，1775—1856）做过的那样。然而他俩在继续寻求证明的过程中，后者绝望地放弃了尝试，前者则最终获得了这样的信念，即不仅没有证明的可能，而且还可以发展出完全不同于欧几里得几何的几何学。倘若高斯阐述并发表他关于平行公设的思想，那他就会被公认为非欧几何的创始人，然而正如我们行将看到的，他对此表现出的沉默导致这一荣誉给予了其他人。

微分几何

高斯在 1827 年始创的新几何学分支被称为微分几何，它与几何学的传统领域相比或许更接近于分析学。自牛顿和莱布尼茨的时代起，人们就将微积分应用于二维曲线的研究；从某种意义上说，这项工作构成了微分几何的雏形。欧拉和蒙日已经将它推广到包括对曲面的解析研究，因此他们有时被当成微分几何之父。然而，直到高斯的经典著作《曲面的一般研究》(*Disquisitiones Circa Superficies Curvas*) 出版，才有了一部完全致力于该学科的综合性论著。大致说来，通常的几何学着眼于给定图形或图像的整体，而微分几何则关注曲线或曲面在该曲线或曲面上一点邻近处的性质。在这方面，高斯通过定义曲面在一点处的曲率——"高斯曲率"或"全曲率"，推广了惠更斯和克莱罗关于平面曲线或扭曲曲线在一点处的曲率的工作。如果在良态曲面 S 上点 P 处作 S 的法线 N，则通过 N 的平面束将割曲面 S 成一族平面曲线，其中每条曲线都有一个曲率半径。具有最大和最小曲率半径（R 和 r）的曲线方向称为 S 在 P 点处的主方向，它们总是恰好相互垂直。量 R 和 r 称为 S 在 P 处的主曲率半径，而 S 在 P 处的高斯曲率则定义为 $K = 1/rR$。（量 $K_m = \frac{1}{2}\left(\frac{1}{r} + \frac{1}{R}\right)$ 称为 S 在 P 处的平均曲率，事实证明也很有用。）高斯用曲面关于不同坐标系（曲线坐标系和笛卡儿坐标系）的偏导数给出了求 K 的公式，他还发现了有关画在曲面上的曲线族（如测地线）的性质的一些定理，甚至连他都将其视作"绝妙定理"。

高斯是用欧拉引入的曲面参数方程来处理曲面的。也就是说，如果曲面上的点 $(x，y，z)$ 可以用参数 u 和 v 表示，使得

$$x - x(u,v), \quad y = y(u, v), \quad z = z(u, v),$$

则有

$$dx = a\,du + a'\,dv, \quad dy = b\,du + b'\,dv, \quad dz = c\,du + c'\,dv,$$

其中 $a = x_u$，$a' = x_v$，$b = y_u$，$b' = y_v$，$c = z_u$，$c' = z_v$。考虑弧长 $ds^2 = dx^2 + dy^2 + dz^2$，将其用参数坐标表示得到

$$ds^2 = (a\,du + a'\,dv)^2 + (b\,du + b'\,dv)^2 + (c\,du + c'\,dv)^2$$
$$= E\,du^2 + 2F\,du\,dv + G\,dv^2,$$

其中 $E = a^2 + b^2 + c^2$，$F = aa' + bb' + cc'$，$G = a'^2 + b'^2 + c'^2$。高斯接着证明了曲面的性质仅依赖于 E，F 和 G。这引出了许多结果。特别是更容易说出该曲面的何种性质仍保持不变。伯恩哈德·黎曼（Bernhard Riemann）以及后来的几何学家对于微分几何这门学科的转变正是建立在高斯的这一工作基础之上。

高斯的后期工作

473　　在关于曲面的这部著作出版之际，德国的数学氛围正在开始发生变化。这一变化的一个最重要的方面就是由约瑟夫–迪亚兹·热尔岗（Joseph-Diaz Gergonne，1771—1859）于 1809 年开始编辑出版的《纯粹与应用数学年刊》(*Annales de Mathématiques Pures et Appliquées*)。在德国，奥古斯特·利奥波德·克雷尔（August Leopold Crelle，1780—1855）在 1826 年创办了一份类似于热尔岗《纯粹与应用数学年刊》的刊物，名为《纯粹与应用数学杂志》，它甚至比前者更为成功。其中的文章（特别是阿贝尔撰写的论文，第一卷发表了他的六篇论文）如此偏重纯粹（reine）数学方向，以至于某些喜欢逗趣儿的人建议说，如果将刊名中的两个德语单词 und angewandte（与应用）替换成单个单词 unangewandte（无应用）或许更合适。高斯为这个新刊物贡献了两篇短文：一篇是针对"代数中的哈里奥特定理"的证明，另一篇包含了高斯最小约束原理的表述。不过，他仍继续将其主要研究报告提交给哥廷根科学学会。哥廷根科学学会发表了他的一篇关于毛细管作用的重要论文，他的两篇有影响力的数论论文也是在那上面发表的。数学史家经常引用其中的第一篇（发表于 1832 年），因为它包含了高斯关于复数的几何表示。整体来看这篇论文的重要性在于，它指出了将实数理论推广到复数域以及其他域的途径。正如前面所指出的，这一点在后来的数学家的工作中至关重要。

人们注意到一个有趣的事实,即在更初等的层次上,复数的图形表示在 1797 年就已经被卡斯帕·韦塞尔(Caspar Wessel,1745—1818)发现了,并于 1798 年发表在丹麦科学院的院刊上,但韦塞尔的工作事实上并未引起注意,因此在今天,复数平面通常被称作高斯平面,即便高斯在韦塞尔的工作之后差不多 30 年才发表他的观点。在韦塞尔和高斯之前没有人迈出过将复数 $a + bi$ 的实部和虚部想象成平面上点的直角坐标的明显的一步。因此虚数可以可视化为平面上每个点都对应一个复数,这样有关虚数不存在的陈旧观念就被普遍地抛弃了。

在其生命的最后 20 年里,高斯仅发表过两篇涉及数学的重要论文。其一是他关于代数基本定理的第四个证明,发表于 1849 年他获得博士学位的周年纪念之际,这距离他发表第一个证明已经过去 50 年。其二是关于位势理论的一篇有影响力的论文,于 1840 年发表在他和他年轻的朋友、物理学家威廉·韦伯 (Wilhelm Weber,1804—1891)共同编辑的关于地磁学研究成果的几卷书的一卷中。19 世纪 30 年代和 40 年代早期,他把大部分时间都花在了对地磁学问题的研究上;他还在 30 年代后期致力于研究同度量衡有关的问题。他在生命最后十年所发表的大部分成果都反映出他在天文台的工作,它们涉及新的小行星、对新近发现的行星海王星的观测,以及当时的天文学家感兴趣的其他材料,这些成果可以在《天文学通报》(*Astronomische Nachrichten*)上读到。

高斯的数学工作为现代数学的一些主要的研究领域提供了出发点。然而,除了他的个人声望以及他通过精明的投资而积累的财富外,和许多早期数学家相比,他所处的外部环境并无明显差别。他的主要职责在于管理天文台并对他的政府尽各种义务。他有教学任务,但由于他的大多数学生都基础较差,他总是尽可能地避开课堂教学,觉得所得回报并不值得投入时间。他最好的学生们都想成为天文学家,而不是数学家,虽然有一些(比如奥古斯特·费迪南德·默比乌斯 (August Ferdinand Möbius))在数学上成名了。他的大部分研究成果,除那些作为书籍出版的外,都是在哥廷根科学学会的出版物中或是在面向天文学和测地学的杂志上发表的,起初是在弗朗茨·克萨韦尔·冯·察赫(Franz Xaver von Zach)主编的《促进地球科学和天文学的每月通信》(*Monatliche Korrespondenz zur Beförderung der Erd-und Himmelskunde*)上,1820 年后,是在《天文学通报》上。他的数学交流局限于和少数朋友之间的通信以及外国年轻同行的偶尔造访。

高斯的影响

尽管只有较少的著名数学家可以声言是高斯正式意义上的学生,但高斯对于后辈的影响却不可估量。在那些钻研过他著作的人,少数拜访过他的人,以及遵循他所开辟的新研究途径的人当中,包括了一些 19 世纪最著名的数学家。然而轮到他对别人的工作表达观点时,他的影响并不总是有益的。到了晚年,高斯在做评论时变得异乎寻常地慷慨;我们注意到他对黎曼的大学授课资格论文给予了应得的赞赏,而对艾森斯坦则表现出了值得商榷的热烈崇拜。

475   我们接下来转向直接受惠于钻研他的著作(尤其是《算术研究》),以及间接受到他的榜样鼓舞的一些人的工作。在个别情况中,他们学习高斯的著作是作为他们研究勒让德工作的补充。

阿贝尔

尼尔斯·亨里克·阿贝尔(Niels Henrik Abel,1802—1829)短暂的一生充满了贫穷和悲剧。他出生于一个大家庭,他的父亲在挪威一个叫芬度的小村庄里当牧师。在他 16 岁时,他的老师力劝他阅读数学中的伟大著作,包括高斯的《算术研究》。在阅读过程中,阿贝尔注意到欧拉仅针对有理数次幂证明了二项式定理,于是他通过给出对于一般情形成立的证明而填补了这一空白。当阿贝尔 18 岁时,他的父亲去世了,大部分的家庭负担都落在了他年轻而脆弱的肩上,然而就在接下来的一年内,他取得了一个惊人的数学发现。自从三次和四次方程在 16 世纪被解出以来,人们一直在研究五次方程。阿贝尔起初认为他已经求出了解,但在 1824 年,他发表了一篇论文《论方程的代数解》(*On the Algebraic Resolution of Equations*),其中他得到了相反的结论。他给出了不可能存在解的首个证明,从而终结了这一长期的探索。如果方程的次数大于 4,则对于这个方程的根来说,不可能存在由多项式方程的系数的代数运算明确表示的一般公式。对于五次方程的不可解性,较早的一个证明已经由保罗·鲁菲尼(Paolo Ruffini,1765—1822)在 1799 年发表(虽然不太令人满意而且长期被人忽视),因此这一结果现在被称为阿贝尔-鲁菲尼定理。

当阿贝尔在 1826 年访问巴黎时,他期望他的研究成果能得到巴黎科学院成员的认可。然而他发现这座城市并不友好,在给国内一位朋友的信中他写道:"任何一位新手要在这里引起注意都十分困难。我刚完成一篇关于某类超越函数的长篇论文,但柯西先生却几乎没有屈尊看它一眼。"所说的这篇论文包含他认为是他的数学宝藏中的瑰宝"阿贝尔加法定理",是关于椭圆积分的欧拉加法定理的重要推广。在到达巴黎之前,阿贝尔已经在柏林待了一段时间,他受到了克雷尔的友好接待,后者正准备创办他的新的《纯粹与应用数学杂志》。他邀请阿贝尔投稿,阿贝尔欣然应诺。该杂志的第一卷刊登了阿贝尔的六篇文章,后来的几卷又刊出了他更多的文章。它们包括他关于五次方程不可解性证明的扩充版本,以及他对于椭圆函数和超椭圆函数理论的进一步贡献。当这些成果在柏林发表时,阿贝尔已经回到了故乡挪威。尽管由于肺结核他的身体逐渐虚弱,但他仍持续不断地将更多的材料寄给克雷尔。他死于 1829 年,大概并不知道他的论文正在引起关注。在他去世两天后,一封来自柏林的信函答应向他提供一个职位。

雅可比

克雷尔的新杂志之所以能产生某种轰动效应并帮助其扩大读者群,原因在于阿贝尔在他的新发现上并非独一无二。普鲁士数学家卡尔·古斯塔夫·雅各布·雅可比也同时独立地得到了许多相同的结果,而且他也将其发表在早期的几卷克雷尔的杂志上。在勒让德这样一些人看来,显然阿贝尔和雅可比正在打造具有重大意义的新工具。人们普遍不知道的是,高斯那些未曾公开的报告,就像是悬在19 世纪上半叶数学头上的一把达摩克利斯(Damocles)之剑。当有人宣布一项重要的新进展时,结果常常是高斯较早前就已经有了这样的想法,只是没打算发表它而已。这种情形的一个突出例子就是椭圆函数的发现,有四位杰出的人物与此有关。当然,其中一位就是勒让德,他曾经花了差不多 40 年的时间,几乎是单打独斗地研究椭圆积分。他推导出了大量的公式,其中有一些类似于反三角函数中的关系(有几个欧拉很早以前就知道)。这并不令人惊奇,因为椭圆积分

$$\int \frac{\mathrm{d}x}{\sqrt{(1-K^2 x^2)(1-x^2)}}$$

包括

$$\int \frac{\mathrm{d}x}{\sqrt{1-x^2}}$$

作为当 $K = 0$ 时的特例。然而它仍然有待高斯和他的两个同时代的年轻人充分利用一个十分便于研究椭圆积分的观点。如果

433

$$u = \int_0^v \frac{\mathrm{d}x}{\sqrt{1-x^2}},$$

则 $u = \arcsin v$。这里 u 表示为自变量 v 的函数（对积分来说 x 只是一个虚拟变量），但实际上更便利的是选择 u 作为自变量使 u 和 v 的作用互换。在此情形，我们有 $v = f(u)$，或使用三角学的语言，有 $v = \sin u$。函数 $v = \sin u$ 更容易操控，它有一个 $u = \arcsin v$ 不具备的突出的性质：它是周期函数。高斯那些未发表的论文表明，早在 1800 年，他就已经发现了椭圆（或双纽线）函数的双周期性。然而直到 1827—1828 年，阿贝尔才将这一值得注意的性质公诸于世。

1829 年，雅可比写信给勒让德询问有关阿贝尔留在柯西处的论文的事情，因为有人告诉雅可比，它涉及他的杰出发现。通过调查，柯西在 1830 年找出了这篇手稿，勒让德后来曾形容它为"一座比青铜更耐久的纪念碑"，并且 1841 年法兰西公学院将其发表在面向外国人的论文集中。它包含勒让德关于椭圆积分工作的重要的推广。如果

$$u = \int_0^v \frac{\mathrm{d}x}{\sqrt{(1-K^2x^2)(1-x^2)}},$$

u 是 v 的函数，即 $u = f(v)$，那么其性质已经由勒让德在他关于椭圆积分的论文中做了非常广泛的描述。勒让德所忽视，而高斯、阿贝尔和雅可比都注意到的一件事情，就是通过反转 u 和 v 之间的函数关系，人们将得到更有用并且更漂亮的函数 $v = f(u)$。这个函数通常写成 $v = \operatorname{sn} u$ 并读作"v 是 u 的幅角正弦"，连同其他差不多以类似方式定义的函数被称为椭圆函数。（由于勒让德使用词语"fonctions elliptiques"来指椭圆积分而不是现在所称的椭圆函数，因此引起了一些历史误会。）

正如三位独立的发现者所看到的，这些新的高等超越函数最突出的性质，就是在复变量理论中它们具有双周期性，亦即，存在两个复数 m 和 n，使得

$$v = f(u) = f(u+m) = f(u+n)。$$

然而三角函数仅具有一个实周期（周期为 2π），函数 e^x 仅具有一个虚周期（$2\pi\mathrm{i}$），椭圆函数则具有两个相异的周期。通过在椭圆积分中函数关系的简单反转就实现了简化，给雅可比留下了深刻印象，以至于他视忠告"你必须始终反转"为数学中成功的秘诀。

雅可比还享有发现与椭圆函数有关的几个重要定理的荣誉。1834 年，他证明了如果具有一个变量的单值函数是双周期的，则周期之比不可能是实数，并且

对于具有单个独立变量的单值函数来说不可能具有多于两个的相异周期。我们也将"雅可比 θ 函数"的研究归功于他,这是一类准双周期整函数,椭圆函数是它们的商。

阿贝尔那篇命运多舛的论文包含比椭圆函数更一般的东西的线索。如果我们用

$$u = \int_0^v \frac{\mathrm{d}x}{\sqrt{P(x)}}$$

代替椭圆积分,其中 $P(x)$ 可以是次数超过 4 的多项式,并且如果我们再次反转 u 和 v 之间的关系,得到 $v = f(u)$,那么这个函数就是所谓的阿贝尔函数的一个特例。然而正是雅可比在 1832 年首次证明了,不仅可以对单个变量而且还可以对多个变量的函数进行这样的反转。

雅可比最著名的研究成果是在椭圆函数方面,发表于 1829 年,这使他受到了勒让德的称赞。借助于这一新的分析工具,雅可比后来再次证明了费马和拉格朗日的四平方定理。1829 年,雅可比还发表了一篇论文,其中他在广泛和一般的意义上使用了雅可比行列式,并将它们以比柯西给出的更现代的形式表示出来:

$$\frac{\partial u}{\partial x}, \frac{\partial u}{\partial x_1}, \frac{\partial u}{\partial x_2}, \cdots, \frac{\partial u}{\partial x_{n-1}}$$

$$\frac{\partial u_1}{\partial x}, \frac{\partial u_1}{\partial x_1}, \frac{\partial u_1}{\partial x_2}, \cdots, \frac{\partial u_1}{\partial x_{n-1}}$$

$$\cdots\cdots$$

$$\frac{\partial u_{n-1}}{\partial x}, \frac{\partial u_{n-1}}{\partial x_1}, \frac{\partial u_{n-1}}{\partial x_2}, \cdots, \frac{\partial u_{n-1}}{\partial x_{n-1}}。$$

雅可比相当痴迷于函数行列式,因而他坚持将普通的数值行列式想象成具有 n 个未知数的 n 个线性函数的雅可比行列式。

正如柯西所做的那样,雅可比只是附带地在 1829 年关于代数的论文中使用了函数行列式。假如这仅仅是雅可比的贡献,那么他的名字恐怕不会附在我们所考虑的特定行列式上。然而在 1841 年,他发表了一篇专门讨论雅可比行列式的长文《论函数行列式》(*De Determinatibus Functionalibus*)。他指出,对于多变量函数而言,这种函数行列式在许多方面都类似于单变量函数的微商,自然地,他提醒人们注意它在确定一组方程或函数是否独立时所起的作用。他证明了如果一组具有 n 个变量的 n 个函数是函数相关的,那么雅可比行列式一定恒等于 0;如果函数是相互独立的,则雅可比行列式不能恒等于 0。

伽罗瓦

479　　生命因决斗或痨病戛然而止的年轻天才,是浪漫时期真实和虚构的文学传统的组成部分。假如有人希望展示这样的数学人生漫画,恐怕没有比刻画阿贝尔和伽罗瓦这两个人物更好的选择了。 埃瓦里斯特·伽罗瓦(Évariste Galois, 1812—1832)出生于紧邻巴黎的布拉雷纳镇,他的父亲是那里的镇长。他的受过良好教育的父母并没有显示出任何特殊的数学才能,但是年轻的伽罗瓦的确从他们那里获得了对专制的深恶痛绝。当他 12 岁第一次进校门时,他并没有表现出对拉丁语、希腊语或代数学有多少兴趣,但他迷上了勒让德的《几何学原理》。后来,他阅读并理解了拉格朗日和阿贝尔这些大师著作中的代数学和分析学内容,但他平时的数学功课仍不突出,并且他的老师们还认为他是个怪人。到 16 岁时,伽罗瓦知道了他的老师没能认识到他是一个数学天才。因此他希望进入已经培养了众多著名数学家的巴黎综合理工学校,但他因缺乏系统准备而被拒绝。

　　失望接踵而来。伽罗瓦 17 岁时写的一篇论文在提交给科学院后被柯西耽搁了,他第二次尝试进入巴黎综合理工学校又没有成功,更糟糕的是,他的父亲感觉受到牧师的阴谋迫害而自杀了。伽罗瓦最后进了巴黎高等师范学校准备做一名教师,他还继续着他的研究。1830 年,他在一次有奖竞赛活动中将另一篇论文投给了科学院。作为科学院秘书的傅里叶收到了这篇论文,但不久他就去世了,而这篇论文也再无踪影。面对来自各方面的专横和挫折,伽罗瓦将 1830 年的革命事业当作自己的目标。一封言辞激烈批评巴黎高等师范学校校长优柔寡断的信导致伽罗瓦被开除。他第三次尝试向科学院提交了一篇论文,结果被泊松退回来要求补充证明。伽罗瓦的希望彻底破灭了,他加入了国民警卫队。1831 年,他两次被捕,他在共和主义者的一次聚会上举杯祝酒,却被解释成了向国王路易·菲利普(Louis Philippe)的生命发出威胁。不久,他卷入了一个桃色事件,有人以决斗的方式向他提出挑战。在决斗前夜,伽罗瓦预感凶多吉少,花了数个小时在给一位名叫谢瓦利埃(A. Chevalier)的朋友的信中,为后代匆匆记下了他的发现。他要求(在这一年内)将这封信发表在《百科评论》(*Revue Encyclopédique*)上,并希望雅可比和高斯就定理的重要性公开发表意见。在 1832 年 5 月 30 日的早晨,伽罗瓦与其对手进行了一场手枪决斗,这导致他在第二天死去,时年 20 岁。

480　　1846 年,约瑟夫·刘维尔校订了伽罗瓦的几篇论文和未完成的手稿,并将它们连同上述给谢瓦利埃的信发表在他的《纯粹与应用数学杂志》上。这标志着有效传播伽罗瓦思想的开始,尽管伽罗瓦工作的思路较早前已经发表过。伽罗瓦的两篇论文已于 1830 年发表在费鲁萨(Ferussac)的《数学科学通报》(*Bulletin Sciences Mathématiques*)上。在第一篇论文中,伽罗瓦已列出了用于"原始"方程可解性的三个标准,其中最主要的是如下的漂亮命题:

> 要使一个素数次不可约方程根式可解,充分且必要条件是它的全部根都是其中任意两个根的有理函数。

除了提到高斯的分圆方程,并指明他的结论是由置换理论得到的外,这篇论文并没有包含得出结论所用的方法,也没有给出证明。在另一篇关于数论的论文中,伽罗瓦展示了,给定一个模 p 的 n 次不可约同余式的根,如何构造阶数为 p 的有限域。在这里,他同样强调了与高斯在《算术研究》第三部分中相似的结果。他写给谢瓦利埃的信发表于 1832 年 9 月,其中包含了被科学院退回的那篇论文的主要成果的概要。在那里,伽罗瓦指出他所认为的其理论的精华部分。特别地,他强调了添加方程预解式的一个根或所有根之间的区别,并将其联系到方程的群 G 的分解。使用现代的术语就是,他指出给定域的扩张是正规的,当且仅当对应的子群是 G 的正规子群。他观察到,一个方程如果它的群不能够适当地分解(即它的群没有正规子群),就应该将其变换成它的群能够分解的方程。接下来,他注意到方程是可解的等价说法,当且仅当可以得到一系列具有素数指数的正规子群。由于缺少证明,也没有对所涉及的新概念加以定义或充分解释,直到刘维尔发表了完整的论文,连同先前发表过的论文,这封信的深奥内容才被人们所理解。

这篇论文的主要目的是证明先前所引用的那个定理。该论文包含重要的"添加"概念:

> 我们称一个量为有理的,如果它可以表示成方程系数以及任意选取的添加到该方程的某些量的有理函数。

伽罗瓦指出,高斯的素数 n 次分圆方程是不可约的,除非添加其中一个辅助方程的一个根。高斯在他的对正多边形能否尺规作图的判据中,本质上依据对系数的有理运算和开平方解决了方程 $a_0 X^n + a_n = 0$ 的可解性问题。伽罗瓦一般化了这一成果,提出了依据对系数的有理运算和 n 次方根解决方程 $a_0 X^n + a_1 X^{n-1} + \cdots + a_{n-1} X + a_n = 0$ 的可解性判据。他处理该问题的方法是 19 世纪代数学中另一个具有高度原创性的贡献,现以伽罗瓦理论著称。尽管有人说伽罗瓦理论无法

481

做到窥一斑而知全豹，为掌握其推理就必须对它进行大量的研究，正如伽罗瓦从他同时代的人那里得到的经历所展现的那样，但我们还是可以大体上指出，伽罗瓦理论的背后是什么以及它为什么一直都很重要。

伽罗瓦是以拉格朗日关于多项式方程根的置换的若干工作为起点开始其研究的。对于 n 个对象有序排列的任何改变都称为关于这些对象的置换。例如，如果字母 a, b, c 的次序变为 c, a, b，则这个置换简记为 (acb)，该符号则表示每个字母取紧随其后的字母，第一个字母是最后一个字母的后继。因此，字母 a 被移到 c，依次地，c 被移到 b，而 b 则去到了 a。然而，符号 (ac) 或 (ac, b) 则指 a 去到 c，c 去到 a，而 b 保留原位。如果两个置换相继进行，那么作为结果的置换就称为这两个置换变换的乘积。因此，(acb) 和 (ac, b) 的乘积，记作 $(acb)(ac, b)$，就是置换 (a, bc)。恒等置换 I 将每个字母移到它本身，即它使 a, b, c 的次序不变。关于字母 a, b, c 的所有置换的集合，显然满足在第二十章关于几何学所给出的群的定义。这个包含 6 个置换的群，称为关于 a, b, c 的对称群。在 n 个不同元素 $x_1, x_2, \cdots, x_n$ 的例子中，关于这些元素的对称群包含 $n!$ 个变换。如果这些元素是不可约方程的根，则该对称群的性质就给出了方程是根式可解的充要条件。

受到阿贝尔关于五次方程没有根式解的证明的鼓舞，伽罗瓦发现，不可约代数方程根式可解，当且仅当它的群，即关于它的根的对称群是可解的。关于可解群的描述相当复杂，涉及该群和它的子群之间的关系。三个置换 (abc)，$(abc)^2$ 和 $(abc)^3 = I$ 构成了关于 a, b, c 的对称群的一个子群。拉格朗日已经证明子群的阶一定是该群的阶的因子，但伽罗瓦的研究更加深入，他找到了方程的群的可因子化与该方程的可解性之间的关系。而且，"群"这个词就其在数学中的技术含义而言要归功于他在 1830 年对它的使用，正规子群的概念也归功于他。

虽然伽罗瓦的工作于大部分英国代数学家在伟大时期（1830—1850）所做的工作之前完成，但是他的思想直到 1846 年发表后才开始产生影响。在巴黎，即便当时最聪明的年轻数学家也不能确保成功。那些到巴黎寻求认可未果而感受挫折的人当中，阿贝尔和伽罗瓦是最突出的例子。

当刘维尔在他的《纯粹与应用数学杂志》发表伽罗瓦的研究成果时，上述情况已大为改观。19 世纪中叶，有相当数量的数学家在法国、普鲁士和英国积极从事研究。1825—1850 年间，上述每个国家都创办了一份主要的数学杂志。1836 年，刘维尔创办了《纯粹与应用数学杂志》。随后出现的是《剑桥数学杂志》。克雷尔的杂志则受到狄利克雷和他的学生们的大力支持而继续蓬勃发展。

　　高斯和柯西在两年内相继去世,前者是 1855 年,后者是 1857 年。有许多他们的同时代人在他们之前去世,包括一些他们的年轻追随者。在他们之后,狄利克雷和亚历山大·冯·洪堡于 1859 年去世。在这个方面,19 世纪 50 年代标志着一个时代的结束。但这十年也带来了一个新的方向,继续展示着高斯和柯西的数学遗产,它是从伯恩哈德·黎曼(Bernhard Riemann,1826—1866)的工作中显露出来的。

（程钊　译）

第二十章
几何学

任何一门数学分支,不管如何抽象,总有一天会应用于现实世界的现象。

——罗巴切夫斯基

蒙日学派

在所有数学分支中,几何学最容易随着时代品味的变化而变化。在希腊古典时期,它曾经登峰造极,但却在罗马帝国行将衰亡之际跌入谷底。在阿拉伯和文艺复兴时期的欧洲,它收复了一些失地。在 17 世纪,它曾站到了新时代的门槛上,但却几乎被人遗忘,至少被从事研究的数学家遗忘了近两个多世纪,任凭它在不断壮大的分析学科的阴影中逐渐凋零。在英国,特别是在 18 世纪后期,人们进行了一场注定失败的战斗,试图恢复欧几里得《原本》曾经有过的光荣地位,然而英国人在推进这门学科的研究上却收获寥寥。通过蒙日和卡诺的努力,纯粹几何学在法国大革命时期出现了一些复兴的迹象,然而,几何学作为一门活跃的数学分支,其近乎爆发式的重新发现却主要在 19 世纪初才到来。正如人们可能预料
的那样,蒙日在巴黎综合理工学校的学生对这场新几何学运动做出了重要贡献。其中有些人致力于几何学在工程学上的应用,有些人热衷于几何教学法,有些人从事几何学在物理学上的应用,许多人则因为几何学本身的缘故而研究这门学科,这也反映出他们的老师研究课题的多样性。因此,夏尔·迪潘(Charles

Dupin,1784—1873)将他的几何学知识主要应用于造船学问题,并在法国国立工艺学院设置了技术训练课程。然而,因对曲面理论的贡献,他是几何学家中最为人知的。他引入了四次圆纹曲面这样的概念,它是所有与给定的一组球体相切的球体包络的曲面。泰奥多尔·奥利维耶(Theodore Olivier,1793—1853)在制作几何模型以发展几何学概念的可视化能力方面超越了蒙日。这项工作开始了几何模型样品的建造,到19世纪末,在费利克斯·克莱因(Felix Klein,1849—1925)的教学理念影响下得到了极大促进。让-巴蒂斯特·毕奥尽管主要是一位物理学家,但在他的讲课过程中也传递出蒙日对于物理学和数学问题几何可视化的强调。夏尔·朱尔·布里昂雄(Charles Jules Brianchon,1785—1864)在今天以一个定理著称,这是他进入巴黎综合理工学校才一年后就发现的,在那里他师从蒙日并阅读了卡诺的《位置几何》。这位21岁的学生,后来成了一名炮兵军官和教师,首次重建了长期被人遗忘的帕斯卡定理,布里昂雄用现代形式将其表示为:内接于圆锥曲线的任何一个六边形,其对边的三个交点总是位于一条直线上。他继续完成一些其他证明,得到了冠以他名字的定理:"外切于圆锥曲线的任何一个六边形,其三条对角线相交于同一点。"由于帕斯卡对他从他的定理中得出的推论的数量印象深刻,布里昂雄也注意到他本人的定理"可以产生许多新奇的结果"。事实上,帕斯卡定理和布里昂雄定理是圆锥曲线射影研究的基础。此外,它们也构成了几何学中一对重要的"对偶"定理的第一个明确实例,亦即,如果将"点"和"线"这两个词互换,则(在平面几何中)定理仍然成立。如果我们将语句"一条直线与一条圆锥曲线相切"理解为"一条直线在一条圆锥曲线上",那么这两个定理就可以表示成下面的组合形式:

$$\text{六边形的六} \begin{cases} \text{个顶点} \\ \text{条边} \end{cases} \text{位于一条圆锥曲线上,当且仅当}$$

$$\text{其三对相对的} \begin{cases} \text{边} \\ \text{顶点} \end{cases} \text{共有的三} \begin{cases} \text{个点} \\ \text{条线} \end{cases} \text{共} \begin{cases} \text{线} \\ \text{点} \end{cases} \text{。}$$

射影几何:彭赛列和夏斯莱

　　圆锥曲线上点和线之间的关系也被巴黎综合理工学校的其他校友有效运用过,此人由此成为射影几何的实际创始人。他就是让-维克托·彭赛列

485

(Jean-Victor Poncelet,1788—1867),也曾在蒙日指导下学习。彭赛列加入工程兵部队,正赶上拿破仑 1812 年在俄国发动的那场倒霉战役,成了俘虏。在关押期间,基于在巴黎综合理工学校所学的原理,彭赛列写了一部关于解析几何学的著作《分析与几何的应用》(*Applications d'Analyse et de Géométrie*)。然而,直到差不多半个世纪后这部著作才出版(两卷本,1862—1864),尽管作者最初的打算是将它作为 1822 年出版的那本更著名的《论图形的射影性质》(*Traité des Propriétés Projectives Desfigures*)一书的导论。后一著作与前一著作有明显的不同之处,因为它在风格上属于综合的而非分析的。回到巴黎后,彭赛列的学术品位发生了改变,从那时起他成了综合方法的坚定倡导者。他认识到解析几何的明显优势在于它的一般性,因此,他试图使综合几何中的命题尽可能一般化。为推进这一计划,他明确叙述了他所谓的"连续性原理"或"数学关系的持久性原理"。他对此表述如下:

> 对于一个初始图形所发现的度量性质,除符号的变化外不做其他改变,仍可应用于被视为源自第一个图形的所有相关图形。

作为该原理的一个例子,彭赛列引述了圆内相交弦的线段乘积相等的定理,当交点位于圆外时,它变成了割线线段乘积相等的定理。如果其中的一条线是圆的切线,则将割线线段的乘积替换为切线的平方时,该定理仍然成立。柯西会嘲笑彭赛列的连续性原理,因为在他看来这不过是大胆归纳的结果。在某种意义上,这个原理与卡诺的观点并无二致,但彭赛列将其推进到包括开普勒和笛卡儿所建议的无穷远点。因此,我们可以说两条直线总是相交的——要么相交于普通点,要么(在平行线的情形下)相交于无穷远点,也称为一个理想点。为了达到分析的一般性,彭赛列发现在综合几何中不仅有必要引入理想点,而且也有必要引入虚点,因为只有这样他才可以说圆和直线总是相交的。在他的惊人发现中有一个是所有无论任何方式画在平面上的圆都有两个公共点。它们是两个理想虚点,称为无穷远处的圆点,通常记成 I 和 J(或更为非正式的,记作 Isaac 和 Jacob)。

彭赛列认为,他的连续性原理(大概是由解析几何启发的)准确地来说是综合几何的某种发展,而他很快便成为一名综合几何的支持者,与分析学家相抗衡。在 18 世纪下半叶,尤其是在德国,已经有一些关于分析和综合优缺点的争论。在 19 世纪初的法国,人们对于相互竞争的方法论的兴趣,使得波尔多科学协会在 1813 年悬赏征集最佳论文,来描述分析和综合的特性以及每种方法所发挥的作用。获奖论文由凡尔赛的一名教师撰写,论文结尾处,他希望两个阵营可以达成和解,但六年后争论再次爆发,而且愈演愈烈。

19 世纪的几何学史充满了独立发现和重新发现的事例。一个例子就是九点圆的发现。彭赛列和布里昂雄在热尔岗的 1820—1821 的《纯粹与应用数学年刊》上发表了一篇合作论文,尽管它的标题是《关于确定等轴双曲线的方法研究》(*Recherches sur la Détermination d'une Hyperbole Équilatère*),但包含了下面的漂亮定理的一个证明:

> 从任意三角形的顶点向对边引垂线,则通过垂足的圆也通过这些边的中点,还通过连接顶点和垂线交点的线段的中点。

这个定理通常既不以布里昂雄也不以彭赛列命名,而是单独以德国数学家卡尔·威廉·费尔巴哈(Karl Wilhelm Feuerbach,1800—1834)的名字命名,他在 1822 年发表了这个定理。包含这一定理和一些相关命题的小论文也囊括了圆的几个奇妙性质的证明。其中有这些事实:九点圆的圆心位于欧拉线上,并且是垂心与外心之间的中点。"费尔巴哈定理",即任意三角形的九点圆内切于内接圆并且外切于三个旁切圆。一位热心者,美国的几何学家朱利安·洛厄尔·库利奇(Julian Lowell Coolidge,1873—1954)称其为"自欧几里得时代以来所发现的初等几何中最漂亮的定理"。应当指出的是,这样一些定理的魅力在 19 世纪极大地激励了关于三角形和圆的几何学研究。

回到彭赛列,我们注意到我们之所以记得他,主要是因为他使用德萨格的中心投影和无穷远点概念来建立复射影平面的概念。基本内容是研究那些定义为在透视下仍保持不变的射影性质。给定平面上的点 O 和线 l,透视给每个点 P 选定 l 上的一个点 P',使得如果 Q 是第二个点,则存在 OQ 上的一个点 Q' 使得 PQ 与 $P'Q'$ 在 l 上相交。一连串的透视称为射影。彭赛列再次求助德萨格使用过的一个方法,将阿波罗尼奥斯的极点和极线概念置于突出的位置,正如我们指出的,他把对偶原理的发现归因于这两个概念。

彭赛列的工作由米歇尔·夏斯莱(Michel Chasles,1793—1880)继续推进,他也是巴黎综合理工学校的一名毕业生,1841 年留校成为机械技术教授。自 1846 年起,他担任巴黎索邦大学的高等几何学教授。夏斯莱强调了在射影几何中六个交比(或非调和比)、四个共线点或四个共点线的$(c - a) / (c - b) : (d - a) / (d - b)$,以及这些比在射影变换下的不变性。他的《论高等几何》(*Traité de Géometrie Supérieure*,1852)对于确立有向线段在纯粹几何中的使用同样具有影响力。夏斯莱还以他的《几何学方法的起源与发展简史》(*Aperçu Historique sur*

487

l'Origine et la Développement des Méthodes en Géométrie，1837）著称，他是法国最伟大的射影几何学家之一。在晚年，他开创了枚举几何学的研究，这是一门代数几何学分支，其任务是借助几何学解释来确定代数问题解的数目。在这里以及在别处，他卓有成效地使用了"对应原理"。

综合度量几何：施泰纳

夏斯莱的成果在许多方面都与几位德国几何学家的成果相重叠。其中最重要的一位是雅各布·施泰纳（Jakob Steiner），他被认为是近代最伟大的综合几何学家。在他手上，综合几何所取得的进步可以和早期分析学取得的进步相媲美。他极其厌恶分析学方法。术语"分析"意味着一定数量的操作步骤或机械步骤。分析常常被作为一种工具，而工具这个词从未应用于综合。施泰纳反对几何学中的各种工具或"道具"。在克雷尔的《纯粹与应用数学杂志》上发表的一篇论文中，他仅利用综合方法证明了一个引人注目的定理，它看上去自然属于分析学：一个三次曲面仅包含 27 条线。施泰纳还证明了只要给定一个固定的圆，所有的欧几里得作图都可以单独用直尺来进行。该定理表明，在欧几里得几何中，人们不可能完全摆脱圆规，而在用圆规画出一个圆后，人们随之可以抛弃圆规只用直尺。

488　　　施泰纳的名字在许多方面被人们记起，包括施泰纳点的属性：如果以所有可能的方式连接一条圆锥曲线上帕斯卡的神秘六边形中的六个点，就能得到 60 条帕斯卡线，它们三条三条地相交于 20 个施泰纳点。在施泰纳未发表的发现中，有一些与成果丰富的几何变换有关，被称为反演几何：如果两点 P 和 P' 位于从半径为 $r \neq 0$ 的圆 C 的圆心 O 发出的射线上，并且如果距离 OP 和 OP' 的乘积为 r^2，则称 P 和 P' 关于 C 互为反演。对于圆外的每一点 P，在圆内都存在一个对应点。由于当 P 与圆心 O 重合时不存在圆外的点 P' 对应于 P，因此在某种意义上我们有了一个类似于波尔查诺的悖论：每个圆的内部，无论多小，都似乎比该圆外平面部分多包含一个点。以一种完全类似的方式，我们容易定义三维空间中的点关于球面的反演。

平面或立体反演几何中的许多定理，都容易用分析方法或者综合方法来证明。特别地，容易证明不通过反演中心的圆在平面的反演下变成圆，而通过反演中心的圆则变成不通过反演中心的直线（类似的结果对于三维反演几何中的球面和平面也成立)。而比较难以证明的是如下更重要的结论:反演是一种保角变换,即曲线之间的夹角在这种几何中保持不变。这种保角变换非同寻常,这一点可从约瑟夫·刘维尔证明的一个定理清楚地看出,即在空间中仅有的保角变换是反演变换、相似变换和全等变换。施泰纳没有发表他关于反演的思想,而这种变换则被该世纪的其他数学家重新发现了好几次,其中包括开尔文勋爵(或威廉·汤姆森(William Thomson,1824—1907)),他在1845年通过物理学发现了它并将其应用于静电学中的问题。

如果半径为 a 的反演圆的圆心 O 位于平面笛卡儿坐标系的原点,则点 P(x,y)的反演 P' 的坐标 x' 和 y' 由方程

$$x' = \frac{a^2 x}{x^2 + y^2} \quad \text{和} \quad y' = \frac{a^2 y}{x^2 + y^2}$$

给出。

这些方程后来启发路易吉·克雷莫纳(Luigi Cremona,1830—1903)——一位相继在博洛尼亚、米兰和罗马工作过的几何学教授研究更一般的变换 $x' = R_1(x,y)$,$y' = R_2(x,y)$,其中 R_1 和 R_2 是有理代数函数。这样的变换(反演变换仅是其中的一种特例)现在称为克雷莫纳变换,以纪念他在1863年发表了关于它们的一个说明,并在后来将它们推广到三维情形。

综合非度量几何:冯·施陶特

施泰纳在他1832年出版的《系统发展》(*Systematische Entwicklungen*)中已经基于度量考虑提出了一种处理射影几何的方法。若干年后,纯粹几何学找到了另一位德国信徒,高斯以前的学生冯·施陶特(K. G. C. von Staudt,1798—1867),他在1847年出版的《位置几何》(*Geometrie der Lage*)中建立了与量和数无关的射影几何。冯·施陶特在将四个点 x_1, x_2, x_3 和 x_4 的交比定义为 $(x_1 - x_3)/(x_1 - x_4) : (x_2 - x_3)/(x_2 - x_4)$ 后,使调和点组(交比为 -1 的一组点)成为建立射影几何的基础。如果调和组得以保持,就称两个点束为射影的。冯·施陶特的几何学在说明射影几何为何可以在没有距离概念的前提下建立起来时极为重要,这样就为拥有一种在其上可以定义距离概念的非度量几何的思想铺平了道路。几年后,法国的埃德蒙·拉盖尔(Edmond Laguerre,1834—1886)讨论了在非度量角几何中加入度量的可能性。然而接下来,正是阿瑟·凯莱在他的"关于代数齐次式的六篇论文"中,对基于射影几何定义某种度量

489

445

的整体概念给出了最有影响的阐述。

解析几何

正如蒙日一般来说或许是第一位几何学方面的现代专家一样,尤利乌斯·普吕克(Julius Plücker,1801—1868)则成为第一位特定的解析几何学方面的专家。他的最早在热尔岗 1826 年的《纯粹与应用数学年刊》上发表的论文,大部分属于综合几何学,但他不经意间陷入与彭赛列的争论之中,这使他抛弃了综合派的阵营,并成为所有解析几何学家中最多产的一位。他坚信代数方法比起彭赛列和施泰纳的纯粹几何方法更具优势。他的名字在坐标几何中以所谓普吕克简记法流传至今,这是人们对其影响的称赞,尽管在这一事例中该术语用在他身上不太公平。19 世纪初,许多人(包括热尔岗)已经认识到解析几何学被烦琐的代数计算所累,因此,他们开始大幅度简化符号。例如,通过两个圆 $x^2+y^2+ax+by+c=0$ 和 $x^2+y^2+a'x+b'y+c'=0$ 的交点的圆族,在 1818 年被加布里埃尔·拉梅(Gabriel Lamé,1795—1870)使用两个参数或乘子 m 和 m' 简单地写成 $mC+m'C'=0$。热尔岗和普吕克更喜欢用单个希腊字母表示乘子,前者将其写成 $C+\lambda C'=0$,由此我们得到了"拉姆达化"这个词,后者使用 $C+\mu C'=0$,结果产生了"普吕克的 μ"这一术语。拉梅似乎最先通过简记法研究单参数族的解析几何,然而正是普吕克,尤其是在 1827—1829 年期间,极大地推进了这项研究。

普吕克使用的许多简记法中有一个出现在 1828 年热尔岗的《纯粹与应用数学年刊》中,在这篇论文中他解释了克莱姆-欧拉悖论。例如,如果平面上有 14 个随机点,那么通过这些点的四次曲线可以写成 $Q+\mu Q'=0$,其中 $Q=0$ 和 $Q'=0$ 是通过 14 个给定点中相同 13 个点的不同四次曲线。设 μ 这样来确定,使得第 14 个点的坐标满足 $Q+\mu Q'=0$。于是,$Q=0,Q'=0$ 和 $Q+\mu Q'=0$ 不仅具有原来的 13 个共同点,而且也共同具有 $Q=0$ 和 $Q'=0$ 的 16 个交点。因此,对于任意一组 13 个点存在着 3 个额外的点,它们依赖于或关联于原来的 13 个点,并且从结合成一组的 16 个相关点选取的一组 14 个或更多的点都不能确定唯一的四次曲线,尽管事实上随机的一组 14 个点通常能唯一地确定一条四次曲线。更一般地,任意给定的一组

$$\frac{n(n+3)}{2}-1$$

个随机点能确定相伴的一组

$$n^2 - \left[\frac{n(n+3)}{2} - 1\right] = \frac{(n-1)(n-2)}{2}$$

个额外的"依赖点",使得通过该给定的一组点的任意 n 次曲线也通过这些相关点。另外,普吕克还给出了关于该悖论定理的对偶定理,并将上述结果推广到三维空间中的曲面。

正是普吕克,在其《解析几何的发展》(*Analytisch-Geometrische Entwicklungen*,1828)第一卷中将拉梅和热尔岗的简记法提升到了原则的地位。在这部有影响力的著作的第二卷(1831)中,普吕克实际上重新发现了一种新坐标系,它在先前曾被人们独立地发明过三次。这就是我们现在所称的齐次坐标,费尔巴哈是其中一个发明者。另一个发现者是默比乌斯(A. F. Möbius,1790—1860),也是高斯的学生,他在 1827 年出版的题为《重心计算》(*Der Barycentrische Calcul*)的著作中发表了他的方案。他通过考虑一个给定的三角形 ABC 并将点 P 的坐标定义为放置在 A,B 和 C 处的质量,使得 P 是这些质量的重心来引入"重心坐标"。默比乌斯对变换进行了分类,其根据是它们是否为全等(对应图形相等)、相似(对应图形相似)、仿射(对应图形保持平行线)或直射(直线变到直线)变换,并建议对每一族变换下的不变量进行研究。然而,《重心计算》的作者最为人知的贡献是以他的名字命名的单侧曲面——默比乌斯带,它由一段带子将一端翻转后再将两端连接起来所得到。 齐次坐标的另一位发明者艾蒂安・博比耶(Étienne Bobillier,1798—1840)是巴黎综合理工学校的毕业生,他在 1827—1828 年热尔岗的《纯粹与应用数学年刊》上发表了他的新坐标系。

这四位齐次坐标的发明者在所使用的符号和推理模式上略有不同,但他们在一件事上是共同的:他们都使用三个坐标而不是两个坐标来定位平面上的点。他们的坐标系等价于所谓的三线坐标。事实上,普吕克起初明确地将平面上点 P 的三个坐标 x,y 和 t 取成 P 到参考三角形三边的距离。后来,在《解析几何的发展》第二卷中,他给出了齐次坐标更为常见的定义,即作为关联于 P 的笛卡儿坐标 (X,Y),使得任意有序三元数组 (x,y,t) 满足 $x = Xt$ 且 $y = Yt$。很显然,点 P 的齐次坐标不唯一,因为三元数组 (x,y,t) 和 (kx,ky,kt) 对应于同一个笛卡儿坐标 $(x/t,y/t)$。然而,这种唯一性的缺乏并不比在极坐标中缺乏唯一性或在分数相等时形式上缺乏唯一性所引起的困难更大。当然,"齐次"这一名称来源于下面这个事实:当人们使用变换方程将以直角笛卡儿坐标系表示的曲线方程 $f(X,Y) = 0$ 转换成 $f(x/t,y/t) = 0$ 时,新方程将包含变量 x,y 和 t 表示的次数全相同的项。更重要的是,人们将注意到,在笛卡儿坐标系中不存在数对对应

491

于形如$(x，y，0)$的齐次平面三元数组。这样的一个三元组（只要x和y不同时为零）指定了一个理想点，或"无穷远点"。终于，开普勒、德萨格和彭赛列的无穷元素被束缚在普通数的坐标系上。而且，正如齐次坐标中的任何有序三元实数组（不全为零）对应于平面上的点一样，每个线性方程$ax＋by＋ct＝0$（假如$a，b，c$不全为零）都对应于平面上的一条直线。特别是，平面上的所有"无穷远点"显然都位于由方程$t＝0$给出的直线上，它被称为平面上的无穷远直线或理想直线。

492 显然，这一新坐标系很适合射影几何的研究，直到那时人们几乎毫无例外都是从纯粹几何学的观点研究它的。

齐次坐标是朝着几何算术化方向迈出的一大步，但在1829年，普吕克投给克雷尔的《纯粹与应用数学杂志》的一篇具有革命性观点的论文，彻底摆脱了笛卡儿将坐标视作线段的旧有观点。用齐次坐标表示的直线方程具有$ax＋by＋ct＝0$的形式。三个参数系数$(a，b，c)$确定平面上唯一一条直线，正如三个齐次坐标$(x，y，t)$对应于平面上的唯一一点。由于坐标是数，因此与系数没什么不同，普吕克认识到可以改变通常的语言，将$(a，b，c)$称作一条直线的齐次坐标。最后，如果将笛卡儿的约定颠倒过来，使得字母表开头的字母代表变量，字母表末尾的字母代表常量，则方程$ax＋by＋ct＝0$就表示通过固定点$(x，y，t)$的一束直线，而不是在固定直线$(a，b，c)$上的点束。如果我们现在考虑无明确意义的方程$pu＋qv＋rw＝0$，则显然我们可以毫不介意将此看成位于固定直线$(p，q，r)$上的点$(u，v，w)$的总体，或是看成通过固定点$(u，v，w)$的直线$(p，q，r)$的总体。

普吕克已经发现了几何对偶原理直接的分析学等价物，关于这一原理热尔岗和彭赛列曾有过争论。现在已经清楚的是，纯粹几何学曾徒劳寻求的正当性在此由代数学观点提供了。"点"和"线"这两个词的互换只是对应于"常量"和"变量"这两个词关于量$p，q，r$和$u，v，w$的互换。从代数情形的对称性看出，关于$pu＋qv＋rw＝0$的每一个定理显然都直接以两种形式出现，其中一个是另一个的对偶。而且，普吕克还证明了每一条曲线（不同十直线）都可以看成有双重起源：它是由移动点产生的轨迹并且被一条移动直线包围，该点连续不断地沿此直线移动，同时该直线连续不断地围绕该点旋转。奇怪的是，以点坐标表示的一条曲线的次数（该曲线的"阶"）不必等同于以线坐标表示的该曲线的次数（该曲线的"类"），而普吕克的伟大成就之一（发表在1834年克雷尔的《纯粹与应用数学杂志》上），就是发现了现以他的名字命名的四个方程，它们将一条曲线的类和阶与该曲线的奇点联系起来：

$$m = n(n-1) - 2\delta - 3\kappa \quad \text{和} \quad n = m(m-1) - 2\tau - 3\iota,$$
$$\iota = 3n(n-2) - 6\delta - 8\kappa \quad \text{和} \quad \kappa = 3m(m-2) - 6\tau - 8\iota,$$

其中 m 是类，n 是阶，δ 是结点数，κ 是尖点数，ι 是平稳切线（拐点）数，τ 是双切线数。由这些方程一眼可以看出一条（二阶）圆锥曲线可以没有奇点，因此也一定是二类曲线。

在后来发表的论文和著作中，普吕克将他的工作推广到了包括虚笛卡儿坐标和虚齐次坐标。现在证明彭赛列的定理（即所有的圆都相交于两个虚无穷远点）是微不足道的事情，因为无论 a, b, c 取何值，点 $(1, i, 0)$ 和 $(i, 1, 0)$ 都满足方程 $x^2 + y^2 + axt + byt + ct^2 = 0$。普吕克还证明了圆锥曲线的焦点具有的性质：从这些点引向该曲线的虚切线通过上述两个圆点。他因此定义高次平面曲线的焦点为具有这种性质的点。

在笛卡儿和费马时代，以及在蒙日和拉格朗日时代，法国曾是解析几何学发展的中心，但有了普吕克的工作，该领域的领导地位便横渡莱茵河来到了德国。然而，普吕克在相当大的程度上是位闻名遐迩的先知，但在本国并未获得什么荣誉。在那里，施泰纳这位综合方法的捍卫者则受到了过分的崇拜。默比乌斯在分析与综合的争论中保持着中立，但雅可比却加入施泰纳的阵营激烈地反对普吕克，尽管他本人是一位算法构建者。受到挫折后，普吕克在 1847 年从几何学转向了物理学，在后一领域他发表了一系列关于磁学和光谱学的论文。

人们惊讶于普吕克并没有从行列式的发展中获益，有可能是因为他与雅可比之间长期不和，这也许可以解释为什么他没有系统地发展出三维以上的解析几何学。普吕克通过他在 1846 年的观察已经接近于这样一种观念，即在三维空间确定一条直线的四个参数可以看成是四个坐标，但只是很久以后，他才在 1865 年回到解析几何并发展出"新空间几何"的思想，这是一个四维空间，在其中直线是基本元素，而非点。与此同时，凯莱在 1843 年使用行列式作为基本工具，已经引进了通常的 n 维空间的解析几何。在这种记法中，使用齐次坐标，直线和平面的方程分别可以写成

$$\begin{vmatrix} x & y & t \\ x_1 & y_1 & t_1 \\ x_2 & y_2 & t_2 \end{vmatrix} = 0 \quad \text{和} \quad \begin{vmatrix} x & y & z & t \\ x_1 & y_1 & z_1 & t_1 \\ x_2 & y_2 & z_2 & t_2 \\ x_3 & y_3 & z_3 & t_3 \end{vmatrix} = 0 \text{。}$$

494 凯莱指出，n 维空间中相应的 $n-1$ 维基本元可以借助和上述行列式类似的 $n+1$ 阶行列式用齐次坐标来表示。许多二维和三维的简单公式，如果得到恰当的表示，则可以很容易推广到 n 维。1846 年，凯莱在克雷尔的《纯粹与应用数学杂志》上发表了一篇论文，其中他再次将一些定理从三维推广到四维空间。1847 年，柯西在法国科学院的《通报》上发表了一篇文章，其中他考虑了超过三维空间中的"解析点"和"解析线"。

非欧几何

在非欧几何中，有个同时发现的例子很是令人吃惊，因为在 19 世纪的前三分之一时期里，类似的观念出现在了三个人的思想中，其中一位是德国人，一位是匈牙利人，一位是俄国人。我们已经注意到，在 19 世纪的第二个十年里，高斯已经得出了这样的结论，即萨凯里、兰伯特、勒让德和他的匈牙利朋友法尔卡斯·鲍耶证明平行公设的努力是徒劳的，有可能存在着不同于欧几里得几何的几何。然而，他并没有同别人分享这种观点，正如他所说，他只是"为自己"详细阐述了这一思想。因此，证明平行公设的努力仍在继续，在尝试这种证明的人中包括年轻的尼古拉·伊万诺维奇·罗巴切夫斯基（Nikolai Ivanovich Lobachevsky，1793—1856）。罗巴切夫斯基被认为是"几何学中的哥白尼"，他通过创造出一个全新的分支——罗巴切夫斯基几何，为这门学科带来了革命性变化，由此表明欧几里得几何并非先前人们认为的那样是精密科学或绝对真理。因为罗巴切夫斯基的工作，人们有必要修改关于数学本质的基本观点，但罗巴切夫斯基的同事虽近在咫尺，却不能以正确的观点看待他的工作，这位开拓者只得沿着自己的思想轨迹孤独前行。

罗巴切夫斯基的革命性观点对他来说似乎并不是一时的灵光闪现。在他于 1823 年草拟的（大概用于课堂教学）几何学大纲中，罗巴切夫斯基关于平行公设曾直言，"对于它的真实性从未有过任何严格的证明"。显然，他当时并没有排除发现这种证明的可能性。三年后，他在喀山大学读到了一篇关于几何学原理的法文论文（现已丢失），其中包括"关于平行公设的一个严格证明"。1826 年，也就是这篇论文发布的那一年可以视作罗巴切夫斯基几何非正式的诞生日期，因为正是那时作者给出了许多这门新学科的特征定理。又过了三年，罗巴切夫斯基在 1829 年的《喀山信使》（*Kazan Messenger*）上发表了一篇文章《论几何学原理》(On the Principles of Geometry),这标志着非欧几何的正式诞生。1826年至1829年间,他已经完全相信基于其他四个公理不能证明欧几里得平行公设,而在1829年发表的论文中,他成为第一个跨出革命性一步的数学家,使他在与平行公设直接冲突的假设上,专门建立起一种几何学,这一假设就是:通过平面上直线 AB 外一点 C,可以引不止一条直线与 AB 不相交。利用这一新公设,罗巴切夫斯基推导出了一个没有内在逻辑矛盾的和谐的几何结构。这在任何意义上都是一种真实有效的几何,但它似乎与常识相悖,甚至对罗巴切夫斯基来说也是如此,以至于他称其为"虚几何"。

罗巴切夫斯基非常清楚他发现"虚几何"的重要性,因为从 1835 年到 1855 年这 20 年间的事实清楚地表明了这一点,他写出了三部全面论述新几何学的著作。1835—1838 年,他的《新几何学基础》(New Foundations of Geometry) 以俄文发表;1840 年,他用德文出版了《平行理论的几何学研究》(Geometrical Investigations on the Theory of Parallels);1855 年,他的最后一部著作《泛几何学》(Pangeometry) 同时用法文和俄文出版。(所有这些著作后来都被翻译成其他语言,包括英文。)从这三部著作中的第二部,高斯了解到了罗巴切夫斯基对非欧几何的贡献,正是在他的推荐下,罗巴切夫斯基于 1842 年被选入哥廷根科学学会。在致朋友的信中,高斯称赞了罗巴切夫斯基的工作,但他从没有公开给予支持,因为他害怕"皮奥夏人"①的嘲笑。部分是由于这个原因,人们对新几何学的认识才非常缓慢。

高斯的匈牙利朋友法尔卡斯·鲍耶已经耗费了一生中的大部分时间去尝试证明平行公设,当他发现自己的儿子雅诺什·鲍耶(Janos Bolyai,1802—1860)沉浸于平行线问题时,这位父亲(一名守旧的数学教师)写信给他的儿子(一名冲劲十足的军官)说:

> 看在上帝的分上,我恳求你放弃它吧。它的恐怖不亚于不理智的冲动,因为它也会占用你的全部时间,剥夺你的健康、安宁和生活乐趣。

这位儿子却不为所动,继续着他的努力,直到1829年左右他得出了罗巴切夫斯基早几年刚得到的结论。他没再尝试证明这个不可能证明的问题,而是从"在平面上通过不在一条直线上的一点,可以引无穷多条直线,每条直线都平行于给定直线"的假设出发,发展出了他所谓的"绝对空间科学"。雅诺什将他的思想成

---

① 古希腊的一个部族,以粗野、愚笨著称。——译者注

果寄给他的父亲，后者将其作为他刚完成的专著的附录发表出来，这部专著有一个很长的以"尝试"开始的拉丁名称。老鲍耶的《尝试》（*Tentamen*）在1829年，也就是罗巴切夫斯基《喀山信使》上的文章发表的那一年，就取得了出版许可，但它实际上直到1832年才正式出版。

496

高斯对"绝对空间科学"的反应与在罗巴切夫斯基的情形下类似，即真诚地表示赞同，但却没在公开出版物上予以支持。当法尔卡斯·鲍耶写信询问高斯对他儿子的非正统工作的意见时，高斯回复说，他无法称赞雅诺什的工作，这意味着自我表扬，因为他许多年前就已经有这些观点了。可以理解，容易激动的雅诺什被搞得心烦意乱，害怕丧失优先权。一直得不到承认，以及1840年罗巴切夫斯基的工作以德文发表，这些都使他苦恼不堪，以至于他再没有发表任何东西。因此，发展非欧几何的最大荣誉属于罗巴切夫斯基。

黎曼几何

在被黎曼用极其一般化的观点彻底整合之前，几十年来非欧几何一直处于数学的边缘。黎曼是乡村牧师的儿子，在非常质朴的环境中成长，身体一直都很虚弱，并且举止腼腆。尽管如此，他仍然获得了良好的教育，起初是在柏林大学，后来是在哥廷根大学，在那里他以一篇关于复变函数理论的论文获得了博士学位。正是在这篇论文中，我们见到了一个关于复变量 $z = x + iy$ 的解析函数 $w = f(z) = u + iv$ 必须满足所谓的柯西-黎曼方程 $u_x = v_y$，$u_y = -v_x$，尽管这一要求早在欧拉和达朗贝尔时代就已为人所知。这篇博士论文也引出了黎曼面的概念，预示了拓扑学最终要在分析学中所扮演的角色。

1854年，黎曼成为哥廷根大学的无薪讲师，按照惯例，他被要求在全体教职员工面前宣读一篇授课资格论文。就黎曼的情形而言，其结果是数学史上最著名的一次试讲，因为它对整个几何学领域提出了深刻且博大的观点。这篇论文的标题为《论几何学基础的假设》（*Über die Hypothesen Welche der Geometrie zu Grunde Liegen*），但没有给出具体的例子。相反，文中极力主张整体的几何学观，即将其看作对任何种类的空间中对任何维数的流形的研究。相比于罗巴切夫斯基几何，黎曼几何是更一般意义上的非欧几何，对前者来说，问题仅仅是通过一点可能有多少条平行线。黎曼注意到几何学甚至不必涉及通常意义上的点、线或空间，而是要处理按照某种规则结合在一起的有序 n 元组集合。

黎曼注意到,在任何一种几何学中最重要的就是求无限接近的两点之间距离的规则。就通常的欧几里得几何而言,这一"度量"由 $ds^2 = dx^2 + dy^2 + dz^2$ 给出,然而有无穷多的其他公式可以用作距离公式,当然,所用的度量将决定该空间或几何的性质。具有如下度量形式的空间称为黎曼空间:

$$ds^2 = g_{11} dx^2 + g_{12} dx\, dy + g_{13} dx\, dz$$
$$+ g_{12} dy\, dx + g_{22} dy^2 + g_{23} dy\, dz$$
$$+ g_{13} dz\, dx + g_{23} dz\, dy + g_{33} dz^2,$$

其中 g 为常数,或者更一般地,g 是 x, y 和 z 的函数。因此,(局部)欧几里得空间只是黎曼空间一种非常特殊的情形,其中 $g_{11} = g_{22} = g_{33} = 1$,而所有其他的 g 为零。黎曼甚至从该度量得出了一个公式,用于求他的"空间"中"曲面"的高斯曲率。毫不奇怪,黎曼的演讲过后,高斯在其漫长的职业生涯中唯一一次对别人的工作表现出了热情。

我们今天所用的短语"黎曼几何"有一个更狭义的含义:抛弃直线的无穷性后,从萨凯里的钝角假设推导出来的平面几何。如果将其"平面"解释成球面,"直线"解释成球上的一个大圆,就得到了这种几何的一个模型。在这一情形,三角形内角之和大于两个直角,而在罗巴切夫斯基和鲍耶的几何(对应于锐角假设)中,三角形内角之和小于两个直角。然而,对于黎曼名字的这种用法,没能公正地反映出他 1854 年的授课资格论文(直到 1867 年才发表)所带来的几何思想的根本性变革。正是黎曼建议对弯曲度量空间开展一般研究,而不是视其为与球面几何等价的特例,最终才使得广义相对论成为可能。黎曼本人在理论物理学的若干方向做出了重大贡献,因此他在 1859 年被任命为狄利克雷的继任者,执掌高斯曾经在哥廷根大学担任过的教席,这再合适不过。

在证明三角形内角之和大于两个直角的非欧几何在球面上实现的过程中,黎曼本质上验证了几何学由之得出的那些公理的一致性。在大致相同的意义上,克雷莫纳在博洛尼亚大学的同事,后来是在比萨、帕维亚和罗马等地的大学教授欧金尼奥·贝尔特拉米指出,很容易得到一个对应罗巴切夫斯基几何的模型。这是一条曳物线围绕其渐近线旋转所产生的曲面,由于它具有常负曲率,而球面具有常正曲率,因此被称为伪球面。如果我们定义通过伪球面上两点的"直线"为通过这两点的测地线,则所产生的几何就具有从罗巴切夫斯基公设推导出的那些性质。由于平面是具有常数零曲率的曲面,因此欧几里得几何可以视为这两类非欧几何之间的中间状态。

高维空间

黎曼实现的几何学统一主要在微分几何的微观方面，或"局部"几何方面具有相当大的价值。解析几何，或"全局"几何并没有太大改变。事实上，黎曼的演讲差不多是在普吕克自行退出几何学研究阶段的中期所做的，这一时期德国的解析几何活动几乎已经停滞。1865 年，普吕克重新恢复发表数学论文，这一次是在英国的出版物而不是在克雷尔的《纯粹与应用数学杂志》上，大概是因为凯莱对普吕克的工作表现出了兴趣。这一年，他在《哲学会刊》上发表了一篇论文，三年后将其扩充为一本关于空间的"新几何学"的著作。在此，他明确阐释了早在 20 年前他就已经暗示的一个原理。他认为不必将空间想象为点的总体，同样可以将它视作由直线组成。事实上，从前被想象成点的轨迹或总体的任何几何图形，其本身都可以当成空间元素，而空间的维度将对应于决定这一元素的参数的数目。如果我们将通常的三维空间看成一个"由无限细、无限长的麦秆堆成的宇宙干草堆"，而不是一个"由无限细小的铅弹构成的结块"，那么它就是四维的，而不是三维的。1868 年，也就是普吕克基于这一主题扩充的著作出版的那一年，凯莱在《哲学会刊》上的文章中从分析学的角度发展出了一种观点，即将通常的二维笛卡儿平面看成五维空间，其空间元素为圆锥曲线。在普吕克的《新空间几何学》(Neue Geometrie des Raumes) 一书中，还有其他一些新的观点。单个方程 $f(x，y，z)=0$ 在点坐标中的几何表示称为曲面，两个联立方程对应一条曲线，而三个方程确定一个或多个点。在他的四维线空间的"新几何学"中，普吕克把四维坐标中单个方程 $f(r，s，t，u)=0$ 表示的"图形"称为"线丛"，两个方程指定一个"线汇"，而三个方程决定一个"区域"。他发现二次线丛具有和二次曲面类似的性质，但他没能活着完成他所计划的详尽研究。他去世于 1868 年，在那一年他的《新几何学》第一卷出版了，一年后，第二卷由他的一个学生费利克斯·克莱因编辑出版。

费利克斯·克莱因

在普吕克回归几何学期间，克莱因是他在波恩大学的助手，在某种意义上，就对解析几何的热情而言，克莱因是普吕克的继任者。然而这位年轻人在该领域的工作却采取了不同的方向——这一方向将某种统一的要素带入了纷繁的新研究成果中。这种新观点很可能部分是他访问巴黎的结果,在那里,拉格朗日关于群论的暗示(特别是通过置换群)已经发展为一个完全成熟的代数学分支。克莱因对于蕴藏在群概念中的统一可能性印象深刻,因而他余生的大部分时间都在发展、应用和普及这一概念。

我们说由元素组成的集合关于给定的运算构成一个群,如果(1)集合中的元素在该运算下是封闭的,(2)集合中包含关于该运算的恒等元,(3)对于集合中的每一个元素都存在关于该运算的逆元,(4)该运算满足结合律。这里的元素可以是(如算术中的)数、(几何中的)点、(代数或几何中的)变换,或任何什么东西。运算可以属于算术(比如加法或乘法),也可以属于几何(如绕一个点或一个轴的旋转),或是将集合中的两个元素结合而形成该集合的第三个元素的任何其他法则。容易看出群概念的一般性十分明显。克莱因在他1872年成为埃尔朗根大学教授的著名就职纲领中表明,如何用它作为方便的工具来刻画19世纪里所出现的各种几何学。

克莱因所给出的纲领以埃尔朗根纲领著称,它将几何学描述成关于在一个特定的变换群下图形仍保持不变的那些性质的研究。因此,变换群的任意一种分类就成为几何学的一个规范。例如,平面的欧几里得几何是对图形的这样一类性质(包括面积和长度)的研究,它们在平面上的平移和旋转(即所谓刚性变换)构成的变换群下仍保持不变,这等价于欧几里得未曾叙述过的一个公理,即图形在平面上移动时仍保持不变。用分析学的语言讲,刚性平面变换可以写成形式

$$\begin{cases} x' = ax + by + c, \\ y' = dx + ey + f, \end{cases}$$

其中 $ae - bd = 1$,这些构成了群的元素。"结合"两个这种元素的"运算"不过是按顺序进行变换的操作。容易看出,如果在前一个变换后接着进行第二个变换

$$\begin{cases} x'' = Ax' + By' + C, \\ y'' = Dx' + Ey' + F, \end{cases}$$

则连续进行的两个运算的结果等价于将点 (x, y) 变换到点 (x'', y'') 的这种类型的某个单一运算。

在这个变换群中,如果我们用更一般的要求 $ae - bd \neq 0$ 取代 $ae - bd = 1$ 这一限制,则新的变换也形成一个群。然而,长度和面积不必保持不变,但给定类型的圆锥曲线(椭圆、抛物线或双曲线)在这些变换下仍将是同样类型的圆锥曲

500

线。较早前由默比乌斯研究的这种变换称为仿射变换,它们刻画了称为仿射几何的一种几何,之所以这样称呼是因为在任何这样的变换下,一个有限点变到了一个有限点。显然,按照克莱因的观点,欧几里得几何只是仿射几何的一个特例。仿射几何又只是更一般的几何——射影几何的一个特例。一个射影变换可以写作如下形式:

$$x' = \frac{ax + by + c}{dx + ey + f}, \quad y' = \frac{Ax + By + c}{dx + ey + f}。$$

显然,如果 $d = 0 = e$ 且 $f = 1$,则该变换就成为仿射变换。射影变换的有趣性质包括下列事实:(1)圆锥曲线被变换成圆锥曲线,以及(2)交比仍保持不变。

在某种意义上,克莱因的工作对于这个“几何学的英雄时代”来说是名副其实的高潮,因为他从事授课和演讲长达半个世纪之久。他的热情相当具有感染力,以至于 19 世纪末一些著名人物乐意预测,几何学同全部数学最终都将纳入群论。然而,克莱因的工作并非全都涉及群。他那部(去世后出版的)堪称经典的 19 世纪数学史表明,他对这门学科的所有方面都很熟悉。如今,在拓扑学中,他的名字也因称作克莱因瓶的单侧曲面而被人们铭记。他非常关注非欧几何,对此他贡献了“椭圆几何”和“双曲几何”这两个名称,分别对应于钝角假设和锐角假设,对于后者他提出了一个简单的模型作为贝尔特拉米模型的一种替代。设双曲平面是欧几里得平面上的圆 C 内部的点,通过两点 P_1 和 P_2 的双曲“直线”是欧几里得直线 P_1P_2 位于 C 内的部分,将圆内两点 P_1 和 P_2 之间的“距离”定义为

$$\ln \frac{P_2Q_1 \cdot P_1Q_2}{P_1Q_1 \cdot P_2Q_2},$$

其中 Q_1 和 Q_2 是直线 P_1P_2 与圆 C(图 20.1)的交点。通过适当定义两条“直线”所夹的“角”,则除平行公设外,克莱因的双曲模型中的“点”“直线”和“角”所具有的性质与欧几里得几何中的那些性质类似。

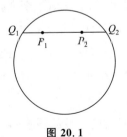

图 20.1

自蒙日以来还没有出现过比克莱因更具影响力的教师,因为除了富于启迪的

讲座外,克莱因还关心各种不同层次的数学教学,并对教育界施加强有力的影响。1886年,他成为哥廷根大学的数学教授,在他的领导下,这所大学成了数学的圣地,许多国家(包括美国)的学生蜂拥而至。晚年时期,克莱因在数学界非常有效地扮演了"元老"的角色。因此,凭借拉格朗日、蒙日和彭赛列的工作,现代几何的黄金时代十分幸运地肇始于法国的巴黎综合理工学校,而通过高斯、黎曼和克莱因的研究和启发,在德国的哥廷根大学达至全盛。

黎曼之后的代数几何

到19世纪末,出现了几种研究几何学的新途径,它们通常被归类为不同版本的代数几何。在黎曼的工作中这些代数几何有一个共同的基础。为大多数这种研究提供推动力的并不是黎曼明确的几何学出版物,而是他在复变函数论方面的工作,特别是与一篇有关阿贝尔函数的经典论文中的黎曼面概念相关联的作品。

起初,阿尔弗雷德·克勒布施(Alfred Clebsch,1833—1872)在为几何学的目的而利用黎曼的函数论方面比其他任何人所做的工作都要多。克勒布施曾在柯尼斯堡大学学习,他是几何学家奥托·黑塞(Otto Hesse,1811—1874)的学生,而后者又是雅可比的学生。在那里他还受到了数学物理学家弗朗茨·诺伊曼(Franz Neumann)的影响。他的教学生涯从卡尔斯鲁厄的理工高中起步,再到吉森大学,被召到哥廷根大学之前他在那里待了五年。1868年,他和弗朗茨·诺伊曼的儿子卡尔(Carl,1832—1925)共同创办了杂志《数学年刊》(*Mathematische Annalen*)。

克勒布施第一次关注这门学科是在一篇《论阿贝尔函数对几何学的应用》(*On the Application of Abelian Functions to Geometry*)的论文中,它发表在克雷尔的《纯粹与应用数学杂志》上。这是一场三方面进攻的开始。克勒布施最初只是想把黎曼的复变函数论简单应用于代数曲线的研究。他完全有能力完成这项任务。他熟悉先前复射影几何学家们的工作,熟悉阿贝尔函数论的雅可比传统,也熟悉黎曼的论文。他取得了许多成果,为进一步研究打下了基础。例如,他得到了按亏格所做的曲线分类,还讨论了具有相同亏格但不同支点的曲线的子类。

克勒布施与埃尔朗根大学的保罗·戈丹(Paul Gordan,1837—1912)合作的工作采取了另一种方法。在1866年出版的《阿贝尔函数理论》(*Theorie der Abelschen Functionen*)中,他们试图在代数几何的基础上重新建立阿贝尔函数理论。戈丹作为 19 世纪不变量理论的领头人而被人们铭记，我们注意到在这方面世纪之交的意大利几何学派，其中包括圭多·卡斯泰尔诺沃(Guido Castelnuovo，1865—1952)，费代里戈·恩里克斯(Federigo Enriques，1871—1946)，以及稍后的弗朗西斯科·塞韦里(Francesco Severi，1879—1961) 的工作也都倚重不变量。

最后，克勒布施转向了曲面。他引入了二重积分，希望通过探索与阿贝尔积分应用于曲线研究类似的方法来获得结果。他，还有凯莱、马克斯·诺特(Max Noether，1844—1921) 和丹麦数学家邹腾(H. G. Zeuthen，1839—1920) 在大部分情形都获得了成功。研究二重积分的专家埃米尔·皮卡(Émile Picard) 继续了他们的工作。他的研究是后来贝波·莱维(Beppo Levi，1875—1928) 所取得成果的基础。然而，由于许多曲面的复杂性，这一方法并不如起初希望的那样成功。

接下来最活跃的方向是几何学家应用双有理变换来研究曲线。他们中的许
503 多人注意到黎曼的模只不过是双有理不变量，因而采用黎曼的术语来阐述他们的研究。尽管欧洲主要中心的数学家做了大量的工作，但最终的结果似乎令人失望。到 20 世纪 20 年代，这些"代数几何学"的大部分尝试开始让位于纯粹代数方法，后者在一般性和抽象性方面逐渐增加的同时，支配了代数几何学长达数十年。

（程钊　译）

第二十一章
代数学

我们越是青睐理论，我们很可能也就越接近于实际应用，这说来并不矛盾。

——阿尔弗雷德·诺思·怀特黑德（Alfred North Whitehead）

引言

19 世纪上半叶，英国代数概念的发展与欧洲大陆完全不同。阿贝尔、伽罗瓦和其他欧洲大陆的数学家在攻克未解决的问题，并通过融合、推广或直接移植改造现有的成功方法时，发展出了新的概念。正如我们已经看到的，这使他们的工作因其直接结果而获得认可，尽管其中包含的新概念的全部意义还未被发现。另一方面，与阿贝尔和伽罗瓦同时代的对代数学做出贡献的英国人打算将其确立为一门"论证科学"。这些人深受英国在分析学上的贡献落后于欧洲大陆这一事实的影响。这被归因于"符号推理"的优越性，或更具体地说，莱布尼茨的 dy/dx 符号要优于仍在英国流行的流数点符号。然而，自 17 世纪以来，数学家们注意到，无论是高等分析学还是代数学都不曾达到几何学中所呈现的那种严格程度。

英国代数学与函数的算子演算

"旨在赋予代数学以论证科学特征"的第一部主要著作出自乔治·皮科克之

459

手。为完成这一目标，皮科克提出重新评估算术和代数之间的关系。算术不能视作代数的基础，而"只能被认为是一门启发科学，代数的原理和运算与之相适应，但它们既不受限于它也不由它所决定"。因此，皮科克区分了"算术代数"和"符号代数"。算术代数的元素是数，其运算是算术运算。然而，符号代数是"一门科学，仅根据确定的规律来看待记号和符号的组合，这些规律完全独立于符号本身具体的值"。 皮科克通过一个使人们想起弗朗索瓦－约瑟夫·塞尔瓦（François-Joseph Servois，1768—1847）的形式规律保持原理的原理将二者联系在一起，它就是"等价形式的永恒性原理"：

> 任何形式，如果用一般符号表示时，在代数上与另一形式等价，那么它们本身必将继续等价，而不管那些符号代表什么。

反之，

> 在算术代数中，当符号在形式上是一般的，而在值上是特殊的时候，我们所发现的任何等价形式都视为启发科学，当符号在性质上和形式上也都一般时，仍将继续是一个等价形式。

这一大胆推断的合理性并没有被阐释清楚。皮科克仅将此认为是"等价形式的永恒性原理"，有些类似于卡诺和彭赛列已经在几何学中富有成效地使用过的相关性原理。然而在某一方面，这一模糊假设的代数形式充当了前进中的绊脚石，因为它间接表明，无论代数中的数或对象是什么，代数规律都是相同的。看来，皮科克首先想到的是整数数系和几何实量，而他对于这两种类型的代数的区分与韦达区分"算术运算"和"代数运算"没什么不同。

506　　在 1833 年提交给英国科学促进会的一篇关于分析学的报告中，皮科克重申了他的观点，由此它们变得广为人知。几年之内，有几位作者重新讨论了这一主题，在不同程度上将代数基础与函数的算子演算相联系，人们对后者的研究兴趣也被重新唤起。罗伯特·墨菲（Robert Murphy，1806—1843）于 1836 年 12 月在向皇家学会宣读的论文中这么做了；奥古斯塔斯·德摩根（Augustus De Morgan，1806—1871）在同年出版的《函数微积分论》(Treatise on the Calculus of Functions) 中也这么做了；格雷戈里（D. F. Gregory，1813—1844）几年后在《爱丁堡皇家学会会刊》(Transactions of the Edinburgh Royal Society) 上发表的一系列有关代数性质的论文中依旧是这么做的。格雷戈里谈到了微分和差分符号与数的符号在组合规律上的同一性，并将他与皮科克的研究置于莱布尼茨、拉格朗日、约翰·赫舍尔和塞尔瓦的微积分研究的后继之列。格雷戈里的朋友乔治·布尔(George Boole)在1844年提交给皇家学会的获奖论文中强调：

> 高等分析中的任何显著进步必须通过增加对符号的组合规律的关注来寻求。这一原理的价值无论怎样高估都不为过。

三年后，布尔通过将符号的组合规律应用于逻辑而为他的立场提供了例证。

布尔与逻辑代数

乔治·布尔(George Boole,1815—1864)出生于英格兰林肯郡一个贫穷的下层手艺人家庭,只接受过公立学校教育,但他自学了希腊语和拉丁语,相信这方面的知识会帮助他提升自己的社会地位。他与德摩根结为朋友后,也对苏格兰哲学家威廉·哈密顿(William Hamilton,1788—1856)爵士,不要混同于爱尔兰数学家威廉·罗恩·哈密顿(William Rowan Hamilton,1805—1865)爵士,挑起的与德摩根关于逻辑的争论深感兴趣。其结果是,在1847年,布尔出版了一本名为《逻辑的数学分析》(*The Mathematical Analysis of Logic*)的短篇著作,德摩根认为这本小册子具有划时代的意义。

逻辑的历史可以略显简化地分为三个阶段:(1) 希腊逻辑,(2) 经院逻辑,(3) 数理逻辑。在第一阶段,逻辑公式由日常语言的词汇构成,服从通常的语法规则。在第二阶段,逻辑从日常语言中抽象出来,以具有差异化的语法规则和特殊的语义功能为特征。在第三阶段,逻辑以使用人工语言为标志,其中词和符号具有狭义的语义功能。在前两个阶段,逻辑定理都源自日常语言,而第三个阶段的逻辑则相反,它先是构造一个纯粹的形式系统,只是到后来才在日常语言中寻找解释。虽然莱布尼茨有时被当作后一种观点的先驱,但它的全盛期实际上是在布尔的第一本著作以及德摩根的《形式逻辑》(*Formal Logic*)出版的那一年。布尔的工作尤其强调逻辑应当同数学相结合,而不是如苏格兰的威廉·哈密顿爵士主张的那样同形而上学相结合。

布尔对于数学本身的看法甚至比他的数理逻辑更加重要。在其《逻辑的数学分析》的导言中,他反驳了当时将数学看成量或数的科学(在某些档次较低的词典中仍被采用的一种定义)的流行观点。布尔采纳了更加一般的观点,他写道,

507

我们有充分的理由将真正的微积分的明确特征指定为：它是一种基于符号使用的方法，其组合规律是已知的和一般的，而其结果则允许前后一致的解释…… 正是在这个一般原则的基础上，我打算建立逻辑微积分，并为它在数学分析形式中争取一席之地。

皮科克 1830 年的《代数学》（*Algebra*）已经暗示代数对象的符号不必代表数，而德摩根认为对于运算符号的解释也是任意的；布尔则将形式主义贯彻到底。数学不再局限于数和连续量的问题。在这里，如下观点第一次得到了明晰的表达，即数学的本质特征与其说在于它的内容，不如说在于它的形式。如果任何论题以这样一种方式来呈现，使得它包含符号以及这些符号的精确运算规则，只服从内在相容性的要求，那么这个论题就属于数学。尽管《逻辑的数学分析》并没有获得广泛认可，但很可能是因为这一著作的影响，两年后布尔被任命为科克郡新设立的女王学院的数学教授。

布尔 1854 年的《思维规律研究》（*Investigation of the Laws of Thought*）是数学史上的经典，因为它扩充并阐明了在 1847 年提出的思想，建立了形式逻辑以及被称为布尔代数、集合代数或逻辑代数的新代数。布尔使用字母 $x,y,z,\cdots$ 表示从一个全集或论域中选取的事物（数、点、概念或其他实体）的子集构成的对象，他用符号或"数"1 表示总体。例如，如果符号 1 表示全体欧洲人，x 可以代表所有法国籍欧洲人，y 可以表示 21 岁以上的所有欧洲男性，z 可以表示身高在 5～6 英尺之间的所有欧洲人。符号或数 0 被布尔用来表示不包含全集中任何元素的集合，就是现在所称的空集。他用两个字母或符号之间的＋号，如 $x+y$，来表示子集 x 和 y 的并，即由 x 或 y（或两者）的所有元素构成的集合。乘号 × 表示集合的交，因此 $x\times y$ 意指在子集 x 也在子集 y 中的那些元素或对象。在前面的例子中，$x+y$ 包括具有法国国籍的所有欧洲人或是 21 岁以上的所有欧洲男性，或是两者兼有的欧洲人；$x\times y$（也写作 $x\cdot y$，或简化为 xy）是 21 岁以上的法籍男性的集合。（不像德摩根，布尔使用不可兼的并集，不允许有 x 和 y 的公共元素，但现代布尔代数更方便地将＋取作可兼的并集，可以具有公共元素。）符号＝表示恒等关系。显然，代数的五个基本规律对于这种布尔代数都成立，因为有 $x+y=y+x$，$xy=yx$，$x+(y+z)=(x+y)+z$，$x(yz)=(xy)z$ 和 $x(y+z)=xy+xz$。然而，并非所有的普通代数规则都仍然成立：例如，$1+1=1$ 而 $x\cdot x=x$。（其中第二个出现在布尔的著作中，第一个则没有，因为他使用不可兼的并集。）在普通代数中，方程 $x^2=x$ 只有两个根 $x=0$ 和 $x=1$，在这方面，逻辑代数

508

和普通代数是一致的。当方程 $x^2 = x$ 写作形式 $x(1-x) = 0$ 时,也表明 $1-x$ 应该指的是子集 x 的补集,即全集中那些不在子集 x 中的所有元素。尽管在布尔代数中 $x^3 = x$ 或 $x(1-x^2) = 0$ 或 $x(1-x)(1+x) = 0$ 为真,但它们在布尔代数中的解与在普通代数中的解不同,因为布尔代数不存在负数。布尔代数与普通代数的不同还表现在,如果 $zx = zy$(其中 z 不是空集),则推不出 $x = y$;以下论断也不一定为真:如果 $xy = 0$,则 x 或 y 必须为 0。

布尔表明,他的代数为三段论推理提供了一种简易的算法。例如,方程 $xy = x$ 非常简洁地表达了所有 x 中的元素都是 y 中的元素。如果还给定所有 y 中的元素都是 z 中的元素,则 $yz = y$。在第一个方程中代入第二个方程给出的 y 值,结果为 $x(yz) = x$。利用乘法结合律,最后的方程可以写成 $(xy)z = x$,用 x 替换 xy,我们有 $xz = x$,这不过是所有 x 中的元素都是 z 中的元素的符号表达方式。

《逻辑的数学分析》(1847),更不用说《思维规律研究》(1854)所包含的集合代数要比我们前面提到的多得多。特别是后一著作包括了概率的应用。自布尔时代以来,符号表示已经发生了一些变化,并和交一般表示为 $\cup$ 和 $\cap$,而不是 $+$ 和 $\times$,表示空集的符号是 $\varnothing$,而不是 0,但布尔代数的基本原理仍是布尔在一个多世纪前制定的。

509

布尔的工作中有一个方面与他的逻辑或集合论著作的关系并不密切,但对于每个学习微分方程的学生来说都是熟悉的。这就是微分算子的算法,是他为方便处理线性微分方程而引入的。例如,如果我们希望解微分方程 $ay'' + by' + cy = 0$,则将这个方程用符号写成 $(aD^2 + bD + c)y = 0$。然后,将 D 看成未知量,而不是算子,我们来解代数二次方程 $aD^2 + bD + c = 0$。如果这个代数方程的根是 p 和 q,则 e^{px} 和 e^{qx} 是该微分方程的解,而 $Ae^{px} + Be^{qx}$ 是该微分方程的通解。在布尔 1859 年出版的《微分方程论》(*Treatise on Differential Equations*)中有许多其他的情形,其中布尔指出了微分算子(及其逆)的性质和代数规则之间的类似性。这样,英国数学家在 19 世纪下半叶再次成为算法分析的领袖,而 50 年前,他们在这一领域还十分孱弱。

布尔于 1864 年去世,距离他出版《思维规律研究》仅十年,但在去世前他就已获得认可,包括来自都柏林大学的荣誉学位。奇怪的是,我们注意到格奥尔格·康托尔像布尔一样是这个世纪的主要开拓者之一,但却属于少数几个拒绝承认布尔的工作的人。另一方面,布尔的工作激发了杰文斯(W. S. Jevons,1835—1882)、查尔斯·S. 皮尔斯(Charles. S. Peirce,1839—1914)、施罗德(E. Schröder,

1841—1902）和其他人的一系列公理化研究，这导致 1900 年之后出现了一套完整的逻辑代数公设集。

奥古斯塔斯·德摩根

在新代数观的支持者中，奥古斯塔斯·德摩根是一位多产的作者，他帮助创建了英国科学促进会（1831）。德摩根生于印度，出生时有一只眼睛就失明了，他的父亲曾加入东印度公司；他就学于三一学院，以数学荣誉学位考试第四名的成绩毕业。尽管他在英格兰教会长大成人，他母亲也希望他成为一名牧师，但他拒绝接受必须的宗教测试，因而也不可能在剑桥大学或牛津大学获得研究员职位。结果，德摩根在 22 岁时就被任命为新建立的伦敦大学，即后来的伦敦大学的大学学院的数学教授，除损害学术自由的几件事促使他短暂辞职外，他一直在那里教书。他始终是一位宗教和知识宽容的拥护者，同样也是具有非凡能力的写作者和教师。他的许多谜题和妙语都收录在其著名的《悖论集》（*Budget of Paradoxes*）中。

皮科克在抽象代数的发展中有点像位先知，而德摩根对他来说有点像以利沙（Elisha）之于以利亚（Elijah）①。在皮科克的《代数学》中，符号一般被理解为数或量，但德摩根想要让它们一直是抽象的。他不仅对他使用的字母不赋予意义，而且对于运算符号也不赋予意义；字母如 A，B，C 可以表示美德和恶行，而＋和－的意思可以是奖赏和惩罚。德摩根坚持认为："除了一处例外，本章通篇没有一个词、算术或代数符号具有一丁点意义，其对象是符号及其组合规律，目的是给出一种符号代数，它以后也许会成为具有上百种不同含义的代数的语法。"（德摩根提到的例外是等于符号，在 $A = B$ 中，符号 A 和 B 都必须"具有相同结果的含义，无论采取什么步骤实现"。）早在 1830 年，这一思想就在他的《三角学与双重代数》（*Trigonometry and Double Algebra*）中表述过，它非常接近现代认识，即数学处理的是命题函数而不是命题，但德摩根似乎没有认识到代数规则和定义的完全任意性。他相信通常的代数基本规律应该适用于任何代数系统，这使他十分接近康德哲学。他看出，在从实数系的"单一代数"进入复数的"双重代数"过程中，运算规则仍相同。德摩根相信这两种形式穷尽了可能的代数类型，并且不可能发展出三重和四重代数。在这个重要方面，他被都柏林的威廉·罗恩·哈密顿证明

① 以利亚是《圣经》记载的希伯来先知，以利沙是他选定的继承人，也是一位希伯来先知。——译者注

是错误的。另一位三一学院(都柏林)的数学家是乔治·萨蒙(George Salmon,1819—1904),他教授数学和神学,并且是一些圆锥曲线、代数和解析几何优秀教科书的作者。

威廉·罗恩·哈密顿

哈密顿的父亲是一名执业律师,他的母亲据说有智力天赋,两人在他孩提时代就去世了,但在他成为孤儿之前,一位身为语言学家的叔叔就已经决定了年轻的哈密顿的教育。威廉是一个极其早熟的孩子,五岁时就能够阅读希腊文、希伯来文和拉丁文;十岁时,他通晓六种东方语言。几年后,与速算天才的一次相遇也许激发了哈密顿本来就对数学怀有的强烈兴趣,正如与威廉·华兹华斯(William Wordsworth)和塞缪尔·泰勒·柯勒律治(Samuel Taylor Coleridge)的友谊,很可能鼓舞他继续创作出那些从少年时起就一直在写的蹩脚诗歌一样。哈密顿进了都柏林大学的三一学院,在他22岁还是一名本科生时,他就被任命为爱尔兰皇家天文学家、邓辛克天文台台长和天文学教授。同年,他向爱尔兰皇家科学院提交了一篇关于光线系统的论文,其中表达了一个他特别喜爱的主题,即空间和时间"密不可分地相互关联"。或许在代数上哈密顿这里遵循了牛顿的引导,当后者在定义流数法中的抽象概念遇到困难时,感觉求助于物理宇宙的时间概念心里更踏实。也许,他只不过是在推断,因为几何学是空间的科学,而空间和时间是感官直觉的两个方面,所以代数学应该是时间的科学。

在哈密顿提交第一篇论文后不久,物理学家就通过实验证实了他关于某些晶体中锥形折射的预言。这次对于数学理论的证明确保了他的声誉,30岁时他被封为爵士。早在两年前,即1833年,他已经向爱尔兰皇家科学院提交了一篇重要的长篇论文,其中他引入了关于实数对的形式代数,这些实数对的组合规则正是今天对于复数系给出的那些规则。关于实数对乘法的重要规则当然是

$$(a,b)(\alpha,\beta)=(a\alpha-b\beta,a\beta+b\alpha),$$

他将这一乘积解释为涉及旋转的操作。这里我们看到将复数视为有序实数对的明确观点,这是已经蕴含在韦塞尔、阿尔冈和高斯图示法中的思想,但现在第一次被明确表示出来。

哈密顿认识到他的有序对可以被想象成平面上的有向实体,自然地他想将这一思想推广到三维空间,从而将二元复数 $a+bi$ 推广到有序三元组 $a+bi+cj$。加

511

法运算并没有造成什么困难,但有十年之久,他在处理 n 元组$(n > 2)$的乘法时受阻。1843 年的一天,当他和妻子沿着皇家运河散步时突然灵光闪现:如果用四元组代替三元组,并且放弃乘法的交换律,他遇到的困难就不复存在了。对于四元组 $a + bi + cj + dk$ 来说,人们多半清楚应该取 $i^2 = j^2 = k^2 = -1$。现在哈密顿看出,除此之外还应该令 $ij = k$,但 $ji = -k$,类似地,$jk = i = -kj$ 且 $ki = j = -ik$。在其他方面,运算法则与普通代数中的一样。

512   正如罗巴切夫斯基通过放弃平行公设创造出了具有内在一致性的新几何学,哈密顿通过放弃乘法交换律也创造出了具有内在一致性的新代数学。他停下脚步,用一把小刀将基本公式 $i^2 = j^2 = k^2 = ijk$ 刻在了布鲁厄姆桥的石栏上。同一天,即 10 月 16 日,他向爱尔兰皇家科学院请假,以便他可以在下次会议上宣读一篇有关四元数的论文。这一重要发现突如其来,但是发现者为此已工作了差不多 15 年。很自然地,哈密顿总是将四元数的发现当作他最伟大的成就。回顾一下,显然重要的并不是这种特殊类型的代数,而是在建立不必满足所谓基本规律强加限制的代数学时,对数学所享有的巨大自由的发现,直到当时,由于受到那个含糊的形式永恒性原理的支持,这些基本规律都被毫无例外地援引过。在他生命的最后 20 年里,哈密顿将精力都投入他最钟爱的代数学中,他倾向于认为代数学充满了宇宙意义,而一些英国数学家则将其视为莱布尼茨意义上的普遍算术。他的《四元数讲义》(*Lectures on Quaternions*) 出版于 1853 年。这个大部头著作的大部分内容致力于四元数在几何学、微分几何学和物理学中的应用。对于现代代数学史而言,这部著作的主要意义是:哈密顿提供了非交换代数系统的详细理论。

这部著作讨论的基本概念包括向量和标量。四元数单位 i,j 和 k 在有的地方被描述为算子,而在另一些地方被描述为坐标。一般而言,哈密顿把四元数作为向量来处理,并且在本质上表明它们形成了实数域上的线性向量空间。他定义了四元数的加法,引入了两种类型的乘积概念,分别由一个向量与一个标量相乘或与另一个向量相乘得到;他注意到第一种是结合的、分配的和交换的,而后者仅仅是结合的和分配的。他也讨论了两个向量的内积("标量积")并证明了它的双线性。

接下来,哈密顿投身于扩充版《四元数原理》(*Elements of Quaternions*) 的准备工作。他于 1865 年去世时,这项工作还没有全部完成,而是由他的儿子在第二年编辑出版。让美国人回想起来感到高兴的是,在那些令人不快的内战岁月里,新设立的美国国家科学院选定威廉 · 罗恩 · 哈密顿爵士作为它的第一位外籍院士。

格拉斯曼与《扩张论》

n 维向量空间的概念在赫尔曼·格拉斯曼（Hermann Grassman）的《扩张论》（*Ausdehnungslehre*）中得到了详细讨论，该书于 1844 年在德国出版。格拉斯曼（Grassmann，1809—1877）是一名中学教师，他通过研究负量的几何学解释以及二维和三维有向线段的加法和乘法得出了他的结果。他强调了维数概念并着重强调了关于"空间"和"子空间"的抽象科学的发展，后者包括二维和三维几何的特例。有趣的是，我们注意到格拉斯曼像哈密顿一样是一位语言学家，他同时也是一位梵文文学专家。他的父亲尤斯图斯·格拉斯曼（Justus Grassmann）属于 19 世纪初德国数学家当中所谓的"组合学派"。这无疑影响了他对于数学本质的看法。格拉斯曼将纯粹数学定义为形式的科学（形式理论），强调这种观点与那种将数学仅视为关于量的科学的观点之间的差别。对于他的形式科学来说，其基本概念是相等和组合，他分别记作 ＝ 和 ∩。他定义 ∩ 的逆 ∪ 为：$a \cup b$ 是满足 $a \cup b \cap b = b \cap a$ 的形式。扩张科学是"几何学的抽象基础"，独立于空间的概念化和三维限制。单个元素生成一维空间；由给定元素通过不断改变得出的元素集合产生二维空间，对应于几何中的直线。一般地，

> 如果 n 维区域的全部元素都受到同一种导致新元素（不包含在该区域中）的改变，那么由这种改变及其逆产生的元素全体就称为 $n+1$ 维区域。

这一定义在 1862 年格拉斯曼《扩张论》的修订版中表述得更为精确，其中他详细阐述了向量的线性相关和线性无关概念，并讨论了子空间，它们的并集、交集以及生成集。他还表述了与如下命题等价的定理：如果 S 和 T 是向量空间 V 的两个子空间，则有 $d[S] + d[T] = d[S \cup T] + d[S \cap T]$，其中 $d[S]$ 表示 S 的维数，$S \cup T$，$S \cap T$ 分别表示 S 和 T 的并集和交集。

格拉斯曼着重强调了在《扩张论》中出现的乘法的不同种类。他区分了"内积"和"外积"或"组合积"。在哈密顿讨论过的特例中，这些归为后者的标量积和向量积。格拉斯曼处理过的其他类型的乘法包括"代数"积，即那些像在普通代数中一样的积 $ab - ba$，以及对应于矩阵乘积的"外积"。我们可以将格拉斯曼著作的许多细节翻译成现代抽象向量空间理论的语言；一言以蔽之，使用前面列举

513

514 的基本概念,格拉斯曼表明,如何建立一个包含各种新运算的 n 维系统,在一些特例中,它可以简化为我们更熟悉的数学结构。

《扩张论》的重要性并没有很快被人们认识到,因为这本书不仅不合常规而且很难读懂。一个原因是格拉斯曼像他之前的德萨格一样,没有使用常规术语;更根本的原因在于,作者处理扩张问题的方法既新颖又极具一般性。主要是在默比乌斯的催促下,格拉斯曼不仅修订了《扩张论》,而且在克雷尔的《纯粹与应用数学杂志》上发表了许多文章,其中他总结了他的一些基本成果。正是通过这些文章,大多数数学家才开始了解他工作的主旨。

赫尔曼·汉克尔(Hermann Hankel)关于复数系的工作于 1867 年出版后,"扩张论"这个名词才开始得到传播。汉克尔是黎曼的学生,他试图给出严格的复数导论。他的著作反映了格拉斯曼的研究,并参考了皮科克的工作,第一次用德语对哈密顿的四元数做了说明,还提出了"交替数"理论,它等价于格拉斯曼的外积。通过汉克尔的书而注意到格拉斯曼工作的人当中包括费利克斯·克莱因。他在 1911 年给恩格尔(F. Engel)的信中写道:

> 众所周知,格拉斯曼在他的《扩张论》中是一位仿射几何学家,而不是射影几何学家。这一点在 1871 年晚秋之际对我来说才变得清晰,并且(加之对默比乌斯和哈密顿的研究以及对我在巴黎获得的所有记忆的整理)导致我酝酿出后来的埃尔朗根纲领。

在英国,威廉·K. 克利福德(William K. Clifford)积极支持格拉斯曼的事业;在美国,《扩张论》主要通过耶鲁大学的物理学家乔赛亚·威拉德·吉布斯(Josiah Willard Gibbs,1839—1903)的努力,支持了三维空间中更有限的向量代数的发展。向量代数也是乘法交换律并不成立的多重代数。事实上,汉克尔在 1867 年曾证明,正如德摩根猜想的那样,复数代数是在算数基本规律下可能有的最一般的代数。吉布斯的《向量分析》(*Vector Analysis*)出版于 1881 年并于 1884 年再版,在十年当中他发表了更多的文章。这些著作导致了一场与四元数的支持者关于两种代数孰优孰劣的情绪化且有些粗鲁的争论。1895 年,吉布斯在耶鲁大学的一位同事组织了一个"促进四元数及数学联合系统研究国际协会",它的第一任主席是四元数的一位狂热支持者。没多久,联合系统(比如向量及其推广、张

515 量)就一度使四元数黯然失色,但今天它们在代数学以及量子理论中已经有了公认的位置。而且,虽然哈密顿的名字很少与向量相关联,因为吉布斯的符号主要来自格拉斯曼,但是向量的主要性质已经在哈密顿对多重代数的长期研究中被发

掘出了。

凯莱与西尔维斯特

到 19 世纪中叶,随着柏林大学和哥廷根大学进入一流大学行列,以及克雷尔的《纯粹与应用数学杂志》成为发表数学论文的中心,德国数学家在分析学和几何学方面已经超越了其他国家的数学家。另一方面,代数学曾经一度几乎是英国人的专利,他们以剑桥大学三一学院作为前沿阵地,以《剑桥数学杂志》(*Cambridge Mathematical Journal*)作为主要的出版媒介。皮科克和德摩根都毕业于三一学院,凯莱同样如此,他以数学荣誉学位考试第一名的成绩毕业,对代数学和几何学都做出了重要贡献。我们已经注意到凯莱在解析几何方面的工作,尤其是与行列式的应用相关联的工作,然而,凯莱也是最先研究矩阵的人之一,这是英国人关注代数中的形式和结构的另一个例子。这一工作出自 1858 年发表的一篇关于变换理论的论文。例如,如果我们在变换

$$T_1 \begin{cases} x' = ax + by, \\ y' = cx + dy \end{cases}$$

之后进行另一个变换

$$T_2 \begin{cases} x'' = Ax' + By', \\ y'' = Cx' + Dy', \end{cases}$$

则结果(更早就出现过,例如,在高斯 1801 年的《算术研究》中)等价于单独的复合变换

$$T_1 T_2 \begin{cases} x'' = (Aa + Bc)x + (Ab + Bd)y, \\ y'' = (Ca + Dc)x + (Cb + Dd)y. \end{cases}$$

另一方面,如果我们颠倒 T_1 和 T_2 的次序,使得 T_2 是变换

$$\begin{cases} x' = Ax + By, \\ y' = Cx + Dy, \end{cases}$$

而 T_1 是变换

$$\begin{cases} x'' = ax' + by', \\ y'' = cx' + dy', \end{cases}$$

则这两个连续变换等价于单独的变换

$$T_1 T_2 \begin{cases} x'' = (aA + bC)x + (aB + bD)y, \\ y'' = (cA + dC)x + (cB + dD)y. \end{cases}$$

516

一般来说,颠倒变换的次序得到的是一个不同的结果。用矩阵语言表达就是

$$\begin{pmatrix} a & b \\ c & d \end{pmatrix} \cdot \begin{pmatrix} A & B \\ C & D \end{pmatrix} = \begin{pmatrix} aA+bC & aB+bD \\ cA+dC & cB+dD \end{pmatrix},$$

但

$$\begin{pmatrix} A & B \\ C & D \end{pmatrix} \cdot \begin{pmatrix} a & b \\ c & d \end{pmatrix} = \begin{pmatrix} Aa+Bc & Ab+Bd \\ Ca+Dc & Cb+Dd \end{pmatrix}。$$

由于两个矩阵当且仅当所有对应元素相等时才相等,显然,我们再次有了一个非交换乘法的例子。

矩阵乘法的定义如前面表示的那样,两个(同维度)矩阵之和定义为两个矩阵的对应元素相加得到的矩阵。因此,

$$\begin{pmatrix} a & b \\ c & d \end{pmatrix} + \begin{pmatrix} A & B \\ C & D \end{pmatrix} = \begin{pmatrix} a+A & b+B \\ c+C & d+D \end{pmatrix}。$$

用标量 K 乘一个矩阵定义为等式

$$K \cdot \begin{pmatrix} a & b \\ c & d \end{pmatrix} = \begin{pmatrix} Ka & Kb \\ Kc & Kd \end{pmatrix}。$$

矩阵

$$\begin{pmatrix} 1 & 0 \\ 0 & 1 \end{pmatrix}$$

通常记作 I,它使每个二阶方阵在乘法下保持不变,因此它被称为乘法下的单位矩阵。当然,唯一一个使这样的矩阵在加法下也保持不变的矩阵是零矩阵

$$\begin{pmatrix} 0 & 0 \\ 0 & 0 \end{pmatrix}。$$

517 因此,它是加法下的单位矩阵。有了这些定义,我们可以考虑构成"代数"的矩阵运算,这一步是由凯莱以及美国数学家本杰明·皮尔斯(Benjamin Peirce,1809—1880)和他的儿子查尔斯·S. 皮尔斯迈出的。皮尔斯父子在美国所起的作用有些类似于哈密顿、格拉斯曼和凯莱在欧洲所起的作用。尤其在 20 世纪,关于矩阵代数和其他非交换代数的研究,在各处已经成为日益抽象的代数观点发展的主要因素之一。

凯莱在三一学院获得学位后不久,就开始从事法律工作长达 14 年之久,但这几乎没有妨碍他的数学研究,在这些年里他发表了好几百篇论文。其中的许多论文属于代数不变式理论,这是他和他的朋友詹姆斯·约瑟夫·西尔维斯特(James

Joseph Sylvester ,1814—1897）做出显著贡献的一个领域。凯莱和西尔维斯特形成了鲜明的对照,前者温和、平静,后者易变、急躁。二人都是剑桥大学毕业生,凯莱在三一学院,西尔维斯特在圣约翰学院,但西尔维斯特没有资格获得学位,因为他是犹太人。1838 年以后的三年时间里,西尔维斯特在伦敦大学的大学学院教书,成了他以前的老师德摩根的同事,此后,他接受了弗吉尼亚大学提供的教授职位。纪律问题使这位性情易变的数学家心烦意乱,只过了三个月他便突然离开了。回到英国后,他在商业上差不多花了十年,接着又转向了法律研究,因为这层关系,他在 1850 年第一次遇到了凯莱。自此两人成了朋友,且都是数学家,并且最终都离开了法律领域。1854 年,西尔维斯特在位于伍尔维奇的皇家军事学院谋得了一个职位,而在 1863 年,凯莱接受了剑桥大学的萨德勒教授职位。1876年,西尔维斯特再次跑去美国教书,这回是在新建立的约翰·霍普金斯大学,在那里他一直待到差不多 70 岁,当时他接受了牛津大学提供给他的教授职位。1881年,当西尔维斯特仍在约翰·霍普金斯大学时,凯莱接受邀请到那里做了一系列关于阿贝尔函数和 θ 函数的报告。尽管凯莱的论文(在数量上堪与欧拉和柯西相匹敌)主要是在代数学和几何学领域,然而他对分析学也做出了贡献,他唯一的著作是《椭圆函数论》(*Treatise on Elliptic Functions*),出版于 1876 年。

凯莱兴趣分散,而西尔维斯特则对代数情有独钟,因此从两个多项式方程消去未知量的所谓析配法冠以西尔维斯特的名字是合适的。这种方法并不复杂,包括将两个方程中的一个或两者乘以要消去的未知量,如有必要,则重复该过程,直到方程的总数比未知量的幂的个数大 1。将每个幂看成不同的未知量,从这组 $n+1$ 个方程,我们就可以消去全部 n 个幂。因此,要从一对方程 $x^2+ax+b=0$ 和 $x^3+cx^2+dx+e=0$ 消去 x,我们用 x 乘第一个方程,然后再用 x 乘所得到的结果方程,以及上面的第二个方程。接下来,将 x 的四个幂的每一个看成单独的未知量,行列式

$$\begin{vmatrix} 0 & 0 & 1 & a & b \\ 0 & 1 & a & b & 0 \\ 1 & a & b & 0 & 0 \\ 0 & 1 & c & d & e \\ 1 & c & d & e & 0 \end{vmatrix}$$

518

在西尔维斯特的方法中称作结式,当结式等于 0 时便给出消元法的结果。

比他的消元法工作更重要的,是西尔维斯特与凯莱在发展"型"(或如凯莱喜

471

欢称其为"齐式"）理论方面的合作，通过这一合作两人开始被称为"不变式的孪生兄弟"。1854 年至 1878 年间，西尔维斯特发表了十几篇关于型（两个或多个变元的齐次多项式）及其不变式的论文。解析几何与物理学中最重要的情形是两个和三个变元的二次型，因为当二次型等于常数时，它们表示二次曲线和二次曲面。特别地，当齐式或型 $Ax^2 + 2Bxy + Cy^2$ 等于一个非零常数时，按照 $B^2 - AC$ 小于、等于或大于 0，分别表示的是（实或虚的）椭圆、抛物线或双曲线。此外，如果该型在坐标轴围绕原点旋转变换到新的型 $A'x^2 + 2B'xy + C'y^2$，则有 $(B')^2 - A'C' = B^2 - AC$，亦即，表达式 $B^2 - AC$（称作该型的特征）在这种变换下是不变式。表达式 $A + C$ 是另一个不变式。与该型相联系的另一些重要不变式还有特征方程

$$\begin{vmatrix} A-k & B \\ B & C-k \end{vmatrix} = 0 \quad \text{或} \quad \begin{vmatrix} A'-k & B' \\ B' & C'-k \end{vmatrix} = 0$$

的根 k_1 和 k_2。事实上，这些根是标准型 $k_1 x^2 + k_2 y^2$ 中 x^2 和 y^2 的系数，通过坐标轴的旋转，该型（如果不属于抛物类型的话）可以简化为这一标准型。兴奋的西尔维斯特吹嘘说，在一口气"喝下一瓶波特酒以维持衰弱的能量"时，他发现并发展了将二元型简化为标准型的方法。

如果我们将该型的系数矩阵记作 M，二阶单位矩阵记作 I，那么特征方程可以写作 $|M - kI| = 0$，其中竖线表示该矩阵的行列式。矩阵代数的重要性质之一是矩阵 M 满足它的特征方程，这个结果是在 1858 年给出的，并以哈密顿-凯莱定理著称。有时人们认为，凯莱的矩阵代数是哈密顿的四元数代数的一个结果，但在 1894 年，凯莱专门否定了这样一种关联。他赞赏四元数理论，但他声称他对矩阵的发展源自将行列式发展为一种表示变换的方便模式。事实上，凯莱 1858 年的出版物不仅反映出哈密顿的四元数的影响，而且反映出凯莱对于当时算子演算所提出的问题的关注。这两方面的因素在早期出版物（1845 年）中也很明显，他在其中揭供了一个非结合代数的例子。

线性结合代数

正是线性结合代数的分类，标志着美国人开始对现代代数学做出贡献。本杰明·皮尔斯多年来受雇于美国海岸勘测局，同时也是他的母校哈佛大学的一位数学教授，他在 19 世纪 60 年代将他的这项工作呈送给美国艺术与科学院，并在

1870 年刊印,但发行量有限。他的这项工作只是在他去世后于 1881 年发表在《美国数学杂志》(*American Journal of Mathematics*)上的一个版本中才广为人知,他的儿子查尔斯·S. 皮尔斯为此版本补充了大量的注释和附录,并且也对原始论文贡献了一些基本思想。线性结合代数包括普通代数、向量分析和四元数等特例,但并不受限于单位 1,i,j,k。皮尔斯为 162 种代数编制了乘法表。皮尔斯继续他父亲在这一方向上的工作,证明了在所有这些代数中,只有三种代数的除法是唯一定义的:普通实代数、复数代数和四元数代数。

正是在他关于线性结合代数工作的背景下,本杰明·皮尔斯于 1870 年给出了著名的定义:"数学是得出必要结论的科学。"由于受布尔的影响,他的儿子毫无保留地赞同这一观点,但他强调数学与逻辑学并不相同。"数学是纯假设性的:它只产生有条件的命题。相反,逻辑断言是绝对的。"这一区分在 20 世纪上半叶将在整个数学界进一步引发争论。

在英国,另一位三一学院的毕业生威廉·金顿·克利福德(William Kingdon Clifford,1845—1879)致力于研究有些类似的思想,但 34 岁时就英年早逝,他富有才气的工作由此戛然而止,就像一位早期的三一学院毕业生罗杰·科茨一样。克利福德在好几个方面都表现不俗。首先,他是位体操高手,能够用单手在单杠上做引体向上,这对任何人来说都是一种非同寻常的技艺,尤其是对一个以数学荣誉学位考试第二名成绩毕业的学生来说,几乎闻所未闻。另外,像《爱丽丝漫游奇境记》(*Alice in Wonderland*)的作者牛津大学数学家道奇森(C. L. Dodgson,1832—1898,更以刘易斯·卡罗尔(Lewis Carroll)著称)一样,克利福德为儿童编写了一本故事集《小精灵》(*The Little People*)。1870 年,克利福德写了一篇论文《论物质的空间理论》(*On the Space-Theory of Matter*),其中他表示自己是罗巴切夫斯基和黎曼的非欧几何在英国的坚定支持者。在代数方面,克利福德同样支持较新的观点。如今,他的名字伴随着克利福德代数被人们铭记,八元数或双四元数是这种代数的特例。克利福德用这些非交换代数来研究非欧空间中的运动,其中的某些流形被称作克利福德-克莱因空间。19 世纪后期不断进步的英国数学与这个世纪之初令人窒息的保守观点相比简直大相径庭!

代数几何

事后来看,1882 年出现的两项工作预示了 20 世纪的重要发展趋势。一项是利奥波德·克罗内克(Leopold Kronecker)关于代数量的算术理论的深入研究。这篇深奥难懂的论文对于世纪之交的代数学家和数论专家产生了显著影响。另一项工作是理查德·戴德金(Richard Dedekind,1831—1916)和海因里希·韦伯(Heinrich Weber,1842—1913)关于代数函数理论的合作论文。戴德金和韦伯在处理代数数时,使用前者发展起来的代数理论,将黎曼关于函数论的工作从它的几何基础剥离出来。这允许他们以代数方式定义黎曼面的组成部分,从而可以认为它相对某个代数函数域是不变的。纯粹代数方法为黎曼之后的代数几何学开辟了一条全新的途径。的确,结果表明它是 20 世纪的研究者所遵循的最富成果的道路之一。然而,几乎过去了半个世纪,这一点才变得明显。

代数整数与算术整数

伽罗瓦工作的重要性不仅在于它使得抽象的群概念成为方程论的基础,而且在于它通过戴德金、克罗内克和恩斯特·爱德华·库默尔(Ernst Eduard Kummer,1810—1893)的贡献,导致了一种所谓的研究代数学的算术方法,有些类似于分析学的算术化。这意味着以各种不同的数域来对代数结构做精细的公设处理。域的概念隐含在阿贝尔和伽罗瓦的工作中,但在 1879 年,戴德金似乎第一个给出了数域的明确定义,这是分别关于加法和乘法(0 的逆除外)形成阿贝尔群,并且满足乘法对于加法的分配律的一个数集。一些简单的例子包括有理数系、实数系和复数域。1881 年,克罗内克通过他的有理数域给出了其他一些例子。容易验证,形如 $a+b\sqrt{2}$ 的数集(其中 a 和 b 是有理数)形成一个域。在这一情形,域中的元素个数有无穷多。具有有限元素个数的域称为伽罗瓦域,这方面的一个简单例子是模 5(或任何素数)的整数域。

521

对于结构的关注和新代数的兴起,尤其是在 19 世纪下半叶,引起了数和算术广泛的一般化。我们已经注意到,高斯通过研究形如 $a+bi$ (其中 a 和 b 是整数)的高斯整数对整数概念做了扩展。戴德金在"代数整数"理论中做了进一步的推广,即满足首项系数为 1 的整系数多项式方程的数。当然,这样的"整数"系并不形成一个域,因为缺少乘法下的逆。它们的确有某些共同之处,因为它们满足对于数域的其他要求,因此,我们说它们形成一个"整环"。然而,对"整数"这个词的这种推广要付出一定的代价——失去了因子分解的唯一性。因此,戴德金采纳了同时代的数学家恩斯特·爱德华·库默尔提出的思想,在算术中引入了"理想"

概念。

一个元素集如果满足：(1) 它是一个关于加法的阿贝尔群，(2) 该集合在乘法下封闭，(3) 乘法是结合的，并且在加法上是分配的，则说它形成一个环。（因此，在乘法下交换，具有一个单位元，并且没有零因子的环是一个整环。）再者，一个理想是环 R 的元素构成的子集 I，使得它：(1) 形成一个加法群，并且 (2) 只要 x 属于 R 而 y 属于 I，那么有 xy 属于 I。例如，偶数集是整数环的一个理想。可以证明，在代数整数环（或整环）R 中，R 的任何理想 I 都可以唯一地表示（除因子的次序外）成素理想的乘积。亦即，借助理想论可以保留因子分解的唯一性。

库默尔在哈勒大学获得博士学位。在文理中学教了十几年书后，他于 1855 年接替了狄利克雷在柏林大学的职位，当时，后者成为高斯在哥廷根大学的继任人。库默尔一直在那里工作到 1883 年退休。获得学位后不久，库默尔就对费马大定理产生了兴趣。库默尔能够对一大类的指数证明这个定理，但却不能找到一般的证明。绊脚石似乎是如下事实：在通过对 $x^n + y^n$ 做因式分解而以 y 表达 x 求解 $x^n + y^n = 0$ 时，代数整数或方程的根不必满足算术基本定理，亦即，它们不是唯一可分解的。结果，尽管他没能成功解决费马定理，但尝试过程中他在某种意义上创造了一种新算术。这并不是我们的理想理论，而是被他称为"理想复数"的发明物。数学史教给我们的教训之一就是，在寻求未解决问题的解答过程中，无论是可解还是不可解，沿着这条道路一定可以带来重要的发现。

戴德金对于代数学的关注要追溯到 19 世纪 50 年代，当时他在哥廷根大学听狄利克雷讲数论课，并对伽罗瓦理论进行了深入研究。他这一时期的笔记显示他对那时的初等群论发展出了一套抽象的处理方法。狄利克雷去世后，戴德金负责编辑出版狄利克雷的数论讲义。在那部著作的附录中，他也介绍了自己的一些成果。其中最著名的是他的理想理论，它的各种不同版本可以通过先后几版狄利克雷-戴德金的《数论讲义》加以比较。最公理化的处理方法出现在 1894 年的版本中，它在 20 世纪 20 年代尤其影响了埃米·诺特（Emmy Noether）及其代数学派。

在 1897 年和 1900 年，戴德金还发表了两篇关于他称之为"对偶群"的一种新结构的论文。在第一篇中，现代读者很容易辨认出一组关于格的公理。第二篇致力于研究具有三个生成元的自由模格，戴德金证明了一个格形成一个偏序集。读者在这里还可以找到覆盖关系和格的维数这两个重要概念。戴德金也使用了链条件。

在 19 世纪的最后四分之一时期里,关于群和域也出现了许多其他抽象的并且常常是公理化的处理方法。其中一些是被戴德金所鼓动的,海因里希·韦伯的工作尤其如此,正是戴德金使他对代数产生了兴趣。

算术公理

人们经常将数学比作一棵树,因为它在地面上通过不断向四周扩展和分叉的结构生长着,而与此同时,它的根不断向下深入拓展以寻求坚实的基础。这种双向生长尤其是 19 世纪分析学发展的特征,因为从波尔查诺到魏尔斯特拉斯函数理论的迅猛扩展一直伴随着对于这门学科的严格算术化。在代数学中,19 世纪之所以更引人注目是因为新的发展,而不是对基础的关注,而与波尔查诺所致力的分析严格化相比,皮科克为提供一个可靠基础所付出的努力则显得微不足道。然而,在这个世纪接近尾声的几年里,有过几次为代数提供更强壮根基的努力。复数系根据实数来定义,实数则被解释为有理数的类,后者又是有序的整数对。但究竟什么是整数? 在他或她试图定义或解释之前,每个人都认为自己知道,例如,数 3 是什么,而整数相等的概念则被认为是显然的。由于不满意算术(因而也是代数)的基本概念处于如此含混的状态,德国逻辑学家和数学家弗雷格(F. L. G. Frege,1848—1925) 给出了他的著名的基数定义。他的观点基础来自布尔和康托尔的集合论。回想一下,康托尔认为,如果两个无穷集合的元素可以实现一一对应,那么这两个集合就具有相同的“势”。弗雷格看出,元素对应的这一思想也是整数相等概念的基础。如果两个有限集中任何一个的元素可以和另一个的元素实现一一对应,就称这两个集合具有相同的基数,即相等。于是,如果我们由一个始集(比如正常人手上的手指集合) 开始,并将所有其元素能够与始集的元素一一对应的全部集合构成更加广泛的集合,则这个所有这种集合的集合就设定一个基数,在此情形下是数 5。更一般地,弗雷格关于给定类(无论有限还是无穷)的基数的定义,是与这个给定类相似的所有类的类(这里的所谓“相似” 指的是两个类的元素可以一一对应)。

弗雷格关于基数的定义在 1884 年出现在一本著名书籍《算术基础》(*Die Grundlagen der Arithmetik*) 中,从这个定义出发,他推导出了我们在小学算术中所熟悉的整数的性质。 在随后几年中,弗雷格在两卷本《算术的基本规律》(*Grundgesetze der Arithmetik*) 中扩充了他的观点,其中第一卷出版于 1893

年,十年后出版了第二卷。然而,当第二卷付梓时,弗雷格收到了伯特兰·罗素(Bertrand Russell)的一封信,告知他关于不是自身元素的所有类的类产生的悖论。弗雷格认识到该悖论对于他的基数定义和他刚刚完成的整个工作的意义,于是在第二卷中添加了一个注记,评论了他所建立的整个结构的基础被连根拔起后对一位学者造成的打击。

弗雷格试图从形式逻辑的概念中推出算术概念,因为他不同意查尔斯·S. 皮尔斯的断言,即数学和逻辑泾渭分明。弗雷格曾在耶拿大学和哥廷根大学接受过教育,并长期在耶拿大学教书。然而,他的计划并没有得到太多响应,直到 20 世纪初才被伯特兰·罗素独立地实施,在当时成为数学家的主要目标之一。弗雷格对他的著作受到冷落深感失望,然而造成过错的部分原因在于构筑结果的形式过于新颖以及带有哲学意味。历史表明,新颖的思想如果以相对传统的形式来表达则更容易被人们接受。

与法国、德国和英国相比,意大利在参与抽象代数发展方面并不太积极,但在 19 世纪末,意大利的一些数学家对数理逻辑产生了浓厚的兴趣。这些人当中最著名的是朱塞佩·皮亚诺(Giuseppe Peano,1858—1932),如今,人们一看到他的名字就会联想到皮亚诺公理,代数学和分析学中的许多严格结构都依赖于这些公理。他的目标与弗雷格的目标类似,但同时也更具抱负,更切实际。在《数学公式汇编》(Formulaire de Mathématiques,1894 年起的几年)中,皮亚诺希望发展出一种形式化语言,它不仅包含数理逻辑,而且也包含所有最重要的数学分支。他的计划吸引了一大批合作者和追随者,部分原因是他避开了形而上学的语言并且巧妙地选择符号,诸如 ∈(属于),∪(逻辑和或并),∩(逻辑积或交),以及 ⊃(包含),其中有许多符号甚至今天都还在使用。他为他的算术基础选择了三个初始概念:0,数(即非负整数)和"后继"关系,满足五条公设:

1. 0 是一个数。

2. 如果 a 是一个数,则 a 的后继也是一个数。

3. 0 不是任何数的后继。

4. 两个数的后继相等,则它们本身也相等。

5. 如果一个数的集合 S 包含 0,并且每个数的后继都在 S 中,则每个数都在 S 中。

当然,最后一个必要条件是归纳法公理。皮亚诺公理于 1889 年出版的《用新方法阐述的算术原理》(Arithmetices Principia Nova Methodo Exposita)中首次表述,反映出这个世纪最引人注目的如下尝试:将普通算术(因而最终大部分的数学)归约为形式符号的精当要素。(他在表达公设时使用的是符号,而不是我们用过的文字。)在这里,公设法达到了精确性的一个新高度,没有意义上的含混,也没有隐藏的假设。皮亚诺也在发展符号逻辑方面付出了大量努力,这是 20 世纪的数学家特别青睐的一项研究。

还应该提到皮亚诺对于数学的进一步贡献,因为它代表了那个时代令人不安的发现之一。19 世纪人们开始认识到曲线和函数不必是先前已经遍布该领域的那种良态类型,1890 年,皮亚诺构造了连续且充满空间的曲线,从而表明数学可以怎样彻底违反人们的常识,该曲线即由参数方程 $x = f(t)$,$y = g(t)$ 给出的曲线,其中 f 和 g 是区间 $0 \leqslant t \leqslant 1$ 上的连续实函数,其上的点完全充满了单位正方形 $0 \leqslant x \leqslant 1, 0 \leqslant y \leqslant 1$。当然,这一悖论与康托尔的如下发现完全一致:一个单位正方形内的点并不比一条单位线段上的点多,这是使数学家在下个世纪更多关注数学的基本结构的因素之一。然而,皮亚诺本人却因他所发明的国际语言(他称其为“国际语”或“拉丁国际语”,其词汇取自拉丁语、法语、英语和德语)而分心。这一运动最终证明远比他的算术公理结构短命。

(程钊　译)

第二十二章
分析学

简单的假设必须最为警惕，因为它们最有可能不被发现。

——庞加莱（Poincaré）

19 世纪中叶的柏林与哥廷根

分析是对无穷过程的研究，牛顿和莱布尼茨将其理解为处理连续量，如长度、面积、速度和加速度，而数论的研究领域则为离散的自然数集。然而，我们已经看到波尔查诺似乎尝试为依赖连续函数性质的命题给出纯粹的算术证明，如初等代数中的位置定理，而普吕克则已彻底将解析几何算术化。群论最初关注离散的元素集，但克莱因设想将数学的离散性与连续性两个方面统一在群论概念下。19世纪确实是数学内部交错关联的一个时期。这种趋势一方面体现在分析学和代数学的几何学解释；另一方面体现在数论中引入解析的技术。到 19 世纪末，最强大的思潮是算术化，它影响了代数学、几何学和分析学。

1855 年，狄利克雷成为高斯在哥廷根的继任者。他把分析学应用于物理学问题和数论中的教学传统留在了柏林大学。他也留下了由他和雅可比的朋友以及学生组成的圈子，这个圈子在科学院、克雷尔的《纯粹与应用数学杂志》和柏林大学，继续影响着数学。在哥廷根，数学教学还没有形成固定模式。如已提及的，高斯有限的教学常常强调对他的天文台助手有用的内容，比如最小二乘法。大部分数学实际上是由一位讲师教授，即莫里茨 · 斯特恩（Moritz Stern,

526

527

1807—1894）。狄利克雷以数论和位势理论的讲座，突出强调"真正的"高斯遗产。

哥廷根有两位年轻人深受狄利克雷的影响，尽管他们二人在个性和数学方向上大相径庭。一位是理查德·戴德金，另一位是伯恩哈德·黎曼。狄利克雷在1859年意外去世后，由黎曼成为他的继任者。

黎曼在哥廷根

当黎曼成为哥廷根大学的教授时，他对这所大学并不陌生。1846年，他被哥廷根大学录取，他有几个学期在柏林大学跟随雅可比和狄利克雷学习数学，后来回到哥廷根大学跟从威廉·韦伯获得了良好的物理学训练，成为他的助理，取得博士学位后1854年被任命为无薪讲师。他的研究连同职业都被划分为数学和物理学。他继承狄利克雷的职位时，已经发表了五篇论文，其中两篇涉及物理学问题。然而，对他后期工作做类似划分也是概念上的，许多主导概念具有共性，没有界限。黎曼是位思想丰富的多面数学家，他在几何学、数论和分析学等领域都做出了贡献。之前谈到过他的一些几何学和函数理论方面的工作，但我们这里仅引用他最简短也是最著名的论文作为一例，然后再继续说明他对数学物理学领域的影响。

欧拉注意到素数理论和级数之间的关系：

$$\frac{1}{1^s} + \frac{1}{2^s} + \frac{1}{3^s} + \cdots + \frac{1}{n^s} + \cdots,$$

528　其中 s 是整数——狄利克雷级数的一个特例。黎曼研究了 s 为复变量的相同级数，级数之和定义为一个函数 $\zeta(s)$，此后被称为黎曼 ζ 函数。数学家尚未能证明或证伪，只能干着急的构想之一是著名的黎曼猜想：ζ 函数所有的虚零点 $s=\sigma+i\tau$ 都有实部 $\sigma=\frac{1}{2}$。

在分析学上，人们铭记黎曼是因为他完善了积分的定义、强调了柯西-黎曼方程以及提出了黎曼面。这类曲面是将函数单值化的创新想法，亦即，黎曼面将普通高斯平面上的多值复变函数实现一一映射。这里我们看到了黎曼工作中最令人印象深刻的方面——分析学中强烈的直觉和几何学背景，与魏尔斯特拉斯学派的算术化趋势形成鲜明对比。他的方法被称为"发现的方法"，而魏尔斯特拉斯的方法被称为"证明的方法"。他的成果意义非凡，以至于伯特兰·罗素把黎曼描述为"爱因斯坦(Einstein)逻辑上的直系前辈"。正是黎曼在数学和物理学上的直觉天赋,才产生了诸如黎曼空间或黎曼流形的曲率这些概念,如果没有这些概念就无法形成广义相对论。

德国的数学物理学

在黎曼之前,德国的数学物理学有几个活跃的中心。19 世纪 30 年代开始,狄利克雷让柏林大学的一大批数学和物理学学生了解到了傅里叶的技术及其伟大的法国同时代人的成果。狄利克雷与柏林大学的物理学家相互交流,他在前往哥廷根大学成为韦伯的同事之前,就已经是后者多年的朋友。类似地,在柯尼斯堡大学,雅可比曾和数学物理学家弗朗茨·诺依曼(Franz Neumann,1798—1895)在研究与教学工作方面合作密切。在莱比锡大学,新分析学在这里还没有很好地表现出来,但当韦伯兄弟需要咨询他们的数学同事时,并无障碍。当黎曼在哥廷根大学参与韦伯的电动力学研究时,这个主题的研究在柯尼斯堡大学已有人开展了;这两个德国传统名校都吸收了安德烈-玛丽·安培(André-Marie Ampère)和泊松的先驱工作。当黎曼着手开展影响深远的声波传播的研究时,他详细阐述了泊松在 19 世纪初曾深入推进过的,狄利克雷曾经常在柏林大学做报告的一个主题。这是波动方程历史上的重要一章。黎曼的方法涉及处理双变量的二阶线性微分方程,以及寻找满足特定的伴随偏微分方程的"特征"函数。黎曼的技术被广泛应用于双曲方程中。

保罗·杜波依斯·雷蒙(Paul Du Bois Reymond,1831—1889)在柏林大学获得博士学位,恰逢狄利克雷离任之时,他基于黎曼的工作得到了格林定理的一般化。以生理学背景进入数学物理学领域的赫尔曼·亥姆霍兹(Hermann Helmholtz,1821—1894)与黎曼在声学研究上有交叉。声学研究上的诸多著名贡献收录在他的著名著作《论音调的感觉》(On the Sensations of Tone)中。简化的波动方程 $\Delta w + k^2 w = 0$ 常常被称作"亥姆霍兹方程",因为他是求出这个方程通解的第一人。与这些人同时代的物理学家古斯塔夫·基尔霍夫(Gustav Kirchhoff,1824—1887),在偏微分方程,特别是波动方程研究中获得了进一步的重要成果。

英语国家的数学物理学

19世纪中叶，英语地区如英国及其他国家的许多人推动了数学物理学的发展。19世纪跨越海峡对数学物理学产生最早、重要贡献的是爱尔兰人威廉·罗恩·哈密顿。他从19世纪30年代开始着手动力学研究，大量借鉴了他在19世纪20年代晚期建立光学数学理论时发展的概念。他的方法关键是处理某类偏微分方程时引入了变分原理。他的工作以拉格朗日和泊松的工作为基础，但利用了早期建立的物理学原理。雅可比在19世纪30年代研究出了他自己的动力学，重塑了哈密顿的创新思想，并在他自己的理论中关注了这些思想。现在这个成果被称为哈密顿-雅可比理论。哈密顿最主要的拥护者是苏格兰物理学家彼得·格思里·泰特（Peter Guthrie Tait，1831—1901）。泰特的数学贡献之一是扭结的早期研究，他在扭结上的研究延续了高斯和利斯廷（Listing）受电动力学研究推动的鲜为人知的研究路线。 通过经典著作《自然哲学论》(*Treatise on Natural Philosophy*)，泰特的名字连同威廉·汤姆森被一代又一代人所熟知，人们常常用"T和T"或"T和T的"来指代泰特和汤姆森二人。这部著作于1867年首次出版，之后又有几版更新。虽然这部著作不适合轻松阅读，但在它的首版出版了一个世纪之后，它以《力学和动力学原理》(*Principles of Mechanics and Dynamics*) 为名重新出版了平装本。

对于泰特的合著者威廉·汤姆森，人们更熟悉他的头衔开尔文勋爵。他生于贝尔法斯特，长于格拉斯哥，并在剑桥大学接受教育，在少年时期他接触到了傅里叶的热学理论著作，之后得到了一本罕见的格林1828年的《论文》(*Essay*)。汤姆森不仅自己研究格林的著作，而且也让它在欧洲大陆上广为人知。在与刘维尔的通信中，他19世纪40年代的早期数学贡献得到了促进，这些成果发表在刘维尔的杂志上。这些成果与反演法和狄利克雷原理有关，这两者都被视作与电磁学相关。后续的研究更多趋向于物理学和实验方向。

汤姆森是一位英国物理学家的同时代者，这位物理学家的名字对于学高等微积分的学生来说非常熟悉，他就是乔治·加布里埃尔·斯托克斯。1841年，斯托克斯从剑桥大学毕业，和汤姆森一样，他曾荣获剑桥大学数学荣誉学位考试第一名。他的大部分研究是在1850年以前完成，在19世纪后半叶，他成为剑桥大学卢卡斯数学讲席教授，也是英国皇家学会的活跃成员，他在50年代早期因一项重大的光学研究工作而获得了学会颁发的科普利（Copley）奖章。威廉·汤姆森在 1850 年就知晓冠以斯托克斯名字的定理，尽管这个定理最初是在 1854 年以试题形式发表的。1850 年，当汤姆森把这道题寄给斯托克斯时，后者证明了这个定理，并看来好像把它选作了考试试题。

1854 年那场考试的参加者之一有詹姆斯·克拉克·麦克斯韦（James Clerk Maxwell，1831—1879）。1864 年，他因绝妙地成功导出电磁波动方程而出名，在推动数学家和物理学家使用向量方面富有影响力。他是泰特的朋友，也很欣赏哈密顿。然而，他避免过分卷入许多向量分析倡导者的符号争论。

在结束谈论这一时期英语国家的分析学家之前，我们应该关注天体力学家的一些重要贡献。如前所述，19 世纪理论天文学家有两部伟大的指南：一部是拉普拉斯的《天体力学》，另一部是高斯的《天体运动论》。拉普拉斯的英文译著使欧洲人关注到一位 19 世纪 30 年代的美国人，纳撒尼尔·鲍迪奇（Nathaniel Bowditch，1773—1838）。美国分析学家在这个研究主题上不断做出成绩，19 世纪做出瞩目成就的是乔治·威廉·希尔（George William Hill，1838—1914）。1877—1878 年，希尔发表了两篇关于月球理论的重要论文，在论文中他建立了周期系数的线性微分方程理论。1885 年，在亨利·庞加莱意识到这项工作的重要性后，希尔的第一篇论文又在米塔-列夫勒（Mittag-Leffler）的《数学学报》（*Acta Mathematics*）上重新发表，并且学界注意力集中到新近创办的《美国数学杂志》上，该期刊的第一卷包含了希尔的另一篇论文。

最后应当指出，英国皇家天文学家乔治·比德尔·艾里（George Biddell Airy，1801—1892）在级数和积分研究上做出了许多贡献。虽然它们属于高斯和柯西的时代，但它们在 19 世纪中期英国分析学家和数学物理学家中起到了重要影响。例如，在他 1850 年的光学研究中，斯托克斯用到了艾里曾用来描述有关衍射情形的积分。斯托克斯建立了以艾里积分为特解的微分方程，并用"半收敛"级数解此微分方程。这是早期工作的一个示例，导致了后来由斯蒂尔切斯（T.-J. Stieltjes，1856—1894）建立的此类级数更一般的理论。

魏尔斯特拉斯和学生们

领衔 19 世纪后半叶柏林分析学的人是卡尔·魏尔斯特拉斯（Karl Weierstrass，1815—1897）。魏尔斯特拉斯在明斯特大学为中学教学做准备，那里

483

的一位讲师克里斯托夫·古德曼（Christoph Gudermann，1798—1851）对他关爱有加。

古德曼尤其对椭圆和双曲函数感兴趣，他的名字因古德曼函数仍为人们所铭记：如果 u 是 x 的满足方程 $u = \sinh x$ 的函数，那么 u 称为 x 的古德曼函数，记作 $u = \mathrm{gd}\, x$。比起这个小贡献，他对数学更重要的贡献是他给予他的学生魏尔斯特拉斯的时间与灵感，反过来，后者注定会成为 19 世纪中期最伟大的数学老师——至少，从他培养的成功研究人员的数量而言。古德曼使年轻的魏尔斯特拉斯认识到函数的幂级数展开式是多么有用的工具，这让魏尔斯特拉斯延续阿贝尔的重要工作，创作出了他最伟大的作品。

魏尔斯特拉斯 26 岁时才获得教师资格证，十多年来他在不同的中学任教。1854 年，关于阿贝尔函数的一篇论文发表在克雷尔的《纯粹与应用数学杂志》上，从此让他获得了学界的名望，不久受聘柏林大学的教授职位。此时，魏尔斯特拉斯快四十岁了，一反伟大的数学家必定在人生早期有所成就的常理。

19 世纪中期以前，人们普遍认为，如果无穷级数在某一区间上收敛于一个连续可微的函数 $f(x)$，那么对原级数逐项微分后的级数在同一区间上必将收敛于 $f'(x)$。几位数学家表明，这种情形并不一定总是成立，只有级数在区间上一致收敛时逐项微分才可行，亦即，若能找到一个 N，使得对区间上每一个 x 来说，当 $n > N$ 时，部分和 $S_n(x)$ 与级数和 $S(x)$ 之差均小于给定的 ε。魏尔斯特拉斯表明，对于一致收敛级数来说，逐项积分也成立。在一致收敛性的问题上，魏尔斯特拉斯绝非孤军奋战，至少还有其他三位同时代的数学家也独立提出过这个概念——法国的柯西（可能在 1853 年）、剑桥大学的斯托克斯（在 1847 年）以及德国的赛德尔（P. L. V. Seidel，1821—1896）（在 1848 年）。先前接近狄利克雷和黎曼的海因里希·爱德华·海涅（Heinrich Eduard Heine，1821—1881），在 1870 年证明了如果加上一致收敛的条件，则连续函数的傅里叶级数展开唯一。然而，没有人比魏尔斯特拉斯更值得享有分析学严格化之父的美誉。从 1857 年到 1890 年退休，魏尔斯特拉斯劝诫一代学生谨慎使用无穷级数展开式。

魏尔斯特拉斯在分析上的重要贡献之一是解析延拓。魏尔斯特拉斯曾表明，函数 $f(x)$ 关于复平面上点 P_1 的无穷幂级数展开式，在以 P_1 为圆心且通过最近奇点的圆 C_1 内的所有点处收敛。若将此函数在圆 C_1 内异于 P_1 点的另一点 P_2 附近展开，则该级数在以 P_2 为圆心且通过离 P_2 点最近的奇点的圆 C_2 内收敛。这个圆可以包含圆 C_1 之外的点，于是，这就扩展了由幂级数解析定义的函数

$f(x)$ 所在的平面区域,这个过程仍可以在其他圆内继续下去。魏尔斯特拉斯因此定义解析函数为一个幂级数连同通过解析延拓得到的所有的幂级数。魏尔斯特拉斯的此类工作的重要性在数学物理学中体现得尤为明显,微分方程的解很少不是以无穷级数的形式呈现。

魏尔斯特拉斯的影响通过他的学生们施加的和通过他自己的讲座和著作施加的一样多。在微分方程领域,这就让我们想到拉扎勒斯·富克斯(Lazarus Fuchs,1833—1902)。建立在法国数学家布里奥(Briot,1817—1882)和布凯(Bouquet,1819—1885)的工作以及黎曼关于超几何方程的论文的基础上,富克斯系统研究了复数域中线性常微分方程的正则奇点。他研究的直接启发源自魏尔斯特拉斯 1863 年所做的关于阿贝尔函数的讲座。富克斯的工作由柏林的弗罗贝尼乌斯(G. Frobenius,1849—1917)深化,并成为庞加莱研究的起点。

魏尔斯特拉斯的另一位在复分析领域做出重大贡献的学生是施瓦茨(H. A. Schwarz,1848—1921)。施瓦茨的兴趣在映射问题,特别受到魏尔斯特拉斯对黎曼使用狄利克雷原理的批评的影响。黎曼著名的映射定理用后来的术语可表述为:"在指定了一个内部点和一个边界点的像的情况下,给定的有界单连通曲面到另一个曲面的保角映射有且只有一个"(Birkhoff(伯克霍夫)1973,p. 47)。魏尔斯特拉斯指出,黎曼的证明不可接受,因为在使用狄利克雷原理时,超出了存在最小积分这一限制。于是施瓦茨开始寻找符合映射定理的特例。这个研究让他获得了两个非常有用的工具,一个是他著名的"反射原理",另一个是"交替过程"。他能获得许多特殊的映射,例如,他能够将单连通平面区域映射为圆,但无法达到他所期望的更广义的一般化。

魏尔斯特拉斯的另一位将因为他办的杂志和他对世界各地数学家的支持而取得重要国际地位的追随者,就是瑞典的格斯塔·米塔–列夫勒(Gösta Mittag-Leffler,1846—1927)。米塔–列夫勒前往柏林大学之前,分别在巴黎大学跟随查理·埃尔米特(Charles Hermite,1822—1901),在哥廷根大学跟随恩斯特·克里斯蒂安·尤利乌斯·舍林(Ernst Christian Julius Schering,1824—1897)学习。他对复变函数理论做出了独立贡献。更为重要的是,他创办了《数学学报》(Acta Mathematica)杂志,且他是魏尔斯特拉斯一家和埃尔米特一家的朋友,与世界各地的数学家交换信息,并通过他在瑞典和其他地方的关系网直接支持了众多数学家。因此,他在索菲娅·科瓦列夫斯卡娅、亨利·庞加莱、格奥尔格·康托尔等形形色色的人的生活中扮演了重要的角色。

分析学的算术化

1872 年是值得铭记的一年,不仅因为在几何学领域,而且更为特别的是在分析学领域。这一年,至少有五位数学家在分析学的算术化上做出了重要贡献,其中一位是法国人,其余四位是德国人。这位法国数学家是勃垦第的(夏尔)梅雷(H. C. R. (Charles) Méray,1835—1911);四位德国数学家分别是:柏林的卡尔·魏尔斯特拉斯、哈勒的海涅、同样来自哈勒的格奥尔格·康托尔、布伦瑞克的戴德金。某种意义上,这些人代表了 19 世纪后半世纪函数和数的性质研究的巅峰,这一研究始于 1822 年傅里叶的热理论和同年马丁·欧姆(Martin Ohm,1792—1872) 将所有分析学简化为算术的尝试,后者出版了《数学体系完全一致性的尝试》(*Versuch Eines Vollständig Konsequenten Systems der Mathematik*)。这五十年间数学家焦虑不安,主要出于两方面原因。其一是在无穷级数运算中缺乏自信,甚至并不清楚一个函数的无穷级数,比如幂级数、正弦或余弦级数,是否总会收敛到导出级数的这个函数。受到关注的第二个原因是由处在算术化纲领极为核心地位的"实数"一词没有任何定义而引起的。1817 年,波尔查诺彻底意识到分析需要严格化,以至于克莱因称他为"算术化之父",但波尔查诺的影响力不及柯西,后者的分析学仍被几何学直觉所限。甚至波尔查诺 1830 年左右提出的连续不可微函数也被后继者忽略,而由魏尔斯特拉斯(在 1861 年的讲义上以及 1872 年提交给柏林科学院的论文中) 提出的这样的一个函数的例子,一般被普遍地认为是它的第一个实例。

与此同时,黎曼提出了一个函数 $f(x)$,在一个区间中的无穷多点处不连续,然而它的积分存在,并定义了一个连续函数 $F(x)$,在上述无穷多点处不可导。从某种意义上说,黎曼函数的病态性还不及波尔查诺和魏尔斯特拉斯的函数,但却清楚地表明,积分需要一个比柯西给出的更周密的定义,柯西的积分定义是曲线下的面积,很大程度上带有几何意味。如今,从上和、下和角度定义区间上的定积分,通常称为黎曼积分,以纪念黎曼给出了有界函数可积的充要条件。比如,狄利克雷函数在任何区间上都不存在黎曼积分。此外,在对函数更弱的条件下所做的积分的更一般的定义,在下一个世纪被提出来,但大部分本科微积分教材中使用的积分定义仍然是黎曼给出的。

波尔查诺和魏尔斯特拉斯的工作之间相差了大约五十年,但在这半个世纪里一致的努力,以及重新发现波尔查诺的工作的必要性,导致了一个冠以两人名字的定理,即波尔查诺-魏尔斯特拉斯定理:包含无穷多元素(比如点或数)的有界集 S 至少有一个极限点。虽然这个定理由波尔查诺证明,柯西显然也知道,但正是魏尔斯特拉斯的工作使这一定理被数学家们所熟知。

拉格朗日表达了他对傅里叶级数的怀疑,而在 1823 年,柯西认为他已经证明了一般的傅里叶级数的收敛性。狄利克雷指出柯西的证明不充分,并给出了级数收敛的充分条件。正是在寻找放宽狄利克雷提出的傅里叶级数收敛条件时,黎曼发展了他的黎曼积分的定义,他表明,在一个区间中不能展开为傅里叶级数的函数 $f(x)$ 可以是可积的。也正是对无穷三角级数的研究,导致了康托尔的集合论,这将在后面提到。

在重要的 1872 年之后仅一年,一位有望在数学和数学史上大有作为的年轻人,不幸在 34 岁就去世了。此人就是赫尔曼·汉克尔(Hermann Hankel, 1839—1873),是黎曼的学生,也是莱比锡大学的数学教授。1867 年,他出版了《复数系理论》(*Theorie der Komplexen Zahlensysteme*),书中他指出"建立泛算术的条件是 …… 一种纯智力的数学,脱离开所有感性的数学"。我们已经看到,当高斯、罗巴切夫斯基和鲍耶摆脱空间的偏见时,几何学革命才得以发生。在某种相同的意义上,正如汉克尔预测的,分析彻底的算术化也只有在数学家们把实数理解为"智力结构",而不是理解为自欧几里得的几何学继承下来的直觉上给定的量时才可能发生。汉克尔的观点不是新近才提出来的,一代代数学家,特别是在英国,一直在发展一种泛算术和多重代数。然而,对分析学的影响还没有得到广泛认可。在 19 世纪 30 年代早期,波尔查诺就曾尝试发展实数理论,将其当作有理数列的极限,但这些研究直到 1962 年之前都没有被注意到,也没发表。威廉·罗恩·哈密顿爵士可能意识到了一些这样的需要,但他对时间而不是空间的探讨,是对通常的几何背景在语言上的改变,尽管不是逻辑形式上的。前面提到的 1872 年这五位人物首先有效地抓住了问题症结并发表了成果。

梅雷迅速提出他的思想,早在 1869 年就发表了一篇文章,呼吁关注数学家从柯西时代起在推理时就犯下的一个严重错误。本质上说,这里的循环论证包括将数列的极限定义为实数,接着反过来将实数定义为一个(有理数)数列的极限。波尔查诺和柯西试图证明一个数列"收敛于自身" —— 其中 S_{n+p} 与 S_n(给定整数 p 和足够大的 n)之差小于任何给定量 ε,在外部关系的意义下也收敛于实数 S,即这个数列的极限。梅雷在他 1872 年的《新的精确无穷小分析》(*Nouveau Précis d'Analyse Infinitésimale*）中，并未引用收敛的外部条件或实数 S，就解决了这个棘手问题。他仅仅使用波尔查诺-柯西判别法，其中 n, p, ε 为有理数，没有涉及无理数就能描述收敛性。从广义上说，他将收敛序列视作或者确定了一个有理数为极限，或者确定了一个"虚构数"为"虚构极限"。他表明，这些"虚构数"可以排序，本质上，它们就是我们所知道的无理数。梅雷在他的收敛序列是否就是数这个问题上多少有些含糊其辞。如果说是，那么就意味着他的理论和同时期魏尔斯特拉斯发展出的理论是相同的。

536　　魏尔斯特拉斯试图将微积分从几何学中分离出来，并将其仅仅建立在数的概念上。像梅雷一样，他也看到要这么做的话，有必要独立于极限概念给无理数下个定义，因为前者到目前为止仍以后者为前提。为纠正柯西逻辑上的错误，魏尔斯特拉斯通过将数列本身设为数或极限，解决了收敛数列极限的存在性问题。魏尔斯特拉斯的方案太烦琐了，无法在这里细致地呈现，但是以相当简化的形式，我们可以说数 $\dfrac{1}{3}$ 并非级数 $\dfrac{3}{10} + \dfrac{3}{100} + \dfrac{3}{1000} + \cdots + \dfrac{3}{10^n} + \cdots$ 的极限，它是与这个级数相关的数列。（实际上，在魏尔斯特拉斯的理论中，无理数被更宽泛地定义为有理数的聚集体，而不是狭义地当作有理数的有序数列，像我们在前面暗指的那样。）

魏尔斯特拉斯没有发表过关于分析学算术化的观点，但这些观点被很多人熟知，如费迪南·林德曼（Ferdinand Lindemann）和爱德华·海涅，他们都听过魏尔斯特拉斯的讲座。1871 年，康托尔发起了第三个算术化计划，和梅雷、魏尔斯特拉斯类似。海涅提出的简化建议，促使了所谓的康托尔-海涅定理的发展，1872 年由海涅在克雷尔的《纯粹与应用数学杂志》上发表，题目为《函数论原理》（*Die Elemente der Funktionenlehre*）。本质上讲，文章中的方案类似于梅雷的观点，不收敛于有理数的收敛数列被用来定义无理数。同年，戴德金在《连续性与无理数》（*Stetigkeit und die Irrationalzahlen*）中给出了同一问题完全迥异的方法，也是今日人们所熟知的方法。

戴德金

早在 1858 年，戴德金就开始关注无理数问题，当时他正在讲授微积分。他总结说，如果要使极限概念严格化，就只能通过算术发展，而不是来自几何学的常规指引。正如他的书名所隐含的，戴德金不是简单寻找办法回避柯西的恶性循环，而是问自己，连续几何量中究竟存在什么能与有理数区分开来。伽利略和莱布尼茨认为,一条线上的"连续"点是它们稠密的结果——任意两点之间,总存在第三个点,然而,有理数也具有这种性质,但它并不构成连续统。戴德金仔细思考了这个问题后得出结论,一条线段连续的本质并不是因为模糊不清的紧密相连的性质,而是一个几乎相反的性质:线段上的一点将线段分为两个部分的性质。线段上任何一处的分割都将线段上的点分成两部分,使得每一个点属于且仅属于一类,而且一类中的每一个点都在另一类每一点处的左边,有且仅有一点能引起这种分割。如戴德金所写,"这句平常的话,揭示了连续性的秘密"。这确实是句平常的话,但它的作者似乎对此有所疑虑,因为他犹豫了好几年才说服自己正式发表出来。

　　戴德金明白,只要做一个假设,有理数域就可以扩展成实数连续统,这个假设是我们现在所知的康托尔-戴德金公理,亦即,一条直线上的点可以与实数一一对应。算术上的表达是指,有理数的每一个划分都形成 A 和 B 两类,使得第一类 A 中的每一个数小于第二类 B 中的每一个数,有且仅有一个实数产生这种分割,或者说戴德金分割。如果 A 有最大数,或如果 B 包含最小数,那么这个分割就定义了一个有理数,但如果 A 没有最大数,B 没有最小数,则这种分割定义了一个无理数。比如,如果我们把所有负有理数,以及所有平方小于 2 的正有理数放入 A 中,将所有平方大于 2 的正有理数放入 B 中,那么我们就用定义一个无理数的方式划分了整个有理数域——这个例子中,我们把这个数写作 $\sqrt{2}$。现在,戴德金指出,极限的基本定理可以不需要依赖几何学而得到严格证明。正是几何学指出了恰当地定义连续性的途径,但最后几何学被排除在这个概念的正式算术定义之外。有理数系的戴德金分割,或实数的等价构造,如今替代几何量成为分析学的支柱。

　　正如汉克尔指出的那样,实数的定义应当是建立在有理数基础上的智力构造,而不是外部强加于数学上的东西。之前所有定义中最流行的之一是戴德金的定义。20 世纪早期,伯特兰·罗素(Bertrand Russell,1872—1970)提议修改戴德金分割。他指出,因为戴德金的两个集合 A 和 B 的每一个集合都由另一个唯一确定,所以单独一个集合就足以确定一个实数。因此,$\sqrt{2}$ 可以简单地定义成由所有平方小于 2 的正有理数和负有理数的集合构成的分割或子类。类似地,每一个实数不过是有理数系的分割。

　　在某些方面,戴德金的人生和魏尔斯特拉斯相似。他的父母也有四个孩子,他也终生未婚,同后者一样都活到了八十多岁。另一方面,戴德金开启数学生涯要早于魏尔斯特拉斯,他 19 岁进入哥廷根大学,三年后以一篇微积分论文取得博

537

538

士学位，并受到高斯赏识。戴德金在哥廷根大学待了几年，期间授课并听取狄利克雷的课程，之后他在中学教书，他的余生主要在不伦瑞克度过。戴德金在提出著名的"分割"之后活了很久，以至于著名的托伊布纳的出版社曾在其《数学家日历》(*Calendar for Mathematicians*)中列出他逝世于1899年9月4日。这逗乐了戴德金，他比这个记录又多活了十几年，他写信给编辑说他和他的朋友格奥尔格·康托尔在一场令人兴奋的谈话中度过了他"去世"的那天。

康托尔与克罗内克

康托尔的一生与他的朋友戴德金完全不同。康托尔出生于圣彼得堡（父母从丹麦移民至此），但是他的一生大部分是在德国度过的，因为在他11岁时，举家搬迁至法兰克福。他的父母是犹太背景的基督徒——父亲改信新教，母亲出生于天主教家庭。他们的儿子康托尔对中世纪神学家关于连续性和无穷的精密讨论产生了浓厚的兴趣，但这不利于他遵照父亲的建议，从事平凡的工程事业。结果在苏黎世大学、哥廷根大学和柏林大学学习期间，这位年轻人又关注了哲学、物理学和数学，这一系列学习似乎培养了他空前的数学想象力。1867年，他在柏林大学以数论的论文取得了博士学位，但他早期发表的著作显示出对魏尔斯特拉斯分析学的兴趣。这个领域促进了他二十八九岁就在脑海中浮现出革命性思想。我们已经提到康托尔的工作与平凡的词"实数"有联系，但他最具原创性的贡献集中于"无穷"这个充满诱惑的词。

自芝诺时代以来，人们在神学和数学上就一直在谈论无穷，但在1872年之前没人能够精确地说出他们谈论的究竟是什么。这场关于无穷的讨论中，人们经常引用的例子都是诸如无穷次幂或无穷大的量。偶尔，像在伽利略和波尔查诺的工作中一样，注意力才会集中于集合中无穷多元素上，比如自然数或直线段上的点。在试图确定数学中实际的或"完全的"无穷时，柯西和魏尔斯特拉斯仅看出了矛盾，他们相信无穷大和无穷小的含义只不过是亚里士多德的潜在性——一种过程的不完整性。康托尔和戴德金得出的结论完全相反。戴德金在波尔查诺的悖论中看出的不是反常，而是无穷集合的普遍性质，他将其视为精确定义：

> 系统 S 被称为无穷的，当它相似于其自身的某一部分；如若不然，S 就是一个有限系统。

用更现代一些的术语来说，元素集 S 被称为无穷集，如果其真子集 S' 的元素

490

能与 S 中的元素一一对应。比如,自然数构成的集合 S 是无穷的,因为显然对于所有三角形数组成的子集 S',S 中每一个元素 n,都有 S' 中的元素 $\dfrac{n(n+1)}{2}$ 与之对应。"完全无穷"集的肯定定义不会同否定陈述(有时用沃利斯的符号写作 $\dfrac{1}{0} = \infty$)相混淆。后者这个"方程"简单表明,没有一个实数乘以 0 能得到 1。

戴德金是在 1872 年《连续性与有理数》(*Stetigkei und Irrational Zahlen*)的著作中给出的无穷集定义。(1888 年戴德金在他另一本重要著作《数是什么,数应该是什么》(*Was Sind und was Sollen die Zahlen*)中扩充了他的思想。)两年后,康托尔结婚了,他与新婚妻子前往因特拉肯度蜜月,在那里遇到了戴德金。同年,1874 年,康托尔在克雷尔的《纯粹与应用数学杂志》上发表了他最具革命性的论文中的一篇。和戴德金一样,康托尔意识到无穷集的基本性质,但与戴德金不同的是,康托尔看出并不是所有的无穷集都是相同的。在有限情形下,如果元素集合能一一对应的话,这些元素集合就称为具有相同的(基)数。用类似的方式,康托尔开始根据集合的势(Mächtigkeit 或"power")构造无穷集的等级。完全平方集合或三角形数集合与所有正整数构成的集合具有相同的势,因为它们能够实现一一对应。这些集合看上去要比所有有理数集合小得多,然而康托尔表明,后一个集合也是可计数的或可数的,亦即,这个集合也能够与整数集实现一一对应,因此它们具有相同的势。为说明这一点,我们只要顺着图 22.1 中的箭头所指路径"数"出这些分数。

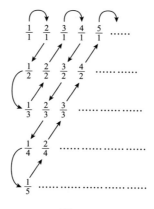

图 22.1

有理分数如此密集,以至于两个有理分数之间,无论离得多么近,总存在另一个有理分数,而康托尔的排列显示出,分数集与整数集具有相同的势。有人开始好奇是否所有的数集都有相同的势,但康托尔最终证明并非如此。例如,所有实数集要比有理分数集具有更高一级的势。为了说明这一点,康托尔使用了归谬法。假设 0 和 1 之间的实数是可数的,表示为无限小数的形式(比如,$\frac{1}{3}$ 写作 0.333…,$\frac{1}{2}$ 写作 0.499…,等等),按照计数顺序排列如下:

$$a_1 = 0.a_{11}a_{12}a_{13}\cdots,$$
$$a_2 = 0.a_{21}a_{22}a_{23}\cdots,$$
$$a_3 = 0.a_{31}a_{32}a_{33}\cdots,$$
$$\cdots\cdots\cdots\cdots\cdots\cdots,$$

其中 a_{ij} 是 0 到 9 之间的一个数字。为了表明上述的排列并没有涵盖 0 和 1 之间所有的实数,康托尔展示了与上面所有列出的小数不同的一个无限小数。为此,只需简单构建一个小数 $b = 0.b_1b_2b_3\cdots$,其中若 $a_{kk} = 1$,则 $b_k = 9$,若 $a_{kk} \neq 1$,则 $b_k = 1$。这个实数介于 0 和 1 之间,但它不等于上述排列方式中任何一个小数,而这种排列假定包含了介于 0 和 1 之间所有的实数。

实数能以两种不同方式细分为两类:(1) 划分为有理数和无理数,或者(2) 划分为代数数和超越数。康托尔表明,尽管代数数类比有理数类更一般,但代数数类具有与整数类相同的势。因此,正是超越数给了实数系以"稠密",故具有更高的势。本质上,稠密问题决定了集合的势,这表明了一个事实,无限延长的直线上点集的势恰与任意线段上(无论多短)点集的势相同。为说明这一点,令 RS 为无限延伸的直线,PQ 为任意有限线段(图 22.2)。放置这一线段,使其与 RS 相交于点 O,但不垂直于 RS,也不在直线 RS 上。选择点 M,N,使得 PM 和 QN 平行于 RS,且 MON 垂直于 RS,那么过 M 作若干直线,与 OP,OR 分别相交,同样过 N 作若干直线,与 OQ,OS 分别相交,这些交点就简单地构成了一一对应关系。

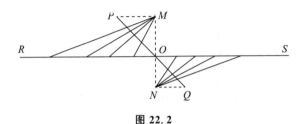

图 22.2

　　更令人惊讶的是,集合的势并不受维数的影响。单位线段上点集的势恰与单位平面或单位立体上点集,或者,就此而言,与三维空间中所有点集的势相同。(然而,维数仍是某种权威的测度,不同维度空间中点的任何一一映射必定是不连续映射。)点集理论中这些结果如此反常,于是康托尔本人在 1877 年给戴德金的一封信中说道,"我看到了,但我不相信",他让他的朋友帮他检查证明。出版商也对于接收他的论文非常犹豫,他的文章在克雷尔的《纯粹与应用数学杂志》上的发表,也因为编辑犹豫不决,担心在数学概念的非常规表述中有潜在的错误而多次被推迟。投稿中几次出现康托尔的署名文章,皆因编辑犹疑不决而延期发表,以免数学概念的非常规方法中出现潜在错误。

　　康托尔令人惊讶的成果促使他建立了集合理论,这是一门成熟的数学学科,被称为集合论或流形理论,这一分支在 20 世纪对数学教学产生了深远影响。在理论建立时期,康托尔做了很大努力说服他的同行们认同这些结果的正确性,因为有相当严重的无穷恐惧症,数学家们并不愿意接受实无穷或"完全无穷"。随着证据一个又一个积累,康托尔最终建立起了完整的超穷算术。集合的"势"成为集合的"基数"。这样,整数集的"数"是"最小的"超穷数 E,实数集合的"数"或直线上点的数是"更大"的数 C,即连续统的数。仍未能回答的问题是,E 和 C 之间是否存在超穷数。康托尔本人表明,在 C 之外还有无穷多超穷数,因为他证明一个集合的子集的集合总是具有比自身集合更高的势。因此,C 的子集集合的"数"是第三个超穷数,该子集集合的子集集合确定第四个超穷数,以此类推,以至无穷。由于有无穷多个自然数,因此就有无穷多个超穷数。

542

　　之前超穷数描述的是基数,但康托尔也发展了超穷序数算术。序关系在数学上是个棘手的问题,因此结果表明超穷序数算术显著不同于有限序数算术。对于有限情形,序数法则本质上与基数法则相同。这样就有,3＋4＝4＋3,无论这几个数字表示基数或是序数。然而,如果用 ω 表示"可数"的序数,那么 $\omega+1$ 就不同于 $1+\omega$,因为 $1+\omega$ 显然与 ω 相同。而且,还可以证明 $\omega+\omega=\omega$,$\omega\cdot\omega=\omega$,这些性质并不像有限序数的性质,而是类似超穷基数性质。

　　戴德金和康托尔是当时最具有才干的数学家,当然也最有独创性,然而他们都没有获得最高级别的专业职位。戴德金几乎花了一生的时间教授中学知识,而康托尔在哈勒大学度过了他大部分的职业生涯。康托尔原本希望取得柏林大学的教授资格认定,他认为是利奥波德·克罗内克(Leopold Kronecker,1823—1891)阻碍了他的成功。

克罗内克曾是库默尔的学生，最初是在中学阶段，当后者成为高级中学的老师时，克罗内克也在那里上学，后来库默尔去了布雷斯劳大学任教。克罗内克在柏林大学师从施泰纳和狄利克雷，并于 1845 年获得博士学位。他的父母相当富有，所以一开始他并没有走上学术道路，而是管理家族的金融产业。然而，他坚持研究数学。当他 1855 年搬到柏林时，过起了业余学者的生活。他惊人的成果涵盖了数论、方程理论、椭圆函数论及其他领域，1861 年，他为此获得了柏林科学院成员的身份。这使得他有资格在柏林大学教学，而且他一直在这么做。1883 年，当库默尔退休后，他被授予正式教授职位。克罗内克的研究成果非常重要，无论是个别成果，还是他对代数学和分析学算术化做出的全面尝试。他对 20 世纪早期代数学和数论的影响都相当大，埃里克·赫克(Erich Hecke，1887—1947) 的工作就是一个例子。大部分历史记载敌意地着墨克罗内克与康托尔之间的恩怨，他工作的重要性反而被低估了。实际上，他偏好整数研究并信奉构造性程序，这也让他疏远了魏尔斯特拉斯。他曾有句脍炙人口的名言："上帝创造了整数，其余的都是人类的工作。"他断然拒绝了他那个时代的实数构造，原因是实数不可能仅从有限过程中获得。据说，他问过林德曼，证明 π 不是代数数有什么用，因为无理数不存在。有报道说他的方案因空洞无物而消亡。我们稍后将在庞加莱和布劳威尔(L. E. J. Brouwer) 的工作中看到它还会以一种新的形式重新出现。

1883 年，康托尔在他的著作《流形的一般理论基础》(*Grundlagen Einer Allgemeinen Mannigfaltigkeitslehre*) 中做了有力辩护，坚持自己的观点"无穷集能够像有限集一样进行确定的计数"。他并不担心落入自己描述的"超越数的深渊"，然而他偶尔会陷入神学讨论范畴。克罗内克持续对敏感十足、喜怒无常的康托尔进行攻击，1884 年，康托尔第一次精神崩溃，并在他余生 33 年内反复发作。抑郁发作有时让他怀疑自己的工作，虽然他一定程度上依靠朋友们，如埃尔米特的支持缓解了情绪。最终他的工作获得了认可，但 1918 年他在哈勒精神病院去世的事实仍提醒我们，天才和疯狂有时密切相关。20 世纪早期数学领军人物对他的赞颂为他悲剧的人生增添了色彩，这位数学家就是戴维·希尔伯特(David Hilbert)，他把新的超穷算术描述为"数学思想最惊人的产物，是人类纯智力活动中最漂亮的成果之一"。在胆怯的灵魂犹豫不决的地方，希尔伯特大声疾呼："没有人能将我们从康托尔创造的天堂中驱逐出去。"

法国的分析学

在考察康托尔天堂的一些成果之前,我们应该看看在本章中到目前为止还没提到的国家——法国的19世纪的一些分析学工作。虽然分析学活动在19世纪后期在德国和英国是最引人注目的,但还是有来自巴黎的源源不断的贡献。这些贡献以教学和科研的不同方式呈现出来。涉及教学的主要就是伟大的教科书,一般根据演讲笔记形成。施图姆的《分析学教程》(*Cours d'Analyse*)只是继柯西在巴黎综合理工学校期间的听课笔记之后持续时间最久的教科书之一。世纪之交,该教科书由古尔萨的著作替代,其英文版在美国产生过深远影响。布里奥和布凯的《椭圆函数论》(*Théorie des Fonctions Elliptiques*)是一本全面论述椭圆函数主题的著作。洛朗(H. Laurent)又出版了更适合教学使用的基础教科书。到19世纪末,朱尔·塔内里(Jules Tannery)和莫尔克(J. Molk)出版了关于椭圆函数理论的多卷本《基础》(*Elements*)。有一些涉及更广泛领域的作者,比如约瑟夫·阿尔弗雷德·塞雷(Joseph Alfred Serret,1819—1885),他们教授并出版的教科书涵盖19世纪中期数学的几乎每一个领域。此外重要的是普及者的工作,比如阿贝·穆瓦尼奥(Abbé Moigno),19世纪40年代自封的柯西的解释者,也是《宇宙》(*Cosmos*)的编辑,这是一本报道科学与数学活动的杂志。

毫不奇怪,柯西的工作为这个时代的许多分析学家提供了研究切入点。比如,皮埃尔-阿方斯·洛朗(Pierre-Alphonse Laurent,1813—1854)和维克托·皮瑟(Victor Puiseux,1820—1883),因为他们对复变函数理论的贡献,至今仍被人们所铭记。在某不连续点处,洛朗展开取代了泰勒级数;皮瑟在本质奇点及其相关性质的明确讨论方面超越了柯西。

法国数学持续影响其他地方的活动,我们在谈到刘维尔和卡米尔·若尔当(Camille Jordan)时已经注意到这一点。另一个例子可以在加布里埃尔·拉梅的工作中找到,他的名字主要与他处理描述物理问题,特别是热方程的偏微分方程时引入的曲线坐标联系在一起。爱德华·海涅是狄利克雷学术圈内更年轻的成员,他关注球谐函数和位势方程,他的研究一开始追随拉梅,后来与之势均力敌。同样受拉梅的曲线坐标概念启发并和海涅的工作有重叠的是埃米尔·马蒂厄(Émile Mathieu,1835—1900),他在研究与椭圆振动膜问题有关的波动方程中,引入了椭圆柱坐标,以及以他名字命名的方程。

544

或许 19 世纪中期,法国最著名的分析学工作是施图姆和刘维尔的工作,他们解决了带有边界条件的二阶常微分方程理论。实际上,相关论文发表在 19 世纪 30 年代刘维尔的《纯粹与应用数学杂志》最早的几期中。然而,他们的巨大作用是逐渐显露出来的,特别是通过后期英国数学物理学家的使用。所讨论的问题是表达式可展开为特征函数的问题。这可以被认为是傅里叶级数理论的一般化。施图姆不仅研究了傅里叶的热理论,而且也研究了方程的数值解。人们只要看一看施图姆的第一个主要理论成果,这项工作的影响就很明显。这就是他的分离定理,指的是任意两个(实的)解的振动交替或相互分离。施图姆-刘维尔理论不仅证实了可展性,而且提供了解和特征函数取值的判据。这个定理一开始并不严谨。到 19 世纪末,应用和证明得到了完善。这个领域特别活跃的是美国数学家马克西姆·博谢(Maxime Bôcher,1867—1918)。19 世纪 80 年代他在哈佛大学跟随威廉·埃尔伍德·拜利(William Elwood Byerly)、本杰明·O. 皮尔斯(Benjamin O. Peirce)以及詹姆斯·米尔斯·皮尔斯(James Mills Peirce)学习,1891 年在哥廷根大学克莱因的指导下,凭借位势理论级数展开的获奖学位论文取得了博士学位。世纪之交之后,在他的同乡马克斯·马松(Max Mason)、理查森(G. R. D. Richardson)和伯克霍夫的影响下,博谢短暂地加入了施图姆-刘维尔问题的研究中。在 1913 年到 1914 年的冬天,在巴黎大学邀请博谢做一系列报告时,他选择了施图姆的方法作为他的主题,以感谢施图姆-刘维尔理论以及它为这一小支美国分析学家提供的研究机会。

刘维尔还因其他各种贡献而被注意到。在复分析中,他的工作被称作刘维尔定理:如果一个复变量 z 的完全解析函数 $f(z)$ 在复平面上有界,那么 $f(z)$ 是常数。从这个定理中,代数基本定理能推导出一个简单推论:如果 $f(z)$ 是次数大于零的多项式,且 $f(z)$ 在复平面上处处不为 0,那么它的倒数 $F(z)=\dfrac{1}{f(z)}$ 满足刘维尔定理的条件。结果是,$F(z)$ 将必为一个常数,但显然它不是。因此,至少有一个复数值 $z=z_0$ 满足方程 $f(z)=0$。在平面几何中有另一个"刘维尔定理":点 P 到圆锥曲线 C 的切线长度与在对应交点处圆锥曲线 C 的曲率半径的立方根成正比。最后,我们讨论刘维尔对实数理论最著名的贡献。

数论主要处理整数,或者更一般地,处理整数的比——所谓的有理数。这类数总是系数为整数的线性方程 $ax+b=0$ 的根。实分析处理更一般类型的数,要么是有理数要么是无理数。本质上,欧几里得已经知道,$ax^2+bx+c=0$ 的根,其中 a,b,c 为给定长度的整倍数,能够用直尺和圆规在几何上构造出来。如果

545

$ax^n + bx^{n-1} + cx^{n-2} + \cdots + px + q = 0$ 的系数 $a, b, c, \cdots, q$ 和 n 为整数且 $n > 2$，则方程的根一般说来不能用欧几里得的工具构造出来。当 $n > 0$ 时，我们知道这一方程的根被称为代数数，以表明它被定义的方式。既然每一个有理数都是这样一个 $n = 1$ 时方程的根，那么问题自然而然就来了，是否每一个无理数都是 $n \geqslant 2$ 时方程的根？对这个问题的否定最终由刘维尔在 1844 年给出，他构造了一个广泛的非代数实数类。他发展的特殊类的数被称为刘维尔数，更大的非代数实数集被称为超越数。刘维尔对超越数的构造相当复杂，但如果不坚持证明超越性，还是能举出一些超越数的简单例子——比如 0.1001000100001… 或者这样形式的数：

$$\sum_{n=1}^{\infty} \frac{1}{10^{n!}} \text{。}$$

要证明任意特定的实数（如 e 或 π）不是代数数，通常相当困难。例如，在刘维尔 1844 年的《纯粹与应用数学杂志》中，他能够表明，e 或 e^2 不可能是整数系数二次方程的根，因此，给定一个单位线段，不可能用欧几里得的工具构造出长度为 e 或 e^2 的线段。但直到 30 年后，法国数学家查理·埃尔米特追随着刘维尔的观点，才在 1873 年法国科学院的《通报》上的一篇文章中表明，e 不可能是任何整数系数多项式方程的根，亦即，e 是超越数。

相较 e 的情况，π 让数学家困惑了 9 年之久。兰伯特和勒让德分别在 1770 年和 1794 年表明，π 和 π^2 都是无理数，但这个证明并没有终结古老的化圆为方的问题。最终，1882 年慕尼黑大学的林德曼（C. L. F. Lindemann，1852—1939）在《数学年刊》的一篇论文中解决了这个问题。题为《关于数字 π》(Uber die Zahl π) 的文章，扩展了刘维尔和埃尔米特的工作，决定性地证明了 π 也是一个超越数。在他的证明中，林德曼首先证明若 x 为代数数，方程 $e^{ix} + 1 = 0$ 不可能成立。因为欧拉已指出 $x = \pi$ 满足上述方程，则一定推出 π 不是代数数的结论。最终，这成为化圆为方经典问题的回答。为了能用欧几里得的工具解决化圆为方的问题，数 π 必须是用平方根表示的代数方程的根。因为 π 是非代数数，所以圆就不可能用经典法则转化为方形。受此成功的激励，费迪南·林德曼之后发表了几个据称是费马大定理的证明，但后来被其他数学家证明是错误的。

埃尔米特是 19 世纪法国最有影响力的分析学家之一。尽管（也许因为）他在学生时期面对迂腐的教育及考试时运气不佳，但他曾经被巴黎主要的数学机构录用。埃尔米特担任过巴黎综合理工学校的主考官，之后继任法兰西公学院职务，后在高等师范学校教书，从 1869 年至 1897 年，在索邦大学担任高等分析学教授职位。求学期间，他和年轻的伽罗瓦受同一老师鼓励，他第一次阅读的数学经典著作是拉格朗日关于数值方程解的著作，以及高斯的《算术研究》的法文译本。1842 年，在他还是预科生时，他就通过向《新数学年刊》(*Nouvelles Annales de Mathematiques*) 投稿了两篇论文而第一次引起了人们的注意，这本杂志主要面向数学教师及他们的优秀学生。其中一篇论文就简练提出了五次方程的不可解问题。1858 年，他和克罗内克用椭圆模函数求解了五次方程。其间多年，埃尔米特一直受到刘维尔的保护，后者把埃尔米特介绍给刘维尔在普鲁士的朋友们，特别是雅可比。随后在他们的通信中，可以看出埃尔米特在椭圆函数和阿贝尔函数及解析数论上的早期成就。1864 年，埃尔米特提出一类新的特殊函数，与无界区间上函数展开问题有关。讽刺的是，这位伟大的分析学家的名字时至今日更多出现在代数学领域而非分析学领域：给定矩阵 H，令其中每一个元素替换为其共轭复数，替换后的矩阵记作 H^*，若 $H = H^*$，则该矩阵称为埃尔米特矩阵。1858 年，埃尔米特表明了这类矩阵的特征值均为实数。在这之前，他创造了术语"正交"来表示这样的矩阵 M：$-M$ 等于 M^* 的逆。

19 世纪法国分析学家稳定的贡献表明了法国分析学土壤的持续肥沃，而最有说服力的标志是庞加莱及更年轻的同代人向新世纪所呈现的新概念的壮观景象。

（潘丽云　译）

第二十三章
20 世纪的遗产

> 数学就像是一个缠绕在一起的毛线团,每股线都以一种几乎不可预见的方式彼此相互作用。

> ——迪厄多内(Diedornné)

概览

到 19 世纪末,数学的内容及其机构和人际关系的框架都明显地比之 19 世纪 ⁵⁴⁸ 初发生了根本性的改变。除了在这个世纪数学杂志和学术机构的发展,以及不同国家的数学家之间传统的个人通信之外,国家数学学会的建立和数学家的国际会议也极大促进了数学思想的交流。1865 年成立的伦敦数学会和 1872 年成立的法国数学会最先出现。随后,19 世纪 80 年代成立了苏格兰的爱丁堡数学会、意大利的巴勒莫数学会,以及纽约数学会(很快就更名为美国数学会)。接着在 1890 年出现了德国数学会。每个团体都会定期举办会议并发行期刊。1893 年,首次在 ⁵⁴⁹ 芝加哥举办了一场国际数学家大会,同时举办的还有哥伦比亚世界博览会。这之后是 1897 年在苏黎世举办的国际数学家大会,这是一系列"官方"数学家大会中的第一届,此后,除了被两次世界大战和冷战中断外,每四年举办一次。20 世纪的大部分时间里,大会都在欧洲举办,1924 年(多伦多)、1974 年(温哥华)、1986 年(伯克利)和 1990 年(京都)则是例外。尽管存在重大的经济和政治差异,但总体来说,与前辈对于邻近地区某个人获得的成果的了解相比,20 世纪数学家对于其

499

他大陆同行工作的了解更为迅速。

20 世纪数学发展的其他趋势，在临近 19 世纪末时就已经变得引人注目，包括强调共同的基础结构，这些结构显示出，此前被认为无关的数学领域之间具有对应关系。与此同时，数学并不比历史上早先时期更少受到时尚潮流的影响和某些数学学派的左右。这取决于某个特定领域中的研究状况以及个别研究者的影响，也存在着某些外部因素，比如像物理学、统计学和计算机科学等相关领域中的发展，以及经济和社会压力，它们通常为应用提供了支持。

亨利·庞加莱

当高斯于 1855 年去世时，人们普遍认为不会再有一位精通所有纯粹数学与应用数学分支的全才。如果此后有人证明这一观点不正确，那么他就是庞加莱，因为他将全部数学纳入了他的研究领域。然而在不少方面，庞加莱都与高斯有着根本的不同。高斯是一位计算天才，一生中都不畏惧复杂的计算，而庞加莱尤其在早年并没有显示出在数学上有什么前途，而且乐意承认他对于简单的算术计算都会犯怵。庞加莱的事例表明，一个人要想成为伟大的数学家，无须在数字能力方面超群出众，其他方面的天生数学才能更有助益。还有，高斯撰写的论文相对较少，喜欢不断润色自己的作品；相反，庞加莱在写作方面下笔迅捷且题材广泛，每年发表的论文比其他任何一位数学家都多。而且，庞加莱特别在晚年还撰写了带有哲学韵味的通俗读物，这是高斯不曾涉猎的。另一方面，庞加莱与高斯之间的相似之处也不少，而且是主要的。两人都才思泉涌，以至于对他们来说很难将这些想法全都记下来，两人都具有偏好一般定理而非特例的强烈倾向，并对种类广泛的科学分支做出了贡献。

亨利·庞加莱（Henri Poincaré，1854—1912）生于南锡，这是一座在 20 世纪庇护了很多杰出数学家的城市。他的家族在许多方面都声名显赫，庞加莱的堂弟雷蒙德（Raymond）在第一次世界大战期间曾担任法国总统。庞加莱笨手笨脚，出了名地不擅长体育活动。他视力糟糕，常常心不在焉，但像欧拉和高斯一样，他在数学思维的所有方面都具有惊人的进行智力活动的能力。1875 年从巴黎综合理工学校毕业后，他在 1879 年获得了采矿工程学位，并且余生一直隶属于矿产部。1879 年，他又在埃尔米特指导下在巴黎大学获得了博士学位，除担任巴黎综合理工学校的教授外，他还拥有巴黎大学数学和科学方面的好几个教授职位，直到去世。

自守函数与微分方程

庞加莱的博士论文涉及的主题是微分方程(不是关于求解方法,而是关于存在性定理),这带来了他在数学上最著名的贡献——自守函数的性质。事实上,他是自守函数理论的真正奠基人。一个复变量 z 的自守函数 $f(z)$ 是除极点外在定义域 D 内的解析函数,并且在线性分式变换

$$z' = \frac{az+b}{cz+d}$$

构成的可数无限群下保持不变。这种函数是三角函数(正如我们看到的,如果令 $a=1=d$,$c=0$,而 b 是 $2k\pi$ 的形式)和椭圆函数的推广。对于有约束的情形,其中 a,b,c 和 d 是整数且有 $ad-bc=1$,埃尔米特已经研究了这种变换,并且发现了一类在这种变换下保持不变的椭圆模函数。然而庞加莱的推广揭示出一种称作 ζ 富克斯(Fuchsian)函数的更广泛的函数类别,庞加莱证明可以用它们来求解具有代数系数的二阶线性微分方程。

这只是庞加莱对于微分方程理论的许多重要贡献的开始。这一学科就像一根贯穿他大部分工作的红线。在一篇关于他本人工作的概要总结中,他评论道,自创建微积分以来,分析学家都面对着三个主要问题:代数方程的解、代数微分的积分,以及微分方程的积分。他注意到,历史已表明要在所有这三种情形中取得成功,并不在于将它们归约为更简单问题的传统尝试,而在于直接研究解的性质。这已经成为求解伽罗瓦所提供的代数问题的关键。在攻克代数微分的第二种情形上,几十年来那些不再试图归约为初等函数,而是使用新的超越函数的数学家已经取得了成功。庞加莱确信,类似的方法在求解微分方程时将有助于解决那些先前难以对付的问题。

如前所述,这一观点已经出现在他的博士论文中,标题为《关于偏微分方程所定义的函数的性质》(*On the Properties of Functions Defined by Partial Differential Equation*)。在 19 世纪 80 年代早期发表的一系列论文中,他处理了主要问题并打算提供解的定性描述。他首先处理了一般方程 $\mathrm{d}x/f(x,y) = \mathrm{d}y/g(x,y)$,其中 f 和 g 是实多项式。为了处理无穷分支问题,他将 xy 平面投影到球面上。接下来他检查他的方程,尤其注意到使两个多项式等于 0 的那些点。利用布里奥和布凯基于柯西的工作对这些奇点所做的分类(结点、鞍点、焦点和中心点),他能够确立完全依赖于特定类型的奇点存在与否的解的一般性质。

551

例如,他证明了 $T(x,y)=C$（T 是解析的,C 是常数）类型的传统解只在没有结点或焦点时才出现。在包含这一理论的四篇论文中的第三篇,庞加莱将他的分析推广到形如 $F(x,y,y')=0$ 的高次方程,这里 F 是多项式。他通过考虑由 $F(x,y,y')=0$ 定义的曲面来处理这类方程。设该曲面的亏格是 p,焦点数是 F,结点数是 N,鞍点数是 S,庞加莱证明了 $N+F-S=2-2p$。在探讨了这一结论和其他结论导致的结果后,庞加莱又继续研究了高阶方程。尽管他没能建立如他对二维情形得出的那样广泛的一系列结果,但他推广了使用超曲面的新技术,并进一步证实了奇点与超曲面的贝蒂（Betti）数之间的关系。

在他研究微分方程的许多其他成果中,我们仅援引几例。他最早的成果之一涉及线性方程和一个非正则奇点的邻域,在这里他提供了一个将解展开成渐近级数的开创性例子。1884 年,他转而研究复数域上具有固定奇点的一阶微分方程。埃米尔·皮卡（Émile Picard,1856—1941）在其研究二阶方程时利用了这一工作。庞加莱在这方面的工作,也为保罗·潘勒韦（Paul Painlevé,1863—1933）关于具有或不具有（可移）奇点的非线性二阶方程的深入研究奠定了基础。庞加莱后来在常微分方程和偏微分方程方面的工作大都与物理应用有关,尤其是在天体力学和 n 体问题的研究中。

数学物理和其他应用

552 　　庞加莱在任何领域都没有停留到足以完善他的工作。他的一位同时代人在谈论他时说:"他是征服者,而不是殖民者。"在巴黎索邦大学讲课时,他每学年都会讲不同的主题——毛细管作用、弹性力学、热力学、光学、电学、电报通信技术、宇宙演化论,等等;很多时候,在他讲过后不久,讲稿便被交付印刷出版。仅就天文学而言,他就出版了 6 卷—— 3 卷《天体力学新方法》(*Les Méthodes Nouvelles de la Mécanique Céleste*,1892—1899) 以及 3 卷《天体力学教程》(*Leçons de Mécanique Céleste*,1905—1910),这使他在这方面成为拉普拉斯当之无愧的继承人。尤其重要的是他在攻克三体问题及其推广时所使用的方法。对于宇宙演化论来说,同样重要的还有他在 1885 年发表的一篇论文,其中他证明了,服从牛顿引力并且绕一个轴具有转动不变性的某种均质流体,其呈现的相对平衡图形可以是梨形,直到今天测地学家仍对梨形地球的问题感兴趣。查尔斯·达尔文（Charles Darwin,1809—1882）的儿子乔治·H. 达尔文（George H. Darwin,1845—1912）爵士于 1909 年写道,在今后的半个世纪里,庞加莱的天体力学对于研究者来说将是一个巨大的矿藏。一个世纪过后,这一矿藏仍然没有枯竭。

有趣的是,和拉普拉斯一样,庞加莱也创作了大量关于概率的论著。在某些方面,他的工作只是拉普拉斯和 19 世纪分析学家们工作的自然延续,然而庞加莱就像是古罗马的两面神,在某种程度上他预见到了拓扑学的重大影响,这即将成为 20 世纪数学的主要特征。拓扑学并不是任何一个人的发明。在欧拉、默比乌斯和康托尔的著作中都可以找到一些拓扑学问题,甚至"拓扑学"一词在 1847 年就已被利斯廷(J. B. Listing,1808—1882)用在一本书的书名中了,这本书就是《拓扑学初探》(*Vorstudien zur Topologie*)。但作为这门学科发端的日期,没有比 1895 年更合适的了,就在这一年庞加莱在他发表的《位置分析》(*Analysis Situs*)中第一次对它做了系统的发展。

拓扑学

拓扑学现在是一个宽泛而基本的数学分支,具有多个方向,但它可以细分为两个截然不同的子分支:组合拓扑学和点集拓扑学。庞加莱对于后者没什么热情,并且当他 1908 年在罗马召开的国际数学家大会上演讲时,称康托尔的集合论是一种病,后代人会自认为已经从中痊愈。组合拓扑学,或按当时的一般称呼叫作位置分析,是对空间构型在连续的一一变换下仍保持不变的内在定性方面的研究。它常被通俗地称为"橡皮几何学",因为,比如说气球的变形,如果不刺破或撕裂它,就是拓扑变换的实例。例如,圆拓扑等价于椭圆;空间的维数是一个拓扑不变量,简单多面体的笛卡儿-欧拉数 $N_0 - N_1 + N_2$ 也是如此。将笛卡儿-欧拉多面体公式推广到高维空间是庞加莱对拓扑学的原创性贡献之一,其中使用了他所称的"贝蒂数",这一名称是为了纪念恩里科·贝蒂(Enrico Betti,1823—1892),后者任教于比萨大学,并已经注意到了这些拓扑不变量的某些性质。然而,拓扑学的大部分内容处理的是数学的定性方面而非定量方面,在这方面,它与 19 世纪流行的分析学风格形成鲜明对照。庞加莱似乎是因为试图定性求解微分方程而关注位置分析的。和黎曼一样,庞加莱尤其擅长处理具有拓扑性质的问题,例如确定某个函数的性质而不在乎它在古典意义下的形式表示。两个人都是具有很强判断力的直觉主义者。

庞加莱宣称,实际上他接触到的每个问题都将他引向位置分析。我们已经看到他攻克微分方程时的一个例子。在横跨 19 世纪末和 20 世纪初的十年中,他发

553

表了一系列有关这一主题的论文。这些论文已经成为 20 世纪组合拓扑学或代数拓扑学的基础。在此他详细阐述了出自黎曼和贝蒂的那些概念，我们曾在他关于微分方程的著作中遇到过：将一个图形当成一个 n 维流形处理，并考虑连通性的阶。他提出了单纯同调论的基本定义和定理，确立了流形的基本群与第一贝蒂数之间的关系，还指出了涉及贝蒂数的进一步关系。这些论文所包含的定理和猜想导致了后来 20 世纪拓扑学家的许多探索。我们将在最后一章概述其中一段历史。

其他领域和成果

关于庞加莱对数学的其他许多贡献，我们仅提及他在函数论方面的其他工作，包括阿贝尔函数，有关李群和代数相关问题的实质性工作，以及涉及数学和数学哲学的具有广泛影响的、有一些争议的非技术性著作。

554

作为庞加莱多面性的一个具体例子，欧几里得框架内的一个富于启发性的罗巴切夫斯基几何模型要归功于他。假设某个世界被一个半径为 R 的大球包围，并且球内一点的绝对温度为 $R^2 - r^2$，其中 r 是点到球心的距离，同时假设透明介质的折射率与 $R^2 - r^2$ 成反比。此外，假定物体在每一点处的尺寸都不同，与任意给定位置的温度成正比。对于这个世界的居民来说，宇宙似乎是无限的，光线或"直线"并不是直的，而是与极限球面正交的圆，并且似乎是无限的。"平面"则是与极限球面正交的球面，两个这样的非欧"平面"将相交于一条非欧"直线"。除平行公设外的欧几里得公理仍然成立。

除了他的多面性、他发展的强有力的新工具，以及他所得到的结果，庞加莱对于 20 世纪的重要性还在于他的许多论文所具有的"未完成"但却完全开放的性质。一个例子是他写的一篇关于数论的论文。这篇论文发表于 1901 年，涉及丢番图方程的研究。20 年前由戴德金和韦伯确立的这个方向，如今通过双有理代数曲线理论来处理这门学科。换句话说，给定一条具有有理系数的曲线 $f(x, y) = 0$，我们希望找到曲线上具有有理坐标的点。庞加莱再次检验了曲线的亏格，特别是对于 $p = 1$ 的情形。利用克勒布施推广的一项技术，他把椭圆函数应用于该曲线的参数表示，并指出雅可比行列式上的有理点形成一个子群；它的秩就是他所称的该曲线的秩。这篇论文促进了多项重要研究。1917 年，阿道夫·赫尔维茨（Adolf Hurwitz, 1859—1919）发表了一篇论文，紧接着路易·乔尔·莫德尔（Louis Joel Mordell, 1888—1972）在 1922 年发表了一篇文章，其中他证明了该子群的秩是有限的。1928 年,安德烈·韦伊(André Weil,1906—1998)将这一结果推广到任意的 p。效法费马,莫德尔和韦伊使用了基于椭圆函数平分的"无穷递降法",这很可能受到庞加莱在有关三等分情形中的应用的启发。莫德尔猜想及这些思想的其他推广,在接下来的历史里属于当代数学。我们提到这篇 1901 年的论文,只是用于说明庞加莱的著作具有极大启发性的一个例子。

在庞加莱去世的那一天,保罗·潘勒韦发表了一篇简短的颂词。结尾处,他特别强调了庞加莱的理智真诚。尤其是,他将这一品质与庞加莱在认为没有时间或少有机会能给出一个问题的完整解答时愿意发表部分结果联系起来。例如,潘勒韦从庞加莱发表的最后一篇文章引述的如下文字,在该文中庞加莱解释了他给出部分结果的原因。在注意到自己将来可能几乎没有机会再来研究这个问题后, 555庞加莱写道:

> 这一学科太过重要,而所获得的结果合在一起对我来说已经如此可观,以至于我不能听任其无人问津。我希望,对此问题感兴趣的几何学家们(无疑他们比我更幸运)能够对这篇文章善加利用,以使它有助于他们找到其必须采取的方向。

戴维·希尔伯特

像伊曼纽尔·康德(Immanuel Kant,1724—1804)一样,戴维·希尔伯特(David Hilbert,1862—1943)出生于东普鲁士的柯尼斯堡,但不像康德,他的足迹踏遍很多地方,特别是出席了在这个世纪已极具特色的国际数学家大会。除在海德堡大学随分析学家拉扎勒斯·富克斯学习了一个学期外,希尔伯特是在柯尼斯堡大学接受数学训练的。那里主要的数学教授是海因里希·韦伯,在戴德金的鼓励下他已经转向代数和数论中抽象概念的研究。韦伯在 19 世纪 80 年代和 90 年代首次给出了群和域的一些抽象定义,他是著名的影响广泛的三卷本代数教科书的作者,也是在第二十三章提到的戴德金那篇关于代数函数的重要论文的合作者。1883 年,韦伯离开柯尼斯堡大学。他的继任者林德曼就发表了关于 π 的超越性的证明。林德曼建议希尔伯特将不变量理论作为博士论文选题,并支持后者在这一领域的早期工作。希尔伯特对于不变量的兴趣受到了同他年龄相仿的两个人的很大的激励,在19 世纪 80 年代,他从他们那里了解了很多。他们分别是阿道夫·赫尔维茨和赫尔曼·闵可夫斯基(Hermann Minkowski,1864—1909),前者曾随费利克斯·克莱因学习，并于1884年成为林德曼在柯尼斯堡大学的同事；后者在1893年4月还是学生时，就因一篇关于整数分解为5个平方和的论文赢得了巴黎科学院颁发的"数学科学大奖"。赫尔维茨的早期工作涉及数论和几何问题。他在柯尼斯堡大学所做的大部分研究，着眼于将黎曼的函数论方法应用于代数中的问题，特别是代数函数。1892年，他离开柯尼斯堡前往苏黎世，在那里度过了余生，为代数数论和数域理论做出了重要贡献。闵可夫斯基于1885年7月获得博士学位，比希尔伯特晚几个月。他的博士论文涉及用狄利克雷引进的方法研究二次型。在闵可夫斯基为晋升所进行的论文公开答辩中，希尔伯特曾充任"对手"。如我们将看到的，闵可夫斯基和希尔伯特一直是关系密切的朋友。

不变量理论

1892年之前，希尔伯特主要研究不变量理论，他对这一学科最重要的贡献发表于1890年和1893年。为了理解它们在不变量理论历史上的地位，比较好的办法是遵循希尔伯特本人对该理论的阐述，这是他为1893年在芝加哥召开的国际数学大会准备的报告。

在布尔、凯莱和西尔维斯特关于不变量理论的早期工作开展以来的30年里，人们把大量时间花在计算特殊的不变量上。除了前面提到的英国数学家外，在这方面做出杰出贡献的还有克勒布施和齐格弗里德·海因里希·阿龙霍尔德 (Siegfried Heinrich Aronhold, 1819—1884)，两人发现了三元三次型并建立了一种用于计算的"符号"方法。为了将这一工作系统化，有人建议寻找不变量的一个完全系或基；亦即，给定 x 的一个 n 次型，要求出整有理不变量和共变量的最小个数，使得其他任意整有理不变量或共变量都能够表示成这个完全集的具有数值系数的整有理形式。埃尔朗根大学的数学教授保罗·戈丹证明了二元形式有限完全集的存在性。他指出，每个二元形式都具有不变量和共变量的一个完全系，并且任何二元形式的有限系都具有这样一个系。戈丹的证明相当烦琐，但展示了如何计算这个完全系。1886年，弗朗茨·默滕斯 (Franz Mertens, 1840—1927) 给出了一个更加精简的归纳证明，但并没有显示这个系。希尔伯特1888年称为"基定理"的著名结果更为一般。它作为论文《论代数型的理论》(*On the Theory of Algebraic Forms*) 中的定理 Ⅰ 发表在1890年的《数学年刊》上。按照惯例，希尔伯特将代数型定义为某些变量的整有理齐次函数，它的系数是某个"有理域"中的数。该定理表明，对于任何 n 个变量 $x_1, x_2, \cdots, x_n$ 的型的无穷序列 $S = F_1, F_2,$

$F_3, \cdots$，都存在数 m，使得该序列中的任何一个型都可以表示为

$$F = A_1 F_1 + A_2 F_2 + \cdots + A_m F_m,$$

其中 A_i 是具有相同 n 个变量的型。希尔伯特用这个结果来证明，对于具有任意多变量的型所组成的系统，存在着不变量的一个有限完全系。在接下来于 1893 年发表的《论不变量的完全系》(*On a Full System of Invariants*) 这篇有影响力的论文中，希尔伯特发展了他的解决不变量理论中的问题的新方法。他强调他的方法与他前辈们的方法有着根本性的不同，因为他是将代数不变量理论作为代数函数域的一般理论的一部分来处理的。

《数论报告》

1892—1895 年这三年时间给希尔伯特的生活带来了重大变化。1886 年，他作为柯尼斯堡大学的无薪讲师开始了自己的学术生涯，获得博士学位后的这一年他又进行了一次调研旅行，部分时间在莱比锡访问费利克斯·克莱因，部分时间在巴黎会见查理·埃尔米特。1892 年，他成为赫尔维茨的继任者担任柯尼斯堡大学的副教授（"特别教授"），他在同一年结了婚。第二年，也就是林德曼去慕尼黑大学的时候，希尔伯特已成为正教授（"常任教授"）。然而，他在柯尼斯堡大学只待到 1895 年，因为在这一年，12 年前离开柯尼斯堡大学前往哥廷根大学的海因里希·韦伯受邀去了斯特拉斯堡大学任教。费利克斯·克莱因于是安排希尔伯特继任韦伯在哥廷根大学的职位，自此，他的名字就与这一数学活动的中心联系在一起，在那里居住了近半个世纪。

在 1893 年德国数学会的会议上，希尔伯特和闵可夫斯基被要求为该学会的《年报》(*Jahresbericht*) 撰写一份关于数论的报告。希尔伯特最终拿出的报告《代数数域理论》(*The Theory of Algebraic Number Fields*) 成了经典之作，通常它被称为《数论报告》(*Zahlbericht*)。闵可夫斯基因当时正在忙于撰写他的《数的几何》(*Geometry of Numbers*)，退出了该计划，尽管如此，他还是对希尔伯特的手稿提出了极为重要的意见，正如在这之前他对于希尔伯特的大部分手稿都做过同样的事情，直到 1909 年不幸早逝。

在《数论报告》的导言中，希尔伯特表达了一种观点，它将成为其工作和影响的典型特征。这就是强调数学概念和理论的抽象性、算术化和逻辑发展。他注意到，虽然对于理解算术的真理来说只需要极少的先决条件，但人们却总是抱怨需要高度的抽象才能完全掌握算术的概念和证明技巧。希尔伯特表达了这样一种

观点,即假使其他所有数学分支的基础都必须接受同样严格和完全的研究的话,那么这些分支至少需要同样高度的抽象。接下来,他强调了数论与代数之间,以及数论与函数论之间的相互关系,这种关系在 19 世纪已经清晰可见。他认为在他有生之年出现的数学进展是由数引导的。按照希尔伯特的说法,戴德金和魏尔斯特拉斯关于算术基本概念的定义和康托尔的工作导致了"函数论的算术化",而关于非欧几何的现代研究,以及他们对严格逻辑的发展和对数概念的清晰引入的关注,则导致了"几何学的算术化"。在报告正文中,希尔伯特试图阐述代数数域的逻辑理论。他综合了他的前任和同时代人的工作,也包括他本人的成果。希尔伯特在 19 世纪 90 年代还为这一学科贡献了几篇文章,这些是他在获得各种数域上的一般二次互反律这一方向上最为成熟的成果。进入 20 世纪后,除了一个重要的工作之外,希尔伯特在数论方面不再有新的结果,不过直到第一次世界大战,他仍旧指导着数论方面的博士论文,这其中包括富埃特(R. Fueter,1880—1950)和赫克的博士论文。

几何基础

完成《数论报告》后,希尔伯特将他的研究转向几何学,他的工作往往在一段时期内只关注一门学科。1894 年,他教授了非欧几何,1898—1899 年,他撰写了一本篇幅不长但非常有名的著作,题为《几何基础》(*Grundlagen der Geometrie*)。这部著作被译成多种语言,对 20 世纪的数学影响重大。通过分析的算术化和皮亚诺公理,除几何学外的大部分数学都已获得严格的公理基础。几何学在 19 世纪经历了前所未有的繁荣,但主要是希尔伯特在《几何基础》中的工作,才第一次赋予它在代数和分析中看到的那种纯粹形式的特征。欧几里得的《原本》的确具有一种演绎结构,但它也充满了隐含的假设、无意义的定义和逻辑缺陷。希尔伯特知道,并非所有的数学术语都能被定义,因此他从三个不加定义的对象——"点、线、面"和六种不加定义的关系——"之上、之中、之间、全等、平行、连续"出发来处理几何学。希尔伯特为他的几何学制定了一组共计 21 个假设(此后以希尔伯特公理著称),以取代欧几里得的 5 个公理(或共识) 和 5 个公设。其中的 8 个涉及关联性并包括欧几里得的第 1 公设,4 个涉及序性质,5 个涉及全等性,3 个涉及连续性(欧几里得没有明确提到的假设),以及一个和欧几里得第 5 公设本质上等价的平行公设。继希尔伯特的先驱性工作之后,其他人也提出了可供选择的公理组,自 20 世纪初以来,人们已经完全确立了几何学以及其他数学分支的纯粹形式和演绎的特征。

希尔伯特通过他的《几何基础》成了"公理学派"的主要倡导者,该学派的思想已经在塑造当代数学和数学教育的观念方面产生了影响。《几何基础》以康德的一句格言作为开场白:"人类的全部知识都开始于直觉,然后进入概念,并终结于观念",然而希尔伯特对于几何学的发展却建立了一种明确的反康德主义的几何观。它强调几何学中未加定义的术语不应被赋予任何超越其在公理中所表明的属性。必须摒弃直观经验层次的旧几何观,点、线和面仅仅被理解成某些给定集合的元素。集合论已取代代数学和分析学,而现在正侵入几何学。类似地,不加定义的关系只不过作为对应或映射的抽象来看待。

如同先前所讨论的关于代数和数论的主要论文一样,希尔伯特关于几何原理的研究部分是由他在 19 世纪 90 年代参加的一次数学会议促成的。1891 年,他听了维纳(H. Wiener)在哈勒召开的一次科学会议上的演讲就被吸引住了,这个演讲讨论了不考虑现有(欧几里得)几何公理的前提下,将支配点和线的并和交的规则进行公理化的可行性。在这次演讲过后,希尔伯特据说以这种形式来说明将熟知的几何概念抽象化的必要性:"人们必须在任何时候都能够用'桌子、椅子、啤酒杯'来代替'点、线、面'"。

"希尔伯特问题"

或许没有哪届国际数学家大会的贡献会像希尔伯特于 1900 年在巴黎召开的第二届大会上所做的演讲那样著名。希尔伯特演讲的题目是"数学问题"。它包含一个导论,现已成为数学修辞的经典,接下来是一个包含 23 个问题的题单,旨在将其作为示例,用来说明对此类问题的处理会促使这门学科的进一步发展。事实上,经赫尔维茨和闵可夫斯基建议,希尔伯特压缩了演讲的报告版本,使得它只包含 23 个问题当中的 10 个。然而这次演讲的完整版本以及摘录很快就在几个国家被翻译出版了。 例如,《美国数学会通报》(*Bulletin of the American Mathematical Society*)1902 年卷刊登了由玛丽·温斯顿·纽森(Mary Winston Newson,1869—1959)翻译的一个授权译本。纽森是偏微分方程方面的专家,是第一位在哥廷根大学获得数学博士学位的美国女性。尽管希尔伯特不赞成只有算术概念才能够得到严格处理这样的观点,但他承认,柯西、波尔查诺和康托尔对算术连续统的发展是 19 世纪两项最引人注目的成就之一,另一项是高斯、鲍耶和罗巴切夫斯基的非欧几何,因此 23 个问题中的第一个问题与实数连续统的结构

560

有关。该问题由两个相关部分组成：(1) 在可数集的基数与连续统的基数之间存在一个超穷数吗？(2) 可以将数的连续统视作一个良序集吗？问题的第二部分是问所有实数的集合能否以另一种方式来排列，使得每个部分集合都有一个第一元素。这与德国数学家恩斯特·策梅洛 (Ernst Zermelo, 1871—1956) 在 1904 年阐述并以他的名字命名的选择公理密切相关。策梅洛公理断言，给定任意一组互不相交的非空集合，则至少存在一个集合，它与这一组集合中的每个非空集合都有且仅有一个公共元素。作为涉及策梅洛公理问题的一个实例，我们来考虑使得 $0 \leqslant n \leqslant 1$ 的所有实数 n 的集合。如果这样的两个实数之差是有理数，我们就称它们是等价的。显然有无穷多个等价实数类。如果我们从这些类中的每一个取一个数组成一个集合 S，那么 S 是可数的还是不可数的？选择公理在分析中必不可少，库尔特·哥德尔 (Kurt Gödel, 1906—1978) 在 1940 年证明它与集合论的其他公理相容，而在 1963 年，保罗·科恩 (Paul Cohen, 1934—2007) 证明了选择公理在某个集合论系统中独立于其他公理，这就表明该公理不能在这一系统中得到证明。这似乎排除了希尔伯特第一个问题的明确解决方案。

希尔伯特的第二个问题也是 19 世纪严格化时代的产物，它涉及能否证明算术公理是自洽的这一问题，即它们赖以建立的有限个逻辑步骤绝不可能导致矛盾的结果。10 年后，由伯特兰·罗素和阿尔弗雷德·诺思·怀特黑德 (Alfred North Whitehead, 1861—1947) 撰写的《数学原理》(*Principia Mathematica*，共 3 卷，1910—1913) 的第 1 卷出版了，这是截至当时，为从明确的公理集展开基本算术概念所做的最详尽的尝试。这一工作遵循莱布尼茨、布尔和弗雷格的传统，以皮亚诺公理为基础，事无巨细地执行着一项计划，意图证明所有纯粹数学都能从少量的基本逻辑原理推演出来。这可以从罗素早期表达的观点得到证实：数学与逻辑难以区分。然而，罗素和怀特黑德的系统并没有完全形式化，似乎在逻辑学家那里比在数学家那里更受青睐。而且，《数学原理》并没有回答希尔伯特的第二个问题。解决这一问题的努力导致年轻的奥地利数学家库尔特·哥德尔在 1931 年得到了一个惊人的结论。哥德尔表明，在一个如罗素和怀特黑德为算术所开发的严格逻辑系统中，可以表述一些在该公理系统内不可判定或无法证明的命题。也就是说，在该系统内存在某个明确的命题，它既不能够被证明也不能够被证否。因此，使用通常的方法，人们不能够确信算术公理不会导致矛盾。在某种意义上，哥德尔的定理有时被认为是数理逻辑中最具决定性的结果，它似乎否定地解决了希尔伯特的第二个问题。就其意义而言，哥德尔关于不可判定命题的发现就如同

561

希帕索斯揭示不可公度量一样令人不安,因为它似乎预示人们通过使用显而易见的方法而达到数学确定性的希望注定破灭。或许作为结果,科学的理想——设计一组公理由此推演出自然界的全部现象,也注定无法实现。尽管如此,数学家,同样还有科学家已对此泰然处之,并以前所未有的速度堆起一个又一个定理。毫无疑问,今天没有哪一位学者会附和巴比奇在 1813 年所做的断言:“数学文献的黄金时代无疑已成过去。”

哥德尔的定理所引起的问题已经通过数理逻辑的一个新方向在算术本身之外加以研究,这个新方向在接近 20 世纪中叶时形成,被称为元数学。它不涉及算术的符号和运算,而是关注这些符号和规则的解释。如果算术不能使自己摆脱有可能出现矛盾的泥沼,那么处在算术泥沼之外的元数学或许能够使用其他方法,比如超穷归纳法扭转局面。一些数学家至少希望找到方法来确定每个数学命题是否为真、假或不可判定。无论如何,即使是对希尔伯特第二问题做出令人沮丧的否定回答,也因此激发而非挫伤了数学创造力。

接下来的三个问题,即问题三、四和五在实际报告过程中被省略了。问题三属于几何学,它要求给出两个等底等高的四面体,它们不能被分解成全等的四面体,无论是直接分解还是通过拼补相等的四面体分解。正如希尔伯特指出的,这个问题可以追溯到高斯在其通信中提出的一个问题。希尔伯特的学生马克斯·德恩(Max Dehn,1878—1952)在 1902 年给出了否定回答,1903 年,卡根(W. F. Kagan)又对此做了澄清。

问题四的表述有些宽泛,它要求给出这样一些几何:假设保留次序公理和关联公理,但减弱全等公理并去掉与平行公理等价的命题,而其公理“最接近于”欧几里得几何的公理。这一问题的最早回答是在希尔伯特另一个学生哈默尔(G. Hamel)的博士论文中给出的。

问题五的证明更具影响力也更为困难。它问的是:对于定义某个连续变换群的函数能否避开可微性这个假设? 这个问题与拓扑群的早期历史有着密切联系。李(Lie)的连续变换群是带有可微运算的局部欧几里得群。由于拓扑群概念首先由布劳威尔(L. E. J. Brouwer,1882—1966),然后由列夫·谢苗诺维奇·庞特里亚金(Lev Semenovich Pontryagin,1908—1988)当作特殊的研究对象,因此这个希尔伯特问题被重新表述以适用于更广大的拓扑群领域:局部欧几里得拓扑群是李群吗?直到 20 世纪 50 年代,该问题以及相关议题一直吸引着众多拓扑学家。20 世纪 30 年代,约翰·冯·诺依曼(John von Neumann)针对双紧群解决了

562

这个问题；庞特里亚金则解决了交换局部双紧群问题。克劳德·谢瓦莱（Claude Chevalley，1909—1984）针对可解群得到了解答；1946 年，阿纳托利·伊万诺维奇·马尔采夫（Anatoly Ivanovich Malcev，1909—1967）针对局部双紧群的一个更宽泛的集合解决了这个问题。到目前为止，该问题真正变得国际化了。1952 年，三个美国人，安德鲁·格利森（Andrew Gleason，1921—2008）、迪恩·蒙哥马利（Deane Montgomery，1909—1992）和利奥·齐平（Leo Zippin，1905—1995）最终获得了所有局部双紧群的解答。

第六个问题要求对物理学进行公理化，希尔伯特本人曾对这门学科投入过一些精力。

问题七是问：数 α^{β}（$\alpha \neq 0,1$ 是代数数，β 是代数无理数）是否为超越数。改用几何形式，希尔伯特将这一问题表述成：在一个等腰三角形中，如果顶角对于底角的比是代数无理数，那么底对边的比是否是超越数。亚历山大·奥西波维奇·格尔丰德（Aleksander Osipovich Gelfond，1906—1968）在 1934 年探讨了这一问题，证明了希尔伯特的猜想（现称为格尔丰德定理）的确是正确的——如果 α 是既不为 0 也不为 1 的代数数，且 β 是代数无理数，则 α^{β} 是超越数。后来，艾伦·贝克（Alan Baker）对格尔丰德定理做出了重要的推广。

希尔伯特的第八个问题只是重新呼吁对 19 世纪以来人们已熟知的黎曼猜想的证明，即 ζ 函数的零点除负整零点外，都具有等于 1/2 的实部。他觉得，对这一猜想的证明可以导致关于人们熟知的无穷多素数对猜想的证明，然而尽管自黎曼提出这个猜想以来已经过了一个多世纪，但还没有人给出任何证明。

这些例子足以表明，希尔伯特所选择的问题在阐述和兴趣方面的多样性。对于剩下的问题我们仅列举一些它们的性质，这其中包括一些极具吸引力的问题，涉及许多 20 世纪的数学家。

第九个问题要求对数论中的二次互反律进行推广。第十个问题是关于丢番图方程可解性的判定问题。第十一个问题要求把对二次域获得的结果推广到任意代数域。第十二个问题要求把克罗内克的一个定理推广到任意代数域。

563　这些数论问题之后是第十三个问题，它要求证明用二元函数解一般的七次方程的不可能性；第十四个问题问的是相对整函数系的有限性；第十五个问题要求说明赫尔曼·舒伯特（Hermann Schubert，1848—1911）的枚举几何学的合理性。

第十六个问题是发展代数曲线和曲面的拓扑学的建议。第十七个问题要求正定形式的平方表示。第十八个问题提出用全等多面体构造空间。第十九个问题涉及变分问题的解的解析性质。与此密切相关的是第二十个问题,它与一般的边界问题有关。第二十一个问题要求解具有给定单值群的微分方程,它被希尔伯特本人在 1905 年解决。第二十二个问题是单值化问题,最后,第二十三个问题要求扩展变分法,近年来,人们已经将其和最优化问题的研究结合起来。

分析学

希尔伯特对分析学的主要贡献集中在 1900 年到第一次世界大战这段时期。它们主要围绕有关积分方程的研究。然而,他在对这门学科做出贡献之前就已经"复活"了狄利克雷原理。如前所述,在对狄利克雷原理进行批评之后,证明其真实性的尝试仅获得了部分成功。在这方面最后一次重要努力的成果,已经由庞加莱于 1890 年发表在一篇包含其精巧的"扫除"方法的论文中。希尔伯特通过将其作为一个变分法问题来处理,以其最一般的形式确立了狄利克雷原理。首先,他概述了极小曲线存在性的一个构造性证明;接着,他表明对于平面区域如何推出存在一个极小化狄利克雷区域的函数。这篇论文之后是由美国人奥斯古德(W. F. Osgood,1864—1943)于次年撰写的关于该问题的一篇可读性很强的魏尔斯特拉斯式的评论。1904 年,希尔伯特本人在一篇更详细的论文中给出了论证的细节。

正是在这一时期的 1901 年,积分方程这门学科引起了希尔伯特的注意。他的一个斯堪的纳维亚的学生提交了一篇研讨会报告,内容与他在斯德哥尔摩的教授伊瓦尔·弗雷德霍姆(Ivar Fredholm,1866—1927)在此领域所做的工作有关。希尔伯特的成果起初发表于 1904—1910 年间,而后在 1912 年结集出版,旨在提供系统的线性积分方程理论。他的工作由埃哈德·施密特(Erhard Schmidt,1876—1959)加以简化。有趣的是,在随后希尔伯特关于该学科的进展中,他粗糙的新方法与其他人所进行的精细化和推广常常相互影响。的确,现在来看这一工作的伟大价值在于这样的事实:由它产生出了许多 20 世纪最重要的思想,这对于研究抽象的线性空间和谱来说是基础。

华林问题与希尔伯特 1909 年之后的工作

或许是为了调剂他在积分方程方面困难的工作,希尔伯特在这一时期又回到数论并证明了华林定理,即每个正整数都能表示成至多 m 个 n 次幂之和,m 是 n 的函数。这一成功的喜悦因他的好友闵可夫斯基在 1909 年意外去世而冲淡,这也标志着希尔伯特最集中产出纯粹数学成果的这段时期的终结。

下一个十年，希尔伯特将大量的时间花在了数学物理学上。他一直在研究积分方程在气体分子运动论等物理理论中的应用，直到第一次世界大战爆发。随着阿尔伯特·爱因斯坦广义相对论的出现，希尔伯特转向这一学科，它也占据了他的同事费利克斯·克莱因的时间。有趣的是，在这项工作中最持久的数学贡献出自一位新近从事微分不变量研究的代数学家。这位就是代数几何学家马克斯·诺特的女儿艾米·诺特（Emmy Noether，1888—1935），她由希尔伯特和克莱因招到哥廷根大学来担任他们这方面的研究助手。她的成果发表于 1918 年，以"诺特定理"著称。在讨论某些不变量与守恒定律之间的对应关系时，人们仍会提到它。

希尔伯特已经开启了他在数学物理学方面的研究，希望继续他在 1900 年对物理学所呼吁的公理化。他最后关于物理学的工作最接近于这一目标，涉及量子力学。由于这时希尔伯特已经有严重的健康问题，所以这项研究是与两位年轻人诺德海姆（L. Nordheim）和冯·诺依曼合作进行的。

希尔伯特在算术和逻辑的公理化上付出的巨大努力所最终取得的主要成果，也通过他的后继者所赋予的形式使我们得以继承。它们被囊括在内容丰富的专著《数学基础》(*Grundlagen der Mathematik*) 和《数理逻辑基本原理》(*Grundzüge der Mathematischen Logik*) 中，这两部著作以其合著者的名字希尔伯特-贝尔奈斯（Hilbert-Bernays）和希尔伯特-阿克曼（Hilbert-Ackermann）更为人所知。

积分与测度

到 19 世纪末，对于严格性的强调导致许多数学家给出"病态"函数的例子，由于某种反常性质，它们与先前普遍接受为真的某个定理相冲突。一些杰出的分析学家担忧，专注于这些特例会使年轻的数学家分心，而不再有精力去攻克那个时代重大的未解问题。埃尔米特曾说，他"带着惊恐，从没有导数的函数这一可悲的瘟疫转身离开"。庞加莱有着与他老师同样的忧虑：

> 从前，人们是出于某种实际目的而发明新的函数；今天人们发明它们明显是要指出我们父辈推理中的漏洞，除此之外，人们不会从它们中得到任何东西。（译自萨克斯（Saks）的引文，1964）

然而通过研究反常情形和质疑他们的长辈，两位年轻的法国数学家得到了一些概念的定义,这些概念对于 20 世纪数学的某些最一般理论的发展来说极为重要。亨利·勒贝格(Henri Lebesgue,1875—1941)接受过通常的数学训练,然而他在质疑他的老师所做的论断时表现出了异乎寻常的不敬,作为其课业的补充,他在图书馆学习了卡米尔·若尔当(Camille Jordan,1838—1922)和勒内·贝尔(René Baire,1874—1934)等人的著作。他的博士论文(1902 年获得通过)最不寻常之处在于翻新了积分学这一领域。他的工作与公认的观点大相径庭,以至于刚开始,勒贝格和康托尔一样,遭受了外在批评和内在自我怀疑的双重打击,不过他的观点的价值逐渐得到认可,1910 年他被任命为巴黎索邦大学教授。然而他并没有创立一个"思想流派",也没有专注于他所开辟的这个领域。尽管他的积分概念本身是抽象化的一个惊人实例,然而勒贝格对此却感到忧虑,因为"沦落为一般理论,数学将成为没有内容的漂亮形式。它很快就会死亡。"后来的发展似乎表明,他对推广在数学中有害影响的担心毫无根据。

在勒贝格成为"推广时期的阿基米德"之前,黎曼积分一直主导积分研究。但到了 19 世纪末,三角级数和康托尔集合论方面的研究使得数学家更强烈地意识到,函数性的本质观念应该是更新意义上的逐点对应或"映射",而非变化的光滑性。康托尔甚至讨论过可测集的概念,但在他的定义下,两个集合并集的测度有可能小于两个集合的测度之和。康托尔定义中的缺陷被埃米尔·博雷尔(Émile Borel,1871—1956)消除了,他是勒贝格在测度论研究方面的直接前辈。

从 1909 年到 1941 年,博雷尔一直拥有巴黎索邦大学的函数论教授席位,从 1921 年起,又担任概率论与数学物理学教授席位,他还是一位经历丰富的行政官员。他接替朱尔·塔内里担任高等师范学校副校长达 10 年之久。20 世纪 20 年代,他在巴黎大学创建了统计研究所,并于 1929 年创建了亨利·庞加莱研究所。在第一次世界大战期间,他曾服兵役,并应潘勒韦之邀担任政府职务。1925 年到 1936 年他重返政坛,担任下议院议员,拥护欧洲联盟,并出任海军部长直到 1940 年在维希政权下遭到逮捕。他在 1924 年之前的数学出版记录令人印象深刻,包括了 6 部以上的著作。早期的一部著作涉及一个不同寻常的主题:《发散级数讲义》(*Leçons sur les Séries Divergentes*,1901)。其中作者表明,对于某些发散级数如何定义一种"和",使得在涉及这种级数的关系和运算中有意义。例如,若级数为 $\sum u_n$,则"和"可以定义为 $\int_0^x e^{-x} \sum_0^\infty u_n x^n / n! \, dx$,只要这个积分存在。在 20 世纪的前十年,人们对于这样的定义有着强烈的兴趣,但博雷尔更持久的影响在于将集合论应用于函数论,其中他的名字以人们熟知的海涅-博雷尔定理为后人

566

记起：

> 如果直线上的闭点集能够被一组区间覆盖，使得该集合的每个点
> 是至少一个区间的内点，则存在有限个区间具有这一覆盖的性质。

1872 年，海涅曾以稍许不同的术语表达过这个定理，然而在博雷尔于 1895 年重新阐述之前，它并没有引起人们的关注。实直线上的闭集和开集通过重复应用可数个集合的并和交运算得到的集合，也被冠以博雷尔的名字。任何博雷尔集都是在他的意义上的可测集。

在仔细思考了博雷尔关于集合的工作后，勒贝格认识到黎曼积分定义的缺陷是它仅适用于例外情形，因为它假定函数只有为数不多的几个间断点。如果函数 $y=f(x)$ 有许多间断点，则随着区间 $x_{i+1}-x_i$ 变得越来越小，$f(x_{i+1})$ 和 $f(x_i)$ 的值并不必然变得越来越接近。因此勒贝格没有细分自变量所在的定义域，而是将函数的值域 $\overline{f}-\underline{f}$ 细分为子区间 Δy_i 并在每个子区间取一个值 η_i。接下来，对于那些使 $f(x)$ 的值近似等于 η_i 的 x 轴上点的集合 E_i，他求出"测度" $m(E_i)$。正如勒贝格喜欢随意表达这种差，早期积分学家按照从左到右的顺序将不论大小的不可分量加在一起，而他在加之前则会先将差不多大小的不可分量组合在一起。即，对于早期的黎曼和 $S_n=\sum f(x_i)\Delta x_i$ 他代之以勒贝格型和 $S_n=\eta_i m(E_i)$，然后令这些区间趋近于 0。

我们在此粗略描述的勒贝格积分，实际上是以集合的上下界和勒贝格测度的术语来进行非常精确的定义。一个说明性例子可以帮助我们想象勒贝格的积分步骤是如何运转的。假设区间 $[0,1]$ 中的全体有理数的勒贝格测度为 0，且该区间中的全体无理数的勒贝格测度为 1，我们来求 $f(x)$ 在这个区间上的积分，其中 x 的取值为所有有理数时，$f(x)$ 是 0，x 的取值为所有无理数时，$f(x)$ 是 1。由于对除 $i=n$ 外的所有 i 的值有 $m(E_i)=0$，其中 $\eta_n=1$，我们有 $S_n=0+0+\cdots+\eta_n m(E_n)=1\cdot 1=1$。因此，勒贝格积分为 1。当然，同样的函数在同一区间上的黎曼积分并不存在。

"测度"一词可以具有多种含义。当勒贝格提出他的新积分概念时，他是在目前所称的勒贝格测度的特定意义上使用这个词的。这是对长度和面积的古典概念的推广，使其比通常的曲线和曲面所涉及的集合更一般化。今天"测度"这个词的使用更加宽泛，域 R 上的一个测度只是一个具有以下性质的非负函数 μ：对于包含在 R 中的每个可数不相交类 A_i，有 $\mu(\bigcup A_i)=\sum \mu(A_i)$。新的积分概

念不仅比黎曼的积分概念覆盖了更广泛的函数类,而且微分与积分之间的互逆关系(在勒贝格的一般意义上)受到更少例外的影响。例如,如果 $g(x)$ 在 $[a,b]$ 上可微,并且 $g'(x) = f(x)$ 有界,则 $f(x)$ 勒贝格可积,并且有 $g(x) - g(a) = {}_L\int_a^x f(t)\mathrm{d}t$,而对于 $g(x)$ 和 $g'(x)$ 的同样限制,黎曼积分 ${}_R\int_a^x f(t)\mathrm{d}t$ 甚至有可能不存在。

勒贝格的思想可以追溯到 19 世纪末,但只是通过他的两部经典著作《三角级数讲义》(*Leçons sur les Séries Trigonométriques*,1903)和《级数与原函数研究讲义》(*Leçons sur l'Intégration et la Recherche des Fonctions Primitives*,1904)才广为人知。这两部著作所包含的革命性观点为进一步的推广铺平了道路。其中就有法国人阿诺·当茹瓦(Arnaud Denjoy,1884—1974)和匈牙利人阿尔弗雷德·哈尔(Alfred Haar,1885—1933)分别提出的当茹瓦积分和哈尔积分。20 世纪的另一种著名积分是勒贝格-斯蒂尔切斯积分,这是勒贝格与荷兰分析学家斯蒂尔切斯的思想相结合的一个产物。通过推广,这些人和其他一些人由此改变了积分概念,因此有人说尽管积分和阿基米德的时代一样古老,但是"积分理论却是20 世纪的创造"。新理论的语言广为传播。例如,卢津(N. N. Luzin,1883—1950)在1910—1914 年的大部分时间是在哥廷根度过的,回国时就把许多新的思想带到了莫斯科。

泛函分析与一般拓扑学

新的积分理论与 20 世纪的另一个显著特征——点集拓扑学的迅猛发展密切相关。莫里斯·弗雷歇(Maurice Fréchet,1878—1973)在他 1906 年提交给巴黎大学的博士论文中清楚表明,如果没有非常一般的集合论观点,函数论将不再可行。弗雷歇心里所想的并不一定是数的集合,而是任意性质的元素的集合,比如曲线或点。在这种任意的集合上,他建立了"泛函微积分",其中的函数运算定义在集合 E 上:E 的每个元素 A 都对应一个数值上确定的值 $U(A)$。他的兴趣不在于集合 E 的特例,而是那些独立于集合元素性质的集合论结果。在这个非常广义的微积分中,极限概念要比原先定义的极限广得多,后者作为特例被包括在前者当中,就如同勒贝格积分包括了黎曼积分和柯西积分一样。或许 20 世纪数学最突出的方面,就是程度不断加深的一般化和抽象化。从希尔伯特和弗雷歇的时代起,抽象集合和抽象空间概念就已经成为研究所需的基础知识。

517

有趣的是，人们注意到，希尔伯特和弗雷歇是从多少有些不同的方向达到他们关于空间概念的推广的。就像庞加莱一样，希尔伯特对积分方程的研究产生了兴趣，特别是通过伊瓦尔·弗雷德霍姆的工作。在某种意义上，一个积分方程可以看成具有 n 个未知量的 n 个方程的方程组，到具有无穷多个未知量的无穷多个方程的方程组的推广，这是海里格·冯·科赫（Helge von Koch，1870—1924）已经以无穷行列式的形式触及过的一个主题。当希尔伯特在 1904—1910 年间研究积分方程时，他并没有明确涉及无穷维空间，不过他的确发展了具有无穷多个变元的函数的连续性概念。在何种程度上希尔伯特正式构造了这个后来以他名字命名的"空间"，这也许是一个悬而未决的问题，但基本思想就在那里，它们对数学界产生了巨大的影响。他关于积分方程的工作很快就被弗里德里希·里斯（Friedrich Riesz，1880—1956）和恩斯特·菲舍尔（Ernst Fischer，1875—1959）推广到更一般的函数和抽象空间。

在希尔伯特忙于研究积分方程的那些年里，雅各·阿达马正在从事变分法方面的研究，而在 1906 年他的学生弗雷歇则有意识寻求将该领域的方法通过他所称的泛函微积分进行一般化。普通的微积分处理的是函数，然而泛函微积分涉及的是泛函。一个函数是一个数集 S_1 与另一个数集 S_2 之间的一个对应，而一个泛函则是一个函数类 C_1 与另一个函数类 C_2 之间的一个对应。弗雷歇明确阐述了一般化的概念，大致相当于普通微积分中的"极限""导数"和"连续性"这样的术语，它们适用于他所创立的函数空间，从而在很大程度上为新的情形引入了一个新的词汇。此后不久，这将引发一群年轻的俄国人将他们自己的印记烙在发展中的拓扑学这门学科上，其中包括卢津的学生亚历山德罗夫（P. S. Aleksandrov，1896—1982）、帕维尔·乌雷松（Pavel Uryson，1898—1924）和科尔莫戈罗夫（A. N. Kolmogorov，1903—1987）。

有些人说拓扑学始于庞加莱的位置分析，另一些人则声称它源自康托尔的集合论，或许起源于抽象空间的发展。还有些人视布劳威尔为拓扑学的创始人，尤其是因为他在 1911 年提出了拓扑不变性理论，以及他对于康托尔的方法和位置分析方法的融合。无论如何，持续至今的拓扑学的密集发展时期始于布劳威尔。在这个拓扑学的"黄金时代"，美国数学家做出了突出贡献。曾有人说，"拓扑学开始时更多的是几何学而不是代数学，而现在它则成了很多的代数学和很少的几何学"。而一旦拓扑学可以描述为没有度量的几何学，代数拓扑学便开始支配这个领域，这个改变大都由美国的主导所造成。

在哥廷根大学讲授黎曼面的赫尔曼·外尔（Hermann Weyl，1885—1955）也强调曲面（或如他喜欢称的"二维流形"）的抽象性质。他主张，流形概念不应与点空间（通常几何意义上）联系在一起，而应赋予更宽广的含义。我们仅仅是从称为"点"（可以是任意对象）的事物的集合开始，然后通过适当的定义引入连续性概念。一年后，点集拓扑学的"主教"费利克斯·豪斯多夫（Felix Hausdorff，1868—1942）给出了这一观点的经典表述。

豪斯多夫 1914 年出版的《集合论基础》（*Grundzüge der Mengenlehre*）的第一部分，是关于集合论的显著特征的系统阐述，其中元素的性质无关紧要，只有元素之间的关系才重要。在这本书后面的部分，我们看到了基于一些公理的对"豪斯多夫拓扑空间"的清晰的构建。作者将拓扑空间理解为元素 x 的集合 E 和某些称作 x 的邻域的子集 S_x。假定邻域满足下面四条"豪斯多夫公理"：

1. 每个点 x 至少对应一个邻域 $U(x)$，并且每个邻域 $U(x)$ 都包含点 x。 570

2. 如果 $U(x)$ 和 $V(x)$ 是同一个点 x 的两个邻域，则一定存在一个邻域 $W(x)$ 是两者的子集。

3. 如果点 y 位于 $U(x)$ 内，则一定存在一个邻域 $U(y)$ 是 $U(x)$ 的子集。

4. 对于两个不同的点 x 和 y，存在两个没有公共点的邻域 $U(x)$ 和 $U(y)$。

如此定义的邻域使豪斯多夫能够引入连续性概念。通过附加的公理，他逐步阐明了各种更狭义的空间的性质，比如欧几里得平面的性质。

如果有哪一本书标志着点集拓扑学作为一门单独学科产生的话，那就是豪斯多夫的《集合论基础》。有趣的是，人们注意到，尽管从康托尔到豪斯多夫的思想路线开始于分析的算术化，但最终数的概念却被彻底淹没在更加一般的观点当中。而且，尽管名称中使用了"点"这个词，然而这门新学科与普通几何学中的点几乎没有关系，正如它跟普通算术中的数没有多少关系一样。对此，齐格蒙特·雅尼谢夫斯基（Zygmunt Janiszewski，1888—1920）、斯特凡·马祖尔凯维奇（Stefan Mazurkiewicz，1888—1945）和孜孜不倦的瓦茨拉夫·谢尔平斯基（Waclaw Sierpinski，1882—1969）都强调过，他们在 1920 年创办了《数学基础》（*Fundamenta Mathematicae*）。第二次世界大战后，当这份有时似乎只刊登点集拓扑学论文的杂志复刊时，封面上注明了它致力于集合论、数理逻辑和数学基础、拓扑学及其与代数学的相互作用和动力系统。无论在哪里，拓扑学都已成为 20 世纪最受关注的学科之一，它看来好像统一了几乎全部数学，为数学提供了意想不到的凝聚力。

代数学

20 世纪初进入分析学、几何学和拓扑学的高度形式抽象不但对代数学没有帮助，还造成了干扰。其结果是一种新型的代数学，有时被不恰当地描述为"近世代数学"，其大部分是这个世纪 20 年代的产物。的确，代数学中一般化的渐进过程在 19 世纪就已经形成了，但在 20 世纪，抽象的程度急剧上升。例如在 1903 年，美国人穆尔（E. H. Moore）的第一个学生伦纳德·尤金·迪克森（Leonard Eugene Dickson，1874—1954）发表了抽象域上线性结合代数的一个公理化定义。接下来，迪克森、韦德伯恩（J. H. M. Wedderburn，1882—1948，其间 1904—1905 在芝加哥）和其他人发表了一系列涉及超复数系和有限代数各个方面的论文。这当中最著名的是韦德伯恩的一篇论文，其中他将他的研究对象从对特定数域的依赖中抽象出来，由此超越了弗罗贝尼乌斯、特奥多尔·摩林（Theodor Molien，1861—1941）和埃利·嘉当（Elie Cartan，1869—1951）等欧洲大陆数学家所做的工作。韦德伯恩在此提出了他颇有影响力的结构定理。这些定理表述如下：

1. 任何代数都可以表示成一个幂零代数和一个半单代数之和。

2. 任何不是单代数的半单代数都是单代数的直和。

3. 任何单代数都是一个本原代数和一个单矩阵代数的直积。

另一篇在抽象化趋势中具有重大影响的论文是恩斯特·施泰尼茨（Ernst Steinitz，1871—1928）撰写的、涉及域的代数理论方面的工作。它发表于 1909—1910 年冬季，受到了库尔特·亨泽尔（Kurt Hensel，1861—1941）有关 p 进域工作的激励。环论中的类似工作是由弗兰克尔（A. Fraenkel，1891—1965）完成的，他曾是亨泽尔的学生。在他的工作之后，艾米·诺特于 1921 年将代数数域中的理想分解定理移植到任意环中的理想上。基于这一工作，沃尔夫冈·克鲁尔（Wolfgang Krull，1899—1971）发表了一系列有关环的代数理论的论文，其中他做了施泰尼茨关于域的论文中的类似工作。在诺特转去用理想理论的观点处理有限群的表示之前，她和她的学生们就对环论做出了其他一些重要贡献。到目前为止，诺特的工作和她的学生们的工作与理查德·布饶尔（Richard Brauer，1901—1977）、埃米尔·阿廷（Emil Artin，1898—1962）、范德瓦尔登（B. L. van der Waerden，1903—1996）和赫尔穆特·哈塞（Helmut Hasse，1898—1979）的有关工作部分重叠。与此同时,韦德伯恩和美国学派继续他们的推广。在抽象环论和超复系理论日益活跃的背景下,阿廷发表了将韦德伯恩的结构定理推广到满足链条件的环的结果。自奥托·赫尔德(Otto Hölder,1859—1937)和戴德金时代起,链条件就已经有人使用了,但在 1921 年,刚刚提到的艾米·诺特的论文使其变得突出起来。通过诺特的影响,这些代数概念在海因茨·霍普夫(Heinz Hopf,1894—1971)和帕维尔·亚历山德罗夫的工作中与拓扑学相联系,他们两人都从布劳威尔那里获得了他们的拓扑学研究方向。

微分几何与张量分析

20 世纪早期的微分几何提供了一个有趣的案例研究,以检验外部力量对改变人们对于一个数学分支的态度的影响。格雷戈里奥·里奇-库尔巴斯特罗(Gregorio Ricci-Curbastro,1853—1925)和图利奥·莱维-齐维塔(Tullio Levi-Civita,1873—1941)合作的关于里奇-库尔巴斯特罗绝对微积分的论文,对 19 世纪末在微分几何中取得的成就做了适当的总结。这门学科已经开始停滞不前,这一领域的研究人员做出了微小的贡献,制定了一些有趣的替代方案,修正并简化了一些复杂的计算结果——但总而言之,这个领域显然注定只有专家才会感兴趣。在阿尔伯特·爱因斯坦(Albert Einstein,1879—1955)宣布他的广义相对论之后,这一情况发生了戏剧性的改变。1915 年,他介绍了他发现的引力方程,指出这标志着"高斯、黎曼、克里斯托费尔(Christoffel)、里奇所创立的一般微分学方法的一次真正胜利"(《普鲁士科学院会议报告》(*Sitzungsbericht der Preussischen Akademie der Wissenschaften*),1915:778—786)。

人们对广义相对论的兴趣,促使旨在阐明或扩展广义相对论和微分几何的出版物大量出现。1916 年,德国集合论专家格哈德·海森伯格(Gerhard Hessenberg,1874—1925)引入了联络概念。莱维-齐维塔在 1917 年引入了他的平行概念,并于 1920 年代初在罗马大学讲授仍被他称作绝对微分学的这门学科,他在 1923 年发表了一篇系统论述的文章。刚好一年前,荷兰微分几何学家斯豪滕(J. A. Schouten,1883—1971)的学生与合作者德克·斯特勒伊克(Dirk Struik,1894—2000),已经出版了一部关于多维微分几何原理的著作。斯豪滕本人随后在 1924 年出版了一部关于里奇-库尔巴斯特罗微积分的论著。与此同时,出现了由数学家和物理学家撰写的一大批书籍,它们将对已知原理的阐述和对物理学解释以及数学理论的新贡献结合在一起。在1916至1925年间出版的这些著作当中最著名的有，美国人乔治·戴维·伯克霍夫和卡迈克尔（R. D. Carmichael，1879—1967）的著作，英国人爱丁顿（A. S. Eddington，1882—1944）的著作以及德国人马克斯·冯·劳厄（Max von Laue）和赫尔曼·外尔的著作。尽管这些著作中有一些是精彩的阐释范例，对于其数学基础被烦琐的理论包裹着的一门学科做了尽可能清晰的论述，然而它们在具有科学和哲学品味的读者大众中的普及却推动了这样一种观念的传播：数学和数学物理学深奥难懂。在超过一代人的时间里，只有相当少的数学家了解，研究微分几何的新方法的种子已经播下了。

573　　　1913年，当赫尔曼·外尔离开他在哥廷根大学的无薪讲师职位，前往苏黎世大学接受教授聘任时，他刚刚完成了对黎曼数学的一段沉浸式研究期。在1911—1912年冬季，他讲授了黎曼函数论。他所表达的主题是将黎曼的工作建立在集合论式的精密证明之上，而不是建立在"可视化的貌似合理"之上，以满足严格性的要求。其结果是外尔于1913年4月完成了关于黎曼面概念的经典著作。新的概念和定义，比如复流形的初步定义，使得这本小册子成为后续许多有关流形研究的基础。在移居苏黎世后，以及在第一次世界大战期间，外尔花了更多时间在黎曼几何上。他探讨了线性联络概念，有段时间认为将这一概念与相似群联系起来有可能导致统一场论。写于20世纪20年代中期的一系列关于李群的线性表示理论的经典论文，有一部分是这一工作的成果。这期间，埃利·嘉当改进了微分几何学，他的学术生涯始于对李群的研究。

　　嘉当在他研究工作的早期已经发展出了外微分形式的微积分。他将其塑造成了一种强有力的工具，并将其应用于微分几何，以及其他许多数学领域。在他研究微分几何的过程中，他扩展了19世纪加斯东·达布（Gaston Darboux，1842—1917）和其他一些人曾使用过的"活动标架"概念。他的主要成就建立在对他塑造的两个概念的使用基础上：一是他关于联络的定义，它被微分几何学家广泛采纳；另一个是对称黎曼空间概念。在这一空间中，每个点被假定为由一种对称所环绕，亦即，某个使该点保持固定的等距变换。嘉当较早前已经成功对实单李代数进行了分类，并确定了单李代数不可约线性表示。结果表明，单李群的分类可以用来描述对称黎曼空间。

　　在嘉当对其他数学领域的贡献中，我们仅提一下他在微分系统理论方面的重要工作。同样，在此通过定义一个抽象系统的真正"通"解，他能够从变量或函数的选取中抽象出传统的问题。然后他将注意力转向寻求所有的奇解，这项工作是由仓西正武（Masatake Kuranishi）在嘉当去世四年后完成的。

概率论

20 世纪集合论和测度论在数学中的地盘不断扩大，很少有数学分支会像概率论一样被这种趋势彻底影响，埃米尔·博雷尔的《概率论原理》（*Eléments de la Théorie des Probabilités*，1909）对此做出了贡献。无论在物理学领域还是在遗传学领域，新世纪的开年对于概率论来说都是一个好兆头，因为在 1901 年，乔赛亚·威拉德·吉布斯出版了他的《统计力学的基本原理》（*Elementary Principles in Statistical Mechanics*），而在同一年，卡尔·皮尔逊（Karl Pearson，1857—1936）创办了《生物统计学》（*Biometrika*）。弗朗西斯·高尔顿（Francis Galton，1822—1911）是查尔斯·达尔文少年老成的表亲和天生的统计学家，他已经研究了回归现象。1900 年，伦敦大学高尔顿优生学教授皮尔逊普及了 χ^2 检验。庞加莱的头衔之一是"概率微积分教授"，表明了人们对于这门学科的兴趣日益浓厚。

在俄国，特别是在 1906—1907 年，马尔可夫（A. A. Markov，1856—1922）开启了对于关联事件链的研究，他是切比雪夫的学生，也是其老师《全集》（*Oeuvres*，两卷，1899—1904）的共同编者。在气体动理论以及社会现象和生物学现象中，事件的概率常常依赖于先前的结果，尤其自 20 世纪中叶以来，具有关联概率的马尔可夫链已经得到了广泛研究。当寻求用于不断扩展的概率论的数学基础时，统计学家发现合适的工具就在手边，并且今天不使用可测函数概念和现代积分理论，就不可能严格地阐述概率论。例如在俄国，科尔莫戈罗夫在马尔可夫过程上取得了重要进展（1931），通过应用勒贝格测度论，部分地满足了希尔伯特第六问题的要求，为概率论提供了公理基础。古典分析学关心的是连续函数，而概率论问题一般涉及离散情形。测度论以及积分概念的推广完美促成了分析学与概率论的紧密联系，尤其是在 20 世纪中叶后，任教于南锡大学和巴黎大学的洛朗·施瓦茨（Laurent Schwartz，1915—2002）通过分布理论将微分概念（1950—1951）推广以后更是如此。

原子物理学中的狄拉克（Dirac）δ 函数表明，长期令数学家烦恼的病态函数在科学中也有用途。然而，在更困难的情形中，可微性被破坏，导致在求解微分方程时，尤其会在涉及奇异解的地方产生问题，而微分方程则是连接数学与物理学的主要纽带之一。为了克服这一困难，施瓦茨引入了更广泛的可微性观点，由于

574

斯特凡·巴拿赫（Stefan Banach,1892—1945）、弗雷歇和其他人在 20 世纪上半叶发展了广义向量空间,使这一观点成为可能。一个线性向量空间是由满足某些条件的元素 $a,b,c,\cdots$ 构成的集合,特别地包括条件:如果 a 和 b 是 L 的元素,并且 α 和 β 是复数,则 $\alpha a+\beta b$ 是 L 的元素。如果 L 的元素是函数,则这个线性向量空间就称为线性空间,这种情形的映射称为线性泛函。所谓"分布",施瓦茨指的是函数空间上的线性连续泛函,可微且满足一些其他条件。例如,狄拉克测度就是分布的一个特例。施瓦茨接下来对分布的导数进行了适当定义,使得分布的导数本身总是分布。由此对微积分进行了强有力的推广,从而可以直接应用于概率论和物理学。

边界和逼近

当我们注意到 20 世纪初兴起的抽象化和一般化时,很容易忽略这样的事实:也是在这一时期,针对不能用公式直接求解的问题去开发数值技巧来帮助求解的活动日益增多。最著名的一个例子是自 20 世纪头十年以来就已经知道的用于解微分方程的库塔-龙格（Kutta-Runge）方法。事实证明,最强的库塔-龙格算法要优于许多新近的竞争者,这些竞争者是由于自动计算的进步而使数值分析获得新的声望之后兴盛起来的。类似地,20 世纪头 30 年在数论中实现的众多逼近和边界计算仅在几十年后就将被取代。

大量研究与极小形式的边界有关,埃尔米特曾呼吁对这一学科加以关注。正是他对于具有不变行列式的 n 元形式的极小值给出了一个上界——科尔金（A. N. Korkin,1837—1908）和叶戈尔·柔罗塔瑞（Egor Zolotarev,1847—1878）曾对此做过重要贡献,反过来这又启发了马尔可夫,后者曾在圣彼得堡大学随他们两人以及切比雪夫学习。马尔可夫曾因一篇利用连分数求解微分方程的论文赢得金质奖章,两年后的 1880 年,他写了一篇受到高度称赞的关于具有正行列式的二元二次型的论文。圣彼得堡团队的研究（马尔可夫的学位论文已经在《数学年刊》上发表了）引起了弗罗贝尼乌斯的兴趣,他以马尔可夫的工作为基础写了许多篇论文,此外,弗罗贝尼乌斯的好几个学生都对这个研究领域做出了贡献。马尔可夫提出的寻找一个不定二元二次型下界的问题提供了一个很好的例子。在 1913 年发表的几篇论文中,弗罗贝尼乌斯表明,与马尔可夫不同,他不使用连分数就可以得到马尔可夫的大部分结果。到了 1924 年,困扰弗罗贝尼乌斯的一种情形被罗伯特·雷马克(Robert Remak，1888—1942)解决了。1913 年，伊萨海·舒尔 (Issai Schur，1875—1941)在研究马尔可夫问题时，某种程度上依赖于雷马克目前使用的极小形式，以及弗罗贝尼乌斯的成果。在完全摒除用连分数求解马尔可夫问题后，雷马克于 1925 年首先在严格的算术意义上证明了许多相关定理，接下来又对马尔可夫、弗罗贝尼乌斯和他本人得到的结果提供了一种几何解释。

576

对于边界和逼近研究的另一个主要驱动力源自赫尔曼·闵可夫斯基。在他 1886 年的《适应理论》(*Habilitation sschrift*)论文中，他已经讨论了正定二次型的最小值。我们在这篇论著中见到的概念，将在他 1907 年出版的《丢番图逼近》(*Diophantische Approximationen*)和去世后出版的《数的几何》(*Geometrie der Zahlen*，1910)中详细阐述。埃德蒙·兰道(Edmund Landau，1877—1938)是闵可夫斯基在哥廷根大学的继任者，虽然他是弗罗贝尼乌斯的学生，但他的主要兴趣却在解析数论。1903 年，他给出了素数定理的一个简化证明；1909 年，他的代表作，关于素数分布的两卷本手册出版了。然而在 1918 年，他打算得到代数数域中的单位和调整子的第一个估计。他使用了雷马克在 1913 年发表的一篇包含方程 $t^2 - Du^2 = 1$ 数值边界的论文中提出的方法步骤(没使用连分数)，以及闵可夫斯基关于线性型的定理。兰道像他之前的闵可夫斯基一样，并不在这些研究中回避使用理想理论。如果有必要的话，他也不回避使用解析工具；这样，他在 1918 年的一篇论文中，自由使用了赫克在此前一年提出的有关戴德金 ζ 函数的函数方程。另一方面，将在第二年在对单位和调整了的估计中胜出的雷马克试图寻找不引入理想理论和分析工具的纯算术证明。

自由使用解析工具的三个人是哈代(G. H. Hardy，1877—1947)、李特尔伍德(J. E. Littlewood，1885—1977)和自学成才的印度天才斯里尼瓦萨·拉马努金(Srinivasa Ramanujan，1887—1920)。在 20 世纪的第二个十年，哈代和李特尔伍德开始了他们在数的分拆研究上的著名合作。拉马努金在这段时期与他们在英国一同度过，他与哈代合著了一篇关于 $p(n)$ 渐近值的论文，其中 $p(n)$ 是将整数 n 拆分为求和的拆分数。拉马努金先前基于小 n 的数值数据已经做出了许多关于 $p(n)$ 的猜想，他还利用椭圆函数证明了他的一些猜测。在这篇合作论文中，他提出了 $p(n)$ 的一个渐近公式，正如汉斯·拉德马赫(Hans Rademacher，1892—1969)后来证明的，这实际上导致了 n 的一个精确值。

刚刚概述的活动之所以有趣，不仅因为其产生的特定结果，而且由于各个参与者在展示他们的特殊技术，无论是算术、代数、分析的单独运用还是组合运用的优势,或至少有效性上的竞争。这将最终进一步阐明许多潜在的结构关系。

20 世纪 30 年代与第二次世界大战

希特勒(Hitler)和国家社会党在德国执政所引发的灾难,很快便影响到世界各地的数学机构。1933 年春,许多教授被德国的大学解雇。这一情势以及接下来针对具有犹太背景或对立政治信仰的个人所采取的更严重的行动,导致德国或德占国家学者的大量移民,以及许多留下来的学者的死亡。它也导致了西欧和中欧一些最知名的数学中心的衰落。随着 1939 年后大学被关闭,在波兰出现了一些最严重的机构和个人的损失:华沙大学的数学收藏品遭到毁坏,位于克拉科夫的雅盖隆大学有近 200 名教职员工被流放,1941 年 7 月在利沃夫发生了针对教授们的有预谋的屠杀。

大量的欧洲数学家来到美国。他们中最著名的有:赫尔曼·外尔和代数学家埃米尔·阿廷、理查德·布饶尔以及艾米·诺特;分析学家理查德·柯朗(Richard Courant) 和雅各·阿达马;概率论专家威廉·费勒(William Feller);统计学家耶日·奈曼(Jerzy Neyman);逻辑学家库尔特·哥德尔和阿尔弗雷德·塔尔斯基(Alfred Tarski);以及数学史家奥托·诺伊格鲍尔,这里仅列举了一小部分。有的数学家并没有遭受迫害,他们常常在其职业生涯的开始就离开数学研究,以规避与他们的道德信仰不相调和的机构和组织的联系;少部分人在战后重新复出。另一方面,仅回想一下多数没有逃离的数学家中的三位:豪斯多夫为避免被流放集中营而自杀;希尔伯特的第一个博士生奥托·布卢门塔尔(Otto Blumenthal) 死于特莱西恩施塔特集中营;斯坦尼斯拉夫·萨克斯(Stanislaw Saks) 是 20 世纪积分论的著名贡献者,他在华沙被杀害。

寻求避难的数学家的搬迁导致新思想传播到了许多数学中心。这对那些面对新的观念以及那些试图附着在现存体系上的人来说都提出了挑战。数学家同样也遭遇了第二次世界大战中的新问题的挑战。在那个时期特别重要的是对应用数学的需求。表格计算和运筹方法只是将许多在完全不同领域中获得训练的数学家们的关注点重新定向的两个例子。然而,第二次世界大战后 20 年所取得的重大进展,多数是由纯粹数学本身的问题推动的,不过在同一时期,数学在科学中的应用也成倍增长。

尼古拉·布尔巴基

578

20 世纪的数学持续强调抽象以及分析广泛的模式。或许没有什么能比名叫尼古拉·布尔巴基(Nicolas Bourbaki)的全能数学家在 20 世纪中叶出版的著作更清楚表明这一点。这是一位子虚乌有的法国人,起了个希腊人的名字,这个名字出现在一部连续出版的几十卷巨著《数学原本》(*Éléments de Mathématique*)的标题页上,这部著作旨在考察所有有价值的数学。布尔巴基的家乡据说是南锡,这个城市出了许多杰出的 20 世纪数学家。在南锡,矗立着一座雕塑,刻画的是一位真实人物,将军夏尔·德尼·索泰·布尔巴基(Charles Denis Sauter Bourbaki,1816—1897),他的阅历丰富,在 1862 年曾被推上希腊国王的宝座,但被他谢绝了,他在普法战争中的作用非常明显。然而,尼古拉·布尔巴基在任何意义上都不是上面这位将军的亲戚,这个名字只不过刚好被用来指代一群匿名的数学家,几乎全部是法国人。布尔巴基有时使用南加哥大学作为关联机构,这是一个俏皮的说法,用来指代以下事实:这个群体当中的两个灵魂人物曾有一段时期与芝加哥地区的大学有关联——安德烈·韦伊在芝加哥大学(但后来在普林斯顿高等研究院),让·迪厄多内(Jean Dieudonné,1906—1992)在西北大学(先前在南锡大学,后来在巴黎大学)。

布尔巴基的产生源自安德烈·韦伊与亨利·嘉当(Henri Cartan)1934 年在斯特拉斯堡的交谈,这次谈话的内容与新的现代教科书的需求有关。他们对学生不得不依靠古尔萨的《分析通论》(*Traité d'Analyse*)感到沮丧,这促使他们采取行动,并邀请一群其他的年轻数学家加入他们编写新分析学教科书的补救计划中。最初的一群人包括克劳德·谢瓦莱、让·迪厄多内、勒内·德·波塞尔(René de Possel,1905—1974)和让·德尔萨特(Jean Delsarte,1903—1968),以及嘉当和韦伊,他们定期在巴黎的一间咖啡馆聚会。曼德尔布罗伊特(S. Mandelbrojt,1899—1983)也曾加入进来,更短暂参与的还有保罗·德布雷伊(Paul Dubreil,1904—1994)(被让·库伦(Jean Coulomb)取代)和让·勒雷(Jean Leray,1906—1988)(被查理·埃雷斯曼(Charles Ehresmann 1905—1979)取代)。他们很快放弃了编写一大卷教科书的最初想法,取而代之的是编写一系列独立成册的书。每一卷都以严格遵从公理方法、以抽象形式展现基本概念的结构,并且以从一般到特例的展开为其特征。每一卷的专题由成员来选择和讨论;选择一人充当编写者；然后成员对书稿进行审阅，主要由迪厄多内担任最终的修订者；每一卷的清样都是在一致同意后交付出版。

579 　　人们希望对于结构和逻辑连贯性的强调能实现思维上可观的节约。19 世纪初，人们发现复数系的结构与欧几里得平面上点的结构相同，表明后者已被研究了两千多年的性质可以应用于前者。结果导致了复分析的繁荣。20 世纪人们对结构相似性的关注，似乎看来应该会获得类似的回报。

　　20 世纪初数学中的浪漫主义者曾担心，枯燥无味的形式主义受逻辑主义鼓励会接管他们的学科。到该世纪中叶，形式主义者与直觉主义者之间的争斗已经平息下来，布尔巴基群体注意到无须在这场争论中选边站。布尔巴基写道："公理方法设定的基本目标正是逻辑形式主义本身无法提供的，即数学的深刻可理解性。"以同样的口气，该群体的领袖之一写道，"如果说逻辑是数学家的洁癖，那它绝不是数学家的食粮"。

　　布尔巴基的《数学原本》第一卷出版于 1939 年。第二次世界大战结束后，前三卷中仍有部分没有完成，后三卷又不得不启动。1950 年之前加入布尔巴基的新成员还包括罗歇·戈德门特（Roger Godemont）、皮埃尔·萨米埃尔（Pierre Samuel）、雅各·迪克斯米耶（Jacques Dixmier）和让-皮埃尔·塞尔（Jean-Pierre Serre），紧接他们随后加入进来的有塞缪尔·艾伦伯格（Samuel Eilenberg）、让-路易·科苏尔（Jean-Louis Koszul）和洛朗·施瓦茨。到 1958 年，第 I 部分《分析的基本结构》（*Les Structures Fondamentales de l'Analyse*）的大部分都已完成。这部分包含 6 个子标题或 6 "卷"：(1) 集合论，(2) 代数学，(3) 一般拓扑学，(4) 实变函数，(5) 拓扑向量空间，(6) 积分。正如标题所表明，这些卷涵盖的内容中只有一小部分在一个世纪之前出现过。

　　到接下来几卷的计划必须敲定时，"第三代"加入了这个群体。他们包括阿尔芒·博雷尔（Armand Borel）、弗朗索瓦·布吕阿（François Bruhat）、皮埃尔·卡吉耶（Pierre Cartier）、亚历山大·格罗滕迪克（Alexander Grothendieck）、塞尔日·朗（Serge Lang）和约翰·泰特（John Tate）。他们面对的主要挑战在于确定目前计划应该采取的路线。当如此多的新选题可能需要数十年的初步准备时，是否应该遵循各自独立成册的最初设想？现有的前六卷是否应该重写并更新？涵盖数学最新研究成果的书籍是否仍应视为教科书？是否应该期望群体中的所有成员对每个选题都具有足够的知识来参与该卷的决策过程？

　　经过各种提议、实质性争论和大量激辩（这项活动始终是该群体会议的特色），到 1984 年，布尔巴基已经产生了一定数量的新材料。和以前一样，每本书的章节并非总是按计划的最终顺序完成。关于微分流形和解析流形有两个"概要"章节，是对不得不放弃这些选题严格线性顺序的折中选择。关于交换代数有七章，关于李群和李代数有八章，关于谱理论有两章。另外，关于前六卷中的一些章节，关于李群和李代数中的三章，以及关于交换代数的章节，目前都有了英译本。距巴黎举行第一次咖啡馆聚会五十年之后，布尔巴基的未来与其经历的第一个四分之一世纪那些艰难岁月相比变得更不确定。

同调代数与范畴论

近世（或抽象）代数、拓扑学和向量空间的基本概念是在 1920 至 1940 年间出现的，在接下来的 20 年里，人们目睹了代数拓扑学方法的真正剧变以及它向代数学和分析学的延伸。其结果是称为同调代数的一门新学科，关于这门学科的第一本书由亨利·嘉当（Henri Cartan，1904—2008）和塞缪尔·艾伦伯格（Samuel Eilenberg，1913—1998）所著，于 1955 年出版，其他几本专著，包括桑德斯·麦克莱恩（Saunders Mac Lane，1909—2005）的《同调》（Homology）在随后的十几年里出版。同调代数是抽象代数的发展，关注在许多不同种类的空间中都成立的结果，是代数拓扑学向纯粹代数领域的扩张。抽象代数与代数拓扑学之间这种广泛和强有力的交叉，可以从《数学评论》（Mathematical Reviews）列出的同调代数的文章数目迅速增加中，明显看出其增长势头。而且，该领域中的结果应用相当广泛，因而代数、分析和几何这种比较陈旧的标签很难适用于近期的研究成果。数学从来没有像今天这样如此彻底地统一在一起。

这一趋势的征兆是艾伦伯格和麦克莱恩在 1942 年引入了函子与范畴概念。用艾伦伯格的话说：

一个范畴 A 具有"对象" A,B,C，等等和箭头 $A \xrightarrow{f} B, C \xrightarrow{h} D$ 等等。两个连接的箭头 $A \xrightarrow{f} B \xrightarrow{g} C$ 可以合成给出 $A \xrightarrow{gf} C$。这个合成是结合的。每个对象 A 都有一个单位，即一个箭头 $A \xrightarrow{1} A$，当与任何其他的箭头合成时，不会改变它。函子是将一个范畴变换为另一个范畴的简单方式 …… 对于熟悉这些术语的读者，我们列举一些例子。群范畴：这里对象是群，射（专业的称呼是态射）是群的同态。拓扑空间范

581

畴：对象是拓扑空间，而态射是连续映射。微分流形范畴：态射是微分映射。向量空间范畴：态射是线性变换。下面是函子的一些例子。将每个拓扑空间与其一维同调群相关联，也将一个空间到另一个空间的每个连续映射与同调群的诱导同态相关联的规则，是从拓扑空间范畴到阿贝尔群范畴的一个函子。将每个可微流形与定义在其上的可微函数的向量空间相关联，也将每个可微映射与该向量空间的诱导线性映射相关联的规则，是从可微流形范畴到向量空间范畴的一个函子（COSRIMS，1969，p. 159）。

代数几何

20 世纪的代数几何经过人们的不断努力被置于更加牢固的基础之上。20 年代后期，曾受过意大利代数几何学派训练的奥斯卡·扎里斯基（Oscar Zariski，1899—1986），与恩里克斯、卡斯泰尔诺沃和塞韦里合作，着手使用抽象代数的最新成果作为代数几何的构件。毫不奇怪，堪称经典的两卷《近世代数》（*Moderne Algebra*）的作者范德瓦尔登采用了类似的方法。安德烈·韦伊在他 1946 年出版的《代数几何基础》（*Foundations of Algebraic Geometry*）一书的导言中，从以下更宽广的视角描述了亟待解决的问题：

> 无论我们代数几何学家应该对近世代数学派出借给我们的充满环、理想和赋值的临时住所、临时建筑有多感激，我们中的一些人都感到不断迷失在其中的危险，我们的愿望和目标必须是尽早回到我们与生俱有的宫殿，巩固摇摇欲坠的地基，在露天处加盖屋顶，完成剩下未动工的部分，并使其与已经存在的部分相协调。

下一次稳固基础的努力出现在第二次世界大战之后。1946 年，让·勒雷开始在法国科学院《通报》上发表若干注记，讨论层和谱序列的概念。这一材料的大部分基于他在战俘营时所发展的思想。20 世纪 50 年代，让-皮埃尔·塞尔发表了一系列论文，将层应用于代数几何学。随后在 60 年代，又出版了亚历山大·格罗滕迪克的系列著作《代数几何原理》（*Éléments de Géométrie Algébrique*），其中概形的思想应运而生。同一时期，格罗滕迪克的讨论班笔记强调了代数几何与代数数论的关系，呼吁人们关注有限域上的代数几何与流形上的拓扑学之间的对应。

582

这项工作的主要推动力是 40 年代对于韦伊猜想的深入研究,涉及从有限域里代数簇上的点得到局部 ζ 函数。该猜想最困难的部分——黎曼猜想的类似命题,在 1974 年被皮埃尔·德利涅(Pierre Deligne)使用艾达尔(Etale)上同调理论证明了。

尽管大部分代数几何涉及有关簇的抽象和一般表述,但人们也开发了使用具体给定的多项式进行有效计算的方法。到 20 世纪 90 年代,有声望的本科教科书使学生和教师确信,他们不再需要精通代数几何研究生课程的传统抽象内容,由于新算法的发展,他们能够有效处理多项式方程,并且应该能够使用一种计算机代数系统,学习新技术中最重要的内容,即当时在所有计算机代数系统中都采用的格勒布纳(Gröbner)基方法。

逻辑与计算

具有讽刺意味的历史事件之一,就是当布尔巴基和许多其他纯粹数学家在追求用概念去替代计算这一目标时,工程师和应用数学家开发了一种工具:计算机,它复活了人们对数值技术和算法技术的兴趣,并急剧影响到许多数学系的构成。20 世纪上半叶,相比于数学家,计算机器的历史更多涉及的是统计学家、物理学家和电气工程师。台式计算机和穿孔卡片系统对于商业、银行业和社会科学来说必不可少。计算尺成了工程师的象征,各种类型的积分仪被物理学家、测地学家和统计学家所用。纸和笔仍然是数学家的主要工具。由于数学家参与了战时工作,这一情形在 40 年代多少发生了改变。尽管大部分主要工作是由物理学家和工程师推动的,但许多年轻的数学家在发展自动数字电子计算机方面发挥了作用。这些先驱者中,有一些留在了计算机领域,而另一些则进入与新技术更紧密相关的新领域,一些人转向了应用数学,少部分人回到了他们原来的专业。这些数学家中的大部分是在他们职业生涯的早期开始接触计算机的,许多人在 30 年代已经获得了博士学位。我们来看三位数学家,他们对新兴计算机领域的贡献之所以引人注目,主要是因为他们作为数学家已经获得的声誉。

583

约翰·冯·诺依曼(John von Neumann,1903—1957)出生于布达佩斯。在经过良好的预备训练(包括个性化的数学教育)后,他的数学才能得到了较早的认可。这使他实际上在缺席的状态下获得了布达佩斯大学的数学博士学位,当时他的学业是在苏黎世和柏林完成的。然而,他的确在苏黎世联邦理工学院获得了一个化学工程方面的学位。在他年仅 21 岁时发表的一篇论文中,他给出了序数的新定义,两年后,他提出了集合论的一个公理系统,成为策梅洛和弗兰克尔集合论公理系统之外的另一种选择。继阿尔芒·博雷尔的工作之后,他于 1926 年发表了一篇有关博弈论的开创性论文。他的教学生涯开始于德国,1927 至 1930 年的三年里,他是在柏林和汉堡的大学度过的。1930 年,他搬到美国新泽西州的普林斯顿,直到 1933 年成为高等研究院的一员之前,他隶属于普林斯顿大学。冯·诺依曼是 20 世纪最富有创造性的通才数学家之一,是数理经济学新方法的开拓者。计量经济学长期以来都在使用数学分析,然而,主要是通过冯·诺依曼和奥斯卡·莫根施特恩(Oskar Morgenstern)在 1944 年出版的《博弈论与经济行为》(*Theory of Games and Economic Behavior*),所谓的有限数学才开始在社会科学中扮演日益重要的角色。冯·诺依曼对博弈论的贡献包括合作博弈的主要版本,1944 年的著作考虑了二人零和博弈。(在 50 年代,约翰·福布斯·纳什(John Forbes Nash)提出了均衡概念,允许考察非合作博弈,使这一研究领域得到了极大的扩展,最终使他获得了 1994 年的诺贝尔经济学奖。)

各种思想分支之间的相互关系变得如此复杂,以至于诺伯特·维纳(Norbert Wiener,1894—1964)(一位数学神童,多年来都是麻省理工学院的数学教授)在 1948 年出版了他的《控制论》(*Cybernetics*),这本书建立了一门致力于研究动物和机器中的控制与通信的新学科。冯·诺伊曼和维纳也深度参与了量子理论的研究,前者在 1955 年被任命为原子能委员会成员。除了他们对应用数学的贡献外,这两人对纯粹数学也做出了至少同样广泛的贡献——涉及集合论、群论、算子演算、概率论和数理逻辑与数学基础。事实上,正是冯·诺依曼在 1929 年左右给出了希尔伯特空间的名称、它的第一个公理化和它目前高度抽象的形式。维纳在 20 世纪代初在线性空间的现代理论的起源方面,特别是在巴拿赫空间的发展过程中起过重要作用。

英国人艾伦·图灵(Alan Turing,1913—1954)是三个人中最年轻的,他于 1934 年毕业于剑桥大学国王学院。第二年,他因解决数理逻辑中的一个悬而未决的问题而名垂史册。包含这个结果的论文于 1937 年发表,标题是《论可计算数及其在判定问题中的应用》(*On Computable Numbers, with an Application to the Entscheidungs Problem*)。1936 年,图灵曾到美国的普林斯顿大学学习。在那里,他与逻辑学家丘奇(A. Church)一起工作,后者给出了他自己关于判定问题的证明,并与冯·诺依曼相识。图灵在 1938 年获得博士学位后返回英国。第二

次世界大战爆发时,图灵前去位于布莱奇利公园的政府密码学校报到。从此直到
1954 年英年早逝,他深度参与了密码分析活动、电子计算机的设计和编程系统的
设计。

起初为数学目的而使用计算机仅限于表格计算、素数和数学常数的计算之
类。关于 e 和 π 的一些早期计算被用来检验计算速度和计算能力,以及建立新的
结果。随着时间的推移,这种努力最终表明对于数学更为有用,人们开发了定理–
证明程序,我们在下一章会注意到,等到 1977 年,第一个基于计算机的关于主要
数学定理的证明就可以宣布了。

菲尔兹奖章

国际数学界有一个奖项经常被人们类比为其他学科中的诺贝尔奖。该奖项
以加拿大多伦多大学的数学家约翰·查尔斯·菲尔兹(John Charles Fields,
1863—1932)的名字命名,他专门从事代数函数研究。菲尔兹与欧洲数学家,特
别是格斯塔·米塔-列夫勒有着良好的个人关系,并显示出具有相当强的行政能
力。在当时数学家之间存在着尖锐的政治分歧的背景下,他成功组织了 1924 年
多伦多国际数学家大会。第一次世界大战后(直到 1928 年),德国、奥地利、匈牙
利、保加利亚和土耳其被排斥在国际数学联盟(IMU)之外,该联盟成立于 1920
年,一个主要任务是组织接下来的大会。菲尔兹成功说服了许多反对 IMU 的杰
出欧洲数学家支持和参加 1924 年的大会;他为大会及其与会者筹集了资金;当最
后发现有结余的钱时,他在 1931 年提议将这笔钱用于建立一个国际性的数学奖
项。他还立下遗嘱捐出了额外一笔钱。

在 1932 年的国际数学家大会上,组委会决定从 1936 年的大会开始,每四年在
国际数学家大会上向两位数学家颁发"菲尔兹奖章"。获奖者应该在 40 岁以下,
并且如菲尔兹曾建议的,该奖项应使人们关注获奖者过去的成就以及未来的潜
力。1966 年,规则被修改为每次大会颁发的菲尔兹奖章数目应该至少为 2 枚,但
不超过 4 枚。

第一届的两枚奖章颁发给了拉尔斯·V. 阿尔福斯(Lars V. Ahlfors,1907—1996)
和杰西·道格拉斯(Jesse Douglas,1897—1965),以表彰他们在分析学方面的工
作。阿尔福斯因他"与整函数和亚纯函数的反函数之黎曼面有关的覆盖曲面"的
工作而被认可;道格拉斯获得认可是因为他在普拉托(Plateau)问题领域中的

585

研究。

第二次世界大战中断了国际数学家大会和与其相伴的奖章颁发；下一届颁奖仪式在 1950 年举行。20 世纪 50 年代，古典分析学的主导地位逐渐减弱；从那时起，对于拓扑、代数、代数几何和数论研究的奖励不断增加。自 90 年代以来，许多奖项颁发给了那些在将以前分散的数学领域融合在一起的研究中表现出色的个人。

在 2014 年之前颁发的 52 枚菲尔兹奖章中，只有 4 枚授予了 30 岁以下的获奖者。11 位获奖者出生在美国，各有 8 位出生在法国和苏联或俄罗斯，6 位出生在英国，各有 3 位出生在德国和日本。其余获奖者的国籍分别是芬兰、挪威、瑞典、意大利、乌克兰、新西兰、澳大利亚、南非、中国、越南和以色列。然而，这些数字的意义有限，例如，有两位出生在德国的获奖者是在法国学习和生活的，出生在北美以外的其他许多获奖者至少部分职业生涯是在美国度过的。我们将在下一章看到，一位获奖者拒绝领奖，而另一位潜在的获奖者由于临近 40 岁生日而未能获奖，他获得了一个银盘而不是一枚奖章。

（程钊　译）

第二十四章

近期趋势

实用主义者知道,怀疑是一种必须花费力气才能获得的艺术。

——查尔斯·S. 皮尔斯

概览

回望过去的三十年,我们发现这段时期显现出一些新的特征。重要数学活动 586 的中心扩散到亚洲,而且主要借助互联网,数学交流变得更为迅速和全球化。占 主导地位的纯抽象代数让位于引出更综合的代数的主题——几何技巧、复拓扑结 构研究、微分几何系统、稳定性问题以及其他。许多问题,包括一些长期悬而未决 的著名问题都用计算机解决了;复杂性理论和其他数学发展增强了直接面向数学 问题求解的计算能力。一些最著名的证明的长度和复杂性导致人们对其有效性 产生怀疑,数学界在什么构成一个可接受的证明这一问题上存在分歧。各类奖项 587 的巨额奖金前所未有,经由媒体宣传,使得数学挑战也引起了公众的注意,而在过 去没听说有哪家媒体讨论过数学话题。

最后一章我们将讨论这一时期所解决的四个著名问题,它们为上面所说的一 些特征提供了例证。

四色猜想

四色猜想最早由弗朗西斯·格思里(Francis Guthrie,1831—1899)提出,他曾是奥古斯都·德摩根在大学学院的学生，取得法律学位，但最终又回到数学领域，并在南非获得了一个教授职位，在那里他还自称是一位植物学家。1852年，弗朗西斯·格思里苦思冥想地图的染色问题，当时他仍是一位法律学生。他请求他的兄弟弗雷德里克(Frederick)（当时他也是德摩根的学生）向德摩根询问这个猜想的正确性，后来德摩根在致威廉·罗恩·哈密顿的信中对此做了如下表述：

> 我的一位学生今天请我解释一个我过去不知道，现在仍不甚了解的事实。他说如果任意划分一个图形并给各部分染上颜色，使任何具有公共边界的部分颜色不同，那么需要且仅需要四种颜色就够了。

无论是哈密顿还是德摩根接触过的其他一些人，都无法解决这个"颜色四元数"问题。美国的查尔斯·S. 皮尔斯和英国的阿瑟·凯莱都曾认真思考过这一难题。后者于1878年引起了伦敦数学会对其的关注，并于随后一年在皇家地理学会发表了对该问题的一个分析。就在同一年，阿尔弗雷德·布雷·肯普(Alfred Bray Kempe，1849—1922)在《自然》(Nature)杂志上宣布他已经给出了四色猜想的一个证明。

肯普曾在剑桥大学师从凯莱学习数学，虽然从事法律行业，但在一生中的大部分时间里都花了一些工夫在数学上。在凯莱建议下，肯普将他的证明投给《美国数学杂志》，并于1879年发表。它引起了大西洋两岸的人们对这一问题的兴趣，肯普又提供了更简化的证明，而在爱丁堡，泰特甚至发表了他自己的两个证明。

19世纪90年代，有两个人使人们注意到肯普证明中的漏洞。一位是德·拉·瓦莱-普桑，另一位是珀西·约翰·希伍德(Percy John Heawood，1861—1955)，当时后者是达勒姆大学的一名讲师，后来成为这所大学的数学教授和支柱。肯普无法对此做出补救，就向伦敦数学会通报了这一漏洞，并转向了别的工作，他为此当选皇家学会会员和司库，并于1912年受封爵位，他以在联动装置方面的工作闻名于世。其他数学家认为能够解决这一看似简单的问题，像这些数学家的种种努力一样，泰特的证明最终也被发现包含错误。希伍德是第一个指出肯普的证明中存在错误的人，他证明了每个地图都可以用5种颜色着色，并在未来的几十年中继续致力于地图染色问题。他的研究包括各种曲面上的地图，并且他设法将色数与曲面的欧拉示性数相关联。1898年，他还证明了如果围绕每个区域的边数能被3整除，那么这些区域就能够用4种颜色着色。接踵而来的是关于这一定理的众多推广。在发表过关于四色猜想的推广了希伍德工作的论文的人当中，有著名的美

588

国几何学家奥斯瓦尔德·维布伦（Oswald Veblen,1880—1960）。一年后的 1913
年,他的同胞乔治·戴维·伯克霍夫发表了一篇关于可约性的论文,它将为接下来
几十年关于四色猜想的大部分工作奠定基础。

大多数尝试证明四色猜想的方法都依赖三个概念:"肯普链""可避免集"和
"可约性"。"肯普链"是肯普方法的基础。假设给定一个地图,除一个区域外,它
的每个区域(分隔的区域)的着色是 C_1, C_2, C_3 和 C_4 之一。设 U 是例外区域。如
果 U 被少于 4 种颜色的区域包围,那么可以将缺失的颜色赋予 U,一切妥当。然
而,如果分别着色 C_1, C_2, C_3 和 C_4 的区域 R_1, R_2, R_3 和 R_4 围绕着 U,那么,要么不
存在任何从 R_1 到 R_3 的邻接区域链交替着色 C_1 和 C_3,要么存在这样一条链。在
第一种情形下,设 R_1 所着的颜色是 C_3 而不是 C_1,同样地,在连接 R_1 区域链中交
换所有的 C_1 和 C_3。R_3 不在链中,保持其颜色 C_3,因此 U 可以着色 C_1。在第二种
情形下,R_2 和 R_4 之间可以没有交替着色 C_2 和 C_4 的链。现在可以应用在第一种
情形中使用过的同样步骤。肯普没有考虑到的是,在他核对过的许多情形中有一
些在一条链中交换 C_i 很可能影响到其他的链。

泰特引入了考虑边的思想,而 20 世纪关于四色猜想的大多数讨论,都是以直
观上容易接近的图论术语来阐释所尝试的证明结构。这意味着用顶点代表地图
上的区域,并用一条边连接代表邻接区域的顶点。现在四色猜想就叙述成:可以
使用 4 种颜色进行点着色,使得任意两个相邻的顶点都没有相同的颜色。这导致
了如下定义:令表示地图的图通过在其面上添加适当的边而做三角剖分。回路内
的一部分三角剖分称为构形。使得任意三角剖分都必然包含该集合中的一个元
素的构形的集合称为不可避免的。

假设一个图不能被 4 种颜色着色。一个构形如果不能包含在最小的这种图
的三角剖分中,就称为可约的。菲利普·富兰克林(Philip Franklin,1898—1965)
曾在维布伦指导下撰写了一篇关于四色猜想的博士论文,1922 年,他仿效伯克霍
夫对于可约性的分析,证明了一个不超过 25 个区域的地图可以用 4 种颜色着色;
其他人将区域数增加到最多 27 个(1926 年),35 个(1940 年),39 个(1970 年)和 95
个(1976 年)。然而,正是在 20 世纪 60 年代,一个新的成分被添加到这个混合物
中,将导致一种新证明。

1969 年,德国数学家海因里希·希什(Heinrich Heesch,1906—1995)引入了
第 4 个概念:放电方法。这包括对于度数为 i 的顶点指派电荷 $6 - i$。(每个最小
的反例都是一个 6 连通的三角剖分。)欧拉示性数意味着遍布所有顶点的电荷之

589

和一定是 12。如果对于不包含一个给定构形集合中某个构形的三角剖分，可以重新分配电荷（而不改变总电荷）使得最终没有任何顶点具有正电荷，那么可以证明这个给定的构形集合是不可避免的。

希什认为，考虑有大约 8900 个构形组成的一个集合就可以解决四色猜想。他无法将他的计划贯彻到底，因为他的构形中有一些不能用现有方法归约。他在德国无法获得合适的计算机设备，而支持他到美国开展合作研究的资助也被取消了，这项资助曾使他能够多次到访伊利诺伊大学并使用那里的"超级计算机"设备。

1976 年，伊利诺伊大学的肯尼斯・阿佩尔（Kenneth Appel）和沃尔夫冈・哈肯（Wolfgang Haken）利用可约性概念并借助肯普链，继承了希什的放电概念。他们最终构造了一个有近 1500 个构形的不可避免集。在大量的反复尝试和正确判断，不断调整他们的不可避免集和放电程序后，阿佩尔和哈肯用了 1200 个机时，完成了最终证明的细节。

利用专门设计的计算机程序，阿佩尔和哈肯首先证明存在一个具有 1936 个构形的特殊集合，其中每一个都不能成为最小规模的四色定理反例的一部分。此外，任何构形都一定具有与这 1936 个构形之一同样的部分。阿佩尔和哈肯断定不存在最小的反例，因为任何这样的反例都必须包含，但却没有包含这 1936（后来缩小到 1436）个构形之一。（换句话说，他们已经找到了约化构形的一个不可避免集合。）这个矛盾意味着根本不存在任何反例，因此该定理成立。

590　　四色定理是第一个利用计算机证明的主要定理。通过不同的程序和计算机可以检验和复查可约性，不可避免性部分是手工检查的，最终结果放在 400 页的微缩胶片上。全部证明无法手工逐行检验这一事实，对于它是否能被当成传统意义上的一个证明在数学家中引起了相当大的怀疑。许多团队对阿佩尔-哈肯程序做了仔细检查。大西洋两岸的研究人员改正了一些微小的疏漏，并试图给出更简单的证明。1977 年，阿佩尔和哈肯发表了关于他们的方法论的几种解释中的第一个。在他们 1989 年出版的书中，可以找到其全部证明的主要细节和指南。

我们注意到，对于计算机辅助证明这一传奇故事的后来两个贡献，对于平息时不时出现的对这类证明的有效性的激烈质疑起到很大作用。

1997 年，尼尔・罗伯逊（Neil Robertson）、丹尼尔・P. 桑德斯（Daniel P. Sanders）、保罗・西摩（Paul Seymour）和罗宾・托马斯（Robin Thomas）发表了一个更简单的关于四色问题的计算机辅助证明。他们设计了一个改进算法，只需检验633个构形。他们指出他们只使用了32个放电规则,从而通过证实希什的某个猜想可以避免放电中的"沉浸"问题,相比之下阿佩尔和哈肯用了300多个。对于阿佩尔和哈肯的批评者来说,其证明的这个方面看来是最令人忧虑的。该证明的两部分需要用到计算机。

> 我们应该提到,我们的程序都仅使用整数运算,因此我们无须关心舍入误差以及浮点运算的类似可能性。然而,可能引起争论的是,我们的"证明"并不是传统意义上的证明,因为它包含着绝不可能由人工检验的步骤。尤其是,我们从没有证明我们编译程序所依靠的编译器的正确性,我们也从没有证明我们运行程序所借助的硬件的可靠性。这些必须靠信念接受,并且可以想象得到是错误的一个来源。不过,从实践的观点来看,与在相同数量的实例检验中人为出错的机会相比,在我们的程序运行的所有操作系统下的所有编译器上的所有程序运行中,计算机始终以完全相同的方式出错的机会无穷小。除了计算机始终给出一个不正确的答案这一假设的可能性之外,我们证明的剩余部分可以用与传统数学证明相同的方式来检验。然而,我们承认,检验一个计算机程序比检查一个相同长度的数学证明困难得多。(罗伯逊等人,1997年)

此外,在2005年,微软剑桥研究院的乔治·贡蒂尔(Georges Gonthier)和法国国家信息与自动化研究所(INRIA)的本杰明·维尔纳(Benjamin Werner)利用通用定理证明软件证明了该定理。特别地,他们使用INRIA的推理证明助手检验了罗伯逊、桑德斯、西摩和托马斯的证明,从而免除了必须检查先前使用过的各种计算机程序的任务。贡蒂尔强调,他们的结果的意义在于这一事实,即他们是作为一个编程任务,而不是一个数学任务处理它的,他还质疑未来证明助手的设计是否应该考虑编程环境,而不是试图复制证明的数学形式。

有限单群的分类

有限单群的分类具体表现为如下定理:

> 每个有限单群属于(同构于)下列一组群中至少一个:
> 素数阶循环群;
> 次数至少是5的交错群;

单李群，包括典型群，以及扭李群和蒂茨（Tits）群；

或是 26 个零散单群之一。

这一分类定理在很多方面都与大多数定理不同。有些群只是在分类计划进行中才被发现。该定理是在这项事业开始之后由大批数学家的众多文章拼凑起来得到的，它需要全面审查和由核验者组成的团队来确认组成部分的正确性。一旦该定理能以目前的形式陈述，主要的努力便是统一这些组成部分，简化和替换一些个别的证明，以使最终的定理及其证明能够看上去是一个相互关联的整体。

某些类型的单群在总的分类计划启动之前几十年就已经被分类了。例如，埃利·嘉当和威廉·基灵（Wilhelm Killing，1847—1923）在 19 世纪 90 年代对李代数进行分类的同时对单李群做了分类。甚至更早的时候埃米尔·马蒂厄在 19 世纪 60 年代研究传递群时就发现了最初几个零散单群，被称为前五个马蒂厄群。还有其他的孤立结果成为分类定理的一部分。 威廉·伯恩赛德（William Burnside，1852—1927）的工作，很可能开启了对于抽象群和单群分类更为系统的研究，特别是 1897 年他的著作《有限阶群理论》（*The Theory of Groups of Finite Order*）出版之后，这是第一部关于群论的英文教科书。

在 19 世纪 90 年代发表的一系列论文中，伯恩赛德试图确认：给定数 N，是否存在一个阶数为 N 的单群。这些论文中的第一篇发表于 1893 年，包含"交错群 $A5$ 是唯一的阶数为 4 个素数之积的有限单群"的一个证明。在另一篇论文中，他证明了如果一个偶数阶群 G 具有一个循环西罗（Sylow）子群，则 G 不可能是单群。他还猜测每个非交换有限单群都具有偶数阶。

正是理查德·布饶尔将导致分类定理的几股潮流汇聚在一起，并首次阐述了实现这一目标的计划。我们注意到，在他先前与之有关的一些重要研究中，他使用了后来在研究单代数结构中被称为"布饶尔群"的群。这些是由完满域上中心可除代数的同构类形成的阿贝尔群，对于他的单代数结构研究来说极为重要。1937 年，在与他的博士生内斯比特（C. J. Nesbitt）的合作研究中，他使用了在其后来关于有限单群研究中仍起支配作用的块理论。大约在 1950 年，他开始致力于研究将全部有限单群进行分类的方法。在 1954 年于阿姆斯特丹召开的国际数学家大会上，他宣布了他的这一分类计划，并报告了他与他的另一位博士生福勒（K. A. Fowler）的合作论文《论偶数阶群》（*On Groups of Even Order*）中包含的一个重要结果，该论文于次年发表。这个结果表明仅存在有限多包含一个对合的单群，其中心化子是一个给定的有限群。由于奇数阶群没有对合，这通常被认为是帮助确立分类计划实施途径的线索，并且连同铃木通夫(Michio Suzuki，1926—1998)和菲利普·霍尔(Philip Hall，1904—1982)的中间结果，也帮助确立了约翰·汤普森(John Thompson)和沃尔特·费特(Walter Feit，1930—2004)那篇著名的255页论文的思路，其中他们证明了具有奇数阶的有限群是可解的，或者等价地说，每个有限单群都具有偶数阶。

1960—1961年，芝加哥大学举办了一次群论年活动。丹尼尔·戈伦斯坦(Daniel Gorenstein，1923—1992)曾提到这是他第一次认识单群理论领域的头面人物，不久他就将承担起分类计划参与者的协调工作。正是在这次会议上，沃尔特·费特和约翰·汤普森首次披露了奇数阶定理，这预示着共同努力解决有限单群分类问题的想法的可行性。然而，这项计划显然需要协调。在从布饶尔那里得到最初的指导后，这便成为戈伦斯坦的任务。在1989年领取斯蒂尔博览会奖时，戈伦斯坦本人曾表示，

> 正是阿什巴赫(Aschbacher)在70年代早期进入该领域，决定性地改变了单群研究的面貌。他很快就在对完全分类定理的坚定追求中担当起领导角色，在接下来的十年中，他将带领整个"团队"努力工作直到完成证明。

593

所面临的挑战来自三个方面：

1. 不清楚将会包括多少个群；在26个零散群中，只有5个是已知的；其他群在1965至1975年间该计划进行过程中被发现。

2. 涉及的证明很多且很长；费特和汤普森关于奇数阶定理的证明占了255页，但还不是最长的；有数十位数学家为该计划增加了好几百页的篇幅；验证工作将是一项艰巨的任务。

3. 整个研究似乎是某个封闭系统的一部分，没有任何明显的外部用处。

在回应对这一工作的批评时，戈伦斯坦评论道："我们所进行的每一步似乎都是被强迫的。这不在于我们乖僻，而是问题的内在本性似乎在控制着我们努力的方向，并形成了正在开发的技术。"

尽管存在所有这些困难，丹尼尔·戈伦斯坦觉得在1983年宣布已经完成分类仍是保险的。在验证过程中，人们发现其中的一些证明存在若干漏洞和微小的错误，不过这些都被纠正了。然而，有一个主要问题：在关于拟薄情形未发表的证明中似乎有一个更严重的漏洞。迈克尔·阿什巴赫和史蒂夫·史密斯(Steve Smith)在2004年之前进行了拯救，就这一情形发表了他们自己的两卷超过1200

页的证明。1985 年以后，人们开始一起努力来简化和缩短早期的一些证明，由于已经知道了该定理的表述，以及所涉及的同一类群，这取得了部分成功。该证明的最终统一版本估计仍需要大约 5000 页。不过，该证明被广泛接受，分类定理能够应用于其他数学领域这一事实，也使得该证明更加令人愉悦。

费马大定理

所谓费马大定理断言：当 $n > 2$ 时，方程 $x^n + y^n = z^n$ 对于 x, y, z 来说没有非零整数解。费马在那本丢番图的《算术》的页边上批注道（这可能是历史上最著名的边注之一），他已经有了一个证明，但因页边太窄而无法写下。我们在前面几章已经注意到，试图做出证明的有好几位著名数学家，欧拉就 $n = 3$ 的情形给出了一个证明，索菲·热尔曼和勒让德证明了 $n = 5$ 的情形，狄利克雷证明了 $n = 5$ 和 $n = 14$ 的情形，拉梅证明了 $n = 7$ 的情形。

1847 年，拉梅向科学院提交了该定理的一个证明概要，它基于复数域上的因子分解。刘维尔指出，这假定了因子分解的唯一性，从而激发了证明唯一因子分解的一波尝试。那以后不久，库默尔告知刘维尔，并通过后者告知科学院，早在三年前发表的一篇论文中他就已经证明唯一因子分解不成立，不过他在 1846 年通过引入"理想复数"，找到了避开这一问题的途径。库默尔此时开始着手对于正则素数去证明费马定理。这自然导致要建立素数正则性的条件。后来在 1847 年，库默尔证明了素数 p 如果除不尽任何一个伯努利数 $B_2, B_4, \cdots, B_{p-3}$ 的分子，那么 p 就是正则的。他还注意到有几个素数不满足这一判据。这在那时引起了一波新的、持续不断的热潮。一个多世纪以来，一些数学家试图证明某些已知的非正则素数满足这个方程，而且正则素数的个数有无穷多。最终人们用上了计算机，表明对于高达四百万的 n 值该定理都成立（当然，这并不构成证明）。有过许多不完美的尝试，许多外行的努力，但也有像范迪弗（H. A. Vandiver，1882—1973）这样的严肃数论专家的工作，他曾花了许多时间研究这一显然很难对付的定理。

令人意想不到的是，带来转机的工具出自椭圆曲线和模形式。志村五郎（Goro Shimura）和谷山丰（Yutaka Taniyama，1927—1958）曾提出过一个猜想，即过有理点的每条椭圆曲线都具有模形式。从 20 世纪 50 年代起，这个猜想就已为人所知，但在安德烈·韦伊公布它之后，这个猜想变得更广为人知了，韦伊曾在一篇较早的评论中称赞过志村的工作，并在 1967 年提出了一个支持例子。对于很多特例它都得到了验证。1985 年，萨尔布吕肯大学的格哈德·弗赖（Gerhard Frey）注意到，如果这个猜想成立，则意味着费马大定理也成立。塞尔用后来所谓的 ε 猜想证实这一结论（"就差 ε"）成立，同年，伯克利加利福尼亚大学的肯·里贝（Ken Ribet）证明了 ε 猜想，并指出为了证明费马大定理成立，只须证明志村-谷山（Taniyama-Shimura）猜想对于所谓的半稳定椭圆曲线是正确的。

1993 年 6 月，安德鲁·怀尔斯（Andrew Wiles）在剑桥大学的艾萨克·牛顿研究院做了三次系列演讲。在第三次演讲中，他看来是证明了志村-谷山猜想对于半稳定椭圆曲线成立。怀尔斯写在黑板上的一个推论就是费马大定理，"我将就此打住"，他写道。

怀尔斯在 10 岁读到有关费马定理的内容时，就对它产生了兴趣。他 1974 年从牛津大学毕业后，又继续到剑桥大学学习，在约翰·科茨（John Coates）指导下获得博士学位。此时，他已广泛阅读了费马大定理的历史，认识到将费马大定理的证明作为博士论文或一项研究计划的选题并不明智。他选择了与科茨一起攻读岩泽（Iwasawa）的椭圆曲线理论，并提交了一篇题为《互反律与伯奇和斯温纳顿-戴尔猜想》（*Reciprocity Laws and the Conjecture of Birch and Swin-nerton-Dyer*）的博士论文，这在当时属于最具挑战性的几个领域。1980 年他被授予博士学位。

595

怀尔斯在 1986 年了解到里贝的结果。他在美国公共电视网（PBS）新星节目（NOVA）的一次访谈中描述了当时的情景：

> 那是在 1986 年夏末的一个晚上，我正在一个朋友的家中小口喝着凉茶。在交谈中，这位朋友漫不经心地告诉我，肯·里贝已经证明了志村-谷山猜想与费马大定理之间存在着某种联系。我感到震惊。那一刻我知道，我的人生道路正在改变，这意味着要证明费马大定理，我所须做的一切就是证明志村-谷山猜想。这也意味着我儿时的梦想现在变成了一项要去从事的宏伟事业。我只是知道我绝不能让它溜走……没人知道如何解决志村-谷山猜想，但至少它属于主流数学。我可以尝试着证明一些结果，即便不能得到完整的东西，它也会是有价值的数学。因此，让我一生魂牵梦萦的费马传奇，就这样和一个在专业上可以获得认可的问题结合在一起了。

在接下来的七年里，怀尔斯全力以赴专注于手头的这个问题。他没有和朋友或同事讨论过这件事,因为他觉得对于费马定理的任何提及都会引起过度的兴趣和分心。的确,他在 1993 年的演讲引起了一阵轰动,不过声称他在准备三篇将发表的报告时就已发现证明中存在纰漏的消息却占了上风。专家们很快断定,他尝试的证明只会作为解决费马大定理问题的又一个失败尝试载入史册。他们错了。不到一年,怀尔斯就修补了证明。1995 年,《模椭圆曲线与费马大定理》(*Modular Elliptic Curves and Fermat's Last Theorem*) 发表在《数学年刊》上,一同发表的还有和他的学生泰勒(R. Taylor)合写的一个附录《赫克代数的环论性质》(*Ring-Theoretic Properties of Hecke Algebras*)。

随后在 1999 年,部分地基于怀尔斯的工作,完整的志村–谷山猜想得到了证明。它现在成了一个定理,这一强有力的命题对于数论和涉及数与表示论许多猜想的所谓朗兰兹纲领将会具有重要的意义。

自 1995 年起,各种奖金、奖项还有爵位纷至沓来,此时的怀尔斯已在普林斯顿大学站稳脚跟。具有讽刺意味的是,国际数学界的主要奖项菲尔兹奖不在其中。如前所述,这个奖章是在国际数学家大会上颁给 40 岁以下数学家的,以表彰他们所做的杰出工作和具有前瞻性的成就。怀尔斯在 1993 年 4 月就已经过了 40 岁。

庞加莱的疑问

从 1895 年到 1904 年的十年间,亨利·庞加莱发表了一系列重要论文,奠定了位置分析也称为组合拓扑学或代数拓扑学的大部分基础。最开始的导论部分发表在 1895 年的《综合理工学校杂志》上,有 120 多页,随后的一系列补充和更正则散布在巴勒莫数学会、伦敦数学会和法国数学会的出版物,以及巴黎科学院《通报》的副刊上。正如第二十三章所述,庞加莱在这些论文中建立了贝蒂数、基本群和同调论的其他基本概念之间的关系。

在对 1895 年论文的第二篇增补(1900 年)中,庞加莱曾宣称每个贝蒂数等于 1 的无挠多面体是单联通的。到 1904 年第五篇增补发表时,他提出了一个反例,后来被称作"庞加莱同调球",它由两个适当联通的双圆环面组成。尽管可以用许多不同的方式将它构造出来,庞加莱的同调球仍是唯一已知的与三维球具有相同同调而又不与它同胚的三维流形。庞加莱的反例导致他以下面的疑问结束了这篇论文:

> 有可能使(流形)V 的基本群简化成恒等代换,并且 V 还不是单联

通的（不与三维球同胚）吗？

让人感兴趣的是，我们注意到庞加莱的疑问不像牛顿在《光学》附录中的疑问那样，是以否定形式表述的，并暗示一种肯定的回答，而是作为一个中性问题。然而，这就是最终以"庞加莱猜想"著称的那个表述。

直到 20 世纪 30 年代，也就是庞加莱去世后 20 多年，这个问题才在拓扑学家中引起极大兴趣。怀特黑德（J. H. C. Whitehead，1904—1960）是这个正在成长的领域中的首批著名实践者之一，他宣称证明了庞加莱猜想。但深入研究后表明他的证明有误。

在这个过程中，他发现了不与 R^3 同胚的单连通非紧三维流形的一些有趣例子，其原型现在称为怀特黑德流形。

怀特黑德之后，有许多拓扑学家寻求对庞加莱疑问的解答，但都无功而返。597作为例子，我们提三个人：宾（R. H. Bing，1914—1986）、莫伊兹（E. E. Moise）和史蒂夫·阿门特劳特（Steve Armentrout），他们都在穆尔（R. L. Moore，1882—1974）指导下于德克萨斯大学获得博士学位。宾通过证明该猜想的一种弱化形式获得了些许成功。1958 年，他确认如果一个紧三维流形的每条简单闭曲线包含在一个三维球中，那么该流形同胚于这个三维球。

尽管对于三维情形解决庞加莱猜想的种种尝试似乎没什么进展，然而却产生了对于高维情形能够谈论些什么的问题。这里存在着不与 n 维球同胚的单连通流形。看来似乎并不存在与一个 n 维球同胚的同伦 n 维球。然而在 1961 年，史蒂芬·斯梅尔（Stephen Smale）对于高于四维的情形证明了所谓广义庞加莱猜想。1982 年，迈克尔·弗里德曼（Michael Freedman）对于四维的情形证明了该猜想。

20 世纪 70 年代，威廉·瑟斯顿（William Thurston）提出了一个关于三维流形分类的猜想。他认为任何一个三维流形都能被唯一分割，使得每部分具有八种特定的几何之一。人们很快想到二维的单值化定理，其中一个类似的分割涉及三种几何。瑟斯顿的所谓几何化猜想通过其在 1980 年的一系列演讲为人所知，并于 1982 年发表。正如约翰·摩根（John Morgan）注意到的，尽管它与庞加莱猜想之间没有明显的关系，但是瑟斯顿的工作有助于增进庞加莱猜想以及瑟斯顿本人的猜想都成立这样一种共识。到 2006 年，瑟斯顿猜想的八种几何中的六种已得到证实。剩下的两种困难情形是球面几何和双曲几何。瑟斯顿本人致力于研究双曲情形，它具有负常曲率度量，与之相对的球面几何具有正常曲率度量，后者则适用于庞加莱猜想。

1982 年,理查德·汉密尔顿(Richard Hamilton)引入了流形上的里奇流。里奇流方程被认为是热方程的一种非线性推广。汉密尔顿指出,它可以用来证明庞加莱猜想的特例,但是他在某些奇点处遇到了困难,这使他没能完全证明这一猜想。要再等上 20 年,期待已久的证明才会出现——这次是在互联网上。

这一不同寻常的证明的作者是一个叫格雷戈里·佩雷尔曼(Grigori Perelman)的圣彼得堡人,他的同事都管他叫格里沙(Grisha)。他的父亲是一位电气工程师,母亲是一位数学教师。16 岁时,他在布达佩斯举办的数学奥林匹克竞赛中获得金牌,因而开始走进公众视野。他就读于圣彼得堡大学并获得了博士学位,而后得到了斯捷克洛夫研究所的一个职位,起初是在几何与拓扑系,后来转到了偏微分方程系。1992 年到 1995 年期间,他在美国度过,最初在柯朗数学科学研究所和纽约州立大学石溪分校,后来在加利福尼亚大学伯克利分校获得了两年的研究资助。这段时期结束后,他拒绝了美国几所大学提供的职位,回到故乡,从 1995 年到 2002 年,他一直过着隐居生活。

还在伯克利时,佩雷尔曼就因其才华卓著和行为古怪而出名。研究方面他做的很多,但发表的很少。有很长一段时间,他似乎对庞加莱猜想没什么兴趣。然而,当他听到汉密尔顿曾再三表示,如果有人能够解决与里奇流关联的奇点问题,相信就会找到庞加莱问题的解时,这一切发生了改变。这吸引了佩雷尔曼:某件事情可以作为微分方程中的问题由具有良好拓扑学方面背景的人来处理,这非常适合他自己。为了不让他的同事对他八年来所做的事情产生疑惑,他在 2002 年 11 月结束了自我放逐的生活,将他关于里奇流的三篇论文中的第一篇贴到了预印本文库网站(arXiv)上。这些文章没有一篇提到庞加莱或该猜想的名字,他也在证明瑟斯顿的几何化猜想这件事,只是在第一篇文章中不经意地提到过。他没有试图发表这些论文。但是这一领域的专家显然清楚这项工作是怎么一回事,很快就有几位专家开始了填补佩雷尔曼粗略证明的细节的工作,所有人都表示这些都是在他自己的技术框架内进行的。

在佩雷尔曼的第三篇论文贴到预印本文库网站三年后,此事变得非常公开了。较早时,有数学文献通报称佩雷尔曼似乎给出了证明,但它还没有被验证,尽管 2003 年到 2005 年之间,举办了几次研讨会来研究这三篇论文。终于,2006 年,验证工作开启了。

8 月份,国际数学家大会在马德里召开。它向佩雷尔曼颁发了菲尔兹奖,然而佩雷尔曼却拒绝领奖。早在 10 年前他就曾拒绝过欧洲数学会一个享有盛誉的奖项,对于那些还记得的人来说,这也许并不完全令人吃惊。后来他辞去了在斯捷克洛夫研究所的职位,继续同他母亲在家中安详地生活。

未来展望

在其最引人注目的方面,当代数学的特征是几何学(尽管披着现代外衣)的复兴和在解决许多著名问题上所取得的进展。当 20 世纪行将结束时,在对待数学未来的态度上人们所显示出的,既不同于 18 世纪末思想家所宣称的绝大多数问题都已被解决的那种悲观主义,也不同于 19 世纪末希尔伯特所宣布的所有问题都能被解决的那种乐观主义。有时,主要的问题似乎是数学问题是否应被解决。数学教学和数学研究腹背受敌:一方面,一些人因为其应用是人类毁灭的潜在载体而谴责这门学科;另一方面,一些人希望将其除应用外的所有内容都剥离掉,以使其对社会更加有用,无论是在医学方面还是在战争方面。然而,历史看来像是更支持安德烈·韦伊的反思:"如同过去一样,未来伟大的数学家将会独辟蹊径。正是由于意料之外的联系(我们的想象力无法知道如何实现这一点),使得他将会在赋予它们另一种含义后解决我们遗留给他的重大问题。"展望未来,韦伊也对另一件事充满信心:"就像过去一样,在未来,伟大的思想一定是简单化的思想。"

(程钊　译)

参考文献

第一章 溯源

Ascher, M. *Mathematics Elsewhere: An Exploration of Ideas Across Cultures* (Princeton, NJ: Princeton University Press, 2002).

—— and R. Ascher. "Ethnomathematics," *History of Science*, **24** (1986), 125—144.

Bowers, N., and P. Lepi. "Kaugel Valley Systems of Reckoning," *Journal of the Polynesian Society*, **84** (1975), 309—324.

Closs, M. P. *Native American Mathematics* (Austin: University of Texas Press, 1986).

Conant, L. *The Number Concept: Its Origin and Development* (New York: Macmillan, 1923).

Day, C. L. *Quipus and Witches' Knots* (Lawrence: University of Kansas Press, 1967).

Dibble, W. E. "A Possible Pythagorean Triangle at Stonehenge," *Journal for the History of Astronomy*, **17** (1976), 141—142.

Dixon, R. B., and A. L. Kroeber. "Numeral Systems of the Languages of California," *American Anthropologist*, **9** (1970), 663—690.

Eels, W. C. "Number Systems of the North American Indians," *American Mathematical Monthly*, **20** (1913), 263—272 and 293—299.

Gerdes, P. "On Mathematics in the History of Sub-Saharan Africa," *Historia Mathematica*, **21** (1994), 345—376.

Harvey, H. R., and B. J. Williams. "Aztec Arithmetic: Positional Notation and Area Calculation," *Science*, **210** (Oct. 31, 1980), 499—505.

Lambert, J. B., et al. "MayaArithmetic," *American Scientist*, **68** (1980), 249—255.

Marshak, A. *The Roots of Civilisation: The Cognitive Beginnings of Man's First Art, Symbol and Notation* (New York: McGraw-Hill, 1972).

Menninger, K. *Number Words and Number Symbols*, trans. P. Bronecr (Cambridge, MA: MIT Press, 1969).

Morley, S. G. *An Introduction to the Study of Maya Hieroglyphics* (Washington, DC: Carnegie Institution, 1915).

Schmandt-Besserat, D. "Reckoning before Writing," *Archaeology*, **32**, no. 3 (1979), 23—31.

Seidenberg, A. "The Ritual Origin of Geometry," *Archive for History of Exact Sciences*, **1** (1962a), 488—527. "The Ritual Origin of Counting," ibid., **2** (1962b), 1—40. "The Ritual Origin of the Circle and Square," ibid., **25** (1972), 269—327.

Smeltzer, D. *Man and Numbers* (New York: Emerson Books, 1958).

Smith, D. E., and J. Ginsburg, *Numbers and Numerals* (Washington, DC: National Council of Teachers of Mathematics, 1958).

Struik, D. J. "Stone Age Mathematics," *Scientific American*, **179** (Dec. 1948), 44—49.

Thompson, J. Eric S. *Maya Hieroglyphic Writing*, 3rd ed. (Norman: University of Oklahoma Press, 1971).

Zaslavsky, C. *Africa Counts: Number and Pattern in African Culture* (Boston: Prindle, Weber and Schmidt, 1973).

——. "Symmetry Along with Other Mathematical Concepts and Applications in African Life," in: *Applications in School Mathematics*, 1979 Yearbook of the NCTM (Washington, DC: National Council of Teachers of Mathematics, 1979), pp. 82—97.

第二章　古埃及

Bruins, E. M. "The Part in Ancient Egyptian Mathematics," *Centaurus*, **19** (1975), 241—251.

——. "Egyptian Arithmetic," *Janus* **68** (1981), 33—52.

Chace, A. B., et al., eds. and trans. *The Rhind Mathematical Papyrus*. Classics in Mathematics Education, no. 8 (Reston, VA: National Council of Teachers of Mathematics, 1979; abridged republication of 1927—1929 ed.).

Clagett, Marshall. *Ancient Egyptian Science: A Sourcebook*, Vol. 3, *Ancient Egyptian Mathematics* (Philadelphia, PA: American Philosophical Society, 1999).

Engels, H. "Quadrature of the Circle in Ancient Egypt," *Historia Mathematica*, **4** (1977), 137—140.

Gillings, R. J. *Mathematics in the Time of the Pharaohs* (Cambridge: MIT Press, 1972).

——. "The Recto of the Rhind Mathematical Papyrus and the Egyptian Mathematical Leather Roll," *Historia Mathematica*, **6** (1979), 442—447.

——. "What Is the Relation between the EMLR and the RMP Recto?" *Archive for History of Exact Sciences*, **14** (1975), 159—167.

Guggenbuhl, L. "Mathematics in Ancient Egypt: A Checklist," *The Mathematics Teacher*, **58** (1965), 630—634.

Hamilton, M. "Egyptian Geometry in the Elementary Classroom," *Arithmetic Teacher*, **23** (1976), 436—438.

Knorr, W. "Techniques of Fractions in Ancient Egypt and Greece," *Historia Mathematica*, **9** (1982), 133—171.

Neugebauer, O. "On the Orientation of Pyramids," *Centaurus*, **24** (1980), 1—3.

Parker, R. A. *Demotic Mathematical Papyri*, Brown Egyptological Studies, 7 (Providence, RI: Brown University Press, 1972).

——. "Some Demotic Mathematical Papyri," *Centaurus*, **14** (1969), 136—141.

——. "A Mathematical Exercise: P. Dem. Heidelberg 663," *Journal of Egyptian Archaeology*, **61** (1975), 189—196.

Rees, C. S. "Egyptian Fractions," *Mathematical Chronicle*, **10** (1981), 13—30.

Robins, G., and C. C. D. Shute, "Mathematical Bases of Ancient Egyptian Architecture and Graphic Art," *Historia Mathematica*, **12** (1985), 107—122.

Rossi, Corinna. *Architecture and Mathematics in Ancient Egypt* (Cambridge, UK: Cambridge University Press, 2004).

Rottlander, R. C. A. "On the Mathematical Connections of Ancient Measures of Length," *Acta Praehistorica et Archaeologica*, **7—8** (1978), 49—51.

Van der Waerden, B. L. "The (2:n) Table in the Rhind Papyrus," *Centaurus*, **23** (1980), 259—274.

Wheeler, N. R. "Pyramids and Their Purpose," *Antiquity*, **9** (1935), 5—21, 161—189, 292—304.

第三章　美索不达米亚

Bruins, E. M. "The Division of the Circle and Ancient Arts and Sciences," *Janus*, **63** (1976), 61—84.

Buck, R. C. "Sherlock Holmes in Babylon," *American Mathematical Monthly*, **87** (1980), 335—345.

Friberg, J. "Methods and Traditions of Babylonian Mathematics: Plimpton 322, Pythagorean Triples, and the Babylonian Triangle Parameter Equations," *Historia Mathematica*, **8** (1981), 277—318.

——. "Methods and Traditions of Babylonian Mathematics. II," *Journal of Cuneiform Studies*, **33** (1981), 57—64.

——. *A Remarkable Collection of Babylonian Mathematical Texts* (New York: Springer, 2007).

H0yrup, J. "The Babylonian Cellar Text BM 85200 + VAT 6599. Retranslation and Analysis," *Amphora* (Basel: Birkhauser, 1992), 315—358.

——. "Investigations of an Early Sumerian Division Problem," *Historia Mathematica*, **9** (1982), 19—36.

Muroi, K. "Two Harvest Problems of Babylonian Mathematics," *Historia Sci.*, (2)**5**(3) (1996), 249—254.

Neugebauer, O. *The Exact Sciences in Antiquity* (New York: Harper, 1957; paperback publication of the 2nd ed.).

——, and A. Sachs. *Mathematical Cuneiform Texts* (New Haven, CT: American Oriental Society and the American Schools of Oriental Research, 1945).

Powell, M. A., Jr. "The Antecedents of Old Babylonian Place Notation and the Early History of Babylonian Mathematics," *Historia Mathematica*, **3** (1976), 417—439.

Price, D. J. de Solla. "The Babylonian 'Pythagorean Triangle' Tablet," *Centaurus*, **10** (1964), 219—231.

Robson, E. *Mesopotamian Mathematics*, 2100—1600 BC: *Technical Constants in Bureaucracy and Education* (Oxford, UK: Clarendon Press, 1999).

——. *Mathematics in Ancient Iraq: A Social History* (Princeton, NJ: Princeton University Press, 2008).

Schmidt, O. "On 'Plimpton 322': Pythagorean Numbers in Babylonian Mathematics," *Centaurus*, **24**

(1980)，4—13.

第四章　希腊传统

Allman, G. J. *Greek Geometry from Thales to Euclid* (New York: Arno Press, 1976; facsimile reprint of the 1889 ed.).

Berggren, J. L. "History of Greek Mathematics: A Survey of Recent Research," *Historia Mathematica*, **11** (1984), 394—410.

Boyer, C. B. "Fundamental Steps in the Development of Numeration," *Isis*, **35** (1944), 153—168.

Brumbaugh, R. S. *Plato's Mathematical Imagination* (Bloomington: Indiana University Press, 1954).

Burnyeat, M. R. "The Philosophical Sense of Theaetetus' Mathematics," *Isis*, **69** (1978), 489—513.

Cajori, F. "History of Zeno's Arguments on Motion," *American Mathematical Monthly*, **22** (1915), 1—6, 39—47, 77—82, 109—115, 145—149, 179—186, 215—220, 253—258, 292—297.

Cornford, R. M. *Plato's Cosmology. The Timaeus of Plato*, trans. with a running commentary (London: Routledge and Kegan Paul, 1937).

Fowler, D. H. "Anthyphairetic Ratio and Eudoxan Proportion," *Archive for History of Exact Sciences*, **24** (1981), 69—72.

Freeman, K. *The Pre-Socratic Philosophers*, 2nd ed. (Oxford, UK: Blackwell, 1949).

Giacardi, L. "On Theodorus of Cyrene's Problem," *Archives Internationales d'Histoire des Sciences*, **27** (1977), 231—236.

Gow, J. *A Short History of Greek Mathematics* (Mineola, NY: Dover, 2004; reprint of 1923 ed.).

Heath, T. L. *History of Greek Mathematics*, 2 vols. (New York: Dover, 1981; reprint of 1921 ed.).

——. *Mathematics in Aristotle* (Oxford, UK: Clarendon, 1949).

Lasserre, R. *The Birth of Mathematics in the Age of Plato*, trans. H. Mortimer (London: Hutchinson, 1964).

Lee, H. D. P. *Zeno of Elea* (Cambridge, UK: Cambridge University Press, 1936). McCabe, R. L. "Theodorus' Irrationality Proofs," *Mathematics Magazine*, **49** (1976), 201—202.

McCain, E. G. "Musical 'Marriages' in Plato's Republic," *Journal of Music Theory*, **18** (1974), 242—272.

Mueller, I. "Aristotle and the Quadrature of the Circle," in: *Infinity and Continuity in Ancient and Medieval Thought*, ed. N. Kretzmann (Ithaca, NY: Cornell University Press, 1982), pp. 146—164.

Plato. *Dialogues*, trans. B. Jowett, 3rd ed., 5 vols. (Oxford, UK: Oxford University Press, 1931; reprint of 1891 ed.).

Smith, R. "The Mathematical Origins of Aristotle's Syllogistic," *Archive for History of Exact Sciences*, **19** (1978), 201—209.

Stamatakos, B. M. "Plato's Theory of Numbers. Dissertation," *Michigan State University Dissertation Abstracts*, **36** (1975), 8117-A, Order no. 76—12527.

Szabo, A. "The Transformation of Mathematics into Deductive Science and the Beginnings of Its Foundation on Definitions and Axioms," *Scripta Mathe- matica*, **27** (1964), 27—48, 113—139.

Von Fritz, K. "The Discovery of Incommensurability by Hippasus of Meta- pontum," *Annals of Mathematics*, (2) **46** (1945), 242—264.

Wedberg, A. *Plato's Philosophy of Mathematics* (Westport, CT: Greenwood, 1977).

White, R. C. "Plato on Geometry," *Apeiron*, **9** (1975), 5—14.

第五章　亚历山大的欧几里得

Archibald, R. C., ed. *Euclid's Book on Divisions of Figures* (Cambridge, UK: Cambridge University Press, 1915).

Barker, A. "Methods and Aims in the Euclidean *Sectio Canonis*," *Journal of Hellenic Studies*, **101** (1981), 1—16.

Burton, H. "The Optics of Euclid," *Journal of the Optical Society of America*, **35** (1945), 357—372.

Coxeter, H. S. M. "The Golden Section, Phyllotaxis, and Wythoff's Game," *Scripta Mathematica*, **19** (1953), 135—143.

Fischler, R. "A Remark on Euclid II, 11," *Historia Mathematica*, **6** (1979), 418—422.

Fowler, D. H. "Book II of Euclid's *Elements* and a Pre-Eudoxan Theory of Ratio," *Archive for History of Exact Sciences*, **22** (1980), 5—36, and 26 (1982), 193—209.

Grattan-Guinness, I. "Numbers, Magnitudes, Ratios, and Proportions in Euclid's Elements: How Did He Handle Them?" *Historia Mathematica*, **23** (1996), 355—375.

Heath, T. L., ed. *The Thirteen Books of Euclid's Elements*, 3 vols. (New York: Dover, 1956; paperback reprint of 1908 ed.).

Herz-Fischler, R. "What Are Propositions 84 and 85 of Euclid's *Data* All About?" *Historia Mathematica*, **11** (1984), 86—91.

Ito, S. , ed. and trans. *The Medieval Latin Translation of the Data of Euclid*, foreword by Marshall Clagett (Basel: Birkhauser, 1998).

Knorr, W. R. "When Circles Don't Look Like Circles: An Optical Theorem in Euclid and Pappus," *Archive for History f Exact Sciences*, **44** (1992), 287—329.

Theisen, W. "Euclid, Relativity, and Sailing," *Historia Mathematica*, **11** (1984), 81—85.

Thomas-Stanford, C. *Early Editions of Euclid's Elements* (San Francisco: Alan Wofsy Fine Arts, 1977; reprint of the 1926 ed.).

第六章　　锡拉丘兹的阿基米德

Aaboe, A. , and J. L. Berggren. "Didactical and Other Remarks on Some Theorems of Archimedes and Infinitesimals," *Centaurus*, **38** (4) (1996), 295—316.

Bankoff, L. "Are the Twin Circles of Archimedes Really Twins?" *Mathematics Magazine*, **47** (1974), 214—218.

Berggren, J. L. "A Lacuna in Book I of Archimedes' *Sphere and Cylinder*," *Historia Mathematica*, **4** (1977), 1—5.

——. "Spurious Theorem in Archimedes' *Equilibrium of Planes*: Book I," *Archive for History of Exact Sciences*, **16** (1978), 87—103.

Davis, H. T. "Archimedes and Mathematics," *School Science and Mathematics*, **44** (1944), 136—145, 213—221.

Dijksterhuis, E. J. *Archimedes* (Princeton, NJ: Princeton University Press, 1987; reprint of 1957 ed. , which was translated from the 1938—1944 ed.).

Hayashi, E. "A Reconstruction of the Proof of Proposition 11 in Archimedes' Method," *Historia Sci.*, (2) **3** (3) (1994), 215—230.

Heath, T. L. *The Works of Archimedes* (New York: Dover, 1953; reprint of 1897 ed.).

Knorr, W. R. "On Archimedes' Construction of the Regular Heptagon," *Centaurus*, **32** (4) (1989), 257—271.

——. "Archimedes' 'Dimension of the Circle': A View of the Genesis of the Extant Text," *Archive for History of Exact Sciences*, **35** (4) (1986), 281—324.

——. "Archimedes and the Measurement of the Circle: A New Interpretation," *Archive for History of Exact Sciences*, **15** (2) (1976), 115—140.

——. "Archimedes and the Pre-Euclidean Proportion Theory," *Archives Internationales d' Histoire des Sciences*, **28** (1978), 183—244.

——. "Archimedes and the Spirals: The Heuristic Background," *Historia Mathematics*, **5** (1978), 43—75.

Netz, Reviel. "The Goal of Archimedes' *Sand-Reckoner*," *Apeiron*, **36** (2003), 251—290.

Neugebauer, O. "Archimedes and Aristarchus," *Isis*, **34** (1942), 4—6.

Phillips, G. M. "Archimedes the Numerical Analyst," *American Mathematical Monthly*, **88** (1981), 165—169.

Smith, D. E. "A Newly Discovered Treatise of Archimedes," *Monist*, **19** (1909), 202—230.

Taisbak, C. M. "Analysis of the So-Called Lemma of Archimedes for Constructing a Regular Heptagon," *Centaurus*, **36** (1993), 191—199.

——. "An Archimedean Proof of Heron's Formula for the Area of a Triangle: Reconstructed," *Centaurus*, **24** (1980), 110—116.

第七章　　佩尔格的阿波罗尼奥斯

Coolidge, J. L. *History of the Conic Sections and Quadric Surfaces* (New York: Dover, 1968; paperback publication of 1945 ed.).

——. *History of Geometrical Methods* (New York: Dover, 1963; paperback publication of 1940 ed.).

Coxeter, H. S. M. "The Problem of Apollonius," *American Mathematical Monthly*, **75** (1968), 5—15.

Heath, T. L. "Apollonius," in: *Encyclopedia Britannica*, llth ed. , **2** (1910), 186—188.

——, ed. *Apollonius of Perga. Treatise on Conic Sections* (New York: Barnes and Noble, 1961; reprint of 1896 ed.).

Hogendijk, J. P. "Arabic Traces of Lost Works of Apollonius," *Archive for History of Exact Sciences*, **35** (3) (1986), 187—253.

——. "Desargues' 'Brouillon Project' and the 'Conics' of Apollonius," *Centaurus*, **34** (1) (1991), 1—43.

Neugebauer, O. "The Equivalence of Eccentric and Epicyclic Motion According to Apollonius," *Scripta Mathematica*, **24** (1959), 5—21.

Thomas, I. , ed. , *Selections Illustrating the History of Greek Mathematics*, 2 vols. (Cambridge, MA: Loeb Classical Library, 1939—1941).

Toomer, G. J. , ed. *Apollonius: Conics Books V-VII. The Arabic Translation of the Lost Greek Original in the Version of the Banu Musa*. Sources in the History of Mathematics and the Physical Sciences 9

(New York: Springer, 1990).

Unguru, S. "A Very Early Acquaintance with Apollonius of Perga's Treatise on Conic Sections in the Latin West," *Centaurus*, **20** (1976), 112—128.

第八章　　其他思潮

Andersen, K. "The Central Projection in One of Ptolemy's Map Constructions," *Centaurus*, **30** (1987), 106—113.

Aaboe, A. *Episodes from the Early History of Mathematics* (New York: Random House, 1964).

Barbera, A. "Interpreting an Arithmetical Error in Boethius's *De Institutione Musica* (iii. 14—16), " *Archives Internationales d'Histoire des Sciences*, **31** (1981), 26—41.

Barrett, H. M. *Boethius. Some Aspects of His Times and Work* (Cambridge, UK: Cambridge University Press, 1940).

Berggren, J. L. "Ptolemy's Maps of Earth and the Heavens: A New Interpretation," *Archive for History of Exact Sciences*, **43** (1991), 133—144.

Carmody, F. J. "Ptolemy's Triangulation of the Eastern Mediterranean," Isis, **67** (1976), 601—609.

Cuomo, S. *Pappus of Alexandria and the Mathematics of Late Antiquity* (Cambridge, UK: Cambridge University Press, 2000).

Diller, A. "The Ancient Measurements of the Earth," *Isis*, **40** (1949), 6—9.

Dutka, J. "Eratosthenes' Measurement of the Earth Reconsidered," *Archive for History of Exact Sciences*, **46** (1993), 55—66.

Goldstein, B. R. "Eratosthenes on the 'Measurement' of the Earth," *Historia Mathematica*, **11** (1984), 411—416.

Heath, T. L. *Aristarchus of Samos: The Ancient Copernicus* (New York: Dover, 1981; reprint of the 1913 ed.).

——. *Diophantus of Alexandria: A Study in the History of Greek Algebra*, 2nd ed. (Chicago: Powell's Bookstore and Mansfield Centre, CT: Martino Pub. , 2003; reprint of 1964 edition, with new supplement on Diophantine problems).

Knorr, W. "The Geometry of Burning-Mirrors in Antiquity," *Isis*, **74** (1983), 53—73.

Knorr, W. R. " 'Arithmetike Stoicheiosis': on Diophantus and Hero of Alexandria," *Historia Math*, **20** (1993), 180—192.

Lorch, R. P. "Ptolemy and Maslama on the Transformation of Circles into Circles in Stereographic Projection," *Archive for History of Exact Sciences*, **49** (1995), 271—284.

Nicomachus of Gerasa. *Introduction to Arithmetic*, trans. M. L. D'Ooge, with "Studies in Greek Arithmetic" by F. E. Robbins and L. C. Karpinski (New York: Johnson Reprint Corp. , 1972; reprint of the 1926 ed.).

Pappus of Alexandria. *Book 7 of the "Collection,"* ed. and trans. with commentary by A. Jones, 2 vols. (New York/Heidelberg/Berlin: Springer, 1986).

Ptolemy's Almagest, translated and annotated by G. J. Toomer (New York: Springer-Verlag, 1984).

Robbins, F. E. , "P. Mich. 620: A Series of Arithmetical Problems," *Classical Philology*, **24** (1929), 321—329.

Sarton, G. *Ancient Science and Modern Civilization* (Lincoln: University of Nebraska Press, 1954).

——. *The History of Science*, 2 vols. (Cambridge, MA: Harvard University Press, 1952—1959).

Sesiano, J. *Books IV to VII of Diophantus' "Arithmetica" in the Arabic Translation Attributed to Qusta ibn Luqa* (New York/Heidelberg/Berlin: Springer, 1982).

Smith, A. M. "Ptolemy's Theory of Visual Perception," *Transactions of the American Philosophical Society*, **86**, pt. 2, Philadelphia, PA, 1996.

Stahl, W. H. *Roman Science* (Madison: University of Wisconsin Press, 1962).

Swift, J. D. "Diophantus of Alexandria," *American Mathematical Monthly*, **43** (1956), 163—170.

Thompson, D'A. W. *On Growth and Form*, 2nd ed. (Cambridge, UK: Cambridge University Press, 1942).

Vitruvius, *On Architecture*, ed. and trans. F. Granger, 2 vols. (Cambridge, MA: Harvard University Press, and London: William Heinemann, 1955; reprint of the 1931 ed.).

第九章　　古代中国

Ang Tian-se. "Chinese Interest in Right-Angled Triangles," Historia Mathe- *matica*, **5** (1978), 253—266.

Boyer, C. B. "Fundamental Steps in the Development of Numeration," *Isis*, **35** (1944), 153—168.

Gillon, B. S. "Introduction, Translation, and Discussion of Chao Chun-Ch'ing's 'Notes to the Diagrams of Short Legs and Long Legs and of Squares and Circles, , " *Historia Mathematica*, **4** (1977), 253—293.

Hoe, J. "The Jade Mirror of the Four Unknowns—Some Reflections," *Mathematical Chronicle*, **1** (1978), 125—156.

Lam Lay-yong. "The Chinese Connection between the Pascal Triangle and the Solution of Numerical Equations of Any Degree," *Historia Mathematica*, 7 (1980), 407—424.

——. "On the Chinese Origin of the Galley Method of Arithmetical Division," *British Journal for the History of Science*, **3** (1966), 66—69.

——. *A Critical Study of the Yang Hui Suan Fa, a 13th Century Mathematical Treatise* (Singapore: Singapore University Press, 1977).

—— and Shen Kang-sheng. "Right-Angled Triangles in Ancient China," *Archive for History of Exact Sciences*, **30** (1984), 87—112.

Lam, L. Y. "Zhang Qiujian Suanjing: An Overview." *Archive for History of Exact Sciences*, **50** (1997), 201—240.

Libbrecht, U. *Chinese Mathematics in the Thirteenth Century* (Cambridge, MA: MIT Press, 1973).

Martzloff, J.-C. *A History of Chinese Mathematics*, trans. S. S. Wilson (Berlin: Springer, 2006; reprinted from the original French Masson 1987 ed.).

Mikami, Y. *The Development of Mathematics in China and Japan* (New York: Chelsea, 1974; reprint of the 1913 ed.).

Needham, J. *Science and Civilization in China*, Vol. 3 (Cambridge, UK: Cambridge University Press, 1959).

Shen, K., J. N. Crossley, and A. W-C Lun. *The Nine Chapters on the Mathematical Art Companion and Commentary* (Oxford: Oxford University Press; Beijing: Science Press, 1999).

Sivin, Nathan, ed. *Science and Technology in East Asia* (New York: Science History Publications, 1977).

Smith, D. E. , and Y. Mikami. *A History of Japanese Mathematics* (Chicago: Open Court, 1914).

Struik, D. J. "On Ancient Chinese Mathematics," *Mathematics Teacher*, **56** (1963), 424—432.

Swetz, F. "Mysticism and Magic in the Number Squares of Old China," *Mathematics Teacher*, **71** (1978), 50—56.

Swetz, F. J., and Ang Tian-se. "A Chinese Mathematical Classic of the Third Century: The Sea Island Mathematical Manual of Liu Hui," *Historia Mathematica*, **13** (1986), 99—117.

Wagner, D. B. "An Early Chinese Derivation of the Volume of a Pyramid: Liu Hui, Third Century A. D., " *Historia Mathematica*, **6** (1979), 164—188.

第十章　　古代与中世纪印度

Clark, W. E. , ed. *The Aryabhatia of Aryabhata* (Chicago: University of Chicago Press, 1930).

Colebrooke, H. T. *Algebra, with Arithmetic and Mensuration, from the Sanskrit of Brahmegupta and Bhascara* (London: John Murray, 1817).

Datta, B., and A. N. Singh. *History of Hindu Mathematics: A Sourcebook*, 2 vols. (Bombay: Asia Publishing House, 1962; reprint of 1935—1938 ed.). Note review by Neugebauer in *Isis*, **25** (1936), 478—488.

Delire, J. M. "Quadratures, Circulature and the Approximation of 2in the Indian Sulba-sutras," *Centaurus*, **47** (2005), 60—71.

Filliozat, P. -S. "Ancient Sanskrit Mathematics: An Oral Tradition and a Written Literature," in: *History of Science, History of Text*, R. S. Cohen, et al. , eds. Boston Studies in Philosophy of Science 238 (Dordrecht: Springer Netherlands, 2005), pp. 137—157.

Gold, D. , and D. Pingree. "A Hitherto Unknown Sanskrit Work Concerning Madhava's Derivation of the Power Series for Sine and Cosine," *Historia Scientiarum*, **42** (1991), 49—65.

Gupta, R. C. "Sine of Eighteen Degrees in India up to the Eighteenth Century," *Indian Journal of the History of Science*, **11** (1976), 1 — 10.

Hayashi, T. *The Bakshali Manuscript: An Ancient Indian Mathematical Treatise* (Groningen: Egbert Forsten, 1995).

Keller, Agathe. *Expounding the Mathematical Seed: A Translation of Bhaskara I on the Mathematical Chapter of the Aryabhatiya*, 2 vols. (Basel: Birkhauser, 2006).

Pingree, D. *Census of the Exact Sciences in Sanskrit*, 4 vols. (Philadelphia: American Philosophical Society, 1970—1981).

Plofker, Kim. *Mathematics in India* (Princeton, NJ: Princeton University Press, 2009).

Rajagopal, C. T. , and T. V. Vedamurthi Aiyar. "On the Hindu Proof of Gregory's Series," *ScriptaMathematica*, **17** (1951), 65—74; alsocf. **15** (1949), 201—209, and **18** (1952), 25—30).

——, and M. S. Rangachari. "On an Untapped Source of Medieval Keralese Mathematics," *Archive for History of Exact Sciences*, **18** (1978), 89—102.

Sinha, K. N. "Sripati: An Eleventh Century Indian Mathematician," *Historia Mathematica*, **12** (1985), 25—44.

Yano, Michio. "Oral and Written Transmission of the Exact Sciences in Sanskrit," *Journal of Indian Philosophy*, **34** (2006), 143—160.

第十一章　　阿拉伯数学

Amir-Moez, A. R. "A Paper of Omar Khayyam," *Scripta Mathematica*, **26** (1963), 323—337.

Berggren, J. L. *Episodes in the Mathematics of Medieval Islam* (New York: Springer-Verlag, 1986; reprinted in 2003).

Brentjes, S., and J. P. Hogendijk. "Notes on Thabit ibn Qurra and His Rule for Amicable Numbers," *Historia Mathematica*, **16** (1989), 373—378.

Gandz, S. "The Origin of the Term 'Algebra,' " *American Mathematical Monthly*, **33** (1926), 437—440.

——. "The Sources of al-Khowarizmi's Algebra," *Osiris*, **1** (1936), 263—277.

Garro, I. "Al-Kindi and Mathematical Logic," *International Logic Review*, Nos. 17—18 (1978), 145—149.

Hairetdinova, N. G. "On Spherical Trigonometry in the Medieval Near East and in Europe," *Historia Mathematica*, **13** (1986), 136—146.

Hamadanizadeh, J. "A Second-Order Interpolation Scheme Described in the Zij-i Ilkhani," *Historia Mathematica*, **12** (1985), 56—59.

——. "The Trigonometric Tables of al-Kashi in His Zij-i Khaqani," *Historia Mathematica*, **7** (1980), 38—45.

Hermelink, H. "The Earliest Reckoning Books Existing in the Persian Language," *Historia Mathematica*, **2** (1975), 299—303.

Hogendijk, J. P. "Al-Khwarizmi's Table of the 'Sine of the Hours' and the Underlying Sine Table," *Historia Sci*, **42** (1991), 1 — 12.

——. *Ibn al-Haytham's Completion of the Conics* (New York: Springer, 1985).

——. "Thabit ibn Qurra and the Pair of Amicable Numbers 17296, 18416," *Historia Mathematica*, **12** (1985), 269—273.

International Symposium for the History of Arabic Science, *Proceedings of the First International Symposium*, April 5—12, 1976, Vol. 2, papers in European languages, ed. Ahmad Y. al-Hassan et al. (Aleppo, Syria: Institute for the History of Arabic Science, University of Aleppo, 1978).

Kasir, D. S., ed. *The Algebra of Omar Khayyam* (New York: AMS Press, 1972; reprint of 1931 ed.).

Karpinski, L. C., ed. *Robert of Chester's Latin Translation of the Algebra of al-Khowarizmi* (New York: Macmillan, 1915).

Kennedy, E. S. *Studies in the Islamic Exact Sciences*, ed. D. A. King and M. H. Kennedy (Beirut: American University of Beirut, 1983).

King, D. A. "On Medieval Islamic Multiplication Tables," *Historia Mathematica*, **1** (1974), 317—323; supplementary notes, ibid., **6** (1979), 405—417.

——. and G. Saliba, eds. *From Deferent to Equant: A Volume of Studies in the History of Science in the Ancient and Medieval Near East in Honor of E. S. Kennedy* (New York: New York Academy of Sciences, 1987).

Levey, M., ed. *The Algebra of Abu Kamil* (Madison: University of Wisconsin Press, 1966).

Lorch, R. "Al-Khazini's 'Sphere That Rotates by Itself,' " *Journal for the History of Arabic Science*, **4** (1980), 287—329.

——. "The Qibla-Table Attributed to al-Khazini," *Journal for the History of Arabic Science*, **4** (1980), 259—264.

Lumpkin, B. "A Mathematics Club Project from Omar Khayyam," *Mathematics Teacher*, **71** (1978), 740—744.

Rashed, R. *The Development of Arabic Mathematics: Between Arithmetic and Algebra*, trans. A. F. W. Armstrong (Boston: Kluwer Academic, 1994).

Rosen, F., ed. and trans. *The Algebra of Mohammed ben Musa*. (New York: Georg Olms, 1986).

Sabra, A. I. "Ibn-al-Haytham's Lemmas for Solving 'Alhazen's Problem,' " *Archive for History of Exact Sciences*, **26** (1982), 299—324.

Saidan, A. S. "The Earliest Extant Arabic Arithmetic," *Isis*, **57** (1966), 475—490.

——. "Magic Squares in an Arabic Manuscript," *Journal for History of Arabic Science*, **4** (1980), 87—89.

Sayili, A. "Thabit ibn-Qurra's Generalization of the Pythagorean Theorem," *Isis*, **51** (1960), 35—37; also ibid., 55 (1964) 68—70 (Boyer) and 57 (1966), 56—66 (Scriba).

Smith, D. E. "Euclid, Omar Khayyam, and Saccheri," *Scripta Mathematica*, **3** (1935), 5—101.

——, and L. C. Karpinski. *The Hindu-Arabic Numerals* (Boston: Ginn, 19XX).

Struik, D. J. "Omar Khayyam, Mathematician," *Mathematics Teacher*, **51** (1958), 280—285.

Yadegari, M. "The Binomial Theorem: A Widespread Concept in Medieval Islamic Mathematics," *Historia Mathematica*, **7** (1980), 401—406.

第十二章 拉丁语的西方世界

Clagett, M. *Archimedes in the Middle Ages*, 5 vols. in 10 (Philadelphia: American Philosophical Society, 1963—1984).

——. *Mathematics and Its Applications to Science and Natural Philosophy in the Middle Ages*

(Cambridge and New York: Cambridge University Press, 1987).

——. *The Science of Mechanics in the Middle Ages* (Madison: University of Wisconsin Press, 1959).

——. *Studies in Medieval Physics and Mathematics* (London: Variorum Reprints, 1979).

Coxeter, H. M. S. "The Golden Section, Phyllotaxis, and Wythoff's Game," *Scripta Mathematica*, 19 (1953), 135—143.

Drake, S. "Medieval Ratio Theory vs. Compound Indices in the Origin of Bradwardine's Rule," *Isis*, **64** (1973), 66—67.

Evans, G. R. "Due Oculum. Aids to Understanding in Some Medieval Treatises on the Abacus," *Centaurus*, **19** (1976), 252—263.

——. "The Rithmomachia: A Medieval Mathematical Teaching Aid? " *Janus*, **63** (1975), 257—271.

——. "The Saltus Gerberti: The Problem of the 'Leap,' " *Janus*, **67** (1980), 261—268.

Fibonacci, Leonardo Pisano. *The Book of Squares*, annotated and translated by L. E. Sigler (Boston: Academic Press, 1987).

Folkerts, Menso. *Development of Mathematics in Medieval Europe: The Arabs, Euclid, Regiomontanus* Variorum Collected Studies Series (Aldershot, UK: Ashgate, 2006).

——. *Essays on Early Medieval Mathematics: The Latin Tradition* Variorum Collected Studies Series (Aldershot, UK: Ashgate, 2003).

Gies, J., and F. Gies. *Leonard of Pisa and the New Mathematics of the Middle Ages* (New York: Crowell, 1969).

Ginsburg, B. "Duhem and Jordanus Nemorarius," *Isis*, **25** (1936), 340—362.

Glushkov, S. "On Approximation Methods of Leonardo Fibonacci," *Historia Mathematica*, **3** (1976), 291—296.

Grant, E. "Bradwardine and Galileo: Equality of Velocities in the Void," *Archive for History of Exact Sciences*, **2** (1965), 344—364.

——. "Nicole Oresme and His *De proportionibus proportionum*," *Isis*, **51** (1960), 293—314.

——. "Part I of Nicole Oresme's *Algorismus proportionum*," *Isis*, **56** (1965), 327—341.

Grim, R. E. "The Autobiography of Leonardo Pisano," *Fibonacci Quarterly*, **11** (1973), 99—104, 162.

Jordanus de Nemore. *De numeris datis, a Critical Edition and Translation*, trans. B. B. Hughes (Berkeley: University of California Press, 1981).

Molland, A. G. "An Examination of Bradwardine's Geometry," *Archive for History of Exact Sciences*, **19** (1978), 113—175.

Murdoch, J. E. "The Medieval Euclid: Salient Aspects of the Translations of the *Elements* by Adelard of Bath and Campanus of Novara," *Revue de Synthese*, (3) **89**, Nos. 49—52 (1968), 67—94.

——. "Oresme's Commentary on Euclid," *Scripta Mathematica*, **27** (1964), 67—91.

Oresme, N. *De proportionibus proportionum* and *Ad pauca respicientes*, ed. E. Grant (Madison: University of Wisconsin, 1966).

Rabinovitch, N. L. *Probability and Statistical Inference in Ancient and Medieval Jewish Literature* (Toronto: University of Toronto Press, 1973).

Unguru, S. "Witelo and Thirteenth Century Mathematics: An Assessment of His Contributions," *Isis*, **63** (1972), 496—508.

第十三章　欧洲文艺复兴

American Philosophical Society. "Symposium on Copernicus," *Proceedings APS*, **117** (1973), 413—550.

Bokstaele, P. "Adrianus Romanus and the Trigonometric Tables of Rheticus," *Amphora* (Basel: Birkhauser, 1992).

Bond, J. D. "The Development of Trigonometric Methods Down to the Close of the XVth Century," *Isis*, **4** (1921—1922), 295—323.

Boyer, C. B. "Note on Epicycles and the Ellipse from Copernicus to Lahire," *Isis*, **38** (1947), 54—56.

. "Viète,s Use of Decimal Fractions," *Mathematics Teacher*, **55** (1962), 123—127.

Brooke, M. "Michael Stifel, the Mathematical Mystic," *Journal of Recreational Mathematics*, **6** (1973), 221—223.

Cajori, F. *William Oughtred, a Great Seventeenth-Century Teacher of Mathematics* (Chicago: Open Court, 1916).

Cardan, J. *The Book of My Life*, trans. J. Stoner (New York: Dover, 1962; paperback reprint of 1930 ed.).

——. *The Great Art*, trans. and ed. T. R. Witmer, with a foreword by O. Ore (Cambridge, MA: MIT Press, 1968).

Clarke, F. M. "New Light on Robert Recorde," *Isis*, **1** (1926), 50—70.

Copernicus, *On the Revolutions*, trans. E. Rosen, vol. 2, in *Complete Works* (Warsaw-Cracow: Polish Scientific Publishers, 1978).

Davis, M. D. *Piero della Francesco's Mathematical Treatises: The Trattato d'abaco and Libellus de quinque corporibus regularibus* (Ravenna: Longo ed. , 1977).

Easton, J. B. "A Tudor Euclid," *Scripta Mathematica*, **27** (1966), 339—355.

Ebert, E. R. "A Few Observations on Robert Recorde and His *Grounde of Artes*,"Mathematics Teacher, **30** (1937), 110—121.

Fierz, M. *Girolamo Cardano, 1501—1576: Physician, Natural Philosopher, Mathematician, Astrologer and Interpreter of Dreams* (Basel: Birkhauser, 1983).

Flegg, G. , C. Hay, and B. Moss, eds. *Nicolas Chuquet, Renaissance Mathematician* (Dordrecht: Reidel, 1985).

Franci, R. , and L. T. Rigatelli. "Towards a History of Algebra from Leonardo of Pisa to Luca Pacioli," *Janus*, **72** (1985), 17—82.

Glaisher, J. W. L. "On the Early History of the Signs 1 and 2 and on the Early German Arithmeticians," *Messenger ofMathematics*, **51** (1921 — 1922), 1 — 148.

Glushkov, S. "An Interpretation of Viete's 'Calculus of Triangles, as a Precursor of the Algebra of Complex Numbers," *Historia Mathematica*, **4** (1977), 127—136.

Green, J. , and P. Green. "Alberti's Perspective: A Mathematical Comment," *Art Bulletin*, **64** (1987), 641—645.

Hanson, K. D. "The Magic Square in Albrecht Durer's 'Melencolia I': Metaphysical Symbol or Mathematical Pastime? " *Renaissance and Modern Studies*, **23** (1979), 5—24.

Hughes, B. *Regiomontanus on Triangles* (Madison: University of Wisconsin Press, 1967).

Jayawardene, S. A. "The Influence of Practical Arithmetics on the Algebra of Rafael Bombelli," *Isis*, **64** (1973), 510—523; also see *Isis*, **54** (1963), 391—395, and **56** (1965), 298—306.

——. "The 'Trattato d'abaco' of Piero della Francesca," in: *Cultural Aspects of the Italian Renaissance*, ed. C. H. Clough (Manchester, UK: Manchester University Press, 1976), pp. 229—243.

Johnson, F. R. , and S. V. Larkey, "Robert Recorde's Mathematical Teaching and the Anti-Aristotelean Movement," *Huntington Library Bulletin*, **1** (1935), 59—87.

Lohne, J. A. "Essays on Thomas Harriot: I. Billiard Balls and Laws of Collision. II. Ballistic Parabolas. III. A Survey of Harriot's Scientific Writings," *Archive for History of Exact Sciences*, **20** (1979), 189—312.

MacGillavry, C. H. "The Polyhedron in A. Dürer's 'Melencolia F': An Over 450 Years Old Puzzle Solved? " *Koninklijke Nederlandse Akademie van Wetenschappen*, *Proc.* Series B84, No. 3 (1981), 287—294.

Ore, Oystein. *Cardano, the Gambling Scholar* (Princeton, NJ: Princeton University Press, 1953).

Parshall, K. H. "The Art of Algebra from al-Khwarizmi to Viete: A Study in the Natural Selection of Ideas," *History of Science*, **26**(72,2) (1988), 129—164.

Pedoe, D. "Ausz Disem Wirdt vil Dings Gemacht: A DUrer Construction for Tangent Circles," *Historia Mathematica*, **2** (1975) 312—314.

Ravenstein, E. G. ,C. F. Close, and A. R. Clarke. Map, *Encyclopedia Britannica*, llth ed. ,Vol. 17(1910—1911), 629—663.

Record[e], R. *The Grounde of Artes*, and *Whetstone of Witte* (Amsterdam: Theatrum Orbis Terrarum, and New York: Da Capo Press, 1969; reprints of 1542 and 1557 ed.).

——. *The Pathwaie to Knowledge* (Amsterdam: Theatrum Orbis Terrarum, and Norwood, NJ: Walter J. Johnson, 1974; reprint of 1551 ed.).

Rosen, E. "The Editions of Maurolico's Mathematical Works," *Scripta Math- ematica*, **24** (1959), 59—76.

Ross, R. P. "Oronce Fine's *De sinibus libri* II: The First Printed Trigonometric Treatise of the French Renaissance," *Isis*, **66** (1975), 379—386.

Sarton, G. "The Scientific Literature Transmitted through the Incunabula," *Osiris*, **5** (1938), 41—247.

Smith, D. E. *Rara arithmetica* (Boston: Ginn, 1908).

Swerdlow, N. M. "The Planetary Theory of Francois Viète. 1. The Fundamental Planetary Models," *Journal for the History ofAstronomy*, **6** (1975), 185—208.

Swetz, F. J. *Capitalism and Arithmetic. The New Math of the 15th Century, including the Full Text of the Treviso Arithmetic of 1478*, trans. David Eugene Smith (La Salle, IL: Open Court, 1987).

Tanner, R. C. H. "The Alien Realm of the Minus: Deviatory Mathematics in Cardano's Writings," *Annals of Science*, **37** (1980), 159—178.

——. "Nathaniel Torporley's 'Congestor analyticus' and Thomas Harriot's 'De triangulis laterum rationalium, ' " *Annals of Science*, **34** (1977), 393—428.

—— "The Ordered Regiment of the Minus Sign: Off-Beat Mathematics in Harriot's Manuscripts," *Annals of Science*, **37** (1980), 159—178.

——. "On the Role of Equality and Inequality in the History of Mathematics," *British Journal of the History of Science*, **1** (1962), 159—169.

Taylor, R. E. *No Royal Road*. *Luca Pacioli and His Times* (Chapel Hill: University of North Carolina Press, 1947).

Viète, F. *The Analytic Art: Nine Studies* in *Algebra, Geometry, and Trigonometry from the Opus restitutae mathematicae analyseos, seun algebra nova*, trans. , with introduction and annotations by T. R. Witmer (Kent, OH: Kent State University Press, 1983).

Zeller, Sr. M. C. *The Development of Trigonometry from Regiomontanus to Pitiscus* (Ann Arbor, MI: Edwards Brothers, 1946).

Zinner, Ernst. *Regiomontanus: His Life and Work*, trans. Ezra Brown (Amsterdam: North-Holland, 1990).

第十四章　　近代早期问题解决者

Brasch, F. E. , ed. *Johann Kepler, 1571—1630. A Tercentenary Commemoration of his Life and Works* (Baltimore, MD: Williams and Wilkins, 1931).

Bruins, E. M. "On the History of Logarithms: Bürgi, Napier, Briggs, de Decker, Vlacq, Huygens," *Janus*, **67** (1980), 241—260.

Cajori, F. "History of the Exponential and Logarithmic Concepts," *American Mathematical Monthly*, **20** (1913), 5—14,35—47, 75—84, 107—117.

Caspar, M. *Kepler*, trans. D. Hellman (New York: Abelard-Schuman, 1959).

Dijksterhuis,E. J. ,and D. J. Struik, eds. *The Principal Works of Simon Stevin* (Amsterdam: Swets and Zeitinger, 1955—1965).

Field, J. V. "Kepler's Mathematization of Cosmology," *Acta historiae rerum naturalum necnon technicarum*, **2** (1998), 27—48.

Glaisher, J. W. L. "On Early Tables of Logarithms and Early History of Logarithms," *Quarterly Journal of Pure and Applied Mathematics*, **48** (1920), 151 — 192.

Gridgeman, N. T. "John Napier and the History of Logarithms," *Scripta Mathematica*, **29** (1973), 49—65.

Hawkins, W, R. "The Mathematical Work of John Napier (1550—1617)," *Bulletin of the Australian Mathematical Society*, **26** (1982), 455—468.

Hobson, E. W. *John Napier and the Invention of Logarithms, 1614* (Cambridge: The University Press, 1914).

Kepler, J. *The Six-Cornered Snowflake* (Oxford: Clarendon, 1966).

Napier, J. *The Construction of the Wonderful Canons of Logarithms* (London: Dawsons of Pall Mall, 1966).

——. *A Description of the Admirable Table of Logarithms* (Amsterdam: Theatrum Orbis Terrarum; New York: Da Capo Press, 1969).

Pierce,R. C. ,Jr. "Sixteenth Century Astronomers Had Prosthaphaeresis,"*Mathematics Teacher*, **70** (1977), 613—614.

Rosen, E. *Three Imperial Mathematicians: Kepler Trapped between Tycho Brahe and Ursus* (New York: Abanis, 1986).

Sarton, G. "The First Explanation of Decimal Fractions and Measures (1585)," *Isis*, **23** (1935), 153—244.

. "Simon Stevin of Bruges (1548—1620)," *Isis*, **21** (1934), 241—303.

第十五章　　分析、综合、无穷及数

Andersen, K. "The Mathematical Technique in Fermat's Deduction of the Law of Refraction," *Historia Mathematica*, **10** (1983), 48—62.

——. "Cavalieri's Method of Indivisibles," *Archive for History of Exact Sciences*, **31** (1985), 291—367.

Bos, H. J. M. "On the Representation of Curves in Descartes' *Geometrie*," *Archive for History of Exact Sciences*, **24** (1981), 295—338.

Boyer, C. B. "Johann Hudde and Space Coordinates," *Mathematics Teacher*, **58** (1965), 33—36.

——. "Note on Epicycles and the Ellipse from Copernicus to Lahire," *Isis*, **38** (1947), 54—56.

——. "Pascal: The Man and the Mathematician," *Scripta Mathematica*, **26** (1963), 283—307.

——. "Pascal's Formula for the Sums of the Powers of the Integers," *Scripta Mathematica*, **9** (1943), 237—244.

Bussey, W. H. "Origin of Mathematical Induction," *American Mathematical Monthly*, 24 (1917), 199—207.

Cajori, F. "A Forerunner of Mascheroni," *American Mathematical Monthly*, **36** (1929), 364—365.

——. "Origin of the Name 'Mathematical Induction, ' " *American Mathematical Monthly* **25**, (1918), 197—201.

Court, N. A. "Desargues and his Strange Theorem," *Scripta Mathematica*, **20** (1954), 5—13, 155—164.

Descartes, R. *The Geometry*, trans. by D. E. Smith and Marcia L. Latham (New York: Dover, 1954; paperback edition).

Drake, S. "Mathematics and Discovery in Galileo's Physics," *Historia Math- ematica*, **1** (1973), 129—150.

Easton, J.W. "Johan De Witt's Kinematical Constructions of the Conics,"*Mathematics Teacher*,**56** (1963), 632—635.

Field, J. V. , and J. J. Gray. *The Geometrical Work of Girard Desargues* (New York: Springer-Verlag,

1987).

Forbes, E. G. "Descartes and the Birth of Analytic Geometry," *Historia Mathematica*, **4** (1977), 141 — 151.

Galilei, G. *Discourses on the Two Chief Systems*, ed. G. de Santillana (Chicago: University of Chicago Press, 1953); also see ed. by S. Drake. (Berkeley: University of California Press, 1953).

——. *On Motion, and On Mechanics*. (Madison: University of Wisconsin Press, 1960).

——. ·*Two New Sciences*, trans. with introduction and notes by S. Drake (Madison: University of Wisconsin Press, 1974).

Hallerberg, A. E. "Georg Mohr and Euclidis curiosi," *Mathematics Teacher*, **53** (1960), 127—132.

Halleux, E., ed. "René-Francois de Sluse (1622—1685)," *Bulletin de la Société Royale des Sciences de Liège*, **55** (1986), 1—269.

Ivins, W. M., Jr. "A Note on Girard Desargues," *Scripta Mathematica*, **9** (1943), 33—48.

Lenoir, T. "Descartes and the Geometrization of Thought: A Methodological Background of Descartes' Géométrie," *Historia Mathematica*, **6** (1979), 355—379.

Lutzen, J. "The Relationship between Pascal's Mathematics and His Philoso- phy, " *Centaurus*, **24** (1980), 263—272.

Mahoney, M. S. *The Mathematical Career of Pierre de Fermat, 1601—1665* (Princeton, N. J. : Princeton University Press, 1973).

Mohr, G. *Compendium Euclidis curiosi* (Copenhagen: C. A. Reitzel, 1982; photographic reproduction of Amsterdam 1673 publication and the English translation by Joseph Moxon published in London 1677).

Naylor, R. H. "Mathematics and Experiment in Galileo's New Sciences," *Annali dell' Instituto i Museo di Storia delle Scienza di Firenze*, **4** (1) (1979), 55—63.

Ore, O. "Pascal and the Invention of Probability Theory," *American Mathematical Monthly*, **47** (I960), 409—419.

Ribenboim, P. "The Early History of Fermat's Last Theorem," *The Mathematical Intelligencer*, **11**(1976), 7—21.

Scott, J. E. *The Scientific Work of René Descartes (1596—1650)*, with a foreword by H. W. Turnbull (London: Taylor &. Francis, 1976; reprint of the 1952 ed.).

Smith, A. M. "Galileo's Theory of Indivisibles: Revolution or Compromise? " *Journal for the History of Ideas*, **37** (1976), 571—588.

Walker, E. *A Study of the* Traité des indivisibles *of Gilles Persone de Roberval* (New York: Teachers College, 1932).

第十六章　　不列颠技巧和大陆方法

Aiton, E. J. *Leibniz: A Biography* (Bristol and Boston: A. Hilger, 1984).

Ayoub, R. "The Lemniscate and Fagnano's Contributions to Elliptic Integrals," *Archive for History of Exact Sciences*, **29** (1984), 131 — 149.

Ball, W. W. R. "On Newton's Classification of Cubic Curves," *Proceedings of the London Mathematical Society*, **22** (1890—1891), 104—143.

Baum, R. J. "Thc Instrumentalist and Formalist Elements of Berkeley's Philosophy of Mathematics," *Studies in History and Philosophy of Science*, **3** (1972), 119—134.

Berkeley, G. *Philosophical Works* (London: Dent, 1975).

Barrow, I. *Geometrical Lectures*, ed. by J. M. Child (Chicago: Open Court, 1916).

——. *The Usefulness of Mathematical Learning Explained and Demonstrated* (London: Cass, 1970).

Bennett, J. A., *The Mathematical Science of Christopher Wren* (Cambridge: Cambridge University Press, 1982).

Bos, H. J. M. "Differentials, Higher-Order Differentials, and the Derivative in the Leibnizian Calculus," *Archive for History of Exact Sciences*, **14** (1974), 1 —90.

Boyer, C. B. "Colin Maclaurin and Cramer's Rule," *Scripta Mathematica*, **27** (1966), 377—379.

——. "The First Calculus Textbooks," *Mathematics Teacher*, **39** (1946), 159—167.

——. "Newton as an Originator of Polar Coordinates," American Mathematical Monthly, **16** (1949), 73—78.

Cajori, F. *A History of the Conceptions of Limits and Fluxions in Great Britain, from Newton to Woodhouse* (Chicago: Open Court, 1919).

Calinger, R. *Gottfried Wilhelm Leibniz* (Troy, NY: Rensselaer Polytechnic Institute, 1976).

Child, J. M., ed. *The Early Mathematical Manuscripts of Leibniz*, trans.

C. I. Gerhardt (Chicago: Open Court, 1920).

Cohen, I. B. *Introduction to Newton's* Principia (Cambridge: Cambridge University Press, 1971).

Costabel, P. *Leibniz and Dynamics. The Texts of 1692*, trans. R. E. W. Maddison of the 1960 edition (Ithaca, NY: Cornell University Press, 1973).

Corr, C. A. "Christian Wolff and Leibniz," *Journal of the History of Ideas*, **36** (1975), 241—262.

Cupillari, A. *Biography of Maria Gaetana Agnesi*, ... , with translation of some of her work from

Italian into English, foreword by P. R. Allaire (Lewiston, NY: Edwin Mellen Press, 2007).

Dehn, M., and E. D. Hellinger. "Certain Mathematical Achievements of James Gregory," *American Mathematical Monthly*, **50** (1943), 149—163.

Dunham, W. "The Bernoullis and the Harmonic Series," *The College Mathematics Journal*, **18** (1987), 18—23.

Dutka, J. "The Early History of the Hypergeometric Function," *Archive for History of Exact Sciences*, **31** (1984), 15—34.

——. "Wallis's Product, Brouncker's Continued Fraction, and Leibniz's Series," *Archive for History of Exact Sciences*, **26** (1982), 115—126.

Earman, J. "Infinities, Infinitesimals, and Indivisibles: The Leibnizian Labyr- inth," *Studio Leibnitiana*, **7** (1975), 236—251.

Edleston, J. *Correspondence of Sir Isaac Newton and Professor Cotes* (London: Cass, 1969; reprint of the 1850 ed.).

Feigenbaum, L. "Brook Taylor and the Method of Increments," *Archive for History of Exact Sciences*, **34** (1985), 1 — 140.

Hall, A. R. *Philosophers at War: The Quarrel between Newton and Leibniz* (Cambridge: Cambridge University Press, 1980).

Hall, A. R., and M. B. Hall. *The Correspondence of Henry Oldenburg* (Madison: University of Wisconsin Press [vols. 1—9] and London: Mansell [vols. 10 and 11], 1965—1977).

Hofmann, J. E. *Leibniz in Paris (1672—1676): His Growth to Mathematical Maturity* (London: Cambridge University Press, 1974).

Kitcher, P. "Fluxions, Limits, and Infinite Littlenesse. A Study of Newton's Presentation of the Calculus," *Isis*, **64** (1973), 33—49.

Knobloch, E. "The Mathematical Studies of G. W. Leibniz on Combinatorics," *Historia Mathematica*, **1** (1974), 409—430.

Lokken, R. N. "Discussions on Newton's Infinitesimals in 18th Century Anglo- America," *Historia Mathematica*, 7 (1980), 141 — 155.

Maclaurin, C. *The Collected Letters of Colin Maclaurin*, ed. S. Mills, (Nantwich, Cheshire: Shiva, 1982).

Milliken, S. F. "Buffon's Essai d'Arithmetique Morale," in: *Essays on Diderot and the Enlightenment, in Honor of Otis Fellow*, ed. John Pappas (Geneva: Droz, 1974), 197—206.

Mills, S. "The Controversy between Colin Maclaurin and George Campbell over Complex Roots, 1728—1729," *Archive for History of Exact Sciences*, **28** (1983), 149—164.

Newton, I. *Isaac Newton's Papers and Letters on Natural Philosophy and Related Documents*, ed. by I. B. Cohen (Cambridge, Mass.: Harvard University Press, 1958).

——. *Isaac Newton's* Philosophiae Naturalis Principia Mathematica, 3rd ed., ed. by A. Koyre and I. B. Cohen, with variant readings (Cambridge: Cambridge University Press, 1972; 2 vols.).

——. *The Mathematical Papers*, ed. by D. T. Whiteside (Cambridge: Cambridge University Press, 1967—1980; 8 vols.).

Palter, R., ed. *The Annus Mirabilis of Sir Isaac Newton 1666—1966* (Cambridge, MA: MIT Press, 1970).

Rickey, V. K. Isaac Newton: Man, Myth, and Mathematics," *College Mathematics Journal*, **18** (1987), 362—389.

Rigaud, S. P. *Correspondence of Scientific Men of the Seventeenth Century*. (Oxford: University Press, 1841; 2 vols.).

Scott, J. K. "Brouncker," *Notes and Records of the Royal Society of London*, **15** (1960), 147—157.

Scott, J. R. *The Mathematical Works of John Wallis, D. D., E R. S. (1616—1703)* (New York: Chelsea, 1981; second publication of 1938 London ed.).

Scriba, C. J. "Gregory's Converging Double Sequence," *Historia Mathematica*, **10** (1983), 274—285.

Shafer, G. "Non-Additive Probabilities in the Work of Bernoulli and Lambert," *Archive for History of Exact Sciences*, 18 (1978), 309—370.

Smith, D. E. "John Wallis as a Cryptographer," *Bulletin of the American Mathematical Society*, **24** (1918) (2) 82—96.

Turnbull, H. W. *Bicentenary of the Death of Colin Maclaurin* (Aberdeen: Aberdeen University Press, 1951).

——. *James Gregory Tercentenary Memorial Volume* (London: G. Bell, 1939).

——, J. F. Scott, A. R. Hall, and L. Tilling. *The Correspondence of Isaac Newton*, 7 vols. (Cambridge: Cambridge University Press, 1959—1977).

Tweedie, C. *James Stirling: Sketch of his Life and Works* (Oxford: Clarendon, 1922).

——. A Study of the Life and Writings of Colin Maclaurin, *Mathematical Gazette*, **8** (1915), 132-151, and **9** (1916), 303—305.

Walker, H. M. "Abraham De Moivre," *Scripta Mathematica*, **2** (1934), 316-333.

Westfall, R. S. *Never at Rest: A Biography of Isaac Newton* (Cambridge: Cambridge University Press, 1980).

Whiteside, D. T. "Newton the Mathematician,"in: *Contemporary Newtonian Research*, ed. Z. Bechler (Dordrecht: D. Reidel, 1982), pp. 109—127.

——. "Patterns of Mathematical Thought in the Late Seventeenth Century," *Archive for History of Exact Sciences*, **1** (1961), 179—388.

——. "Wren the Mathematician,"*Notes and Records of the Royal Society of London*, **15** (1960), 107—111.

第十七章　欧拉

Aiton, A. J. "The Contributions of Newton, Bernoulli and Euler to the Theory of Tides," *Annals ofScience*, **11** (1956), 206—223.

Archibald, R. C. "Euler Integrals and Euler's Spiral, Sometimes Called Fresnel Integrals and the Clothoide or Cornu's Spiral," *American Mathematical Monthly*, **25** (1918), 276—282.

——. "Goldbach's Theorem," *Scripta Mathematica*, **3** (1935), 44—50.

Ayoub, R. "Euler and the Zeta Function," *American Mathematical Monthly*, **81** (1974), 1067—1086.

Barbeau, E. J. "Euler Subdues a Very Obstreperous Series," *American Mathematical Monthly*, **86** (1979), 356—372.

——, and P. J. Leah. "Euler's 1760 Paper on Divergent Series," *Historia Mathematica*, **3** (1976), 141—160; also see **5** (1978), 332, for errata.

Baron, M. E. "A Note on the Historical Development of Logic Diagrams: Leibniz, Euler and Venn," *Mathematical Gazette*, **53** (1969), 113—125.

Boyer, C. B. "Clairaut and the Origin of the Distance Formula," *American Mathematical Monthly*, **55**(1948), 556—557.

——. "Clairaut le Cadet and a Theorem of Thabit ibn-Qurra," *Isis*, 55 (1964), 68—70; also see *Isis*, **57** (1966), 56—66 (Scriba).

——. "The Foremost Textbook of Modern Times (Euler's *Introductio in analysin infinitorum*)," *American Mathematical Monthly*, **58** (1951), 223—226.

Brown, W. G. "Historical Note on a Recurrent Combinatorial Problem,"*American Mathematical Monthly*, **72**(1965), 973—977.

Cajori, F. "History of the Exponential and Logarithmic Concepts," *American Mathematical Monthly*, **20** (1913), 38—47, 75—84, 107—117.

Calinger, R. "Euler's 'Letters to a Princess of Germany' as an Expression of His Mature Scientific Outlook," *Archive for History of Exact Sciences*, **15** (1976), 211—233.

Carlitz, L. "Eulerian Numbers and Polynomials," *Mathematics Magazine*, **33** (1959), 247—260.

Davis, P. J. "Leonhard Euler's Integral: A Historical Profile of the Gamma Function," *American Mathematical Monthly*, **66** (1959), 849—869.

Deakin, M. A. B. "Euler's Version of the Laplace Transform,"*American Mathematical Monthly*, **87**(1980),264—269.

Dutka, J. "The Early History of the Hypergeometric Function," *Archive for History of Exact Sciences*, **31** (1984), 15—34.

Euler, L. *Elements of Algebra* (New York: Springer, 1985).

"Euler," *Mathematics Magazine*, **56** (5) (1983); an issue devoted to Euler with contributions by J. Lutzen, H. M. Edwards, P. Erdos, U. Dudley, G. L. Alexanderson, G. E. Andrews, J. J. Burckhardt, and M. Kline.

Forbes, E. G. *The Euler-Mayer Correspondence (1751—1755): A New Perspective on Eighteenth Century Advances in the Lunar Theory* (New York: American Elsevier, 1971; and London: Macmillan, 1971).

Frisinger, H. H. "The Solution of a Famous Two-Century-Old Problem: The Leonhard Euler-Latin Square Conjecture," *Historia Mathematica*, **8** (1981), 56—60.

Glaisher, J. W. L. "On the History of Euler's Constant," *Messenger of Mathematics*, **1** (1871), 25—30.

Grattan-Guinness, L. "On the Influence of Euler's Mathematics in France during the Period 1795—1825," in: *Festakt und Wissenschaftliche Konferenz aus Anlass des 200. Todestags von Leonhard Euler*, ed. W. Engel, Abhan-dlungen der Akademie der Wissenschaften der DDR, Abt. Mathematik-Naturwissenschaft-Technik No. 1N, 1985,100—111.

Gray, J. J., and L. Tilling. "Johann Heinrich Lambert, Mathematician and Scientist,1728—1777, " *Historia Mathematica*, **5** (1978), 13—41.

Kawajiri, N. "The Missed Influence of French Encyclopedists on Wasan," *Japanese Studies in the History of Science*, **15** (1976), 79—95.

Lander, L. J., and T. R. Parkin. "Counterexample to Euler's Conjecture on Sums of Like Powers," *Bulletin of the American Mathematical Society*, **72** (1966), 1079.

Sheynin,O. B. "J. H. Lambert's Work on Probability,"*Archive for History of Exact Sciences*, **7**(1971), 244—256.

——. "On the Mathematical Treatment of Observations by L. Euler," *Archive for History of Exact Sciences*, **9** (1972/1973), 45—56.

Steinig, J. "On Euler's Idoneal Numbers," *Elemente der Mathematik*, **21** (1966), 73—88.

Truesdell, C. "Leonhard Euler, Supreme Geometer (1707—1783),"in: *Studies in the Eighteenth Century Culture*, Vol. 2,ed. H. E. Pagliaro (Cleveland and London: Case Western Reserve, 1982), pp. 51—95.

——. "The Rational Mechanics of Flexible or Elastic Bodies." Introduction to *Leonhardi Euleri Opera Omnia* (2) 10—11 in (2) 11, pt. 2 (Zurich: Orell Fussli, 1960).

——. "Rational Mechanics 1687—1788,"*Archive for History of Exact Sciences*, **1**(1960/1962), 1—36.

Van den Broek,J. A. "Euler's Classic Paper 'On the Strength of Columns,'"*American Journal of Physics*, **15**(1947), 309—318.

Volk, O. , "Johann Heinrich Lambert and the Determination of Orbits for Planets and Comets," *Celestial Mechanics*, **21** (1980), 237—250; also see the earlier *Celestial Mechanics*, **14** (1976), 365—382.

第十八章 法国大革命前后

Arago, F. "Biographies of Distinguished Scientific Men (Laplace)," in: *Annual Report of the Smithsonian Institution*, Washington, DC, 1874, 129—168.

Baker, R. M. *Condorcet: From Natural Philosophy to Social Mathematics* (Chicago and London: University of Chicago Press, 1975).

Belhoste, B. *Augustin-Louis Cauchy: A Biography*, trans. Frank Ragland (New York: Springer, 1991).

Burlingame, A. E. *Condorcet, the Torch Bearer of the French Revolution* (Boston: Stratford, 1930).

Caratheodory, C. "The Beginnings of Research in the Calculus of Variations,"*Osiris*, **3** (1938), 224—240.

Carnot, L. N. M. "Reflections on the Theory of the Infinitesimal Calculus," trans. W. Dickson, *Philosophical Magazine*, **8** (1800), 222—240, 335—352; ibid. , **9** (1801), 39—56.

——. *Reflexions on the Metaphysical Principles of the Infinitesimal Analysis*, trans. W. R. Browell (Oxford, UK: University Press, 1832).

Coolidge, J. L. "The Beginnings of Analytic Geometry in Three Dimensions," *American Mathematical Monthly*, **55** (1948), 76—86.

Dale, A. I. "Bayes or Laplace? An Examination of the Origin and Early Applications of Bayes' Theorem," *Archive for History of Exact Sciences*, **27** (1982), 23—47.

Daston,L. J. "D'Alembert's Critique of Probability Theory," *Historia Mathe-matica*, **6** (1979), 259—279.

Deakin, M. A. B. "The Ascendancy of the Laplace Transform and How it Came About," *Archive for History of Exact Sciences*, **44** (1992), 265—286.

——. "The Development of the Laplace Transform, 1737—1937. I. Euler to Spitzer, 1737—1880," *Archive for History of Exact Sciences*, **25** (1981), 343—390.

Engelsman, S. B. "Lagrange's Early Contributions to the Theory of First-Order Partial Differential Equations," *Historia Mathematica*, 7 (1980), 7—23.

Fisher, G. "Cauchy's Variables and Orders of the Infinitely Small," *British Journal of the Philosophy of Science*, **30** (1979), 261—265.

Fraser, C. J. L. "Lagrange's Changing Approach to the Foundations of the Calculus of Variations," *Archive for History of Exact Sciences*, **32** (1985), 151 — 191.

——. "Lagrange's Early Contributions to the Principles and Methods of Mechanics," *Archive for History of Exact Sciences*, **28** (1983), 197—241.

Gillispie, C. C. *Lazare Carnot: Savant* (Princeton, NJ: Princeton University Press, 1971).

——. *Pierre-Simon Laplace. 1749—1827. A Life in Exact Science* (Princeton, NJ: Princeton University Press, 1997).

Grabiner, J. V. *The Origins of Cauchy's Rigorous Calculus* (Cambridge, MA: MIT Press, 1981).

——. "Who Gave You the Epsilon? Cauchy and the Origins of Rigorous Calculus," *American Mathematical Monthly*, **90** (1983), 185—194.

Gridgeman, N. T. "Geometric Probability and the Number π" *Scripta Mathematica*, **25** (1960), 183—195.

Grimsley, R. *Jean d'Alembert (1717—83)* (Oxford, UK: Clarendon, 1963).

Hamburg, R. Rider. "The Theory of Equations in the Eighteenth Century: The Work of Joseph Lagrange," *Archive for History of Exact Sciences*, **16** (1976), 17—36.

Hankins, T. L. *Jean d'Alembert* (Oxford, UK: Clarendon, 1972).

Hellman, C. D. "Legendre and the French Reform of Weights and Measures," *Osiris*, **1** (1936), 314—340.

Jourdain, P. E. B. "The Ideas of the 'Fonctions analytiques' in Lagrange's Early Work," *Proceedings of the International Congress of Mathematicians*, **2** (1912), 540—541.

——. "Note on Fourier's Influence on the Conceptions of Mathematics," *International Congress of Mathematicians (Cambridge)*, **2** (1912), 526—527.

——. "The Origins of Cauchy's Conceptions of a Definite Integral and of the Concept of a Function," *Isis*, **1** (1913), 661—703.

Lakatos, I. "Cauchy and the Continuum," *Mathematical Intelligencer*, **1** (1978), 151 — 161.

Lagrange, J. L. *Lectures on Elementary Mathematics*, trans. T. J. McCormack (Chicago: Open Court, 1901).

Laplace, P. S. *Mecanique celeste*, 4 vols., trans. and ed. N. Bowditch (New York: Chelsea, 1966; reprint of the 1829—1839 ed.).

——. *A Philosophical Treatise on Probabilities*, trans. F. W. Truscott and F. L. Emory (New York: Dover, 1951).

Plackett, R. L. "The Discovery of the Method of Least Squares," Studies in the History of Probability and Statistics, xxix, *Biometrika*, **59** (1972), 239—251.

Sarton, G. "Lagrange's Personality," *Proceedings of the American Philosophical Society*, **88** (1944), 457—496.

Schot, S. H. "Aberrancy: Geometry of the Third Derivative," *Mathematics Magazine*, **51** (1978), 259—275.

Sheynin, O. B. "P. S. Laplace's Work on Probability," *Archive for History of Exact Sciences*, **16** (1977), 137—187.

Stigler, S. N. "An Attack on Gauss Published by Legendre in 1820," *Historia Mathematica*, **4** (1977), 31—35.

——. "Laplace's Early Work: Chronology and Citations," *Isis*, **69** (1978), 234—254.

——. "Napoleonic Statistics: The Work of Laplace" Studies in the History of Probability and Statistics, xxxiv, *Biometrika*, **62**(2) (1975), 503—517.

Truesdell, C. "Cauchy's First Attempt at a Molecular Theory of Elasticity," *Bolletino di Storia delle Scienze Matematica*, **1** (1981), 133—143.

Van Oss, R, G. "D'Alembert and the Fourth Dimension," *Historia Mathema- tica*, **10** (1983), 455—457.

Woodhouse, R. *A History of the Calculus of Variations in the Eighteenth Century* (New York: Chelsea, 1964; reprint of the 1810 ed.).

第十九章　高斯

Birkhoff, G. "Galois and Group Theory," *Osiris*, **3** (1937), 260—268.

Breitenberger, E. "Gauss's Geodesy and the Axiom of Parallels," *Archive for History of Exact Sciences*, **31** (1984), 273—289.

BUhler, W. K. *Gauss: A Biographical Study* (New York: Springer-Verlag, 1981).

Dunnington, G. W. *Carl Friedrich Gauss. Titan of Science* (New York: Exposition Press, 1955).

Edwards, H. M. *Galois Theory* (New York: Springer-Verlag, 1984).

Gauss, C. F. *Disquisitiones arithmeticae*, trans. A. A. Clarke (New Haven, CT: Yale University Press, 1966).

——. *General Investigations of Curved Surfaces*, trans. A. Hiltebeitel and J. Morehead (New York: Raven Press, 1965).

——. *Inaugural Lecture on Astronomy and Papers on the Foundations of Mathematics*, trans. G. W. Dunnington (Baton Rouge: Louisiana State University, 1937).

——. *Theory of the Motion of Heavenly Bodies* (New York: Dover, 1963).

Goodstein, R. L. "A Constructive Form of the Second Gauss Proof of the Fundamental Theorem of Algebra," in: *Constructive Aspects of the Fundamental Theorem of Algebra*, ed. B. Dejon and P. Henrici (London: Wiley Interscience, 1969), 69—76.

Gray, J. "A Commentary on Gauss's Mathematical Diary, 1796—1814, with an English Translation," *Expositiones Mathematicae*, **2** (1984), 97—130.

Hall, T. *Gauss, a Biography* (Cambridge, MA: MIT Press, 1970).

Heideman, M. T., D. H. Johnson, and C. S. Burrus. "Gauss and the History of the Fast Fourier Transform," *Archive for History of Exact Sciences*, **34** (1985), 265—277.

Jourdain, P. E. B. "The Theory of Functions with Cauchy and Gauss," *Bibliotheca Mathematica*, (3) **6** (1905), 190—207.

Ore, O. *Niels Henrik Abel* (Minneapolis: University of Minnesota Press, 1957).

Robinson, D. W. "Gauss and Generalized Inverses," *Historia Mathematica*, 7 (1980), 118—125.

Sarton, G. Évariste Galois, *Osiris*, **3** (1937), 241—259.

Stigler, S. N. "Gauss and the Invention of Least Squares," *Annals of Statistics*, **9** (1981), 465—474.

Zassenhaus, H. "On the Fundamental Theorem of Algebra," *American Mathematical Monthly*, **74**(1967), 485—497.

第二十章　几何学

Bonola, R. *Non-Euclidean Geometry* (New York: Dover, 1955).

Borel, A. "On the Development of Lie Group Theory," *Mathematical Intelligencer*, **2**(2)(1980), 67—72.

Boyer, C. B. "Analysis: Notes on the Evolution of a Subject and a Name," *Mathematics Teacher*, **47**(1954), 450—462.

Coolidge, J. L. "The Heroic Age of Geometry," *Bulletin of the American Mathematical Society*, **35** (1929), 19—37.

Court, N. A. "Notes on Inversion," *Mathematics Teacher*, **55** (1962), 655—657.

De Vries, H. L. "Historical Notes on Steiner Systems," *Discrete Mathematics*, **52** (1984), 293—297.

Hawkins, T. "The Erlanger Programm of Felix Klein: Reflections on Its Place in the History of Mathematics," *Historia Mathematica*, **11** (1984), 442—470.

——. "Non-Euclidean Geometry and Weierstrassian Mathematics: The Background to Killing's Work on Lie Algebras," *Historia Mathematica*, **7** (1980), 289—342.

Hermann, R., ed. "Sophus Lie's 1884 Differential Invariant Paper," trans. M. Ackerman, Vol. 3 of *Lie Groups: History, Frontiers and Applications* (Brookline, MA: Math. Sci. Press, 1976).

Kagan, V. N. *Lobachevski and His Contribution to Science* (Moscow: Foreign Languages Publishing House, 1957).

Klein, F. "A Comparative Review of Recent Researches in Geometry," trans. M. W. Haskell, *Bulletin of the New York Mathematical Society*, **2** (1893), 215—249.

Nagel, Ernest. "The Formation of Modern Conceptions of Formal Logic in the Development of Geometry," *Osiris* **7** (1939), 142—224.

Patterson, B. C. "The Origins of the Geometric Principle of Inversion," *Isis*, **19** (1933), 154—180.

Portnoy, E. "Riemann's Contribution to Differential Geometry," *Historia Mathematica*, **8** (1982), 1 — 18.

Reid, C. "The Road Not Taken," *Mathematical Intelligencer*, **1** (1978), 21—23.

Rowe, D. E. "Felix Klein's 'Erlanger Antrittsrede': A Transcription with English Translation and Commentary," *Historia Mathematica*, **12** (1985), 123—141.

——. "A Forgotten Chapter in the History of Felix Klein's Erlanger Programm," *Historia Mathematica*, **10** (1983), 448—454.

Scott, C. A. "On the Intersection of Plane Curves," *Bulletin of the American Mathematical Society*, **4** (1897), 260—273.

Segal, S. "Riemann's Example of a Continuous 'Non-Differentiable' Function Continued," *Mathematical Intelligencer*, **1** (1978), 81—82.

Struik, D. J. "Outline of a History of Differential Geometry," *Isis*, **19** (1933), 92—120, and ibid., **20**(1933), 161—191.

Vucinich, A. "Nikolai Ivanovich Lobachevski. The Man behind the First Non-Euclidean Geometry," *Isis*, **53** (1962), 465—481.

Weil, A. "Riemann, Betti, and the Birth of Topology," *Archive for History of Exact Sciences*, **20** (1979), 91—96.

Zund, J. D. "Some Comments on Riemann's Contributions to Differential Geometry," *Historia Mathematica*, **10**(1983), 84—89.

第二十一章　代数学

Crilly, T. "Cayley's Anticipation of a Generalized Cayley-Hamilton Theorem," *Historia Mathematica*, **5** (1978), 211—219.

Crowe, M. J. *A History of Vector Analysis: The Evolution of the Idea of a Vectorial System* (New York: Dover, 1985; corrected version of 1967 ed.).

De Morgan, S. E. *Memoir of Augustus De Morgan by His Wife Sophia Elizabeth De Morgan with Selections from His Letters* (London: Longmans, Green, 1882).

Dubbey, J. M. *The Mathematical Work of Charles Babbage* (New York and London: Cambridge University Press, 1978).

Edwards, H. M. *Galois Theory* (New York: Springer, 1984).

Feldmann, R. W. "History of Elementary Matrix Theory," *Mathematics Teacher*, **55** (1962), 482—484, 589—590, 657—659.

Hankins, T. L. *Sir William Rowan Hamilton* (Baltimore, MD: Johns Hopkins University Press, 1980).

Hawkins, T. "Another Look at Cayley and the Theory of Matrices," *Archives Internationales d'Histoire des Sciences*, **27** (1977), 83—112.

——. "Hypercomplex Numbers, Lie Groups, and the Creation of Group Representation Theory," *Archive for History of Exact Sciences*, **8** (1971), 243—287.

Kleiner, I. "The Evolution of Group Theory: A Brief Survey," *Mathematics Magazine*, **59** (1986), 195—215.

Koppelman, E. "The Calculus of Operations and the Rise of Abstract Algebra," *Archive for History of*

Exact Sciences, **8** (1971)，155—242.

LaDuke，J. "The Study of Linear Associative Algebras in the United States，1870—1927," in：*Emmy Noether in Bryn Mawr*，ed. B. Srinivasan and J. Sally (New York：Springer-Verlag，1983)，pp. 147—159.

Lewis，A. H. "Grassmann's 1844 *Ausdehnungslehre* and Schleiermacher's *Dialektik*；'*Annals ofScience*，**34** (1977)，103—162.

MacHale，D. *George Boole. His Life and Work* (Dublin：Boole Press，1985).

Mathews，J. "William Rowan Hamilton's Paper of 1837 on the Arithmetization of Analysis," *Archive for History of Exact Sciences*，**19** (1978)，177—200.

Novy，L. *Origins of Modern Algebra*，trans. J. Tauer (Prague：Academia，1973).

Orestrom，P. "Hamilton's View of Algebra and His Revision," *Historia Mathematica*，**12** (1985)，45—55.

Parshall，Karen H. *James Joseph Sylvester：Jewish Mathematician in a Victorian World*. (Baltimore，MD：Johns Hopkins University Press，2006).

Peirce，C. S. *The New Elements of Mathematics*，ed. C. Eisele (The Hague：Mouton，1976).

Pycior，H. "George Peacock and the British Origins of Symbolic Algebra," *Historia Mathematica*，**8**(1981)，23—45.

——. "At the Intersection of Mathematics and Humor：Lewis Carroll's Alice and Symbolic Algebra," *Victorian Studies*，**28** (1984)，149—170.

Sarton，G. "Evariste Galois," *Osiris*，**3** (1937)，241—259.

Smith，G. C. *The Boole-DeMorgan Correspondence*，*1842—1864*(London：Oxford University Press，1982).

Winterbourne，A. T. "Algebra and Pure Time：Hamilton's Affinity with Kant," *Historia Mathematica*，**9** (1982)，195—200.

Wussing，H. *The Genesis of the Abstract Group Concept：A Contribution to the History of the Origin of Abstract Group Theory* (Cambridge，MA：MIT Press，1984；trans. of the German 1969 ed.，with minor revisions and updated bibliography).

第二十二章　分析学

Bernkopf，M. "The Development of Function Spaces with Particular Reference to Their Origins in Integral Equation Theory," *Archive for History of Exact Sciences* **3** (1966)，1—96.

Browder，F.，ed. *Mathematical Developments Arising from Hilbert Problems*. Proceedings of a Symposium at Northern Illinois University，1974 (Providence，RI：American Mathematical Society，1976).

Buchwald，J. Z. *From Maxwell to Microphysics：Aspects of Electromagnetic Theory in the Last Quarter of the Nineteenth Century* (Chicago：University of Chicago Press，1985).

Cantor，G. *Contributions to the Founding of the Theory of Transfinite Numbers*，trans. P. E. B. Jourdain (New York：Dover，n.d.；reissue of the 1915 ed.).

Cohen，P. J. "The Independence of the Continuum Hypothesis," *Proceedings of the National Academy of Sciences*，**50** (1963)，1143—1148；and ibid.，**51** (1964)，105—110.

Cooke，R. *The Mathematics of Sonya Kovalevskaya* (New York：SpringerVerlag，1984).

Craik，A. D. D. "Geometry versus Analysis in Early 19th-Century Scotland：John Leslie，William Wallace，and Thomas Carlyle," *Historia Mathematica*，**27** (2000)，133—163.

——. "James Ivory，F. R. S.，Mathematician：'The Most Unlucky Person That Ever Existed,'" *Notes and Records of the Royal Society London*，**54** (2000)，223—247.

Dauben，J. W. *Georg Cantor：His Mathematics and Philosophy of the Infinite* (Cambridge，MA：Harvard University Press，1979).

Dedekind，R. *Essays on the Theory of Numbers*，trans. W. W. Beman (Chicago：Open Court，1901).

Grattan-Guinness，I. *The Development of the Foundations of Mathematical Analysis from Euler to Riemann* (Cambridge，MA：MIT Press，1971).

——. "Georg Cantor's Influence on Bertrand Russell," *History and Philosophy of Logic*，**1** (1980)，61—93.

Gurel，O. "Poincare's Bifurcation Analysis," in：*Bifurcation Theory and Applications in Scientific Disciplines* (New York：New York Academy of Sciences，1979)，pp. 5—26.

Harman，P. M.，ed. *Wranglers and Physicists* (Manchester，UK：University Press，1985).

Hawkins，T. *Lebesgue's Theory of Integration：Its Origins and Development* (New York：Chelsea Publishing Company，1975；reprint of the 1970 ed.).

Hewitt，E.，and R. E. Hewitt. "The Gibbs-Wilbraham Phenomenon：An Episode in Fourier Analysis," *Archive for History of Exact Sciences*，**21** (1979)，129—160.

Hilbert，D. *Foundations of Geometry*，trans. E. J. Townsend，2nd ed. (Chicago：Open Court，1910).

——. "Mathematical Problems," trans. M. W. Newson，*Bulletin of the American Mathematical Society*，(2) **8** (1902)，437—439.

Iushkevich，A. P. "The Concept of Function up to the Middle of the Nineteenth Century," *Archive for*

History of Exact Sciences, **16** (1978), 37—85.

Jourdain, P. E. B. "The Development of the Theory of Transfinite Numbers," *Archiv der Mathematik und Physik*, (3) **10** (1906), 254—281; ibid. , **14** (1909), 289—311; **16** (1910), 21—43; **22** (1913), 1—21.

———. "On Isoid Relations and Theories of Irrational Numbers," *Proceedings of the International Congress of Mathematicians*, **2** (1912), 492—496.

Jungnickel, C. , and R. McCormmach. *Intellectual Mastery of Nature: Theoretical Physics from Ohm to Einstein*, Vol. 1: *The Torch of Mathematics*, *1800—1870* (Chicago and London: University of Chicago Press, 1986).

Katz, V. J. "The History of Stokes' Theorem," *Mathematics Magazine*, **52** (1979), 146—156.

Klein, E. *On Riemann's Theory of Algebraic Functions and Their Integrals*, trans. F. Hardcastle (Cambridge, UK: Cambridge University Press, 1893).

Loria, G. "Liouville and His Work," *Scripta Mathematica*, **4** (1936), 147—154, 257—262, 301—305.

Manning, K. R. "The Emergence of the Weierstrassian Approach to Complex Analysis," *Archive for History of Exact Sciences*, **14** (1975), 297—383.

Mathews, J. "William Rowan Hamilton's Paper of 1837 on the Arithmetization of Analysis," *Archive for History of Exact Sciences*, **19** (1978), 177—200.

Mitchell, U. G. , and M. Strain. "The Number e," *Osiris*, **1** (1936), 476—496.

Monna, A. F. *Dirichlet's Principle. A Mathematical Comedy of Errors and Its Influence on the Development of Analysis* (Utrecht: Oosthoek, Schoutema & Holkema, 1975).

Moore, G. H. *Zermelo's Axiom of Choice: Its Origins, Development, and Influence* (New York: Springer-Verlag, 1982).

Nagel, E. , and J. R. Newman. "Gödel's Proof," in: *The World of Mathematics*, Vol. 3 (New York: Simon and Schuster, 1956).

Putnam, H. , and P. Benacerraf, eds. *Philosophy of Mathematics: Selected Readings* (Englewood Cliffs, NJ: Prentice Hall, 1964).

Reid, C. *Hilbert* (New York: Springer, 1970).

Resnick, M. D. "The Frege-Hilbert Controversy," *Philosophy and Phenomenological Research*, **34** (1974), 386—403.

Rootselaar, B. von. "Bolzano's Theory of Real Numbers," *Archive for History of Exact Sciences*, **2** (1964—1965), 168—180.

Schmid, W. "Poincaré and Lie Groups," *Bulletin of the American Mathematical Society*, **88** (1982), 612—654.

Smith, C. W. "William Thomson and the Creation of Thermodynamics: 1840—1855," *Archive for History of Exact Sciences*, **16** (1977), 231—288.

Stanton, R. J. , and R. O. Wells, Jr. , eds. "History of Analysis," Proceedings of an American Heritage Bicentennial Conference Held at Rice University, March 12—13, 1977, *Rice University Studies*, **64**, Nos. 2 and 3 (1978).

Stolze, C. H. "A History of the Divergence Theorem," *Historia Mathematica*, **5** (1978), 437—442.

Weyl, H. "David Hilbert and His Mathematical Work," *Bulletin of the American Mathematical Society*, **50** (1944), 612—654.

Zassenhaus, H. "On the Minkowski-Hilbert Dialogue on Mathematization," *Bulletin of the Canadian Mathematical Society*, **18** (1975), 443—461.

第二十三章　　20 世纪的遗产

Aull, C. E. E. "R. Hedrick and Generalized Metric Spaces and Metrization," in: *Topology Conference* 1979: *Metric Spaces, Generalized Metric Spaces, Continua* (Greensboro, NC: Guilford College, 1979).

———. "W. Chittenden and the Early History of General Topology," *Topology and Its Applications*, **12** (1981), 115—125.

Birkhoff, G. D. , and B. O. Koopman. "Recent Contributions to the Ergodic Theory," *Proceedings of the National Academy of Sciences*, **18** (1932), 279—282.

Chandrasekharan, K. , ed. *Hermann Weyl 1885—1985: Centenary Lectures* (Berlin: Springer-Verlag, 1986).

Committee on Support and Research in the Mathematical Sciences (NAS-NRC). *The Mathematical Sciences. A Collection of Essays* (Cambridge, MA: MIT Press, 1969).

Ebbinghaus, Heinz-Dieter, in cooperation with V. Peckhaus. *Ernst Zermelo: An Approach to His Life and Work.* (Berlin: Springer-Verlag, 2007).

Green, J. , and J. LaDuke. "Women in the American Mathematical Community: The Pre-1940 Ph. D.'s," *Mathematical Intelligencer*, **9** (1987), 11—23.

Hodges, A. *Alan Turing: The Enigma* (New York: Simon & Schuster, 1983).

Kac, M. *Enigmas of Chance: An Autobiography* (New York: Harper and Row, 1985).

Kenschaft, P. C. "Charlotte Angas Scott. 1858—1931," *The College Mathematics Journal*, **18**(1987), 98—110.

Kuratowski, K. "Some Remarks on the Origins of the Theory of Functions of a Real Variable and of the Descriptive Set Theory," *Rocky Mountain Journal of Mathematics*, **10** (1980), 25—33.

Lebesgue, H. *Measure and the Integral*, ed. K. O. May (San Francisco: Holden- Day; 1966).

Littlewood, J. E. *Littlewood's Miscellany* (Cambridge, UK: Cambridge University Press, 1986).

Lyusternik, I. A. "The Early Years of the Moscow Mathematical School," *Russian Mathematical Surveys*, **22** (1) (1967), 133—157; **22** (2) (1967), 171—211, **22** (4)(1967), 55—91; and Ibid., **25** (4)(1970), 167—174.

Mackey, G. W. Origins and Early History of the Theory of Unitary Group Representations," in: *Representation Theory of Lie Groups*, London Mathematical Society Lecture Notes Series 34 (Cambridge, UK: Cambridge University Press, 1979); pp. 5—19.

May, K. O., ed. *The Mathematical Association of America: Its First Fifty Years* (Washington, DC: Mathematical Association of America, 1972).

McCrimmon, K. "Jordan Algebras and Their Applications," *Bulletin of the American Mathematical Society*, **84** (1978), 612—627.

Merzbach, U. C. "Robert Remak and the Estimation of Units and Regulators," in: *Amphora* (Basel: Birkhauser, 1992), pp. 481—522.

Novikoff, A., and J. Barone. "The Borel Law of Normal Numbers, the Borel Zero-One Law, and the Work of Van Vleck," *Historia Mathematica*, **4** (1977), 43—65.

Pais, A. *Subtle Is the Lord: The Science and Life of Albert Einstein* (Oxford, UK: Oxford University Press, 1982).

Parshall, K. "Joseph H. M. Wedderburn and the Structure Theory of Algebras," *Archive for History of Exact Sciences*, **32** (1985), 223—349.

Phillips, E. R. "Nicolai Nicolaevich Luzin and the Moscow School of the Theory of Functions," *Historia Mathematica*, **5** (1978), 275—305.

Plotkin, J. M., ed. *Hausdorff on Ordered Sets* (Providence, RI: American Mathematical Society, 2005).

Polya, G. *The Polya Picture Album. Encounters of a Mathematician* (Boston: Birkhauser, 1987).

Porter, Brian. "Academician Lev Semyonovich Pontryagin," *Russian Mathematical Survey*, **33**(1978), 3—6.

Rankin, R. A. "Ramanujan's Manuscripts and Notebooks," *Bulletin of the London Mathematical Society*, **14**(1982), 81—97.

Reid, C. "The Autobiography of Julia Robinson," *The College Mathematics Journal*, **17** (1986), 3—21.

——. *Courant* (New York: Springer-Verlag, 1976).

Reingold, N. "Refugee Mathematicians in the United States of America, 1933—1941: Reception and Reaction," *Annals of Science*, **38** (1981), 313—338.

Rickey, V. E. "A Survey of Lesniewski's Logic," *Studia Logica*, **36** (1977), 407—426.

Saks, S. *Theory of the Integral*, 2nd rev. ed. (New York: Dover, 1964).

第二十四章　　近期趋势

Appel, K., and W. Haken. *Every Planar Map Is Four-Colorable* (Providence, RI: American Mathematical Society, 1989).

Bing, R H. "Necessary and Sufficient Conditions That a 3-Manifold Be S^n," *Annals of Mathematics*, **68** (1958), 17—37.

Birkhoff, G. D. "The Reducibility of Maps," *American Journal of Mathematics*, **35** (1913), 115—128.

Cayley, A. "On the Colourings of Maps," *Proceedings of the Royal Geographical Society*, **1** (1879), 259—261.

Edwards, H. M. *Fermat's Last Theorem. A Genetic Introduction to Algebraic Number Theory* (New York: Springer-Verlag, 1977).

Freedman, M. H. "The Topology of Four-Dimensional Manifolds," *Journal of Differential Geometry*, **17**(1982), 357—453.

Gallian, J. A. "The Search for Finite Simple Groups," *Mathematics Magazine*, **49** (1976), 163—179n.

Gonthier, G. *A Computer-Checked Proof of the Four Colour Theorem*, http://research.microsoft.com/Bgonthier/4colproof.pdf, 1985.

Jackson, Allyn. "Conjectures No More?" *Notices of the American Mathematical Society*, **53**(2006), 897—901.

Kempe, A. B. "On the Geographical Problem of the Four Colours," *American Journal of Mathematics*, **2** (1879), 193—200.

Nasar, S., and D. Gruber. "Manifold Destiny, (2003)," *New Yorker*, August 28, 2006, 44ff—57.

Perelman, G. "The Entropy Formula for the Ricci Flow and Its Geometric Applications," *arXiv:math*. DG/0211159 (2002). See also DG/0303109 (2003) and DG/0307245 (2003).

Ringel, G. , and J. W. T. Youngs. "Solution of the Heawood Map-Coloring Problem," *Proceedings of the National Academy of Sciences USA* , **60** (1968), 438—445.

Robertson, N. , D. P. Sanders, P. Seymour, and R. Thomas. "Efficiently Four- Coloring Planar Graphs (New York: ACM Press, 1996 [web version November 13, 1995]).

Szpiro, G. G. *Poincare's Prize* (New York: Dutton, 2007).

Tait, P. G. "Note on a Theorem in the Geometry of Position," *Transactions Royal Society Edinburgh* , **29** (1880), 657—660.

Thompson, J. , and W. Feit. "Solvability of Groups of Odd Order," *Pacific Journal of Mathematics* , **13** (1963), 775—1029.

Wiles, A. J. "Modular Elliptic Curves and Fermat's Last Theorem,"*Annals of Mathematics* , **141**(1995), 443—451.

Wilson, Robin. *Four Colours Suffice* (London: Penguin Books, 2002).

一般文献

与各章的参考文献不同,这一部分收录了多种语言的传统或新近的著作,一般来说,这里列出的书涉及本书中不止一两章的内容。

想得到进一步阅读的引导的读者请注意,除了下面要列出的书目外,还有几种期刊,会发表更新的出版物的摘要。我们特别推荐《数学史》(*Historia Mathematica*)杂志,它在每一期的末尾,都有与数学史相关的新书的全面而简明的带注解书单。摘要的编辑,阿尔伯特·C.刘易斯(Albert C. Lewis),制作了 1—13 卷累积下来的作者和主题的索引。这些出色的资源,可以分别在第 13 卷第 4 期和第 14 卷第 1 期中找到。另一个可用的便捷资源,是《数学评论》(*Mathematical Reviews*)的 01 类。特别是近年来,它变得非常有用。《伊西斯》(*Isis*)杂志的年度总书目,仍然是那些也许没有在更倾向数学的杂志上出现过的,科学技术史方面的出版物的主要资源.

对于早期的著作,May 1973 是非常全面的优秀索引。它主要基于《数学评论》和《数学进展年刊》(*Jahrbuch über Fortschritte der Mathematik*)上的综述。然而,它略去了期刊论文的标题,也不是总会点明所列材料的语言,对各个条目的评注也很少。因为这个原因,对于新进入这个领域的读者,Dauben 1985 会更适用。它非常有选择性,但给出了很多注解,提供了对专业阅读以及扩展文献资源的简单且较为方便的引导。

对于那些对传记感兴趣的读者,《科学传记辞典》(*Dictionary of Scientific Biography*)(Gillispie,1970—1980)是一个很好的选择。在这里我们不列出标准的参考书,比如在大部分图书馆都能找到的"国家"传记大辞典,尽管它们经常会包含关于数学家们的有用信息。

互联网提供了很多新的,而且不断更新的材料资源。尽管这些资源在可靠性上差异很大,读者还是应该知晓最值得信赖的网站之一:很多年来,约翰·J.奥康纳(John J. O'Connor)和埃德蒙·F.罗伯逊(Edmund F. Robertson)都在维护圣安德鲁斯大学的 MacTutor 数学史档案馆。很少有参考资源能与之相比。

基本材料资源的可获取性，很大程度上依赖于读者所在处的图书馆的规模和收录范围。检索作者和期刊目录通常来说都是值得的。一家小图书馆也可能带来惊喜。近年来，对出版物的搜集和挑选有了显著提升，也有了更多数学家的英文译著。对于更早的时期，我们在各章的文献中列出了大量英文图书或英文译著。覆盖了很宽广的时期和主题的英文材料资源，还可见 Birkhoff 1973，Calinger 1982，Midonick 1985，Smith 1959，Struik 1986，和 van Heijenoort 1967。

很多数学史专业的学生对解答历史上的一些问题有兴趣。这可以通过两种途径来做。一种是利用在历史上与该问题相关的那些人的方法，另一种是利用今天的方法。往往同时利用两种途径是颇有裨益的。有时候两种方法是一致的。通过历史途径，我们会大大加深对于数学前辈的理解。然而这做起来是很难的，尤其是对于欧拉之前的时代而言。要这样做，通常最好是回到与问题相关的作者的著作上。原始资源经常无法得到，而很多后来的译著，特别是那些来自古人的，会由于把原作者所用的语言和符号现代化而扭曲了问题，这是广泛存在于现代二手文献中的困难。这并不意味着要读者简单地放弃对于历史上的问题的求解，而是要提醒读者，注意现代化的方法与原始方法的区别并对要解决的问题加以分析。反之，读者可以放心地从现代教科书中拿来定理和问题，并思考对于在历史上特定时期、特定地点的数学家，它们在多大程度上有意义，或者它们会被某些人如何解决或证明。当然更好的做法是，读者可以依照历史时期或传统，提出自己的数学陈述、证明和解。这有点像以莫扎特（Mozart）的风格创作一部回旋曲，兼有类似的缺点和优点。

对历史上的问题感兴趣的读者，可以参考三类资源。一是原始资源。至少在上个世纪，很多小图书馆也收藏了带有习题和例题的老的教科书。回想起我们教科书上带有习题的传统，不过是一个多世纪前才有的，我们在后面的书目里列出了 Gregory 1846 和 Scott 1924。前者比较少见，阐述了直到 1850 年之后才加进补充教材中的一类"例子"。后者要好找得多，引入了探讨 19 世纪末数学的几个领域的习题，堪称"现代"教科书的先驱。在那之后，习题集出现了。Dorrie 1965 和 Tietze 1965 是历史问题集的范例。波利亚（Polya）是那些探寻现代问题的历史根源的典型例子。最后，如在 Burton 1985 和 Eves 1983 中，都有与史料相关的问题。这两本书明确给出了来源，但对于二者，我们都应该对现代化改编保持警惕。

American Mathematical Society. *Semicentennial Addresses* (New York: American Mathematical Society, 1938).
　Historical surveys by E. T. Bell and G. D. Birkhoff; other articles of interest.

Anderson,M. ,V. Katz, and R. Wilson, eds. *Sherlock Holmes in Babylon and Other Tales of Mathematical History* (Washington, DC: Mathematical Association of America, 2004).

Archibald,R. C. *Outline of the History of Mathematics* (Buffalo, NY;Slaught Memorial Papers of the Mathematical Association of America, 1949).
　Has an extensive bibliography.

——. *A Semi-Centennial History of the American Mathematical Society* (New York: Arno Press, 1980; reprint of American Mathematical Society 1938 ed.).
　An informative, well-organized survey with biographical sketches of the presidents of the society.

Ball,W. W. R. *A History of the Study of Mathematics at Cambridge* (Mansfield Center, CT: Martino Publications, 2004; reprint of Cambridge University Press 1889 ed.).
　Still the most informative general work on the topic.

—— and H. S. M. Coxeter. *Mathematical Recreations and Essays*, 12th ed. (Toronto: University of Toronto Press, 1974).
　Very popular; contains considerable history; .rst edition in 1892.

Baron, M. E. *The Origins of the Infinitesimal Calculus* (New York: Dover, 1987; paperback reprint of 1969 ed.).

Bell, E. T. *Men of Mathematics* (New York: Simon and Schuster, 1965; seventh paperback printing of 1937 ed.).
　Readability exceeds reliability; assumes relatively little mathematical background.

——. *Development of Mathematics*, 2nd ed. (New York: Dover, 1992; paperback reprint of 1945 ed.).
　Readable, opinionated account; especially useful for modern mathematics, for a reader with mathematical background.

Berggren, J. L. , and B. R. Goldstein, eds. *From Ancient Omens to Statistical Mechanics: Essays on the Exact Sciences Presented to Asger Aaboe* (Copenhagen: Munksgaard, 1987).

Birkhoff, G. , with U. Merzbach, ed. *A Source Book in Classical Analysis* (Cambridge, MA: Harvard University Press, 1973).
　Eighty-one selections ranging from Laplace, Cauchy, Gauss, and Fourier to Hilbert, Poincaré, Hadamard, Lerch, and Fejer, among others.

Bochenski, I. M. *A History of Formal Logic*, trans. I. Thomas (Notre Dame, IN: University of Notre Dame Press, 1961).

Bolzano, B. *Paradoxes of the Infinite*, trans. D. A. Steele (London: Routledge and Kegan Paul, 1950).

Bonola,R. *Non-Euclidean Geometry* (New York: Dover,1955;paperback reprint of 1912 ed.).
　Many historical references.

Bos,H. J. M. *Lectures in theHistory ofMathematics* (Providence, RI;American Mathematical Society; London: London Mathematical Society, 1993).

Bourbaki, N. *Elements of the History of Mathematics*, trans. John Meldrum (Berlin, New York: Springer-Verlag, 1994; reprint of 1974 French ed.).
　Not a connected history but accounts of certain aspects, especially of modern times.

Boyer, C. B. *History of Analytic Geometry* (New York: Scripta Mathematica, 1956.

——. *The History of the Calculus and Its Conceptual Development* (New York: Dover, 1959; paperback ed. of The Concepts of the Calculus).
　The standard work on the subject.

Braunmühl, A. von. *Vorlesungen über Geschichte der Trigonometrie*, 2 vols. in 1 (Wiesbaden. Sandig, 1971; reprint of the B. G. Teubner 1900—1903 ed.).

Bunt,L. N. H. ,P. S. Jones,and J. D. Bedient. *The Historical Roots of Ele-mentary Mathematics* (Englewood,NJ: Prentice Hall,1976).
　Topical treatment; all but the last chapter relates elementary mathematics to major works of antiquity; the last chapter deals with numeration and arithmetic.

Burckhardt,J. J. ,E. A. Fellmann, and W. Habicht, eds. *Leonhard Euler. Beiträge zu Leben und Werk. Gedenkband des Kantons Basel-Stadt* (Basel: Birkhäuser, 1983).
　A splendid, multilingual one-volume compendium.

Burnett, Charles, et al. , eds. *Studies in the History of the Exact Sciences in Honour of David Pingree* (Leiden: Brill, 2004).

Burton, D. M. *The History of Mathematics. An Introduction*, 6th ed. (New York: McGraw-Hill, 2007; reprint of 1985 ed.).

An episodic, readable account, with many mathematical exercises.

Cajori, F. *The Early Mathematical Sciences in North and South America* (Boston: Gorham, 1928).

——. *A History of Elementary Mathematics* (Mineola, NY: Dover, 2004; rev. and enl. reprint of the 1917 ed.).

——. *A History of Mathematical Notations*, 2 vols. (New York: Dover Pub-lications, 1993; reissue of 1974 ed. , which was a reprint of 1928—1929 ed.).

The de. nitive work on the subject.

——. *A History of Mathematics* (New York: Chelsea, 1985).

One of the most comprehensive, nontechnical, single-volume sources in English.

Cajori, Florian. *History of Mathematics in the United States* (Washington, DC: Government Printing Office, 1890).

Calinger, R. , ed. *Classics of Mathematics* (Oak Park, IL: Moore Publishing, 1982, reissued 1995).

Calinger, R. , with J. E. Brown and T. R. West. *A Contextual History of Mathematics: To Euler* (Upper Saddle River, NJ: Prentice Hall, 1999).

Campbell, P. , and L. Grinstein. *Women of Mathematics*. New York: Greenwood Press, 1987.

Cantor, M. *Vorlesungen über Geschichte der Mathematik*, 4 vols. (Leipzig: Teubner, 1880—1908).

The most extensive history of mathematics so far published. Enestrom's corrections in Bibliotheca Mathematica should be used in conjunction. Some volumes are in a second edition, and the whole is available in a reprint.

Carruccio, E. *Mathematics and Logic in History and in Contemporary Thought*, trans. I. Quigly (New Brunswick, NJ: Aldine, 2006; reissue of 1964 ed.).

An eclectic survey. Italian authors predominate in the bibliography.

Chasles, M. *Aperc. u historique sur I'origine et le developpement des mèthodes en gèomètrie*, 3rd ed. (Paris: Gauthier-Villars, 1889).

A classic work; especially strong on early nineteenth-century synthetic geometry.

Clagett, M. Greek *Science in Antiquity* (New York: Collier, 1996).

Cohen, M. R. , and I. E. Drabkin, eds. *A Source Book in Greek Science* (Cambridge, MA: Harvard University Press, 1958; reprint of the 1948 ed.).

Cohen, R. S. , et al. , eds. *For Dirk Struik: Scientific, Historical and Political Essays in Honor of Dirk J. Struik* (Dordrecht &. Boston: D. Reidel, 1974).

Cooke, Roger. *The History of Mathematics: A Brief Course*, 2nd ed. (Hoboken, NJ: Wiley-Interscience, 2005).

Coolidge, J. L. *History of the Conic Sections and Quadric Surfaces* (Oxford: Clarendon, 1945).

——. *A History of Geometrical Methods* (New York: Dover, 1963; paper-back reissue of 1940 ed.).

An excellent work presupposing mathematical background.

——. *The Mathematics of Great Amateurs* (New York: Dover, 1963; paperback reprint of 1949 ed.).

Dantzig, T. *Mathematics in Ancient Greece* (Mineola, NY: Dover, 2006; for-merly *The Bequest of the Greeks*, Greenwood, 1969, which was a reprint of the 1955 Scribner ed.).

Dauben, J. W. , ed. *The History of Mathematics from Antiquity to the Present. A Selective Bibliography* (New York and London: Garland, 1985).

——. *The History of Mathematics: States of the Art: Flores Quadrivii* (San Diego: Academic Press, 1996).

——. *Mathematical Perspectives* (New York: Academic Press, 1981).

Essays by Bockstaele, Dugac, Eccarius, Fellmann, Folkerts, Grattan-Guinness, Iushkevich, Knobloch, Merzbach, Neumann, Schneider, Scriba, and Vogel.

Dauben, J. W. , and C. J. Scriba, eds. *Writing the History of Mathematics: Its Historical Development* (Basel/Boston: Birkhäuser, 2002).

Davis, P. , and R. Hersh. *The Mathematical Experience* (Boston: Birkhäuser, 1981).

Demidov, S. S. , M. Folkerts, D. E. Rowe, and C. J. Scriba, eds. *Amphora: Festschift für Hans Wussing zu seinem*

65. Geburtstag (Basel/Berlin/Boston: Birkhäuser, 1992).

Dickson, L. E. *History of the Theory of Numbers*, 3 vols. (New York: Chelsea, 1966; reprint of 1919—1923 Carnegie Institution ed.).

De. nitive source survey, arranged by topics.

Dieudonnè,J. A. ,ed. *Abregé d'histoire des mathématiques* 1700—1900,2 vols. (Paris: Hermann, 1978).

Reliable mathematically oriented treatment of topics leading to present-day mathematics.

——. *History of Algebraic Geometry*, trans. J. D. Sally (Monterey, CA: Wadsworth Advanced Books, 1985).

Excellent mathematically oriented presentation using contemporary terminology and notation.

Dold-Samplonius, Yvonne, et al. , eds. *From China to Paris: 2000 Years Transmission of Mathematical Ideas* (Stuttgart: Steiner Verlag, 2002).

Dörrie, H. *100 Great Problems of Elementary Mathematics: Their History and Solution*, trans. D. Antin (New York: Dover, 1965).

Dugas, R. *A History of Mechanics* (New York: Central Book Co. , 1955).

Dunham, W. *Journey through Genius: The Great Theorems of Mathematics* (New York: Wiley, 1990).

Dunmore, H. , and I. Grattan-Guinness, eds. *Companion Encyclopedia of the History and Philosophy of the Mathematical Sciences* (Baltimore, MD: Johns Hopkins University Press, 2003).

Edwards, C. H. , Jr. *The Historical Development of the Calculus* (New York/Heidelberg: Springer-Verlag, 1979).

Edwards, H. M. *Fermat's Last Theorem. A Genetic Introduction to Algebraic Number Theory*(New York: Springer-Verlag,1977).

Carefully crafted introduction to the work of some major . gures in the history of algebraical number theory; a model of the genetic method.

Elfving, G. *The History of Mathematics in Finland* 1828—1918 (Helsinki: Frenckell, 1981).

Encyclopédie des sciences mathématiques pures et appliquées (Paris: Gauthier-Villars, 1904—1914).

Essentially a partial translation of the following, left incomplete because of the advent of World War I. The French version contains signi. cant additions in history source citations.

Encyklopaedie der mathematischen Wissenschaften (Leipzig: Teubner, 1904—1935; old series 1898—1904).

Engel, F. , and P. Stäckel. *Die Theorie der Parallellinien von Euklid bisauf Gauss*, 2 vols. in 1 (New York: Johnson Reprint Corp. , 1968; reprint of the 1895 ed.).

Eves, H. *An Introduction to the History of Mathematics: With Cultural Connections by J . H . Eves*, 6th ed. (Philadelphia: Saunders, 1990).

A notably successful textbook.

Folkerts,M. ,and U. Lindgren, eds. *Mathemata: Festschrift für Helmuth Gericke*(Stuttgart: Franz Steiner, 1985).

Fuss,P. H. *Correspondance mathématique et physique de quelques célèbres géométres du XVIIIème siècle*, 2 vols. (New York: Johnson Reprint Corp. , 1968; reprint of the 1843 ed.).

Gillispie, C. C. *Dictionary of Scientific Biography*, 16 vols. (New York: Scribner, 1970—1980).

Major biographic reference source for dead scientists.

Goldstine, H. H. *A History of the Calculus of Variations from the 17th through the 19th Century* (New York: Springer-Verlag, 1977).

——. *A History of Numerical Analysis from the 16th through the 19th Century*(New York: Springer-Verlag, 1977).

Grattan-Guinness,I. ,ed. *Companion Encyclopedia of the History and Philo-sophy of the Mathematical Sciences*, 2 vols. (New York: Routledge, 1994).

——. *The Development of the Foundations of Mathematical Analysis from Euler to Riemann* (Cambridge, MA:MIT Press,1970).

—— ed. *From the Calculus to Set Theory*, 1630—1910: *An Introductory History* (Princeton, NJ: Princeton University Press, 2000; reprint of the 1980 ed.).

Chapters by H. J. M. Bos,R. Bunn,J. W. Dauben,T. W. Hawkins,and K. Moller Pedersen; introduction by Grattan-Guinness.

——. *The Norton History of the Mathematical Sciences: The Rainbow of Mathematics* (New York:

Norton, 1998).

Gray, J. *Ideas of Space: Euclidean, Non-Euclidean, and Relativistic*, 2nd ed. (New York: Oxford University Press, 1989).

———. *Linear Differential Equations and Group Theory from Riemann to Poincaré* (Boston: Birkhäuser, 1985).

Green, J., and J. LaDuke. *Pioneering Women in American Mathematics: The Pre-1940 PhD's* (Providence, RI: American Mathematical Society and London, England: London Mathematical Society, 2008).

Gregory, D. F. *Examples of the Processes of the Differential and Integral Calculus*, 2nd ed., edited by W. Walton (Cambridge, UK: Deighton, 1846).

Exercises for use by Cambridge students.

Hawking, S. W., ed. *God Created the Integers: The Mathematical Break-throughs That Changed History* (Philadelphia: Running Press, 2007).

25 "Masterpieces" by 15 mathematicians, ranging from Euclid to Turing, with commentary by Hawking.

Hawkins, T. *Lebesgue's Theory of Integration: Its Origins and Development* (New York: Chelsea, 1975; reprint of the 1970 ed.).

Heath, T. L. *A History of Greek Mathematics*, 2 vols. (New York: Dover, 1981).

Still the standard survey; paperback version of 1921 ed.

Hill, G. F. The *Development of Arabic Numerals in Europe* (Oxford, UK: Clarendon, 1915).

Hodgkin, L. H. *A History of Mathematics: From Mesopotamia to Modernity* (Oxford, New York: Oxford University Press, 2005).

Hofmann, J. E. *Geschichte der Mathematik*, 3 vols. (Berlin: Walter de Gruyter, 1953—1963).

The handy pocket-size volumes contain extraordinarily useful bio-bibliographical indexes. These indexes tragically were omitted from the English translation, which appeared in two volumes (New York: Philosophical Library, 1956—1959) under the titles The History of Mathematics and Classical Mathematics.

Howson, G. *A History of Mathematics Education in England* (Cambridge, UK: Cambridge University Press, 1982).

Itard, J., and P. Dedron. *Mathematics and Mathematicians*, 2 vols., trans. J. V. Field (London: Transworld, 1973; reprint from 1959 French ed.).

Elementary but useful. Contains excerpts from sources.

Iushkevich, A. P. *Geschichte der Mathematik im Mittelalter* (Leipzig: Teubner, 1964).

A substantial and authoritative account.

James, G., and R. C. James. *Mathematics Dictionary* (Princeton, NJ: D. Van Nostrand, 1976).

Useful but not as thorough as Naas and Schmid (see further on).

Kaestner, A. G. *Geschichte der Mathematik*, 4 vols. (Hildesheim: Olms, 1970; reprint of the Göttingen 1796—1800 ed.).

Especially useful for practical mathematics and science in the Renaissance.

Karpinski, L. *The History of Arithmetic* (New York: Russell & Russell, 1965; reprint of the Rand McNally 1925 ed.).

Katz, V. J. *History of Mathematics: An Introduction*, 3rd ed. (Boston: Addison-Wesley, 2009).

Katz, V., ed. *The Mathematics of Egypt, Mesopotamia, China, India, and Islam: A Sourcebook* (Princeton, NJ: Princeton University Press, 2007).

With contributions by Imhausen, Robson, Dauben, Plofker, and Berggren.

Kidwell, P. A., A. Ackerberg-Hastings, and D. L. Roberts. *Tools of American Mathematics Teaching, 1800—2000* (Washington, DC: Smithsonian Institu-tion; and Baltimore, MD: Johns Hopkins University Press, 2008).

Kitcher, P. *The Nature of Mathematical Knowledge* (New York: Oxford University Press, 1983).

Klein, F. *Development of Mathematics in the Nineteenth Century*, *trans*. M. Ackerman (Brookline, MA: Math Sci Press, 1979).

Survey on a high level; left incomplete by the death of the author.

Klein, J. *Greek Mathematical Thought and the Origin of Algebra*, trans. E. Brann (New York: Dover, 1992).

Kline, M. *Mathematical Thought from Ancient to Modern Times* (New York: Oxford University Press, 1972).

The most detailed English-language treatment of nineteenth-and early-twentieth-century mathe-matics to date; mathematical orientation.

——. *Mathematics in Western Culture* (New York: Oxford, 1953).

Attractively written on a popular level.

Klügel, G. S. *Mathematisches Wörterbuch*, 7 vols. (Leipzig: E. B. Schwickert, 1803—1836).

Portrays the state of the subject in the early nineteenth century.

Kolmogorov, A. N. *Mathematics of the 19th Century: Geometry, Analytic Function Theory* (Basel, Switzerland: Birkhäuser, 1996).

Kramer, E. E. *The Main Stream of Mathematics* (Greenwich, CT: Fawcett, 1964).

——. The Nature and *Growth of Modern Mathematics* (New York: Hawthorn, 1970).

Knorr, W. R. *The Evolution of the Euclidean Elements* (Dordrecht and Boston: D. Reidel, 1975).

Lakatos, I. *Proofs and Refutations. The Logic of Mathematical Discovery* (London: Cambridge University Press, 1976).

LeLionnais, F., ed. *Great Currents of Mathematical Thought*, 2 vols., trans. R. Hall (New York: Dover, 1971; translation of the 1962 French ed.).

Loria, G. *Il passato e il presente delle principali teorie geometriche*, 4th ed. (Padua: Ceram, 1931).

——. *Storia delle matematiche*, 3 vols. (Turin: Sten, 1929—1935).

Macfarlane, A. *Lectures on Ten British Mathematicians of the Nineteenth Century* (New York: Wiley, 1916).

Biographical accounts written by one of the champions of quaternions.

Manheim, J. J. *The Genesis of Point Set Topology* (New York: Pergamon, 1964).

Marie, M. *Histoire des sciences mathématiques et physiques*, 12 vols. (Paris: Gauthier-Villars, 1883—1888).

Not a systematic history, but a series of biographies, chronologically arranged, listing the chief works of the individuals.

May, K. O. *Bibliography and Research Manual of the History of Mathematics* (Toronto: University of Toronto Press, 1973).

Very comprehensive; see introductory comments to this bibliography.

Mehrtens, H., H. Bos, and I. Schneider, eds. *Social History of Nineteenth Century Mathematics* (Boston/Basel/Stuttgart: Birkhäuser, 1981).

Merz, J. T. *A History of European Thought in the Nineteenth Century*, 4 vols. (New York: Dover, 1965; paperback reprint of the 1896—1914 British ed.).

A compendious introduction to nineteenth-century currents of thought, still useful because it includes science and mathematics.

Merzbach, U. C. *Quantity to Structure: Development of Modern Algebraic Concepts from Leibniz to Dedekind* (Cambridge, MA: Harvard University [doctoral thesis], 1964).

Doctoral study noting the role of operational calculus of functions on the work of Peacock, Gregory, and Boole; stresses the role of number and Galois theory in Dedekind's background.

Meschkowski, H. *Ways of Thought of Great Mathematicians* (San Francisco: Holden-Day, 1964).

Midonick, H. O. *The Treasury of Mathematics* (New York: Philosophical Library, 1965).

Useful; selections emphasize non-European contributions.

Montucla, J. E. *Histoire des mathématiques*, 4 vols. (Paris: A. Blanchard, 1960; reprint of 1799—1802 ed.).

Still quite useful, especially for applications of mathematics to science.

Moritz, R. E. *On Mathematics and Mathematicians* (New York: Dover, n. d.; paperback edition of *Memorabilia mathematica, or ThePhilomath's Quotation-Book*, published in 1914).

Contains more than 2000 quotations, arranged by subject and with an index.

Muir, T. *The Theory of Determinants in the Historical Order of Development*, 4 vols. in 2 (New York: Dover, 1960; paperback reprint of the London 1906—1930 editions).

By far, the most comprehensive treatment.

Naas, J., and H. L. Schmid. *Mathematisches Wörterbuch* (Berlin: Akademie-Verlag, 1961).

An altogether exemplary dictionary containing extraordinarily many de. nitions and short biographies.

Nagel, E. "Impossible Numbers," *Studies in the History of Ideas*, **3** (1935), pp. 427—474.

National Council of Teachers of Mathematics. *Historical Topics for the Mathematics Classroom*, *Thirty-First Yearbook* (Washington, DC: National Council of Teachers of Mathematics, 1969).

Includes E. S. Kennedy on trigonometry.

——. *A History of Mathematics Education in the United States and Canada*. *Thirty-Second Yearbook* (Washington, DC: National Council of Teachers of Mathematics, 1970).

Neugebauer, O. *The Exact Sciences in Antiquity*, 2nd ed. (Providence, RI: Brown University Press, 1957).

Newman, J. R., ed. *The World of Mathematics*, 4 vols. (New York: Simon and Schuster, 1956).

Includes much material on the history of mathematics.

Nielsen, N. *Géomètres franc. ais sous la revolution* (Copenhagen: Levin & Munksgaard, 1929).

Novy, L. *Origins of Modern Algebra*, trans. J. Tauer (Leyden: Noordhoff; Prague: Academia, 1973).

Emphasis is on the period 1770—1870.

O'Connor, John J., and Edmund F. Robertson. The MacTutor History of Mathematics Archive, http://www-history.mcs.st-andrews.ac.uk/index.html, latest updates 2009.

An outstanding reference source.

Ore, O. *Number Theory and Its History* (New York: McGraw-Hill, 1948).

Parshall, K. H., and J. J. Gray, eds. *Episodes in the History of Modern Algebra* (1800—1950) (Providence, RI: American Mathematical Society, 2007).

Phillips, E. R., ed. *Studies in the History of Mathematics* (Washington, DC: Mathematical Association of America, 1987).

Picard, E. *Les sciences mathématiques en France depuis un demi-siècle* (Paris: Gauthier-Villars, 1917).

An interesting account by a participant.

Poggendorff, J. C., ed. *Biographisch-literarisches Handwörterbuch zur Geschichte der exakten Wissenschaften* (Leipzig: J. A. Barth, et al., 1863ff).

Standard, concise bio-bibliographic reference works; entries updated in successive volumes; still in progress.

Pont, J.-C. *La topologie algébrique des origines à Poincaré* (Paris: Presses Universitaires de France, 1974).

Prasad, G. *Some Great Mathematicians of the Nineteenth Century*, 2 vols. (Benares: Benares Mathematical Society, 1933—1934).

Read, C. B. "Articles on the History of Mathematics: A Bibliography of Articles Appearing in Six Periodicals," *School Science and Mathematics* 59 (1959): 689—717 (updated [with J. K. Bidwell] in 1976, vol. 76, pp. 477—483, 581—598, 687—703).

Especially useful for introductory material.

Robinson, A. *Non-Standard Analysis* (Amsterdam: North-Holland, 1966).

Note pp. 269ff for early nineteenth century.

Robson, E., and J. Stedall, eds. *The Oxford Handbook of the History of Mathematics* (Oxford/New York: Oxford University Press, 2009).

Sarton, G. *A History of Science*, 2 vols. (Cambridge, MA: Harvard University Press, 1952—1959).

A readable classic, mainly covering the pre-medieval period in Egypt, Mesopotamia, and Greece.

——. *Introduction to the History of Science*, 3 vols. in 5 (Huntington, NY: R. E. Krieger, 1975; reprint of Carnegie Institution 1927—1948 ed.).

A monumental work, still a standard tool for research in the history of science and mathematics up to the year 1400.

——. *The Study of the History of Mathematics* (New York: Dover, 1957; paperback reprint of 1936 Harvard inaugural lecture).

A slim but useful guide. See also Sarton's Horus (New York: Ronald Press, 1952).

Schaaf, W. L. *A Bibliography of Mathematical Education* (Forest Hills, NY: Stevinus Press, 1941).

An index of periodical literature since 1920 containing more than 4000 items.

——. *A Bibliography of Recreational Mathematics*. *A Guide to the Litera-ture*, 3rd ed. (Washington, DC: National Council of Teachers of Mathe-matics, 1970).

Contains more than 2000 references to books and articles.

Scholz, E. *Geschichte des Mannigfaltigkeitsbegriffs von Riemann bis Poincaré* (Boston/Basel/Stuttgart: Birkhäuser, 1980).

Guide to relevant work by Beltrami, Betti, Brouwer, Dyck, Fuchs, Helmholtz, Jordan, Klein, Koebe, M. bius, Picard, Poincaré, Riemann, Schottky, and Schwarz.

Scott, C. A. *Modern Analytical Geometry*, 2nd ed. (New York: G. E. Stechert, 1924).

Scott, J. R. *A History of Mathematics; From Antiquity to the Beginning of the Nineteenth Century* (London: Taylor & Francis; New York: Barnes & Noble, 1969).

Good on British mathematicians but not up-to-date on the pre-Hellenic period.

Selin, Helaine, ed. *Mathematics across Cultures: The History of Non-Western Mathematics* (Dordrecht/Boston: Kluwer Academic 2000).

Smith, D. E. *History of Mathematics*, 2 vols. (New York: Dover, 1958; paperback issue of 1923—1925 ed.).

Still very useful for biographical data and for elementary aspects of mathematics.

——. *Sourcebook in Mathematics*, 2 vols. (New York: Dover, 1959; paperback reprint of the 1929 ed.).

Useful, although the selection is far from ideal; Struik 1986 is preferable.

——, and J. Ginsburg. *A History of Mathematics in America before 1900* (New York: Arno, 1980; reprint of 1934 ed.).

——, and L. C. Karpinski. *The Hindu-Arabic Numerals* (Boston: Ginn, 1911).

Stedall, J. A. *Mathematics Emerging: A Sourcebook 1540—1900* (Oxford/New York: Oxford University Press, 2008).

Stigler, S. M. *The History of Statistics: The Measurement of Uncertainty before 1900* (Cambridge, MA: Belknap Press, 1986).

Struik, D. J. *A Concise History of Mathematics* (New York: Dover, 1987).

Brief, reliable, appealing survey with many references.

——. *A Sourcebook in Mathematics*, 1200—1800 (Princeton, NJ: Princeton University Press, 1986; reprint of 1969 Harvard University Press ed.).

Very good coverage in algebra, analysis, and geometry.

Suppes, P. J. M. Moravcsik, and H. Mendell. *Ancient & Medieval Traditions in the Exact Sciences: Essays in Memory of Wilbur Knorr* (Stanford, CA: CSLI Publications, 2000).

Suzuki, J. *A History of Mathematics* (Upper Saddle River, NJ: Prentice Hall, 2002).

Szabo, A. *The Beginnings of Greek Mathematics*, trans. A. M. Ungar (Dordrecht and Boston: Reidel, 1978).

Tannery, P. *Mémoires scientifiques*, 13 vols. (Paris: Gauthier-Villars, 1912—1934).

These volumes contain many articles on the history of mathematics, especially on Greek antiquity and on the seventeenth century, by one of the great authorities in the .eld.

Tarwater,J. D. ,J. T. White, and J. D. Miller, eds. *Men and Institutions in American Mathematics*, Texas Tech University Graduate Studies No. 13 (Lubbock: Texas Tech Press, 1976).

Bicentennial contributions by M. Stone, G. Birkhoff, S. Bochner, D. J. Struik, P. S. Jones, C. Eisele, A. C. Lewis, and R. W. Robinson.

Taylor,E. G. R. *The Mathematical Practitioners of Hanoverian England* (Cambridge, UK: Cambridge University Press, 1966).

——. *The Mathematical Practitioners of Tudor and Stuart England*, 1485—1714 (Cambridge, UK: Cambridge University Press, 1954).

Thomas, I. , ed. *Selections Illustrating the History of Greek Mathematics*, 2 vols. (Cambridge, MA: Loeb Classical Library, 1939—1941).

Tietze, H. *Famous Problems of Mathematics* (New York: Graylock, 1965).

Todhunter, I. *History of the Calculus of Variations during the Nineteenth Century* (New York: Chelsea, n. d. ; reprint of the 1861 ed.).

Old but a standard work.

——. *A History of the Mathematical Theories of Attraction and the Figure of the Earth* (New York: Dover, 1962; reprint of 1873 ed.).

——. *A History of the Mathematical Theory of Probability from the Time of Pascal to That of Laplace* (New York: Chelsea, 1949; reprint of the Cambridge 1865 ed.).

A thorough and standard work.

——. *A History of the Theory of Elasticity and of the Strength of Materials*, 2 vols. (New York: Dover, 1960).

Toeplitz, O. *The Calculus, a Genetic Approach* (Chicago: University of Chicago Press, 1963).

Tropfke, J. *Geschichte der Elementarmathematik*, 2nd ed., 7 vols. (Berlin and Leipzig: Vereinigung wissenschaftlicher Verleger, 1921—1924).

An important history for the elementary branches. Some volumes appeared in an incomplete third edition.

Truesdell, C. *Essays in the History of Mechanics* (Berlin/Heidelberg: Springer-Verlag, 1968).

Turnbull, H. W. *The Great Mathematicians* (New York: NYU Press, 1969).

Van Brummelen, G. *The Mathematics of the Heavens and the Earth: The Early History of Trigonometry* (Princeton, NJ: Princeton University Press, 2009).

Van Brummelen, G., and M. Kinyon, eds. *Mathematics and the Historian's Craft: The Kenneth O. May Lectures* (New York: Springer, 2005).

van Heijenoort, J. *From Frege to Gödel. A Source Book in Mathematical Logic, 1879—1931* (Cambridge, MA: Harvard University Press, 1967).

A carefully selected and edited cross-section of work in logic and foundations; more than forty selections.

Waerden, B. L. van der. *Science Awakening*, *trans.* Arnold Dresden (New York: Wiley, 1963; paperback version of 1961 ed.).

An account of pre-Hellenic and Greek mathematics; original edition was very attractively illustrated.

Weil, A. *Number Theory. An Approach through History: From Hammurapi to Legendre* (Boston: Birkhäuser, 1984).

A superb guide through some of the classics of number theory; especially valuable for Fermat and Euler.

Wieleitner, H. *Geschichte der Mathematik*, 2 vols. in 3; vol. 1 by S. Gunther (Leipzig: G. J. Göschen, and W. de Gruyter, 1908—1921).

Very useful work for early modern period. Not to be confused with briefer G. schen 1939 ed.

Wussing, H., with H-W. Alten and H. Wesemuller-Kock. *6000 Jahre Mathe-matik: eine kulturgeschichtliche Zeitreise*, 2 vols. (Berlin: Springer, 2008—2009).

Zeller, M. C. *The Development of Trigonometry from Regiomontanus to Pitiscus* (Ann Arbor, MI: Edwards, 1946).

Zeuthen, H. G. *Geschichte der Mathematik im XVI. und XVII. Jahrhundert*, edited by R. Meyer, trans. (Leipzig: B. G. Teubner, 1903).

A sound and still useful account.

索引

说明:索引中的页码为英文原著页码,即本书中的边码。

约克的阿尔昆(Alcuin of York)，225

约瑟夫-路易·拉格朗日(Joseph-Louis Lagrange)，423—425，430—433，435，437，438，445，446，449，450，453，455，458，459，461，469，470，478，479，481，493，499，501，529，534，547

约瑟夫·L. F. 贝特朗(Joseph L. F. Bertrand)，467—468

约瑟夫·阿尔弗雷德·塞雷(Joseph Alfred Serret)，544

约瑟夫·刘维尔(Joseph Liouville)，450，463，480，482，488，530，544，545—546，547，594

约瑟夫迪亚兹·热尔岗(Joseph-Diaz Gergonne)，473，486，489，490，491，492

月牙形的面积(quadrature of lune)，58—61，80，172—173，253

运动论(kinetic theory)，564，574

运动学(kinematic)，236，307

Z

詹姆斯·艾沃里(James Ivory)，461

詹姆斯·格雷果里(James Gregory)，202，353—354，355，356，358，359，362，363，364，371，378，380，385，387，396

詹姆斯·克拉克·麦克斯韦(James Clerk Maxwell)，530

詹姆斯·米尔斯·皮尔斯(James Mills Peirce)，545

詹姆斯·斯特林(James Stirling)，373，376，378

詹姆斯·约瑟夫·西尔维斯特(James Joseph Sylvester)，517，556

张量(tensors)，514，572—573

折射(refraction)，511

折弦定理(broken chord theorem)，122

"折竹"问题("broken bamboo" problem)，176—177，201

整数(integers)，48，52—56，82，102，103，191—193，418，457，542，546，564

    比(ratios of)，160

    代数(algebraic)，521

    定义(definition of)，523

    高斯(Gaussian)，467，521

    奇数和偶数(odd and even)，5，52，160

    完全平方(perfect squares)，302—303，433，457

    有序对(ordered pairs of)，511，523

(正)八面体(octahedron)，45，76，78，106

正弦(sine)，3，189，193—194，242—243，264，277，288，329—330，336

    定律(law of)，145，216，248

    幂级数(power series)，202. 又见正弦表(See also sine tables)

证明(proof)，1，14，15，73

    阿波罗尼奥斯(Apollonian)，138—139

    阿基米德(Archimedean)，123—126

    阿佩尔-哈肯程序(Appel-Haken procedure)，590

    变化的含义(varying meanings of)，38

    标准(standards for)，586—587，589

    基于计算机(computer-based)，584，589—591，594

    间接方法(indirect method)，59

    九证法(by nines)，197

    欧几里得(Euclidean)，95—97，101

    无穷递降(infinite descent)，327—328

芝加哥大学(University of Chicago)，578，592

芝诺多罗斯(Zenodorus)，168

直觉主义者(intuitionists)，579

纸草书(papyrus)，9—19，22，35，38，173

指南针的发明(invention of compass)，235

指数(exponents)

    定律(laws of)，162，238，250

    符号(notation of)，250，350，360，410，413

志村五郎(Goro Shimura)，594，595

制图学(cartography)，138，269—271

    四色问题(four-color problem)，587—591

译后记

美国著名数学史家卡尔·B.博耶(Carl B. Boyer,1906—1976)所著《数学史》(*A History of Mathematics*)自 1968 年出版以来,在欧美地区流传较广,受到普遍欢迎,被认为是经典的数学通史著作之一。卡尔·B.博耶 1976 年不幸去世。1989 年,约翰·威立父子出版公司邀请作者的学生默茨巴赫(Uta C. Merzbach,1933—2017)对原作进行了一次修订(1991 年又作了微调),是为修订版或第二版。除了对 19 世纪相关章节的少部分修改以及将原 20 世纪数学的一章分作两章以外,第二版在内容上可以说改变不大。到 2011 年,默茨巴赫又在第二版基础上重新修订出版了第三版。新版在尽量保持原书风格的同时,在结构上作了适当调整,内容也有较多的增补与删节,特别是,对原关于希腊数学的部分作了较大的缩并,将原合章叙述的中国和印度数学分别独立成章,关于 20 世纪数学的篇幅则扩充了一倍,等等。这些修改,符合自第一版出版 40 余年、第二版出版 20 年以来数学迅猛发展的需要,也在一定程度上反映了数学史研究的新进展与作者的新认识。

根据以上所述,北京大学出版社决定出版《数学史》第三版中译本,是一项很有意义的举措。中文翻译任务艰巨,许多地方需要边研究边翻译,因此本书中译本是团队合作的成果。六位译者各自都有繁重的日常业务,每一位都以高度认真负责的态度投入工作,并表现出很强的协作互助精神。每一章末分别标有该章译者名,封面排名不分先后,笔者向每一位参译者表示衷心感谢。笔者审校了全部译稿,因此书中可能出现的疏漏和错误概由笔者担责。

最后,笔者高度赞赏北京大学出版社在传播数学史和数学文化方面的热情和眼光,特别要感谢本书责任编辑潘丽娜为本译著的顺利出版所做的大量细致耐心的工作。

李文林

2024 年 3 月 29 日于北京中关村